Hans Stubbe

Geschichte des Instituts für Kulturpflanzenforschung Gatersleben der Deutschen Akademie der Wissenschaften zu Berlin 1943–1968

Studien zur Geschichte
der Akademie der Wissenschaften der DDR

Band 10

Herausgegeben im Auftrag des Präsidenten
der Akademie der Wissenschaften der DDR
von Heinrich Scheel

Forschungsstelle
für die Geschichte der Akademie
Leiter: Leo Stern †

Geschichte des Instituts für Kulturpflanzenforschung Gatersleben der Deutschen Akademie der Wissenschaften zu Berlin (1943–1968)

Von Hans Stubbe

Mit 20 Abbildungen,
35 Tabellen und 6 Graphiken

Akademie-Verlag
Berlin
1982

Erschienen im Akademie-Verlag, DDR-1086 Berlin, Leipziger Straße 3–4
Lektor: Christiane Grunow

Lizenznummer: 202 · 100/477/82
P 61/82
Einband und Schutzumschlag: Rolf Kunze
Gesamtherstellung: VEB Druckerei „Thomas Müntzer", 5820 Bad Langensalza
Bestellnummer: 762 962 3 (2168/10) · LSV 1305, 1355, 1325
Printed in GDR

DDR 68,– M

Inhaltsverzeichnis

Vorwort

Die Geschichte des Instituts für Kulturpflanzenforschung der Deutschen Akademie der Wissenschaften zu Berlin (heute Zentralinstitut für Genetik und Kulturpflanzenforschung der Akademie der Wissenschaften der Deutschen Demokratischen Republik) in den ersten 25 Jahren seines Bestehens (1943—1968) ist untrennbar verbunden mit der gesellschaftlichen und politischen Entwicklung nach Beendigung des zweiten Weltkrieges, der Befreiung Deutschlands vom Faschismus und der Geschichte der Deutschen Demokratischen Republik.

Das im Bereich der Kaiser-Wilhelm-Gesellschaft zur Förderung der Wissenschaften 1943 in Wien gegründete Institut wurde 1948 nach Auflösung der Kaiser-Wilhelm-Gesellschaft in der sowjetisch besetzten Zone Deutschlands in die Akademie aufgenommen, die 1946 als Deutsche Akademie der Wissenschaften zu Berlin ihre Arbeit begonnen hatte.

Damit wurde ein entscheidender Wandel in der Wissenschaftsorganisation unseres Staates vollzogen. In der mehrbändigen Geschichte der Königlich Preußischen Akademie der Wissenschaften von Adolf HARNACK, die 1900 erschien, und vor allem in der Geschichte der Berliner Akademie der Wissenschaften in der Zeit des Imperialismus, von der bisher drei Teile (1900—1945) vorliegen, die unter der Gesamtredaktion von Leo STERN und im Auftrage des Präsidenten der Akademie von Heinrich SCHEEL 1975 herausgegeben wurden, ist ausführlich dargestellt, welche Stellung und welche Aufgaben die Akademie in der Wissenschaftsentwicklung der kapitalistischen Gesellschaftsordnung hatte:

Die Akademie war eine repräsentative Gesellschaft von Gelehrten, der bedeutende Wissenschaftler angehörten, die im Plenum und den beiden Klassen zentrale Probleme und Ergebnisse ihrer Fachgebiete, die meist in Universitätsinstituten oder Instituten der Kaiser-Wilhelm-Gesellschaft gewonnen waren, diskutierten, aber auch wissenschaftsorganisatorische und wirtschaftspolitische Fragen interdisziplinär behandelten und langfristige wissenschaftliche Unternehmen ihrer Mitglieder von internationaler Bedeutung edierten. Sie waren in den Kommissionen für die Unternehmen der Akademie verantwortlich und als Gutachter tätig. Zur Erarbeitung von Gutachten für übergeordnete Stellen wurden jeweilige Kommissionen gebildet.

Aber die Akademie verfügte nicht über eigene Institute und Laboratorien als Voraussetzung für die Durchführung großer experimenteller naturwissenschaftlicher oder technischer Forschungsarbeiten, denn alle Versuche in der Weimarer Republik, und schon früher, Akademie-Forschungsinstitute einzurichten, scheiterten.

Hier setzte 1946 mit Unterstützung der SMAD ein entscheidender Wandel ein. Die Akademie erhielt Forschungsinstitute, die vom Staat finanziert werden. Eine Anzahl von ihnen wurde unmittelbar nach der Wiedereröffnung von anderen Institutionen in die Akademie übernommen, andere, zu denen auch das Institut für Kulturpflanzenforschung in Gatersleben gehört, wurden von Grund an aufgebaut.

Neue Akademiemitglieder wurden gewählt, das Forschungspotential ganz bedeutend erweitert und damit eine Forschungsakademie geschaffen, die seitdem die Gestaltung und die gesellschaftliche Entwicklung der Wissenschaft in enger Verflechtung mit Volkswirtschaft und Kultur maßgebend beeinflußt.

Die großen Forschungsinstitute, deren Direktoren zumeist Ordentliche Mitglieder der Akademie sind, bestimmen also heute mit den Ergebnissen ihrer Arbeit ganz entscheidend das Bild und den internationalen Ruf der Akademie.

Wer dereinst die Geschichte der Akademie vom Ende des zweiten Weltkrieges an zu schreiben gedenkt, wird die wissenschaftliche Arbeit in den Instituten neben der Arbeit in den Klassen und Kommissionen in den Mittelpunkt seiner Ausführungen stellen müssen, denn jedes Institut umfaßt mit seiner Arbeit über Jahrzehnte ein Stück Wissenschaftsgeschichte des jeweiligen Fachgebietes, aus deren Gesamtheit sich die weitere Akademiegeschichte ergeben wird.

Dies war der Anlaß, die Geschichte des heutigen Zentralinstituts für Genetik und Kulturpflanzenforschung Gatersleben der Akademie der Wissenschaften der DDR in den ersten 25 Jahren seines Bestehens zu schreiben. Der Versuch, die wissenschaftliche Problematik der in diesem Institut vereinten Disziplinen biologischer Forschung darzustellen, ohne sich zu stark in wissenschaftliche Details zu verlieren, sollte nicht zuletzt ein Beispiel sein, wie in Zukunft die wesentlichen Entwicklungslinien der Forschung in den Akademieinstituten festgehalten und einer späteren Darstellung im Rahmen einer Akademiegeschichte zugänglich gemacht werden können.

Bei der Abfassung des Textes, für den die Arbeitsberichte aus der Institutszeitschrift „Die Kulturpflanze“ herangezogen wurden, zeigte sich, wieviele Einzelheiten fortlaufend und sorgfältig festgehalten werden sollten, um dem künftigen Geschichtsschreiber gut vorbereitetes Material in die Hand zu geben.

Alte bewährte Mitarbeiter des Instituts haben mir nach der Durchsicht der Abteilungsberichte geholfen, den Text in dieser oder jener Hinsicht besser zu ordnen und Unklarheiten zu beseitigen. Im Bereich der Verwaltung des Instituts waren Zusammenstellungen von Daten und Zahlen erforderlich, die ohne die Mitarbeit der zuständigen Fachleute nicht mehr erreichbar gewesen wären.

Für die Beratung bei der Abfassung des Textes und seiner Vervollständigung habe ich zu danken:
Frau Prof. Dr. H. Sagromsky, Neumünster; Frau Dr. A. Romeike, Gatersleben; Herrn Prof. Dr. K. Mothes, Halle; Herrn Prof. Dr. K. Schreiber, Halle; Herrn Prof. Dr. A. Rieth, Gatersleben; Herrn Prof. Dr. H. Böhme, Gatersleben; Herrn Prof. Dr. W. Müller-Stoll, Potsdam; Herrn Oberforstmeister K. Wuttky, Dessau; Herrn Dr. P. Hanelt, Gatersleben; Herrn Dr. Ch. Lehmann, Gatersleben; Herrn Ing.agr. I. Grebenščikov, Gatersleben; Herrn Dr. W. Eichholz und Fräulein M. Altstadt, Gatersleben; Fräulein R. Kilian, Aschersleben; Herrn O. Dümichen, Teltow; Herrn W. Berger, Gatersleben; Herrn K. Näther, Gatersleben; und in besonderem Maße dem Hauptbuchhalter des Instituts Herrn W. Kienast, Aschersleben.

Aber die vorliegende Arbeit hätte nicht durchgeführt werden können, wenn mir nicht meine in vielen Jahren bewährte ehemalige Redaktionssekretärin Frau Elisabeth Williges, Halberstadt, unermüdlich mit Rat und Tat zur Seite gestanden hätte. Sie hat nicht nur fast unleserliche handgeschriebene Manuskripte entziffert, sondern rastlos zur Sammlung der Materialien beigetragen und dabei keine Mühe gescheut, möglichste Vollständigkeit zu erreichen. Ihr gilt mein ganz besonderer Dank.

Gatersleben, März 1980 — H. Stubbe

1. Aufgaben, Probleme und künftige Entwicklungslinien der Kulturpflanzenforschung

Kulturpflanzenforschung beginnt schon in der Frühgeschichte der Menschheit mit dem Sammeln von Nahrungspflanzen und der sicher noch unbewußten Selektion schmackhafter und ertragreicherer Nutzpflanzen und mit deren Anpflanzung in einer Periode des Beginns seßhafter Lebensweise. Nomadenvölker wurden zu Erntevölkern und aus Erntevölkern die ersten Ackerbauern und damit wurde die früheste Stufe einer primitiven Wirtschaftsform erreicht. Erhaltung und Pflege der angebauten Pflanzen, die aus einer Vielzahl von Nahrungspflanzen als anbauwürdig erkannt wurden, führten zum Beginn ihrer Domestikation, zur Auslese der bestangepaßten Formen und damit zu einer ersten genetischen Mannigfaltigkeit.

Sicher wurde im Laufe der Menschheitsgeschichte bald erkannt, daß die Umweltbedingungen entscheidenden Einfluß auf die Erträge der angebauten Nutzpflanzen hatten. Zweckmäßige Aufbewahrung des geernteten Saatgutes, seine Aussaat in gelockertem Boden zur richtigen Zeit und vor allem die Bewässerung der Kulturen können als erste wichtige Maßnahmen eines primitiven Acker- und Pflanzenbaues gelten. Die mit dem Seßhaftwerden nomadisierender Stämme parallel zur Kulturpflanzenentwicklung verlaufende Domestikation von Haustieren mag zur Erkenntnis geführt haben, daß die Abprodukte von Tier und Mensch gleichfalls zur Steigerung der Erträge beitrugen und daß es zweckmäßig sei, sie zu sammeln und dem Acker zurückzugeben. Es begannen die Anfänge einer einfachen Düngerwirtschaft.

Selektion und Domestikation von Nutzpflanzen, die zu primitiven Kulturpflanzen wurden, erste Maßnahmen zu einer zweckmäßigen Vorbereitung des Bodens für die Aussaat durch einfache Geräte und schließlich durch die Erfindung des Pfluges, Bewässerung und Düngung sind also die auf Erfahrung vieler Generationen beruhenden frühen Erkenntnisse einer Kulturpflanzenforschung, die sich nur langsam durch die Jahrhunderte hinweg zu neuen Einsichten entwickelte.

Dabei ist die Entstehungsgeschichte der Kulturpflanzen, als maßgebender Prozeß in der Evolution der menschlichen Gesellschaft, noch heute voller unbekannter Ereignisse und nicht nur ein Arbeitsgebiet spezialisierter Biologen, sondern ein Beispiel für interdisziplinäre Gemeinschaftsarbeit vieler biologischer und gesellschaftswissenschaftlicher Bereiche, wie Paläontologie, Vorgeschichte und Archäologie, Geschichte und Mythologie, Völkerkunde und Sprachforschung.

Aber eine zeitgemäße Kulturpflanzenforschung hat sich nicht allein damit zu befassen, wie alte und bekannte Kulturpflanzen entstanden sind, sie hat in gleicher Weise zu überlegen und intensiv daran zu arbeiten, wie neue geschaffen werden können. Dieses Problem erhält heute in einer Zeit der rasanten Vermehrung der Weltbevölkerung, von der noch immer große Teile Hunger leiden, wie in Ostasien, Afrika und Lateinamerika, erhöhte Bedeutung und sollte zu der Erkenntnis führen, daß die unvorstellbar großen Reserven an ertragreichen tropischen und subtropischen Nutzpflanzen endlich durch planmäßige züchterische Arbeit zu echten Kulturpflanzen werden, die entscheidend dazu beitragen können, weite Teile der Weltbevölkerung mit Eiweiß, Fetten und Kohlehydraten zu versorgen. Hier liegen die ersten großen Probleme zeitgemäßer Kulturpflanzenforschung, die einer schnellen Lösung bedürfen.

Ein entscheidender Fortschritt in der Entwicklung der Kulturpflanzenforschung erfolgt um die Mitte des vorigen Jahrhunderts in Europa mit dem Beginn einer zielgerichteten Pflanzenzüchtung, die auf den Erkenntnissen der Befruchtungsbiologie der Kulturpflanzen und der Vererbungsvorgänge beruht.

Neue Sorten, die an bestimmte ökologische Bedingungen angepaßt sind, entstehen durch Rekombination nach Bastardierung und breiten sich schnell aus. Sie verdrängen mit hohen Erträgen die bisher als Populationsgemische angebauten Landsorten. Dieser Prozeß führt zur Verarmung der genetischen Mannigfaltigkeit und birgt die Gefahr größerer Anfälligkeit gegen Krankheiten, Schädlinge und extreme Witterungsbedingungen in sich, gegen die Landsorten und Gemische von Landsorten oftmals resistent sind.

Weitsichtige Kulturpflanzenforscher haben schon frühzeitig diese Gefahren erkannt und zur weltweiten Sammlung von Wild- und Primitivformen der Kulturpflanzen aufgerufen, die noch keinem gezielten Züchtungsprozeß unterworfen, vielmehr durch natürliche Auslesen an ihren Standorten entstanden waren (F. SCHINDLER, E. BAUR, E. v. TSCHERMAK, H. NILSSON-EHLE, Th. ROEMER, E. MAYR, L. KIESSLING, K. v. RÜMKER u. a.). Sie haben damit eine Bewegung zur Rettung dieser Populationen eingeleitet, die noch heute von größter Bedeutung ist und auf die noch ausführlich eingegangen werden muß. Die Sammlung, Erhaltung und Analyse der Formenmannigfaltigkeit wird damit zu einem zweiten wichtigen Komplex von Problemen in der modernen Kulturpflanzenforschung. Durch planmäßig organisierte Sammelreisen sind Wild- und Primitivformen von Kulturpflanzen intensiv zu erfassen, bevor sie durch hochgezüchtete Sippen mit enger genetischer Variabilität aus den Mannigfaltigkeitszentren unserer Erde verschwinden.

Die große Fülle an Genotypen, die diese Sammlungen enthalten, sind ein wichtiges Ausgangsmaterial für die botanische Grundlagen- und für die angewandte Forschung. Die genetische Mannigfaltigkeit muß durch Arbeiten im Bereich der Mutationsforschung erweitert werden, die in gleicher Weise theoretische und praktische Fragestellungen eröffnet. An deren Analyse sind aber nicht allein die großen klassischen Disziplinen der Biologie beteiligt, sondern in zunehmendem Maße auch die Erkenntnisse der Molekularbiologie und der Molekulargenetik, der genetischen Entwicklungsphysiologie, der somatischen Zellforschung, der Populations- und Evolutionsgenetik.

Der botanische Systematiker hat die große Formenfülle nach morphologischen Merkmalen zu ordnen, d. h. ein System für jede bedeutende Kulturpflanzengattung zu entwerfen und nach neuen Merkmalen und Eigenschaften zu suchen, die für die Kenntnis der verwandtschaftlichen Beziehungen einzelner Pflanzengruppen zueinander von Wichtigkeit sind.

Im Bereich der chemischen und physikalischen Physiologie sind umfassende Arbeiten zur Erforschung der Grundlagen der Produktivität erforderlich. Es müssen Untersuchungen über die optimalen Wachstums- und Entwicklungsbedingungen durchgeführt und grundlegende Erkenntnisse über die inneren und äußeren Faktoren der Entwicklung und der Stoffproduktion erarbeitet werden. Fast alle Teilgebiete der Pflanzenphysiologie sind daran beteiligt. Dazu gehören Arbeiten zum Problem der Differenzierung, der Reifung und Alterung, zur weiteren Erforschung photosynthetischer Prozesse und deren Abhängigkeit von inneren und äußeren Faktoren und die Analyse der Funktion der photosynthetisch aktiven Pigmente. Die Bildung, Zusammensetzung und Speicherung von Inhaltsstoffen, insbesondere von Eiweißen, Untersuchungen zur Physiologie der Resistenz und alle Arbeiten auf dem Gebiet der ökologischen Pflanzenphysiologie umfassen weitere wichtige Gebiete einer gezielten Grundlagenforschung. Ihre Ergebnisse werden dem Züchtungsforscher und dem praktischen Züchter von Nutzen sein, weil ihm durch diese Untersuchungen wünschenswerte Merkmalsträger für seine Arbeit zur Verfügung gestellt werden können.

Mit der vielseitigen wissenschaftlichen Analyse von Kulturpflanzensippen und ihrer Vorselektion auf züchterisch wertvolle Merkmale und Eigenschaften wird der dritte große Komplex zeitgemäßer Kulturpflanzenforschung gekennzeichnet und damit werden die Arbeitsbereiche charakterisiert, die in einem Forschungsinstitut vordringlich bearbeitet werden sollten. Die erkannten Schwerpunkte und die Situation der wissenschaftlichen Forschung auf diesem Gebiet in dem Jahrzehnt vor Ausbruch des 2. Weltkrieges in Deutschland drängten dazu, den Plan der Gründung eines solchen Instituts zu verwirklichen. Hierfür ist eine Schilderung der seinerzeit gegebenen Lage unentbehrlich.

Schon lange vor Beginn des 2. Weltkrieges wurde in der Kaiser-Wilhelm-Gesellschaft zur Förderung der Wissenschaften in Berlin der Plan erwogen, ein Institut für Kulturpflanzenforschung zu gründen, in dem in enger Zusammenarbeit verschiedener biologischer Disziplinen wesentliche Probleme der Grundlagenforschung an Kulturpflanzen bearbeitet werden sollten.

Zwar gab es in der Kaiser-Wilhelm-Gesellschaft bereits das von Erwin Baur 1927 gegründete Institut für Züchtungsforschung in Müncheberg/Mark, das Arbeiten über die wissenschaftlichen Grundlagen der Züchtung und auch praktische Züchtungsarbeiten durchführte. Es wurde in jener Zeit vielfach die Auffassung vertreten, daß die sich immer stärker entwickelnden und mit hohem finanziellen Aufwand belasteten technischen Methoden der modernen Züchtung — und die damit verbundene Beschleunigung des Züchtungsprozesses — von den privaten Zuchtstätten nicht mehr voll genutzt werden könnten, um im Weltmaßstab konkurrenzfähig zu bleiben. Das Müncheberger Institut war daher ausersehen, in enger Kooperation mit den Privatzüchtern wissenschaftliche Vorarbeiten auf dem Gebiet der Züchtungsforschung zu leisten.

Aber auch im Bereich der Universitäten und einiger Ministerien, vornehmlich in der Biologischen Reichsanstalt in Berlin-Dahlem und an den landwirtschaftlichen und naturwissenschaftlichen Fakultäten, gab es Abteilungen, Bereiche und Institute, die meist unmittelbar der landwirtschaftlichen oder gärtnerischen Praxis dienende Probleme an Kulturpflanzen bearbeiteten und dabei wesentliche Erfolge erzielten. In einigen botanischen Instituten der Universitäten wurden auf dem Gebiet der Genetik, der Physiologie, der Phytopathologie, der Morphologie und Systematik von Kulturpflanzen gleichfalls Arbeiten durchgeführt, die wichtige Erkenntnisse brachten und zur Grundlage einer ständig wachsenden Verbesserung der Kulturpflanzen in Ertragshöhe und Ertragsqualität wurden. Schließlich müssen in diesem Zusammenhang auch die Laboratorien der großen Saatzuchtfirmen Deutschlands erwähnt werden, wie die Firmen Dippe, Mette und Schreiber in Quedlinburg, Rabbethge und Giesecke A. G., Kleinwanzleben, F. Heine, Hadmersleben, die C. Wenzel'sche Saatzuchtanstalt, Teutschenthal bei Salzmünde, F. v. Lochow, Petkus u. a., die mit einem Stab ausgezeichneter Fachleute die Ergebnisse der Grundlagenforschung unmittelbar in die Praxis umsetzten, um neue ertragreiche Sorten zu züchten.

Bereits frühzeitig aber wurde erkannt, daß zur Erreichung wichtiger Zuchtziele eine breite Basis und eine möglichst vollständige Erfassung der genetischen Mannigfaltigkeit der Kulturpflanzen und ihrer Primitiv- und Wildformen in großen, zentralen Sortimenten erforderlich sei, wenn bleibende Aussagen über die Geschichte, Phylogenie, Systematik, Genetik und Physiologie der Kulturpflanzen gemacht werden sollen. An diesen Sortimenten konnten wichtige Erkenntnisse der Grundlagenforschung erarbeitet werden, und sie waren ein Reservoir züchterisch wertvollen Genmaterials, das für die Fortschritte in der Pflanzenzüchtung unentbehrlich wurde.

Von deutschen Genetikern und Züchtungsforschern wurden in Erkenntnis dieser Lage im Zeitraum von 1930 bis 1968 Sammelreisen durchgeführt, und zwar in folgende Länder:

1930/31 BAUR, SCHICK: Südamerika
1935/36 SCHEIBE: Hindukusch
1937/38 TROLL, SCHOTTENLOHER: Äthiopien und Erythräa
1938/39 SCHÄFER: Tibet
1941/42 STUBBE: Albanien/Griechenland/Kreta
1950 MALY: Süditalien
1952/54 KUCKUCK: Iran
1956, 1958, 1959 STUBBE, MANSFELD, RIETH, DANERT, BÖHME, HANELT, HELM, SCHULTZE-MOTEL: China
1957 ROMEIKE, G. SCHOLZ: Niedere Tatra
1958 SCHMANITZ: Mittelamerika
1962 SCHULTZE-MOTEL, DÖBEL: Bulgarien
1962, 1964 BÖHME, GREBENŠČIKOV, DANERT, HANELT: Mongolische Volksrepublik
1964 HELM, ZACHARIAS: Jugoslawien
1966 HELM, BANDLOW: Armenien, Halbinsel Krim
1967 KUCKUCK: Osttürkei
1967/68 RIETH, DANERT: Kuba.

Als Ergebnis dieser Reisen vor dem zweiten Weltkrieg wurden in einigen Instituten Deutschlands kleinere Sortimente aufgebaut. Sehr bald ergab sich, daß sich solche Einzelsortimente in kleinen Instituten nicht bewährten, weil die erforderlichen Mittel und Menschen zur sorgfältigen Erhaltung nicht zur Verfügung standen und die zentrale Bearbeitung des gesammelten Materials erschwert wurde. Es schien daher eine Zentralisierung der Sortimente in einem großen, speziell hierfür eingerichteten Institut dringend erforderlich. Das Institut für Kulturpflanzenforschung der Kaiser-Wilhelm-Gesellschaft wurde ausersehen, ein Weltsortiment aufzubauen und seine Arbeiten auf die Geschichte und Phylogenie der Kulturpflanzen und auf ihre Bearbeitung in den wichtigsten botanischen Disziplinen zu konzentrieren.

Am Beginn der Realisierung dieser neuen Erkenntnisse standen die großen vorbildlichen Expeditionen, die Nikolai Ivanovitsch VAVILOV und die Mitarbeiter seines Instituts in Leningrad in alle Klimazonen des eigenen Landes und auf der Erde durchführten. Als Ergebnis dieser Sammelreisen stellte VAVILOV einige Theorien über die Entstehung von Kulturpflanzen auf. Im Gesetz der homologen Reihen (1922) wurde bei Leguminosen und Gramineen das Auftreten von Parallelvariationen erklärt und in einem Buch über „Studien zum Ursprung der Kulturpflanzen" (1926) alle bisherigen Erkenntnisse von ihm und seinen Mitarbeitern dargelegt. Auf dem V. Internationalen Kongreß für Genetik 1927 in Berlin berichtete VAVILOV zusammenfassend über das Ergebnis seiner Sammelreisen und entwickelte die Genzentren-Theorie.

Seit dieser Zeit sind viele neue Erkenntnisse zum Problem der Entstehung der Kulturpflanzen aus Wildpflanzen gewonnen worden. VAVILOV fand, daß die Formenmannigfaltigkeit der Kulturpflanzen nicht gleichmäßig über die gesamte Erde verteilt ist, sondern sich auf gewisse Gebirgsregionen der Tropen und Subtropen, die sog. Mannigfaltigkeits- oder Genzentren konzentriert. In den Gebieten dieser Genzentren hätten extreme Umweltverhältnisse in großer Häufigkeit meist dominante Mutationen entstehen lassen, und die sehr verschiedenartigen Lebensbedingungen in den Gebirgstälern hätten zusammen mit der Isolierung durch die Gebirgszüge die Erhaltung dieser Mutanten in Form von Wildsippen, Primitivformen und Landrassen ermöglicht. Bei der Verbreitung der Kulturpflanzen aus den Genzentren erlischt die natürliche Formenmannigfaltigkeit, sie werden unter Zunahme rezessiver Gene um so einheitlicher, je weiter sie von ihrem Entstehungsgebiet entfernt sind, bis schließlich durch einen gezielten Züchtungsprozeß eine neue sekundäre Formenmannigfaltigkeit entsteht.

VAVILOV studierte auf zahlreichen Sammelreisen in der ganzen Welt die geographische Verteilung der Arten, Unterarten und Varietäten sowie einzelne morphologische Merkmale und fand auf der Erde 8 Mannigfaltigkeitszentren, von denen er annahm, daß sie für viele Kulturpflanzen auch deren Entstehungsherde sind. Hier setzt nun eines der entscheidenden Argumente gegen seine Konzeption ein, denn es ist bekannt, daß schon bei den Wanderungen der Menschen in der Frühzeit ihrer Geschichte primitive Formen verbreitet wurden und in edaphisch und klimatisch günstigen Regionen eine neue sekundäre Formenmannigfaltigkeit entstehen kann. Hierdurch wurde die Aufklärung der Frage nach der genauen Lokalisation eines Genzentrums und welche Wildformen an der Entstehung einer Kulturpflanze beteiligt waren, beträchtlich erschwert, so daß sich eine große Fülle noch ungelöster Probleme ergab, deren Lösung nur in großen Gemeinschaftsarbeiten von Wissenschaftlern verschiedener Disziplinen zu erwarten war. GÖKGÖL (1941), SCHIEMANN (1939/43), HARLAND (1951), BRIEGER (1961), KUCKUCK (1962) und BRÜCHER (1969/77) haben bei aller Anerkennung der großen Verdienste VAVILOVS zur Genzentren-Theorie auf Grund neuester Erkenntnisse und vor allem eigener Erfahrungen in der Türkei, im Iran und in Südamerika Stellung zu dieser Theorie genommen. Es ist nach ihrer Meinung auf Grund eigener Untersuchungen für eine Anzahl von Kulturpflanzen nicht möglich, ein mehr oder minder fest umrissenes Genzentrum anzugeben. Sie weisen darauf hin, daß nicht nur Gebirgstäler, sondern auch Ebenen Zentren der Mannigfaltigkeit sein können, und sie bezweifeln, daß Genzentren mit Entstehungszentren der Kulturpflanzen gleichgesetzt werden können. Sie halten eine dynamische Betrachtung der Probleme für erforderlich.

Ganz allgemein aber haben die Untersuchungen über die Entstehung von Kulturpflanzen wohl darüber eindeutige Auskunft gegeben, daß die genetischen Prozesse, die die Vererbungsforscher an ihren Versuchsobjekten studieren, auch bei der Entstehung der Kulturpflanzen eine entscheidende Rolle gespielt haben. Dabei waren die Vorgänge im besonderen beteiligt, die wir unter dem Gesamtbegriff der Mutation zusammenfassen. Als es uns in jahrelanger Arbeit im Gaterslebener Institut gelang mit Hilfe der experimentellen Mutationsforschung die gesamte Formenfülle der Gerste, der Sojabohne und Tomate, die auf der Welt vorhanden ist, wieder zu erzeugen, waren wir berechtigt zu schließen, daß auch die spontan entstandene Formenfülle grundsätzlich durch die gleichen Prozesse bedingt wurde.

Ein weiterer biologischer Prozeß, der nicht nur bei der Entstehung der Kulturpflanzen, sondern in der gesamten Evolution eine wichtige Rolle spielt, ist die Steigerung der Formenfülle durch Bastardierung, die eine ständige und vielfältige Neukombination der Erbanlagen bewirkt und in Verbindung mit einer Verdoppelung oder Vervielfachung der Chromosomensätze bei der Entstehung der Kulturpflanzen entscheidend mitgewirkt hat, wobei insbesondere durch Allopolyploidie zahlreiche Kulturpflanzen entstanden sind. Die Polyploidieforschung hat nicht nur eindeutige Beweise für die Synthese einzelner Kulturpflanzen aus bestimmten Wildpflanzen erbracht, sondern es ermöglicht, die Entstehung einzelner allopolyploider Kulturpflanzen zu wiederholen. Sie ist auch jetzt noch von großer Bedeutung für die Herstellung komplizierter Art- und Gattungsbastarde, die nur durch Polyploidisierung als fertiles Ausgangsmaterial für die Züchtung genutzt werden können.

Es ist also für einige Kulturpflanzen heute bereits möglich, die Schritte zu erkennen, die sie bei ihrer Entstehung gegangen sind. Das gibt uns die Möglichkeit zu prüfen, welche Wege experimentell eingeschlagen werden können, um neue Kulturpflanzen zu schaffen. Dabei handelt es sich nicht nur um die Frage, welche Aussichten bestehen, Kulturpflanzen anderer klimatisch bevorzugter Länder bei uns zu akklimatisieren und zu selektionieren, um sie anbauwürdig zu machen, sondern in erster Linie darum, aus Wildpflanzen oder schon in bestimmter Hinsicht genutzten Pflanzen wirkliche Kulturpflanzen zu schaffen. Dafür gibt es markante Beispiele genug. Es sind dies Probleme, die in den weiten Bereich der Züchtungsforschung und der praktischen Züchtung gehören, deren Ziel es ist, u. a. durch ständige Neukombinationen genetischen Materials Ertrags- und Qualitätssteigerungen zu erreichen und durch die Schaffung immer leistungsfähigerer Sorten die Bedürfnisse der menschlichen Gesellschaft zu befriedigen. Das Ausgangsmaterial für diese Arbeiten haben die Weltsortimente der Kulturpflanzen zu liefern, deren Bedeutung um so größer wird, je schneller Wild-, Primitiv- und Landsorten der Kulturpflanzen in der ganzen Welt durch den immer stärker verbreiteten Anbau hochleistungsfähiger Sorten ersetzt werden und damit wertvolle Gene, die züchterisch brauchbare Merkmale und Eigenschaften bedingen, insbesondere Resistenz gegen Schaderreger, verlorengehen.

Es wurden daher in den vergangenen Jahrzehnten in vielen Ländern große Sortimente von Wild- und Primitivformen der Kulturpflanzen angelegt, um die natürliche Formenmannigfaltigkeit zu erhalten. Außer in dem großen Zentrum des Allunionsinstitutes für Pflanzenbau (VIR) in Leningrad (jetzt N. I. Vavilov-Institute of Plant Industry) und dem heutigen Zentralinstitut für Genetik und Kulturpflanzenforschung in Gatersleben befinden sich umfangreiche Kollektionen in den USA, in denen es bereits seit 1893 das Seed and Plant Introduction Office innerhalb des Department of Agriculture gibt, in dem die Plant Introduction Section of the Agricultural/Horticultural Crop Research Branch über große Sortimente mit der Zentrale in Beltsville/Maryland und einer Anzahl von Regionalstationen verfügt. Auch in Australien, Brasilien, Canada, Indien, Japan und den Philippinen befinden sich umfangreiche Sortimente, die von einzelnen Instituten erhalten werden und deren Stationen oft über das ganze Land verteilt sind. In Westeuropa wurde die Initiative zur Organisierung und Koordinierung der Arbeiten an den großen Kulturpflanzensortimenten in der FAO (Food and Agriculture Organization of the United Nations) und der EUCARPIA (Europäische Gesellschaft für Züchtungsforschung) ergriffen.

Doch hat sich mehr und mehr die Auffassung durchgesetzt, daß die Existenz einiger weniger großer zentraler Sortimente das weltweite Problem der Gefahr des Auslöschens der ursprünglichen Mannigfaltigkeit nicht allein beseitigen kann. Eine ständige internationale Zusammenarbeit ist erforderlich, deren Ziel es sein muß, spezielle Forschungsstationen in den Mannigfaltigkeitszentren selbst aufzubauen (Exploration Centres), um die Sammlung und Erhaltung der wertvollen Sippen unter den regionalen ökologischen Bedingungen zu organisieren und sie schon an Ort und Stelle zu prüfen. Erste Schritte hierzu sind in den letzten Jahren getan worden.

Nach der Sichtung des gesammelten Materials sollte die weitere Analyse und wissenschaftliche Bearbeitung in geeigneten Instituten erfolgen. Ziel aller Forschungseinrichtungen, die Sortimente erhalten, muß unter anderem die vergleichende Bearbeitung des Materials sein, um die den örtlichen ökologischen Bedingungen optimal angepaßten Sippen zu ermitteln und eine umfassende Vorselektion auf züchterisch wertvolle Merkmale und Eigenschaften durchzuführen.

Damit war auch die Arbeitsrichtung des Instituts für Kulturpflanzenforschung in großen Zügen vorgezeichnet. Die wissenschaftlichen Mitarbeiter des Instituts begannen schon in den letzten Jahren des zweiten Weltkrieges, sich über den zukünftigen Standort und den Aufgabenbereich des Instituts Gedanken zu machen. Nach Kriegsende wurde dann in Gatersleben die Entwicklung eines breiten Spektrums von Untersuchungen begonnen. Dabei mußte die Arbeit auch laufend dahingehend überprüft werden, inwieweit sie den sich ständig entwickelnden volkswirtschaftlichen und gesellschaftlichen Erfordernissen entsprach. Bei diesem Prozeß wurde erkannt, daß auf dem Gebiet der Erkundungs- und Grundlagenforschung vorrangig solche Probleme bearbeitet werden mußten, die den Vorlauf für praktisch wirksame und gesellschaftlich notwendige Anwendungen gewährleisten. Dabei kommt der intensiven Weiterentwicklung der molekularbiologischen Forschung besondere Bedeutung zu durch die Untersuchung der Mutations- und genetischen Austauschprozesse bei Eukaryoten. Von großem Wert werden im Bereich der biologischen Forschung neuartige genetische und biochemische Methoden, insbesondere der Einsatz der Zell- und Gewebekulturtechnik, und die komplexe Erforschung der genetischen und biochemisch-physiologischen Grundlagen der Stoffproduktion bei Kulturpflanzen sein.

In der Erkenntnis, daß Arbeiten auf dem Gebiet der Grundlagenforschung unentbehrlich für den Fortschritt auf angewandtem Gebiet sind, wurde es möglich, im Laufe der Jahre neue Arbeitsbereiche in das Ensemble der Institutsarbeiten aufzunehmen: Molekularbiologie und -genetik, Mutagenitätsprobleme an Kleinsäugern, entwicklungsphysiologische und -biochemische Arbeiten an Kulturpflanzen und an niederen Tieren und somatische Zellforschung.

Auf dem Gebiet der angewandten Forschung kam es darauf an, neue Bereiche für die Umsetzung der theoretischen Erkenntnisse in praktische, hocheffektive Methoden und Verfahren zu erschließen und wissenschaftliche Grundlagen für die Erhöhung der Produktivität volkswirtschaftlich wichtiger Kulturpflanzen zu erarbeiten. Dabei sollten die Probleme der Qualität und Quantität der Pflanzen-Eiweiße und deren Verwendung, die Analyse der photosynthetischen Stoffwechselleistungen und ihre Abhängigkeit von Genotyp und Umwelt und die Ausarbeitung spezifischer genetischer Grundlagen zur systematischen Nutzung von Hybrideffekten vordringlich bearbeitet werden. Erforderlich ist hierbei die Erfassung der ökonomisch wichtigen Eigenschaften der Sippen in einem Kulturpflanzensortiment unter Einsatz moderner Analyseverfahren in Screening-Programmen.

Zu den vordringlichen Zukunftsaufgaben der Kulturpflanzenforschung, die weit über den nationalen Bereich hinausgehen, gehört, das muß noch einmal nachdrücklich betont werden, die Erkenntnis, daß die Nahrungsgrundlage der Weltbevölkerung verbessert werden muß, damit Hunger und Not in weiten Gebieten der Erde beseitigt werden. Das kann nicht nur durch die Bemühungen geschehen, Ertragssteigerungen an konventionellen Kulturpflanzen, den Getreide- und Hackfruchtarten, zu erreichen. Es ist an der Zeit, den Blick auf die unermeßlichen Reserven zu richten, die uns tropische Nutzpflanzen bieten, die bisher noch nicht züchterisch bearbeitet wurden und die z. T. noch völlig unbekannt sind. Hier liegen Aufgaben größten Maßstabes vor der Kulturpflanzenforschung der Welt, die nur gemeinsam mit den Entwicklungsländern gelöst werden können, deren dringende und schnelle Lösung aber auch uns angeht.

Ausgewählte Literatur

BAUR, E., 1914: Die Bedeutung der primitiven Kulturrassen und der wilden Verwandten unserer Kulturpflanzen für die Pflanzenzüchtung. — Jahrb. dt. Landw. Gesellsch. **29**, 104—110

BRIEGER, F. G., 1961: Collections and evaluation of indigenous races of maize. — FAO Technical Meeting on Plant Exploration and Introduction July 10—20, 1961, PEI/VIII/1

BRÜCHER, H., 1969: Gibt es Genzentren? — Naturwissenschaften **56**, 77—84

BRÜCHER, H., 1971: Zur Widerlegung von Vavilovs geographisch-botanischer Differentialmethode. — Erdkunde, Z. wiss. Geographie **25**, 20—36

BRÜCHER, H., 1977: Tropische Nutzpflanzen. Ursprung, Evolution und Domestikation. — Springer-Verlag, Berlin-Heidelberg-New York

GÖKGÖL, M., 1941: Über die Genzentrentheorie und den Ursprung des Weizens. — Z. Pflanzenzüchtg. **23**, 562—578

HARLAND, J. R., 1951: Anatomy of gene centres. — Am. Naturlist **85**, 97

KUCKUCK, H., 1962: Vavilovs Genzentrentheorie in heutiger Sicht. — 3. Kongr. d. Europ. Ges. f. Züchtungsforschung

MAYR, E., 1935: Über wissenschaftliche und praktische Ergebnisse der alpinen Landsortenforschung. — Forschungen u. Fortschritte **11**, 376—378

MAYR, E., 1937: Alpine Landsorten in ihrer Bedeutung für die praktische Züchtung. — Forschungsdienst 4, 162—166

MAYR, E., 1942: Beiträge zur Sortenfrage im Bergbauernbetrieb der Alpengaue. — Züchter, **14**, 249—252

NILSSON-EHLE, H., 1911: Kreuzungsuntersuchungen an Hafer und Weizen. — Lunds Univ. Arscrift N. F. Avd. Bd. 5 und 7

NILSSON-EHLE, H., 1924: Versuche über die Möglichkeit, Frühreife mit hoher Ertragsfähigkeit durch Kreuzung zu kombinieren. — Schindler-Festschrift, Verlag Paul Parey, Berlin

SCHIEMANN, E., 1939: Gedanken zur Genzentrentheorie Vavilovs. — Naturwissenschaften **27**, 377—383, 394—401

SCHIEMANN, E., 1943: Entstehung der Kulturpflanzen. — Ergeb. Biologie **19**, 409

SCHINDLER, F., 1893: Der Weizen in seiner Beziehung zum Klima. — Berlin

VAVILOV, N. I., 1922: The law of homologous series in variation. — J. Gen. **12**, 47

VAVILOV, N. I., 1926: Studies on the origin of cultivated plants. — Bull. Appl. Botany **XVI**, II, 1 Leningrad

VAVILOV, N. I., 1951: Phytogeographic basis on plant breeding. The origin, variation, immunity and breeding of cultivated plants. — Chronica Botanica **13**, 1—366

2. Geschichte des Instituts von seiner Gründung (1943) bis zur Übernahme durch die Deutsche Akademie der Wissenschaften zu Berlin (1948)

Der Ausbruch des 2. Weltkrieges verzögerte die Gründung des Instituts für Kulturpflanzenforschung in der Kaiser-Wilhelm-Gesellschaft zur Förderung der Wissenschaften, doch wurden erste Verhandlungen darüber von dem Senator der Kaiser-Wilhelm-Gesellschaft, Prof. Dr. Fritz von WETTSTEIN, mit dem Präsidenten und der Generalverwaltung der Kaiser-Wilhelm-Gesellschaft schon in den letzten Jahren vor Kriegsausbruch geführt. Dabei wurden die bereits erwähnten neuen Entwicklungslinien der Kulturpflanzenforschung, die Sammlung und Erhaltung von Weltsortimenten der Kulturpflanzen und ihre Bearbeitung in den großen botanischen Disziplinen Systematik, Ökologie, Genetik, Biochemie, Biophysik und Physiologie, in den Mittelpunkt der Begründung für die Errichtung des Forschungsinstituts gestellt, das sich unabhängig von den Erfordernissen eines Hochschulinstituts hauptamtlich allen Teilgebieten der Kulturpflanzenforschung im weitesten Sinne widmen sollte. Von diesem neuen Zentrum der Biowissenschaften sollte eine enge Zusammenarbeit mit anderen Instituten, vornehmlich der theoretischen und angewandten Botanik, der Pflanzenzüchtung, des Pflanzenbaues und der Phytopathologie durch Bereitstellung botanisch und züchterisch wertvollen Ausgangsmaterials erfolgen. Damit wurde die planmäßige Durchführung von Sammelreisen ein Schwerpunkt des neu zu gründenden Institus, um die bereits vorhandenen Sammlungen zu erweitern (s. Kap. 1). In Ergänzung hierzu war eine Zentrale des Samenaustauschs geplant, die in enger Verbindung mit allen zuständigen Einrichtungen der Welt dem Institut den Charakter einer auf internationaler Basis arbeitenden Forschungsstätte der Kaiser-Wilhelm-Gesellschaft geben sollte.

Diese Grundidee konnte durch den Ausbruch des 2. Weltkrieges nur langsam verwirklicht werden. Schon vor der offiziellen Gründung des Instituts wurden zwei Sammelreisen des Kaiser-Wilhelm-Instituts für Biologie in Berlin-Dahlem nach Albanien, Griechenland und Kreta in den Jahren 1941 und 1942 unter Leitung von H. STUBBE und eine dritte Sammelreise 1944 nach Südfrankreich und in die Nordpyrenäen durchgeführt, die einen größeren Zuwachs der schon in Deutschland vorhandenen, bisher auf mehrere Institute verteilten Kulturpflanzensortimente erbrachten. Besonders glückliche Umstände ermöglichten 1942 an der Unternehmung in Griechenland und auf Kreta auch die Teilnahme von Botanikern und Zoologen, denen die Sammlung der Wildflora und -fauna der besuchten Gebiete übertragen wurde, um die Verluste, die durch Kriegseinwirkungen in einigen Universitätsinstituten und Museen Deutschlands eingetreten waren, auszugleichen.

Die ersten konkreten Verhandlungen über die Lage und die Struktur des Institutes begannen 1942. Zum Direktor des Institutes wurde Hans STUBBE ernannt, der seit 1936 wissenschaftlicher Mitarbeiter am Kaiser-Wilhelm-Institut für Biologie in Berlin-Dahlem und Schüler des Genetikers und Züchtungsforschers Erwin BAUR war. Er trat 1927 in das Institut für Vererbungsforschung der Landwirtschaftlichen

Hochschule in Berlin-Dahlem ein, wurde 1929 in das neuerbaute Kaiser-Wilhelm-Institut für Züchtungsforschung in Müncheberg/Mark in den Arbeitsbereich Mutationsforschung übernommen, aus dem er zu Beginn des Jahres 1936 aus politischen Gründen fristlos entlassen wurde.

Nach einem Vorschlag Fritz von WETTSTEINS, des 1. Direktors des Kaiser-Wilhelm-Instituts für Biologie, sollte das neue Institut wegen der günstigen klimatischen Bedingungen im Raum von Wien aufgebaut werden. Hans STUBBE erhielt am 1. April 1943 seine Berufung durch den Präsidenten der Kaiser-Wilhelm-Gesellschaft; der 1. April 1943 kann damit als Gründungstag des Instituts für Kulturpflanzenforschung angesehen werden.

Nach sehr langwierigen und komplizierten Verhandlungen im letzten Quartal des Jahres 1942 und im 1. Quartal 1943 über den Standort des Instituts in Wien wurde dem Institut schließlich das kleine Gut Tuttenhof in Größe von etwa 50 ha, das bisher zum Stift Klosterneuburg gehört hatte, als Versuchs- und Baugelände zur Verfügung gestellt. Bevor es zu diesem Ergebnis kam, waren verschiedene andere Objekte in die engere Wahl gezogen worden, doch gelang es dann dank der großen Bereitschaft aller Wiener Behörden, vornehmlich auch durch das rege Interesse, das der damalige Rektor der Universität Wien und Direktor des Botanischen Instituts der Universität Prof. Dr. KNOLL zeigte, die annähernd optimale Lösung zu finden. Das erworbene Gelände sollte durch Landaustausch zweckmäßig erweitert und mit dem Neubau des Instituts nach Beendigung des Krieges begonnen werden. Diese Verhandlungen mit zahlreichen kleinen Landbesitzern verliefen jedoch außerordentlich zäh, kosteten einen großen Zeitaufwand und zogen sich bis zum Kriegsende hin, ohne abgeschlossen zu werden.

Das Gut Tuttenhof lag im Norden von Wien linksseitig der Donau zwischen dem Bisamberg und Klosterneuburg. Das zu ihm gehörende Gelände wurde nordöstlich durch die Reichsstraße Wien—Korneuburg, südwestlich durch die Donau begrenzt. Nordwestlich wurde die Grenze durch die Straße Korneuburg—Tuttendörfl und südöstlich durch einen abgeknickten Feldweg vom Tuttenhof zur Reichsstraße gebildet. Das Gelände wurde parallel zur nordöstlichen und südwestlichen Begrenzung von der Nordbahnstrecke Wien—Korneuburg durchschnitten.

Als erste Unterkunft für die Arbeitsräume und Laboratorien wurde dem Institut das Forschungsinstitut der Wiener Akademie der Wissenschaften im Vivarium, Wien VI, Hauptallee 1, in Mietvertrag überlassen und für die Zwecke des Instituts eingerichtet.

Im Plan des Instituts waren große selbständige Abteilungen vorgesehen, deren Leiter die Gewähr boten, zentrale Fragen der Kulturpflanzenforschung, wie sie in Kap. 1 kurz dargelegt wurden, mit allen Mitteln moderner Methodik zu bearbeiten. Bis zum Ende des Krieges wurden folgende Abteilungen konzipiert:

1. Abteilung Genetik (Leiter H. STUBBE)
2. Abteilung Cytologie (Leiter L. GEITLER)
3. Abteilung Systematik (Leiter O. SCHWARZ)
4. Abteilung Physiologie (Leiter K. PIRSCHLE)
5. Abteilung für Geschichte der Kulturpflanzen (Leiterin E. SCHIEMANN)
6. Abteilung Gartenbau (Leiter H. VOGT).

In den Abteilungen standen neben technischen Assistentinnen und einer Sekretärin zunächst folgende wissenschaftliche Mitarbeiter zur Verfügung: W. ROTHMALER als Systematiker und R. MALY als Genetiker. 1944 traten zwei holländische Studenten, J. HENDRIKS und H. SWART, die von uns aus faschistischen Arbeitslagern befreit wurden, als wissenschaftliche Hilfsarbeiter in das Institut ein. Es bestand der Plan, auch R. FREISLEBEN, H. BRÜCHER und R. BIEBL, alle erfahrene Wissenschaftler auf ihren speziellen Gebieten, für das Institut zu gewinnen, doch kamen die Verhandlungen vor dem Ende des Krieges nicht mehr zum Abschluß bzw. scheiterten.

Bereits im Jahre 1943 begannen die Arbeiten in den Laboratorien des Vivariums und auf dem Versuchsgut Tuttenhof. K. PIRSCHLE setzte im Vivarium seine Arbeiten zum Mineralstoffwechsel, allerdings mit mehrmaliger Unterbrechung durch Bombenschaden, fort und auf dem Gut Tuttenhof wurden Teile des Sortiments aus den 1941/42 durchgeführten Sammelreisen angebaut und Mutationsversuche an Sommer- und Wintergersten durchgeführt. Besondere Bemühungen galten der Beschaffung der erforderlichen Arbeitsmittel. 1944 konnten 2 Baracken aufgebaut und ein größeres Versuchsgelände eingezäunt werden.

Die Arbeiten auf dem Versuchsgut wurden erschwert durch Unzuverlässigkeit und mangelndes Interesse an den Aufgaben des Instituts durch den übernommenen landwirtschaftlichen Beamten, durch wiederholte politische Angriffe von seiten der NS-Gauleitung in Wien und schließlich durch schwere Bombenangriffe der amerikanischen Luftwaffe. Größere Schäden entstanden im Laboratoriumsgebäude und regelmäßige Luftangriffe auf die am Südrand von Korneuburg gelegene Ölfabrik führten auf dem Versuchsgelände zu bedeutenden Verwüstungen (über 400 Bombentrichter) und hinderten den normalen Fortgang der Arbeiten.

Gegen Ende des Jahres 1944 mußte daher die Errichtung einer Ausweichstation erwogen werden. Sie konnte dank der großen Hilfsbereitschaft von Dr. G. BECKER, dem damaligen Leiter des Forschungslaboratoriums der Gebr. Dippe AG, im Raum von Quedlinburg am Ostrand des Harzes in dem Dorf Stecklenberg eingerichtet werden. Die Mitarbeiter der Systematischen Abteilung übersiedelten mit Teilen des Sortiments und der Bibliothek Anfang 1945 nach Stecklenberg und trafen alle Vorbereitungen, um dort den Anbau des Sortiments sicherzustellen. Die Physiologische und die Genetische Abteilung blieben noch in Wien. Zwingende Gründe führten jedoch am 6. April 1945 zur Überführung der letzten Mitarbeiter des Instituts in die Verlagerungsstation des Dorfes Stecklenberg, das am 19. April von den Streitkräften der USA besetzt wurde.

Mit der Beendigung des Krieges war der Standort Wien für das Institut zunächst verloren. Das wertvolle Material des Instituts und seine Einrichtungen wurden von allen Besatzungsmächten, den Amerikanern waren die Engländer und dann am 1. Juli 1945 die sowjetische Besatzungsmacht gefolgt, respektiert. In Stecklenberg konnten einige Morgen Land für den Anbau des Sortiments gepachtet werden. Dr. BECKER stellte in Quedlinburg Versuchsland und Gewächshäuser in selbstloser Weise zur Verfügung. Das Schicksal des Instituts blieb in den ersten Monaten der Besetzung ungewiß. Eine Rückführung nach Wien wurde im ersten Nachkriegsjahr von dem jüngsten Mitarbeiter des Instituts, Roland MALY, im Auftrage des Institutsdirektors mit den zuständigen Wiener Behörden sondiert. Die sehr intensiven Bemühungen scheiterten an dem Widerstand einiger Professoren der Wiener Hochschule für Bodenkultur, die nach einem Schreiben von Hofrat TSCHERMAK VON SEYSENEGG vom 16. März 1946 an Roland MALY Angst hatten, „von Forscherpersönlichkeiten wie STUBBE und SCHIEMANN in den Schatten gestellt zu werden".

Ferner wurde eine Verlagerung nach Berlin-Dahlem erwogen, sie scheiterte an dem Umzug der Generalverwaltung nach Göttingen und an der Beschlagnahme der Institute der Kaiser-Wilhelm-Gesellschaft durch die USA-Militärbehörde und an dem mangelnden Interesse des von den Amerikanern eingesetzten „Präsidenten" der KWG-Institute in Berlin-Dahlem.

Von dem Mitarbeiterstab in Wien waren am Ende des Krieges nur Teile in Stecklenberg anwesend. L. GEITLER blieb in Wien, E. SCHIEMANN in Berlin-Dahlem, K. PIRSCHLE wurde ein Opfer der letzten Wochen des Krieges. Die in Wien zurückgelassenen Sortimente und Inventarien gingen durch die Zerstörung des Vivariums verloren. R. MALY, der Österreicher war, hat aber nach seiner Rückkehr nach Wien 1946 die Interessen des Instituts dort noch in verschiedener Hinsicht erfolgreich vertreten können und damit die Möglichkeit erhalten, eine Zeitlang seine wissenschaftlichen Arbeiten neben seinem Studium fortzuführen.

Die Bodenreform in der sowjetischen Besatzungszone im Herbst 1945 entschied über das weitere Schicksal des Instituts. Der mitteldeutsche Raum als Zentrum der deutschen Saatzuchtbetriebe schien für seine künftige Lage besonders geeignet. Dank der eindeutigen Unterstützung durch die Sowjetische Administration in Halle, vertreten durch Major PASHKIN, wurde dem Institut Ende 1945 die über 500 ha große Domäne Gatersleben im Kreise Quedlinburg (heute Krs. Aschersleben) als neue Arbeitsstätte übergeben.

Das Dorf Gatersleben liegt an der Bahnlinie Halberstadt—Halle/Saale zwischen Halberstadt und Aschersleben. Eine Omnibuslinie führt nach Quedlinburg. Benachbarte Städte sind: Quedlinburg 12 km südwestlich von Gatersleben, Halberstadt 18 km nordwestlich von Gatersleben, Aschersleben 15 km südöstlich von Gatersleben, Ballenstedt 12 km südsüdwestlich von Gatersleben.

Die Gartenbauabteilung übersiedelte mit Gartenbauinspektor VOGT bereits im Oktober 1945 nach Gatersleben und legte die ersten Zuchtgärten an. Der Rest der Belegschaft folgte Anfang 1946. Im gleichen Jahr wurde auf Veranlassung der Deutschen Verwaltung für Volksbildung in Berlin (Präsident P. WANDEL) das Institut und das Versuchsgut unter Beibehaltung des alten Namens an die Universität Halle-Wittenberg angegliedert, die allen Wünschen des Instituts in materieller und finanzieller Hinsicht großzügig entgegenkam. Die Verbindung zur Universität Halle wurde durch die Errichtung eines Instituts für Genetik gefestigt, das von H. STUBBE als Ordinarius für theoretische und angewandte Genetik in Personalunion mit dem Gaterslebener Institut geleitet wurde.

In Gatersleben bot das ehemalige Gutshaus die erste provisorische Unterkunft für alle Abteilungen, die mit großer Tatkraft den Aufbau des Instituts begannen (Abb. 1) Der Mitarbeiterstab bedurfte nun dringend der Erweiterung.

Der Leiter der Systematischen Abteilung O. SCHWARZ schied Anfang 1946 aus dem Institut aus und übernahm das Herbarium Haußknecht in Weimar bzw. Jena. Sein Nachfolger wurde W. ROTHMALER. In die Systematische Abteilung trat als neuer Mitarbeiter im Juli 1946 R. MANSFELD ein. Weitere Mitarbeiter wurden H. EICHLER, der schon in den letzten Kriegsjahren im Institut gearbeitet hatte, G. BANDLOW, I. GREBENŠČIKOV und F. MECHELKE. Im September 1948 erhielt P. METZNER, bis zum Kriegsende Ordinarius für Botanik in Greifswald, die Leitung der Physikalisch-Physiologischen Abteilung und im Oktober 1949 K. MOTHES, bis zum Kriegsende Ordinarius für Botanik in Königsberg, die Leitung der Chemisch-Physiologischen Abteilung. Dieser übernahm wenig später in Personalunion das Pharmakognostische Institut der Universität Halle. Als W. ROTHMALER Ende 1948 das Institut verließ, um an die Universität Halle zu übersiedeln, wurde R. MANSFELD ab 1. Januar 1949 sein Nachfolger.

Im Jahre 1948 wurde die Kaiser-Wilhelm-Gesellschaft zur Förderung der Wissenschaften in der sowjetischen Besatzungszone Deutschlands aufgelöst. Bald nach der Wiedereröffnung der Deutschen Akademie der Wissenschaften zu Berlin als Nach-

Abbildung 1 Gutshaus in Gatersleben (phot. Dr. K. BERGER)

folgerin der Preußischen Akademie der Wissenschaften wurde das Institut in den Kreis der Forschungsinstitute der Akademie aufgenommen und schied damit aus dem Bereich der Universität Halle-Wittenberg aus. Lediglich die Verwaltung des Versuchsgutes blieb in der Betreuung der Versuchsgüter-Gemeinschaft der Universität Halle.

Ein Rückblick auf diese erste schwere Nachkriegszeit in einem zerstörten und hungernden Deutschland gibt Anlaß, allen denen zu danken, die an der Seite des Institutsdirektors mit dem Aufbau begannen. Ihnen blieben die Sorgen um das tägliche Brot erspart, im Gegensatz zur Not der Bevölkerung in den großen von Bomben zerstörten Städten. Die Abteilung Landwirtschaft des Instituts versorgte die Belegschaft mit den Grundnahrungsmitteln. Die Abteilung Gartenbau (Versuchsfeld und Zuchtgärten) baute Gemüse und Obst an. Eine Spinn- und Webstube, die wir errichtet hatten (Leiterin Irene THONKE), sorgte für die Bereitstellung der ersten Textilien für die Mitarbeiter. Überall regten sich Hände, um die Not zu lindern und die vielfältigen, damals seltenen Materialien zu beschaffen, die für den Beginn der Institutsarbeiten notwendig waren. An dieser Stelle muß auch erwähnt werden, daß es 1945 und 1946 mehrfach gelang, mit Genehmigung der zuständigen Behörden den Angehörigen der Kaiser-Wilhelm-Gesellschaft in Berlin größere Mengen von Lebensmitteln aus den Überschüssen der Abteilung Landwirtschaft des Instituts zur Verfügung zu stellen. Diese Gaben wurden zur Linderung der Not von allen Empfängern mit Dankbarkeit entgegengenommen.

Mit der Eingliederung des Instituts in die Deutsche Akademie der Wissenschaften zu Berlin bekam das Institut die Grundlage für die Entwicklung eines wissenschaftlichen Schwerpunktes, der sich dank der großzügigen Bereitstellung von Haushalts- und Investitionsmitteln Jahr für Jahr weiter entwickelte. In einer Zeit, die grundsätzliche politische Entscheidungen verlangte und größte Anforderungen an die Entwicklung der Volkswirtschaft und den Aufbau der Nahrungsgüterwirtschaft stellte, wurde ein großes Werk friedlicher Arbeit begründet, das wir dem Verständnis der Regierung und der Einsicht des Präsidiums und der Verwaltung der Akademie, insbesondere der nie erlahmenden Fürsorge des Wissenschaftlichen Direktors der Akademie, Dr. Josef NAAS, verdanken.

Aber dieses Kapitel der Institutsgeschichte kann nicht abgeschlossen werden, ohne darauf hinzuweisen, wie sehr die Institutsleitung in diesen ersten Nachkriegsjahren bemüht war, auch anderen wissenschaftlichen Einrichtungen, die in seiner Nähe lagen, bei dem Wiederaufbau zu helfen. Es ergaben sich sehr bald enge Beziehungen zum Institut für Phytopathologie in Aschersleben und vor allem zu den Forschungsabteilungen der großen Saatzuchtfirmen in Quedlinburg, die dank der guten Beziehungen der Gaterslebener Institutsleitung zu den sowjetischen Besatzungsbehörden vor der Aufteilung durch die im September 1945 erfolgende Bodenreform bewahrt blieben. Darüber ist an anderer Stelle schon berichtet worden („. . . einer neuen Zeit Beginn", Erinnerungen an die Anfänge unserer Kulturrevolution 1945—1949, Aufbau-Verlag, Berlin und Weimar 1980).

Die große Unterstützung, die der Institutsdirektor in jener Zeit durch sowjetische Soldaten und Offiziere in der Kreis- und Bezirkskommandantur und in der Sowjetischen Militäradministration in Berlin-Karlshorst erhielt, ermöglichte auch die Rettung und Rückführung wertvollen wissenschaftlichen Materials des Botanischen Museums in Berlin-Dahlem, das im Harz in verschiedenen Orten verlagert worden war. Diese Aktion hatte folgende Vorgeschichte:

Das Botanische Museum in Berlin-Dahlem enthielt eine der größten Herbarsammlungen der Welt und die größte botanische Fachbibliothek Deutschlands (ca. 75000 bis 80000 Bände) und etwa 200000 Separate. Die rechtzeitige Verlagerung dieses kostbaren Materials war versäumt worden, es wurde durch einen heftigen amerikanischen Fliegerangriff auf Berlin am 1. März 1943 fast vollständig vernichtet. Mit dem großen Herbar und der Bibliothek des Museums ging auch die Bibliothek des Botanischen Vereins der Provinz Brandenburg verloren. Der kostbarste Besitz des Museums, 250 Mappen mit Typenexemplaren, das sind Urkunden zur Sicherung der Identität einer Pflanze, desgleichen die 100 Mappen umfassende Filicales (Farne)-Sammlung, die aus dem Generalherbar ausgesucht und im Keller untergebracht waren, blieben jedoch erhalten. Ebenso konnte ein Übergreifen des Feuers auf den Flügel mit dem Schaumuseum verhindert werden. Auch die große Sammlung der Alkoholpräparate aus allen Pflanzenfamilien blieb unversehrt. Die Herbar- und Bibliotheksbestände wurden sofort nach dem ersten Angriff durch Zukauf und Schenkungen erheblich ergänzt und wieder in Dahlem deponiert. Es bleibt unverständlich, warum die wertvollen Restbestände und die Neuerwerbungen nicht sofort verlagert wurden, denn es erfolgten am 23. August, am 22. und 23. November 1943 und am 29. Januar 1944 weitere Luftangriffe auf Berlin, die neue Zerstörungen am Museum anrichteten. Erst nach einem Angriff am 25. April 1944 wurde beschlossen, alle noch vorhandenen kostbaren Materialien zu verlagern.

Als im Mai 1945 die vollständige Kapitulation des Dritten Reiches erfolgte, galt es, so schnell wie möglich die geretteten Bestände vor unerlaubten Zugriffen zu schützen, sie sachverständig zu lagern und sie schließlich den Einrichtungen wieder zuzuführen, denen sie gehörten. So mußte gehandelt werden, sofern die jeweilige Besatzungsmacht Einsehen und Verständnis für die Rückführung verlagerten Kulturgutes zeigte.

Von der Verlagerung des umfangreichen und einmaligen wissenschaftlichen Materials im Harz erfuhr die Institutsleitung in Gatersleben erst im August 1945 von einem Mitarbeiter des Botanischen Museums, dessen Angehörigen es bis dahin nicht möglich war, die Verlagerungsorte zu besichtigen bzw. an eine Rückführung der Sammlungen zu denken.

Die Herbarien und die Bibliothek des Botanischen Museums waren im Harz an drei Orten verlagert worden. Die auf große Kartons aufgezogene Palmensammlung des Museums befand sich in Ballenstedt am Harz in dem Haus „Mutter und Kind“ der NSV. Eine der größten Holzsammlungen der Welt, die dem Museum gehörte, war in 400 Kartons in einem kleinen Jagdhaus des Fürsten von Stolberg-Wernigerode in Schwiederschwende im Harz untergebracht, und drittens waren alte und neuerworbene bekannte Herbarien, große Teile der Bibliothek und Museumsmaterial verschiedener Art in das Kalibergwerk Bleicherode-Ost bei Nordhausen am südlichen Harzrand als Hauptdepot verlagert worden. Dieses Depot umfaßte 97 Kisten mit Büchern, 899 Kartons und 43 Pakete mit Herbarien und Museumsobjekten, darunter das berühmte Herbar Wildenow, 250 Mappen mit Typenexemplaren und viele andere Sammlungen bedeutender Botaniker sowie eine Anzahl sehr kostbarer älterer botanischer Werke.

Erst im Januar 1946 war es dem Institutsdirektor möglich, die drei Verlagerungsorte zu besuchen. Schon vorher war ein Vortrupp abgesandt worden, der erste Informationen über das Verlagerungsgut einholte. Dabei konnte festgestellt werden, daß die Palmensammlung in Ballenstedt halb zerstört war und so schnell wie möglich gerettet werden mußte. Es gelang, sie in den folgenden Wochen in das Institut in Gatersleben trotz sehr beschränkter Platzverhältnisse zu überführen, wo sie dann von dem Palmenspezialisten des Dahlemer Museums, Professor Burret, notdürftig geordnet und später unter den damals sehr schwierigen Verkehrsverhältnissen nach Berlin-Dahlem in das Botanische Museum zurücktransportiert wurde.

Im Mai 1946 war es mit Hilfe des damaligen Oberbürgermeisters in Quedlinburg, Dr. Mahlow, der wiederholt ein Fahrzeug zur Verfügung stellte, möglich, die noch fast unbeschädigte Holzsammlung mit Hilfe der kleinen sowjetischen Besatzung des Jagdhauses Schwiederschwende zu verladen und ebenfalls in das Institut für Kulturpflanzenforschung nach Gatersleben zu überführen. Die Holzsammlung wurde im April und Mai 1947 mit Lkw vollständig dem Botanischen Museum in Dahlem zurückgeliefert. Alles dies geschah in vollem Einverständnis mit den sowjetischen Behörden.

Als sehr viel schwieriger erwies sich die Bereitstellung von Fahrzeugen für die Rückführung der großen Sammlungen aus dem Kalibergwerk in Bleicherode, die von der sowjetischen Besatzung bereits aus den Stollen in eine große Halle des Werkes umgesetzt worden waren. Unter den zahlreichen Materialkisten befand sich eine, deren Rettung allen Mitarbeitern des Museums besonders wichtig war, da sich in ihr die handgeschriebenen wissenschaftlichen Manuskripte der Mitarbeiter — es gab damals im Botanischen Museum offenbar nur sehr wenige Schreibmaschinen — mit neuen wissenschaftlichen Ergebnissen befanden. Darunter war auch eine umfangreiche Orchideen-Monographie von Dr. Rudolf Mansfeld, der wie bereits erwähnt, im

Jahre 1946 in das Gaterslebener Institut eintrat und schließlich Leiter der Systematischen Abteilung des Instituts wurde.

Obwohl das Botanische Museum sofort nach unserem ersten Besuch in Bleicherode über das Vorhandensein des Verlagerungsgutes in Bleicherode informiert und aufgefordert war, den Rücktransport nach Dahlem direkt vorzunehmen, vergingen einige Wochen, bis es den Mitarbeitern des Botanischen Museums gelang, Transportmöglichkeiten zu organisieren. Als sie im April 1946 in Bleicherode eintrafen, war das ge samte Material verladen, und es hieß, es sei im März in einem Güterzug in die Sowjetunion transportiert worden.

Dr. Mansfeld beklagte wiederholt den Verlust seines Orchideen-Manuskriptes, ebenso wie alle Mitarbeiter des Dahlemer Museums ihre Manuskripte als verloren ansahen. Erst im Oktober 1947 gelang es dem Institutsdirektor, in der Sowjetischen Administration in Berlin-Karlshorst mit einem Kulturoffizier über das Dahlemer Material zu sprechen. Dabei ergab sich, daß gerade in dieser Woche die SMAD einen Güterwagen mit Materialien unbekannter Herkunft und unerklärlichen Inhalts zur Begutachtung erhalten habe mit Büchern, getrockneten Pflanzen und Keramik verschiedener Art. Man wüßte nicht, wohin diese Materialien gehörten und man müßte prüfen, ob es sich vielleicht um das gesuchte Verlagerungsgut handele. Eine schnelle Besichtigung ergab, daß der Waggon tatsächlich einen Teil der Sammlungen des Botanischen Museums enthielt. Der Güterzug war damals nicht in die Sowjetunion gefahren, sondern in Eisenach auf ein Abstellgleis gebracht worden, hatte dort viele Monate verschlossen gestanden, bis schließlich ein Waggon geöffnet wurde, der dann — da man mit seinem Inhalt nichts anzufangen wußte — der SMAD zur Prüfung zugestellt wurde.

In einer zufälligen Übereinstimmung fielen beide Ereignisse, der Transport des Waggons nach Berlin und die Besprechung in der SMAD über eine Kiste handgeschriebener Manuskripte, in die gleiche Zeit.

Die uns in den ersten Nachkriegsjahren immer gewährte Unterstützung durch die sowjetische Besatzung und ihre Verwaltungen fand auch in diesem Falle keine Grenze. Es wurde verfügt, daß die Waggons mit wertvollem Kulturgut des Botanischen Museums nach Berlin geleitet wurden. Hier wurden sie für die Berliner Universität, der das Botanische Museum nach dem Kriege zunächst angehörte, freigegeben und in den Kellerräumen der öffentlichen wissenschaftlichen Bibliothek (früher Preußische Staatsbibliothek) eingelagert. Von der Militärverwaltung wurde angeordnet, daß der Rektor der Universität über die Verwendung des Materials zu entscheiden habe. Die nun einsetzenden Verhandlungen zwischen der Leitung des Botanischen Museums (Prof. Pilger, Prof. Mattfeld), der Universität und der Zentralverwaltung für Volksbildung (Prof. Rompe) führten schließlich zu einer Einigung. Die kostbaren Sammlungen des Botanischen Museums wurden nach Dahlem überführt im Austausch mit der Bibliothek des Physikalischen Instituts der Berliner Universität, die im Kriege im Kaiser-Wilhelm-Institut für Physik und Elektrophysik in Dahlem verlagert war. Der Transport des zum Teil unersetzlichen Materials nach Dahlem erfolgte im März 1948.

Von wenigen unvermeidlichen Verlusten abgesehen, konnte damit das vor Zerstörung gerettete Material des uns befreundeten Botanischen Museums wieder nach Dahlem zurückgeführt und damit eine wichtige Arbeitsgrundlage für alle Wissenschaftler des Museums geschaffen werden, auf der sich nun die weitere Entwicklung der vom Museum vertretenen Forschungsrichtungen vollziehen konnte.

Das Bemerkenswerte und Vorbildliche bleibt die in dieser schweren Zeit uneingeschränkte Hilfsbereitschaft der sowjetischen Behörden bei dem Wiederaufbau eines demokratischen Deutschlands und die für uns selbstverständliche Entscheidung, Kulturgüter an die Institution zurückzugeben, der sie gehörten. Wir gaben damit ein Beispiel, das von allen Beachtung finden sollte, die sich dieser selbstverständlichen Verpflichtung bis heute entzogen haben.

3. Zur Geschichte von Burg und Amt Gatersleben

Das Dorf Gatersleben liegt im nordöstlichen Vorland des Harzes am Fuße des Hakelwaldes und vor den Toren der alten Stadt Quedlinburg und nicht weit entfernt von der Bischofsstadt Halberstadt. Mit ihr ist die Geschichte des Dorfes und der bischöflichen Burg aufs engste verknüpft. Als dritte Stadt gehört die Stadt Aschersleben in den Umkreis von Gatersleben, die schon früh zur Stadtfreiheit gelangte. Zwischen Aschersleben und Gatersleben lag seit Jahrhunderten ein großes Bruch, das in der Mitte des 15. Jahrhunderts in einen See verwandelt wurde. Das Dorf Gatersleben wird von der Selke durchflossen, die in früherer Zeit als echter Gebirgsfluß das bewaldete Tal in zahlreichen Armen durchströmte, die oft zu Stauungen, Überschwemmungen und zur Bildung immer neuer Flußbetten führten. So wurden durch eine Hochflut noch im Jahre 1602 zahlreiche Häuser Gaterslebens zerstört und auch im 19. Jahrhundert wurde wiederholt die Verbindung der beiden durch die Selke getrennten Ortsteile durch Hochwasser unterbrochen. Die Selke wendet sich unterhalb Gatersleben nach Westen und vereinigt sich mit der Bode. So bestand also in dieser Landschaft vor Jahrhunderten eine unpassierbare Niederung, die von Aschersleben über Gatersleben bis nach Wegeleben reichte und über die es nur einen Übergang bei Gatersleben gab. Hier liefen viele alte Verbindungswege zusammen und gaben dem Ort im frühen Mittelalter strategische Bedeutung. Die Bischöfe von Halberstadt errichteten um 1165 an diesem wichtigen Selkeübergang neben der alten Inselburg (dem heutigen Unterhof), die dadurch zur Vorburg wurde, eine umfangreiche Wehranlage aus Stein, umgaben sie mit einer mächtigen zinnengekrönten Mauer, durch Ecktürme gesichert und durch eine Zugbrücke mit der Vorburg verbunden. Während Mauer und Ecktürme verschwunden sind, steht noch heute der gewaltige Quader des Bergfrieds in Höhe von 19 m, in dessen oberen Räumen der Bischof alljährlich die Synode abhielt (Abb. 2).

Zeugen steinzeitlicher Besiedlung sind Funde aus Steinen und Knochen, von Waffen und Handwerkszeug, von Trophäen und Knochen der meisten unserer heutigen Nutztiere, von Resten von Behausungen, von Hausgerät mit Schnur- und Bandornamenten, ferner Hockergräber, die an den Rändern der nach Süden zum Selketal und dem Bruch geneigten Höhen gefunden wurden. Jagd und Fischfang mögen die Hauptzweige der Ernährung der dünnen Besiedlung mit Stämmen verschiedener Herkunft gewesen sein.

Erst mit der Begründung der verschiedenen Germanenreiche läßt sich die staatliche Zugehörigkeit der Bewohner eines Gebietes mit einiger Sicherheit bestimmen. Um die Zeitenwende scheinen Cherusker das Gebiet bewohnt zu haben. Im zweiten Jahrhundert unserer Zeitrechnung wurde es von einem anderen germanischen, gleichfalls suebischen Völkerstamm besiedelt und von einer germanischen Völkerwelle, den Angeln und Warnen aus dem Norden, durchsetzt, aus denen sich schließlich das mächtige Reich der Thüringer neben dem Franken- und Sachsenreich entwickelte.

Abbildung 2 Bergfried der Burg Gatersleben (phot. Dr. K. BERGER)

Das Reich der Thüringer aber unterlag schon 531 dem gemeinsamen Ansturm von Franken und Sachsen, wobei das nördliche Thüringen den Sachsen zugesprochen wurde. Bereits 555 gewinnen aber in einem Krieg zwischen Franken und Sachsen die Franken die Oberhand. Die verbleibenden Sachsen schließen sich 568 den nach Italien durchziehenden Langobarden an. In das nun dünn besiedelte Gebiet rücken Schwaben (Sueben) ein, die den einige Jahre später aus Italien zurückkehrenden Sachsen, die unter eigenem und nicht unter langobardischem Recht leben wollten, vergeblich Siedlungsland anbieten. Im Kampf unterliegen die Sachsen und der Landstrich zwischen Bode, Selke und Wipper tritt als Schwabengau in die Geschichte ein. Er bewahrte seinen Namen über die fränkische Eroberung unter Karl dem Großen hinaus bis in die bischöfliche Zeit, einen der 6 Gaue des Bistums Halberstadt bildend. Noch einmal erschüttern Kriegszüge das Land, als unter Heinrich I. (919—936) die Hunnen einbrechen und da lagerten, „wo die Bode das Gebirge verläßt". Die Hunnen zogen sich zurück, als ihnen Heinrich I. mit seiner Heeresmacht entgegenrückte.

Über die Entstehung und Entwicklung des Dorfes Gatersleben liegen genaue Daten nicht vor. Sicher waren an den Dorfgründungen dieses Gebietes verschiedene Völkerschaften beteiligt. Die Orte mit der Endung . . .dorf gehen auf schwäbische Einwanderung zurück, die Dörfer mit der Endung . . .leben stellen sicherlich Thüringer-Gründungen dar, die wahrscheinlich auf die von ihnen aufgenommenen Angeln und Warnen zurückgehen, da sich in ihrer Urheimat, dem nördlichen Schleswig, dieselben Namensbildungen finden.

Sind diese Deutungen richtig, so wäre Gatersleben eine sehr frühe Gründung, entstanden auf einer der von Wasser und Sumpf umgebenen Selkeinseln, auf die die Bewohner der umliegenden Siedlungen in den unruhigen Zeiten der Völkerwanderung (etwa 300 bis 531) flüchteten. Das Bedürfnis nach gegenseitigem Schutz förderte Dorf- und Weilersiedlungen, die an leicht zu verteidigenden Stellen angelegt wurden, möglichst in der Nähe einer Burg, eines Klosters oder einer Kirche, die in Gatersleben etwa um 800 als Baptismalkirche erbaut wurde.

Urkundlich erwähnt wird Gatersleben erst im Jahre 964, als Markgraf Gero dem von ihm gegründeten Kloster Gernrode unter anderen Gütern 3 Hufen „in antiquo Gatersleve" schenkte. Die ersten urkundlich erwähnten Einwohner gehörten einheimischen Rittergeschlechtern an, von denen zu Beginn des 12. Jahrhunderts zwei im Ort ansässig gewesen zu sein scheinen. Die Burg wurde in Form einer Wasserburg angelegt, die von zwei Seiten vom Mühlgraben, dem alten Hauptarm der Selke, und auf den beiden anderen Seiten von einer doppelten Linie von Gräben, die aus dem Mühlgraben gespeist wurden, umgeben war.

Die Burggründung ist eng mit dem Bistum Halberstadt verknüpft. Unter dem Bischof Udalrich, der nach Machtkämpfen mit den Hohenstaufen erst nach 17jähriger Verbannung in sein Land zurückkehrte, wurden die Ritter von Gatersleben, die hier ihren Stammsitz hatten, mit der Burg belehnt, doch ist anzunehmen, daß schon zur Zeit vor der Rückkehr Udalrichs ein anderes Rittergeschlecht die Burg bewohnte. Um 1225 ist Johann von Gatersleben im Besitz der Burg. Nach jahrzehntelangen Kämpfen der Nachfahren der ersten Ritter von Gatersleben, insbesondere Erichs von Gatersleben, mit der Kirche erlischt das Geschlecht, das fast 170 Jahre die Burg Gatersleben bewohnte und verteidigte.

Um 1330 werden Arnold und Eckart Stammer, die zur Mannschaft des Fürsten von Anhalt gehörten, als Besitzer der Burg genannt. Besonders Arnold Stammer mit dem Beinamen ‚de Grote' erfreute sich als Schiedsmann in verschiedenen Streitfällen zwischen weltlicher und kirchlicher Macht großen Ansehens. Beide Brüder gaben Gatersleben um 1359 wegen des zunehmenden Verfalls der Burg auf, die vom Halberstädter Bischof Ludwig von Meißen gegen Verpfändung an den Landgrafen von Thüringen wieder aufgebaut wurde. 1381 wird Hans von Krosigk und sein Sohn mit der Burg belehnt, der dem Bischof Lehnstreue gelobte und versprach, ihm die Burg in Kriegs- und Friedenszeiten offen zu halten, wie dies schon die Ritter von Gatersleben getan hatten. 1436 wird die Familie Krosigk erneut mit dem „Schlosse" zu Gatersleben belehnt, doch wird im Winter 1442/43 Hans von Krosigk vom Grafen von Reinstein ermordet. Die Erben verzichteten auf Gatersleben und erhielten die Pfandsumme, die ihre Vorfahren 1381 gezahlt hatten, zurück.

Seit dieser Zeit wird die Burg nicht mehr als Lehen vergeben, sondern von den Halberstädter Bischöfen in eigene Verwaltung genommen. Sie war durch die Anstauung des Gatersleber Sees zu erhöhter militärischer und wirtschaftlicher Bedeutung gelangt und nun Sitz eines bischöflichen Vogts oder Amtmanns. Mit Namen bezeugt ist ein Vogt erst 1499, und zwar der Vogt Heinrich Haringk, der wegen „seiner langen, angenehmen Dienste" mit 2 Hufen begnadet wird. Dem Vogt war die Sicherung der Burg und des Amtes, die Ausübung der weltlichen Gerichtsbarkeit und die Bewirtschaftung der zugehörigen umfangreichen Ländereien aufgegeben. In jener Zeit erfolgte unter dem Bischof Gebhard von Hoym eine grundlegende Restauration der Burg. Nach dem Tode von Heinrich Haringk 1512 wird Brun Paussen sein Nachfolger, der bald darauf den Titel Amtmann trägt. Er erwarb während seiner Tätigkeit einen freien Sattelhof an der Kirche zu Gatersleben und legte damit den Grund zu dem späteren Rittergut Gatersleben. Er starb 1557.

Einer der bedeutendsten Männer im Amt Gatersleben war Henning v. Königsmarck, der 1543 die Verwaltung übernahm und bis zu seinem Tode 1582 Außerordentliches geleistet hat. Er war der Begründer der großen Schafherden des Amtes, pachtete den Klosterhof Winningen unter bischöflicher Oberhoheit, baute Schadeleben aus und gab diesem Ort eine eigene Kirche. In Gatersleben errichtete er neue Gebäude und sorgte für seine Untergebenen.

Als die Lehren der Reformation im Stift Halberstadt und im Ort Gatersleben bekannt wurden, ließ Kardinalerzbischof Albrecht, der von 1513 an auch Bischof von Halberstadt war, die Anhänger der Reformation zunächst gewähren, wandte sich aber später scharf gegen sie. Da der erste evangelische Pfarrer Nikolaus Locke (Loch) noch 1531 im Amte war, ist anzunehmen, daß Brun Paussen der neuen Lehre gegenüber tolerant war. In der Amtszeit Brun Paussens brach der Bauernkrieg (1524/25) aus, der von Thüringen (Thomas Müntzer) her auch das Bistum Halberstadt berührte. Das Kloster von Aschersleben und der Klosterhof Winningen wurden in Brand gesteckt und geplündert. Die Burg Gatersleben wurde nicht angegriffen, auch blieben die Gaterslebener Bauern ruhig.

Der 30jährige Krieg läßt das Bistum Halberstadt und das Amt Gatersleben die ganze Härte des Krieges erleben. Der jüngste Sohn Christian des Bischofs Heinrich Julius († 1613 in Prag) wurde sein Nachfolger, er übernahm 1617 die Administration des Bistums Halberstadt, wurde mit seinen Truppen 1622 bei Höchst und 1623 bei Stadtlohn von Tilly, dem Feldherrn des Herzogs Maximilian von Bayern, geschlagen, und floh. Herzog Wilhelm von Sachsen zieht im gleichen Jahr gegen Aschersleben und Halberstadt. Bischöfliche Truppen liegen 14 Wochen lang in Gatersleben, hohe Steuern und Abgaben mindern den Wohlstand der Bevölkerung. Wallenstein, der bei Göttingen lagert, tritt den Vormarsch auf die evangelisch gewordenen Stifte an. Am 9. Oktober 1625 rückt der wallensteinsche Oberst Graf Heinrich Schlick in die Stadt Halberstadt ein und am 18. Oktober Wallenstein mit seinem Stabe. In Gatersleben bezogen die Reiterkompanien des Obersten Antonio Pietro Lamota Quartier. Die Bevölkerung mußte unerhörte Tribute leisten und behielt weder Vieh noch Korn. Als die Soldaten im Spätsommer 1626 abziehen, hinterlassen sie eine furchtbare Verwüstung. So sind von den 2000 Einwohnern Halberstadts nur noch 238 vorhanden.

Im gleichen Jahr wird ein katholischer Bischof, der Erzherzog Leopold Wilhelm, gewählt, doch vertritt ihn als Administrator der Mainzer Dompropst und Domkapitular in Halberstadt Reinhard v. Metternich. 1630 operierte der kaiserliche General Tilly im Stift, im Januar 1631 lag eine Kompanie Kroaten in Gatersleben, im Mai 1631 erobert Tilly Magdeburg und zerstört die Stadt, doch änderte der Sieg der Schweden in der Schlacht bei Leipzig die Lage vollständig. Tilly zog sich zurück und räumte das Stiftsgebiet. 1632 war das ganze Land in der Hand der Schweden.

Der evangelische Teil des Domkapitels wählte nunmehr Herzog Friedrich, den Sohn des Königs Christian von Dänemark, zum Bischof. Kurz vor der Entscheidungsschlacht 1632 betraute König Gustav Adolf von Schweden den Reichsrat Curo Bielke mit dem Amt Gatersleben samt den Dörfern Gatersleben, Schadeleben, Wilsleben, Wedderstedt, Frose, Hedersleben und dem Amt Hausneindorf. Der weitere Verfall des Landes wurde durch die Schweden nicht aufgehalten, da das schwedische Heer nach dem Tode Gustav Adolfs die Bevölkerung ebenso ausplünderte, wie dies vorher die kaiserlichen Heere getan hatten.

1637 wechselt die Herrschaft wieder. Leopold Wilhelm kehrt als Bischof in das Land bis 1642 zurück, der Amtmann Heinrich Panning übernimmt das Amt und wird nach seinem Tode von Sebastian Janos (Jahns) 1638 abgelöst.

Die schwersten Zeiten für Gatersleben begannen erst, als 1640 wieder kaiserliche Truppen ins Land rückten und den Ort, dessen Bevölkerung stark zusammengeschmolzen war, brandschatzten und plünderten.

Im Westfälischen Frieden (1648) fiel das Bistum Halberstadt als weltliches Herzogtum an Kurbrandenburg. Zur Abtragung einer alten Schuld von 30000 Talern aus dem Jahre 1601, die der Kurfürst Joachim Friedrich von einem Herrn v. Mahrenholtz aufgenommen hatte, mußte das Amt Gatersleben eintreten. Der regierende Große Kurfürst Friedrich Wilhelm übergab dem auf Nienhagen ansässigen Landrat des Fürstentums Halberstadt Curd v. Mahrenholtz das Amt Gatersleben mit dem großen See, mit allen Rechten und Gerechtigkeiten zur Abtragung der alten Schuld auf die Dauer von 9 Jahren. Dafür verzichtete Mahrenholtz auf die Rückzahlung der Schuldsumme mit Zins und Zinseszins. Als Beginn der „Abwohnung" wurde das Jahr 1653 festgelegt, da bis zu diesem Jahr der Amtmann Sebastian Janos noch Anspruch auf das Amt hatte. Aus nicht bekannten Gründen wurde die Übertragung des Amtes an Mahrenholtz bis zum Jahre 1675 verlängert, der mit Arnold Nicolaus v. Horn einen eigenen Amtmann einsetzte, den der Große Kurfürst nach Ablauf der Verpfändung als Amtmann behielt.

Nach mehreren Verhandlungen über Erwerb und Tausch von Ländereien umfaßte das Amt Gatersleben ein geschlossenes Gebiet mit folgenden Ortschaften: Gatersleben, Schadeleben, Wilsleben, Wedderstedt, Hedersleben Dorf und Kloster, Hausneindorf, den Halberstädter Anteil in Frose und Nachterstedt sowie einen großen Teil der Fluren und Wüstungen um Gatersleben. Dazu kam noch das Areal des Gaterslebener Sees und das Schutzrecht über den Klosterhof Winningen. Das Hausregister des Amtes von 1625, revidiert 1639 und 1653, gibt nach Aufzeichnungen verschiedener Amtmänner ein eindrucksvolles Bild von den Grenzen und Gerechtsamen des Amtes.

Im 17. Jahrhundert treten wesentliche Veränderungen ein. Die Umorganisation der Verwaltung, die durch den Großen Kurfürsten Friedrich Wilhelm veranlaßt wurde, führte zur Abkehr von der Eigenbewirtschaftung durch den Staat und zur Verpachtung des staatseigenen Grundbesitzes zur landwirtschaftlichen Nutzung. Aus dem Amtmann wurde der Staatsdomänenpächter, dem die Aufgabe zufiel, durch Steigerung der Leistungsfähigkeit seines Betriebes zum Nutzen des Staates auch befruchtend auf die übrige Landwirtschaft einzuwirken.

Das Amt wurde nunmehr immer auf 6 Jahre in Arende, wie man die Zeitpacht im Gegensatz zur Erbpacht nannte, vergeben.

Erster Arendator wurde der Amtmann Arnold Nicolaus v. Horn, von dem der Unterhof neu aufgebaut wurde. Er starb wahrscheinlich 1691. Sein Nachfolger wurde Ernst Johann v. Windheim, der bereits 1694 verstarb. Ihm folgte Christian Frantz Ritzenberg (1694–1705), der als letzter das Amt noch mit dem großen See verwaltete, der nun trockengelegt wurde.

1705 wurde die Zeitpacht zweimal vorübergehend aufgehoben und durch die Erbpacht und später durch die Administration ersetzt. Die Erbpacht sollte durch Aufteilung der Ländereien und ihre Verpachtung den Bauernstand kräftigen und gleichzeitig dem Staat höhere Einnahmen verschaffen. Beide Ziele wurden nicht erreicht. Die Gebäude verfielen, die Äcker wurden ungenügend bewirtschaftet. Daher wurde die Erbpacht 1711 wieder aufgehoben und die Arende erneut eingeführt, doch mußte dem neuen Amtmann die Pacht auf eine doppelte Zahl von Jahren gewährt werden. Die Verpachtung der Staatsdomänen auf 18 Jahre, die vom Standpunkt des Staates wie von seiten der Pächter bevorzugt wurde, kam erst im 19. Jahrhundert auf.

1705 trat Georg Andreas Schirmer als Amtmann an. In seine Zeit fällt die Hauptarbeit an der Entwässerung der Seeländereien, die bis zum Jahre 1709 andauerte. 1711 ermöglichte die Aufhebung der Erbpacht wieder die Einführung der Arende, allerdings ohne die Seeländereien, die zur Entwicklung der bäuerlichen Betriebe und zur Niederlassung neuer Siedler verwendet wurden. Schirmer starb im Jahre 1723. Sein Nachfolger wurde der Cammerrath und Oberamtmann Johann Friedrich Heiring, der jedoch die Pacht nur drei Jahre behielt. Die folgende Administration ergab sich wegen einer in den 20er Jahren einsetzenden Agrarkrise mit Absatzmangel und schlechten Preisen bei gleichzeitiger Steigerung der Pachtpreise. Im Jahre 1726 konnte kein Pächter für das Amt Gatersleben mit Schadeleben und Hausneindorf gefunden werden. Da König Friedrich Wilhelm I. (von Preußen, nach Erhebung Kurbrandenburgs zum Königreich Preußen) an dem erhöhten Pachtpreis festhielt, wurde das Amt drei Jahre lang administriert, doch bewährte sich die Administration nicht. Die Administration durch den Amtsverwalter Joachim Andreas Schneidewindt (1726—1727) war ein Notbehelf, da man immer noch hoffte, einen Pächter zu finden. Kurzfristig wurde der Amtmann Ludwig Kämpfmann 1727 als ständiger Administrator eingesetzt, dem die drei Ämter Gatersleben, Schadeleben und Hausneindorf anvertraut wurden mit dem Auftrag, „die märkische Wirtschaftsweise zu introduciren". Der Versuch scheiterte nach großem Geldaufwand. Schon nach einem Jahr wurde ein neuer Administrator bestellt, der Amtmann Johann Andreas Schmidt (1728—1729). Er hatte die Absicht, die Pachtung des Amtes Gatersleben mit dem Vorwerk Schadeleben zu übernehmen, das wurde jedoch durch den Amtmann Johann Friedrich Ahlburg verhindert, der das Amt Gatersleben in Arende pachtete. Es kam 1729 zur Abtrennung des Vorwerkes Schadeleben, das mit dem 1618 erworbenen Krullschen Hof und der Amtsschäferei und dem 1694 auf den Staat übergegangenen Schulenburgschen Hof ein selbständiges Amt Schadeleben wurde. Ahlburg übergab das Amt bereits ein Jahr später 1730 an den Amtann Friedrich Walther, dem 1734 der bisherige Pächter des Oppenschen Gutes in Gatersleben, Andreas Nicolaus Kemmerich, folgte. Dieser übernahm Gatersleben für eine weitere Pachtperiode von 1735 bis 1741 und trat 1735 auch in die Pacht des Amtes Schadeleben ein, beide Ämter wurden damit wieder auf lange Zeit vereinigt.

Die Regierungszeit Friedrich Wilhelms I. (1713—1740) stand im Zeichen einer völligen Neuorganisation der Verwaltung, von der auch die ehemals Halberstädtischen Ämter berührt wurden. Als ständische Vertretung, an deren Spitze ein Landrat als erwählter Vertreter der Stände stand, wurde das preußische Landratsamt geschaffen, auf das nun auch die Verwaltungsbefugnisse des Amtmanns nach und nach fast vollständig übergingen. So wurden die bisherigen Amtsdörfer den neugebildeten Landratsämtern unmittelbar unterstellt, deren Einnahmen sich aus vielen Abgaben und Steuern zusammensetzten, deren Einbringung streng überwacht wurde. Die Rechtsprechung aber konnte nach dem preußischen Grundgesetz der Trennung von Verwaltung und Rechtsprechung nicht auf den Landrat übergehen. Es wurden hierfü Gerichtsvögte eingesetzt und um die Mitte des 18. Jahrhunderts hatte das Justizamt Gatersleben, das später in dem Vereinigten Justizamt Ermsleben aufging, schon eine größere Unabhängigkeit vom Amt erreicht.

Auch auf anderen Gebieten wird die Machtbefugnis des Amtes eingeschränkt. Ein großer Teil der Einnahmen und Steuern wird ihm genommen und durch die dem Landrat unterstellten Dorfeinnehmer eingezogen. Eine eigene Akziseverwaltung übernimmt den Zoll.

Um 1750 wurde es üblich, den Pächtern der Ämter den Titel Amtsrat zu verleihen. Später bürgerte sich eine Stufenleiter vom Amtmann zum Oberamtmann und von diesem zum Amtsrat ein.

Kemmerichs Nachfolger im Amt Gatersleben und Schadeleben war der Amtsrat Lorenz Andreas Rudloff, als erster mit dem Titel Amtsrat ausgezeichnet. Schon zwei Jahre später (1743) übertrug er beide Ämter auf seinen Sohn, den Amtsrat Johann Lorenz Rudloff, der sie von 1743 bis 1771 innehatte. Ihm folgte der Amtsrat Andreas Christian Rabe. Nach dessen Tode im Jahre 1781 führte seine Witwe die Pachtung für Rechnung der Erben bis 1789 fort. In diesem Jahre heiratete sie den schon seit drei Jahren mit der Wirtschaftsführung beauftragten und nun zum Amtmann ernannten Heinrich August Christian Eggeling, in dessen Familie sich die Pachtung, zuletzt in weiblicher Linie, bis zum Jahre 1945 fortgesetzt hat.

In dieser Geschichte von Burg und Amt Gatersleben wurde bisher sehr wenig über die Entwicklung des Dorfes gesagt, dessen Bevölkerung nach den großen Verwüstungen im 17. und 18. Jahrhundert erst langsam wieder zunahm und wo sich nun eine Anzahl von kleineren und größeren Höfen entwickelte, denen der fruchtbare Boden um Gatersleben eine gute Existenzgrundlage bot.

Der im 15. Jahrhundert zwischen Gatersleben und Aschersleben durch Ableitung der Selke in das große Bruch aus militärischen Gründen unter dem Bischof Johann angelegte große See verwandelte den Ort in ein Fischerdorf. Durch die Trockenlegung in der 1. Hälfte des 18. Jahrhunderts wurden mehr als 2500 ha hochwertiges Acker- und Wiesenland gewonnen. Der Amtmann Schirmer (1644—1723) wurde beauftragt, am Rand des ehemaligen Sees Kolonisten anzusiedeln, die einen Anteil am Seeland erhielten. Es waren meist Handwerker, vor allem Weber, denen durch längere Abgabenfreiheit eine sichere Existenzgrundlage gegeben wurde. Auf dem heutigen Ober- und Unterdamm haben viele ihrer Häuser mit den der Straße zugekehrten Giebeln die Erschütterungen der vergangenen 200 Jahre überstanden.

Das 19. Jahrhundert brachte mit seiner Gewerbefreiheit neben schweren Krisen einen großen wirtschaftlichen Aufschwung des Dorfes und ein Anwachsen der Bevölkerung auf 2400 Köpfe. Im Jahre 1846 wurde die Zuckerfabrik gegründet, die damit eine der ältesten in Deutschland war. Es folgte die Dampfpflugfabrik von Heucke, zu deren Gründung Max Eyth den Anstoß gab. Heute sind viele Einwohner des Orts in den industriellen Anlagen in Gatersleben und Umgebung tätig.

Im Herbst des Jahres 1945 beendete die Demokratische Bodenreform in der sowjetisch besetzten Zone Deutschlands das bisher geübte Wirtschaftssystem und begrenzte die Größe der Bauernhöfe auf 100 ha. In diesem Monat suchten wir von der Verlagerungsstelle in Stecklenberg am Ostrand des Harzes aus einen neuen Standort für das Institut. Er schien uns inmitten des Saatzuchtzentrums und der Pflanzenzüchtung im mitteldeutschen Raum gegeben zu sein. Wie alle großen Güter sollte auch die Domäne Gatersleben aufgeteilt werden, doch konnte dies durch das Eingreifen der SMAD in Halle verhindert werden. Auf dem fruchtbaren Lößboden einer historisch bedeutungsvollen Landschaft und am Fuß des alten Bergfrieds, der so viele für unsere Landschaft und für die deutsche Geschichte denkwürdige Begebenheiten miterlebte, hat das Institut für Kulturpflanzenforschung der Akademie der Wissenschaften seine Arbeit Ende des Jahres 1945 aufgenommen. Seine Forschungslaboratorien und seine Zuchtgärten setzen eine eineinhalbjahrtausendealte Arbeit an der kulturellen Entwicklung einer Landschaft und ihrer Menschen mit neuen Formen fort. Nicht Kriegsgeschrei und Waffenlärm hat den Ruhm des Ortes Gatersleben begründet, sondern die allen Zerstörungen trotzende, zähe, stille und erfolgreiche Schaffenskraft vieler Generationen hat aus Sumpf und Moor fruchtbares Kulturland gemacht. Sie gaben uns ein Beispiel für neue in die Zukunft weisende friedliche Arbeit.

(In Anlehnung an ein in der Bibliothek des Instituts aufbewahrtes maschinenschriftliches Manuskript von Erich SCHÄFER, des letzten Pächters der Domäne Gatersleben, „Dorf, Burg und Amt Gatersleben bis um 1800. Ein Spiegelbild des Lebens auf dem Lande im Bistum (Fürstentum) Halberstadt".)

4. Geologie, Klima und Vegetation im Raum um Gatersleben

Die folgende kurze geologisch-landschaftliche Schilderung und die knappen klimatischen und pflanzengeographischen Bemerkungen sollen in das Verständnis des Raumes um Gatersleben einführen.

Geologie*. Bei der Emporhebung des Harzes wurden die Erdrinde am Nordrande des Gebirges und damit die ursprünglich vorwiegend als Meeresablagerungen waagerecht geschichteten Glieder der Trias, des Jura und der Kreide in Wellen (Falten) gelegt. Diese Faltung führte zur Bildung der Subherzynen Kreidemulde (Abb. 3) als Wellental und dem sie nach Nordosten begrenzenden Hauptsattel als Wellenberg. Dieser läuft dem Harzrand ungefähr parallel. Er beginnt mit den Höhen bei Salzgitter im Nordwesten, an die sich nach Südosten der Harlyberg, der große Fallstein, der Huy, der Hakel und der Aschersiebener Buntsandsteinsattel anschließen. Im östlichen, zum nordöstlichen Harzvorland gerechneten Abschnitt wird die Subherzyne Kreidemulde (benannt nach der den Muldenkern bildenden, jüngsten Formation) in die südliche Blankenburger und die nördliche Halberstädter Spezialmulde durch den Quedlinburger Sattel getrennt. Er ist ein zusätzlicher, zwischen den Harzrand und den Hauptsattel eingeschobener Wellenberg und verläuft von Ströbeck über Langenstein, Quedlinburg bis südlich von Aschersleben. Dank der Widerstandsfähigkeit der Gesteine sind die Sattelkerne in dem hier zu betrachtenden kleinen Abschnitt östlich der Bode als Bergrücken, die Mulden dagegen als flache Becken erhalten geblieben. So gestaltet sich die Geologie dieses Teiles des nordöstlichen Harzvorlandes in groben Zügen ziemlich übersichtlich.

Nördlich des die Halberstädter Mulde im Norden bzw. Nordosten begrenzenden Hakelsattels bildet das versumpfte Bodetal die Grenzzone gegen die Magdeburger Börde, einem Ausläufer des norddeutschen Flachlandes.

Am Südrand des Hakelsattels, noch innerhalb der Halberstädter Spezialmulde, liegt das Dorf Gätersleben, wo das breite Tal der ehemaligen Seeländereien sich mit dem der Selke vereinigt, etwa 111,5 m ü. M.

Die Landschaft in diesem Gebiet zwischen Eine und Bode, das von der jüngsten, zweitglazialen Hebung der Umgebung nicht mit erfaßt wurde, geht von der Lebhaftigkeit der Subherzynen Kreidemulde in der Quedlinburger Umgebung zu der Großzügigkeit und Weite der fruchtbaren, waldlosen Kultursteppe der Börde über.

Vom Gelände des Instituts am Westrande von Gatersleben aus bietet sich folgendes Bild der Landschaft (Abb. 4):

---

* Der Abschnitt Geologie dieses Kapitels ist die Kurzfassung einer ausführlichen Darstellung der geologischen Verhältnisse im Raum von Gatersleben (s. „Die Kulturpflanze“ Bd. I 1953).

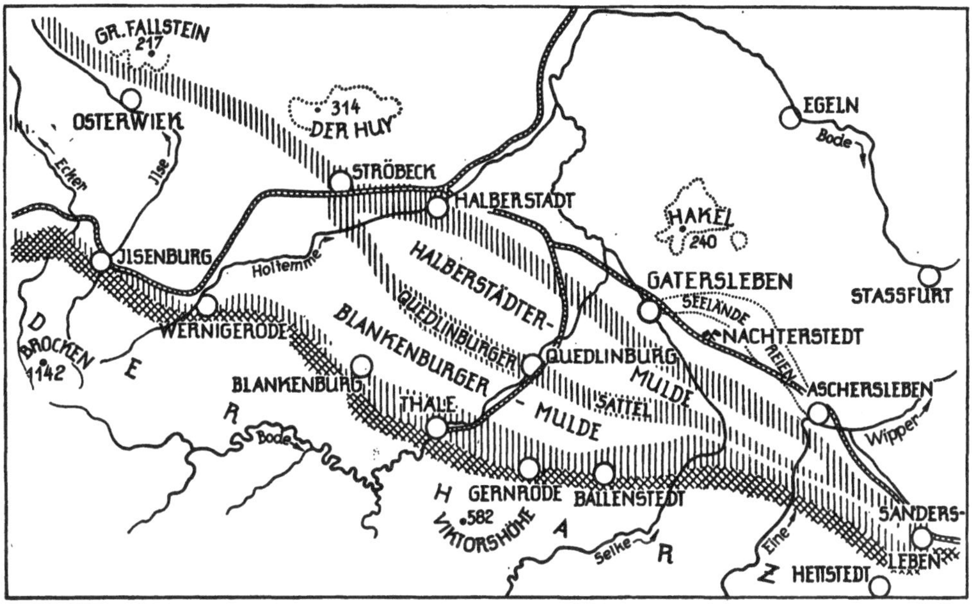

Abbildung 3 Subherzyne Kreidemulde

Im Süden wird der Horizont durch die Höhen des Unterharzes bei Meisdorf in einer Entfernung von etwa 14 km abgeschlossen. Wenig westlich davon versperrt die das Selketal begrenzende Höhe 148,1 die Fernsicht schon in 2 km Entfernung in Richtung Ballenstedt. Weiter gegen Südwesten geschieht das dann durch den Unterharz über Gernrode mit dem Rambergmassiv (587 m). Die geologisch so interessanten Seweckenberge (212 m) etwa 8 km südwestlich von Gatersleben sind nur von erhöhten Standorten aus als ein dem Harz vorgelagertes, eigenes kleines Gebirge zu erkennen. Bei guten Sichtverhältnissen erkennt man im Westen im Anschluß an den Unterharz den höheren Oberharz, der vom Brocken (1142 m), der höchsten Erhebung des Harzes, beherrscht wird (45 km Entfernung). Sein Massiv schließt im Westen (etwas gegen Süden) das Gebirgspanorama ab. Die meisten Hügel des Harzvorlandes werden durch die das Selketal begrenzenden sanften Anhöhen verdeckt. Gegen Westnordwest zeigen sich bei guter Sicht westlich neben der über den Horizont ragenden Kirchturmspitze von Ditfurt der Hoppelberg (309 m) bei Langenstein mit seinem Steilabfall nach Norden und weiter westlich davon die Heidberge (212 m) mit den niedrigen Zwiebergen und den Klus- und Spiegelsbergen südlich von Halberstadt. Der Blick nach Halberstadt wird im Nordwesten durch die Höhe 154 und den Saalberg (143 m) bei Wedderstedt jenseits der Bode versperrt. Weiter westlich begrenzt dann der östliche Teil des Huys (307 m) die Fernsicht auf 25 km. Nördlich der mit der Selke vereinigten Bode erhebt sich der von Nordwesten über Norden nach Nordosten die Aussicht begrenzende, sanfte Höhenrücken des Hakels. Gegen Osten ist der Einblick in das Tal der Seeländereien und die Aussicht auf die dahinterliegenden Abhänge der Winninger Hochfläche durch das Dorf Gatersleben verwehrt. Auch die über 10 m über dem Selketal liegende Hochfläche, die als Winkel zwischen die Seeländereien und die Selke trennend eingeschoben ist, läßt sich vom Gelände der Institutsgebäude aus nicht erkennen.

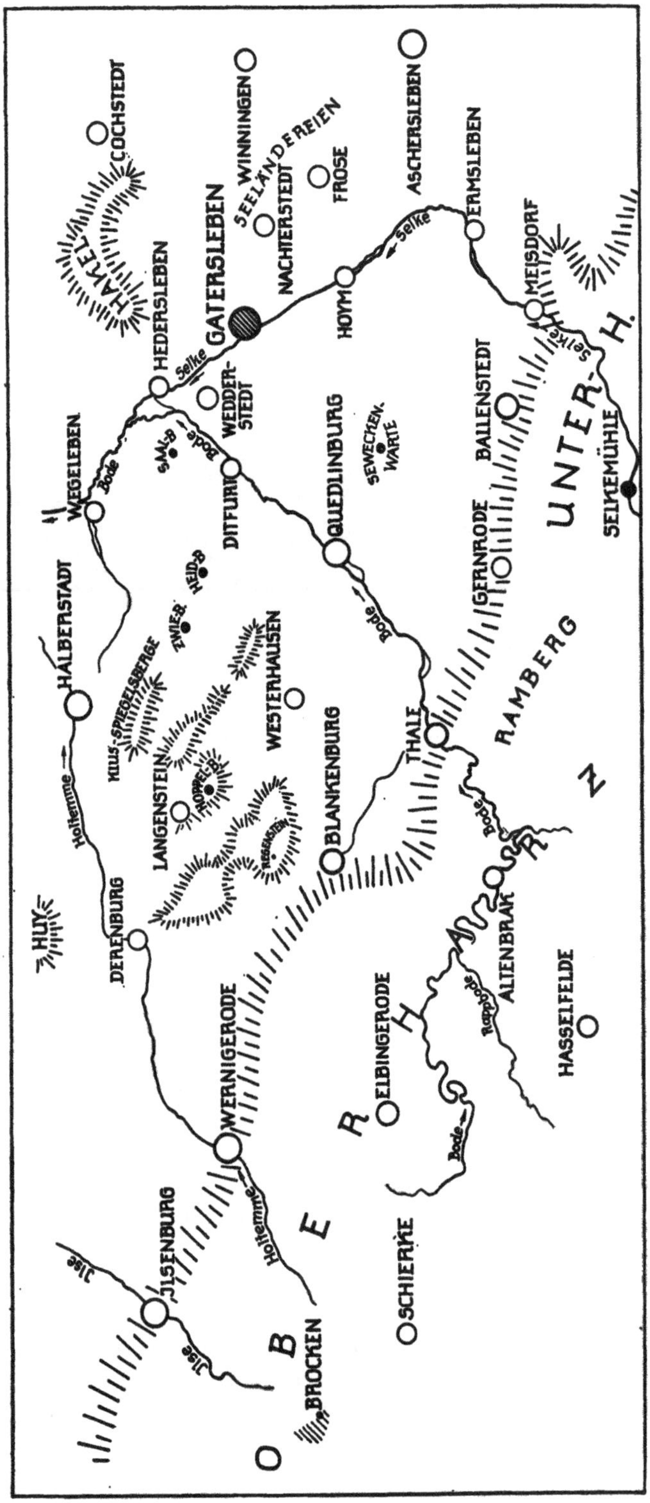

Abbildung 4 Landschaft um Gatersleben

Entsprechend den oben erwähnten Faltungen finden wir in der Umgebung von Gatersleben Ablagerungen vom oberen Buntsandstein (Röt) bis zu Alluvium, allerdings nicht in ganz durchgehender Schichtenfolge.

Im weitaus größten Teil des Gebietes sind die älteren Schichten von mächtigem Glazialdiluvium, Löß und oft auch Geschiebemergel, oder in Talrinnen von Abtragungsprodukten der Nachbarböden bedeckt. Die ganze etwa 3 bis 4 km breite größtenteils bewaldetet Hakelhochfläche besteht aus unterem Muschelkalk (Wellenkalk).

Nur in der Umgebung der Domburg, der höchsten Erhebung des Hakels (240 m), im Wassertal und an den Steilhängen des Wassergrundes tritt der als Sattelkern darunterliegende Röt zutage. Die Hakelhochfläche wird durch eine kilometerbreite Talsenke (meist diluvial überlagerter mittlerer Muschelkalk) von einem wallartigen, hufeisenförmigen, kahlen Höhenzug aus oberem Muschelkalk getrennt. Die sich nach Südwesten anschließende weite Ebene, die von den großen Flußtälern der Selke und Bode durchschnitten wird, ist aus den überwiegend weichen, tonigen Ablagerungen des Keupers aufgebaut.

Unter alluvialer und diluvialer Bedeckung erfüllen ausgedehnte und mächtige Ablagerungen der mitteldeutschen älteren Braunkohlenformation in typischen kleinen, aber tiefen Becken große Teile der Seeländereien sowie im Gebiet zwischen Aschersleben und Königsaue deren nördliche Randgebiete. Vor allem enthielten die Spezialbecken von Königsaue und Nachterstedt-Frose abbauwürdige Kohle, die im Tagebau in ausgedehntem Maße gewonnen wurde.

Interglazial wurden durch die Harzflüsse zwei Schotterterrassen gebildet. Die jüngere (möglicherweise sogar postglaziale Terrasse) bildet die heutigen von Auelehm bedeckten Flußauen, in die die rezenten Flußläufe nur wenig eingeschnitten sind. Die ältere, von der jüngeren deutlich abgesetzte höher gelegene Terrassenfläche ist vor allem zwischen Friedrichsaue, Gatersleben bis Hedersleben längs der Seeländereien und der Selke und dann wieder zwischen Rodersdorf und Adersleben längs der Bode gut entwickelt. Über die ältere Interglazialterrasse lagert sich jüngeres Glazialdiluvium fast ausschließlich als Geschiebemergel und zieht über die Ebenen auf die Höhen der älteren Schichten, meistens mit Löß bedeckt. Wie das ältere Glazial der ersten Eiszeit weitgehend abgetragen wurde, ist auch das jüngere schon während der nachfolgenden Interglazial- und Eiszeit so weit abgetragen worden, daß es keine zusammenhängende Decke mehr bildet und der Löß, der Vertreter der jüngsten Vereisung, oft unmittelbar dem älteren Gebirge aufliegt. Dieser Löß überzieht in einer meist unter 2 m bleibenden Mächtigkeit fast die ganze Gegend. Lößfrei sind nur die höchsten Erhebungen der Hakelhochfläche und große Teile des diese umrahmenden Oberen Muschelkalkrückens sowie die steilen Flanken der größeren und kleineren Täler. Besonders an der Nordostabdachung der Hakelhochfläche zeigt der Löß das typische Anschmiegen an die Geländeformen, indem er sich in die feinsten Falten legt und mit diesen auf die Höhen hinaufzieht. Auf der Hakelhochfläche finden sich Übergänge von geschlossener Lößdecke bis zum dünnen Lößschleier und vollständigen Verschwinden des Löß. Mit seiner oberflächlichen Entkalkung ging wahrscheinlich gleichzeitig im ganzen Gebiet eine Humifikation einher, die zur Schwarzerde führte. Die große Fruchtbarkeit des Lößbodens wurde hierdurch noch gesteigert. Die Schwarzerde überzieht, dem Löß entsprechend, mit Ausnahme der Hakelhochfläche ebenfalls das ganze Gelände und fehlt nur dort, wo sie abgeschlämmt wurde. Hier ist der oberflächliche Löß bis obenhin kalkhaltig. Alluvial sind die Aufschüttungen in den Seeländereien, den Talauen der Selke und Bode sowie

Tabelle 1 Mittlere Monats- und Jahresniederschläge 1953–1968

Jahr	Januar	Februar	März	April	Mai	Juni	Juli	August	September	Oktober	November	Dezember	Jahresniederschläge insgesamt
1953	18,0	15,7	3,1	28,0	56,4	77,8	52,6	48,7	20,9	12,5	9,6	25,1	368,4 mm
1954	20,7	5,4	10,4	25,5	43,9	68,0	86,8	91,9	56,7	53,1	18,3	50,5	531,2
1955	14,3	23,2	9,4	45,4	37,1	132,7	181,3	35,3	21,8	31,8	8,2	31,7	572,2
1956	14,4	12,0	33,1	56,1	55,1	92,7	184,3	57,5	31,2	47,9	22,6	30,6	637,5
1957	18,7	35,7	59,4	21,8	34,7	41,1	59,4	45,4	99,7	20,8	37,3	40,0	514,0
1958	38,6	25,9	12,6	20,3	83,9	103,5	64,0	56,7	33,4	55,5	16,3	25,6	536,3
1959	24,0	6,6	9,2	20,2	48,1	33,5	31,2	64,1	0,0	26,4	39,1	17,5	319,9
1960	41,9	17,1	16,1	25,0	50,5	26,4	41,3	73,0	45,2	84,1	44,6	55,2	520,4
1961	30,7	31,9	25,7	125,0	116,7	53,3	55,5	41,7	13,8	16,2	72,8	56,2	639,5
1962	11,9	37,3	23,4	34,1	48,6	39,4	46,7	39,4	14,4	12,7	20,1	29,8	357,8
1963	18,8	12,1	16,9	43,5	27,8	47,5	34,9	78,5	21,9	18,5	49,8	5,6	375,8
1964	17,2	14,3	36,2	34,1	37,5	43,0	19,0	79,0	37,3	15,8	20,0	19,6	373,0
1965	41,2	24,0	30,1	65,9	29,3	50,6	75,4	57,3	72,6	13,1	44,8	45,2	549,5
1966	26,1	54,1	37,1	52,3	39,3	99,6	108,3	68,1	21,9	53,9	46,1	49,0	655,8
1967	29,0	17,9	41,8	34,9	73,6	59,7	127,9	41,1	56,1	24,5	30,8	37,8	575,1
1968	51,1	29,0	30,3	23,2	43,0	56,7	21,2	37,8	47,9	39,9	33,1	16,5	429,7
Mittel	26,0	22,6	24,7	41,0	51,6	64,1	74,4	57,2	37,2	32,9	32,1	33,5	497,2

Tabelle 2 Mittlere Monats- und Jahrestemperaturen 1953–1968

Jahr	Januar	Februar	März	April	Mai	Juni	Juli	August	September	Oktober	November	Dezember	mittlere Jahrestemperatur
1953	0,5	0,9	4,6	9,6	13,6	17,3	18,3	16,8	13,4	10,5	6,3	3,5	9,6°
1954	−3,3	−4,3	4,1	6,3	13,5	16,7	15,1	16,7	14,2	10,6	4,7	4,1	8,2
1955	−1,8	−3,5	0,1	7,2	11,2	15,0	17,7	17,0	13,6	8,8	5,0	3,6	7,8
1956	0,3	−11,3	2,7	5,3	13,1	13,8	17,3	14,3	13,5	8,7	3,3	2,7	7,0
1957	1,2	4,4	6,2	7,3	10,0	17,2	18,2	15,6	12,2	9,6	5,0	0,2	8,9
1958	0,2	2,8	−0,2	5,4	13,8	14,7	17,2	17,3	14,4	10,2	4,2	3,2	8,6
1959	0,4	−0,4	6,2	9,9	12,7	16,7	19,9	18,1	12,8	7,4	3,6	2,0	9,1
1960	0,6	0,3	3,5	7,4	13,2	16,5	16,4	16,3	12,7	9,5	6,8	1,0	8,7
1961	−0,6	5,3	6,6	10,7	10,5	16,8	15,7	15,8	16,6	10,6	4,2	−1,0	9,3
1962	2,7	1,1	−0,4	8,6	10,3	14,6	14,9	15,5	12,5	8,5	2,6	−3,3	7,4
1963	−9,0	−7,5	2,7	8,7	12,8	16,6	18,4	17,0	13,6	8,0	8,1	−3,4	7,2
1964	−3,3	−0,4	−0,4	8,7	14,2	18,2	18,4	16,4	13,4	6,8	5,1	1,1	8,2
1965	1,9	−0,7	2,0	7,4	12,0	16,2	15,8	15,2	13,2	7,7	0,1	2,9	7,8
1966	−2,8	2,4	4,0	8,9	13,6	17,8	16,4	16,3	12,9	11,4	2,4	2,7	8,8
1967	1,9	3,5	6,4	7,0	13,0	15,3	18,8	16,5	14,2	12,0	4,4	1,5	9,5
1968	−0,4	0,0	4,5	9,3	11,4	16,9	16,6	17,6	14,3	10,8	4,1	−2,3	8,6
Mittel	−0,7	−0,5	3,3	8,0	12,4	16,3	17,2	16,4	13,6	9,4	4,4	1,2	8,4

Tabelle 3 Sonnenscheindauer 1953—1968
Jahressumme in Stunden

1953	1.823,8	1961	1.555,3
1954	1.686,5	1962	1.541,7
1955	1.691,8	1963	1.687,1
1956	1.585,0	1964	1.772,5
1957	1.678,4	1965	1.564,9
1958	1.546,0	1966	1.526,9
1959	2.011,4	1967	1.714,7
1960	1.533,2	1968	1.647,1

in den größeren Talrinnen des Hakelsattels. Sie bestehen fast stets ausumgelagerter, oft kalkhaltiger Schwarzerde und erreichen zuweilen über 2 m Mächtigkeit.

Klima. Das Klima von Gatersleben ist im wesentlichen gekennzeichnet durch die geringen jährlichen Niederschlagsmengen, die um 500 mm liegen. Allerdings sind die Schwankungen von Jahr zu Jahr nicht unerheblich (etwa 320 bis 656 in den Jahren 1953—1968, s. Tab. 1, bei einem Durchschnitt von 497,2 mm); besonders differieren die Extremwerte in den Monaten Juli und August. Wichtig erscheint, daß die Niederschlagshöhe während der Vegetationsperiode Mai—Juli unter 160 mm liegt, und so gehört das Gebiet zu den während dieser Monate trockensten Gegenden der DDR. Die insgesamt spärlichen Niederschläge fallen oft in Wolkenbrüchen. So werden in kürzester Zeit für Lößgebiete typische, tiefe Erosionsrinnen mit senkrechten Wänden in die unbefestigten Feldwege in Hanglagen gerissen. Die mittlere Temperatur betrug in den Jahren 1953—1968 (s. Tab. 2) im Januar —0,7 °C, im Juli 17° bis 18 °C, in der Vegetationsperiode (Mai bis Juli) 12° bis 17 °C. Das mittlere Datum des letzten Frostes liegt vor dem 21. 4. und das des ersten wenig nach dem 21. 10. Die 220-Tage-Linie für die Temperatur von mindestens 5 °C verläuft um den Hakelsattel. Die hochgelegenen Teile haben nur 210 bis 220 Tage mindestens 5 °C. Das Gebiet südlich des Hakelsattels hat nur 150 bis 160 Tage von mindestens 10 °C. Die Jahressumme der Sonnenscheindauer 1953—1968 in Stunden geht aus Tab. 3, das Monatsmittel der täglichen Sonnenscheindauer 1953—1968 in Stunden aus Tab. 4 hervor. Luftfeuchtigkeitsmessungen fehlen bisher aus Gatersleben. Das langjährige Mittel der relativen Luftfeuchtigkeit dürfte zwischen 75 und 80% liegen. Die mittlere Windrichtung ist Westsüdwest; im Juni kommen Zusatzwinde von Nord, im Dezember von Südsüdost. Starke Frühjahrs- und Herbststürme sind nicht selten. Die Winderosion ist oft durch riesige Staubwolken hochgewirbelten Lößes erkennbar.

Tabelle 4 Monatsmittel der täglichen Sonnenscheindauer 1953—168 in Stunden

Januar	2,0	Juli	6,4
Februar	2,8	August	5,9
März	4,2	September	5,8
April	5,5	Oktober	3,8
Mai	7,0	November	1,9
Juni	7,4	Dezember	1,7
Jahres-durchschnitt	4,5		

Vegetation. In pflanzengeographisch-phytozönologischer Hinsicht liegt die Umgebung Gaterslebens noch im Raum des in Mitteldeutschland weit nach Westen vordringenden kontinentalen Eichenmischwaldes, an den sich weiter im Westen der Buchonia-Gau anschließt. Der Hakel repräsentiert einen der wenigen und sehr charakteristischen Reliktwälder am Nordwestrand des hier weit nach Westen ausladenden, fast waldlosen mitteldeutschen Trockengebietes. In dem Eichenmischwald fallen neben dem starken Zurücktreten der Buche besonders zahlreiche Winterlinden, Elsbeeren, Wildkirschen, -birnen und -äpfel als Holzarten auf. Lichte Stellen sind oft weithin dicht mit *Dictammus* besiedelt, und auch *Lithospermum purpureo-coeruleum, L. officinale, Asperula tinctoria, Inula salicina* u. ä. sind nicht selten. Besonders bemerkenswert ist aber das sehr reichliche Vorkommen von *Melica picta.* Sie bildet hier an ihrer Nordgrenze ausgedehnte Bestände. Das stark kontinentale Gepräge der Vegetation als Ausdruck des Klimas im mitteldeutschen Trockengebiet wird in der Umgebung Gaterslebens aber nicht nur in den Gesellschaften des Hakelwaldes, sondern auch in den Unkraut- und Trockenrasengesellschaften deutlich. Diese gehören fast durchweg zum *Festucion valesiacae*-Verband, sie sind jedoch von geringer Ausdehnung und auf die wenigen Stellen beschränkt, die vom Ackerbau nicht genutzt werden und nicht von gedüngten Fettwiesen besiedelt sind. Sie werden von Schafen mehr oder weniger regelmäßig beweidet, einige sind mit Obstplantagen (vorwiegend Kirschen) besetzt. Noch kaum untersuchte, zum Verband des wärme- und trockenheitliebenden *Onopordion* gehörende Schuttunkrautgesellschaften erreichen offenbar im hiesigen Gebiet ihre Nordwestgrenze. Von den wärmeliebenden Ackerunkrautgesellschaften wird der Raum Gatersleben am besten durch das Vorkommen von Vertretern der *Caucalis lappula-Scandix-pecten-veneris*-Assoziation charakterisiert. Wasser- und Sumpfpflanzengesellschaften sind auf sehr wenige und kleine Areale beschränkt.

Literatur

EICHLER, H.-J., 1950: Floristische und phytocoenologische Untersuchungen des Hakels und seiner nächsten Umgebung. — Dissertation Halle

WEINITSCHKE, H., 1954: Die Waldgesellschaften des Hakels. — Wiss. Z. Univ. Halle, Math.-Naturw. 3, 947—978

WEINITSCHKE, H., 1957: Landschafts- und Naturschutzgebiet Hakel. — Mitteldeutsches Land H. 3, 131—142

5. Gesamtanlage des Instituts und Investitionen

In einer Landschaft, die von den großen Ackerflächen der Domäne Gatersleben durchzogen wurde, sollte in einer Zeit harter Not und vielfältiger Aufgaben zur Beseitigung umfangreicher Kriegsschäden im ganzen Lande, zur Entwicklung der Volkswirtschaft, der Schaffung aller Voraussetzungen für eine zunehmende Nahrungsgüterproduktion das Institut für Kulturpflanzenforschung errichtet werden, ohne daß zunächst die geringsten Aussichten für eine baldige Verwirklichung der gefaßten Pläne erkennbar waren.

Was aber dennoch in den ersten Nachkriegsjahren bis zum Jahre 1968 dank der Einsicht und der Förderung aller Dienststellen im Kreis, im Bezirk und in der zentralen Verwaltung, dank der ständigen Teilnahme des Präsidiums der Deutschen Akademie der Wissenschaften am Fortgang des Aufbaus des Instituts, dank vor allem des unermüdlichen Einsatzes aller verantwortungsbewußten Mitarbeiter des Instituts auf einer baumlosen Ackerfläche (Abb. 5) errichtet werden konnte, zeigt dieses Ka-

Abbildung 5 Institutsgelände 1945 (phot. H. KRASSMANN)

pitel. Es berichtet über die planmäßige Entwicklung des Instituts zu einer zentralen Forschungsstätte und darüber hinaus zu einem kulturellen Zentrum auf dem Lande, das in mannigfacher Hinsicht großen Einfluß auf die Entwicklung des Dorfes ausübte.

Als das Institut für Kulturpflanzenforschung 1945 in Gatersleben eine neue Heimstätte fand, hatte das Dorf einen für Bördedörfer typischen Baucharakter: Neben den Überresten einer alten Wehranlage ein Herrenhaus und kasernenartige Landarbeiterwohnungen, um die Kirche herum einige alte Bauernhöfe in gutem Stil, in den neueren Dorfteilen die nüchternen Ziegelbauten des 19. Jahrhunderts mit den Anfängen einer Gartensiedlung und schließlich am Dorfrand eine Zuckerfabrik und eine Maschinenfabrik (früher Dampfpflüge, jetzt Baumaschinen), in denen der überwiegende Teil der etwa 2800 Einwohner tätig war. Grünanlagen fehlten bis auf den Park neben der Burg fast ganz, die früheren Pappelalleen an den Dorfzugängen waren bis auf geringe Reste der Elektrifizierung des Dorfes zum Opfer gefallen. Nur durch Baumreihen an der Selke und durch eine am Rande des späteren Versuchsfeldes gelegene Fasanerie wurde die Landschaft durch Baumgruppen gestaltet, die später durch Windschutzstreifen erweitert wurden.

5.1. Durchgeführte Bauten bis 1953

Kommt man vom Dorf und passiert die Brücke über die Selke, die als kleiner Fluß durch das Dorf fließt und die zwischen Hedersleben und Wegeleben in die Bode mündet, so findet man zunächst als Übergang zu den großen Forschungsstätten und Wirt-

Abbildung 6 Gebäude der Abt. Physikalische Physiologie (phot. N. Franke)

schaftsbauten zwei Wohnsiedlungen für die Mitarbeiter des Instituts: die linke (südliche) nach Entwürfen von Prof. SCHMIDT, Weimar, für 6 Wissenschaftler, flach gehalten, im Landhausstil, die rechte (nördliche) nach Entwürfen des Projektierungsbüros Halberstadt mit steilen Satteldächern für technische Mitarbeiter, beide durch eine sachverständige Gartengestaltung geschützt vor der Außenwelt und friedliche Oasen nach harter Tagesarbeit.

Hinter diesem Wohnviertel liegen die Laborgebäude der einzelnen wissenschaftlichen Abteilungen. Sie wurden zunächst auf der Südseite des Wedderstedter Weges vorgesehen und zum größten Teil in den Jahren 1949—1951 errichtet, während die Bebauung der Nordseite später folgte.

Zur linken Hand, quer zur Hauptstraße gestellt, wurde 1949/50 nach Entwürfen von Prof. MILLER, Weimar, der zweigeschossige Bau der Abt. Physikalische Physiologie errichtet. Die großen Fenster der beiden Hauptfronten sind in eine holzverkleidete Fachwerkwand eingefügt und geben dem Gebäude sein besonderes Gepräge, während die Schmalfronten massiv ausgeführt wurden (Abb. 6). Einige Zeit später erhielt dieses Gebäude einen eingeschossigen, durch Schwerspatfüllung der Wände isolierten Anbau, in dem Spezialapparate für Bestrahlungsversuche Aufnahme fanden.

Es schließt sich das zweiflügelige Laborgebäude der Abt. Chemische Physiologie an (Abb. 7), das 1951 parallel zur Straße nach Entwürfen von Prof. SCHMIDT, Weimar, als eingeschossiger Massivbau errichtet wurde. Das weit überragende Dach hat geringe Neigung und fügt das Gebäude gut in die flache Landschaft ein. Neben einer ebenmäßigen Aufteilung durch Fenster normaler Größe zeigt die Nordfront eine Anzahl großer Blumenfenster, die der Aufnahme von Versuchskulturen dienen. Im Inneren sind von einer geräumigen Halle, die für wissenschaftliche Veranstalungen vorgesehen wurde, die einzelnen Trakte zu erreichen.

Die beiden physiologischen Abteilungen des Instituts wurden durch einen massiven Verbindungsgang miteinander verbunden, von dem einige Gewächshäuser und eine Halle für photoperiodische Untersuchungen ausgehen. Verbindungsgang und Laborgebäude umschließen einen schön gestalteten Innenhof (Abb. 8).

In westlicher Richtung schließt sich an die beschriebenen Institutsgebäude der 1950 errichtete Bau der Abt. Systematik und Sortiment an (Abb. 9). Er wurde in Kreuzform nach Entwürfen von Prof. SCHMIDT, Weimar, eingeschossig angelegt und mit dem gleichen niedrig gehaltenen und weit überragenden Dach versehen wie das benachbarte Chemische Laborgebäude. Die vier Trakte laufen in einer Halle zusammen, die Ausstellungen wichtiger Materialien enthält und in der Vorträge und Colloquien abgehalten werden können.

Auf der rechten Seite der Hauptinstitutsstraße wurde ein größerer Gebäudekomplex nach Entwürfen der eigenen Bauabteilung errichtet. Er umfaßt die Abt. Genetik und Cytologie, die Bibliothek, die Zentrale Verwaltung und einen Vortragssaal für 300 Personen (Abb. 10 bis 13).

Die Abt. Genetik und Cytologie ist in einem aus 5 Trakten bestehenden Gebäude untergebracht. Von diesen wurde der Mitteltrakt zweigeschossig, die übrigen Trakte eingeschossig ausgeführt. An den beiden Schnittpunkten der Trakte befinden sich auch hier größere Hallen für Ausstellungen und Vortragsveranstaltungen. Die Anordnung der Laboratorien, Arbeits- und Lagerräume wurde so getroffen, daß die Verarbeitung großer Mengen von Versuchsmaterial möglichst rationell erfolgen kann.

Neben den Bauten für die wissenschaftlichen Abteilungen wurde eine Reihe von Nebengebäuden errichtet, insbesondere ein vierteiliges, zweigeschossiges Wirtschaftsgebäude mit Selektions- und Sammlungsräumen, Arbeitsräumen, Speisesälen und

Abbildung 7 Gebäude der Abt. Chemische Physiologie (phot. H. STOLL)

Abbildung 8 Innenhof der Abt. Chemische Physiologie (phot. W. FRANKENFELD)

Abbildung 9 Gebäude der Abt. Systematik und Sortiment (phot. N. FRANKE)

Abbildung 10 Mitteltrakt und Westflügel der Abt. Genetik und Cytologie (phot. Dr. K. BERGER)

Abbildung 11 Hörsaal und Bibliothek (phot. Dr. K. Berger)

Wohnräumen (Abb. 14), ferner eine Trafostation, zwei Schuppen, eine großflächige Frühbeetanlage sowie ein allen Abteilungen dienender großer Gewächshauskomplex.

Gebaut wurde weiterhin ein Wirtschaftshof mit Arbeitsräumen für Handwerker, Lagerräumen und Garagen, der sich an die bestehenden Nebengebäude südlich der wissenschaftlichen Bauten anschließt. Schließlich wurde eine Wohnsiedlung für wissenschaftliche und technische Mitarbeiter errichtet, die den freien Raum zwischen dem Dorf und der Institutsanlage schließt.

Für die Abteilung Landwirtschaft des Instituts, die außerhalb der Neuanlagen in den Gebäuden der ehemaligen Domäne untergebracht ist, wurden ebenfalls umfangreiche Bauarbeiten durchgeführt. So wurden sämtliche Stallbauten modernisiert, Kühlräume eingerichtet, die Betriebswohnungen der Arbeiter und Angestellten laufend verbessert und eine moderne Schweinezuchtanlage errichtet.

5.2. Durchgeführte Bauten im Institut von 1953—1968

1953

Fertiggestellte und eingerichtete Anlagen:

1. Ein Trakt des Wirtschaftsgebäudes mit dem zweiten Speiseraum, Selektionsraum, Dienstwohnung und Ledigenzimmer
2. Bestrahlungshaus der Abt. Physikalische Physiologie mit Röntgenraum und Laboratorien (Entwurf Prof. Schmidt, Weimar)

Abbildung 12 Eingang zum Hörsaalgebäude (phot. Dr. K. BERGER)

3. Pumpenhaus (Pförtnerstube, Notstromaggregat, Hauptkabelverteilung, 2 Räume für Wasserversorgung mit Enteisenungs- (25000 l) und Hydrophor-Anlage (23000 l))
4. Für die Abt. Chemische Physiologie Photoperiodisches Haus, Vegetationshalle mit Drahtgewächshaus, Erweiterung des Gewächshauskomplexes durch ein Glashaus und Verbinder mit Erddämpfanlage
5. Betriebssanitätsstelle (Sprechzimmer, Bestrahlungsraum, Warteraum)
6. Betriebsverkaufsstelle der HO
7. 6 Einzelhäuser für Facharbeiter (Entwurf Kreis-Entwurfsbüro, Halberstadt)
8. Renovierung zahlreicher Anlagen der Abt. Landwirtschaft
9. Straßen- und Wegebau innerhalb des Institutsgeländes

Begonnene bzw. fortgeführte Anlagen:

10. Bau der Abt. Genetik und Cytologie (Entwurf Architekt E. ZSCHARNACK) mit den Trakten A–F
11. Bau von 20 Wohnungen und damit Beginn einer Wohnsiedlung auf dem Schwabenplan zwischen dem alten Dorf und dem Institutsgelände (Planung Staatl. Entwurfsbüro für Stadt- und Dorfplanung, Halle)

Schon in den ersten Jahren nach dem Kriege nahm der Gedanke, mit dem Aufbau des Instituts ein Kulturzentrum auf dem Lande zu schaffen, immer konkretere Formen an. Von den Mitarbeitern des Instituts sollte das Leben im Dorf Gatersleben mitgestaltet werden. Sehr bald wurde über den Neubau einer Schule diskutiert und bei einem Besuch des damaligen Präsidenten der Zentralverwaltung für Volksbildung, Paul

Abbildung 13 Gebäude der Zentralen Verwaltung (phot. G. TERPE)

Abbildung 14 Wirtschaftsgebäude (phot. H. KRASSMANN)

WANDEL, wurde eine Ortsbesichtigung vorgenommen und die Planung neuer Schulgebäude erwogen. Populärwissenschaftliche Vortragsabende, Reiseberichte und Konzerte wurden öffentlich bekanntgegeben und die Dorfbewohner zur Teilnahme an diesen Veranstaltungen eingeladen (s. auch Kap. 21).

Die technischen Abteilungen des Instituts stellten sich die Aufgabe, gemeinsam mit dem Rat der Gemeinde für die dringend notwendige Verbesserung des Dorf- und Landschaftsbildes zu sorgen. Neue Straßen und Wege, Parkanlagen, Spielplätze für Kinder und ein Schwimmbad wurden vorgesehen. Mit der Durchführung dieser Projekte wurde 1953 begonnen.

1954

Die Bautätigkeit wurde 1954 durch die ungünstige Witterung stark beeinträchtigt, doch konnten auch in diesem Jahr weitere Fortschritte im Aufbau des Instituts und in der Gestaltung des angrenzenden Geländes erzielt werden.

Fertiggestellte und eingerichtete Anlagen:

1. Die Trakte E und F der Abt. Genetik und Cytologie (Wirtschaftsräume und Kesselanlage mit Kohlenbunker)
2. Pförtnerhaus Nord mit Telefonzentrale und Aufenthaltsraum für Kraftfahrer, Feuerlöschgarage, Fahrradschuppen, Pumpstation
3. Ausbau des Dachgeschosses der Abt. Chemische Physiologie
4. Verbesserung des betriebseigenen Straßensystems, eine Teilstrecke der Straße nach dem Hakel geschottert
5. Beendigung des Baus von 20 Wohnungen für Betriebsangehörige auf dem Schwabenplan
6. Verbesserungen am alten Gebäudebestand (Modernisierung von Altwohnungen, Errichtung von Stallbauten, Wasch- und Umkleideräumen, Renovierung der betriebseigenen Schmiede, Einbau von Garagen in alte Wirtschaftsgebäude)

Begonnene bzw. fortgeführte Anlagen:

7. Die geplante Erweiterung des Versuchsfeldes wurde vorbereitet. Dazu waren Veränderungen an den Grundstücksgrenzen sowie Berichtigungen der Gemarkungsgrenze Hausneindorf-Gatersleben erforderlich. Die Vermessung der neuen Grenze wurde durchgeführt. Ein durch das vergrößerte Versuchsgelände nach dem Dorfe Wedderstedt führender befestigter Weg wurde aus dem Versuchsfeld hinaus an dessen nördliche Grenze parallel zur Selke verlegt. Er wurde damit die kürzeste Verbindung zu den Nachbardörfern Hausneindorf und Wedderstedt
8. Bau von 8 Wohnungen und Zugangsstraßen
9. Die im Vorjahr unter Mitwirkung des Instituts eingeleiteten Arbeiten zur Verbesserung des Dorf- und Landschaftsbildes wurden fortgesetzt. Die Stadt- und Dorfplanung des Bezirkes Halle arbeitete in Verbindung mit dem eigenen Entwurfsbüro einen Dorferweiterungsplan aus, in dem die künftige Entwicklung des Dorfes mit den Bedürfnissen des Instituts abgestimmt wurde. Vom Institut wurden Dorfstraßen bepflanzt, Ufermauern an der Selke und am Mühlgraben hergestellt und ein Feuerlöschteich mit Grünanlagen in der Dorfmitte gestaltet (s. auch Kap. 21).

1955

Fertiggestellte und eingerichtete Anlagen:

1. Ausstattung der Abt. Genetik und Cytologie
2. Errichtung eines Glasverbinders, eines Arbeitshauses für Gärtner und einer Selektionsscheune für die Abt. Genetik und Cytologie
3. Erweiterung des Versuchsfeldes (75 ha Ackerfläche), Verlängerung der Umzäunung, Pflasterung eines Feldweges
4. Installierung einer größeren Telefonanlage
5. Beendigung des Baues von 8 Wohnungen
6. Errichtung von 3 Einfamilienhäusern
7. Errichtung eines Wohnhauses für den Leiter der Abt. Gartenbau
8. Abriß und Neuaufbau einer Feldscheune

9. Im Dorf Errichtung einer Wartehalle für den Omnibusverkehr nach Quedlinburg, Pflasterung von Fußwegen

Begonnene bzw. fortgeführte Anlagen:

10. Bau einer zentralen Gewächshausanlage für die Abt. Genetik und Cytologie
11. Vergrößerung der Reparaturwerkstatt auf dem Hühnerhof der Abt. Landwirtschaft

1956

Fertiggesellte und eingerichtete Anlagen:

1. Bau aller Gebäude der Abt. Genetik und Cytologie beendet und Laboratorien eingerichtet
2. Lagergebäude mit Wasseranschluß für feuergefährliche Chemikalien und flüssige Brennstoffe
3. Erweiterung der Schweinezuchtanlage für die Abt. Landwirtschaft
4. Errichtung einer Wohnung für den Imkermeister
5. Erweiterung der Schlepper-Reparaturwerkstatt der Abt. Landwirtschaft
6. Bau von 2 Aufenthaltsräumen für Lehrlinge im Wirtschaftsgebäude der Abt. Gartenbau
7. Erweiterung des Kesselhauses für die Gewächshäuser im Schaugarten

Begonnene bzw. fortgeführte Anlagen:

8. Bau von weiteren 8 Wohnungen auf dem Schwabenplan
9. Beginn und Fortsetzung von Wegebefestigungen, Anlage von Grünflächen
10. Errichtung von 2 Trafostationen im Institutsgelände, einer Trafostation auf dem Schwabenplan und einer Trafostation auf dem Unterhof der Abt. Landwirtschaft

1957

Fertiggestellte und eingerichtete Anlagen:

1. Komplexe Gewächshausanlage der Abt. Genetik und Cytologie
2. Bau von 4 Trafostationen
3. Errichtung eines Bibliotheksgebäudes
4. Instandsetzung von 2 Wohnhäusern (Unterdamm 38 und Bahnhofstr. 1)
5. Ausbau und Befestigung von Feldwegen und Straßen
6. Erneuerung von Häusern in der zentralen Gewächshausanlage
7. Anlage von Entwässerungsleitungen und Wasserleitungen für Feuerlöschzwecke und für Wohnbauten
8. Inbetriebnahme einer Regenanlage für die Viehweiden
9. Bau eines Offenstalles für Zuchtbullen, eines Ersatzteillagers und einer Ladestation für Akkumulatoren
10. Erweiterung der Heizungsanlage für die Abt. Genetik und Cytologie und die Bibliothek

Begonnene bzw. fortgeführte Anlagen:

11. Anlage von Grünflächen im Institutsgelände und an den Wohnhäusern auf dem Schwabenplan

1958

Fertiggestellte und eingerichtete Anlagen:

1. Einrichtung der Arbeits- und Leseräume und des Magazins der Bibliothek
2. Fertigstellung der letzten Trafostationen
3. Bau der Straße am kleinen Wirtschaftsgebäude
4. Pumpstation am Stern durch massiven Umbau gegen Frost gesichert
5. Weiterführung der Feuerleitung von der Abt. Genetik und Cytologie bis zur Abt. Chemische Physiologie, Setzen von Hydranten
6. Entwässerungsleitung von der zentralen Gewächshausanlage bis zur Selke
7. Umbau eines Glasverbinders in der zentralen Gewächshausanlage zur Aufnahme tropischer Gewächse
8. Umbau der ehemaligen Schnitterkaserne Bahnhofstr. 1 und Errichtung eines Stallgebäudes
9. Erweiterung der Schäferwohnung am Hakel und Bau eines Aufenthaltsraumes für Landarbeiter
10. Errichtung einer Wasserversorgungsanlage für die Arbeiterwohnungen in der Albertstraße mit zugehöriger Pumpstation
11. Fertigstellung der Reparaturwerkstatt auf dem Hühnerhof der Abt. Landwirtschaft

12. Bau eines Aufenthaltsraumes für Frauen auf dem Wirtschaftshof der Abt. Landwirtschaft, kombiniert mit Wasch- und Duschanlage

Begonnene bzw. fortgeführte Anlagen:

13. Erweiterung der Abt. Systematik und Sortiment
14. Neubau eines Isotopenlaboratoriums
15. Beginn des Baues von 3 Einzelhäusern im Rahmen des Wohnungsbauprogramms
16. Bau eines privaten Wohnhauses für einen wissenschaftlichen Mitarbeiter
17. Erweiterung der Grünanlagen im Institutsgelände und Ausgestaltung des Innenhofes der Abt. Genetik und Cytologie

1959

Fertiggestellte und eingerichtete Anlagen:

1. Erweiterungsbau der Abt. Systematik und Sortiment
2. Der „inaktive" Teil des Isotopenlaboratoriums
3. Bau eines Heizkanals von der Bibliothek zu den Wirtschaftsanlagen und zur Abt. Systematik und Sortiment
4. Erweiterung des Straßennetzes innerhalb des Institutsgeländes.
5. Neubau eines Melkschuppens (Fischgrätenmelkstand) nebst Brunnenanlage für die Abt. Landwirtschaft
6. 3 Wohnhäuser für Wissenschaftler nebst Zufahrtsstraße und Umzäunung
7. 4 Facharbeiterhäuser auf dem Schwabenplan
8. 5 Wasserbecken im Innenhof der Abt. Genetik und Cytologie
9. Verlegung von Leitungen für die Wasserversorgung von Wohnhäusern
10. Leitungen für die Regenanlage auf der Selkenbreite
11. Einzäunung der Gärten von Mitarbeitern auf dem Schäferberg

Begonnene bzw. fortgeführte Anlagen:

12. Neubau des „aktiven" Teils des Isotopenlaboratoriums
13. Bau der Wirtschaftsanlagen (Betriebswerkstätten, Lagerräume, Garagen)
14. Nebengebäude für die Abt. Gartenbau

1960

Fertiggestellte und eingerichtete Anlagen:

1. Bau der Wirtschaftsanlagen (Werkstatthof) mit Hebebühne und Tankanlage
2. Befestigung des Werkstatthofes und des Innenhofes der Abt. Gartenbau
3. Umbau der Heizungsanlage auf dem Oberhof der Abt. Landwirtschaft
4. Mit eigenen Handwerkern: Umbau der alten Teile der Abt. Systematik und Sortiment (1. und 2. Bauabschnitt), Erweiterung des Speisesaales im Wirtschaftsgebäude, Werkküchen verlegt und vergrößert
5. Garagenbau neben den Häusern für Mitarbeiter
6. Installation des Druckbehälters und der erforderlichen Schaltung im Pumpenhaus am Stern
7. Installationsarbeiten an Kesseln und Leitungen für die Gewächshäuser
8. Einrichtung eines Mäusestalls für die Abt. Genetik und Cytologie
9. Erneuerung eines unter Denkmalschutz stehenden Scheunengiebels mit Wappen auf dem Unterhof der Abt. Landwirtschaft
10. Bauliche Veränderungen an Ställen für tuberkulosefreie Rinder
11. Gartengestaltung an Mitarbeiterhäusern

Begonnene bzw. fortgeführte Anlagen:

12. Neubau des „aktiven" Teils des Isotopenlaboratoriums
13. 3. und 4. Bauabschnitt für die Erweiterung der Abt. Systematik und Sortiment

1961

Fertiggestellte und eingerichtete Anlagen:

1. Erweiterung der Abt. Systematik und Sortiment
2. Beendigung des Baus des Isotopenlaboratoriums (Abb. 15)
3. Straßen- und Hofbefestigungen für Wirtschaftsanlagen

Abbildung 15 Isotopenlabor (phot. N. FRANKE)

Abbildung 16 Ledigenwohnheim (phot. N. FRANKE)

4. Errichtung eines Schweinestalles (250 Tiere) für die Abt. Landwirtschaft
5. Wohnungsbau im Obergeschoß des Wirtschaftsgebäudes
6. Anschluß der Abt. Chemische Physiologie und der Telefonzentrale an die Heizungsanlage der Abt. Genetik und Cytologie
7. Erneuerung von Gewächshäusern in der zentralen Gewächshausanlage
8. Umfangreiche Gartengestaltung im Institutsgelände

Begonnene bzw. fortgeführte Anlagen:

9. Bau der zentralen Anlagen (Verwaltungsgebäude mit Nebeneinrichtungen)
10. Bau eines zweiteiligen Ledigenwohnheims
11. Bau eines Wohnblocks (8 Wohnungseinheiten) aus Mitteln des Kreises Aschersleben

1962

Fertiggestellte und eingerichtete Anlagen:

1. Zentrale Anlagen (Verwaltung, Kaderleitung, Bauleitung)
2. Ledigenwohnheim (Abb. 16)
3. Erweiterung der Telefonanlage
4. Wirtschaftsstraßen und befestigte Fußwege zur Abt. Genetik und Cytologie
5. Umbau von Stallungen in der Abt. Landwirtschaft zur Mechanisierung der Stallarbeiten
6. Erweiterung der Werkstatt für die Reparatur von Großmaschinen in der Abt. Landwirtschaft
7. Erneuerung einer Stallanlage im Schäfereihof und Anbau
8. Wohnblock mit 8 Wohnungseinheiten
   Die Fortführung der Bauarbeiten und die Aufnahme neuer Bauvorhaben wurden durch den langen Winter 1962/63 erschwert.

1963

Fertiggestellte und eingerichtete Anlagen:

1. Innenausstattung des Ledigenwohnheims und gärtnerische Gestaltung der Anlage
2. Einbau einer Melkanlage für die Abt. Landwirtschaft auf dem Unterhof
3. Weitere Bauarbeiten für die Abt. Landwirtschaft (Jauchegrube, Abkalbestall, 2. Offenstall, Zufahrtsstraßen, Bullenaufzuchtstall, Bergeraum für Futter und Streu)

Begonnene bzw. fortgeführte Anlagen:

4. Abschlußbau der Abt. Genetik und Cytologie mit Hörsaal

1964

Fertiggestellte und eingerichtete Anlagen:

1. Hörsaal mit allen Nebenanlagen. Mit dem Hörsaal wurden die Arbeiten am Aufbau des Instituts zu einem vorläufigen Abschluß gebracht.
2. Ausbau einer Werkstatt auf dem Unterhof zu einem Sozial- und Bürogebäude für die Abt. Landwirtschaft
3. Bau einer Stellmacherwerkstatt im Werkstatthof
4. Erweiterung des Büchermagazins in der Bibliothek
5. Großräumiger Umbau von Gewächshäusern
6. Betonieren des Omnibus-Parkplatzes am Südeingang des Instituts
7. Erneuerung der Pflasterung auf dem Unterhof der Abt. Landwirtschaft
8. Ausbau des Wegenetzes auf dem Versuchsfeld
9. Bau von 10 neuen Autogaragen
10. Einrichtung einer Betriebsverkaufsstelle für Lebensmittel auf dem Schwabenplan

1965

Fertiggestellte und eingerichtete Anlagen:

1. Aufbau einer neuen Röntgenanlage für die Abt. Physikalische Physiologie
2. Umbau von Gewächshäusern der Abt. Gartenbau
3. Ausbau eines Trockenturms für die Betriebsfeuerwehr
4. Aufstellung neuer Pumpen in der Pumpstation am Stern
5. Verlegung von Leitungen an die neue Orts-Abwasseranlage
6. Befestigung des Kohlenlagerplatzes an der Selke

7. Instandsetzungsarbeiten an Heizungsanlagen
8. Erneuerung der Hauptwasserleitung zum Liebigweg
9. Bau eines Eberaufzuchtstalles für die Abt. Landwirtschaft
10. Abschluß der Pflasterarbeiten auf dem Unterhof der Abt. Landwirtschaft
11. Ein Gebäude mit Wasch- und Toilettenanlagen sowie Wirtschaftsräumen für das Ferienheim „Windenhütte" bei Altenbrak im Harz

1966

Fertiggestellte und eingerichtete Anlagen:

1. Erweiterung der Sanitätsstelle
2. Endgültige Gestaltung des Innenhofes zwischen Abt. Genetik und Cytologie und Hörsaal
3. Bau von 2 neuen Klimakammern für die Abt. Chemische Physiologie
4. Umfangreiche Instandsetzungsarbeiten an den Heizungsanlagen
5. Montage einer neuen Kläranlage im Ferienheim „Windenhütte"
6. Einbau einer größeren Fuhrwerkswaage für die Abt. Landwirtschaft auf dem Unterhof
7. Im Rahmen des staatlichen Wohnungsbaues wurden 24 Wohnungen zweckgebunden für das Institut errichtet

Begonnene bzw. fortgeführte Anlagen:

8. Umbau des ehemaligen Kesselhauses der Abt. Chemische Physiologie zu einem Pflanzenaufbereitungs- und Extraktionslabor

1967

Fertiggestellte und eingerichtete Anlagen:

1. Umbau eines Gewächshauses für die Aufnahme von Klimakammern in der Abt. Chemische Physiologie
2. Umbau eines Kesselhauses der Abt. Chemische Physiologie in ein Pflanzenaufbereitungs- und Extraktionslabor
3. Ausbau des restlichen Teils des Bibliotheks-Dachgeschosses zur Aufnahme von Büchern und Zeitschriften
4. Ausbau einer Landarbeiterwohnung am Kapellenteich
5. Bau von 7 Autogaragen auf dem Garagenhof
6. Schluß der Ringleitung zwischen Betriebswerkstätten und Abt. Genetik und Cytologie zur Sicherstellung der Wasserversorgung
7. Erweiterungs- und Umbau im Ferienheim Zingst/Ostsee

Begonnene bzw. fortgeführte Anlagen:

8. Umbau eines Gewächshauses in der Abt. Physikalische Physiologie zu einem Kunstlichthaus und andere Umbauten zur Aufstellung eines Elektronenspinresonanz-Spektrometers

1968

Fertiggestellte und eingerichtete Anlagen:

1. Umbau eines Gewächshauses zu einem Kunstlichthaus
2. Rekonstruktion von 3 Gewächshäusern
3. Installation von Warmwasserleitungen in 3 Einfamilienhäuser
4. Anlage eines zentralen Parkplatzes am Haupteingang des Instituts
5. Weiterführung der Ringleitung vom Pumpenhaus Stern zum Pumpenhaus bei Pförtner Süd zur Sicherung der Wasserversorgung
6. Errichtung von 6 Wohnungseinheiten durch den Rat des Bezirks, die dem Institut übergeben wurden

Begonnene bzw. fortgeführte Anlagen:

7. Vorbereitungen für den Bau eines zentralen Heizhauses gemeinsam mit dem VEB Baumaschinen Gatersleben und Anlage eines Anschlußgleises

Für die von 1947 bis 1968 errichteten Bauten, baulichen Anlagen, für apparative Ausrüstung und Gewächshausanlagen wurden dem Institut insgesamt 25520,9 TM zur Verfügung gestellt. Ihre Aufgliederung auf die einzelnen Abteilungen im angegebenen Zeitraum zeigen die nachstehenden Tabellen.

Tabelle 5 Investitionen Abt. Genetik und Cytologie

Jahr	Bau	Baul. Anlagen	App.Ausrüstung	Gewächshausanl.
1947				
1948			1,1	
1949			9,2	
1950			20,5	
1951			17,0	
1952	12,5		24,0	
1953	554,8		33,0	
1954	76,9	1,0	17,5	
1955	1265,3		300,6	
1956	159,1	34,6	169,1	306,2
1957	73,2	9,6	38,1	51,6
1958	12,2	9,1	7,5	
1959		5,6	15,6	
1960			30,1	
1961	1,5		49,3	
1962			132,6	
1963	10,1	2,9	15,1	
1964	4,4	3,4	9,6	
1965	2,2		17,4	
1966			22,0	
1967			79,2	
1968		6,6	176,0	
	2172,2	72,8	1184,5	357,8

insgesamt: 3787,3

Tabelle 6 Investitionen Abt. Chemische Physiologie

Jahr	Bau	Baul. Anlagen	App. Ausrüstung	Gewächshausanl.
1947			0,2	
1948				
1949				
1950	45,4		4,4	
1951	527,4		21,4	51,5
1952	26,3	25,8	207,6	21,7
1953	5,8	27,4	13,3	46,1
1954	29,5	0,9	13,7	
1955	1,9	0,7	18,7	
1956	1,7		25,4	
1957	2,6		10,8	
1958			5,5	
1959	5,8		11,6	
1960			44,7	
1961	2,7		25,5	
1962			53,0	
1963			8,6	
1964	0,3	3,1	17,0	
1965	5,6		49,9	
1966			180,2	
1967	69,8		179,8	
1968	24,4		225,9	
	749,2	57,9	1117,2	119,3

insgesamt: 2043,6

Tabelle 7 Investitionen Isotopenlabor

Jahr	Bau	Baul. Anlagen	App. Ausrüstung	Gewächshausanl.
1947				
1948				
1949				
1950				
1951			0,9	
1952			1,6	
1953			4,5	
1954			0,2	
1955			2,9	
1956	2,5		0,8	
1957	29,1		42,4	
1958	204,4		12,4	
1959	296,0		83,5	
1960	508,6		28,4	
1961	201,0	0,3	431,9	18,8
1962		12,8	6,9	
1963			11,9	
1964			4,2	
1965			78,4	
1966			21,1	
1967			23,9	
1968			155,3	
	1241,6	13,1	911,2	18,8

insgesamt: 2184,7

Tabelle 8 Investitionen Abt. Physikalische Physiologie

Jahr	Bau	Baul. Anlagen	App. Ausrüstung	Gewächshausanl.
1947			0,2	
1948	18,7			
1949	105,5		1,3	
1950	76,2	1,3	53,0	17,8
1951		0,2	9,9	
1952	3,1		35,8	51,9
1953	109,4	0,8	18,5	
1954	0,3	0,2	7,0	
1955			22,7	
1956			9,9	
1957	0,7		3,3	
1958			3,8	
1959			16,5	
1960			38,7	
1961	1,8		6,4	
1962	6,6		11,1	
1963			7,5	
1964			91,7	
1965		0,1	58,8	
1966			49,0	
1967	74,1		264,7	
1968	62,4		62,0	
	458,8	2,6	771,8	69,7

insgesamt: 1302,9

Tabelle 9 Investitionen Abt. Ökologische Physiologie

Jahr	Bau	Baul. Anlagen	App. Ausrüstung	Gewächshausanl.
1956			0,3	
1957				
1958			1,4	
1959			1,7	
1960			0,4	
1961		0,2		
1962				
1963				
1964			54,4	
1965	3,5		52,1	
1966	9,8		41,2	
1967	6,6		49,9	
1968			24,8	
	19,9	0,2	226,2	

insgesamt: 246,3

Tabelle 10 Investitionen Abt. Systematik und Sortiment

Jahr	Bau	Baul. Anlagen	App. Ausrüstung	Gewächshausanl.
1947			0,4	
1948			0,2	
1949			8,1	
1950	232,4		16,6	7,6
1951	50,0		7,5	
1952		4,4	12,2	
1953			0,4	
1954			0,5	
1955		0,8	13,9	
1956			23,1	
1957	34,9		2,4	
1958	169,0	7,3	241,6	
1959	199,3	3,8	47,0	
1960	227,6	0,1	5,2	
1961	84,8		7,0	
1962	0,3		3,7	
1963			2,2	
1964			13,4	
1965			1,3	4,1
1966			3,5	
1967			16,3	
1968	0,9		32,3	
	999,2	16,4	458,8	11,7

insgesamt: 1486,1

Tabelle 11 Investitionen Arbeitsgruppe Forstpflanzenforschung

Jahr	Bau	Baul. Anlagen	App. Ausrüstung	Gewächshausanl.
1947				
1948				
1949				
1950				
1951				
1952	19,2			
1953			2,6	
1954		0,7	10,6	
1955		0,2	8,6	
1956			0,1	
1957			2,3	
1958	1,4		0,2	
1959			1,1	
1960			0,6	
1961		1,4	3,7	
1962			0,2	
1963			0,5	
1964			2,2	
1965			0,4	
1966			0,4	
1967			0,1	
	20,6	2,3	33,6	

insgesamt: 56,5

Tabelle 12 Investitionen Bibliothek

Jahr	Bau	Baul. Anlagen	App. Ausrüstung
1947			
1948			
1949			
1950			
1951			1,0
1952			1,2
1953			
1954			0,5
1955			10,4
1956			1,2
1957			0,7
1958	265,9		32,7
1959			
1960			3,3
1961			2,1
1962			2,4
1963			1,1
1964	1,7		1,8
1965			0,2
1966			
1967	4,8		4,1
1968			5,0
	272,4		67,7

insgesamt: 340,1

Tabelle 13 Investitionen Abt. Gartenbau (Versuchsfeld und Zuchtgärten)

Jahr	Bau	Baul. Anlagen	App. Ausrüstung	Gewächshausanl.
1947	3,8	15,6	7,2	8,0
1948		79,5		14,6
1949	61,4	128,1		125,7
1950	38,8	84,9	42,7	89,8
1951	7,5	11,2	1,0	
1952		10,8	0,1	16,1
1953		42,5	14,1	27,9
1954		19,2	4,8	0,7
1955		57,8	18,1	
1956	10,6	14,5	5,3	
1957	3,5	49,3	16,3	20,0
1958		15,5	12,1	19,1
1959	37,4	11,5	56,9	
1960	254,8		11,6	
1961		102,8	21,8	
1962			23,5	15,6
1963			11,2	14,4
1964		1,1	20,9	14,4
1965		6,0	7,3	
1966		3,1	47,4	
1967			21,6	
1968			45,1	
	417,8	653,4	389,0	366,3

insgesamt: 1826,5

Tabelle 14 Investitionen Abt. Landwirtschaft

Jahr	Bau	Baul. Anlagen	App. Ausrüstung	Wohnungswesen
1947				17,2
1948		15,6		
1949				
1950				
1951	102,6			1,1
1952	2,1	27,7		20,8
1953	2,0	71,8	23,7	0,8
1954		123,5	17,8	
1955	1,3	15,9	31,0	
1956	35,6	4,3	8,0	2,4
1957	45,7	2,6	71,5	17,5
1958	11,6	12,2	108,9	10,8
1959	30,0	6,2	104,3	
1960	1,7		39,7	
1961	50,9	24,5	55,1	
1962	483,8	31,4	7,2	
1963	353,4	45,0	115,2	
1964	102,0	187,2	211,7	
1965	69,8	12,2	31,8	
1966	35,3	3,4	204,9	
1967		4,3	31,6	
1968				
	1327,8	587,8	1062,4	70,6

insgesamt: 3048,6

Tabelle 15 Investitionen Lehr- und Versuchsimkerei

Jahr	Bau	Baul. lagen	App. Ausrüstung
1947			
1948			
1949			
1950	6,4		
1951			
1952			
1953		0,3	
1954			
1955			
1956	6,8	0,5	
1957			
1958			
1959	0,9		
1960			
1961			
1962	2,6		
1963			
1964			
1965			
1966			
1967			
1968			
	16,7	0,8	

insgesamt: 17,5

Tabelle 16 Investitionen Zentrale Verwaltung/Allgemeine Anlagen

Jahr	Bau	Baul. Anlagen	App. Ausrüstung
1947			
1948	76,9	56,6	
1949	112,7	40,3	0,4
1950	205,7	55,1	10,4
1951	10,7	129,5	4,1
1952	122,9	37,5	8,6
1953	68,6	20,1	8,8
1954	30,6	11,0	23,6
1955	49,0	105,5	12,1
1956	104,9	209,2	85,6
1957	32,0	28,5	40,7
1958	23,3	81,9	85,2
1959	2,0	47,0	234,6
1960	83,8	76,9	404,5
1961	677,8	103,8	39,7
1962	661,6	9,6	161,6
1963	277,9	177,1	13,3
1964	359,6	75,3	74,2
1965	11,6	71,8	7,8
1966	208,1	43,7	9,0
1967	2,8	8,1	27,7
1968	184,1	546,1	36,7
	3306,6	1934,6	1288,6

insgesamt: 6529,8

Tabelle 17 Investitionen Betriebswerkstätten

Jahr	Bau	Baul. Anlagen	App. Ausrüstung
1947			
1948			
1949			2,9
1950		0,2	18,2
1951			9,0
1952			7,6
1953	10,6		1,8
1954			5,6
1955			11,7
1956			10,1
1957			11,5
1958			5,3
1959	307,6		2,3
1960		0,4	25,8
1961		48,9	21,8
1962		4,2	8,3
1963			4,7
1964			1,5
1965			0,3
1966			45,3
1967			19,4
1968			3,5
	318,2	53,7	216,6

insgesamt: 588,5

Tabelle 18 Investitionen Fuhrpark

Jahr	Bau	Baul. Anlagen	App. Ausrüstung
1947			
1948			
1949			
1950			0,6
1951			2,3
1952			
1953			1,1
1954			0,6
1955			
1956			
1957	9,2		3,6
1958	24,7		0,5
1959	220,1		0,2
1960		11,0	9,3
1961		45,9	1,6
1962			0,9
1963			
1964			
1965			0,4
1966			
1967			
1968			2,2
	254,0	56,9	23,3

insgesamt: 334,2

Tabelle 19 Investitionen Wohnungsbau

Jahr	Bau	Baul. Anlagen	App. Ausrüstung
1947	43,3	2,9	
1948	1,2	6,0	
1949		3,9	
1950	11,3	9,3	
1951	261,2	0,3	9,6
1952	6,8	22,5	
1953	165,8		
1954	0,7	6,2	
1955	33,9		
1956	142,4	74,4	1,1
1957	40,0	4,3	
1958	48,5	21,4	
1959	74,8	22,3	
1960	61,2	64,9	
1961	0,5	3,3	0,9
1962		6,4	75,3
1963	12,0	8,4	5,5
1964	16,7	1,9	2,8
1965	7,0	3,8	3,4
1966		0,2	
1967	8,1	0,2	0,6
1968	32,4		1,6
	967,8	262,6	100,8

insgesamt: 1331,2

Tabelle 20 Gesamtinvestitionen des Instituts 1947–1968

1947	98,8	
1948	270,4	
1949	599,5	
1950	1048,6	
1951	1236,9	
1952	730,8	
1953	1276,5	
1954	403,8	
1955	1983,0	
1956	1449,7	
1957	697,9	
1958	1455,4	
1959	1845,6	
1960	1933,3	
1961	2037,7	
1962	1721,6	
1963	1098,0	
1964	1276,5	
1965	507,2	
1966	927,6	
1967	897,7	
1968	1627,3	
	25123,8,	zusätzlich 397,1 TM 1968 noch nicht vollendete Investitionen

6. Struktur und Zentrale Verwaltung des Instituts

Mit der Übernahme des Instituts durch die Deutsche Akademie der Wissenschaften zu Berlin begann eine großzügig unterstützte, zielgerichtete Aufbauarbeit, die dazu führte, daß sich der wissenschaftliche Mitarbeiterstab konstituierte und stabilisierte und nach einem sorgfältig durchdachten Plan mit dem Aufbau der Abteilungen begonnen werden konnte.

Zu Beginn des Jahres 1950 bestand das Institut aus 4 wissenschaftlichen und 3 technischen Abteilungen sowie einer Abteilung Zentrale Verwaltung. Die 4 wissenschaftlichen Abteilungen entsprachen der schon bei der Institutsgründung festgelegten Konzeption, und zwar

1. Abteilung Genetik und Cytologie (Leitung Prof. Dr. H. Stubbe)
2. Abteilung Systematik und Sortiment (Leitung Prof. Dr. R. Mansfeld)
3. Abteilung Physikalische Physiologie (Leitung Prof. Dr. P. Metzner)
4. Abteilung Chemische Physiologie (Leitung Prof. Dr. K. Mothes)

Während im Zeitraum von 1950 bis 1952 diese Abteilungen bereits ihre Arbeit aufnahmen, befand sich die Arbeitsgruppe Forstpflanzenforschung noch im Aufbau, die zu jener Zeit vom Institutsdirektor, Prof. Dr. H. Stubbe, geleitet wurde. Es war ferner geplant, im weiteren Aufbau des Instituts die Cytologie zu einer selbständigen Abteilung zu entwickeln, wovon später Abstand genommen wurde, sowie eine Abteilung Phytopathologie und eine Abteilung Mikrobiologie einzurichten. Für die geplante Abteilung Phytopathologie wurde daher vorbereitend von I. Grebenščikov einige Jahre die Insektenfauna der Umgebung erfaßt, Sammlungen dazu angelegt und aufgestellt. Auch auf die beiden genannten Abteilungen wurde später verzichtet, weil für beide Fachgebiete eigene Institute im Rahmen der Akademie der Landwirtschaftswissenschaften und des Hochschulwesens vorhanden waren bzw. gegründet wurden.

Im Jahre 1962 wurde eine Abteilung Ökologische Physiologie unter Leitung von Prof. Dr. Müller-Stoll in das Institut aufgenommen.

Die technische Abteilung Versuchsfeld und Zuchtgärten unter der Leitung von Garteninspektor Vogt stand den wissenschaftlichen Abteilungen für die Anzucht der Versuchspflanzen und für die gärtnerische Betreuung der Freilandversuche auf den Versuchsfeldern zur Verfügung, sie war auch verantwortlich für die Einrichtung und Pflege der Zieranlagen sowie die Durchführung interner Transporte etc.

Die technische Abteilung Landwirtschaft, zunächst unter der Leitung des Inspektors Ulrich Kühne, bewirtschaftete die Flächen der ehemaligen Domäne Gatersleben außerhalb des eigentlichen Versuchsfeldes mit dem Ziel einer jährlichen Planerfüllung, führte größere Sortenleistungsversuche durch und diente dem Institut als Basis für die Versorgung mit Stalldünger für die Versuchsflächen und für die Belieferung der Belegschaft mit Lebensmitteln.

Die Bauabteilung als 3. technische Abteilung führte unter Leitung des Architekten Eberhard ZSCHARNACK den Aufbau der Gebäude, die Hauptinstandsetzungs- und die laufenden Instandhaltungsarbeiten an Gebäuden durch.

Diese 3 technischen Abteilungen wurden einige Jahre später der Zentralen Verwaltung unterstellt, deren Aufgaben- und Verantwortungsbereich ständig wuchs.

Während in den ersten Nachkriegsjahren, als der Mitarbeiterstab des Instituts noch klein war, alle Arbeiten zur Verwaltung des Instituts vom Direktor des Instituts und seinen engsten Mitarbeitern allein durchgeführt wurden, entschied die Akademie in Berlin im Jahre 1948, daß eine Abteilung Zentrale Verwaltung zur Bewältigung der immer mehr zunehmenden Verwaltungsvorgänge erforderlich sei. Mit dem 1. Januar 1949 wurde daher Erich von der PLANITZ, ein erfahrener und in der Verwaltung großer Betriebe geschulter Landwirt als Verwaltungsdirektor im Institut eingestellt, der mit großer Initiative alle laufenden Verwaltungsarbeiten übernahm. Er schied aus gesundheitlichen Gründen am 30. September 1953 aus dem Institut aus. Sein Nachfolger wurde mit dem 1. April 1954 Otto DÜMICHEN, der gleichfalls als erfolgreicher Landwirt vielseitige Erfahrungen in der Verwaltung großer Betriebe mitbrachte.

Beiden ist es zu danken, daß dem Institutsdirektor bei dem schon in den ersten Nachkriegsjahren einsetzenden Aufbau des Instituts viele zeitraubende organisatorische und technische Arbeiten abgenommen wurden. Auch die sich bald vergrößernde Zahl an wissenschaftlichen Mitarbeitern wurde durch die vielseitige und verantwortungsbewußte Arbeit der Verwaltungsleiter von allen Nebenarbeiten weitgehend entlastet, so daß sie sich mit ganzer Kraft ihrer gesellschaftlichen Aufgabe, der intensiven Forschung im Bereich der Biowissenschaften, widmen konnten.

Die Voraussetzung hierfür war jedoch die Schaffung möglichst guter Arbeitsmöglichkeiten in modern eingerichteten Laboratorien, die nach einem sorgfältig durchdachten Plan aufgebaut werden sollten.

Man muß sich noch einmal vergegenwärtigen, daß 1945 nur das auf dem Oberhof der Domäne gelegene Herrenhaus für die Unterbringung aller Menschen und Materialien des Instituts zur Verfügung stand und daß der zukünftige Standort im Jahre des Kriegsendes nichts anderes als eine landwirtschaftlich intensiv bearbeitete Ackerfläche war. Wie sich das Institut auf dieser Fläche bis zum Jahre 1968 entwickelte, wurde in Kap. Gesamtanlage des Instituts und Investitionen aufgezeigt.

Dem Leiter der Verwaltung wurden mit dem Aufbau des Instituts immer verantwortungsvollere und größere Aufgaben gestellt. In erster Linie war er für die Abwicklung des Haushalts, für Planung, Finanzierung und Abrechnung verantwortlich, mußte die angeforderten Meldungen machen und am Jahresende entsprechende Analysen anfertigen.

Tab. 21 zeigt die Entwicklung des Gesamt-Haushalts einschl. der Investitionen für die Zeit von 1947 bis 1968.

Der Verwaltungsleiter hatte ferner das gesamte Anlagevermögen (Grundmittel) zu erfassen und seine Vollständigkeit laufend zu überprüfen. Die Investitionen waren nach Anweisung des Direktors vorzubereiten und durchzuführen. Ferner waren die Reparaturen und die Werterhaltung aller Anlagen, Einrichtungen, der Maschinen und Geräte zu planen und ihre Durchführung vorzunehmen bzw. zu veranlassen. Es mußte weiterhin für den immer größer werdenden Institutsbereich einschl. der Dienstwohnungen die Wasser- und Energieversorgung sichergestellt werden.

Der Verwaltung unterstand weiterhin der Bereich Arbeitsökonomie mit der Planung und Abrechnung des Arbeitskräftebestands und anderer arbeitsökonomischer und sozialer Fragen. Dazu gehörte die Planung und Bereitstellung von Wohnraum für

Tabelle 21 Gesamt-Haushalt 1947–1968 in TM

	1 Einnahmen	2 Ausgaben	3 Zuschuß	4 Personalkosten	5 Sachausgaben, Leistungen	6 Investitionen, app. Ausrüstg.	7 Themengeb. Grundmittel	8 Sonderkonto Invest, überwiegend Bau
1947		257.9	257.9		257.9			
1948		434.0	434.0	346.4	87.6			
1949	2.6	436.3	433.7	303.7	132.6			
1950	5.9	812.2	806.3	610.0	202.2			1254.0
1951	5.9	1524.5	1518.6	1031 4	241.9	251.2		1462.0
1952	78.0	1897.4	1819.4	1274.3	472.8	150.3		746.0
1953	636.1	3057.1	2421.0	1886.1	925.8	245.2		1032.0
1954	686.5	3652.5	2966.0	2208.3	1214.4	229.8		575.0
1955	663.6	3897.2	3233.6	2343.4	1357.3	196.5		1443.0
1956	546.7	4383.6	3836.9	2697.6	1494.4	191.6		1081.0
1957	580.4	4770.2	4189.8	2812.1	1613.0	345.1		442.0
1958	717.6	4593.7	3876.1	2673.0	1604.2	316.5		439.0
1959	871.9	4714.0	3842.1	2788.0	1680.5	245.5		1339.0
1960	1072.9	4938.8	3865.9	2996.7	1704.2	237.9		1333.0
1961	942.5	4972.0	4029.5	2921.0	1838.8	212.2		1267.0
1962	1087.3	5494.8	4407.5	3020.0	2028.1	446.7		1574.0
1963	1079.1	5698.0	4618.9	3126.1	2315.3	256.6		833.0
1964	1033.3	6167.8	5134.5	3297.0	2281.5	589.3		590.0
1965	1393.4	6139.0	4745.6	3349.0	2525.0	265.0		270.0
1966	1543.4	6866.1	5322.7	3474.5	2671.3	720.3		
1967	1631.4	7904.8	6273.4	3623.6	3024.0	1119.3	137.9	
1968	1519.0	8573.1	7054.1	3596.4	3053.7	1784.1	138.9	1761.0
	16097.5	91185.0	75087.5	50378.6	32726.5	7803.1	276.8	17441.0

Familien und Ledige (Ledigenwohnheim) und seine Verteilung für die ständig wachsende Belegschaft. Die Urlaubsregelung, Ferienheime und Kinderferienlager, die Küchenbewirtschaftung des Kasinos und einer Werkküche der Abteilung Landwirtschaft waren gleichfalls Aufgaben der Verwaltung, die in ständiger Zusammenarbeit mit der Betriebsgewerkschaftsleitung bearbeitet werden mußten. Schließlich wurde durch die Verwaltung auch für die Sicherung und Reinigung der gesamten Anlagen und Einrichtungen und für die Durchführung von Dienstleistungen durch die Abteilung Gartenbau (Versuchsfeld und Zuchtgärten) und den Fuhrpark gesorgt.

Für den großen Bereich der Finanzökonomie, der Planung und Statistik stand dem Verwaltungsleiter seit 1951 der Hauptbuchhalter Walter KIENAST mit einigen Mitarbeitern mit großer Sachkenntnis und unermüdlicher Arbeitsbereitschaft zur Seite.

W. KIENAST war gleichzeitig der Inspirator, Dirigent und erste Trompeter der Blasmusikkapelle des Instituts, die er viele Jahre erfolgreich leitete. Seine Trompete war gewissermaßen das Symbol, mit der er sowohl zum Vorwärtsstürmen beim Aufbau des Instituts wie zum Sammeln beim Überdenken des bisher planmäßig Erreichten blies.

Der Aufbau der Gebäude, die Hauptinstandsetzungsarbeiten und die laufenden Instandhaltungsarbeiten wurden im Rahmen der Verwaltung dem Architekten Eberhard ZSCHARNACK, Leiter der Bauabteilung, übertragen, der in enger Zusammenarbeit mit den Betriebswerkstätten arbeitete. E. ZSCHARNACK schied zum 1. Juni 1952 aus dem Institut aus und übernahm von da ab die Außenstelle Gatersleben des Entwurfsbüros der Akademie der Wissenschaften zu Berlin. Er projektierte u. a. die Gebäude der Genetik und Cytologie, deren zweistöckiger Mitteltrakt und deren einstöckige Seitentrakte sich ebenso vorzüglich dem Landschaftsbild anpaßten wie alle übrigen Gebäude. Ferner lieferte ZSCHARNACK die Projekte für das Bibliotheksgebäude, den Hörsaal und das Haus der Verwaltung.

Die Oberleitung über die Abteilung Landwirtschaft gehörte ebenfalls zu den Aufgaben des Verwaltungsleiters. Die Abteilung wirtschaftete in den ersten Jahren nach ihrer Übernahme ohne Zuschüsse. Sie wurde erst 1953 Bestandteil des Institutshaushalts. Einzelheiten über die Abteilung, den Viehbestand, Bauten, Ernteerträge s. Kap. 19.2.

Die gleichfalls der Verwaltung direkt unterstehende Abteilung Gartenbau (Versuchsfeld und Zuchtgärten) wurde von einem Garteninspektor geleitet, dem ein Stab zuverlässiger und erfahrener Gartenmeister zugeordnet war, die als gute Spezialisten Kulturen sehr verschiedener Art, bis hin zu tropischen Gewächsen in Häusern, zu betreuen hatten (LÖSER, KINAST, GRÖBER). Einzelheiten der Aufgaben der Abteilung Gartenbau s. Kap. 19.1.

Zwei für das gesamte Institut äußerst wichtige Einrichtungen waren die Abteilungen Materialverwaltung mit Zentrallager und die Betriebswerkstätten, die im Laufe der Zeit geschlossen in einem neuerbauten Werkstättenhof untergebracht wurden mit Ausnahme der Feinmechaniker, die ihre Werkstätten in den Gebäuden der wissenschaftlichen Abteilungen einrichteten. Die Einrichtung von Betriebswerkstätten bereitete zunächst Schwierigkeiten, weil die Anwerbung und Arbeit von Handwerkern in wissenschaftlichen Instituten zu jener Zeit nicht den Vorstellungen der Regierung entsprach. Es wurde jedoch bald eingesehen, daß das in einem Dorf entstehende Institut ohne einen Stab von Tischlern, Schlossern, Malern, Klempnern u. a. in große Schwierigkeiten beim Aufbau und der Inneneinrichtung der Abteilungen gekommen wäre. Zu diesen Handwerkerbrigaden gehörten alte erfahrene Meister und Facharbeiter, deren Ehrgeiz es war, Qualitätsarbeit zu leisten. Die zentrale Materialverwaltung des Instituts wurde so umgebildet, daß sie ab Ende 1954 in der Lage war, alle Einkäufe durchzuführen. Alle Bestellungen und die gesamte Materialbeschaffung wurden über die Verwaltung abgewickelt und die Lieferungen ständig kontrolliert.

Die der Verwaltung ebenfalls unterstellte Betriebssanitätsstelle wurde Anfang der fünfziger Jahre eingerichtet, im Laufe der Zeit zweckentsprechend ausgebaut und seither ständig von Ärzten des Kreiskrankenhauses Quedlinburg betreut (Dr. REISINGER, Dr. AEPLER).

Auch die Organisation der Betriebsfeuerwehr, des Betriebsschutzes und der Katastrophenschutzgruppen war Aufgabe der Verwaltung.

Die Fragen der Kaderentwicklung und der Kaderwerbung wurden zunächst vom Institutsdirektor und den Leitern der wissenschaftlichen Abteilungen in Zusammenarbeit mit dem Verwaltungsleiter betreut. Am 29. Juni 1953 wurde Karl KOITSCH als Kaderleiter eingestellt, der das Institut am 31. Oktober 1955 verließ. Ihm folgte ab 1. Dezember 1955 als hauptamtlicher Kaderleiter Walter BERGER, der unmittelbar dem Institutsdirektor unterstand.

Hauptamtlicher Parteisekretär wurde Walter PAULIN am 1. Juli 1962, der dieses Amt bis zum 31. Oktober 1963 versah und danach Mitarbeiter der Kaderabteilung wurde. Zwischen der Institutsleitung, der Leitung der Verwaltung und der Kaderabteilung bestand stets eine enge Zusammenarbeit.

7. Arbeitkräfteentwicklung

Es erscheint angebracht, nach der Darstellung der Aufgaben der Zentralen Verwaltung die Arbeitskräfteentwicklung im Institut von 1943 bis 1968 zu analysieren, da die Leistungsfähigkeit des Instituts hiervon entscheidend mitbestimmt wurde.

Diese Analyse wurde nur durch die intensive Mitarbeit des Hauptbuchhalters Walter KIENAST ermöglicht, der anhand der noch vollständig vorhandenen Gehaltskontokarten für die Jahre 1943 bis 1968 eine Aufstellung nach Personen, nicht nach Vollbeschäftigteneinheiten oder im Jahresdurchschnitt, durchführen konnte. Dieses Material bietet eine reale Grundlage für den Arbeitskräfteplan in der Phase des Institutsaufbaus. Arbeitskräfte- oder Stellenpläne liegen nicht für sämtliche Jahrgänge vor, insbesondere auch nicht nach den einzelnen Struktureinheiten gegliedert. Sie wurden vielfach im Laufe eines Jahres korrigiert.

Während der Erfassung sämtlicher in der Zeit von 1943 bis 1968 im Institut Beschäftiger (= 2022 Personen) konnten folgende allgemeinen Erkenntnisse gewonnen werden:

Es war schon in den ersten Jahren des Aufbaues klar, daß die Hauptaufgaben des Instituts — die Entwicklung eines Weltsortiments der Kulturpflanzen, die großen experimentellen Arbeiten auf dem Gebiet der Mutationsforschung, die Materialbereitstellung für die physiologischen Abteilungen — einen großen Aufwand an technischem Personal, insbesondere an Garten- und Landarbeitern erforderlich machten. Den Grundstock hierfür lieferten zunächst die bei der Übernahme der Staatsdomäne vorhandenen Arbeitskräfte, die Arbeiter der in Kampagne betriebenen Zukkerfabrik des Ortes und das große Kontingent der im Ort vorhandenen Umsiedler. So konnten für die Abt. Gartenbau (Versuchsfeld und Zuchtgärten), die für die Erschließung des von der Domäne übernommenen Ackerlandes als Versuchsfeld verantwortlich war,

1946 86 Arbeitskräfte
1947 152 Arbeitskräfte
1948 151 Arbeitskräfte
1949 146 Arbeitskräfte
1950 181 Arbeitskräfte

ausschließlich aus dem Ort Gatersleben gewonnen werden. Der Zustrom aus den Nachbargemeinden setzte erst Anfang der fünfziger Jahre ein, als es galt, für die inzwischen eingerichteten wissenschaftlichen Abteilungen qualifizierte Fachkräfte bereitzustellen. Eine starke Fluktuation war unvermeidlich, weil in Landwirtschaft und Gartenbau in jedem Jahr saisonbedingte Arbeiten durchgeführt werden mußten, eine erhebliche Anzahl von Arbeitskräften also nur einige Monate im Institut tätig war. Eine ebenso starke Fluktuation zeigte sich in der Gruppe der wissenschaftlich-technischen Assistentinnen, für die im Institut nur sehr begrenzt die Möglichkeit zur Gründung eines eigenen Hausstandes geboten werden konnte, da neben dem Institutsaufbau nicht gleichzeitig ein Wohnungsbauprogramm einherlief.

Für die Entwicklung der Arbeitskräfte der wissenschaftlichen Abteilungen, die zunächst alle im Wohnhaus des ehemaligen Domänenpächters untergebracht werden mußten, waren die Termine der Errichtung der einzelnen Laborgebäude von besonderer Bedeutung (s. Kap. 5).

Der Aufbau der wissenschaftlichen Abteilungen war 1962 zu einem gewissen Abschluß gebracht worden. In den folgenden Jahren blieb die Besetzung der einzelnen Bereiche einigermaßen konstant entsprechend den wissenschaftlichen Aufgaben, die

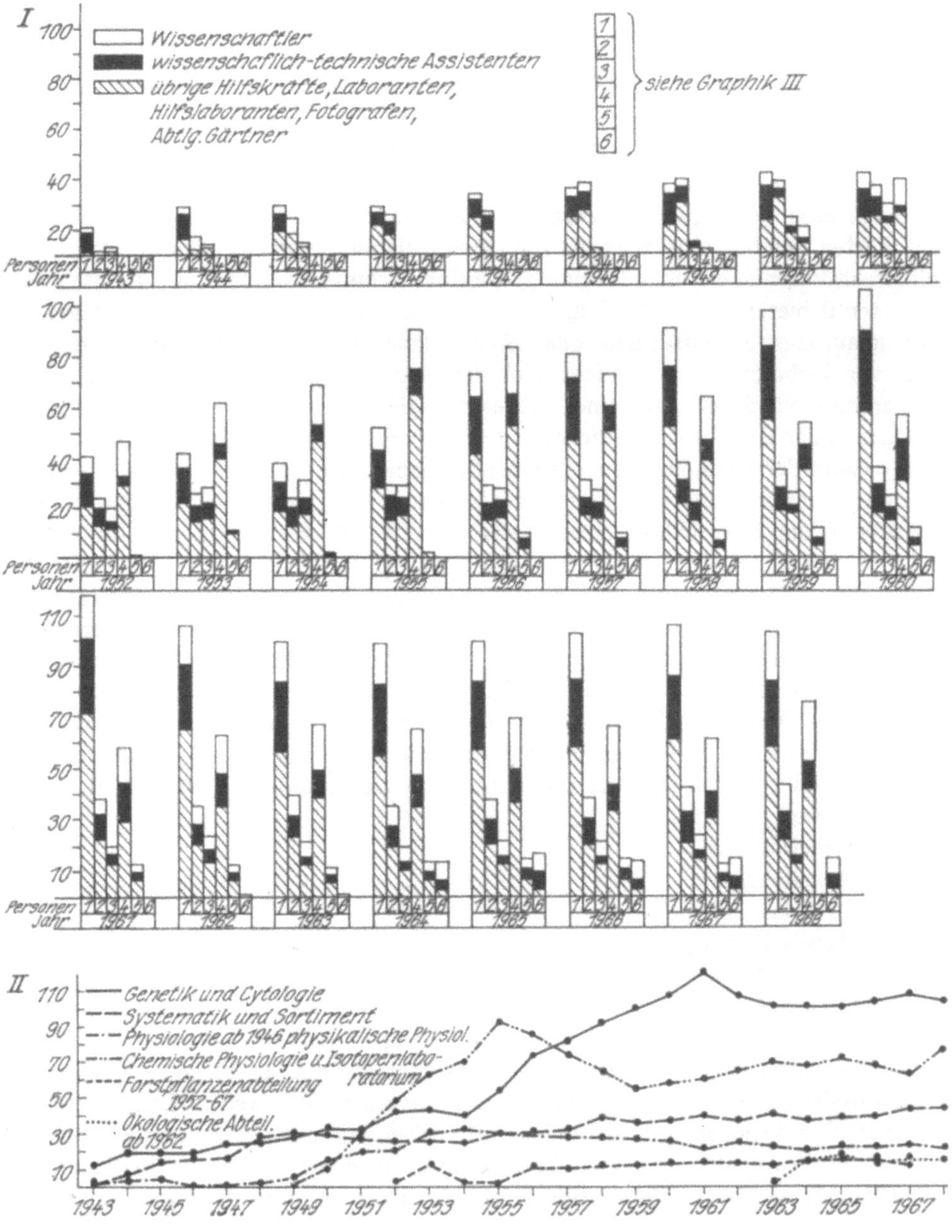

Graphik I und Graphik II Graphische Darstellung der Entwicklung der wissenschaftlichen Abteilungen

zu bearbeiten waren. Für die Abt. Chemische Physiologie bewirkte das Ausscheiden von Prof. MOTHES aus dem Institut und die Übernahme des Akademieinstituts für Biochemie der Pflanzen in Halle durch ihn im Jahre 1959 eine gewisse Unterbrechung

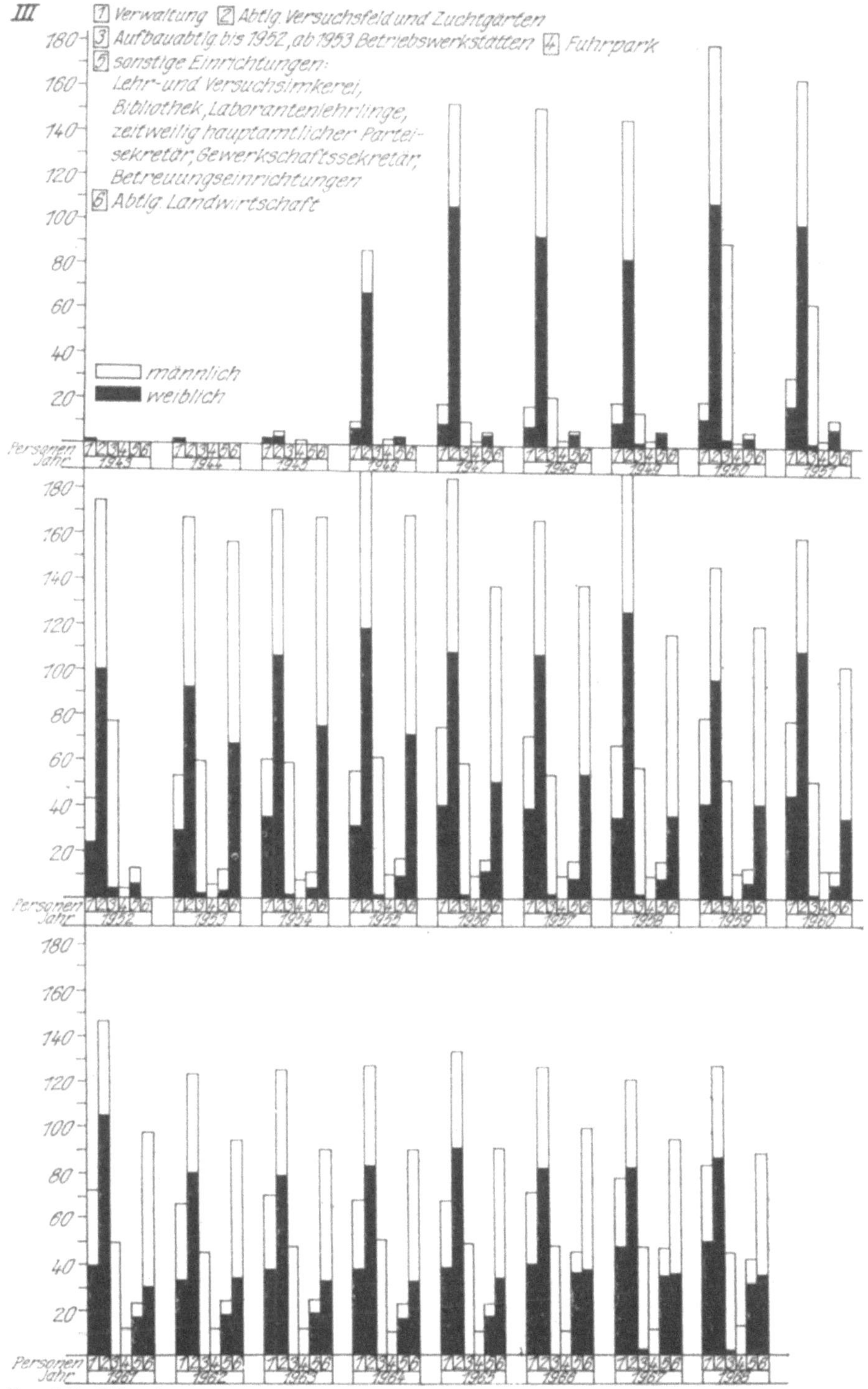

Graphik III Graphische Darstellung der technischen Abteilungen und Verwaltung

der kontinuierlichen Entwicklung, die dann 1961 durch Prof. SCHREIBER fortgesetzt wurde.

Die Entwicklung der einzelnen wissenschaftlichen Abteilungen (1–6) und die Relationen zwischen Wissenschaftlern: wissenschaftlich-technischen Assistenten: übrigem Personal wurde in Graphik I dargestellt.

Unter „Übriges Personal" sind zusammengefaßt:

Laboranten
Laborhilfskräfte
Photolaboranten und Photographen
Abteilungsgärtner
Abteilungsgartenarbeiter
Glasbläser
Abteilungswerkstätten, Feinmechaniker
Praktikanten
Materiallagerverwalter
Sekretärinnen
Schreibkräfte
Wetterdienst-Techniker.

In der Graphik II wird die Entwicklung der Abteilungen in Kurven dargestellt.

Graphik III zeigt die Entwicklung der Zentralen Verwaltung und der technischen Abteilungen (1–6), im gleichen Maßstab wie Graphik I und II als Säulen und in Graphik IV als Kurven dargestellt.

Unter 1 sind erfaßt:
die Abt. Zentrale Verwaltung mit deren Leitung
Abt. Finanzen
Abt. Arbeitsökonomie (erst ab 1963)
Abt. Investitionen und Werterhaltung (erst ab 1953)
Abt. Materialökonomie
Allgemeine Verwaltung
Pförtner
Reinigungskräfte
Hausmeister
Telefonisten
Verwaltungslehrlinge,

unter 2
die Abt. Gartenbau (Versuchsfeld und Zuchtgärten).

Struktur der Abteilung:

1958	1968	
1	1	Abteilungsleiter, Dipl.-Gärtner
1	1	Garten-Obermeister
2	2	Schreibkräfte
	1	Pflanzenschutzbeauftragter
3	2	Gartenmeister
	2	Gartenbau-Ingenieure
25	17	Gärtner
92	70	Gartenarbeiter
35	6	Saison-Gartenarbeiter
4	3	Gespannführer
4	4	Traktoristen
4	4	Handwerker (1 Schlosser, 1 Maurer, 2 Tischler)
2	2	Hof- und Bodenverwalter
15	10	Gärtnerlehrlinge
	1	Baggerfahrer
188	126	

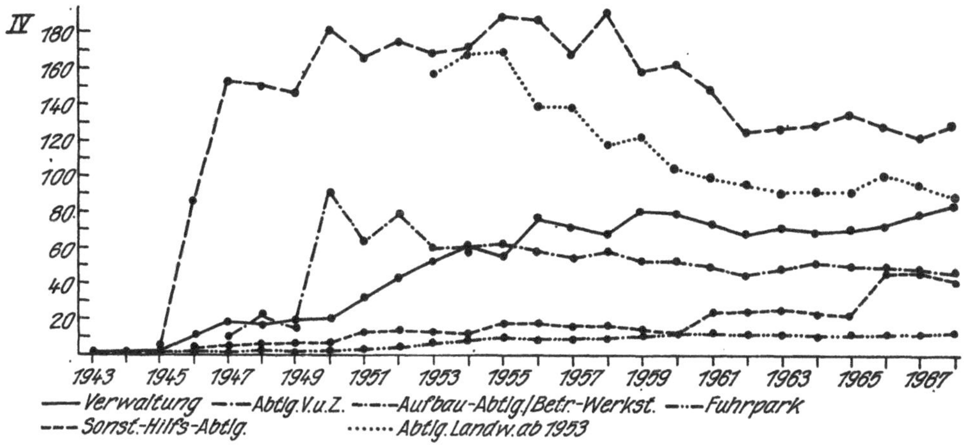

Graphik IV Graphische Darstellung der technischen Abteilungen und Verwaltung

Von dieser Abteilung wurden in den Wintermonaten auch die Heizer für die dezentralen Heizungsanlagen gestellt.

Unter 3 sind erfaßt:
die Bauabteilung mit deren Leitung, Bürokräften, Handwerkern und Tiefbauarbeitern, aus der sich ab 1953 die Betriebswerkstätten entwickelten, eine Zusammenfassung von Baugewerken mit folgender Zusammensetzung:

1953	1968	
1	1	Abteilungsleiter
2	1	Schreibkräfte
6	5	Maurer
14	7	Tischler
2	2	Zimmerer
4	4	Elektriker
4	6	Schlosser
3	4	Klempner
6	7	Maler
11	2	Erd-, Transport- und Hilfsarbeiter
2	3	Material-Lagerverwalter
1	—	Nachtwächter
—	2	Ameisenfahrer
3	—	Handwerker-Lehrlinge
59	44	

Unter 4 sind erfaßt:
der Fuhrpark, der bis 1953 nur Kraftfahrer, ab 1954 zusätzlich einen Kfz-Schlosser, ab 1959 zusätzlich einen Kraftfahrzeug-Einsatzleiter umfaßte.

Unter 5 sind erfaßt:
die sonstigen technischen Einrichtungen

Lehr- und Versuchsimkerei, 1947—1962 mit maximal 1 Imkermeister, 1 Imkergehilfen und 2 Imkerlehrlingen. Ab 1963 befindet sich eine auf diesem Gebiet ausgebildete Fachkraft im Stellenplan der Abt. Systematik und Sortiment

Wissenschaftliche Bibliothek mit 1 Leiter (Bibliothekar), 1 Archivbeauftragten, 5 Hilfskräften und einem Photolabor mit 3 Arbeitskräften

Abt. Kader-Bildung (ab 1953): 2 Kräfte, zeitweilig: 1 hauptamtlicher Parteisekretär bzw. IGL-Sektretär

Laborantenlehrlinge: ab 1966 durchschnittl. 16 Personen

Betreuungseinrichtungen: Betriebsküche, Urlauberheim Windenhütte ab 1955, Urlauberheim Zingst ab 1961.

Unter 6 ist erfaßt
die Abt. Landwirtschaft ab 1953, als überwiegender Produktionsbetrieb.

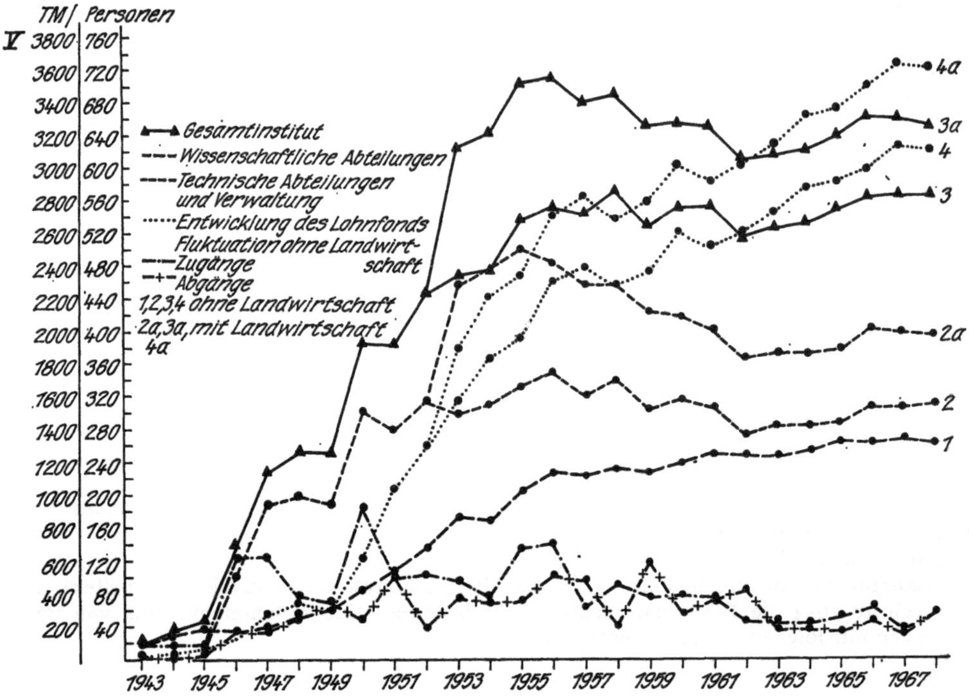

Graphik V Graphische Darstellung der Entwicklung des Gesamtinstituts mit seinen Abteilungen: Wissenschaftliche Abteilungen, technische Abteilungen und Verwaltung, ab 1953 mit und ohne Abt. Landwirtschaft, Entwicklung des Lohnfonds

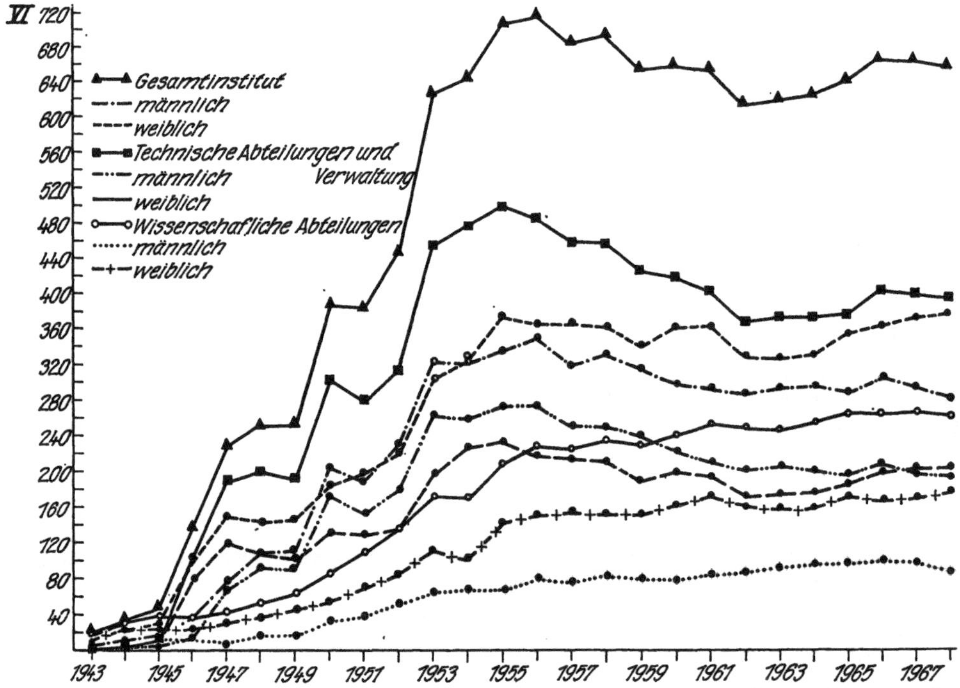

Graphik VI Graphische Darstellung der Entwicklung des Gesamtinstituts mit seinen Anteilen an männlichen und weiblichen Arbeitskräften

In der Kurvendarstellung ist die Abnahme der Arbeitskräfte in den Abteilungen Gartenbau, Landwirtschaft und Betriebswerkstätten besonders deutlich zu erkennen. Es sind dies Auswirkungen des ständig zunehmenden Arbeitskräftemangels, insbesondere an männlichen Gartenarbeitern, der nur durch Mechanisierungsmaßnahmen (Maschineneinsatz) aufgefangen werden konnte.

In der Zentralen Verwaltung ist das Ansteigen der Arbeitskräfte einmal bedingt durch die laufende Fertigstellung der Laborgebäude und den damit verbundenen Mehrbedarf an Reinigungskräften und Hausmeistern, Reinigungskräfte waren durchschnittlich 30, maximal 38, Hausmeister maximal 7 vorhanden.

In der Zeit von 1956 bis 1959 wurde der bis dahin reine Pförtnerdienst durch eine Wachmannschaft mit 19 Arbeitskräften ersetzt, der ab 1960 allerdings wieder in einen Pförtnerdienst überging.

Die eigentliche Verwaltungsarbeit wurde in den ersten Jahren weitgehendst durch die Verwaltungsleitung und die Abt. Finanzen wahrgenommen. Erst mit den zunehmenden Anforderungen durch die zentralen Leitungsorgane der Akademie und als Folge einer immer besseren Wissenschaftsorganisation bildeten sich auch im Gaterslebener Institut die Fachabteilungen Arbeitsökonomie, Invest- und Werterhaltung und Materialökonomie.

Tabelle 22 Zugehörigkeitsdauer zum Institut in der Zeit von 1943 bis 1968 (ohne Abt. Landwirtschaft)

Bis zu Jahren	Personen	%
1	460	22,8
2	381	18,8
3	248	12,3
4	176	8,7
5	130	6,4
6	85	4,2
7	73	3,6
8	50	2,5
9	57	2,8
10	36	1,8
11	45	2,2
12	27	1,3
13	40	2,0
14	30	1,5
15	18	0,9
16	30	1,5
17	35	1,7
18	17	0,8
19	37	1,8
20	11	0,5
21	7	0,4
22	19	0,9
23	9	0,5
24	–	–
25	–	–
26	1	0,1
	2.022	100,0

In Graphik V ist die Entwicklung des Gesamtinstituts mit den Anteilen der wissenschaftlichen Abteilungen, der technischen Abteilungen und Verwaltung sowie (ab 1953) der Abt. Landwirtschaft (1, 2, 3, 4) und ohne Abt. Landwirtschaft (2a, 3a, 4a) dargestellt.

Tabelle 23 Entwicklung des Personalbestandes in den Jahren 1943–1968, Lohnfonds, Fluktuation

	W	TA	Sonst.	Insges.	dav. männl.	weibl.	Lohnfonds TM	Fluktuation Zug.	Abg.
– ohne Abt. Landwirtschaft –									
1943	5	8	4	17	4	13	5,3	17	
1944	9	10	13	32	10	22	36,1	17	2
1945	10	7	28	45	16	29	67,0	17	4
1946	5	10	119	134	36	98	127,4	122	33
1947	3	13	209	225	76	149	264,7	123	32
1948	6	15	229	250	107	143	346,4	75	50
1949	10	18	221	249	106	143	303,7	67	68
1950	17	19	347	383	202	181	610,0	182	48
1951	27	21	333	381	187	194	1031,4	98	100
1952	30	28	386	444	227	217	1274,3	102	39
1953	33	33	400	466	232	234	1566,1	96	74
1954	35	31	406	472	226	246	1820,9	75	69
1955	34	43	456	533	235	298	1956,0	132	71
1956	42	52	476	570	259	311	2302,9	128	101
1957	37	49	454	540	233	307	2380,2	63	93
1958	48	51	470	569	246	323	2275,2	90	61
1959	39	54	434	527	232	295	2343,9	75	117
1960	42	67	440	549	227	322	2590,9	77	55
1961	43	61	447	551	221	330	2512,6	74	72
1962	46	54	414	514	223	291	2595,4	45	82
1963	52	52	419	523	233	290	2714,1	43	34
1964	59	57	413	529	234	295	2868,9	41	35
1965	61	62	422	545	228	317	2911,5	48	32
1966	66	57	438	561	238	323	2978,5	60	44
1967	68	57	439	564	231	333	3127,7	32	29
1968	64	56	444	564	226	338	3096,6	53	53
– mit Abt. Landwirtschaft –									
1953	33	33	556	622	321	301	1886,1		
1954	35	31	573	639	318	321	2208,3		
1955	34	43	624	701	332	369	2343,4		
1956	42	52	614	708	346	362	2697,6		
1957	37	49	592	678	317	361	2812,1		
1958	48	51	587	686	327	359	2673,0		
1959	39	54	555	648	312	336	2788,0		
1960	42	67	543	652	295	357	2996,7		
1961	43	61	544	648	288	360	2921,0		
1962	46	54	508	608	283	325	3020,0		
1963	52	52	509	613	290	323	3126,1		
1964	59	57	503	619	291	328	3297,0		
1965	61	62	512	635	284	351	3349,0		
1966	66	57	537	660	300	360	3474,5		
1967	68	57	533	658	290	368	3623,6		
1968	64	56	531	651	279	372	3596,4		

In der Kurve der Entwicklung des Lohnfonds zeigen sich die Auswirkungen von lohnverändernden Maßnahmen in einem kontinuierlichen Ansteigen, trotz z. T. sinkender Arbeitskräftezahlen. Aus der wachsenden Differenz der Linien 4 zu 4a ist u. a. ersichtlich, wie sich die Lohnverhältnisse auch in der Abt. Landwirtschaft trotz eines Abbaues von 156 Arbeitskräften 1953 auf 87 im Jahre 1968 verändert haben.

Graphik VI zeigt die Entwicklung des Gesamtinstituts mit den Anteilen an männlichen und weiblichen Arbeitskräften. Während der Anteil der weiblichen Arbeitskräfte im Bereich der wissenschaftlichen Abteilungen von Anbeginn über dem der männlichen lag und sich noch vergrößerte, hat sich auch in den technischen Abteilungen und der Verwaltung eine Entwicklung zu mehr weiblichen Arbeitskräften als männlichen vollzogen, trotz der ursprünglich sehr männerintensiven Abteilungen Gartenbau, Betriebswerkstätten und Landwirtschaft. Diese Verlagerung wurde in der Abt. Gartenbau insofern problematisch, als es kaum noch gelang, während der Wintermonate die erforderlichen Heizer aus den männlichen Gartenarbeitern bereitzustellen.

Im Zusammenhang mit der Arbeitskräfteentwicklung im Institut ist die Dauer der Zugehörigkeit der Mitarbeiter zum Institut von Interesse, die in Tab. 22 dargestellt ist. Der hohe Prozentsatz von Mitarbeitern, die nur 1—3 Jahre im Institut tätig waren (23—12%), erklärt sich vornehmlich aus der Saisonarbeit in den Abteilungen Gartenbau und Landwirtschaft. Unter den langjährigen Mitarbeitern sind einige, die als Landarbeiter der Domäne in die Abt. Landwirtschaft des Instituts übernommen wurden.

Schließlich gibt die Tab. 23 zusammenfassend die Entwicklung des Personalbestandes in den Jahren 1943—1968 ohne und mit der Abt. Landwirtschaft, gegliedert nach männlichen und weiblichen Personen, den Lohnfonds und die Fluktuation in den einzelnen Jahren an.

8. Die wissenschaftlichen Abteilungen, ihre Entwicklung und Aufgaben, Schwerpunkte, Probleme, Ergebnisse*

8.1. Abteilung Genetik und Cytologie

8.1.1. Aufgaben der Abteilung, Leitung und wissenschaftliche Mitarbeiter

Die 1929 im Kaiser-Wilhelm-Institut für Züchtungsforschung Müncheberg/Mark begonnenen und seit 1936 im Kaiser-Wilhelm-Institut für Biologie in Berlin-Dahlem von H. STUBBE fortgesetzten Arbeiten auf dem Gebiet der Mutationsforschung an höheren Pflanzen ließen sich in 6 Gruppen aufteilen:

1. Die Bedeutung des Nährstoffhaushalts für die Mutabilität, insbesondere Nährstoffmangel
2. Die mutationsauslösende Wirkung chemischer Verbindungen, insbesondere Phenol, Kaliumrhodanid, Genußgifte, carcinogene Substanzen, Keten und Diazomethan,
3. Untersuchungen über phylogenetisch bedeutende Mutationen, insbesondere die Rolle von Großmutationen in der Evolution
4. Experimentelle Auslösung von Mutationen bei Kulturpflanzen und Selektion züchterisch wertvoller Mutanten bei Gerste, Bohnen, Erbsen
5. Untersuchungen zum Problem der mono- und digenbedingten Heterosis
6. Entwicklungsphysiologisch-genetische Arbeiten an Mutanten.

An diese Untersuchungen, die trotz mannigfacher Schwierigkeiten und anderer Arbeiten im Bereich der Kulturpflanzenforschung (Sammelreisen nach Nord- und Mittelgriechenland, Kreta, Albanien) bis gegen Ende des 2. Weltkrieges weitergeführt werden konnten, knüpfen die Arbeiten der Abteilung Genetik und Cytologie bereits in den ersten Nachkriegsjahren an. Sie wurden durch den sich allmählich vergrößernden Stab junger Mitarbeiter auf eine breite Basis gestellt, im Laufe der Jahre in dieser oder jener Richtung und durch einige neue Arbeitsgebiete erweitert. Gleichzeitig wurde durch interdisziplinäre Zusammenarbeit innerhalb des Instituts und mit Wissenschaftlern aus anderen Instituten des In- und Auslandes eine der Idee des Instituts entsprechende Einbeziehung von Nachbardisziplinen in die Analyse experimentell erzeugter neuer Pflanzensippen erreicht.

Seit Kriegsende bis zum Jahre 1968 wurden folgende Problemgruppen in der Abteilung bearbeitet:

1. Theoretische Mutationsforschung bei *Antirrhinum, Lycopersicon, Hordeum, Arabidopsis* und Genetik der Mutanten
2. Genetische und cytologische Untersuchungen bei *Antirrhinum, Hordeum, Lycopersicon, Vicia*

* Bei der Darstellung der Arbeiten und Ergebnisse der wissenschaftlichen Abteilungen wurde auf veröffentlichte Ergebnisse im Text im allgemeinen nicht Bezug genommen. Sie sind aus dem Gesamtliteraturverzeichnis zu ersehen. Die Liste der wissenschaftlichen Mitarbeiter der Abteilungen enthält nicht die in jeder Abteilung tätigen Diplomanden und Praktikanten, deren Namen gelegentlich im Text genannt werden.

3. Entwicklungsphysiologisch-genetische Probleme bei höheren Pflanzen
4. Evolutionsgenetische Probleme
5. Mais- und Cucurbitaceen-Forschung
6. Mutationsforschung an Kulturpflanzen (*Hordeum*, *Lycopersicon*, *Glycine*)
7. Probleme der vegetativen Hybridisation und der vegetativen Annäherung (bis 1954/55)
8. Mikrobiologisch-genetische Probleme an Bakterien (Molekulargenetik) ab 1967
9. Genetische und cytogenetisch-biochemische Untersuchungen an zoologischen Objekten.

Leitung:

1943—1965 Prof. Dr. agr. habil. Drs. h.c. Hans STUBBE
ab 1966 Prof. Dr. agr. Helmut BÖHME

Wissenschaftliche Mitarbeiter:

Barbara ADLER
Dipl.-Biol. Dr. rer. nat. (Prom. 1968)
ab 1964 wiss. Assistent

Gerhard BANDLOW
Dr. phil. habil.
ab 1946 wiss. Mitarbeiter
ab 1949 wiss. Assistent — ausgeschieden 31. 3. 1952

Walter BAUDISCH
Dipl.-Biol. Dr. rer. nat. (Prom. 1961)
ab 1958 wiss. Assistent am Institut für Genetik der Universität Halle mit Arbeitsplatz in Gatersleben
1962 wiss. Oberassistent desgl.
1967 wiss. Oberassistent der Abt. Genetik und Cytologie Gatersleben.

Helga BÖHME
Dipl.-Landw.
ab 1952 wiss. Assistent — ausgeschieden 14. 8. 1955

Helmut BÖHME
Dipl.-Landw. Prof. Dr. agr. habil. (Prom. 1954, Habil. 1961)
ab 1951 Aspirant
1954 wiss. Assistent
1955 wiss. Oberassistent
1960 wiss. Arbeitsleiter
1966 Abteilungsleiter
1967 Stellvertreter des Institutsdirektors
1967 Professor

Peter DÖBEL
Dipl.-Biol. Dr. rer. nat. (Prom. 1961)
ab 1956 Diplomand
1958 wiss. Assistent
1963 wiss. Oberassistent

Rudolf GRÄF
ab 1950 wiss. Mitarbeiter — ausgeschieden 31. 12. 1958

Igor GREBENŠČIKOV
Ing. agr.
ab 1946 wiss. Assistent
1951 wiss. Oberassistent
1960 wiss. Arbeitsleiter

Kurt Gröber
Dipl.-Gärtner Dr. agr. (Prom. 1959)
ab 1954 wiss. Mitarbeiter
1960 wiss. Assistent
1962 wiss. Oberassistent

Rudolf Hagemann
Dipl.-Biol. Dr. rer. nat. habil. (Prom. 1958, Habil. 1966)
ab 1955 Aspirant
1958 wiss. Assistent
1959 wiss. Oberassistent
1962 wiss. Arbeitsleiter
1967 Prof. am Institut für Genetik der Universität Halle mit Arbeitsplatz in Gatersleben

Ulrike Heidecker
Dipl.-Biol.
ab 1967 wiss. Assistent

Falko Herrmann
Dipl.-Biol.
ab 1965 Aspirant
1967 wiss. Assistent am Institut für Genetik der Universität Halle mit Arbeitsplatz in Gatersleben

Jürgen Hofemeister
Dipl.-Biol.
ab 1966 wiss. Assistent

Gottfried Künzel
Dipl.-Landw. Dr. agr. (Prom. 1968)
ab 1963 wiss. Assistent

Roland Maly
ab 1945 wiss. Mitarbeiter — ausgeschieden 31. 7. 1951

Margot Mates
Dipl.-Biol.
ab 1958 wiss. Mitarbeiter
1959 wiss. Assistent — ausgeschieden 14. 12. 1961

Friedrich Mechelke
Dipl.-Biol. Dr. rer. nat. (Prom. 1951)
ab 1946 wiss. Assistent
1952 wiss. Oberassistent
1960 wiss. Arbeitsleiter — ausgeschieden 8. 8. 1961

Dieter Mettin
Dipl.-Landw. Dr. agr. (Prom. 1960)
ab 1956 wiss. Mitarbeiter
1959 wiss. Assistent — ausgeschieden 31. 1. 1961

Arnd Michaelis
Dipl.-Landw. Dr. agr. (Prom. 1958)
ab 1953 wiss. Assistent am Institut für Genetik der Universität Halle mit Arbeitsplatz in Gatersleben
1961 wiss. Oberassistent der Abt. Genetik und Cytologie Gatersleben
1962 wiss. Arbeitsleiter

Andreas Müller
Dipl.-Landw. Dr. agr. (Prom. 1963)
ab 1960 wiss. Assistent
1964 wiss. Oberassistent
1967 wiss. Arbeitsleiter

Linde Neubeck
ab 1951 wiss. Assistent — ausgeschieden 21. 2. 1952

Reinhard Panitz
Dipl.-Landw. Dr. agr. (Prom. 1963)
ab 1958 wiss. Assistent
1964 wiss. Oberassistent

Fritz Pohl
Dr. phil.
ab 1958 wiss. Mitarbeiter — ausgeschieden 30. 6. 1963

Manfred Remmel
Dipl.-Biol.
ab 1959 wiss. Assistent — ausgeschieden 1961

Rigomar Rieger
Dipl.-Landw. Dr. agr. (Prom. 1956)
ab 1953 wiss. Assistent
1958 wiss. Oberassistent
1960 wiss. Arbeitsleiter
1961 Leiter der Arbeitsgruppe Cytogenetik
1968 Stellvertreter des Abteilungleiters

Jörg Schöneich
Dipl.-Biol. Dr. rer. nat. (Prom. 1963)
ab 1960 wiss. Assistent
1964 wiss. Oberassistent

Friedrich Scholz
Dipl.-Landw. Dr. agr. (Prom. 1958)
ab 1952 wiss. Mitarbeiter
1954 wiss. Assistent am Institut für Genetik der Universität Halle mit Arbeitsplatz in Gatersleben
1957 wiss. Assistent der Abt. Genetik und Cytologie, Gatersleben
1959 wiss. Oberassistent
1961 wiss. Arbeitsleiter

Edgar Serfling
Dipl.-Biol.
ab 1968 wiss. Assistent

Horst Stäber
Dipl.-Biol.
ab 1963 wiss. Assistent
1967 wiss. Assistent am Institut für Genetik der Universität Halle mit Arbeitsplatz in Gatersleben

Ulrich Wobus
Dipl.-Biol.
ab 1966 wiss. Assistent

Martin Zacharias
Dipl.-Landw. Dr. agr. (Prom. 1956)
ab 1951 Aspirant
1955 wiss. Assistent
1958 wiss. Oberassistent
1961 wiss. Arbeitsleiter

8.1.2. Theoretische Mutationsforschung bei *Antirrhinum*, *Lycopersicon*, *Hordeum*, *Arabidopsis* und Genetik der Mutanten

Seit Beginn der Arbeiten zu Problemen der Mutationsforschung bei *Antirrhinum* wurden durch physikalische und chemische Mutagene einige hundert Mutanten mit vegetativen und generativen Abweichungen von der Ausgangsform erzeugt, ihr Erbgang im Bastardierungsversuch ermittelt und mit der Analyse bemerkenswerter Mutanten begonnen. Alljährlich wurde das *Antirrhinum*-Wildspecies-Sortiment angebaut, das Mutantensortiment von *Antirrhinum majus* vergrößert und seine Erhaltung kontrolliert. Die Mutanten wurden beschrieben, neue Serien multipler Allele festgestellt, zahlreiche Kreuzungen zur Identitätsprüfung gleicher Phänotypen durchgeführt, immerspaltende Mutanten in reziproken Kreuzungen analysiert und mutable Gene mehrere Jahre hindurch geprüft, um statistisch einwandfreies Material zu erhalten. Die seit dem 1. Jahrzehnt dieses Jahrhunderts international bei *Antirrhinum* durchgeführten Arbeiten wurden in einer großen Monographie „Genetik und Zytologie von *Antirrhinum* L. sect. *Antirrhinum*" zusammengefaßt (STUBBE 1966) und (1965) eine vorläufig letzte Liste von neuen *Antirrhinum*-Mutanten veröffentlicht.

Besonders eingehende Arbeiten galten folgenden Problemen:

Die spontate Mutationsrate der Sippe 50 wurde an großem Material mehrfach kontrolliert, die auftretenden Spaltungen und Abweicher aus den Versuchen bonitiert und ein umfangreiches Kreuzungsprogramm durchgeführt (STUBBE).

Bei zwei Wildarten der Gattung *Antirrhinum*, *A. siculum* und *A. barrelieri*, wurde durch wiederholte Rückkreuzungen das Genom von *A. barrelieri* in das Plasmon von *A. siculum* eingelagert, um festzustellen, ob Plasmonunterschiede bei beiden nur schwer kreuzbaren Sippen bestehen. Der Versuch wurde 1968 beendet, nachdem Plasmonunterschiede nicht erkennbar waren (STUBBE).

Genauere Untersuchungen der hochmutablen Gene *graminifolia*, *nitens* und *perlutea* in den Jahren 1950—1954 ergaben, daß sie generativ gehäuft vom rezessiven in das dominante Allel rückmutieren. Bei der Mutante *graminifolia* zeigten sich bei den homozygoten Mutanten starke Verklebungstendenzen der Chromosomen in den meiotischen Prophasen, die in den verschiedenen Allelen von *graminifolia* in ihrer Häufigkeit abgestuft sind. Die cytologischen Untersuchungen führten zu der Hypothese, daß der gehäufte Mutationsprozeß durch bestimmte chromosomale Umbauten bedingt wird (MECHELKE, STUBBE). Die Mutante *perlutea* mutiert nicht allein gehäuft vom rezessiven in den dominanten Status zurück, die Rückmutabilität erfolgt vielmehr über einige Zwischenstufen, während die Mutante *nitens* wie *graminifolia* gehäuft vom rezessiven in den dominanten Status rückmutierten. Die Aufklärung dieser bemerkenswerten Vorgänge konnte nur durch eingehende cytologische Untersuchungen erfolgen (s. 8.1.3.) (MECHELKE, MICHAELIS).

Umfangreiche Untersuchungen erfolgten zum Problem der mono- und digenbedingten Heterosis bei *Antirrhinum* in den Jahren 1950—1957. Nach der Beschreibung des ersten Falles monogenbedingter Heterosis (STUBBE und PIRSCHLE 1940) wurde eine größere Anzahl von Mutanten mit der Ausgangsform und untereinander gekreuzt, und es ergab sich, daß die Bastardwüchsigkeit in der F_1 häufiger ist als bisher angenommen wurde. Es wurde in diesen Untersuchungen festgestellt, daß Heterosiseffekte nicht allein durch die Summierung dominanter Leistungsgene bewirkt werden, sondern daß die Heterozygotie an sich einen Heterosiseffekt verursachen kann. Die Heterosiseffekte waren nicht nur auf chlorophylldefekte Mutanten beschränkt. Auch einige Schmalblatt- und Wuchsmutanten zeigten im heterozygoten Zustand Heterosiseffekte, die als spezifische Eigenschaft einzelner Allele aufzufassen sind. Die Expressivität der Heterosis ist stark umweltbedingt und hängt in hohem Maße von der Sonneneinstrahlung in den ersten Monaten des Wachstums ab (STUBBE).

Ein wichtiges Ergebnis der Heterosisforschung wurde bei Prüfungen von Nachkommen aus Pollengemischkreuzungen bei einem mutablen Allel des Gens *nivea* im

Rahmen genetisch-befruchtungsbiologischer Studien gefunden (1955—1958). Verwendet man Pollengemische der Mutterpflanze und Pollen anderer *Antirrhinum*-Sippen, so zeigt die F_1 nicht nur bei den Bastarden, sondern auch bei den Selbstungspflanzen Heterosis, doch stellte sich in einer Nachprüfung heraus, daß die Manifestierung der heterosisartigen Wirkung an Homozygoten sehr starken Schwankungen unterworfen ist (Böhme).

Mit sehr großem Material wurden (1950—1962) einige sich variabel manifestierende Mutanten, wie *transcendens, neohemiradialis, lata* und „Polycotylie", die durch Einkreuzung in Wildsippen zur weitgehenden Stabilisierung gebracht werden konnten, eingehend untersucht (Stubbe). Bei der Mutante *transcendens* wurde die Verminderung der Staubblattzahl in Abhängigkeit von Außenbedingungen durch gestaffelte Aussaat von März bis Juli (1957) geprüft und ca. 85000 Blüten ausgezählt. Die Arbeiten zur Stabilisierung und Fixierung des Merkmals „Polycotylie" wurden abgeschlossen und veröffentlicht (Stubbe).

Von einer Anzahl *Antirrhinum*-Mutanten wurden polyploide Formen hergestellt, um die Beziehungen zwischen Genquantität und -qualität der Merkmale zu ermitteln (1952—1957). Insbesondere wurde die Vererbung und Bildung des Anthozyans in Abhängigkeit von der Genquantität und -qualität untersucht (Stubbe). Ziel weiterer Untersuchungen zur Genetik der Anthozyanbildung an verschiedenen *Antirrhinum*-Mutanten und anderen Sippen, z. T. auf polyploider Basis, in Zusammenarbeit mit der Abt. Chemische Physiologie (1953—1959) waren Aussagen über die Biogenese der Anthoxanthine und Anthozyane. Papierchromatographische und absorptionsspektrophotometrische Messungen wurden durch enzymologische Untersuchungen ergänzt (Böhme, Schmidt).

In Zusammenarbeit mit Dr. Schütte vom Institut für Organische Chemie der Martin-Luther-Universität Halle wurden genetisch-biochemische Untersuchungen zur Vererbung und Bildung von Blütenfarben bei *Antirrhinum* durchgeführt (1955/56) und Fragen der Förderung und Hemmung der Anthozyanbildung bei der Normalform und verschiedenen Mutanten bearbeitet. Erste Ergebnisse der genetischen Untersuchungen und der Analyse der Farbstoffkomponenten wurden veröffentlicht (Böhme und Schütte 1956). 1957 konzentrierten sich die biochemisch-genetischen Arbeiten zum Problem der Farbstoffbildung auf die weißblühende Mutante *nivea*. Die Blüten enthalten p-Cumarsäure und Kaffeesäure-Ester der Chinasäure. Welche Bedeutung die Stoffe bei der Farbstoffsynthese bei *Antirrhinum* haben, konnte zunächst nicht ermittelt werden (Prof. Langenbeck, Dr. Schütte, Böhme).

Neu angesetzt wurde 1958 in Fortsetzung früherer Versuche zur Beeinflussung des Mutationsprozesses durch Mangelernährung (Döring 1937, Döring und Stubbe 1938, Stubbe und Döring 1938) ein Mutationsversuch mit überdosierten Nährlösungen und einzelnen Nährstoffen in Zusammenarbeit mit der Abt. Chemische Physiologie (Ramshorn, Stubbe). Bei der Auswertung 1962/63 ergab sich, daß weder eine Überdosierung mit allen Nährstoffen noch mit einzelnen Nährstoffen (N, P) Einfluß auf die Mutabilität hatte.

Zur Aufklärung eines Falles von Frühreife durch komplementäre Wirkung zweier mutierter Allele wurden 1960 umfangreiche Kreuzungen der *Antirrhinum*-Mutanten *nivea, eluta, incolorata* und *Hirzina* durchgeführt (Böhme).

1961—1964 wurden mit der Sippe 50 von *Antirrhinum* und einigen Mutanten dieser Sippe Arbeiten mit dem Ziel eingeleitet, die Unterschiede von Mutationsspektren, die vom mutagenen Agens bzw. vom Genotyp verursacht sein können, zu erfassen. Es zeigte sich, daß nach Bestrahlung und sehr effektiven chemischen Mutagenen neben unterschiedlichen Wirkungen auch spezifische Veränderungen des Mutationsspektrums eintreten (ZACHARIAS).

Schon in den ersten Jahren des Aufbaues nach Beendigung des Krieges wurden umfangreiche Röntgen-Mutationsversuche an Kulturtomaten (Sorten ,Lukullus' und ,Condine Red') vorgenommen, zahlreiche Mutanten isoliert und auf ihren züchterischen Wert geprüft. Vielfach wurden Kreuzungen zwischen züchterisch wertvollen (frühreifen und ertragreichen) Mutanten vorgenommen, um geeignete Merkmale zu kombinieren, und erste Leistungsprüfungen durchgeführt. Zahlreiche aussichtsreiche Mutanten konnten an die praktischen Zuchtbetriebe des In- und Auslandes abgegeben werden. Die Fülle des Materials gestattete eine Auswertung in allen Abteilungen des Instituts.

Morphologisch-anatomische Untersuchungen extremer Abweichungen führte die Abteilung Systematik und Sortiment durch (HELM). Physiologische Untersuchungen über Leistung und wertvolle Inhaltsstoffe gaben den beiden physiologischen Abteilungen die Möglichkeit, züchterisch wertvolles Ausgangsmaterial auf dem Wege von Schnell- und Massenuntersuchungen zu erfassen und zu isolieren (SAGROMSKY, ENGELBRECHT, SCHREIBER).

Das vollständige Sortiment der erzeugten Mutanten wurde der Tomato Genetics Cooperative in den USA (CH. RICK) zur Verfügung gestellt und hat durch umfangreiche Lokalisationsexperimente ganz entscheidend zur Kenntnis der Genetik von *Lycopersicon esculentum* beigetragen. Auch das Institut für Gemüsezüchtung in der Moldauischen SSR in Kishinev erhielt das Gesamtsortiment der Mutanten zur weiteren züchterischen Bearbeitung.

Bereits 1950 wurde die Wildtomate *Lycopersicon pimpinellifolium* in die Versuche einbezogen und von ihr gleichfalls ein großes Sortiment von Mutanten aufgebaut (s. 8.1.5.).

Um die Eignung der Mutante *chloronerva* von *L. esculentum*, die nach Pfropfung phänotypisch normalisierte (s. 8.1.4.), als Testobjekt für Mutationsversuche zu prüfen, wurden erste Versuche zur Induktion von Mutationen mit Äthylmethansulfonat durchgeführt. Neben einer Anzahl neuer Mutanten traten auch Reversionen zum Normalallel ($chln^+$) auf (BÖHME).

Das Heterosisproblem wurde (1954—1957) an einer Reihe mono- und dihybrider Bastarde aus Mutantenkreuzungen im Vergleichsanbau mit den Ausgangsarten bearbeitet (RIEGER). Es ergaben sich in einigen Fällen Hinweise auf Heterosiswirkungen hinsichtlich Frühreife, Höhenwachstum und Ertragsleistung.

1954 bis 1956 wurde das Mutantensortiment beider Tomatenarten vergrößert. Züchterisch wertvolle Formen wurden ausgelesen. Die erste Liste von 50 *L. esculentum*-Mutanten mit kurzen Beschreibungen wurde 1957, die zweite Liste mit ebenfalls 50 Mutanten 1958 veröffentlicht. Ihnen folgte 1960 die erste Liste von 50 Mutanten von *L. pimpinellifolium*, die zweite 1961 (STUBBE).

Die Analyse abweichender Erbgänge wurde fortgesetzt (1955—1958) und cytologische Untersuchungen eingeleitet (GRÖBER, ENDLICH). Bei einigen immerspaltenden Mutanten der Sorte 'Rheinlands Ruhm' wurden Trisome nachgewiesen. Die Übertragung des überzähligen Chromosoms erfolgt sowohl durch den Pollen wie durch die Eizellen (1955). In der Nachkommenschaft einer chlorophylldefekten Mutante der Sorte 'Condine Red' traten unregelmäßige Spaltungszahlen auf (1956/57), mit der genetischen Analyse wurde begonnen (HAGEMANN). Bei einer *L. esculentum*-Mutante mit überzähligen Kelch-, Blüten- und Staubblättern und stark gerieften Früchten erfolgten 1957 größere Auszählungen der überzähligen Organe (STUBBE).

In Kooperation mit der Forschungsstelle für Kartoffelkäferbekämpfung in Mühlhausen/Thür. wurde von insgesamt 100 *L. esculentum-* und *L. pimpinellifolium*-Mutanten Material für Alkaloiduntersuchungen aufbereitet (1956—1960). Insbesondere wurde die Qualität und Quantität der Alkaloide geprüft und festgestellt, daß die meisten Mutanten nicht oder nur geringfügig von den Kontrollen unterschieden waren. Einige Mutanten waren relativ alkaloidarm, andere hatten einen auffallend hohen Alkaloidgehalt in den Blättern. In verschiedenen Mutanten wurde neben Tomatidin auch Demissin identifiziert, das bisher bei Tomaten unbekannt war. Vermutlich genbedingte Störungen bezüglich der Kohlenhydratkomponenten der Alkaloidglykoside lagen bei zwei Mutanten vor (Dr. SCHREIBER, STUBBE). Zur Prüfung der Bedingungen für eine Alkaloidgewinnung im Großanbau wurden 1961 von 11 alkaloidreichen Mutanten Parzellenversuche (je 100 qm) angelegt (STUBBE). Zwei alkaloidreiche Mutanten von *L. pimpinellifolium* wurden vegetativ vermehrt, um die Schwankungen des Alkaloidgehaltes innerhalb eines Klons zu ermitteln.

Zahlreiche Mutanten von *L. esculentum* mit abweichenden Spaltungsverhältnissen wurden 1960 in F_2- und Rückkreuzungsgenerationen geprüft. Zur Genetik der Tricotylie und zur Beeinflussung des Manifestierungsmusters wurde ein Ernährungsversuch angelegt und die Fruchtstände aller Pflanzen gesondert geerntet. Weitere Listen neuer Tomatenmutanten konnten veröffentlicht werden (*L. esculentum* III 1959, IV 1963, *L. pimpinellifolium* III 1965 (STUBBE).

Bei zahlreichen Kreuzungen zwischen phänotypisch gleichen oder ähnlichen Mutanten wurden wiederholt neue Serien multipler Allele entdeckt.

Die vor einigen Jahren eingeleitete genetische Analyse einer Instabilität am *yellow-virescent*-Locus im Chromosom 6 der Tomate wurde im wesentlichen abgeschlossen (1961) und cytologische Untersuchungen begonnen (HAGEMANN). Die Grün-Gelb-Scheckung konnte auf das Zusammenwirken von Fragmenten mit dem mutierten Chromosomenpaar 6 zurückgeführt werden. Das Paarungsverhalten der Fragmente im Pachytän wurde geprüft (1965), über ihr Verhalten in Mitose und Meiose konnten genaue Angaben gemacht und die cytologischen Ergebnisse mit den genetischen in Verbindung gebracht werden. Die gelben Pflanzen der Mutantenlinie sind pollensteril und fragmentlos. Bei der biochemischen Untersuchung ergaben sich gegenüber der Kontrolle deutliche Unterschiede im Stickstoff-Stoffwechsel (HERRMANN).

Die für die abnormen Spaltungsverhältnisse bei der Mutante *gilva* von L. *esculentum* verantwortlichen genetischen Mechanismen konnten aufgeklärt werden (1959). Die Arbeiten über diesen Fall eines neuartig balancierten Letalfaktorensystems wurden damit abgeschlossen (GRÖBER).

Zur experimentellen Auslösung somatischer Mutationen wurde 1960 für bestimmte Chlorophylldefekte heterozygotes Samenmaterial von *L. esculentum* außer mit Colchizin oder Röntgenstrahlen auch mit Methansulfonsäureäthylester behandelt. Dabei traten in einem hohen Prozentsatz morphologisch gut sichtbare mutierte Zellbezirke auf, die für die Beurteilung der Wirksamkeit des Mutagens nach Größe und Verteilung ausgewertet wurden. An diesem Material wurden auch Fragen der intrasomatischen Selektion und der Entstehung und Entwicklung verschiedener Typen von Chimären verfolgt (GRÖBER).

Mutationsversuche an Sommer- und Wintergerste wurden schon bald nach der Erkenntnis, daß kurzwellige Strahlen ein besonders wirksames mutagenes Agens sind, im damaligen Kaiser-Wilhelm-Institut für Züchtungsforschung in Müncheberg, später im Kaiser-Wilhelm-Institut für Kulturpflanzenforschung in Wien durchgeführt. Das Material dieser Versuche wurde 1936 in Müncheberg im Zuge politischer Auseinandersetzungen beschlagnahmt, das in Wien-Tuttenhof angebaute Material ging durch Kriegseinwirkungen verloren. Erst nach dem Kriege konnten Röntgen-Mutationsversuche in Gatersleben in großem Maßstab neu begonnen und später mit wirksamen chemischen Mutagenen (Äthylmethansulfonat, Nitrosomethylharnstoff) erweitert werden. Arbeiten mit diesen beiden hochmutagenen Agenzien wurden 1967 abgeschlossen. Nitrosomethylharnstoff erzeugt hohe Frequenzen vitaler Mutanten und eignet sich daher besonders für Mutationsversuche an Kulturpflanzen. Die Rücktrockung NMH-behandelter Karyopsen ergab im Gegensatz zu Untersuchungen anderer Autoren mit ÄMS eine Verringerung der Häufigkeit induzierter Chromosomenaberrationen. Die Rücktrocknung verhindert weitgehend unkontrollierte Nacheffekte und verbessert damit die Reproduzierbarkeit der Ergebnisse von Mutationsexperimenten (Künzel).

Zahlreiche Gerstenmutanten wurden alljährlich erzeugt und vornehmlich auf ihren züchterischen Wert in Leistungsprüfungen getestet (s. 8.1.7.). Der Vererbungsmodus zahlreicher Mutanten konnte geklärt und 1957 bis 1962 in Zusammenarbeit mit der Abteilung Systematik und Sortiment eine beschreibende morphologisch-systematische Untersuchung der theoretisch und praktisch wichtigsten Mutanten von Sommer- und Wintergersten im Vergleich mit der bisher bekannten Formenfülle des Weltsortiments durchgeführt werden (F. Scholz, Lehmann). Genetische Untersuchungen von Mutanten mit teilweise oder vollständig reduzierter Bestockungsfähigkeit wurden 1956 aufgenommen und später durch histologisch-anatomische Studien ergänzt (F. Scholz, Mettin). Einige glattgrannige Mutanten wurden im Zusammenhang mit der Narbenbefiederung genetisch analysiert. Die fehlende Narbenbefiederung vieler glattranniger Gersten und die dadurch bedingte partielle Sterilität erschwerte bisher die Arbeiten zur Züchtung ertragreicher glattgranniger Gersten. Es stellte sich jedoch heraus, daß nicht alle glattgrannigen Formen ungefiederte oder schwach befiederte Narben haben, so daß sich neue Möglichkeiten für die Kombination Glattgrannigkeit und Ertrag ergaben (F. Scholz). Mit einigen Mutanten wurde ein Versuch zur Ermittlung des Ausmaßes der Fremdbefruchtung durchgeführt (1956).

Die genetische Analyse gestreifter bzw. gescheckter Chlorophyllmutanten der Gerste wurde 1959 begonnen (Hagemann, F. Scholz). Ein Fall geninduzierter Mutation des Plasmotypus wurde abgeschlossen. In einigen anderen Fällen konnten die genetischen Mechanismen, die bestimmte Chlorophylldefekte bedingen (Streifen- und Fleckenmuster), zunächst nicht aufgeklärt werden. Die Genetik der Frühreife wurde an 10 frühreifen Mutanten von Sommer- und Wintergerste untersucht. Es stellte sich als Ergebnis (1960) heraus, daß das Merkmal Frühreife (bonitiert am Ährenschubdatum) bei allen Mutanten monogen vererbt wird. Vier Mutanten verhielten sich der Ausgangsform gegenüber dominant, die übrigen 6 rezessiv (Mettin). Bei einer 1964 abgeschlossenen gemeinsamen Studie mit der Abt. Systematik und Sortiment an Mutanten mit zweiblütigen Ährchen und anderen Veränderungen der Infloreszenz ergab sich aus evolutionsgenetischer Sicht als bemerkenswert, daß das Merkmal „Ährchen zweiblütig" über den bisher bekannten Variationsbereich der Gattung *Hordeum* hinausgreift (F. Scholz, Lehmann).

Im Jahre 1960 wurde die kleine, schnellwachsende und mehrere Generationen im Jahr liefernde und als genetisches Versuchsobjekt schon bekannte Crucifere *Arabidopsis thaliana* als neue Versuchspflanze in die Abteilung aufgenommen. Zur Vorbereitung von mutations- und evolutionsgenetischen Untersuchungen dienten einige methodische Versuche, das Ausgangssaatgut wurde vermehrt und in ersten Arbeiten die optimale Strahlendosis ermittelt und 1800 F_1-Pflanzen herangezogen. Blütenbiologische und morphologische Studien an der verwendeten Wildrasse konnten abgeschlossen werden. Als Test für die Wirkung mutagener Agenzien wurden die embryonalen Letalfaktoren eingehend untersucht und ihr Erbgang, Wirkungsmuster und die Verteilung der kritischen Letalphasen studiert. Es ließen sich damit Aussagen über die Chimärennatur der M_1-Pflanzen nach mutagener Samenbehandlung machen und auf diese Weise Grundlagen für die Ermittlung der Frequenz sameninduzierter Genmutationen schaffen (Embryonentest). Die Rate letaler Mutationen wurde der Maßstab zur Bestimmung der mutagenen Wirkung von modifizierten Röntgenbestrahlungen und von Äthylmethansulfonat (MÜLLER). Durch 1962 aufgenommene Arbeiten sollte eine genauere Kenntnis über einige histogenetische Vorgänge und ihren Einfluß auf die Mutationsfrequenz gewonnen werden. Dabei ergab sich, daß die Initialzellen des Sproßscheitels hochgradig instabil sind. Diese Instabilität apikaler Meriklinalchimären konnte quantitativ charakterisiert werden. Rezessive Letalfaktoren unterliegen in der Regel keiner diplontischen Selektion.

Neben Untersuchungen zur Beeinflussung der genetischen Strahlenwirkung wurden vergleichende Untersuchungen über die Wirkung chemischer Mutagene durchgeführt und der Nachweis erbracht, daß Methyl-nitro-nitrosoguanidin und Nitrosomethylharnstoff, Äthylmethansulfonat und Stickstofflost hocheffektive Mutagene bei höheren Pflanzen sind. Die an der Mutationsauslösung beteiligten Prozesse konnten durch spezifische Einflußnahme auf den Zellstoffwechsel während der mutagenen Behandlung besser erkannt werden. Besonders beachtet wurden die quantitativen Beziehungen zwischen verschiedenen biologischen Effekten (Wachstumshemmung, Sterilität, embryonale Letalmutationen und rezessive Chlorophyllmutationen) und ihre Abhängigkeit von der Art des Mutagens und den Behandlungsbedingungen. Ebenso wurden die Beziehungen zwischen mutagener Effektivität und den Entwicklungsstadien des behandelten Materials, seiner Stoffwechselaktivität und dem Keimungsstadium der behandelten Samen untersucht.

Die Abhängigkeit des mutagenen Effektes von der simultanen Einwirkung von Stoffwechselinhibitoren, vom pH-Wert, von der Art der Nachbehandlung wurde in weiteren Versuchen geprüft, ferner die Beziehungen zwischen mutagenem und cytotoxischem Effekt. Beim Vergleich verschiedener N-Alkyl-nitrosamide wurden Wirkungsunterschiede festgestellt. N-Methyl-N-nitroso-N'-Nitroguanidin und N-Methyl-N-nitrosourethan zeigten bei Einwirkung auf Zellen, in denen DNS-Synthese erfolgt, eine deutlich gesteigerte Effektivität. Bei Behandlung keimender Samen führte das infolge unterschiedlichen Beginns der DNS-Synthese im Sproß- und Wurzelmeristem im Vergleich mit anaerob gequollenen Samen zu einer stark verminderten mutagenen Wirksamkeit. Durch Simultanbehandlung mit Respirationsinhibitoren (KCN, NaN_3) wurde die mutagene Effektivität im ruhenden Meristem deutlich erhöht. N-Methyl-N-nitrosoharnstoff war dagegen nur wenig von der DNS-Synthese abhängig und seine mutagene Wirksamkeit wurde durch Respirationsinhibitoren nur wenig verändert.

In weiteren Versuchen wurde die Frage nach einer möglichen Beeinflußbarkeit des Spektrums der induzierten genetischen Effekte bearbeitet. Es ergab sich, daß das Verhältnis zwischen der Häufigkeit rezessiver Chlorophyllmutationen und den als Indikator für chromosomale Strukturveränderungen verwendeten haplophasischen und embryonalen Letalmutationen von der Stoffwechselaktivität der Zelle während der Behandlung abhängt. Behandlung anaerob eingequollener Samen bzw. keimender Samen, deren Stoffwechsel gehemmt wurde, zeigte bei allen geprüften Agenzien einen geringen relativen Anteil von Chlorophyllmutationen. Wurde aber der Stoffwechsel vor der Einwirkung des Mutagens aktiviert, so erhöhte sich der relative Anteil der

Chlorophyllmutationen auf das Zwei- bis Dreifache. Außerdem bestand eine Dosisabhängigkeit zwischen beiden Mutationsarten. Mit zunehmender Dosis verringerte sich der relative Anteil von Chlorophyllmutationen.

Mutagenspezifische Änderungen des Mutationsspektrums wurden nicht gefunden. Bi- und trifunktionelle Stickstoffloste führten in dieser Beziehung zu den gleichen Ergebnissen wie monofunktionelle Alkylierungsmittel (Müller).

Zur weiteren Charakterisierung der mutagenen Wirkung von alkylierenden Agenzien und N-Nitroso-Verbindungen wurden bei *Arabidopsis* genaue Erhebungen über die relative Häufigkeit verschiedener Mutationstypen durchgeführt, z. B. die Häufigkeit lebensfähiger Mutanten mit der Häufigkeit von Letalmutationen verglichen. Bei 1-Nitroso-3-nitro-1-methylguanidin wurde gefunden, daß eine Steigerung der Mutagendosis zu einer Verschiebung des Mutantenspektrums zugunsten der haplophasisch und frühembryonal letal wirkenden Typen und einer relativen Abnahme der spätletalen und lebensfähigen Mutanten führt. Es konnte in diesem Zusammenhang auch gezeigt werden, daß es optimale Dosisbereiche für chemische Mutagene gibt.

Die genetische Analyse von 158 durch Behandlung mit chemischen Mutagenen entstandenen *fusca*-Mutanten ergab, daß die charakteristische Rotfärbung der Embryonen auf der Bildung von Anthozyan beruht, das als Folge eines sich erst bei der Samenbildung manifestierenden Stoffwechseldefektes auftritt und meist mit einer gestörten Reservestoffbildung verbunden ist. Ernährungsphysiologische Untersuchungen an *fusca*-Mutanten wurden methodisch vorbereitet (Müller, Heidecker).

Reparable Prämutationszustände in den Chromosomen von *Arabidopsis* wurden bei der strahleninduzierten und chemischen Mutagenese auf ihre experimentelle Beeinflußbarkeit geprüft. Die Feinstruktur der Plastiden von Chlorophyllmutanten wurde unter dem Elektronenmikroskop untersucht (Döbel).

8.1.3. Genetische und cytologische Untersuchungen bei *Antirrhinum, Hordeum, Lycopersicon, Vicia*

Bei den in 8.1.2. beschriebenen mutablen Genen von *Antirrhinum majus graminifolia* und *perlutea* wurde (ab 1952) eingehend die Pachytänanalyse durchgeführt und die starken chromosomalen Störungen entweder als Translokationsphänomene oder Verklebungen gedeutet, wobei sich durch die Annahme von Translokationen eine neue Erklärung für die hohe Rückmutationsrate finden ließ. Bei Pflanzen der Kombination (*gram*$^{mut\text{-}a}$ × Sippe 50) wurden wiederholt heterozygote Chromosomenumbauten im Pachytän erkannt, an denen stets die mit heterochromatischen Knöpfen versehenen Chromosomen beteiligt waren (1957). Die meist unübersichtliche Lage der Chromosomen erschwerte eine genaue Analyse der vorhandenen Umbauten. Bei der konstanten *perlutea*-Linie ließen sich jedoch alle 8 Chromosomen durch neue Merkmale im Pachytän identifizieren (Mechelke).

Pachytänanalytische Untersuchungen begannen (1953) auch bei den acht Trisomen von *Antirrhinum majus*, doch wurden die Arbeiten 1955 zugunsten von Studien des Meioseablaufs in haploiden *Antirrhinum*-Pflanzen zurückgestellt, jedoch 1956 wieder aufgenommen mit dem Ziel, das überzählige Chromosom jeden trisomen Typs zu identifizieren und das Paarungsverhalten im Trivalent besonders auf inhomologe Paarung und inhomologen Segmentaustausch zu untersuchen und die Häufigkeit der einzelnen Trivalenttypen zu erfassen (Rieger, Michaelis). Der Meioseablauf bei den Haploiden zeigt Abnormitäten in der 1. und 2. meiotischen Teilung, die weitgehend geklärt wurden (1955). Ungeklärt bleiben noch der Mechanismus der ausgeprägten Intrahaploidpaarung zwischen inhomologen Chromosomen im Pachytän und einige andere zum Teil mit Strukturumbauten der Chromosomen zusammenhängende Probleme (RIEGER).

Sehr schwierig gestaltete sich die cytologische und cytogenetische Analyse der fast nur mütterlich vererbten schmalblättrigen Variante *angusta* von *Antirrhinum majus*, die schon mehrere Jahre genetisch geprüft worden war (STUBBE). Selbstungsnachkommenschaften von *angusta*-Pflanzen und Kreuzungen *angusta* × Sippe 50 ergaben in wechselndem Verhältnis wieder *angusta*-Pflanzen neben normalen, während die reziproken Kreuzungen nur normale Sippe 50-Pflanzen erbrachten. Es stellte sich jedoch heraus, daß Selbstungsnachkommenschaften normaler Geschwisterpflanzen und Kreuzungsnachkommenschaften aus *angusta* × Sippe 50 eine Vielzahl von Abweichungen verschiedener Art enthielten, mit deren cytologischer Analyse (1954) begonnen wurde. Es konnten u. a. haploide, diploide, triploide, doppelte und dreifach trisome Typen in hohem Prozentsatz gefunden werden, desgleichen Pflanzen mit einem Fragmentchromosom in Kombination mit 15, 16 und 17 Chromosomen. Auch wurden in einigen Pflanzen Ringchromosomen festgestellt (MICHAELIS, RIEGER). Es konnte als sicher angenommen werden, daß Chromosom 6 den Ring bildet (MICHAELIS). Einkreuzung von *angusta* in die Standardsippe erbrachte in der F_1 die gleichen Erscheinungen wie in der F_1 der Entstehungssippe. Die Bearbeitung des *angusta*-Falles wurde 1957 abgeschlossen, ohne daß eine völlige Klärung des Phänomens erreicht werden konnte.

Untersuchungen über die Karyologie des Antheren-Tapetums von *Antirrhinum majus* und einiger anderer Scrophulariaceen wurden (1952) beendet (MECHELKE).

Histochemische Studien über die Lokalisation der DNS in Mikrosporangien während der Meiose von *Antirrhinum majus* erbrachten den Beweis, daß es keinen aktiven Übertritt Feulgen-positiver Substanzen zwischen Zellen eines Gewebes oder verschiedener Gewebe gibt (REMMEL).

Das große Mutantensortiment von Kultur- und Wildtomaten machte ebenfalls laufend cytologische und cytogenetische Untersuchungen nötig. In den *xantha*-Mutanten ließen sich eine Anzahl verschiedener Chromosomenmutanten feststellen, doch wurde ihre Häufigkeit zunächst nicht quantitativ erfaßt, da vorerst Studien (1955) über das Pachytän von *L. esculentum*, 1957 auch von *L. pimpinellifolium* erforderlich wurden. Der gesamte Stadienablauf der Meiose wurde einer kritischen Prüfung unterzogen und die vorhandenen Trisome von *L. esculentum* genetisch und cytologisch bearbeitet (ENDLICH). Ebenso erfolgte die cytologische Untersuchung abweichender Konfigurationen im Pachytän und in späteren meiotischen Stadien diploider Pflanzen bei verschiedenen Tomatensorten. Neben Ringchromosomen wurden im diploiden Chromosomensatz auch multivalente Assoziationen gefunden, die auf Besonderheiten im Paarungsverhalten partiell heterochromatider Chromosomen der Tomate zurückgehen (GRÖBER). Die cytologische Untersuchung der Meiose tetraploider Tomaten führte zu neuen Ergebnissen hinsichtlich des Problems der „secondary association". Auch wurde das Paarungsverhalten der Chromosomen in den Bastarden *L. esculentum* × *L. hirsutum* genauer untersucht. Bei heterozygoten Pflanzen der Chlorophyllmutante *Xanthophyllic* von *L. esculentum* wurden neben Zwillingsflecken auf der Blattspreite, die durch Fehlverteilung eines Fragments in der Mitose bedingt sind, auch einheitlich gelbe oder grün pigmentierte Sprosse beobachtet (1964). Diese Differenzierung beruht auf der Bildung eines Isochromosoms, das durch Schwesterchromatidenreunion im Centromerenbereich des Fragments entsteht und in der Mitose relativ regelmäßig verteilt wird. Es konnte bei der Mutante *Xanthophyllic*$_3$ ferner im Pachytän eine Ringkonfiguration nachgewiesen werden, die bei den verschiedenen Scheckungstypen anscheinend in unterschiedlicher Größe vorhanden ist (1965). Es wurde angenommen, daß die verschiedenen Scheckungstypen wahrscheinlich eine Folge der bei Ringchromosomen häufig auftretenden Teilungsanomalien sind. Bei der weiteren Analyse der *Xanthophyllic*-Scheckung konnten in der X_2- und X_3-Generation insgesamt 14 verschiedene Phänotypen selektiert werden (1967), die durch Differenzen in der Grundfärbung der Blattspreite, der Scheckung, der Vitalität und Wuchsform, der Form und Größe der Fiederblättchen charakterisiert sind. Cytologisch zeigen die gescheckten Formen ein oder mehrere Chromosomenfragmente, doch ist neben der Anzahl auch die Größe der Fragmente von Bedeutung. Die Untersuchungen an der *Xanthophyllic*-Scheckung wurden 1968 abgeschlossen, wobei die Analyse der Aktivität des *Xa*$_3$-Locus von mutierten Allelen zu Wildtypallelen bei unterschiedlichen Dosisverhältnissen und ihre Beeinflussung durch den Karyotyp der Zelle bzw. des Individuums Hauptgegenstand der Untersuchungen war. Eine Erklärung für die differenzierte Aktivität des *Xa*$_3$-Locus wurde in der Wirkung benachbarter Gene auf den *Xa*$_3$-Locus gesehen, die höchstwahrscheinlich durch Regulationsmechanismen erfolgt (Gröber). Bei einer Mutante der Tomatensorte 'Lukullus', die eine bemerkenswerte und in ihrem genetischen Verhalten noch ungeklärte Weiß-Grün-Scheckung zeigte, wurde mit dem Studium der vorkommenden Plastidentypen und ihres ontogenetischen Zusammenhangs begonnen (Hagemann). 1959 aufgenommene elektronenmikroskopische Untersuchungen zur Aufklärung der Chloroplastenstruktur von Tomatenmutanten (Döbel) konnten 1961 zu einem vorläufigen Abschluß gebracht werden. Auch an anderen Tomatenmutanten, deren Erbgänge zunächst ungeklärt blieben, wurden 1956 genetische und cytogenetische Untersuchungen eingeleitet (Endlich, Gröber) und einige Jahre weitergeführt.

Umfangreiche Versuche an einem cytologisch gut analysierbaren Objekt, der Saubohne *Vicia faba*, wurden 1957 begonnen, zunächst um die spontane chromosomale Aberrationsfrequenz in unterschiedlich langen Primär- und Sekundärwurzeln zu ermitteln. Ein- bis zehntägige Samenvorquellung in Wasser mit wechselnden Erholungszeiten erbrachte eine starke Erhöhung des Aberrationsprozentsatzes, der wahrscheinlich durch die Entstehung automutagener Substanzen unter partieller Anaerobiose zu erklären ist. Eine Zusammenarbeit mit der Abt. Chemische Physiologie, um unter genau definierten Bedingungen die Ergebnisse zu reproduzieren und um einen Einblick in die veränderten Stoffwechselverhältnisse der Zellen zu bekommen, wurde eingeleitet (Ramshorn, Rieger, Michaelis). Dabei konnte das entstehende Stoffwechselprodukt als Äthylalkohol identifiziert werden. Experimente zur quantitativen und qualitativen Klärung der radiomimetischen Wirkung des Äthylalkohols bei *Vicia faba* und anderen Objekten wurden vorläufig abgeschlossen. Um die sicher indirekte Wirkungsweise des Äthylalkohols genauer zu analysieren, wurden Versuche mit spezifischen und unspezifisch wirkenden Stoffwechselinhibitoren unternommen und der Einfluß auf die Wirksamkeit des Alkohols geprüft. Auch zum Nachweis einer möglichen genmutationsauslösenden Wirkung des Äthylalkohols erfolgten Versuche (1959). Acetaldehyd, der bei der alkoholischen Gärung als Zwischenprodukt auftritt, wurde auf seine radiomimetische Wirksamkeit getestet und als wirksam befunden. Es wurden daher weitere spezifische oder unspezifische Stoffwechselprodukte (Aldehyde, Alkohole, Öle, Fette) oder Substanzen, die für den Atmungsstoffwechsel von Bedeutung sind (ATP), in das Versuchsprogramm aufgenommen, das 1960/61 abgeschlossen wurde. Seit 1957 liefen Versuche, um auf indirektem Wege über röntgenbestrahltes Wasser Chromosomenaberrationen in den Wurzelspitzen von *Vicia faba* auszulösen. Da bei der Bestrahlung von Wasser auch Wasserstoffperoxid entsteht, wurden Parallelversuche mit verschiedenen H_2O_2-Konzentrationen angelegt. Beide Versuche verliefen ergebnislos und wurden daher abgebrochen (RIEGER, MICHAELIS, BARNETZKY, Abt. Physikalische Physiologie). Aufgenommen wurden Versuche (1958 bis 1961) zur Auslösung von Chromosomenbrüchen durch freie Radikale des Wassers und durch eine Reihe von Agenzien, die als radiomimetisch wirksam beschrieben waren.

Ein Schwerpunkt dieser Arbeiten lag auf vergleichenden Untersuchungen (1959/60) zur Verteilung chemisch ausgelöster und röntgeninduzierter Chromosomenmutationen im Chromosomensatz von *Vicia faba*. Es gelang (1960/1964—1968), mit Hilfe eines synthetischen Karyotyps von *V. faba*, dessen Chromosomen leicht zu identifizieren waren, die intra- und interchromosomale Verteilung chemisch induzierter Chromatidenaberrationen zu prüfen, die mutagen- und segmentspezifisch ist (RIEGER, MICHAELIS). Zum ersten Mal konnte gezeigt werden, daß zusätzlich zu den agensspezifischen Verteilungsmustern der Aberrationen einzelne Aberrationstypen spezifischen Verteilungsmustern folgen. Die Arbeiten zur Synthese weiterer neuer Karyotypen wurden fortgeführt. Von zwei spontan aufgetretenen Translokationen und einer Inversion wurde das Verhalten in der Meiose geprüft und versucht, mit diesen Typen durch Kreuzung einen neuen Karyotyp aufzubauen, der eine bessere Unterscheidung der Chromosomen ermöglicht (1959). Strukturheterozygote Pflanzen wurden in ihrem Meioseverhalten untersucht und weiterhin Kreuzungen zum Aufbau neuer Karyotypen durchgeführt. Die doppelt heterozygoten F_1-Pflanzen wurden ebenfalls in ihrem Meioseverhalten geprüft. Weitere Untersuchungen galten dem Nachweis, in welchem Umfang somatisch induzierte Chromosomenmutationen auf die Nachkommenschaft übertragen werden. Ausgebaut wurden Versuche zur Induktion von Chromosomenaberrationen bei *Vicia faba* durch Äthylalkohol, desgleichen Untersuchungen zur Prüfung des Wirkungsvermögens von Äthylalkohol, Myleran und Stickstofflost in den Meristemen verschieden langer Haupt- und Seitenwurzeln von *V. faba*.

Gemeinsam mit der Abt. Organische Synthese des Instituts für Mikrobiologie und experimentelle Therapie der Deutschen Akademie der Wissenschaften in Jena wurden Untersuchungen über die radiomimetische Wirkung krebschemotherapeutischer Substanzen durchgeführt (1960/62). Getestet wurden Endoxan®, Mitomen®, Myleran, Stickstofflost und andere neu synthetisierte Substanzen. Das Wirkungsvermögen mono- und bifunktioneller alkylierender Verbindungen bei der Induktion von Chromosomenaberrationen wurde mit Äthylmethansulfonat und Myleran überprüft (RIEGER, MICHAELIS).

Um die kombinierte Wirkung alkylierender Substanzen und ionisierender Strahlen auf das Wurzelspitzenmeristem von *V. faba* zu testen, wurden Versuche mit dem β-Strahler ^{32}P neu aufgenommen. Auch wurden Fraktionierungsexperimente mit alkylierenden Agenzien (Triäthylenmelamin, Stickstofflost) allein oder kombiniert durchgeführt, um die Frage des Zeitfaktors bei der Wechselwirkung zwischen Chromatidenaberrationen zu klären. Schwerpunkt waren Experimente zur Ermittlung des räumlichen und zeitlichen Ablaufs der Aberrationsentstehung bzw. des Reunionsprozesses. In diesem Zusammenhang wurde dem Problem der möglichen Induktion von „potentiellen Läsionen" oder reversiblen Mutationsvorstufen Beachtung geschenkt. Verschiedene Nitroso-Verbindungen wurden auf ihre radiomimetische Effektivität getestet und die Abhängigkeit ihrer Wirkung vom stoffwechselphysiologischen Zustand der Zelle geprüft. Experimente zur Aufklärung der Frage, ob „potentielle Läsionen"

Vorstufen von echten Aberrationen sind, deuten auf die Induktion von reparablen potentiellen Läsionen (metastabilen Zuständen) der Chromosomen nach Einwirkung verschiedener Radiomimetika (alkylierende und nicht alkylierende Agenzien) hin, die sich durch Nachbehandlung mit nichtmutagenen Dosen in chromosomale Strukturveränderungen entwickeln lassen. Dieser Prozeß ist durch die Möglichkeit von Reparaturprozessen zeitfaktorenabhängig und in seinem Ausmaß experimentell modifizierbar. Kurzfristige Hitzeschocks kompensieren den Nachbehandlungseffekt mehr oder weniger stark und verhindern die Umwandlung potentieller Läsionen in echte Chromosomenaberrationen (RIEGER, MICHAELIS).

Es wurde bei *Vicia faba* ferner die Frage bearbeitet, inwieweit Coffein auf chromosomaler Ebene einen Reparaturmechanismus hemmt. Dabei ergab sich, daß Simultan- und Nachbehandlung mit Coffein nach Einwirkung verschiedener Radiomimetika zu einer zeitlichen Verschiebung des Aberrationsmaximums und zu einer Erhöhung der Aberrationsrate führt. Um das Problem der Sensibilisierung von Zellkernen bzw. Chromosomen gegenüber radiomimetischen Agenzien zu klären, wurden als Sensibilatoren verschiedene Acridinfarbstoffe, Äthylendiaminotetraessigsäure und Infrarot-Bestrahlung verwendet (1962/63).

Weitere Untersuchungen erfolgten in Verbindung mit der radiomimetischen Effektivität und dem Wirkungsmodus einiger Nitroso-Verbindungen, wie z. B. N-Nitroso-N-Methylharnstoff, in Abhängigkeit vom stoffwechselphysiologischen Zustand der Zelle. Gemeinsam mit Dr. FUČIK, Institut für Organische Chemie und Biochemie der Tschechoslowakischen Akademie der Wissenschaften, Prag, wurde die radiomimetische Wirkung von Basenanalogen (z. B. 6-Azacytidin) auf die Chromosomen von *V. faba* untersucht. Ein Einbau von Azacytidin in die chromosomale DNS bewirkte spezifische strukturelle Veränderungen an den *V. faba*-Chromosomen. Sie ähneln segmentspezifischen Chromosomenentspiralisierungen, wie sie auch für Kältebehandlung charakteristisch sind. In der zweiten Mitose nach der Behandlung treten Chromatidenaberrationen auf (FUČIK, RIEGER, MICHAELIS).

Fortgesetzt wurden die elektronenmikroskopischen Untersuchungen zur Feinstruktur des Zellkerns im Wurzelmeristem von *Vicia faba*. Es wurden sowohl normale wie auch hemmstoffbehandelte Wurzeln bearbeitet (1964) und neben den Chromosomen auch die Ribosomen untersucht (DÖBEL).

Elektronenmikroskopische Untersuchungen von Interphasekernen bei *Vicia faba* ließen als Einwirkung alkylierender Agenzien Vakuolisierungen, Einbuchtungen der Kernmembran und Auflockerungen des Chromatins erkennen. Auf Grund weiterer Experimente und ihrer Ergebnisse ist anzunehmen, daß die abnormen Kernstrukturen auf die cytotoxischen Effekte der alkylierenden Agenzien zurückzuführen sind.

Die großen seit 1944 laufenden Versuche zur Induktion von Mutationen bei Sommer- und Wintergerste machten als Erweiterung und Vertiefung gleichfalls cytologische und cytogenetische Untersuchungen in der Gattung *Hordeum* erforderlich. Studien galten zunächst der Variabilität der Chromosomenzahl, insbesondere dem Polyploidiegrad, der Chromosomenstruktur und der Chromosomenmorphologie (1953/54), um die Grundlage für eine cytotaxonomische Bearbeitung der Gattung zu schaffen (MECHELKE). Bei Keimung unter Vernalisationsbedingungen zeigten sommerannuelle Formen die Tendenz zur Ausbildung von spezialsegmentartigen Einschnürungen an bestimmten Stellen im Chromosomensatz, während bei winterannuellen Formen diese Tendenz weniger stark oder überhaupt nicht vorhanden ist. Als Nebenbefund ergab sich, daß einige Saatgut-Beizmittel polyploidisierend wirken können (1956). Als Parallelarbeit für cytomorphologische Probleme wurden die karyologischen Prozesse während des Wachstums in der Gersten-Wurzelspitze untersucht (1954). Ferner erfolgten an Keimwurzeln von Gerste Studien zur Anatomie und Mitosenhäufigkeit (HAGEMANN). Es wurde die Wachstumsweise von Kalyptra, Rhizodermis, Rinde und Zentralzylinder sowie die Anlage und Differenzierung von Xylem und Phloem bearbeitet. Eingehend wurde die Entwicklungsgeschichte des Protophloems untersucht und Hinweise für eine entwicklungsphysiologische Deutung gefunden. Neben der Mitosenhäufigkeit wurden die Verteilung der Mitosen in der Wurzel und die Unterschiede zwischen den mitotischen Indices der verschiedenen Gewebe ermittelt. Bei der Prüfung der Mitosenhäufigkeit im Tagesverlauf wurde in der Zone der höchsten Mitosenhäufigkeit in der Wurzel festgestellt, daß unter konstanten Bedingungen (konstante Temperatur und Dauerdunkelheit) die Mitosenhäufigkeit konstant ist. Durch periodischen Temperaturwechsel wird eine Rhythmik der Mitosenhäufigkeit induziert.

An der Fülle von induzierten Mutanten der Gerste wurden anatomisch-histologische Studien durchgeführt und Bastarde von Mutanten auf das Vorkommen von Translokationen untersucht (MECHELKE, METTIN, F. SCHOLZ). Bis 1960 wurden über 120 verschiedene Varianten auf Translokationen geprüft (MECHELKE, F. SCHOLZ). Eine cytogenetische Untersuchung zweier Fälle von Sterilität mit abweichendem Erbgang wurde begonnen (1964) und an einigen Translokationslinien erfolgte eine erste Analyse (KÜNZEL, F. SCHOLZ). Reziproke Translokationen wurden bei einigen Mutanten festgestellt und die Isolierung von morphologisch nicht veränderten Translokationslinien fortgesetzt (KÜNZEL). Die Erzeugung von Translokationslinien, die für die Züchtungsforschung zunehmende Bedeutung gewinnen, wurde eingeleitet (1966).

Während eines Gastaufenthaltes von F. MECHELKE (1954) am Genetischen Institut der Universität Lund (Schweden) wurden Pflanzen einer Roggenpopulation auf Translokationen geprüft und die Semisterilitätsverhältnisse bei homo- und heterozygoten Translokationspflanzen studiert. Im Anschluß an diese Arbeiten wurde (1956) eine Roggenform, die in ihrem Chromosomensatz bestimmte reziproke Translokationen zeigte und sich durch hohe Selbstfertilität auszeichnete, weiter untersucht.

Bei der Bearbeitung des sog. Linsen-Wicken-Bastards ließen Kreuzungsexperimente die Annahme einer mutativen Entstehung der Wickenform mit linsenförmigen Samen zu. Diese Annahme wurde durch cytologische Untersuchungen gestützt. Artbastarde der Gattung *Vicia* zeigten in der F_1 starke Fertilitätsstörungen, mit deren cytologischer Analyse begonnen wurde (1959). Bei einer Anzahl cytologisch noch nicht untersuchter *Vicia*-Arten wurden die Chromosomenzahlen ermittelt (METTIN).

8.1.4. Entwicklungsphysiologisch-genetische Probleme bei höheren Pflanzen

Entwicklungsphysiologisch-genetische Probleme ergaben sich im Laufe der Jahre an dem großen Material von Mutanten-Sortimenten und betrafen im wesentlichen die Beeinflussung der Realisierung genetischer Information durch äußere und innere Einflüsse, die Abhängigkeit genetischer Information von anderen Zelleinheiten und ihre gezielte Steuerung. So wurde 1952 die Mutante *filiformis* von *Antirrhinum majus*, die sich nur in Gegenwart der Schmalblattmutante *graminifolia* manifestiert, mit zahlreichen anderen Schmalblattformen gekreuzt, um die Manifestierung des Merkmals in Kombination mit diesen Schmalblattformen zu untersuchen (STUBBE). 1954 wurde ein Versuch zur experimentellen Beeinflussung der Dominanz bestimmter Merkmale von *Antirrhinum* durch Prüfung des Alters der Elter-Pflanzen und des Alters der Geschlechtszellen bei der Befruchtung durchgeführt, der in der ersten Nachkommenschaft zunächst keine wesentlichen Unterschiede in der Realisation der Merkmale bei den verschiedenen Altersklassen ergab (Helga Böhme).

1956 wurde mit einer Analyse der Tomatenmutante *sulfurea* der Sorte 'Lukullus' begonnen und in den folgenden Jahren weiterverfolgt. Von der Mutante entstanden einige Allele, die auf Grund ihres unterschiedlichen Verhaltens in der Aussaatschale und nach Pfropfung sowie ihres heterozygoten Zustands getrennt werden konnten. Diese Allele gehörten größtenteils zur *sulfurea*^{pura}-Gruppe. Bei dem Allel *sulfurea*^{variegata} kann im heterozygoten Zustand eine Weiß-Grün-Scheckung entstehen, die auf somatischer Konversion des *sulf*$^{+}$-Alleles beruht, d. h., daß das stabile *sulf*$^{+}$-Allel im heterozygoten *sulf*$^{+}$*sulf*-Zustand gehäuft zu *sulf* mutiert. Es entstehen hierdurch neben den vorhandenen grünen Zellen in wechselnder Häufigkeit und in unregelmäßiger Verteilung gelbe bis weiße Zellbezirke (*sulfsulf*) (Hagemann). Kreuzungsversuche zur Lokalisation von *sulf* wurden vorgenommen. Danach liegt *sulf* in unmittelbarer Nähe des heterochromatischen Teiles von Chromosom 2. Durch Einkreuzung von *sulf* in fremde Sippen wurde nach konversionsstabilen *sulf*$^{+}$-Allelen gesucht. Auch wurden Versuche zur Beeinflussung der Häufigkeit von Konversionen durch Umweltfaktoren (Temperatur) aufgenommen (1961). Es konnte ausgeschlossen werden, daß die Heterozygotenscheckung durch somatischen Austausch erfolgt. Auch ließ sich nachweisen, daß die somatische Konversion nur auf den *sulf*-Locus beschränkt ist. Einkreuzungen von *sulf* in fremde Sippen ließen die bestimmende Rolle des Mutantenallels bei der Konversion erkennen. Im Subgenus *Eulycopersicon* konnten weder konversionsstabile Isoallele von *sulf*$^{+}$ noch Einflüsse des idiotypischen Milieus auf die Scheckungsfähigkeit nachgewiesen werden. Solche Einflüsse waren jedoch nachweisbar an Bastarden zwischen *sulf*-Homozygoten (*L. esculentum*), *L. hirsutum* und Arten des Subgenus *Eriopersicon* sowie *Solanum pennellii*, in denen sich ebenfalls Konversionen, wenn auch relativ selten, ereignen können. An Trisomen und Tetraploiden wurde die Wirkung verschiedener Quantitäten von *sulf*$^{+}$- und *sulf*-Allelen auf die Konversionshäufigkeit geprüft, es konnte ein deutlicher Dosiseffekt in der Konversionsauslösung durch die *sulf*-Allele festgestellt werden. In einer zusammenfassenden Darstellung wurden die Untersuchungen zur somatischen Konversion vorläufig abgeschlossen (Hagemann 1964). 1967 wurde jedoch damit begonnen, *sulf* in verschiedene Translokationschromosomen zu verlagern, um Aufschluß über einen vermuteten Zusammenhang zwischen der Konversion von *sulf* und seiner Lage in der Nähe von Heterochromatin und Nucleolus zu erlangen.

Außer der Mutante *sulfurea* wurde auch die Mutante *subsistens* genphysiologisch bearbeitet und ihre Aminosäurezusammensetzung geprüft (1963). Es zeigte sich, daß sich diese Mutanten in ihrem Gehalt an freien Aminosäuren quantitativ von den Ausgangsformen unterscheiden (Hagemann, Baudisch).

Untersucht wurde ferner der Einfluß verschiedener Umweltfaktoren auf die Biogenese der Blattpigmente von Chlorophyllmutanten der Kulturtomate *L. esculentum* (1960). Zwei homozygot rezessive *xantha*-Mutanten wurden nach Zuführung höherer Konzentrationen von Eisenammoniumsulfat und intensiver Belichtung normal grün, während eine *albina*-Mutante den gleichen Effekt bei konstanter Einwirkung von Temperaturen über 24 °C zeigte. Eine andere *albina*-Mutante entwickelte nach Pfropfung auf einer normalen Unterlage grüne Folgeblätter, während die Kotyledonen stets pigmentfrei blieben (1961). Eine dritte *albina*-Form ließ dagegen auch in den

Keimblättern nach Pfropfung Chlorophyllbildung und einen von Umweltfaktoren abhängigen Scheckungsgrad der Laubblätter erkennen. Bei der Mutante *xantha*$_5$ der Kulturtomate zeigte sich (1964), daß die Lichtqualität und -quantität, das Kationenverhältnis in der Nährlösung sowie der Temperaturfaktor einen entscheidenden Einfluß auf die Chlorophyllbildung ausüben (GRÖBER).

Mit Tomatenmutanten wurden umfangreiche Pfropfversuche durchgeführt, um die Frage der gegenseitigen entwicklungsphysiologischen, möglicherweise auch genetischen Beeinflussung der Pfropfpartner (s. a. 8.1.7.) zu klären.

An der Mutante *chloronerva* von *L. esculentum* wurde das Problem der partiellen phänotypischen Normalisierung durch Pfropfung und Extrakt-Applikation bearbeitet. Um den „normalisierenden Faktor" zu erfassen, erfolgten Pfropfungen von *chloronerva* auf Pflanzen anderer Arten und Gattungen (*L. hirsutum, L. peruvianum, Datura stramonium, Nicotiana tabacum, Solanum nigrum* u. a.), auch nach Verwendung dieser Pfropfkomponenten zeigte sich eine Normalisierung der Mutante (BÖHME, G. SCHOLZ, Abt. Chemische Physiologie). Letalmutanten der Kulturtomate, die nach Pfropfung normalisieren, wurden auch 1967 weiter untersucht. In einem Fall konnte ein Vitamin der B-Gruppe als normalisierender Faktor isoliert werden. Besprühen der oberen Pflanzenteile der Mutante mit dem Vitamin bewirkte, ebenso wie die Pfropfung, ein Ergrünen der Blätter (BAUDISCH).

Die Untersuchungen zur phänotypischen Normalisierung von Chlorophyllmutanten der Tomate wurden in Zusammenarbeit mit der Abt. Chemische Physiologie (MACHOLD) fortgesetzt (1965) und bei der Mutante *xantha*$_3$ die zur Normalisierung führenden physiologischen Ursachen weitgehend aufgeklärt (GRÖBER). Zahlreiche Chlorophyllmutanten von *L. esculentum, L. pimpinellifolium* und *Arabidopsis* wurden zur Klärung genphysiologischer Fragen herangezogen, um unter Umgehung der Pfropfung durch geeignete Licht-, Temperatur- und Ernährungsbedingungen eine Normalisierung zu erreichen und dadurch das Wesen des Stoffwechseldefektes aufzuklären.

Im Rahmen genetisch-entwicklungsphysiologischer Arbeiten wurden die Chloroplasten von Tomatenmutanten und von *Antirrhinum majus* status *albomaculatus* (1958, 1962), besonders die Ontogenese der abgeänderten Chloroplasten in Chlorophyllmutanten untersucht (DÖBEL). Die Entwicklung der normalen Chloroplasten von *L. esculentum* und die der abgeänderten Chloroplasten zweier Chlorophyllmutanten konnte in wesentlichen Stadien elektronenmikroskopisch erfaßt werden (1960). Die elektronenmikroskopischen Arbeiten zur Plastidenfeinstruktur von Chlorophyllmutanten wurden 1964 fortgesetzt und dafür einige Tomaten- und *Arabidopsis*-Mutanten in steriler Kultur unter Zusatz von Aminosäuren herangezogen. In einigen Fällen ergaben sich Hinweise für eine Weiterentwicklung der abgeänderten Plastiden über das in unbehandelten Mutanten vorliegende Differenzierungsstadium hinaus. Die Arbeiten an Chlorophyllmutanten konzentrierten sich schließlich auf das Studium der Ribosomen in den Plastiden (DÖBEL).

Bei *Antirrhinum* ergaben die Untersuchungen der Mischzellen in gescheckten Blättern des status *albomaculatus* von *A. majus* auf die in ihnen vorkommenden Mischungsverhältnisse zwischen grünen und bleichen Plastiden, daß sich die Häufigkeit der einzelnen Mischungsverhältnisse mit zunehmendem Blattalter charakteristisch verändert (HAGEMANN).

Im Zuge der Arbeiten zur Plastidenvererbung wurden unter Verwendung verschiedener Typen des status *albomaculatus* von *Pelargonium zonale* Versuche durchgeführt (1966), um Gesetzmäßigkeiten der Plastidenentmischung zu studieren und das Vorkommen sowie die Kennzeichen echter Mischzellen in gescheckten Pflanzen zu erfassen. In biochemisch-genetischen Untersuchungen wurde eine geeignete Methode zur Isolierung der Nucleinsäuren aus *Pelargonium* entwickelt. Die DNS und RNS der Zellen wie der Chloroplasten konnten genauer charakterisiert werden. Auch wurden Plastom- und Genommutanten mit unterschiedlichem Begrünungsgrad auf ihre photosynthetische Leistung geprüft (HERRMANN).

8.1.5. Evolutionsgenetische Probleme

Über den Selektionswert von fünf verschiedenen Genotypen des Sommerweizens wurde 1947 bis 1954 gearbeitet. Es wurden künstliche Populationen bestimmter Größe in verschiedenen Mischungsverhältnissen hergestellt mit dem Ergebnis, daß sich im Verlauf weniger Generationen bedeutende quantitative Veränderungen ergaben, aus denen sich die Geschwindigkeit der Selektion bestimmter Genotypen ermitteln ließ. In einigen Populationen verschwanden einzelne Populationspartner fast völlig, in anderen trat ein Gleichgewicht zwischen den Populationspartnern ein (STUBBE, GRÄF).

Seit 1950 wurden experimentelle Mutationsversuche mit Röntgenstrahlen an der Wildtomate *L. pimpinellifolium* durchgeführt, zahlreiche Parallelmutanten zur Kulturtomate gefunden und in ihrem Erbgang analysiert. Umfangreiche Kreuzungen zwischen phänotypisch gleichen Mutanten der Wildtomate und denen der Kulturtomate wurden vorgenommen, um festzustellen, ob bei beiden Arten identische Loci sich verändert hatten oder ob Chromosomenumbauten im Zuge der Evolution erfolgt sind. Eine Mutante von *L. pimpinellifolium* mit vergrößerten Früchten, einem Kulturmerkmal, wurde erneut bestrahlt (1954), um eine weitere mutativ bedingte Vergrößerung der Früchte zu erhalten. Bestrahlung und Selektion vergrößerter Früchte wurden viermal wiederholt mit dem Ergebnis, daß die Früchte von *L. pimpinellifolium* schließlich die Größe kleinfrüchtiger Handelsformen der Kulturtomate erreichten bei gleichzeitiger Vermehrung der Blütenwirtelglieder und einer Annäherung des vegetativen Aufbaues an *L. esculentum*. Alle Vergrößerungsstufen wurden miteinander gekreuzt, die F_1-Generationen statistisch ausgewertet für Fruchtgrößen und -gewichte, -kammerzahlen und Samenanzahl und festgestellt, daß alle Stufen im Verhältnis einer Serie multipler Allele zueinander stehen.

1966 begann die Bestrahlung von 3 kleinfrüchtigen Mutanten von *L. esculentum*, um den reziproken Prozeß, die mutative Annäherung der Kulturform an die Wildform zu erreichen. Aus dem X_2-Anbau der bestrahlten kleinfrüchtigen *L. esculentum*-Mutanten wurden (1968) verkleinerte Früchte ausgelesen, um den beginnenden Prozeß der mutativen Rückbildung zur Wildform genauer zu studieren (STUBBE).

Gleichzeitig mit *L. pimpinellifolium* erfolgten auch Bestrahlungen der Wildgersten *Hordeum agriocrithon* und *H. spontaneum* var. *ischnatherum*, um Mutanten mit Kulturmerkmalen und Parallelmutanten auszulösen. Es wurden zahlreiche Mutanten erzeugt und beschrieben. Bei *H. agriocrithon* trat die ein Kulturmerkmal repräsentierende Mutante „zähe Spindel" auf, deren Konstanz sich im weiteren Nachbau bestätigte. Ein Vergleichsanbau von *H. ischnatherum* und 13 Mutanten von *H. agriocrithon* ergab, daß bisher 17 Wildgerstenmutanten als Parallelmutanten zu Kulturgerstenmutanten bezeichnet werden konnten (STUBBE).

8.1.6. Mais- und Cucurbitaceen-Forschung

Schon in den ersten Nachkriegsjahren wurden genetische und systematische Untersuchungen bei Mais und an kultivierten Kürbisgewächsen begonnen mit dem Ziele, eine Gesamtdarstellung dieser Gruppen zu erreichen und die bisherigen Erkenntnisse durch eigene experimentelle genetische und im Bereich der Züchtungsforschung liegende Arbeiten zu erweitern (GREBENŠČIKOV).

Taxonomisch-genetische Probleme und Entstehungsfragen wurden nach der Übernahme und dem Ausbau des Maissortimentes bearbeitet und zunächst eine Revision der infraspezifischen Taxonomie vorgenommen. Dabei wurde das 1949 erstmalig für Kulturpflanzen vorgeschlagene Taxon „convarietas" verwendet (anerkannt vom International Code of Nomenclature for Cultivated Plants, London 1953). Namhafte Botaniker, wie R. MANSFELD („Prodromus" 1959), P. ZHUKOVSKY („Kulturnye rastenija" 1964) u. a. übernahmen das System. Neben den taxonomischen Fragen wurden Probleme der Entstehung und Kulturgeschichte in der kleinen Monographie „Mais als Kulturpflanze" (1954, 1959) zusammengefaßt. In den Nachkriegsjahren wurden — für den damals in der Züchtung verlangten „Bindermais" — besonders die südbalkanischen Formen (mit niedrigem Wuchs und hohem Kolbenansatz) erstmalig untersucht und beschrieben (convar. *aorista* Greb.).

Taxonomisch-genetische Probleme, Entstehungsfragen und Kreuzbarkeit der Rassen und Arten wurden auch an Kürbisgewächsen bearbeitet (GREBENŠČIKOV). Wie bei Mais erfolgte in Einzelarbeiten eine Revision der Formenmannigfaltigkeit der meisten kultivierten Cucurbitaceen (vgl. MANSFELD „Prodromus" 1959). Besondere Aufmerksamkeit galt dabei der Kreuzbarkeit von Arten und Formen innerhalb der Gattung *Cucurbita* als einem der wichtigsten Kriterien der Systematisierung. Viele Artkreuzungen wurden durchgeführt, wobei sich manche „Arten" nur als Rassen einer biologischen Art herausstellten. So wurde z. B. *Cucurbita texana* A. Gr. mit den Zierformen von *C. pepo* L. in einem Taxon vereint und als wildwachsende Stammform des Gartenkürbisses bestätigt, ferner *C. andreana* Naud. als wildwachsende Form zu *C. maxima* Duch. zugeordnet.

Zum Problem der Vererbung einzelner qualitativer Merkmale bei Kürbis wurde erstmalig die Vererbung von einigen — besonders für die Nachkriegszeit — wirtschaftlich wichtigen Merkmalen studiert: Dünnschaligkeit der Samen für den „Ölkürbis", Bitterkeit des Fruchtfleisches, Buschförmigkeit der Pflanzen, Fruchtfarbe und Blattfleckigkeit (als Markierungsmerkmale) u. a.

Der viel umstrittene und vor allem oft falsch benutzte Begriff des Dominanzwechsels wurde präzisiert und auf den ontogenetischen Dominanzwechsel beschränkt (GREBENŠČIKOV). Darunter ist die Erscheinung zu verstehen, daß nach der Kreuzung von einer homozygot dominanten mit einer homozygot rezessiven Form die F_1-Heterozygoten in den früheren Entwicklungsphasen phänotypisch wie die rezessive und am Ende der Vegetation wie die dominante Form aussehen. Die meiste zu diesem Problem vorliegende Literatur wurde zusammengefaßt und eigene Beispiele an Kürbiskreuzungen ausführlich beschrieben. Den klarsten Fall gab das Allel *St* für eine bestimmte Streifung der Früchte bei *C. pepo*.

Die gesetzmäßige Verschiedenheit der Fruchtform innerhalb einer Pflanze als wahrscheinlich weitverbreitete Erscheinung wurde genetisch-morphologisch an besonders dazu geeigneten Kürbisstämmen untersucht. Abgesehen von Umwelteinflüssen kann diese Heterogenie der Früchte bei verschiedenen Varietäten und Arten verschieden bedingt sein, doch ist bei *C. pepo* (besonders deutlich bei den flachen „Patissonen") die erste Frucht immer flacher als die nachfolgenden. Diese modifikative Erscheinung vererbt sich als Reaktionsnorm in gewissen Grenzen. Morphologisch ist die Fruchtform innerhalb einer Pflanze mit der Internodienlänge verbunden (die ersten sind meistens etwas kürzer).

Zum Heterosis-Leistungsabfall-Problem fanden Paralleluntersuchungen an Mais und Kürbis statt (GREBENŠČIKOV). Seit Beginn der Heterosisversuche bei Mais wurde auf wahllose Kombination der relativ einheitlichen Kreuzungseltern geachtet, damit allgemeine Gesetzmäßigkeiten an den statistisch repräsentativen Stichproben des Gaterslebener Sortimentes erkannt werden könnten. Bei Kürbissen (ebenfalls Fremdbefruchter!) wurden — bei der großen Formenmannigfaltigkeit der Arten *C. pepo* und *C. maxima* — auch extrem verschiedene Formen innerhalb beider Arten gekreuzt. Die Parallelarbeit mit Kürbis und Mais erlaubte oft, Beobachtungen zu deuten, die an nur einem Objekt schwieriger zu interpretieren gewesen wären. Unter anderem konnte gezeigt werden, daß die Neigung zu starken Heterosiseffekten nur bestimmten Merkmalen eigen ist. So zeigen z. B. bei Mais generative Merkmale (etwa Kornertrag und Kolbenertrag je Pflanze) starke Heterosis, während einige vegetative (etwa Pflanzenhöhe) nur zu einer relativ schwachen Heterosis fähig sind. Es gibt auch Merkmale, die im Durchschnitt eine negative Heterosis zeigen, z. B. Rohproteingehalt bei Mais. Eine, nach oben begrenzte, art- und merkmalsspezifische Relation der Leistungen beider Eltern wirkt sich meist entscheidend auf das Zustandekommen von Heterosis aus: wenn z. B. bei Kürbis ein Elter in der Fruchtgröße 2,5 mal mehr leistet als der andere, ist Heterosis für dieses Merkmal kaum wahrscheinlich. Im Durchschnitt vieler wahlloser Kreuzungen ist die Höhe der Heterosis mit der Häufigkeit des Auftretens der Heterosisfälle positiv korreliert.

Das wichtigste Ergebnis der Untersuchungen bestand in der Feststellung (zuerst 1962), daß sich die Heterosiseffekte im Durchschnitt nach dem universellen Wirkungsgesetz von MITSCHERLICH verhalten: je höher die absoluten Erträge der Eltern, desto niedriger sind die Mehrerträge (in % ausgedrückt) der F_1-Generationen. Dies ist praktisch wichtig für die Grobschätzung der Rentabilität bei der Hybridzüchtung.

Aus den vorgenannten Ergebnissen ergaben sich Untersuchungen zu Problemen der Heritabilität im weiteren Sinne und ihres möglichen Zusammenhanges mit Heterosis- und Leistungsabfalleffekten (GREBENŠČIKOV). Das Einbeziehen des Studiums der Leistungsabfalleffekte der F_2-Generationen in die Heterosisforschung kann von praktischer Bedeutung sein, wenn es gelingt, Kriterien zu finden, nach welchen die Kreuzungskombinationen zu erkennen wären, die bei genügender F_1-Heterosis einen möglichst schwachen F_2-Leistungsabfall ergeben. Das wäre ökonomisch wichtig, da das Problem der Fixierung von Heterosiseffekten bei sexuell vermehrten Pflanzen noch ungelöst ist. Die Heterosis- und Abfalleffekte wurden unter Beachtung primär ökologischer Gesichtspunkte (z. B. Einfluß der Jahreswitterung) untersucht. Dabei wird, beim Schätzen der Heritabilitätskoeffizienten im weiteren Sinne, auch der Anteil der Umwelt erfaßt. Die wichtigste Information, die ein solcher Heritabilitätskoeffizient gibt, ist die über die Auswahl der Merkmale, auf welche — in einem gegebenen Material unter gegebenen Bedingungen — am leichtesten selektiert werden kann. Als Faustregel kann angenommen werden, daß Merkmale mit hoher Heritabilität wenig zu Heterosis neigen (nicht aber umgekehrt; der Rohproteingehalt zeigt überhaupt keine Heterosis und hat eine sehr niedrige Heritabilität); solche Merkmale, d. h. mit hoher Heritabilität, sind meistens auch von relativ wenigen Genen kontrolliert (etwa Pflanzenhöhe beim Mais oder Fruchtgröße beim Kürbis). Es wurden ferner die Heterosis- und Abfallindizes (HET bzw. ABF) entwickelt, mit deren Hilfe die beiden

Effekte und ihre Zusammenhänge leichter erfaßt werden konnten. Während sich — wie oben erwähnt — die HET nach dem MITSCHERLICHschen Gesetz verhalten und mit den Elternerträgen negativ korreliert sind, zeigten sich die Korrelationskoeffizienten zwischen den absoluten Erträgen der Kreuzungseltern und den ABF (also den durchschnittlichen F_2-Leistungsabfalleffekten) für alle bis jetzt geprüften Merkmale als nicht signifikant von Null verschieden und somit nicht mehr dem MITSCHERLICHschen Gesetze folgend.

8.1.7. Mutationsforschung an Kulturpflanzen (*Hordeum, Lycopersicon, Glycine*)

Schon in den ersten Nachkriegsjahren wurden die in Wien begonnenen und durch das Kriegsende unterbrochenen Mutationsversuche an Kulturpflanzen in großem Maßstab fortgesetzt, um die Erkenntnisse der theoretischen Mutationsforschung zu nutzen und die experimentelle Auslösung von Mutationen als eine neuartige Methode der Züchtung zu erproben. Zur Induktion von Mutationen wurde zunächst mit Röntgenstrahlen, später auch erfolgreich mit Äthylmethansulfonat gearbeitet.

Zahlreiche durch Röntgenbestrahlung induzierte Mutanten von Sommer- und Wintergersten wurden isoliert und auf ihren züchterischen Wert geprüft. Besonders wurde auf die mutative Veränderung wichtiger Inhaltsstoffe geachtet, und es wurden zahlreiche Kreuzungen zwischen züchterisch wertvollen Mutanten hergestellt, um geeignete Merkmale zu kombinieren (STUBBE, F. SCHOLZ). Ab 1953 wurde das Mutantensortiment jährlich erweitert, größere Leistungsprüfungen von züchterisch aussichtsreichen, insbesondere glattgrannigen, unbespelzten, standfesten, großkörnigen und frühreifen Formen angelegt. In Gemeinschaft mit der Abt. Chemische Physiologie wurden an Einzelpflanzen aus Nachkommenschaften bestrahlter Pflanzen Rohprotein-Serienuntersuchungen zur Gewinnung eiweißreicher Futtergersten aufgenommen und einige Jahre fortgesetzt. Aus X_2-Pflanzen und deren Nachkommenschaften konnten im Laufe mehrerer Jahre einige Sommergerstenstämme gezüchtet werden, deren Eiweißgehalt in drei bis vier aufeinanderfolgenden Jahren etwa um 25% höher war als bei dem Ausgangsmaterial. Die Leistungsprüfungen der eiweißreichen Mutanten von Sommer- und Wintergerste wurden Jahr für Jahr weitergeführt und neue eiweißreiche Mutanten ausgelesen (F. SCHOLZ).

Durch Gewächshaus-Anzucht der F_1-Generationen von Mutantenkombinationen wurde eine Beschleunigung der Vermehrung erreicht, ausgelesene Eliten zu A-Stämmen entwickelt, unter denen einige frühreife Formen Beachtung fanden. In mehrjährigen Leistungsprüfungen zeigten zahlreiche Mutanten ein höheres Leistungsvermögen als die Ausgangssorten. 1957 wurde in Zusammenarbeit mit der Abteilung Systematik und Sortiment eine beschreibende morphologisch-systematische Untersuchung der züchterisch und theoretisch wichtigen Mutanten von Sommer- und Wintergerste begonnen und einige Jahre fortgesetzt (F. SCHOLZ, LEHMANN).

Mehrjährige Leistungsprüfungen an ca. 190 verschiedenen Gerstenmutanten erlaubten 1956 bereits ein klares Urteil über den Wert der neuen Züchtungsmethode. Mit Hilfe der experimentellen Mutationsauslösung können Formen geschaffen werden, welche die Erreichung eines aktuellen Zuchtzieles ermöglichen oder zumindest einen Fortschritt in der erstrebten Richtung darstellen unter Wahrung des Ertragsvermögens der Ausgangssorte. Das betrifft insbesondere standfeste, nacktkörnige, glattgrannige und mehltauresistente Mutanten. 1956 standen zahlreiche Mutantenkombinationen bereits als B-Stämme im Anbau und in ersten Leistungsprüfungen. Einige Sommergerstenmutanten-Stämme wurden in der Praxis in Ertragsversuchen weiter geprüft. Zwei Mutantenstämme wurden 1958 in die Stammprüfung des Ministeriums für Land- und Forstwirtschaft aufgenommen. Es zeigte sich eindeutig, daß die experimentell erzeugten Mutanten auf der Grundlage einer günstigen idiotypischen Gesamtkonstitution für die Kombinationszüchtung besonders geeignet sind (F. Scholz). Das bestätigte sich auch in den folgenden Jahren (1964), als einige der Kombinationsstämme, die zwei oder drei mutierte Merkmale in sich vereinten, in den Leistungsprüfungen die Ausgangssorte deutlich übertrafen, was in der staatlichen Stammprüfung, in der sich drei dieser Stämme befanden, bestätigt wurde. Mit einigen standfesten *erectoides*-Formen wurde 1964 ein mehrjähriger Komplexversuch begonnen, in dem die Ertragsleistung der sehr N-verträglichen *erectoides*-Formen bei hohen und höchsten Stickstoffgaben geprüft werden sollte.

In Zusammenarbeit mit dem Institut für Tierernährung der Universität Halle wurden größere vergleichende Fütterungsversuche bei Schweinen und Ratten mit einer nacktkörnigen Gerstenmutante und der bespelzten Ausgangssorte durchgeführt (1953), die 1957 abgeschlossen wurden. Bei gleichen Nährstofferträgen je Flächeneinheit ermöglichte die Nacktgerste wegen ihrer besseren Verdaulichkeit schnellere und billigere Intensivmast bei Schweinen (Prof. Columbus, Dr. Harnisch, F. Scholz).

Der Forschungsstelle für Getreidezüchtung der Deutschen Akademie der Landwirtschaftswissenschaften in Kloster Hadmersleben wurde 1957 Saatgut von 3 Wintergerstenmutanten und 22 Sommergerstenmutanten bzw. Kombinationsstämmen zur weiteren züchterischen Bearbeitung übergeben. Die Lieferung wertvollen züchterischen Ausgangsmaterials wurde mehrere Jahre fortgesetzt und auch andere Institute mit aussichtsreichem Mutantenmaterial versorgt (F. Scholz).

In Zusammenarbeit mit dem Phytopathologischen Institut der Universität Halle wurden mehrere Jahre Untersuchungen über die Mehltauresistenz einiger Wintergerstenmutanten durchgeführt und 1957 abgeschlossen (Dr. Nover, Bandlow). In den folgenden Jahren erfolgten weitere Resistenzprüfungen an Kreuzungsmaterial (Dr. Nover, F. Scholz). 1964 standen die Arbeiten über die Vererbung eines gegenüber allen verfügbaren Mehltaurassen wirksamen Resistenztyps vor dem Abschluß. Begonnen wurden im gleichen Jahr Untersuchungen über die genetisch bisher noch kaum bearbeitete Gelbrostresistenz der Gerste (Dr. Nover, F. Scholz). Weitere Arbeiten zum Resistenzproblem s. 8.5.2.

Aus dem umfangreichen Mutantenmaterial der Kulturtomate wurden züchterisch wertvoll erscheinende Mutanten ausgelesen und schon 1951 von Lehmann in der Abt. Systematik und Sortiment begonnene Leistungsprüfungen weitergeführt (Michaelis). Die zu prüfenden Mutanten verteilten sich auf zwei Gruppen mit unterschiedlichem wirtschaftlichem Nutzen, und zwar ertragreiche und frühreife Formen. Als Standardsorten für die Ertragsversuche dienten die Ausgangssorten 'Condine Red', 'Lukullus' und 'Rheinlands Ruhm', für den Reifezeitversuch die besonders frühreifen Sorten 'Quedlinburger frühe Liebe', 'Bubjekosoko' und 'Bonner Beste'. Zur Charakterisierung der einzelnen Typen wurden neben dem Ertrag auch die Merkmale Fruchtindex, durchschnittliches Fruchtgewicht, Internodienzahl, Blüte- und Fruchtungstermin herangezogen. 1957 standen 60 F_2-Generationen aus Kreuzungen zwischen frühreifen Tomatenmutanten und frühreifen Sorten im Anbau. 1000 frühreife F_2-Pflanzen wurden ausgelesen und auf ihren züchterischen Wert geprüft. Eine Anzahl frühreifer Stämme wurde 1958 der Praxis übergeben und 1959 die Nachkommenschaft von 39 aus der

F_3-Generation von Kreuzungen frühreifer Mutanten ausgelesener früher, ertragreicher Einzelpflanzen im Vergleich mit Quedlinburger Hochzuchten als Vorprüfung angebaut.

Zahlreiche Mutanten von *L. esculentum* wurden auch auf ihren Vitamin C-Gehalt untersucht (1962). Von 120 geprüften Mutanten hatten vier mit 50—70 mg% einen stark erhöhten Ascorbinsäuregehalt. Bei einer Mutante erreichte der Ascorbinsäuregehalt der Früchte das 2½fache der Ausgangssorte (25—30 mg%). Zwei Mutanten hatten einen niedrigeren Ascorbinsäuregehalt als die Ausgangssorten. Insgesamt wurden 250 Mutanten der Kulturtomate untersucht, von denen vier mit verdoppeltem und mehrere andere mit stark erhöhtem Ascorbinsäuregehalt ausgelesen werden konnten. Nach Kreuzung dieser Stämme fanden sich in ihren Nachkommenschaften Einzelpflanzen mit dem drei- bis vierfachen Vitamingehalt (BAUDISCH). Die Ertragsleistung dieser Pflanzen war allerdings meist gering, sie konnte aber durch geeignete Kreuzungen verbessert werden. Die Selektion der Nachkommenschaften ergab einige Stämme, die bei normalem Ertrag einen Vitamin C-Gehalt von 175% aufwiesen. Dieser Wert entsprach einer Steigerung des Gehalts auf 50—55 mg%. Auch bei Mutanten der Wildtomate *L. pimpinellifolium* wurde der Ascorbinsäuregehalt geprüft. Bei einigen Mutanten betrug er 80—85 mg% gegenüber 50 mg% der Ausgangsform.

Die Ascorbinsäureuntersuchungen wurden 1966 zum Abschluß gebracht und das Material den zuständigen Züchtungsinstituten übergeben.

Große Mutationsversuche mit Röntgenbestrahlungen, später auch zum Vergleich mit ÄMS, wurden bei Sojabohnen im Jahre 1951 von M. ZACHARIAS begonnen (Zuchtsorten 'Heimkraft' und 'Dornburger Weißbleibende') mit dem Ziel, auf diesem Wege züchterisch wertvolle Formen zu gewinnen, insbesondere Mutanten mit verkürzter Vegetationszeit, Mutanten mit hoher Hülsenzahl je Pflanze und hohem Tausendkorngewicht und mit verbesserter Samenqualität. Diese Versuche liefen mit sehr großem Material bis zum Jahre 1968. 1954 wurden die Samen von 36000 X_2-Pflanzen auf niedrigere Keimtemperatur (4,5 °C) geprüft und einige bei tiefer Temperatur keimende Stämme konnten ausgelesen werden. Sie wurden Anfang April 1955 im Freiland ausgesät. Einige Stämme zeigten sich frühsaatverträglich und behielten ihren Entwicklungsvorsprung bis zur Reife (ZACHARIAS). 1955 wurden umfangreiche A-Stämme aller züchterisch aussichtsreichen Mutanten im Vergleich zur Ausgangssorte analysiert und erste Anhaltspunkte für die Selektion hochertragreicher Stämme gefunden. Sie wurden untereinander und mit geeigneten Sorten des Weltsortiments gekreuzt.

Alle Mutanten wurden morphologisch analysiert und mit der natürlichen Formenmannigfaltigkeit des Weltsortiments verglichen. Alle morphologischen Merkmale des Mutantensortiments fanden sich auch im Weltsortiment wieder bis auf Mutanten mit kaffeebraunen, braungescheckten und grünen Samen. Das Tausendkorngewicht des Mutanten schwankte von 72—190 g (das Tausendkorngewicht der Ausgangssorte 'Heimkraft' betrug 147 g).

In Zusammenarbeit mit der Abt. Chemische Physiologie wurden aus dem X_2- und X_3-Material selektionierte Formen mit erhöhtem bzw. vermindertem Fettgehalt in ihrer Nachkommenschaft geprüft (BÖTTGER) und ein Versuch zur Vorverlegung des Blühtermins und der Reife durch Besprühen der Sojapflanzen mit Antiauxinen begonnen (RAMSHORN). Nach Wiederholung 1956 mußte der Versuch ohne positives Ergebnis beendet werden. Gemeinsam mit der Abt. Systematik und Sortiment (LEHMANN) wurde 1953 und in den folgenden Jahren bis 1960 die systematische Gruppierung des Gaterslebener Soja-Sortiments einschließlich der Mutanten nach morphologischen und züchterisch wichtigen Merkmalen durchgeführt. Mit dem Institut für

Acker- und Pflanzenbau Halle (Dr. Streuber) wurde ein Komplexversuch (Saatzeiten, Saatmengen und Standweiten) angelegt und 1956 ein mehrjähriger Versuch an drei verschiedenen Versuchsorten mit einem Vergleich der Konkurrenzfruchtarten der Soja (Futtergerste, Speise- und Markerbsen, Lupinen, Bohnen). Er wurde 1964 auf 7 Versuchsorte erweitert. Die Ergebnisse des in Verbindung mit Fütterungsversuchen (Institut für Tierernährung der Martin-Luther-Universität Halle) durchgeführten sechsjährigen Leguminosenvergleichs, der die Ermittlung der leistungsfähigsten Sorten von Ackerbohne, Erbse, Speisebohne, Weißlupine und Sojabohne zum Ziel hatte, zeigten, daß die Sojabohne bezüglich der Produktion von physiologisch nutzbarem Protein an dritter Stelle hinter der Ackerbohne und der Weißlupine steht. Die Leistungsprüfungen des Jahres 1967 ergaben trotz schlechter Witterungsverhältnisse einen Kornertrag von 23,5 dt/ha und im vierjährigen Mittel von 17,8 dt/ha.

Die B-Stammprüfungen des Jahres 1956 zeigten, daß mehrere Sojamutanten-Stämme trotz ungünstiger Jahreswitterung schon Ende September vollreif bei gutem Behang waren. Die Frühsaatverträglichkeit bestätigte sich auch 1957 bei den angebauten C-Stämmen in Kombination mit einer gut gesicherten Ertragssteigerung. Obwohl einige Mutanten der Ausgangssorte im Ertrag überlegen waren, reichten die Erträge für einen rentablen Anbau jedoch noch nicht aus. Bei einem Vergleich mit den Konkurrenzfruchtarten ergab sich ein Ertragsdefizit von etwa 30%. 1957 wurden Leistungsprüfungen mit den frühsaatverträglichen und ertragreichen Stämmen begonnen und einige Jahre lang Ertragsprüfungen durchgeführt. Ein im gleichen Jahr durchgeführter Sortenversuch diente der Klärung klimaökologischer und entwicklungsphysiologischer Probleme zwischen der DDR (Gatersleben) und der Chinesischen Volksrepublik (Kusan und Heho) und ein Sortenversuch in Zusammenarbeit mit der Landwirtschaftlichen Hochschule Harbin wurde fortgesetzt. 1960 konnte in neuen Ertragsversuchen festgestellt werden, daß die in Gatersleben erzeugten Mutanten von keiner Sorte des Weltsortiments hinsichtlich Ertrag und Frühreife übertroffen wurden.

Aus chinesischem Material wurde ein Stamm mit Mähdruscheignung selektioniert (schmaler Habitus und hoher Ansatz der unteren Hülsen). Prüfungen auf Virusbefall ergaben Feldresistenz bei einigen Formen des Mutantensortiments. Umfangreiche Kreuzungen zwischen ertragreichen Stämmen bzw. Stämmen verschiedener geographischer Herkunft dienten der transgressiven Verbesserung der Ertragsmerkmale. Ein Zuchtstamm und drei Mutantenstämme wurden 1961 dem Sortenamt für Nutzpflanzen zur Sortenregisterprüfung übergeben. Auch 1962 war die Überlegenheit der Stämme 7, 22, 48 und 54 im Vergleich mit der Ausgangssorte 'Heimkraft I' und den westdeutschen, bulgarischen und polnischen Sorten eindeutig. Insbesondere zeigt der Stamm 54 Überlegenheit in Frühreife, hohem Kornertrag, geringen Kornverlusten bei Mähdrusch, guter Samenqualität und relativ stärkster Resistenz gegen Virus- und Brennfleckenkrankheiten. Spätreifende Sojasorten wurden 1964—1966 in Zusammenarbeit mit dem Institut für Tierernährung der Hochschule für Landwirtschaft in Bernburg auf ihre Anbaueignung mit Silomais zur Verbesserung des Gehaltes an Eiweiß in Grün- und Silofutter mit positivem Ergebnis geprüft.

Die Arbeiten auf dem Gebiet der Mutationszüchtung bei Sojabohnen, die seit Beginn der Versuche M. Zacharias leitete, wurden 1968 abgeschlossen. Das Ziel, sicher reifende und maschinell bearbeitbare Formen zu schaffen, konnte bei gleichzeitiger Erhöhung der Ertragsleistung um 15 bis 30% erreicht werden. Das Zuchtmaterial wurde der VVB Saat- und Pflanzgut zur weiteren Verwendung bzw. Prüfung in Großversuchen mit einer entsprechenden Dokumentation übergeben.

Im Jahre 1955 wurden Mutationsversuche mit Röntgenstrahlen an verschiedenen Obstarten (Kern- und Steinobst) aufgenommen. Für die Frühjahrsveredelung wurden 3006 Reiser der Apfelsorten 'Weißer Klar', 'Ontario' und 'Gravensteiner' mit 4,5 und 6 kR bestrahlt und im Sommer des gleichen Jahres von den genannten Sorten und der Sorte 'James Grieve' 2075 Apfelknospen für Okulationen mit den gleichen Dosen bestrahlt. Die Kopulation der Reiser im Frühjahr und ebenso die im Sommer ausgeführten Okulationen erfolgten in das Kronengerüst 8—9jähriger Apfelviertelstämme der Sorte 'Hibernal'. Nach der Applikation von 4 bis 5 kR traten bereits starke somatische Schäden an den Reisern auf, die durch Bleiabdeckung der unteren als Kopulationsstelle verwendeten Teile der Reiser eingeschränkt werden konnten. Bei einer Applikation von 7.5 kR wuchsen nur noch 80% der Reiser aus (GRÖBER).

Im Jahre 1955 wurde auch Material von drei Pfirsichsorten bestrahlt, das 1960 die ersten Früchte trug. Neben Mutanten, die die Färbung des Fruchtfleisches und der Fruchtschale veränderten, zeigte die Sorte 'Anneliese Rudolf' an einem Ast des Baumes auffallend große früher reife Früchte. Es wurden Knospen entnommen und auf neue Unterlagen okuliert.

Der erste Versuch, Steckhölzer der Schwarzen Johannisbeere (Sorte 'Boskoop') mit der gleichen Methode zu behandeln, ging infolge Frostschadens verloren. 1962 wurden bei der Schwarzen Johannisbeere Vitamin-C-Untersuchungen begonnen, die große Unterschiede (bis zu 30%) im Vitamingehalt erkennen ließen (GRÖBER, BAUDISCH). Mutanten mit erhöhtem Ascorbinsäuregehalt wurden durch Steckhölzer vermehrt.

Die Mutationsversuche an Äpfeln entwickelten sich zunächst gut. Von den 1957 geernteten 83 Fruchtproben konnten 13% als Mutanten erkannt werden, die häufig Chimären waren. Die Mutante „rote Fruchtfarbe" trat bei der Sorte 'Weißer Klarapfel' mit einer Mutationsrate von 4,8% auf, berechnet nach dem Verhältnis zwischen der Zahl der bestrahlten Knospen und der aus diesen erhaltenen Mutanten. Doch trat die rote Fruchtfärbung nach Bestrahlung nur bei Reisern einer bestimmten Provenienz auf. Es ist daher wahrscheinlich, daß in diesem Material bereits eine chimärische Struktur vorlag und durch die Bestrahlung nur eine Schichtumlagerung, ein „rearrangement" innerhalb der Gewebe, erfolgte.

Drei für die obstbauliche Praxis bedeutungsvolle Mutanten, Klone der Sorte 'Weißer Klarapfel', wurden zur weiteren Prüfung dem Institut für Gartenbau der Akademie der Landwirtschaftswissenschaften in Dresden-Pillnitz übergeben. 1967 wurden erneut Röntgenbestrahlungen zur Erzeugung somatischer Mutationen beim Apfel vorgenommen und von der Sorte 'Gelber Köstlicher' 220 Reiser mit 4 kR bestrahlt und in die Kronen bereits fruchtender Bäume gepfropft.

1961 wurde radioaktiver Phosphor als mutagenes Agens bei Obst angewandt. Es wurde die Verteilung im Stamm, in den Seitenästen und in den Baumkronen der Apfelbäume und die Geschwindigkeit der Wanderung durch Impulsratenmessungen sehr exakt festgestellt und 1964 und 1966 Äthylmethansulfonat auch beim Apfel in größerem Maßstab zur Auslösung somatischer Mutationen verwendet (GRÖBER).

Die Mutationsversuche an Obstarten wurden 1968 zugunsten anderer Aufgaben des Instituts eingestellt. Zusammenfassend läßt sich sagen, daß nach der mutagenen Behandlung neben genetisch interessanten Formen auch Mutanten von züchterischem Wert auftraten. Beim Apfel waren dies Mutanten mit veränderter Fruchtfärbung, Fruchtform, Fruchtgröße, Reifezeit u. ä. Bei der Schwarzen Johannisbeere waren Mutanten mit erhöhtem Ascorbinsäuregehalt von züchterischem Interesse. Geeignetes Material wurde den zuständigen Instituten zur weiteren Bearbeitung übergeben.

8.1.8. Probleme der vegetativen Hybridisation und der vegetativen Annäherung (bis 1954/55)

Probleme, die mit dem Namen LYSSENKO verknüpft sind, begannen in der Sowjetunion in den dreißiger Jahren mit einem Meinungsstreit über Probleme der Genetik, der Tier- und Pflanzenzüchtung und der allgemeinen Biologie. Er entwickelte sich unter der Ägide STALINS zu einer Umwälzung aller bisher als sicher erkannten Tatsachen im Bereich der Biologie und beeinflußte das Leben Tausender sowjetischer Wissenschaftler, veränderte die Lehrpläne in Schulen und Hochschulen in Biologie, Landwirtschaft und Medizin und wurde zum Gegenstand philosophischer Arbeiten, populärer Schriften und anderer Bereiche der Literatur.

LYSSENKOS Kampf gegen „die bürgerliche und reaktionäre Wissenschaft des Mendelismus und Morganismus" begann mit seinen Arbeiten zum Problem der Jarowisation und der Stadienentwicklung der Pflanzen, deren Schwächen zunächst nicht erkannt wurden und denen zuerst der Physiologe MAXIMOV entgegentrat.

1935 begann LYSSENKO seine scharfe Kritik an den grundlegenden Erkenntnissen der Genetik und Züchtung, die sich auf die gesamte Biologie ausdehnte und die sich insbesondere gegen die führenden Biologen, Genetiker und Züchtungsforscher der Sowjetunion richtete.

In der neuen Biologie, die LYSSENKO und seine Anhänger verkündeten, fanden sich neben vielen anderen folgende bemerkenswerte Behauptungen:

1. Die Vererbung ist eine allgemeine Eigenschaft der lebenden Materie, die von Generation zu Generation weitergegeben wird. Es bedarf daher keiner besonderen Strukturen, die Existenz von Genen und Chromosomen als Träger der genetischen Information wird abgelehnt.
2. Bastardierung innerhalb einer Sorte bewirkt Ertragssteigerungen.
3. Unter der Einwirkung einer Umgebung, die ungünstig oder nur wenig günstig für eine gegebene Art ist, entwickeln sich im Pflanzenkörper Partikeln einer anderen Art, für die die Umweltbedingungen besser geeignet sind. So entstehen in einer Weizenähre Roggenkörner, in Gerstenähren Haferkörner usw.
4. Aus Winterweizen lassen sich nach Gewächshauskultur ohne Kälteschock typische Sommerformen erzielen. Es entstehen also durch die Einwirkung bestimmter Umweltbedingungen adäquate erbliche Veränderungen in den Organismen.
5. Durch vegetative Hybridisierung lassen sich Erbeigenschaften von der Unterlage auf das Reis übertragen. Diese Methode ist der geschlechtlichen Kreuzung gleichzusetzen. Auch läßt sich durch Pfropfung generativ schwer kreuzbarer Arten eine Annäherung beider Partner erreichen, die eine Bastardierung erleichtert.

Die durch den Einfluß der Persönlichkeit und der Arbeiten LYSSENKOS bedingte 30jährige Krise in der Biologie der Sowjetunion und anderer Länder machte es erforderlich, die Vorstellungen LYSSENKOS zu einigen Fragen der Genetik an großem Material zu überprüfen, obwohl nach den äußerst exakten Untersuchungen der klassischen Genetik sehr wahrscheinlich war, daß seine Behauptungen einer ernsthaften Nachprüfung nicht standhalten würden. Mängel in der angewandten Methodik, unsachgemäße Interpretation der Befunde und ein unbegreiflicher Wunderglaube haben die Vorstellungen LYSSENKOS und seiner Anhänger von einer Erneuerung der Biologie schließlich ad absurdum geführt. Wir haben unsere Versuche zu einigen der genannten Probleme stets als einen Beitrag zur Überwindung der Krise aufgefaßt, die über viele

Jahre das wissenschaftliche Leben in der Sowjetunion entscheidend gestört und deren Volkswirtschaft schwer geschädigt hat. Diese Krise griff auch auf andere Länder über und erfaßte Menschen, die entweder nur sehr geringe Kenntnisse und Erfahrungen auf dem Gebiet der Genetik hatten oder die glaubten, sich als Propagandisten einer neuen Lehre beliebt zu machen.*

Wir begannen mit unseren Versuchen in den ersten Jahren nach Beendigung des Krieges. Im großen Maßstab wurden Untersuchungen zur vegetativen Hybridisierung an Tomaten durchgeführt. Als Pfropfpartner fand eine Anzahl von Mutanten und von Kultursorten Verwendung. Es wurden die ersten und zweiten Pfropfnachkommenschaften von Mutanten und Sorten geprüft und neue Pfropfungen (1953) durchgeführt. In den Jahren 1949—1953 wurden 3343 Pfropfungen hergestellt und 2455 Pfropfungen im Pfropfjahr auf Veränderungen an Reis und Unterlage ständig beobachtet. Ein Beweis für den Übertritt von genetisch bedingten Merkmalen des einen Pfropfpartners auf den anderen in der Pfropfgeneration ließ sich an dem vorliegenden Material nicht erbringen. Von insgesamt 351 Pfropfungen wurde der Nachbau herangezogen und beobachtet. Alle Abweicher wurden registriert und ihrerseits wieder nachgebaut. Entweder traten sie in der zweiten Nachkommenschaft überhaupt nicht wieder auf, waren also modifikativ bedingt, oder aber sie waren neue Mutanten, die meist heterozygot gepfropft waren und im Nachbau spalteten.

Im ersten Nachbau kamen 15560 Abkömmlinge der Sorte 'Condine Red' und 9500 Abkömmlinge der Sorte 'Lukullus' zum Anbau und zur Beobachtung. Alle verhielten sich herkunftsgemäß. Irgendein Einfluß des Pfropfpartners war in keiner Nachkommenschaft zu erkennen.

---

* In der DDR war ein besonders radikaler Vertreter der „neuen Biologie", der sich nicht scheute, erfahrene Genetiker ständig in Wort und Schrift anzugreifen und den Wert ihrer Arbeiten herabzuziehen, der Dozent Dr. Georg Schneider (Zoologe) von der Friedrich-Schiller-Universität Jena. Er übernahm völlig kritiklos alles, was er für bewiesen hielt, und verbreitete den größten Unsinn in zahlreichen Vorträgen und Aufsätzen. Er wurde darin von einem Kollegen der gleichen Universität bestärkt.

So schrieb er unter der Überschrift „Der Weiterentwicklung sind keine Grenzen gesetzt" in der Zeitschrift „Deutsche Gärtnerpost", 2. Jahrgang Nr. 29 vom 16. Juli 1950 S. 3: „... Hier wird deutlich, daß auch von einer Variationsbreite nicht gesprochen werden kann, denn es entsteht das, was die Umwelt bestimmt. So ist es auch dem Versuchsgut der Universität Jena in Dornburg gelungen, durch Pfropfung von Maisembryonen auf Weizenendosperm Weizenpflanzen und durch Pfropfung von Weizenembryonen auf Maisendosperm Maispflanzen entstehen zu lassen".

Die Redaktion dieser Zeitschrift hat in Nr. 39 vom 24. September 1950 folgende Berichtigung des obigen Zitats gebracht: „... Die umgekehrte Pfropfung eines Maisembryos auf ein Weizenendosperm, die zwar theoretisch möglich ist (entsprechend Weizen plus Gerste und Gerste plus Weizen), ist wegen der übermäßigen Größe des Maiskeimlings im Vergleich zum Weizenendosperm technisch bisher nicht durchführbar. Im Prinzip ändert sich nach dieser Berichtigung natürlich nichts an den von Dr. Schneider angeführten Tatsachen."

Es muß hier hinzugefügt werden, daß die Wissenschaftler in Dornburg, welche die Transplantationsversuche durchführten, und zwar zwischen Mais und Sommerweizen, 1950 nur in 0,1% und 1951 nur in 0,35% der aufgewachsenen Pflanzen Mais erhielten. Das konnte entweder auf Polyembryonie beim Mais zurückzuführen sein, wodurch der Weizenkeimling abgedrängt wurde, oder war einfach ein Registrierfehler. Obwohl die Bearbeiter in Dornburg sachlich nach einem Fehler suchten, sah Dr. Schneider den Fehler als Beweis für die Lehren Lyssenkos an.

Im zweiten Nachbau wurden 2980 Abkömmlinge der Sorte 'Condine Red' und 2060 Abkömmlinge der Sorte 'Lukullus' angebaut und beobachtet. Auch sie verhielten sich alle herkunftsgemäß, so daß alle Untersuchungen zum Problem der vegetativen Hybridisierung an diesem Material keinen Hinweis auf die Existenz einer solchen Erscheinung gegeben haben. Die Angaben sowjetischer Autoren konnten daher nicht bestätigt werden (STUBBE).

In einer anderen Versuchsserie wurde die Beeinflussung der Merkmale Fruchtfarbe, Fruchtform und Fruchtkammerzahl nach Pfropfung untersucht. Trotz gleicher Methodik und Verwendung ähnlicher Sorten wie in den sowjetischen Arbeiten konnte kein gesetzmäßiges Auftreten spezifischer Veränderungen beobachtet werden, das dem Charakter einer vegetativen Hybridisation entsprochen hätte. Pfropfungen von F_1-Bastarden auf Pflanzen der Elternsorte führten zu keinen gerichteten Dominanzverschiebungen und auch nicht zu Veränderungen der erwarteten Spaltungsverhältnisse (BÖHME).

Auch in der Cucurbitaceen-Forschung erbrachte die Pfropfung von Melonen auf Kürbisunterlagen keine erkennbare Wirkung auf die morphologischen und einige physiologische Eigenschaften der Samennachkommenschaften des Reises (GREBENŠČIKOV).

Die Möglichkeit der vegetativen Annäherung wurde in der Gattung *Solanum* bei generativ nicht oder nur schwer kreuzbaren Arten untersucht. Durch reziproke Pfropfungen von Wildkartoffeln mit Kulturkartoffeln wurde in zahlreichen Kreuzungskombinationen versucht, die Nichtkreuzbarkeit zwischen Wild- und Kulturkartoffeln zu überwinden. Die Untersuchungen verliefen ergebnislos (ZACHARIAS). Zum Problem eines erblichen Einflusses der Unterlage auf das Reis wurde auch an Sippen aus der Gattung *Antirrhinum* gearbeitet. Die Spaltungszahlen von Artbastarden und von Mutanten, die auf ihre Ausgangseltern gepfropft waren, zeigten in keinem Jahr Unterschiede gegenüber der Kontrolle, obwohl sie zum Teil zwei Jahre lang dem Einfluß der Unterlage ausgesetzt waren (ZACHARIAS).

Auch die Versuche LYSSENKOs zur Umwandlung von Winterweizen in Sommerweizen wurden in den Jahren 1949—1952 an umfangreichem Material nachgeprüft. 20 Winter- und Wechselweizensorten wurden im Gewächshaus ohne Kälteschock angebaut und die Schoßtermine unter gleichzeitiger Selektion auf frühes Schossen in allen Generationen ermittelt. Es ergaben sich für die einzelnen Sorten bei Gewächshauskultur sehr verschiedene Aufgangstermine, unterschiedliche Entwicklung, verschieden starke Bestockung und eine sehr variable Schoßneigung. Von jeder Sorte wurden in jeder Generation die Frühschosser selektioniert und deren Samen wieder zum Anbau der nächsten Generation verwendet. Ende 1952 wurde der Versuch abgebrochen, weil sich in keiner der behandelten Generationen bei typischen Winterweizen durch Selektion der Frühschosser eine Beschleunigung der Schoßtermine, damit also eine Tendenz zur Umwandlung der Winterformen in Sommerformen ergab. Der in dem Versuch mit verwendete Kaschitzer Winterweizen erwies sich als typischer Wechselweizen, da er ständig Frühschosser, also Sommertypen abspaltete. Diese Sorte war also eine Population zweier Linien mit verschiedenem physiologischen Verhalten bei morphologischer Gleichförmigkeit, deren Populationscharakter, bisher unerkannt, erst bei Gewächshauskultur zutage trat. Es wird für sehr wahrscheinlich gehalten, daß die Angaben sowjetischer Forscher, die nicht bestätigt werden konnten, auf ähnliche Erscheinungen zurückzuführen waren (STUBBE).

8.1.9. Mikrobiologisch-genetische Probleme an Bakterien (Molekulargenetik) ab 1957

Im Neubau der Abt. Genetik und Cytologie wurden 1956 auch Laboratorien für mikrobiologisch-genetische Arbeiten vorgesehen und damit molekulargenetische Untersuchungen im Institut eingeleitet (Böhme).

1957 wurden Arbeiten mit *Proteus vulgaris* und *P. mirabilis* begonnen. In Gemeinschaftsarbeit mit dem Institut für Mikrobiologie und experimentelle Therapie in Jena (Dr. Taubeneck) wurde zunächst festgestellt, daß bei *Proteus vulgaris* zwei Formen der Penicillinresistenz vorkommen. Es erfolgt einmal nach Kontakt mit dem Antibiotikum ein Formwechsel, der über kugelige „large bodies" und Zwischenformen nach einiger Zeit zur normalen Stäbchenform zurückführt, wobei das Penicillin im Kulturmedium inaktiviert wird. Zum anderen gelang es durch Selektion auf Penicillinnährböden, Stämme zu isolieren, die sich bei bestimmten Antibiotikumkonzentrationen normal entwickeln und das Penicillin dabei nicht bzw. nur unwesentlich inaktivieren.

Weitere Arbeiten wurden bei *P. vulgaris* und *P. mirabilis* zur Auslösung und Selektion von Mutanten nach UV-Bestrahlung durchgeführt. Insbesondere wurden die mutationsgenetischen Untersuchungen an Streptomycin-abhängigen Stämmen von *P. mirabilis* weitergeführt und an dem Mutationsschritt Streptomycin-Abhängigkeit zu Streptomycin-Unabhängigkeit die spontane Mutationsrate gemessen und die Mutationshäufigkeit nach Behandlung mit $MnCl_2$, Basenanalogen (5-Bromuracil, 5-Nitrouracil), alkylierenden Verbindungen (Äthylmethansulfonat) und UV-Bestrahlung untersucht. Dabei konnte eine selektive Wirkung der verwendeten Mutagene auf bestimmte Mutationstypen festgestellt werden. Ein starker mutagener Effekt ergab sich (1963) bei *P. mirabilis* auch durch die photodynamische Wirkung von Thiopyronin und Methylenblau. In mehreren Versuchsreihen wurde der Einfluß des Entwicklungszustandes der Bakterienkultur und der Anzuchtbedingungen auf die Effektivität der mutagenen Wirkung von $MnCl_2$ geprüft. Die mutagene Wirkung von Äthylmethansulfonat und Stickstofflost wurde auch an den Mutationsschritten von Prototrophie zu Auxotrophie und von Auxotrophie zu Prototrophie untersucht. Dabei wurde der beobachteten differentiellen Sensibilität verschiedener Mutanten ein und desselben Wildstammes gegenüber der inaktivierenden Wirkung der alkylierenden Verbindungen sowie dem Einfluß von Vorbehandlungen mit Metallsalzen auf die inaktivierende und mutagene Wirkung von Äthylmethansulfonat und Stickstofflost besondere Beachtung geschenkt (Böhme). In Zusammenarbeit mit der Abt. Chemische Physiologie (Schmidt) erfolgten Bestimmungen des DNS- und RNS-Gehaltes von *P. mirabilis* unter verschiedenen Entwicklungsbedingungen und in verschiedenen Entwicklungsphasen. Mit Hilfe temperierter Phagen gelangen Transduktionen zwischen verschiedenen Mutationsstämmen von *P. mirabilis*. Mit dieser Methode wurde das Studium der Allelieverhältnisse einer großen Anzahl auxotropher Mutanten begonnen (1961). Die Untersuchungen zur UV-induzierten Mutationsauslösung bei *P. mirabilis* zeigten die Stabilität verschiedener Loci gegenüber UV-Bestrahlung, die Arbeiten wurden 1961 zu einem gewissen Abschluß gebracht (Böhme, Mates). Im Jahre 1962 standen Rekombinationsexperimente mit Hilfe der Transduktionstechnik zur Aufklärung der Suppressornatur spontaner und induzierter Revertanten im Vordergrund der Arbeit. Ferner wurden mit Hilfe einer größeren Anzahl von Methionin-auxotrophen Mutanten in Transduktionsexperimenten erste Ergebnisse zur Analyse der Feinstruktur der entsprechenden Loci erhalten. Besonderheiten des Transduktionsprozesses ergaben sich durch den Einfluß von Mutationen im Genom des Donor-stammes auf die Transduktionsfähigkeit des Phagen. Es zeigte sich, daß eine größere Anzahl von Mutationen im Bakteriengenom die Transduktionsfähigkeit des Phagen stark beeinträchtigen kann.

Neu aufgenommen wurden (1964) Arbeiten mit Resistenz-Übertragungs-Episomen (R-Faktoren) bei *Proteus*. Verschiedene Episome dieser Art wurden aus *Escherichia coli*-Stämmen auf *P. mirabilis* übertragen und die Realisierung der Resistenzeigenschaften untersucht. Weiterhin wurde das Studium ihrer transduktiven und konjugativen Übertragungsweise aufgenommen (ADLER, BÖHME, STÄBER) und die optimalen Bedingungen der konjugativen Übertragung zwischen Mutantenstämmen von *P. mirabilis* und *Escherichia coli* ermittelt. UV-Bestrahlung des Donors hatte einen fördernden, Natriumperjodat-Behandlung des Donors einen hemmenden Einfluß auf die Übertragung. Im Vordergrund des Interesses stand die Isolierung mutierter Resistenz-Übertragungs-Faktoren. Um den Mechanismus der RF-bedingten Mehrfachresistenz zu erkennen, wurde die Reaktion von R^+-Stämmen auf eine Mutation zur Streptomycin-Abhängigkeit und auf die transduktive Einführung des Streptomycin-Abhängigkeits-Allels untersucht. Realisierung der RF-Merkmale und des Streptomycin-Abhängigkeits-Phänotyps schließen einander aus.

Im Mittelpunkt der Arbeiten des mikrobiologischen Laboratoriums stand 1965 die Untersuchung des Verhaltens verschiedener Episome in *Proteus mirabilis*. Zunächst wurde gezeigt, daß der für Transduktionen verwendete temperente *P. mirabilis*-Phage RF-Episome (Resistenzübertragungs-Faktoren) mit stark unterschiedlicher DNS-Zusammensetzung nicht bzw. nur mit außerordentlich niedriger Frequenz übertragen kann. Die gleichen RF-Episome wurden in ihrer Fähigkeit, als Fertilitätsfaktoren zu wirken, untersucht. Im Gegensatz zu *Escherichia coli*-Stämmen, bei denen eine schwache Induktion der Chromosomenübertragung durch RF-Episome nachgewiesen werden konnte, führt die Anwesenheit der gleichen Episome in *Proteus*-Zellen zu keiner konjugativen Chromosomenübertragung. Versuche zur Übertragung des Fertilitäts-Episoms (F) aus *E. coli* in *P. mirabilis* verliefen bis dahin negativ. In den Untersuchungen des Ablaufes der konjugativen Übertragung von RF-Episomen zwischen einzelnen Mutantenstämmen von *P. mirabilis* wurden zunächst die optimalen Wachstumsstadien für Rezipienten und Donoren ermittelt sowie der Einfluß verschiedener physiologischer Faktoren auf die Intensität der Übertragung geprüft. Die Arbeiten zur Untersuchung des Einflusses genetischer Faktoren auf die Transduktionsfähigkeit des *Proteus*-Phagen wurden fortgesetzt und eine Reihe Bakterienmutanten isoliert, die die Transduktionsfähigkeit des Phagen erhöhen bzw. vermindern.

Arbeiten zum Aufbau eines in-vitro-Systems zur Polynucleotid-stimulierten Polypeptid-Synthese wurden (1966) zusammen mit der Arbeitsgruppe Nucleinsäureforschung der Abt. Chemische Physiologie aufgenommen (BÖHME, ADLER, HOFEMEISTER, STÄBER, SCHMIDT, GOSDA, SYCH). An diesem System begann die Untersuchung der Aktivität von Ribosomen aus verschiedenen *str*-Mutanten von *P. mirabilis* in Anwesenheit von Streptomycin und Streptomycin-Derivaten.

Weitergeführt wurden (1966) auch die Untersuchungen über den Einfluß genetischer Faktoren auf die Transduktionsrate des Phagen II1. Adsorptionsmessungen zeigten, daß die bei Verwendung genotypisch verschiedener Donorstämme zu beobachtenden großen Unterschiede in der Transduktionsfähigkeit des gleichen Allels nicht auf unterschiedliche Adsorptionsraten des Phagen zurückgeführt werden können. Im CsCl-Dichtegradienten wurde die spezifische Dichte des Phagen II1 bestimmt und mit der Ermittlung des Verhältnisses von transduzierenden und infektiösen Partikeln in den verschiedenen Lysaten begonnen (ADLER, BÖHME, HOFEMEISTER, STÄBER).

Ab 1967 wurde im mikrobiologischen Laboratorium die Frage nach der Möglichkeit der Reparatur spontaner genetischer Schäden durch zelleigene Reparaturmechanismen untersucht. Hierzu wurde bei *Proteus mirabilis* eine größere Anzahl von Mutanten isoliert, die unterschiedliche Defekte in den Reparaturmechanismen besaßen. Alle diese Mutanten wiesen eine im Vergleich zum Wildtyp hohe Sensibilität gegenüber der inaktivierenden Wirkung von ultraviolettem Licht (UV) und bifunktionellen alkylierenden Verbindungen auf. Einige Mutanten waren auch gegenüber monofunktionellen alkylierenden Verbindungen und der durch den photodynamischen Effekt induzierten Inaktivierung sensibler. Damit wurde erstmalig gezeigt, daß auch Schäden, die durch photodynamische Wirkung hervorgerufen wurden, in der normalen Zelle repariert werden können. Bei einem Teil der Mutanten war ebenfalls der Prozeß der Wirtszellaktivierung UV-bestrahlter Bakteriophagen gestört. Eine der Mutanten erwies sich als *rec*⁻-Mutante. Diese Mutante war unfähig zur rekombinativen Integration von auf transduktivem Wege in die Zelle eingeführten Chromosomensegmenten. Am gesamten Material wurde die spontane Mutabilität untersucht. Dabei wurden drei Mutanten gefunden, bei denen der Defekt im Reparaturmechanismus von einer wesentlichen Erhöhung der spontanen Mutabilität begleitet war (Böhme). Diese Erhöhung der Mutabilität war an allen bisher verfolgten Mutationsschritten zu beobachten. Mutanten mit erhöhter spontaner Mutabilität haben im Gegensatz zu den meisten anderen reparaturdefekten Mutanten keine Coffein-sensible Rest-Reparaturkapazität.

Die Untersuchungen über das Verhalten von Resistenz-Übertragungs-Faktoren in *Proteus mirabilis* führten (1967) bei dem R-Faktor CTS zur Feststellung einer im Vergleich zu *Escherichia coli* außerordentlich niedrigen spontanen Eliminierungsrate, die auch nach UV-Bestrahlung oder Behandlung mit Äthylmethansulfonat nicht wesentlich erhöht werden kann. R-Faktoren wurden auch in verschiedene UV-sensible Mutanten von *P. mirabilis* übertragen, um den Einfluß dieser Stämme auf die Stabilität des R-Faktors zu prüfen. Die Stabilität war in allen Stämmen deutlich geringer als in dem UV-resistenten Ausgangsstamm, wobei diejenigen Mutanten, die sich als genetisch instabil erwiesen, die höchste Eliminierungsfrequenz zeigten. Die Transduktionsfähigkeit einer *rec*⁻-Mutante wurde durch die Anwesenheit des R-Faktors nicht beeinflußt. Sie scheint jedoch zu einer Veränderung des UV-Resistenzgrades der UV-sensiblen Wirtszelle zu führen. — Beim Studium der R-bedingten Resistenzmechanismen wurde eine starke Heterogenität des Resistenzgrades innerhalb einer R^+-Population festgestellt. Durch Selektion ließen sich R^+-Zellen mit erhöhtem Resistenzgrad isolieren, bei denen die Erhöhung des Resistenzgrades nicht auf chromosomale Mutationen zurückzuführen ist. Die Arbeiten über die Interferenz zwischen chromosomalbedingter Streptomycin-Abhängigkeit und R-bedingter Streptomycin-Resistenz wurden zum Abschluß gebracht.

Die Beeinflussung des Transduktionsprozesses bei *P. mirabilis* wurde weiterhin untersucht. Dabei zeigten die Versuche zum Studium des Einflusses der Multiplizität in der Phagenanreicherungskultur auf die Transduktionshäufigkeit, daß die optimale Zahl transduzierender Phagen von einer bestimmten Phagenmultiplizität in der Anreicherungskultur abhängig ist. Der gleiche Effekt tritt sowohl bei einer Anreicherung auf festem Medium als auch in der Flüssigkeitskultur auf. Die CsCl-Dichtegradientenzentrifugation erbrachte, daß die transduzierenden Phagen durchschnittlich 1/100 g/cm^3 schwerer sind als die infektiösen Phagen; nach Vermehrung in einer Wirtsmutante wurden in den Lysaten zwei Fraktionen transduzierender Phagen gefunden, die sich in ihrer spezifischen Dichte unterscheiden (Adler, Böhme, Hofemeister, Stäber).

Im Rahmen der Untersuchung der Beziehungen zwischen der Kapazität zur Reparatur von DNS-Schäden und der spontanen Mutabilität wurden im mikrobiologischen Laboratorium (1968) weitere Reparatur-defekte Mutanten von *Proteus mirabilis* isoliert und phänotypisch charakterisiert. Von diesen insgesamt 28 Mutanten gehörten 21 zu den auch bei anderen Bakterienarten bekannten Phänotypen-Klassen UVC; HCR; EXR und REC, während 7 neben der UV-Sensibilität gegenüber bifunktionellen alkylierenden Verbindungen eine erhöhte spontane Mutabilität aufweisen. Durch diesen Mutator-Effekt induzierte Mutanten (z. B. Auxotrophie-Mutanten) erwiesen sich weiterhin als genetisch instabil. Es wurde angenommen, daß die in den Mutator-Stämmen auftretenden Mutationen durch ein fehlerhaft funktionierendes Reparatursystem induziert werden (BÖHME). Der durch diese Untersuchungen erstmalig bei *Proteus*-Mutanten nachgewiesene Defekt in der Reparatur photodynamisch induzierter Läsionen und die Parallelität zur Sensibilität gegenüber der inaktivierenden Wirkung monofunktioneller alkylierender Verbindungen sowie die Beziehungen zwischen der Reparatur dieser Schadenstypen und dem REC-System der Zelle wurden in Untersuchungen an *rec*-Mutanten von *E. coli*, die gemeinsam mit Prof. Dr. E. GEISSLER (Rostock) durchgeführt worden waren, bestätigt. Die Reparatur UV-induzierter DNS-Schäden wird durch Nachbehandlung mit Coffein gehemmt; trotz der Beteiligung des gleichen Reparatursystems ist der Coffein-Effekt nach Inaktivierung durch bifunktionelle alkylierende Verbindungen wesentlich geringer. Es konnte gezeigt werden, daß das in der Zelle befindliche Alkylierungsmittel die Coffein-induzierte Hemmung der Reparatur stört.

Die Untersuchungen der Wechselwirkung zwischen Resistenz-Übertragungs-Faktoren und dem Chromosom der Wirtszelle unter Verwendung Reparatur-defekter Mutanten von *P. mirabilis* wurden abgeschlossen. Die Einbeziehung weiterer R^+-Mutanten von HCR-, MUT- und REC-Mutanten ermöglichte genauere Aussagen über die beobachtete Instabilität des R-Faktors in diesen Mutanten, die als Verlust aller oder einzelner Resistenzdeterminanten bestimmt wurde. Die Steigerung der Instabilität gegenüber dem UV-resistenten Wildtyp beträgt etwa eine Zehnerpotenz im REC-Wirtsstamm und zwei Zehnerpotenzen in HCR- und MUT-Stämmen. Dieser Befund ist ein Hinweis für das Vorliegen unterschiedlicher Resistenzmechanismen in diesen Mutantengruppen. Eine Beeinflussung anderer Eigenschaften des R-Faktors durch Reparaturdefekte der Wirtszelle konnte nicht festgestellt werden. Außerdem wurde untersucht, ob die spontane Mutabilität der MUT-Stämme in Gegenwart von R-Faktoren verändert ist. Ebenso wie bei der Überprüfung der UV-Sensibilität dieser Stämme konnten dabei keine Hinweise gefunden werden, daß die Anwesenheit des möglicherweise über ein eigenes Reparatursystem verfügenden R-Faktors chromosomale Funktionen beeinflußt.

Nach Abschluß der Arbeiten über die Interferenz zwischen R-Faktor-bedingter Streptomycin-Resistenz und dem Merkmal Streptomycin-Abhängigkeit (HOFEMEISTER, BÖHME) wurde die R-Faktor-determinierte Tetracyclin-Resistenz analysiert. Nach bis dahin vorliegenden Ergebnissen bei *Escherichia coli* konnte nicht entschieden werden, welche spezifische Wirkung das Tetracyclin-Resistenz-Gen auf den R-Faktor hat. Aus Untersuchungen an *Proteus mirabilis* geht hervor, daß die Wirkung des Tetracyclin-Resistenz-Gens auf einer spezifischen Wechselwirkung mit dem wirtseigenen Enzymstoffwechsel beruht. In der Ausprägung der Tetracyclin-Resistenz wurden zwei funktionell unterschiedliche Phasen charakterisiert, die Tetracyclin-Grundresistenz (konstitutiv) und eine durch geringe Tetracyclindosen induzierbare Resistenzreaktion. Die induzierbare Resistenzreaktion konnte als allgemeine Reaktion des Zellstoffwechsels auf die Einwirkung geringer Tetracyclinkonzentrationen in Verbindung mit einer bestimmten Tetracyclin-Grundresistenz nachgewiesen werden. Bei der Charakterisierung dieser Resistenzreaktion in *P. mirabilis* wurde ebenfalls eine effektive Verringerung der Tetracyclinaufnahme als Ursache der Resistenz festgestellt, wie sie in R-Faktor- und chromosomal Tetracyclin-resistenten *E. coli*-Zellen mehrfach beschrieben worden ist.

Beim Studium eines für *P. mirabilis* spezifischen Phänomens in der Derepression der Tryptophansynthetase wurde die Kinetik der Derepression des Enzyms in *E. coli* und *P. mirabilis* verfolgt und eine als Induktionsphase gedeutete Lag-Phase in der Bildung des Enzyms in Zellen von *P. mirabilis* beobachtet.

Im Mittelpunkt der Untersuchungen des Transduktionsprozesses bei *P. mirabilis* standen Fragen der Transduktionskinetik in dem Transduktionssystem *P mirabilis*/π_1. Es konnte ein Einfluß der Bebrütungsdauer des Transduktionsgemisches, der Transduktionsmultiplizität sowie der Adsorptionsgeschwindigkeit und -rate auf die Höhe der Transduktionshäufigkeit festgestellt werden. Die Transduktanten sind primär nichtlysogen, sie können sich aber bei einer optimalen Transduktionsmultiplizität zwischen 1:4 bis 1:8 nur in lysogenem Zustand manifestieren. Die Arbeiten wurden damit abgeschlossen.

Studien der unterschiedlichen Transduktionshäufigkeit bei Verwendung von auf festem bzw. in flüssigem Medium hergestellten Phagenlysaten führten zu der Aussage, daß die Gewinnung optimal transduzierender Phagenlysate vom Zeitpunkt des Abbruches einer Anreicherungskultur abhängig ist. Dieser Zeitpunkt wird durch den Übergang der vorwiegend lytischen Reaktion bei mit geringer Phagenmultiplizität infizierten Bakterien zur vorwiegend lysogenen Reaktion bei höheren Multiplizitäten bestimmt. Zur Charakterisierung des Phagen π_1 wurden Adsorptionsmessungen, Latenzzeit- und Einzelwurfbestimmungen durchgeführt (Adler, Böhme, Hofemeister, Stäber, Witte).

8.1.10. Genetische und cytogenetisch-biochemische Untersuchungen an zoologischen Objekten

Im Jahre 1953 wurden die Arbeiten in den cytologischen Laboratorien auf die Untersuchung methodisch geeigneter zoologischer Objekte ausgedehnt. Als Vorarbeiten für das Studium der Veränderlichkeit der Chromosomenstruktur während der Ontogenese wurde eine Chromosomenkarte der Chironomide *Acricotopus lucidus* Staeger aufgestellt. Diese Chromosomenkarte umfaßte über 2000 Querscheiben und an ihnen wurden die gewebespezifischen und ontogenetisch bedingten Funktionsstrukturen bestimmter Chromosomenabschnitte in verschiedenen Teilen der Speicheldrüse während des 4. Larven- und des Vorpuppenstadiums untersucht (Mechelke). Neben unilokalen Funktionsstrukturen, die spezifisch für einzelne Drüsenlappen über die Chromosomen I, II und III verteilt sind, wurde im linken Arm des II. Chromosoms ein weiterer Balbiani-Ring gefunden, der nur im Nebenlappen der Speicheldrüse auftritt, aber nicht bei allen Tieren der untersuchten Population voll ausgeprägt ist. Dieser Balbiani-Ring wird als BR_6 bezeichnet, er liegt dicht proximal neben dem im Haupt- und Nebenlappen regelmäßig vorhandenen BR_2, ist aber keine Duplikation von BR_2, sondern gehört zu einem autonomen Querscheibenkomplex, der im Nebenlappen zur Ausbildung von BR_6 befähigt ist. Diese Querscheibenregion bleibt stets im Haupt- und Vorderlappen inaktiv. Ob sie auch im Nebenlappen inaktiv bleibt oder einen Balbiani-Ring ausbildet, hängt vermutlich von der genetischen Konstitution des betreffenden Tieres ab (Mechelke). Später (1961) wurde in einer sorgfältigen Prüfung der Normalentwicklung festgestellt, daß bestimmte Loci des Vorderlappens der Speicheldrüse (BR_3 und BR_4) ihre Funktion nicht nur am Ende des Vorpuppenstadiums, sondern ebenso während der letzten Larvenhäutung einstellen. Diese Inaktivierung vollzieht sich unter dem Einfluß des Häutungshormons Ecdyson (Panitz). In Fortsetzung dieser Untersuchungen wurde gezeigt, daß die physiologische Aktivität auch anderer Genloci der hormonalen Kontrolle unterliegt. So konnte die für die Vorpuppenphase typische Aktivitätsperiode des Locus II/Q-32 bereits in larvalen Chromosomen unter definierten hormonalen Bedingungen experimentell ausgelöst werden und für den Locus I/H-18, der nur im Larvenstadium aktiv ist und seine Aktivitätsperiode bei Erreichen des Vorpuppenstadiums einstellt, gelang die experimentelle Inaktivierung (Panitz). Die Prüfung des Einflusses von Ecdyson auf Genloci der Riesenchromosomen von *A. lucidus* wurde 1963 abgeschlossen.

1958 führten die Untersuchungen zum Problem der Genaktivität und Gewebedifferenzierung an den Speicheldrüsen von *Acricotopus* zur Feststellung einer Reihe weiterer puffartiger Strukturmodifikationen. Sie sind spezifisch für jeden Drüsenlappen und abhängig von den ontogenetischen Entwicklungsstadien der Larve (Mechelke). Es wurden Untersuchungen über die chemische Beschaffenheit der Drüsenlappensekrete eingeleitet (Baudisch).

Durch einen Vergleich der Chromosomen aus Zellkernen der Speicheldrüse und der Malpighi-Gefäße ließ sich erkennen, daß die Gruppierung der am Stoffwechsel dieser Organe und Gewebe intensiv beteiligten Chromosomenstellen, den sog. Loci, nicht zufällig ist, sondern gewisse Regelmäßigkeiten erkennbar sind. Das Problem der Lokalisierung der Syntheseorte am genetischen Material wurde mit radioaktiv markiertem Prolin und anderen Verbindungen bearbeitet (Baudisch).

Die Auswertung umfangreicher Chromosomenkarten, die für verschiedene Teile der Speicheldrüse in verschiedenen Entwicklungsstadien aufgestellt wurden, ließ bisher mehr als 50 Loci erkennen, die durch Oberflächenentfaltung und katalytische Aktivität in den Zellstoffwechsel eingreifen und ein Ausdruck einer physiologischen Wirkung der Gene sind. Die Aktivierungsfolge dieser Loci ist sowohl für verschiedene Drüsenteile wie auch für verschiedene aufeinanderfolgende Entwicklungsstadien spezifisch. Äußere und innere Faktoren können den Grad der Oberflächenentfaltung der Loci variierend beeinflussen. Der unterschiedlichen Aktivierung der Loci entsprechen Unterschiede im Stoffwechsel der Zellen und Gewebe. Im Vorderlappen der Drüse, der sich in der Aktivierungsfolge der Loci von den beiden anderen Drüsenlappen stark unterscheidet, fehlt die Aminosäure Oxyprolin, sind Carotinoide und deren Derivate während des Vorpuppenstadiums angereichert, er ist dadurch biochemisch charakterisiert (Baudisch, Mechelke, Panitz).

Die Weiterführung der Untersuchungen zur Klärung der Wirkungskette zwischen Gen und Merkmal ließ den Einfluß endogener Faktoren auf die Funktion der Chromosomenloci erkennen. So unterlag die physiologische Aktivität bestimmter Loci in der Speicheldrüse innersekretorischen Einflüssen. Transplantationen von *Acricotopus*-Speicheldrüsen in Vorpuppen anderer holometaboler Insekten zeigten, daß der betreffende Wirkstoff nicht auf *Acricotopus* beschränkt ist. Er wurde schließlich als Verpuppungshormon erkannt (Panitz).

Studien der Chromosomenmorphologie bei Inversionstypen zeigten, daß Strukturmodifikationen als Positionseffekte infolge veränderter Lagebeziehungen der Loci eines Chromosoms entstehen können (MECHELKE). Vergleichende morphologische Untersuchungen an aktiven Genloci erbrachten den Nachweis einer funktionellen Puffheterozygotie, die dadurch bedingt ist, daß in einem der Homologen des Chromosomenpaares jeweils eine an der Puffbildung beteiligte Querscheibe heterochromatisiert ist und keinen Puff ausbildet (1962). Es handelt sich damit um eine funktionsheterozygote Manifestierung eines Allelenpaares infolge Strukturveränderung eines der beiden in dem homologen Chromosom äquilokal lokalisierten Genloci. Damit fand der durch genetische Versuche schon bekannte expressivitätsmindernde Effekt des Heterochromatins erstmalig seine cytologische Bestätigung (PANITZ).

Untersuchungen über den Einfluß unilokaler Strukturmutationen auf das Aktivitätsverhalten puffbildender Genloci ergaben am Beispiel des Verhaltens des mutierten Locus II/0-17, daß die Mutation eine hochgradige Verminderung von Expressivität und Penetranz, gemessen an Grad und Häufigkeit der Puffbildung, bewirkt (PANITZ).

Zur Ermittlung der Wirkung exogener Faktoren wurde der Einfluß niederer Temperaturen auf die Funktion der Chromosomenloci geprüft. Sie reagierten in bestimmten Fällen mit einer gesteigerten Oberflächenentfaltung (MECHELKE).

Ferner wurde geprüft, ob dem spezifischen Aktivierungsmodus bestimmter Loci biochemisch erkennbare Unterschiede im Zellstoffwechsel entsprechen. In papierchromatographischen Analysen konnten nach Hydrolyse Prolin, Glucosamin und 13 Aminosäuren nachgewiesen werden. Diese Untersuchungen wurden 1961 abgeschlossen. Das auf Haupt- und Nebenlappen beschränkte Oxyprolin wird in diesen Lappen synthetisiert, wobei als Vorstufe das mit der Nahrung aufgenommene Prolin in Betracht kommt. Verdauungsfermente sind in der Speicheldrüse nicht vorhanden (BAUDISCH).

Um Einblick in den unmittelbaren Zusammenhang zwischen Chromosomenstruktur und RNS-Synthese und in die Regulation der chromosomalen RNS-Synthese zu erlangen, wurden an Polytänchromosomen von *A. lucidus* Arbeiten mit radioaktiv markierten Nucleosiden (H^3-Uridin) aufgenommen. Untersuchungen am Nucleolus-Organisator ergaben, daß an diesem Locus eine DNS-abhängige RNS-Synthese erfolgt und der Nucleolus nicht eine Durchgangsstation chromosomaler RNS darstellt. Die Erfassung der aktuellen RNS-Syntheseraten der größten chromosomalen Funktionsstrukturen (Balbiani-Ringe) in bestimmten Abschnitten der Entwicklung stand (1966) im Mittelpunkt der Arbeiten an *A. lucidus* (PANITZ). Diese Untersuchungen waren die Grundlage für geplante Arbeiten an isolierten Riesenchromosomen (WOBUS). In den Gibberellinsäuren A_3 und A_4 wurden Substanzen gefunden, welche die RNS-Synthese bestimmter Balbiani-Ringe selektiv hemmen. Dabei sollte geprüft werden, inwieweit sich die Ausschaltung dieser intensiven RNS-Synthese auf die Zellfunktionen auswirkt (BAUDISCH, PANITZ).

Immer mehr rückten molekulargenetische Arbeiten zum Problem der Genregulation und der Beziehung zwischen Puff und biochemischem Merkmal in den Vordergrund (1967). So konnte nachgewiesen werden, daß die Funktion der Balbiani-Ringe BR_3 und BR_4 in der Speicheldrüse von *Acricotopus* durch das Steroidhormon Ecdyson reguliert wird. Beide Balbiani-Ringe bilden sich zu Beginn des Vorpuppenstadiums regelmäßig zurück. Die Inaktivierung kann vorzeitig durch Injektion des reinen Hormons in Larven induziert werden. Ebenso kann sie durch ecdysonähnliche Substanzen, wie Ecdysteron und Inokosteron, ausgelöst werden (PANITZ).

Durch den Einsatz eines selektiv wirkenden Inhibitors konnten erste Einblicke in die Beziehungen zwischen Balbiani-Ring und biochemischem Merkmal gewonnen werden. Werden *Acricotopus*-Larven mit Gibberellinen behandelt, so läßt sich die RNS-Synthese des Balbiani-Ringes BR_2 vollständig hemmen (PANITZ). Dieser Genlocus ist in zwei Zelltypen der Speicheldrüse aktiviert, die durch die Synthese von Hydroxyprolin charakterisiert sind. Mit der Ausschaltung von BR_2 wird Hydroxyprolin in der Speicheldrüse nicht mehr gebildet. Da Hydroxyprolin in vivo nur, während der Proteinsynthese durch Hydroxylierung von Prolin entsteht, ist anzunehmen, daß der BR_2-Balbiani-Ring die Bildung von Hydroxyprolin sehr wahrscheinlich über die Codierung eines hydroxyprolinhaltigen Sekretproteins kontrolliert (BAUDISCH, PANITZ). Mit Hilfe der Disk-Elektrophorese wurden die löslichen Proteine der Speicheldrüsenzellen von *Acricotopus lucidus* und *Chironomus thummi* aus verschiedenen Entwicklungsstadien aufgetrennt. Mit dieser Methode lassen sich die löslichen Proteine von *Chironomus*-Speicheldrüsen in durchschnittlich elf Banden auftrennen. Festgestellte Veränderungen des Bandenmusters ließen (1967) noch keine eindeutigen Beziehungen zur Individualentwicklung erkennen (WOBUS).

Qualitative Änderungen im Proteinmuster waren nicht nachweisbar. Trennungen der Hämolymphproteine ergaben jedoch mit der Entwicklung und außerdem mit einem chromosomalen Strukturumbau korrelierte qualitative Änderungen. Die Ergebnisse der Sekretproteintrennungen bei *Chironomus thummi* und 5 weiteren *Chironomus*-Arten führten zu neuen Erkenntnissen über Funktion und genetische Feinstruktur der Balbiani-Ringe (WOBUS). Bei *Chironomus thummi* gelang die Ausarbeitung eines leicht reproduzierbaren Puff-Induktionssystems, das auf Actinomycin und andere Inhibitoren der RNS-Synthese anspricht. Es werden nucleolengroße Puffs in der Centromerregion der Riesenchromosomen gebildet, die durch die Ansammlung großer Mengen saurer Proteine gekennzeichnet sind. Es ist wahrscheinlich, daß die Puffbildung über die Hemmung der RNS-Synthese ausgelöst wird und an die Proteinansammlung gebunden ist (SERFLING).

Die strukturellen Aspekte der Sekretbildung in der Speicheldrüse von *Acricotopus* von der Bildung kleiner Vesikel im Golgi-Feld bis zur Ausschleusung des Sekrets in das Drüsenlumen wurden elektronenmikroskopisch weitgehend geklärt. Zwischen Haupt- und Vorderlappen der Drüse wurden Unterschiede in der Form des Sekrets festgestellt (faden- und tropfenförmig). Im Zellkern befanden sich sphärische Partikeln von ca. 5000 Å Durchmesser, die den von *Chironomus* bekannten Balbiani-Ring-Granula entsprachen und sich an der Kernmembran ansammeln. Die Bildung der für den Vorderlappen spezifischen globulären Sekretpartikeln ist auf diejenigen Larvenstadien beschränkt, in denen die ebenfalls vorderlappenspezifischen Balbiani-Ringe BR_3 und BR_4 ausgebildet sind. Bereits im Vorpuppenstadium setzt im Vorderlappen die Histolyse ein und führt zur Degeneration großer Plasmabezirke. Dabei wurden viele lysomenartige Vesikel beobachtet, die offensichtlich am Strukturabbau beteiligt sind. Der Zellkern ist sehr resistent gegenüber den Histolyseprozessen und wird erst im Puppenstadium unter Auflösung der Kernmembran vom Abbau erfaßt (DÖBEL).

Im Jahre 1960 beschloß die Institutsleitung, in Gatersleben eine Arbeitsgruppe für Säugetiergenetik zu begründen, da in der DDR nur vereinzelt genetische und cytogenetische Untersuchungen an Säugern durchgeführt wurden, die jedoch in Zukunft voraussichtlich eine große Bedeutung erhalten werden. Es wurde daher im Frühjahr 1960 mit dem Bau eines Tierstalles begonnen, der Ende Oktober des Jahres fertiggestellt war. Im Herbst 1960 konnte das erste Tiermaterial, Goldhamster und 3 Mäuseinzuchtstämme (C_3H, $C_{57}Bl$ und Albino Jena) beschafft werden. Die Tiere wurden so weit vermehrt, daß im Jahre 1961 mit den Versuchen begonnen werden konnte (SCHÖNEICH). Als Grundlage für Untersuchungen über die radiomimetische Wirkung von Krebschemotherapeutika auf die Chromosomen von Ascites-Zellen wurden die Karyotypen des S_2-Ascites-Carcinoms und des Ehrlich-Ascites-Carcinoms analysiert. Als erste Krebschemotherapeutika wurden Stickstofflost und TEM (Triäthylenmelamin) auf ihre radiomimetische Wirkung getestet. Diese Versuche wurden 1962 abgeschlossen. Die folgende Prüfung von Formamid, Äthylurethan, Sarcolysin, Hexachlorcyclohexan und Endoxan wurde 1964 abgeschlossen. In weiteren Versuchen wurde geprüft, ob Substanzen, von denen bekannt ist, daß sie die cancerostatische Wirkung des TEM aufheben, wie das Nicotinsäureamid, auch einen Einfluß auf die radiomimetische Wirkung dieser Substanzen ausüben. In allen Fällen wurde darauf geachtet, wieweit cancerostatische und radiomimetische Wirkung korreliert sind. Im Jahre 1964 konzentrierten sich die Untersuchungen auf die radiomimetische Wirkung der stark cancerogenen Nitrosamide und Nitrosamine. Bei Nitrosomethylharnstoff wurde die Modifikabilität der radiomimetischen Wirkungen vom stoffwechselphysiologischen Zustand der Zelle und in Beziehung zum Sauerstoffdruck untersucht, um Hinweise auf den Wirkungsmechanismus dieser Substanzen zu bekommen. Als Testsystem diente wieder das S_2-Sarcom und das Ehrlich-Ascites-Carcinom der Maus (SCHÖNEICH). Umfangreiche Untersuchungen folgten (1965) in Zusammenarbeit mit Dr. FUČIK, Institut für organische Chemie und Biochemie der Tschechoslowakischen Akademie der Wissenschaften, Prag, zur Frage der radiomimetischen Wirkung von Basenanalogen (z. B. 6-Azacytidin) auf die Chromosomen von Ascites-Tumoren der Maus (RIEGER, MICHAELIS, SCHÖNEICH).

Die 1962 begonnenen Arbeiten zur Auslösung von Chromosomenmutationen an Mäuse-Ascites-Tumoren wurden einige Jahre fortgesetzt. Neben dem Ehrlich-Ascites-Tumor und den S_2-Sarcom wurde das Sarcom 180 und ein Lymphsarcom (NK/Ly) einbezogen. Besonders untersucht wurde die radiomimetische Wirkung von Wasserstoffsuperoxid. Es konnte gezeigt werden, daß H_2O_2 in der Lage ist, Chromosomenaberrationen zu induzieren. Die Prüfung der mutagenen Wirkung von Äthylalkohol wurde abgeschlossen, da im benutzten Testsystem keine radiomimetische Wirkung zu beobachten war. Auch Coffein hat bei Ascites-Tumoren keine radiomimetische Wirkung.

Vergleichende Untersuchungen zur Chromosomenmorphologie wurden (1966) an verschiedenen Ascites-Tumoren aufgenommen (SCHÖNEICH). Vergleichend cytologische Untersuchungen der Ascites-Tumoren S_2-Sarcom, Ehrlich-Ascites-Carcinom, Sarcom 180 und Lymphsarcom NK/Ly ließen in allen Tumoren weitgehend übereinstimmende karyologische Verhältnisse erkennen. Die Ursachen hierfür werden in der Selektion optimal angepaßter Karyotypen unter den sehr einheitlichen und konstanten Bedingungen des intraperitonealen Wachstums gesehen. Die Vorteile, die Ascites-Tumoren im Vergleich mit Gewebekulturen bieten, machen sie zu geeigneten Testsystemen für die Prüfungen von Arzneimitteln auf mögliche mutagene Wirkungen.

1968 wurden die Arbeiten über die Chromosomenaberrationen induzierende Wirkung von mono-, bi- und trifunktionellen Äthyleniminverbindungen an Ascites-Tumoren der Maus abgeschlossen. Die wesentlich stärkere mutagene Wirkung des trifunktionellen Trenimons gegenüber bifunktionellen Verbindungen beruht auf einer größeren Stabilität, d. h. der geringeren Hydrolysegeschwindigkeit in vivo und in vitro. Untersuchungen zur chemischen Mutagenese an Gewebekulturen wurden begonnen. Ein permanenter Zellstamm des Chinesischen Zwerghamsters wurde in Kultur genommen. Karyologische Untersuchungen ergaben, daß die Kulturen mixoploid sind.

Im Rahmen der Mutagenitätsprüfungen von Arzneimitteln wurden folgende Substanzen an Ascites-Tumoren geprüft: Dimethylsulfoxid, Acetanilid, Phenacetin (keine Chromatidenaberrationen) und Mitomycin (stark mutagen) (SCHÖNEICH).

8.2. Abteilung Chemische Physiologie

8.2.1. Aufgaben der Abteilung, Leitung und wissenschaftliche Mitarbeiter

Mit dem Eintritt von Prof. Dr. K. MOTHES in das Institut im Jahre 1949 und dem Aufbau der von ihm geleiteten Abteilung Chemische Physiologie wurde ein breites Spektrum von Arbeiten auf dem Gebiet der Biochemie und Physiologie der Alkaloide und anderer Inhaltsstoffe entwickelt. Dabei kam es neben der Erforschung grundsätzlicher alkaloidchemischer Prozesse besonders darauf an, praktische Perspektiven für die Gewinnung von pharmazeutisch wichtigen Alkaloiden zu entwickeln. Es wurden ferner Arbeiten zum Eiweiß- und Nucleinsäurestoffwechsel, über Wurzel-Sproß-Beziehungen, Mineralstoffhaushalt, Differenzierung und Alterungsprobleme u. a. m. aufgenommen.

Mit dem Übergang der Abteilung an Prof. Dr. K. SCHREIBER ab 1. Dezember 1961 wurden insbesondere Untersuchungen über naturstoffchemische Probleme eingeleitet, wobei zunächst steroidalkaloidchemische Arbeiten über *Solanum*-Alkaloide, ihre Isolierung, Strukturaufklärung, Synthese, im Mittelpunkt standen. Sie wurden ergänzt durch Untersuchungen über die Physiologie und Biochemie von Wuchsstoffen (Gibberelline), ihr Vorkommen und ihre Umwandlung. Hinzu traten biochemisch-genetische Probleme, die an Blütenfarbstoffen und an Tomatenmutanten erforscht wurden. Schließlich wurden umfangreiche Screening-Untersuchungen durchgeführt, sie galten an Kulturpflanzen und an der heimischen und kubanischen Wildflora der Suche nach nutzbaren Inhaltsstoffen.

Leitung:

1949–1957	Prof. Dr. rer. nat. habil. Kurt MOTHES
1. 1. 1958–30. 6. 1959	kommissarisch: Prof. Dr. rer. nat. Alfred RIETH
1. 7. 1959–31. 7. 1960	Prof. Dr. rer. nat. habil. Gerhard MICHAEL, Direktor am Institut
1. 8. 1960–30. 11. 1961	kommissarisch: Prof. Dr. rer. nat. Alfred RIETH
ab 1. 12. 1961	Prof. Dr. rer. nat. Klaus SCHREIBER

Wissenschaftliche Mitarbeiter:

Günter ADAM
Dipl.-Chem. Dr. rer. nat. habil. (Prom. 1962, Hab. 1967)
ab 1961 wiss. Assistent
1962 wiss. Oberassistent
1965 wiss. Arbeitsleiter

Otto AURICH
Dipl.-Chem.
ab 1961 wiss. Assistent
1966 wiss. Mitarbeiter

Wilhelm Bischoff
ab 1952 Aspirant
1953 wiss. Mitarbeiter — ausgeschieden 1954

Ilse Böttger
Dr. rer. nat.
ab 1953 wiss. Assistent — ausgeschieden 31. 12. 1957

Lisabeth Engelbrecht
Dr. rer. nat. (Prom. 1954)
ab 1950 wiss. Assistent
1955 wiss. Oberassistent — ausgeschieden 31. 12. 1957

Hilmar Friedrich
Nahrungsmittelchemiker Dr. rer. nat. habil. (Prom. 1953, Hab. 1957)
ab 1951 wiss. Assistent
1955 wiss. Oberassistent
1960 wiss. Arbeitsleiter — ausgeschieden 15. 8. 1961

Wolfgang Gosda
Dr. rer. nat. (Prom. 1963)
ab 1963 wiss. Assistent
1964 wiss. Oberassistent — ausgeschieden 21. 8. 1968

Detlef Gröger
Apotheker Dr. rer. nat. (Prom. 1957)
ab 1954 wiss. Assistent — ausgeschieden 31. 12. 1957

Christian Horstmann
Apotheker Dr. rer. nat. (Prom. 1965)
ab 1960 wiss. Assistent
1965 wiss. Oberassistent

Hella Jansen
Dipl.-Biol.
ab 1968 wiss. Assistent

Günter Kleinschmidt
Apotheker
ab 1956 wiss. Mitarbeiter — ausgeschieden 31. 12. 1957

Doris Kraft
Dr. rer. nat.
ab 1951 wiss. Assistent — ausgeschieden 31. 1. 1953

Hartmut Lang
ab 1968 wiss. Assistent

Otto Machold
Dipl.-Landw. Dr. agr. habil. (Prom. 1957, Hab. 1962)
ab 1958 wiss. Oberassistent
1961 wiss. Arbeitsleiter

Horst Marschner
Dipl.-Landw. Dr. agr. (Prom. 1957)
ab 1958 wiss. Assistent
1959 wiss. Oberassistent — ausgeschieden 31. 8. 1960

Rudolf Meinicke
Apotheker Dr. rer. nat.
ab 1952 Aspirant
1953 wiss. Mitarbeiter — ausgeschieden 31. 3. 1956

Ilse Miersch
Dipl.-Biol.
ab 1966 wiss. Assistent

Wolfram Moritz
Dipl.-Chem.
ab 1966 wiss. Assistent

Gerhard Osske
Dipl.-Chem. Dr. rer. nat. (Prom. 1963)
ab 1961 wiss. Assistent
1963 wiss. Oberassistent — ausgeschieden 31. 1. 1965

Klaus Pufahl,
Apotheker Dr. rer. nat. (Prom. 1962)
ab 1962 wiss. Oberassistent — ausgeschieden 31. 8. 1965

Konrad Ramshorn
Prof. Dr. rer. nat. habil. (Hab. 1957)
ab 1950 wiss. Assistent
1960 wiss. Arbeitsleiter — ausgeschieden 1. 9. 1960

Gerhard Reuter
Apotheker Dr. rer. nat.
ab 1954 wiss. Mitarbeiter — ausgeschieden 31. 12. 1957

Alfred Rieth
Prof. Dr. rer. nat.
ab 1951 wiss. Oberassistent
1958 wiss. Arbeitsleiter
1961 Stellvertreter d. Institutsdirektors

Helmut Ripperger
Dr. rer. nat. habil. (Hab. 1968)
ab 1963 wiss. Oberassistent
1965 wiss. Arbeitsleiter

Anneliese Romeike
Apotheker Dr. rer. nat. habil. (Prom. 1953, Hab. 1961)
ab 1950 Aspirant
1953 wiss. Mitarbeiter
1956 wiss. Oberassistent
1959 wiss. Arbeitsleiter

Hasso Rönsch
Dipl.-Chem. Dr. rer. nat. (Prom. 1962)
ab 1961 wiss. Assistent
1963 wiss. Oberassistent — ausgeschieden 17. 9. 1966

Armin Rudolph
ab 1962 wiss. Assistent
1965 wiss. Mitarbeiter

Herta Sagromsky
Dr. rer. nat.
ab 1951 wiss. Assistent
1953 Übergang in die Abt. Physikalische Physiologie

Hans-Günther Schlegel
Apotheker Dr. rer. nat. habil. (Hab. 1954)
ab 1952 Aspirant
1953 wiss. Mitarbeiter — ausgeschieden 30. 11. 1957

Bernhard Schlesier
Dipl.-Biol.
ab 1968 wiss. Assistent

Horst Schmidt
Dipl.-Chem. Dr. rer. nat. (Prom. 1962)
ab 1958 wiss. Assistent
1962 wiss. Oberassistent
1965 wiss. Arbeitsleiter — ausgeschieden 30. 9. 1967

Gernot Schneider
Dipl.-Chem. Dr. rer. nat. (Prom. 1966)
ab 1962 wiss. Assistent
1967 wiss. Oberassistent

Günter Scholz
Dipl.-Landw. Dr. agr. (Prom. 1960)
ab 1955 Aspirant
1959 wiss. Assistent
1962 wiss. Oberassistent
1965 wiss. Arbeitsleiter

Hans-Botho Schröter
Apotheker Dipl.-Chem. Dr. rer. nat. (Prom. 1957)
ab 1953 wiss. Mitarbeiter — ausgeschieden 31. 12. 1957

Horst Schütte
Dr. rer. nat.
ab 1958 wiss. Assistent — ausgeschieden 28. 2. 1958

Günther Sembdner
Dipl.-Biol. Dr. rer. nat. (Prom. 1961)
ab 1961 wiss. Assistent
1962 wiss. Oberassistent
1965 wiss. Arbeitsleiter

Anna-Luise Silber
Dr.
ab 1951 wiss. Assistent — ausgeschieden 31. 7. 1954

Udo Stephan
Dipl.-Chem.
ab 1966 wiss. Assistent

Franz-Joseph Sych
Dipl.-Chem.
ab 1966 wiss. Assistent

Karl-Heinz Tschöpe
Apotheker
ab 1955 wiss. Mitarbeiter — ausgeschieden 1957

Brunhilde Voigt
Dipl.-Chem.
ab 1965 wiss. Assistent

Dieter Voigt
Dipl.-Chem.
ab 1965 wiss. Assistent

Anna-Nina Wagner
Dipl.-Biol.
ab 1955 Diplomand
1956 wiss. Assistent — ausgeschieden 31. 5. 1956

Ulrich Wallwitz
Dipl.-Chem. Dr. rer. nat. (Prom. 1963)
ab 1963 wiss. Assistent/Oberassistent — ausgeschieden 9. 2. 1966

Jürgen Weiland
Dipl.-Chem. Dr. rer. nat. (Prom. 1968)
ab 1962 wiss. Assistent
1968 wiss. Oberassistent

Hans Wolffgang
ab 1951 Doktorand — ausgeschieden 30. 11. 1953

Rolf Zimmermann
Dipl.-Chem. Dr. rer. nat.
ab 1955 wiss. Mitarbeiter ausgeschieden 19. 7. 1956

8.2.2. Allgemeine Physiologie N-haltiger Verbindungen

8.2.2.1. Ammoniak-Stoffwechsel

8.2.2.1.1. NH_3-Entgiftung (Allantoin-Biogenese und -Stoffwechsel)

Aus den Untersuchungen der allgemeinen Physiologie N-haltiger Verbindungen ergab sich, daß die Rolle der Purinderivate Allantoin und Allantoinsäure zunächst an Ahornarten, dann auch bei *Symphytum* und Leguminosen völlig aufgeklärt wurde (Mothes, Wolffgang, Engelbrecht). Diese Stoffe stellen, ähnlich dem Asparagin, Bindungen von Ammoniak dar, das in den allgemeinen Eiweißstoffwechsl eingeht und aus diesem oder aus dem Boden stammt. Es wurde ferner der Verlauf des Stoffumsatzes der Speicherwurzeln im Jahresrhythmus geprüft (Mothes, Engelbrecht).

Der Allantointyp der Ammoniakentgiftung ist von sehr allgemeiner Bedeutung. Auch typische „Asparaginpflanzen" bilden in den Wurzeln vor allem Allantoin, ebenso auch in Blättern bei längerem Hunger. Allantoinsäure kann aus Harnstoff und Glyoxylsäure entstehen. Die meisten Harnstoffvorkommen in höheren Pflanzen dürften von Allantoinsäure herrühren, die bei niederem pH spontan auftritt (Engelbrecht). Die Oxydation von Glykolsäure zur Glyoxylsäure findet ebenfalls in Wurzeln statt. Das Ferment Glykolsäureoxydase wird auch in belichteten ergrünenden Wurzeln von *Atropa* ausgebildet (Wagner). Zur Trennung von Allantoin, Allantoinsäure und Harnstoff wurden elektrophoretische und chromatographische Verfahren entwickelt (Zimmermann).

Die Ammoniakfestlegung kann in verschiedenen Organen derselben Pflanze oder im gleichen Organ bei verschiedenen Ernährungszuständen zu verschiedenen Stoffen führen. In NH_4NO_3-haltige Lösungen eingetauchte, belichtete Blätter bilden bei fast allen geprüften Pflanzen in erster Linie Glutamin; das gilt selbst für „Asparaginpflanzen". In den Achsen wird meist mehr Asparagin, in den Wurzeln der Leguminosen kann u. U. viel Allantoin bzw. Allantoinsäure gebildet werden. Bei diesem differenten Verhalten spielen wahrscheinlich aktive Abbauprodukte der Kohlenhydrate eine Rolle (Engelbrecht).

8.2.2.1.2. NH_3-Stoffwechsel in Abhängigkeit vom pH-Wert

Bei den Untersuchungen zur allgemeinen Physiologie stickstoffhaltiger Verbindungen wurde gefunden, daß Kaliummangel bei Jungpflanzen und Blattstecklingen zu einer geringen Erniedrigung des pH und zu einer Anhäufung von löslichen Stickstoffverbindungen führt. Eine histochemische Untersuchung an *Rheum* und *Oxalis* zeigte, daß sich in dem stärker sauren Grundparenchym mehr NH_3 befindet als in dem schwächer sauren Leitbündelgewebe. Die Bestimmung des Zell-pH mit Indikatoren nach Small wurde kritisch untersucht (Mothes, Liss).

Die Prüfung der häufig behandelten Unterschiede im Verhalten säurevertragender Schimmelpilze (*Aspergillus*) und säuremeidender (*Rhizopus, Mucor*) ergab, daß auch die Mucorineen NH_3 anreichern, doch entweicht infolge mangelnder Säurebildung hier viel gasförmiges NH_3 (Mothes, Schwarz).

8.2.2.2. Aminosäure-Stoffwechsel

8.2.2.2.1. Wurzel-Sproß-Beziehungen, Blutungssaft

Die Alkaloidarbeiten der Abteilung hatten die Bedeutung der chemischen Tätigkeit der Wurzel und translokatorischer Vorgänge in der Beziehung zwischen Wurzel und Sproß deutlich gemacht. Zur Förderung dieser Probleme wurden Untersuchungen über die chemische Natur des Blutungssaftes durchgeführt (Wolffgang). Weitere Studien galten der besonderen Rolle der Wurzel bei der Synthese von Aminosäuren und ähnlichen Verbindungen (Wolffgang, Reuter).

8.2.2.2.2. Bildungsweise

Eingehend untersucht wurde der Citrullinstoffwechsel bei Betulaceen, die durch dieses Merkmal von systematisch benachbarten Fagaceen deutlich verschieden sind (Reuter). An Blutungssäften und durch Fütterung der Pflanzen mit bestimmten Aminosäuren wurde festgestellt, daß die Fraktion des löslichen Stickstoffs häufig eine spezifische Zusammensetzung hat und daß darin fremde Aminosäuren assimilatorisch schnell in das allgemeine Gemisch eingebaut werden (U. Mothes).

Die Fortsetzung der Untersuchungen über die Citrullinbildung bei Betulaceen ergab (1956), daß unter sterilen Bedingungen mit NH_4NO_3 ernährte Haselzweige Citrullin bilden können. Dieser neutrale und N-reiche Stoff hat in den winterlichen Stämmen und Wurzeln die Funktionen eines N-Speicherstoffes; er wird im Frühjahr bei der Laubausschüttung fast völlig verbraucht. Die Verhältnisse liegen ähnlich wie für das Allantoin in Ahorn und in *Symphytum*. Bewurzelte Blattstecklinge von *Corylus* können durch NH_4NO_3-Ernährung zur Akkumulation von Citrullin in der Spreite gebracht werden (Reuter). Bei verschiedenen Leguminosen konnte nicht nur in den Früchten, sondern auch in den Blättern Cannavanin nachgewiesen werden. Der Einfluß erhöhter CO_2-Spannung auf die Veränderung des Aminosäurespektrums wurde untersucht (Tschiersch).

Die CO_2-Konzentration des Blattes, die im diurnalen Rhythmus großen Wandlungen unterliegt, ist nicht allein für den eigentlichen Säurestoffwechsel von tiefgreifender Bedeutung, sondern auch für das qualitative Spektrum der Aminosäuren. Glutaminsäure, die ständig in Blättern frei vorhanden ist, wird bei erhöhter CO_2-Spannung in γ-Aminobuttersäure überführt. In diesen Prozeß werden offenbar auf dem Wege über Transaminierung mindestens die NH_2-Gruppen anderer Aminosäuren eingeführt, so daß es zu einer bevorzugten Anhäufung von γ-Aminobuttersäure kommt. Dieser Prozeß ist reversibel.

Die rapide Glutaminbildung, die bei Bohnen und Tabakblättern im Licht und im Dunkeln nach Infiltration von NH_4^+ immer stattfindet, unterbleibt bei Tabakblättern nach NO_3-Fütterung überhaupt, bei Bohnenblättern unterbleibt sie im Dunkeln. Da Glutamin das erste mengenmäßig hervortretende Produkt der N-Assimilation nichtausgehungerter Blätter ist, gilt sein Auftreten auch als Maß der NO_3-Reduktion. Asparagin tritt in solchen Versuchen erst nach längeren Versuchszeiten auf (Tschiersch).

1956/57 wurden bei 166 Arten aus 48 Pflanzenfamilien organische Stickstoffverbindungen der Speicherorgane unter besonderer Berücksichtigung der Aminosäuren, Ureide und Guaninderivate papierchromatographisch untersucht. Während Glutaminsäure, Asparaginsäure und deren Monoamide in den meisten Pflanzen die Hauptmenge des gespeicherten Stickstoffs ausmachen, treten bei anderen Species andere Hauptaminosäuren auf, die mitunter für ganze Familien als Merkmal gelten können: Arginin für Saxifragaceen und Rosaceen, Citrullin für Betulaceen und Juglandaceen, Prolin für Papilionaceen und Azetidin-2-carbonsäure für gewisse Liliaceen. Acetylornithin ist Hauptaminosäure in 19 untersuchten Fumarioideen, während es in 21 Papaveroideen nur in geringer Konzentration, meist aber überhaupt nicht zu finden ist. Durch Chromatographie an Ionenaustauschern und Zellulosesäulen konnte Acetylornithin aus Speicherorganen verschiedener Fumarioideen isoliert werden. Es mußte damals offen bleiben, ob es sich dabei um eine spezifische Form der N-Speicherung oder um eine Art Proto-Alkaloid handelt (Reuter).

8.2.2.2.3. Aminosäurebildung in Pflanzen unter dem Einfluß radioaktiver Strahlung

Im Isotopenlabor wurden 1962 die methodischen Voraussetzungen für Untersuchungen mit stabilisotopmarkierten Stickstoffverbindungen geschaffen. Es folgte die Ermittlung des Isotopenverhältnisses $^{14}N:^{15}N$ mit Hilfe eines Quarzspektrographen. Der für die Überführung des molekularen Stickstoffs in Glaskapillaren erforderliche Hochvakuumpumpstand wurde hierfür umgebaut und eingerichtet sowie ein Hochfrequenzsender für die Anregung des Stickstoffs entwickelt. In Vorversuchen erfolgte die säulenchromatographische Auftrennung von Aminosäuren. Das erforderliche Pflanzenmaterial wurde in Wasserkulturversuchen geprüft und das optimale Nährstoffverhältnis entwickelt. So wurden Maispflanzen in Wasserkultur gleichbleibender Nährstoffkonzentration mit gestaffelten Mengen an ^{32}P behandelt. Nach den ersten sichtbaren Strahlenschäden erhielten die Pflanzen ^{15}N-markierten anorganischen Stickstoff, dessen Einbau in die Aminosäuren nach vorangegangener Hydrolyse und säulenchromatographischer Trennung quarzspektroskopisch untersucht wurde. Die quantitative Trennung von Eiweißhydrolysaten sowie die Bestimmung des Isotopenverhältnisses in ^{15}N-markierten Verbindungen niederen Markierungsgrades konnte verbessert werden (Machold, Rudolph).

8.2.2.2.4. Aminosäurebildung und Chlorophyllgehalt

1964 wurde mit der Analyse der freien und proteingebundenen Aminosäuren einer Anzahl von Tomaten-Chlorophyllmutanten begonnen (Machold, Rudolph) und die Positionen von Schwermetallkationen im Elutionsdiagramm der Aminosäuren bestimmt. Störungen der Aminosäurebestimmung durch Schwermetallkationen konnten nachgewiesen werden. Die Analyse von löslichen Stickstoffverbindungen in Mutanten und Normalformen der Tomate wurde (1966) fortgesetzt und auf vergleichende Untersuchungen an Mutanten mit und ohne Chlorophylldefekt ausgedehnt. Es wurde mit der Identifizierung einiger ninhydrinpositiver Verbindungen in der Fraktion des löslichen Stickstoffs begonnen (Rudolph).

8.2.2.3. Eiweiß-Stoffwechsel und Nucleinsäuren

8.2.2.3.1. Alterungsprozesse und Eiweiß-Synthese

Bald nach Einrichtung der Abt. Chemische Physiologie wurden 1951 an Getreiden und an zweihäusigen einjährigen Pflanzen Fragen der Eiweißsynthese bearbeitet. Dabei war es infolge der Eigentümlichkeit des Entwicklungsablaufs bei männlichen und weiblichen Pflanzen möglich, den Einfluß des Blühens auf den Alterungsvorgang zu untersuchen. Durch Entwicklung der Kultur isolierter bewurzelter Blätter unter sterilen Bedingungen konnten besonders ernährungs- und entwicklungsphysiologische Probleme bearbeitet werden. Isolierte, nichtbewurzelte Blätter „altern" unter Erscheinungen des Eiweißhungers schnell. Durch Besprühen der Blätter mit NH_4NO_3-Lösungen läßt sich dieser Vorgang wesentlich hinausschieben. Bewurzelung verlängert das Leben eines Einzelblattes auf das Vielfache der normalen Lebenszeit. Bei diesen Blättern kommt es zu bedeutendem Wachstum und zur Eiweißsynthese. Folgt das Wachstum nicht der Stoffaufnahme, so treten große Mengen von organischen löslichen Verbindungen auf (z. B. Allantoin beim Bohnenblatt), und typische Wurzelstoffe (Nicotin, Cumarine) werden in sehr großen Konzentrationen angehäuft. Starke Belichtung fördert den Prozeß des Alterns. Beschattung schiebt den Tod weit hinaus (MOTHES, ENGELBRECHT). Für das Studium der Beziehungen zwischen dem Altern der Blattstecklinge und ihrem Stoffwechsel wurden Belichtung, mineralische Ernährung und N-Zufuhr stark variiert. Die größte Lebensdauer der Blätter wird durch eine mittlere Belichtung, eine geringe Salzernährung und eine mäßige N-Zufuhr erzielt (ENGELBRECHT).

8.2.2.3.2. Wurzel-Sproß-Beziehungen und Eiweiß-Synthese

Die Wurzeln sind für isolierte Blätter ein unentbehrliches Organ, um die stoffliche Kommunikation zu ermöglichen. Isolierte Blätter ohne Wurzeln zeigen in verdunkelten Spreitenabschnitten schnell Hungererscheinungen (Stärkefreiheit, Eiweißabbau). Eine direkte Ernährung durch die belichteten grünen Teile derselben Spreite ist nicht oder nur schwer möglich. In bewurzelten Blättern behalten aber verdunkelte Teile Stärke und bauen Eiweiß nicht ab. Darüber hinaus wirkt die Wurzel in spezifisch-chemischer Weise auf den Stoffwechsel der Blätter und des Sprosses (MOTHES, ENGELBRECHT).

8.2.2.3.3. Eiweiß-Chlorophyll-Beziehungen

Die Technik der Ernährung über das Blatt und der bewurzelten Blattstecklinge wurde weiter entwickelt. Es konnte gezeigt werden, daß bereits gelbe, an Eiweiß und Chlorophyll extrem verarmte Blätter wieder zum völligen Ergrünen gebracht werden können. Die Verjüngung gealterter Blätter durch Bewurzelung beruht nicht nur auf einer Volumenzunahme der Zellen, sondern auch auf einer starken Vermehrung der Chloroplasten (ENGELBRECHT, WEISSFLOG).

1957 wurde die Parallelität der Entwicklung des Gehaltes an Eiweiß und Chlorophyll bei der Wiederergrünung ausgebleichter gelber Blätter neu untersucht. Mg-Mangel bewirkt eine starke Ausbleichung bewurzelter Tabak-Blattstecklinge, ohne daß der Eiweißwert wesentlich absinkt. Wird der Mg-Mangel aufgehoben, wird das

Chlorophyll völlig regeneriert. Auch N-Mangel läßt ausgewaschene, „gealterte" Blätter von Tabak, Sorte ‚Virginia Gold', wieder normal ergrünen, wenn ein aktives Wurzelsystem vorhanden ist und die Konkurrenz junger Blätter und der Vegetationspunkte ausgeschaltet wird (MOTHES, BAUDISCH).

Solche Ergrünungen können auch, wenngleich in geringerem Maße, bei den roten oder farblosen Brakteen der Blütenstände von *Euphorbia pulcherrima* erzwungen werden, wenn die Pflanzen nach Erreichen des Blühstadiums aus dem Kurztag in Langtag überführt werden. Die Brakteen bilden dann, in der Blattspitze beginnend, Chlorophyll aus. In ähnlicher Weise können die weißen Ränder der Cyathien von *Euphorbia marginata* ergrünen, wenn man den Pflanzen reichlich Stickstoff bietet (ENGELBRECHT).

1963 wurden in Zusammenarbeit mit der Abt. Genetik und Cytologie ernährungsphysiologische Versuche über den Einfluß verschiedener Nährstoffkombinationen auf Pigment- und Eiweißgehalt an Chlorophyllmutanten der Tomate begonnen (MACHOLD). Die Ergebnisse wurden bei den Arbeiten der Abt. Genetik und Cytologie dargestellt (Bearbeiter GRÖBER, MACHOLD, RUDOLPH, STEPHAN, MIERSCH).

8.2.2.3.4. Eiweiß-Qualität in Futter- und Nahrungspflanzen

In Futter- und Nahrungspflanzen wurde die Eiweißdifferenzierung 1955 weiter untersucht (BÖTTGER) und die elektrophoretische Methodik verfeinert (RAMSHORN). Zur Unterstützung entsprechender Arbeiten der Abt. Genetik und Cytologie (F. SCHOLZ) wurden Eiweiß-Serienanalysen an Gerste (und auch Fettanalysen) in großem Umfang durchgeführt und methodisch verbessert (BÖTTGER). Zur Fraktionierung von Sojabohnen-Eiweiß konnte eine Methode entwickelt und später noch verbessert werden, die es ermöglicht, den Eiweißkomplex in 2 Globulin- und 3 Albuminfraktionen zu zerlegen. Die Auftrennung der Albumine gelang papierelektrophoretisch. Die neue Methode war zur Überprüfung des Soja-Mutantensortiments der Abt. Genetik und Cytologie (ZACHARIAS) vorgesehen, u. a. unter Verwendung einer Elphor V-Apparatur (BÖTTGER).

8.2.2.3.5. Nucleinsäuren (Biosynthese und Physiologie)

Bei Untersuchungen der quantitativen Beziehungen zwischen Nucleinsäuren und Eiweißen im normalen und im wiederergrünenden Blatt, im bewurzelten Blattsteckling und in isolierten Chloroplasten der Sojabohne ergaben sich (1957) neue Einblicke in das Zusammenspiel dieser Stoffklassen (BÖTTGER, WOLLGIEHN).

In Zusammenarbeit mit der Abt. Genetik und Cytologie (BÖHME) begannen (1960) Untersuchungen auf dem Gebiet der Nucleotide und Nucleinsäuren von Bakterien. An verschiedenen Bakterienstämmen wurden native DNS-Präparationen hergestellt und durch Bestimmung ihrer Tm-Werte näher charakterisiert. Hierbei wurde auf mögliche Wechselwirkungen zwischen nativer und denaturierter DNS und verschieden substituierten Steroiden geachtet und in Denaturierungs- und Renaturierungsexperimenten untersucht. Weiterhin erfolgten Synthesen verschiedener Benzimidazol-Derivate, die auf ihre biologische Wirksamkeit getestet und zur Darstellung von Nucleosiden und Nucleotiden verwendet wurden (GOSDA, SCHMIDT, WALLWITZ).

Ab 1963 liefen folgende Versuche: Chemische Synthese von Desazapurinanaloga, deren Überführung in Glykoside und Testung in biologischen Systemen; enzymatische Polymerisationsversuche dieser basenanalogen Glykosidphosphate; Aufbau eines in-vitro-Systems der nucleinsäureabhängigen Proteinsynthese zur Klärung von Fragen über die Streptomycinwirkung und von synthetischen Antimetaboliten.

Aus der Reihe der Benzimidazole, Benzotriazole und Imidazopyridine wurden 13 verschieden substituierte Verbindungen synthetisiert und diese erstmals in ihre Silylderivate, als Ausgangsstufen zur Glykosidsynthese, überführt (GOSDA, SCHMIDT, WALLWITZ).

1965 wurden die Synthesen basenanaloger Desazapurine und deren Silylverbindungen fortgeführt. In zahlreichen Fällen konnten diese zu den entsprechenden Ribofuranosidglykosiden umgesetzt werden. Speziell beim Alanin-analogen 4-Aminobenzimidazolribofuranosid wurden die synthetischen Arbeiten bis zur Stufe der 5'-Phosphorsäureester fortgeführt. Der Aufbau von zellfreien Systemen zur Proteinsynthese aus Bakterien und Pflanzen wurde abgeschlossen, so daß mit den geplanten Untersuchungen über die Wirkung von Streptomycin und dessen Abwandlungsprodukten begonnen werden konnte. Die Herstellung radioaktiv markierter Basenanaloga zur Durchführung von Einbauversuchen in bakterielle Nucleinsäuren wurde eingeleitet (SCHMIDT, GOSDA, WALLWITZ), ferner von zahlreichen Desazapurinen Trimethylsilylderivate hergestellt, um sie für eine einfache Synthese von β-Ribofuranosiden einzusetzen. In den meisten Fällen ergab sich, daß die gewünschten Glykoside auf diesem Wege nicht oder nur in geringer Ausbeute erhältlich sind. Dieser Erfolg konnte mit anderen Methoden erzielt werden. Die Arbeiten an der Synthese eines ADP-analogen Aminobenzimidazol-β-ribofuranosid-5'-pyrophosphats als Substrat für eine enzymatische Polymerisation konnten bis zur Stufe des Monophosphats entwickelt werden, sie wurden 1967 zum Abschluß gebracht. Das Diphosphat ließ sich auf zwei Synthesewegen sowohl über das Diphosphat des 4-Nitrobenzimidazolribofuranosids als auch aus dem Monophosphat der entsprechenden Aminoverbindung darstellen (GOSDA).

Von zahlreichen Mutanten des Bakteriums *Proteus mirabilis*, aus dem Sortiment der Abt. Genetik und Cytologie (BÖHME), die unterschiedliche Resistenzgrade gegenüber Streptomycin aufwiesen und die durch unterschiedliche genetische Wirkungsmechanismen der Resistenz charakterisiert sind, wurden die zur zellfreien Peptidsynthese erforderlichen Enzym- und Nucleinsäurefraktionen in negativem Zustand isoliert, gereinigt und mit Erfolg bei in-vitro-Versuchen zur Hemmung der Peptidsynthese mit Streptomycin verwendet. Mit der Synthese und Reinigung abgewandelter Streptomycine wurde begonnen, um damit an den gleichen Bakterienmutanten die Beziehungen zwischen chemischer Struktur des Antibiotikums, genetischer Konstitution des Versuchsobjektes und biologischer Wirkung zu untersuchen (SCHMIDT, GOSDA, SYCH). Die Versuche mit Enzym- und Ribosomenfraktionen Str-sensibler, Str-resistenter und Str-bedürftiger Mutanten zeigten nur dann eine gute Übereinstimmung zwischen der in-vivo- und in-vitro-Wirkung des Antibiotikums, wenn im System Mg^{++} gegen Ca^{++} ausgetauscht wurde. Bei Verwendung von Ribosomen aus Streptomycin-abhängigen Zellen, die vor der Aufbereitung kurze Zeit in Abwesenheit von Streptomycin gewachsen waren, erfolgte eine signifikante Stimulierung der Peptidsynthese (bis 50%) durch das Antibiotikum.

Weiterhin wurden Streptomycin-Derivate hergestellt (1967), in denen funktionelle Gruppen abgespalten oder blockiert waren, und diese in vivo und in vitro getestet. Die Ergebnisse mit Streptaminyldihydrostreptobiosaminid, in dem die beiden Guanidylgruppen fehlten, zeigten, daß das chemisch abgewandelte Antibiotikum sowohl die Hemmwirkung in der Peptidsynthese als auch die Funktion als genotypischer Suppressor verloren hat (GOSDA, SCHMIDT, SYCH).

8.2.2.4. Verschiedenes

8.2.2.4.1. Knöllchenbakterien (Wurzel-Sproß-Beziehungen)

Durch Pfropfungen wurde 1955 versucht, eine Knöllchenbakterienrasse zur Infektion einer Wurzel zu bringen, die sonst keine Bakterien enthielt, indem der Wurzel ein der Bakterienrasse zugehöriges Reis aufgesetzt wurde. Die Versuche verliefen zunächst erfolglos. Die Bearbeitung der Sproß-Wurzel-Beziehungen für die Knöllchenbakteriensymbiose erfolgte an Blattstecklingen und isolierten Wurzeln. Dabei wurden zur Prüfung der Knöllchenbildungsfähigkeit die isolierten Wurzeln so herangezogen, daß der obere Teil in voller Nährlösung (mit Saccharose), der übrige Teil in mineralischer Lösung wuchs. Verschiedene Ausführungen dieser Methode wurden geprüft und vorbereitende Arbeiten zur Durchführung von Transformationen bei Knöllchenbakterien aufgenommen (WAGENBRETH).

So wurde an isolierten bewurzelten Blättern mit geteilten Wurzelsystemen die Wirkung einseitiger Stickstoffernährung geprüft. Bakterienstämme aus der Familie der *Rhizobiaceae* wurden auf das Basenverhältnis ihrer Desoxyribonucleinsäuren untersucht, wobei sich in allen Fällen ein ausgeprägter Guanin-Cytosin-Typ ergab. Anhand der Größe des Basenverhältnisses lassen sich *Agrobacterium radiobacter* und *A. tumefaciens* gegen die Knöllchenbakterien abgrenzen. Auch innerhalb der Gattung *Rhizobium* konnten auf diese Weise gewisse Gruppierungen vorgenommen werden (WAGENBRETH).

8.2.3. Alkaloid-Physiologie

8.2.3.1. Tropanalkaloide und Alkaloide der Nicotingruppe

1952 wurden Untersuchungen zur Physiologie der Solanaceen-Alkaloide aufgenommen und methodische Fragen der Alkaloidpflanzenzüchtung bearbeitet (KRAFT, ROMEIKE). Durch Variation der Pfropfungsversuche sollte gesichert werden, daß auch der Sproß zur Alkaloidbildung befähigt ist, daß in ihm ein Alkaloidabbau stattfinden kann und daß die Verteilung der Alkaloide auch von verschiedenen Speicherungsvorgängen abhängt. Die große Bedeutung der Wurzel für die Alkaloidsynthese ließ sich durch die Entwicklung einer Besprühungstechnik, die eine normale Ernährung der Pflanzen über die Blätter unter Ausschaltung der Wurzel ermöglicht, noch deutlicher erkennen. Die Wurzel-Sproß-Beziehungen und ihr Zusammenhang mit der Alkaloidbildung wurden mehrere Jahre hindurch bei *Datura* wie bei *Nicotiana* untersucht. In der Abteilung entwickelte neue Methoden des Alkaloidnachweises machten die Selektionsarbeit auf breiter Grundlage mit erheblichem Zeitgewinn möglich. Es wurde mit der Züchtung scopolaminreicher *Datura*-Sorten begonnen und Mutationsversuche mit *Datura innoxia* und *Nicotiana rustica* durchgeführt (ROMEIKE, SCHRÖTER). Nicotinvermehrung bei *Datura* scheint mit schwachem Wuchs korreliert zu sein, *Datura* enthält selbst geringe Mengen Nicotin, verträgt aber größere Dosen nicht. *Nicotiana* ist nicht dadurch charakterisiert, daß sie Nicotin bildet, sondern daß sie Nicotin verträgt. Nicotin ist im System viel weiter verbreitet als bisher angenommen. Der Nachweis von Nicotin in *Zinnia* vermittelte neue Einblicke in die Entstehung von Alkaloidpflanzen und in die Existenzmöglichkeit „chemischer" Arten von besonderem Charakter. Daß *Zinnia* auf Tabakwurzel gut gedeiht, beruht darauf, daß *Zinnia* auch ohne Pfropfung Nicotin in größeren Mengen bildet und verträgt. Für die Züchtung alkaloidreicher Sorten ist es nicht nur nötig, den Alkaloidgehalt selbst zu erhöhen, sondern auch die Resistenz gegen Alkaloide zu entwickeln. Völlige Alkaloidfreiheit wurde bisher bei keiner Sorte und keiner Mutante gefunden. Das könnte auf eine wichtige physiologische Funktion der Alkaloide deuten (MOTHES, ROMEIKE, SCHRÖTER).

Entgegen allen bisherigen Angaben ist auf der Tomate gezogene alkaloidfreie *Datura ferox* in der Lage, im Blatt exogen appliziertes Hyoscyamin in das Epoxid Scopolamin umzuwandeln (ROMEIKE).

Bei Untersuchungen zur Biogenese der Tropanalkaloide der Solanaceen konnte (1957) die Abhängigkeit der Epoxidbildung des Hyoscyamins vom Entwicklungszustand der Organe geklärt und die Selektion scopolaminreicher *Datura*-Sippen nach Artkreuzungen erfolgreich durchgeführt werden. Besondere Aufmerksamkeit wurde den Reaktionsschritten bei der Scopolaminbildung in *Datura* gewidmet (ROMEIKE).

Die chemische Analyse der F_2-Generation (1959/60) zur Gewinnung scopolaminreicher Stämme verlief erfolgreich. Zwei bisher nicht beschriebene Alkaloide, die im Verlauf der Hyoscyaminepoxydierung gebildet werden, wurden gefunden. Eine der beiden Basen erwies sich als Zwischenstufe bei der Entstehung von Scopolamin aus Hyoscyamin in vivo und wurde als Zwischenstufe der Synthesekette des Scopolamins isoliert und als 6-Hydroxyhyoscyamin identifiziert. Versuche mit isoliert kultivierten Pflanzenorganen trugen zur Klärung der Scopolaminbiogenese in *Datura ferox* bei. Weiterhin wurde die enzymatische Oxidation des Hyoscyamins genauer bearbeitet und in oberirdischen Organen verschiedener *Datura*-Arten die sekundäre Umwandlung von Hyoscyamin in Norhyoscyamin festgestellt (ROMEIKE).

Die langjährigen Bemühungen, durch Kombinationszüchtung ein konstant scopolaminreiches *Datura*-Material zur industriellen Verwertung zu gewinnen, verliefen hinsichtlich Wuchsleistung und Alkaloidgehalt erfolgreich. Aus der Ernte 1961 konnte entsprechendes Material an das Arzneimittelwerk Dresden abgegeben werden (ROMEIKE). Auch die aus Colchizinbehandlung von Artbastarden (*Datura ferox* L. × *D. stramonium* L.) entstandenen Polyploiden ergaben hinsichtlich Wüchsigkeit, Einheitlichkeit und Scopolamingehalt gute Ergebnisse. 1965 wurden die Arbeiten über die Entstehung chemischer Rassen im wesentlichen abgeschlossen. Durch Selektion in der Nachkommenschaft der Kreuzung *D. stramonium* L. × *D. ferox* L. entstand eine Rasse von *D. stramonium*, deren Alkaloidspektrum dem von *D. ferox* entsprach, sowie eine Rasse von *D. ferox*, welche die für *D. stramonium* typische Alkaloidzusammensetzung zeigte (ROMEIKE).

Bei der Pfropfung von *Atropa* über *Nicotiana* traten Chlorophylldefekte auf, die auf eine Unverträglichkeit dieser Pfropfkombination hinweisen. In diesem Zusammenhang wurde bei der Pfropfung Tollkirsche auf Tabak die Rolle von „Wurzelstoffen" bei Unverträglichkeit aufgeklärt (MOTHES, ROMEIKE).

Die Bildung von wurzelspezifischen Alkaloiden, wie z. B. Nicotin, erfolgt entscheidend im aktiven oder sogar meristematischen Gewebe, denn mehrfaches Zurückschneiden der Wurzel und dadurch bedingte Regeneration steigerte die gesamte Nicotinproduktion auf über das Doppelte. Dieses Nicotin findet sich wie üblich zum größten Teil in den Blättern (ENGELBRECHT). Verfolgt wurde (1956) auch die Bildung von Alkaloiden vom Nicotintyp in isolierten Wurzeln verschiedener *Nicotiana*-Arten (*glauca, paniculata, alata*). Das Wurzelwachstum von *N. glauca* wird durch geringe Konzentrationen von Nicotin kaum gefördert, von höheren, aber durchaus noch physiologischen Konzentrationen, jedoch gehemmt (ENGELBRECHT, SCHRÖTER).

Es wurde weiterhin (1956) die Wirkung des Gipfelns und Geizens auf den Stoffwechsel der Tabakwurzel untersucht. Blütenbildung bedingt erheblichen Trockengewichtsverlust der Wurzel, die offenbar wesentlich zum Aufbau der Infloreszenzen beiträgt. Die Nicotinbildung in Wurzeln blühender Pflanzen ist deutlich gehemmt. In aseptisch abgenommenem Blutungssaft nimmt das Alkaloid ab, der Gehalt an gewissen Aminosäuren als Folge des eintretenden Kohlenhydratmangels (Eiweißabbau) dagegen zu. In Blutungssäften von *Nicotiana tabacum* treten auch geringe Mengen von Nornicotin auf, vielleicht als eine Vorstufe der Nicotinsynthese (REUTER). Die Frage der Überführung von Nicotin in Anabasin wurde bei *Nicotiana glauca* durch Pfropfungen geprüft (SCHRÖTER).

Das Problem des Alkaloidabbaus wurde unter Verwendung von biologisch erzeugtem, mit C^{14} radioaktiv markiertem Nicotin erneut (1956) aufgenommen (TSCHÖPE).

Die Entmethylierung des Nicotins setzt bei verschiedenen *Nicotiana*-Arten und -Rassen zu verschiedenen entwicklungsphysiologischen Terminen ein. Einige wandeln das Nicotin zu Nornicotin im Blatt während der gesamten Vegetationszeit um, andere erst während des Blühens, dritte beim beginnenden Vergilben der Blätter und vierte im Verlauf nekrotischer Prozesse. Auch bei verschiedenen *Datura*-Arten wurde die Entmethylierung des Hyoscyamins in den oberirdischen Teilen untersucht (ROMEIKE).

1957 wurde auf dem Gebiet der Physiologie der Alkaloide die Rolle äußerer Bedingungen (Temperatur, K-Mangel, N-Konzentration, Lichtintensität) auf die Biosynthese des Nicotins eingehend analysiert, wobei der Belichtung besondere Bedeutung zukommt. Lichtmangel, der den Blättern noch Wachstum gestattet, hemmt bereits das Wurzelwachstum und die Nicotinbildung. Alle äußeren Bedingungen wirken auf den Nicotingehalt in erster Linie in dem Grade, in dem sie das Wurzelwachstum beeinflussen (MOTHES, ENGELBRECHT).

Wie festgestellt wurde, greift die Blütenbildung tief in die Wurzeltätigkeit und damit in die Bildung des Nicotins und der Tropanalkaloide ein. Eine photoperiodische Beeinflussung der Blütenbildung wirkt sich auf die Alkaloidbildung aus (TREFFTZ, REUTER).

Untersuchungen über die Rolle der Spurenstoffe bei der Alkaloidsynthese wurden eingeleitet und die Ausscheidung von Alkaloiden aus den Wurzeln unter sterilen Bedingungen und der Abbau der Alkaloide geprüft (TSCHÖPE).

Bei *Nicotiana silvestris* zeigte sich im Langtag außer einem geringeren Gesamtalkaloidgehalt eine relativ starke Entmethylierung des Nicotins zu Nornicotin. Es gelang mehrmals, eine Nicotinsynthese in nichtwachsenden Wurzeln sicher zu beobachten. Die Nicotinsynthese wird stark gefördert, wenn der relative Anteil meristematischen Gewebes am Gesamtwurzelsystem erhöht wird, was durch regelmäßiges Beschneiden der Wurzeln von Blattstecklingen und den hierdurch ausgeübten Regenerationsreiz zu erreichen ist (MOTHES, ENGELBRECHT, TSCHÖPE). Durch Versuche an isolierten und steril kultivierten Wurzeln von *Nicotiana*-Arten wurde bewiesen, daß Nornicotin nicht nur in Blättern, sondern auch in Wurzeln entsteht (SCHRÖTER, ENGELBRECHT). Durch mit C^{14} markiertes Nicotin, das in den Sproß oder in Blätter von *Nicotiana glauca* infiltriert wurde, gelang der Nachweis, daß das applizierte Nicotin wohl demethyliert, aber nicht in Anabasin überführt wird.

Die langjährigen Untersuchungen über die Funktion von Wurzel und Sproß bei der Biosynthese von Tropanalkaloiden führten bei Solanaceen zur Feststellung, daß das Vorkommen bestimmter Alkaloide im wesentlichen auf die Wurzel beschränkt ist (bei *Nicandra*- und *Physalis*-Arten). Bei *Datura*-Arten ist das Alkaloidspektrum in den Wurzeln sehr reichhaltig, auch hier treten Basen auf, die im Sproß nicht nachweisbar sind. Besonders auffällig ist diese Erscheinung im Keimlingsstadium (ROMEIKE). Eines der bei *Datura innoxia* Mill. und *D. stramonium* L. auf die Wurzel beschränkten Alkaloide konnte mit Hilfe der Isotopentechnik mit Acetyltropin identifiziert werden. Versuche mit ^{14}C-markiertem Tropin (ROMEIKE, AURICH) dienten dem Zweck, die weitere Umsetzung dieses Alkamins in *Datura*-Wurzeln zu verfolgen. Sterile isolierte Wurzelkulturen von *D. innoxia* wurden in Nährlösung gezogen, der Tropin-[$^{14}DH_3$] zugesetzt war. Es erwies sich, daß im Verlaufe von 6 Tagen in erster Linie eine Veresterung mit Essigsäure stattfand; die Aktivität des ebenfalls gebildeten Hyoscyamins war wesentlich geringer als die des Acetyltropins.

8.2.3.2. Mutterkornalkaloide

Im Rahmen der Alkaloidforschung wurde der Alkaloidbildung beim Mutterkorn (*Claviceps purpurea* L.), der Entwicklung der Sklerotien, ihrer Abhängigkeit von äußeren Bedingungen und der Züchtung neuer Mutterkornrassen auf hierfür geeigneten Nährböden schon bald nach dem Aufbau der Abteilung (1952) größte Aufmerksamkeit geschenkt (MOTHES, RIETH, SILBER, MEINICKE, BISCHOFF, in Zusammenarbeit mit Dr. SCHULZE, Görlitz, Apotheker WIECHERT, Bützow).* Beim Anbau eines mittelguten Stammes (Gat IV) in verschiedenen Ländern Europas zeigte sich selbst unter extremen klimatischen Bedingungen eine weitgehende Konstanz des Alkaloidgehaltes. Neue Stämme mit einem Alkaloidgehalt von 0,6% und mehr wurden gefunden und dabei züchterisch wertvolle Varianten bezüglich der Qualität des Alkaloidgemisches ausgelesen.

Die Selektion leistungsfähiger alkaloidreicher Mutterkornstämme wurde mehrere Jahre hindurch fortgesetzt und (1953) der erste Großanbau geplant. Zum Anbau gelangten die Stämme Gat III mit 0,36% Alkaloidgehalt, Gat IV mit 0,33%, Gat V mit 0,48%, Gat VI mit 0,50%, Gat VIIb mit 0,64%, Gat VIId mit 0,83%, Gat VIII mit 0,45%, Gat X mit 0,47%, Gat XII mit 0,44%, außerdem ein Stamm des Görlitzer Mitarbeiters Dr. SCHULZE Gö. A mit 0,52% Alkaloidgehalt (Durchschnittsalkaloidgehalt deutschen Wildmutterkorns 0,02%). Weiterhin wurde die natürliche Ausbreitung des Mutterkorns, seine Variabilität unter verschiedenen klimatischen und Ernährungsbedingungen und die Heterogenität der Einzelsklerotien untersucht (MOTHES, SILBER, BISCHOFF, MEINICKE).

1954 folgten auf breiter Basis Studien des Verhaltens von Roggenmutterkorn auf Wildgräsern und von Wildmutterkorn auf Roggen. Natürlich entstandene und künstlich erzeugte Mischsklerotien konnten in Nachkommenschaftsprüfungen entmischt werden. Der erste Großanbau von Mutterkorn in der DDR erfolgte in Zusammenarbeit

* Sklerotien als Abkochung, als Pulver oder Extrakt in zahlreichen pharmazeutischen Präparaten. Unentbehrlich in der Frauenheilkunde und Geburtshilfe. Kontraktion der glatten Muskulatur der Gebärmutter durch die Ergometrin-Alkaloide, ferner Verwendung bei Störungen des vegetativen Nervensystems.

mit dem Arzneimittelwerk Dresden (Dr. THREN), den Ysatwerken Wernigerode (Dr. BAUMGARTEN), der LPG Hirzbach und einigen bäuerlichen Betrieben. Dabei wurden alle in der DDR vorhandenen nützlich erscheinenden Mutterkornstämme im Vergleichsanbau geprüft und für den feldmäßigen Anbau besondere Impfmaschinen konstruiert (MOTHES, SILBER, MEINICKE, BISCHOFF, GRÖGER).

Die Selektion richtete sich auf industriell wertvolle Formen, die sich praktisch durch den Besitz von nur einem (wasserunlöslichen) Alkaloid auszeichnen. Dazu wurde die chromatographische Analytik der Mutterkornalkaloide weiterentwickelt. In großem Umfang wurden (1955) wieder Roggen-Mutterkornstämme auf Wildgräser abgeimpft und umgekehrt und dabei neue Einblicke in die Wirtsspezifität und in die Modifikabilität des Alkaloidgehaltes gewonnen (MEINICKE, GRÖGER).

Voraussetzung für eine saprophytische Mutterkornkultur war das Studium des Aminosäurenstoffwechsels der sich entwickelnden und keimenden Sklerotien. Auch sollte durch Injektion in den Roggenhalm eine spezifische Aminosäureernährung des Sklerotiums versucht werden, um hierdurch die Alkaloidbildung in bestimmte Bahnen zu lenken. Diese Versuche verliefen negativ, weil die injizierten Aminosäuren sofort von der Pflanze assimiliert werden und nicht in die Sklerotien gelangen, die ihre peptidähnlichen Alkaloide selbst aufbauen (GRÖGER, U. MOTHES). Eine Fütterung des Roggenhalmes mit Tryptophan führte zu einer Erhöhung des Alkaloidgehaltes der Sklerotien. In Zusammenarbeit mit Prof. WEYGAND, Institut für organische Chemie der Technischen Universität Berlin-Charlottenburg, wurde dieser Ernährungsversuch mit radioaktiv markiertem Tryptophan wiederholt und eine bemerkenswerte Aktivität im Alkaloid nachgewiesen (U. MOTHES, GRÖGER). Durch Abbauversuche konnte festgestellt werden, daß das injizierte Tryptophan ein Zwischenprodukt bei der Biosynthese der Lysergsäure ist.

Die Technik der Isolation von Einzelsporen beim Mutterkorn wurde verbessert und damit die Selektion von „reinen“ Alkaloidstämmen fortgesetzt. Es konnten praktisch alle industriell wichtigen Inhaltsstoffe in selektionierten Kulturen des Mutterkorns isoliert werden. Experimentelle Mutationsversuche führten zu morphologisch bemerkenswerten Typen und zu einer alkaloidärmeren Leukoform. Die verschiedenen experimentell erhaltenen Mutterkorntypen waren im Nachbau konstant. Durch Ernährung mit verschiedenen Stickstoffverbindungen wurde der Alkaloidgehalt nicht beeinflußt. Weitere Studien galten dem Aminosäurenstoffwechsel in Submerskulturen und dem Einfluß von Spurenelementen auf die Oberflächen- und Submerskulturen. Durch die Auswahl geeigneter Pilzstämme gelang die Produktion von Agroclavin in saprophytischer Kultur (GRÖGER).

8.2.3.3. Mohnalkaloide

Methodische Untersuchungen zur Ermittlung des Gehaltes an industriell bedeutsamen Alkaloiden (Morphin, Codein usw.) wurden bei Mohn durchgeführt (1956). Bei der Selektion des von der Abt. Systematik und Sortiment bereitgestellten großen Sortiments an Mohnarten und Schlafmohnrassen ergaben sich große Unterschiede in der chemischen Qualität. Diese erschienen wichtig genug, um für den Anbau von Morphin- und Codein-Mohn genutzt zu werden (KLEINSCHMIDT). In kultivierten Rassen von *Papaver setigerum* wurde Morphin gefunden, was für die Verwandtschaftsverhältnisse innerhalb der Gattung bedeutungsvoll ist.

8.2.3.4. Gerstenalkaloide

Die Untersuchungen über das Vorkommen und die Ausbildung von Hordenin und anderen Phenyläthylaminen in Gerste führten (1956) zur Entdeckung von Candicin (MOTHES, RABITZSCH, Pharm.-Chem. Institut der Martin-Luther-Universität Halle).

8.2.3.5. Lupinenalkaloide

Das Studium der Biosynthese der Lupinenalkaloide wurde durch zahlreiche Pfropfungen und durch Organkultur unter sterilen Bedingungen wesentlich gefördert. Diese Alkaloide können im Sproß gebildet werden (ENGELBRECHT), obwohl die Lokalisation des Bildungsortes noch nicht eindeutig gelang (1956). Hypokotylfreie Wurzelspitzen in steriler Kultur vermehren nicht den Alkaloidgehalt.

8.2.3.6. Steroidalkaloide und weitere Triterpenoide

Mit Übernahme der Abt. Chemische Physiologie durch Dr. rer. nat. Klaus SCHREIBER ab 1. Dezember 1061 wurden die Arbeiten durch Untersuchungen über Steroidalkaloide bereichert. Die ab 1962 an *Solanum*-Steroidalkaloiden durchgeführten Untersuchungen konzentrierten sich auf die Analytik und Biogenese von Steroidalkaloiden und -sapogeninen unter besonderer Berücksichtigung der in *Solanum demissum* Lindl., *Lycopersicon pimpinellifolium* Mill. sowie in experimentell erzeugten Mutanten der letztgenannten Species vorkommenden Basen.

Nach Kreuzung zweier Chemovarietäten von *Solanum dulcamara* L., die sich durch ein Vorkommen von Soladulcidin bzw. Tomatidenol als Blatt-Hauptalkaloide unterschieden, wurde in der F_1-Generation neben den beiden Elternalkaloiden auch Solasodin und — erstmals für *S. dulcamara* — das Tomatenalkaloid Tomatidin nachgewiesen. Weitere Arbeiten zur Klärung der Alkaloidvererbung, speziell zur Analyse der in der F_2-Generation vorkommenden Steroidalkaloide wurden aufgenommen (RÖNSCH, SCHREIBER).

1967 begannen Untersuchungen zur Biosynthese und zum Stoffwechsel von Triterpenoiden in Pflanzen unter Verwendung radioaktiv markierter Vorstufen. Hierbei interessierten vor allem die Frage nach der Bedeutung von Cycloartenol in der pflanzlichen Steroidbiosynthese, die Klärung der Biosynthese von C_{27}-Steroidalkaloiden und -sapogeninen und deren gegenseitige Überführbarkeit unter besonderer Berücksichtigung stereochemischer Aspekte, die Frage nach dem Syntheseort, der Herkunft der Stickstoffatome in den Steroidalkaloiden, des Steroidtransports und -abbaus sowie schließlich nach der möglichen Funktion und Bedeutung der Steroide allgemein im pflanzlichen Stoffwechsel (AURICH, MORITZ, RIPPERGER, SCHREIBER).

Zur Ermittlung von Zwischenprodukten der Phytosterin- und Steroidalkaloid-Biosynthese wurden ^{14}C-markiertes Cycloartenol und Lanosterin synthetisiert und steroidalkaloidführenden Pflanzen appliziert, wobei ein Einbau vor allem von Cycloartenol in Solanidin, Tomatidin und Solanocapsin festgestellt wurde (MORITZ, RIPPERGER, SCHREIBER). Weiterhin wurden die Sterine und Triterpene von *Solanum paniculatum* L. und *S. laciniatum* Ait. isoliert. Beide Pflanzen enthalten Cholesterin, Campesterin, β-Sitosterin und Stigmasterin. In *S. paniculatum* wurde zusätzlich Lophenol und Cycloartenol nachgewiesen (SCHREIBER, MORITZ, RIPPERGER).

8.2.4. Physiologie N-freier Verbindungen

8.2.4.1. Polyphenole und verwandte Verbindungen

8.2.4.1.1. Biosynthese und Beziehungen zu den Gerbstoffen bei höheren Pflanzen

Das Problem der Biosynthese der Polyphenole und der Beziehung dieser Substanzen zu den Gerbstoffen wurde an Heilpflanzen und besonderen Pilzstämmen 1952 aufgenommen und die Arbeiten über den Stoffwechsel des Hydrochinons und der Polyphenolcarbonsäuren (Gerbstoffe) bei *Bergenia* zunächst zu einem gewissen Abschluß gebracht (FRIEDRICH). Weiterhin wurden Studien an Arbutindrogen durchgeführt, die ergaben, daß eine gerbstofffreie Arbutindroge von keinem therapeutischen Wert ist, weil der Gerbstoff offenbar die Substanz ist, die eine zu frühe Aufspaltung des Arbutins in Hydrochinon und Glukose verhindert. Hemmwirkungen dieser Art wurden untersucht, ferner die Biochemie und Physiologie von Arbutinpflanzen, wie *Pyrus*-Arten und *Bergenia crassifolia*. Zum Arbutinnachweis wurde eine papierchromatographische Methode ausgearbeitet. Es ergab sich, daß das Hydrochinonglukosid offensichtlich nicht als stoffliche Ursache für Unverträglichkeiten bei Pfropfungen von Birnenedelreisern anzusehen ist. Weitere Arbeiten galten der Ermittlung der neben Arbutin in den verschiedenen Teilen von *Pyrus*-Arten auftretenden anderen Phenole, Phenolglykoside und vermutlichen Phenolvorstufen, ferner Beobachtungen über das Verhalten und die Verteilung des Arbutins während der Vegetationsperiode und beim Keimen von Birnensamen und schließlich der Analyse der Blätter von Pfropfungen zwischen arbutinhaltigen und arbutinfreien Partnern. Auch die Gerbstoffe bzw. die gerbstoffartigen Körper der Birne wurden sowohl in qualitativer als auch in quantitativer Hinsicht untersucht. Im Zusammenhang mit den Arbeiten über Arbutin wurde es notwendig, die bisher bekannten Verfahren zur Wertbestimmung der Arbutindroge Folia Uvae ursi zu überprüfen und eine verbesserte Methode auszuarbeiten (FRIEDRICH).

1959 wurden im Schwerpunktthema Glykosidforschung Verfahren zur Trennung und Reindarstellung von Phenolglykosiden an Cellulosesäulen erarbeitet und mit ihrer Hilfe aus *Pyrus*-Arten und aus *Vaccinium vitis-idaea* kristalline Produkte gewonnen und auf ihre Spaltbarkeit mit Emulsin geprüft. Die aus den Blättern von *Pyrus communis* isolierte kristalline Substanz wurde näher charakterisiert; sie erwies sich als Essigsäureester des Hydrochinon-Glykosids und erhielt die Bezeichnung Pyrosid (FRIEDRICH). Weitere Untersuchungen bezogen sich auf das Vorkommen von Flavonoiden in den Blüten von *Calendula officinalis* und verschiedenen *Arnica*-Arten. Bei *Calendula* wurden vier Flavonglukoside nachgewiesen, präparativ getrennt und rein dargestellt. Sie wurden papierchromatographisch, durch ihre Schmelzpunkte und UV-Spektren sowie durch Untersuchung ihrer Hydrolyseprodukte charakterisiert.

In allen Fällen handelte es sich um Glykoside des Isorhamnetins; am Aufbau der Zuckerreste waren D-Glukose und L-Rhamnose beteiligt (FRIEDRICH).

Im Jahre 1960 wurden Untersuchungen über die Physiologie und Biochemie der Phenylchromone aus *Ammi visnaga* begonnen, das erforderliche Pflanzenmaterial herangezogen und die benötigten Mikromethoden entwickelt (HORSTMANN). Es gelang eine papierchromatographische Trennung von Khellin und Visnagin und eine quantitative Bestimmung dieser beiden Furochromone nebeneinander in Pflanzenextrakten (FRIEDRICH, HORSTMANN).

8.2.4.1.2. Bildung und Abbau bei Pilzen

Eingehend analysiert wurde der Abbau von Polyphenolen durch Schimmelpilze, die keine anderen Kohlenstoffverbindungen erhalten. Weitere Untersuchungen galten der Bildung von Polyphenolcarbonsäuren durch *Phycomyces* (SCHRÖTER). Ebenso konnten Arbeiten über den Abbau von Phenolen durch *Aspergillus niger* abgeschlossen werden (1956). Dieser Pilz kann verschiedene phenolische Stoffe (Gallussäure, Pyrogallol, Resorcin, Hydrochinon) als einzige C-Quelle verwerten. Der Abbau dieser Substanzen läßt sich papierchromatographisch verfolgen. Er verläuft mit großer Wahrscheinlichkeit ganz analog wie bei phenolspaltenden Bakterien über Oxydation und Ringspaltung (β-Ketoadipinsäure als Zwischenstufe) und mündet schließlich in den Tricarbonsäurezyklus (FRIEDRICH).

8.2.4.2. Phytohormone und weitere pflanzliche Wachstumsregulatoren

8.2.4.2.1. Physiologie in höheren Pflanzen

Die Arbeiten zur Auxinbestimmung bei Hafer ergaben, daß Nicotin und Atropin bei der Haferkoleoptile je nach Konzentration als Synergisten und Antagonisten in den Wuchsstoffkomplex eingreifen können (RAMSHORN, GÖTZ). Alkaloide können — wenn auch nicht allgemein — den Blühtermin beeinflussen und Metamorphosen hervorrufen. Bestimmte Pfropfungen, z. B. *Datura innoxia* auf alkaloidfreier *Cyphomandra*-Wurzel, zeigen typische Erscheinungen der Wuchsstoffüberdosierung. Alkaloide wirken auch auf den Gaswechsel der Haferkoleoptile. Sein Einfluß auf Permeationsvorgänge wurde durch eine modifizierte Projektionstechnik studiert (MÜLLER).

Die noch in der Abt. Physikalische Physiologie (RAMSHORN) durchgeführten Versuche (1953) über die Möglichkeit einer Ertragssteigerung durch Wuchsstoffsynergisten nach Vorbehandlung von Saatgut und Besprühen junger und blühender Tomatenpflanzen mit 2,4-Dichlorphenoxyessigsäure (2,4-D), 2,4,5-Trichlorphenoxyessigsäure und Tetrachlorphenoxyessigsäure sowie Hexachlorcyclohexan (HCH) in verschiedenen Konzentrationen (10^{-10} bis 10^{-13} mol) ergaben leichte Ertragssteigerungen, beim Besprühen mit HCH im Blütenstadium bis zu 20% des Fruchtgewichtes. Die Behandlung von Tomatenpflanzen (Sorte Lukullus) mit 2,4-D (10^{-6}) bewirkte bisher unbekannte entwicklungsphysiologische Vorgänge; neben einer starken Wurzelbildung am Sproß (endogen) trat eine Vervielfältigung der Blattnerven und eine ausgeprägte Änderung der Fruchtform auf. Die kugelförmigen Früchte wurden oval bis pflaumenartig (RAMSHORN).

Mit einer 1954 entwickelten biologischen und chemischen Methodik konnten in dem aus *Avena*-Koleoptilspitzen diffundierenden Stoffgemisch zwei Wuchsstoffe und drei bisher unbekannte Hemmfaktoren festgestellt werden, an deren Identifikation gearbeitet und deren physiologische Bedeutung festgestellt werden sollte. Es wurde ein weiterer qualitativer und quantitativer Nachweis von β-Indolylessigsäure mittels der oszillopolarographischen Methode entwickelt, die eine exakte Erfassung des Auxins bis zu 2.5×10^{-8} g/ml gestattet (RAMSHORN).

Untersuchungen über die Einwirkung von Auxin und Nicotin auf die Saugkraft und Wasserpermeabilität plasmolysierter Zellen wurden 1956 abgeschlossen. Die bisherige Vorstellung, daß eine Permeabilitätserhöhung durch Auxin zwangsläufig eine Saugkrafterhöhung bewirkt, konnte widerlegt werden. Nicotin beeinflußt den Plasmazustand in anderer Weise als Auxin (RAMSHORN, MÜLLER).

Auf biochemisch-physiologischem Gebiet wurden zunächst Untersuchungen über die Wirkung von Gibberellinsäure und Licht auf die Samenkeimung durchgeführt (Sembdner, Schneider, Weiland). Es folgten (1964) physiologische Arbeiten über die spezifische Wirkung verschiedener Gibberelline insbesondere auf zahlreiche Zwergsorten von *Pisum sativum* und Zwergformen einiger anderer Pflanzen sowie über die Beziehungen zwischen chemischer Struktur und biologischer Wirksamkeit. Ferner wurden bestimmte Abbauprodukte von Gibberellin A_3 hergestellt und physiologisch geprüft (Sembdner, Schneider, Weiland).

Weitere physiologische Untersuchungen galten der biologischen Aktivität und dem Stoffwechsel verschiedener endogener Gibberelline, z. B. in Abhängigkeit von Umweltbedingungen, sowie der Funktion von Hemmstoffen unterschiedlichen Strukturtyps (Sembdner, Schneider, Weiland, Schreiber).

Auch wurde die biologische Wirksamkeit verschiedener Gibberellinepoxide in Abhängigkeit von den Lichtbedingungen und den verwendeten Testpflanzen geprüft (Schneider, Schreiber, Sembdner).

Nach Wilzbach tritiiertes Gibberellin A_3 und A_6 sowie durch Verfütterung von ^{14}C-Acetat an einen gibberellinbildenden Stamm von *Fusarium moniliforme* Sheld. gewonnenes uniform markiertes ^{14}C-Gibberellin A_3 wurden für biochemisch-physiologische Untersuchungen verwendet, zur Klärung des Gibberellinstoffwechsels in reifenden bzw. keimenden Bohnen, der Gibberellinausscheidung durch Wurzeln sowie des Gibberellintransports in Pflanzen. Die Untersuchungen führten zu dem Ergebnis, daß mit Kohlenhydraten konjugierte Gibberelline allgemein verbreitet sind und daß es sich hierbei um desaktivierte Depot- und/oder Transportformen dieser wichtigen endogenen Wachstumsregulatoren handelt (Sembdner, Aurich, Weiland, Schreiber).

Die Untersuchungen über Stoffwechsel und Funktion von Gibberellinglykosiden in höheren Pflanzen wurden unter Anwendung radioaktiv markierter Gibberelline, eines Gibberellin-Biosyntheseinhibitors und eines β-Glukosidase-Inaktivators fortgesetzt und führten zu folgenden Ergebnissen: 1. Das aus Bohnenfrüchten (*Phaseolus coccineus* L.) isolierte Gibberellin A_8 entsteht als desaktivierte Endstufe des Gibberellinmetabolismus während der Fruchtreifung. 2. Es wird bei der Samenkeimung in biologisch aktive, weniger polare gibberellinartige Substanzen rückverwandelt und besitzt demzufolge Depotfunktion. 3. Neben oder nach dieser Gibberellinmobilisierung erfolgt im keimenden Bohnensamen eine Gibberellin-Neusynthese. 4. Die Glykosylierung ist eine allgemein verbreitete und bedeutungsvolle Reaktion im Gibberellinstoffwechsel höherer Pflanzen. 5. Gibberellinglykoside müssen zur Entfaltung ihrer Wirkung in Pflanzen enzymatisch hydrolysiert werden (Sembdner, Weiland, Aurich, Schreiber).

Im Rahmen vergleichender Untersuchungen an Tomatenmutanten wurden Analysen des Blutungssaftes der mut. *pauper* und ihrer Ausgangsform cv. ‚Condine Red' durchgeführt. Vorversuche ließen bestimmte Fraktionen mit Gibberellinaktivitäten erkennen, in denen sich Mutante und Normalform deutlich voneinander unterscheiden und für die es auf dem Gibberellin-Gebiet bisher keine Parallelen gibt (Sembdner, G. Scholz). Das Material wurde (1968) aufgearbeitet mit dem Ziel, qualitative und quantitative Unterschiede im Gibberellingehalt zu erfassen (G. Scholz).

8.2.4.2.2. Vorkommen und Umwandlung in Pilzen

Mit Dr. I. Focke, Institut für Pflanzenzüchtung Bernburg der Deutschen Akademie der Landwirtschaftswissenschaften, zusammen wurde der Einfluß komplexer Nährsubstrate auf die Gibberellinbildung von *Fusarium moniliforme* Sheld. untersucht und ein Screening-Programm mit ca. 40 Pilzarten zur Ermittlung der Möglichkeiten einer mikrobiellen Umwandlung von Gibberellinen (1964) begonnen (SEMBDNER, SCHNEIDER, SCHREIBER).

Ausgedehnte Untersuchungen zur mikrobiellen Umwandlung von Gibberellin A_3 ergaben, daß diese Verbindung durch ca. 50 geprüfte Pilzarten bzw. -stämme auf Substraten mit ausreichenden C-Quellen nicht angegriffen wird. Einige Pilzarten konnten die weniger polaren Acetylderivate von GA_3 partiell umwandeln, wobei überwiegend Entacetylierung an o(3) stattfand. Im Rahmen von Untersuchungen über den Einfluß von komplexen Nährmedien auf die Gibberellinbildung von *Fusarium moniliforme* Sheld. wurde ein in *Lupinus albus* natürlich vorkommender Hemmstoff der Gibberellinbiosynthese dieses Pilzes aufgefunden und darauf mit der präparativen Isolierung, Identifizierung und Strukturaufklärung dieser Substanz begonnen (RIPPERGER). Mit diesem *Fusarium*-Stamm wurde außerdem die Wirkung von Abscisinsäure und einiger synthetischer Wachstumsregulatoren auf die Gibberellinbiosynthese untersucht (SEMBDNER, SCHREIBER).

8.2.4.3. Mineralstoffhaushalt

8.2.4.3.1. Pflanzenphysiologische Wirkung des Bors

Im Rahmen der Arbeiten über den Mineralstoffhaushalt höherer Pflanzen wurden 1956 Untersuchungen über die Funktionen des Bors und seinen Einfluß auf die Bildung von Alkaloiden begonnen. Ferner wurde der Einfluß des Bors auf den Kohlenhydrat- und Stickstoffhaushalt von Tabak- und Tomatenstecklingen sowie auf die Atmung, den Wasser- und Stickstoffhaushalt sowie bestimmte Differenzierungsvorgänge von *Vicia faba*-Wurzeln geprüft (G. SCHOLZ). Beobachtungen an Tabakblattstecklingen mit geteilten Wurzelhälften gaben wichtige Aufschlüsse über die Festlegung des Bors in der Pflanze. Die Wirkung des Bors auf den Zucker- und Stickstoffumsatz wurde an abgetrennten Wurzelspitzen von *Vicia faba* und an Blattstecklingen von *Nicotiana rustica* L., *Lycopersicon esculentum* Mill. und *Phaseolus vulgaris* L. geprüft und die an Blattstecklingen erzielten Ergebnisse durch Untersuchungen an Wasserlinsen (*Lemna minor* L. und *Wolffia arrhiza* L.) erweitert und ergänzt. Insbesondere wurden die Ursachen der an Blattstecklingen unter Bormangel gefundenen Kohlenhydratanhäufung an den Assimilationsorten untersucht und die Wirkung des Bors auf die Zellwandzusammensetzung in die Studien einbezogen.

1962 konnten die Arbeiten über die physiologische Rolle des Spurenelementes Bor zu einem vorläufigen Abschluß gebracht werden. Es wurde der Zusammenhang zwischen Assimilattransport und Borversorgung geklärt. Die mit *Lemna minor* durchgeführten Experimente ergaben, daß das Gleichgewicht zwischen Stärke und Saccharose in der Pflanze und damit die Menge des verfügbaren Transportzuckers weitgehend von der Borversorgung abhängt (G. SCHOLZ).

8.2.4.3.2. Phosphat-Haushalt

Zur Erweiterung der Kenntnisse über den Mineralstoffhaushalt höherer Pflanzen wurden (1959) zunächst einige Arbeiten mit ^{32}P begonnen, um die Bodenzone in unmittelbarer Nähe der Wurzeln, die Nährstoffträger und ihre Wechselwirkungen mit der Pflanze zu erforschen, da die Vorgänge an der Wurzeloberfläche den Nährstoffhaushalt und damit den Ertrag entscheidend beeinflussen. Die Untersuchungen erfolgten mit definierten Phosphaten als Modellsubstanzen, um aus ihrem Verhalten Rückschlüsse auf die „Bodenphosphorsäure" ziehen zu können. Mit der Eröffnung des inaktiven Teils des neuerbauten Isotopenlaboratoriums wurden die Untersuchungen über labile Phosphationen mit Hilfe von ^{32}P an Phosphatverbindungen und Tonen sowie an Bodenproben aus verschiedenen geologischen Formationen fortgeführt. Eine Reihe von Methoden zur Ermittlung kleinster Phosphatmengen wurden geprüft und durch die Isotopenverdünnungsanalyse der pflanzenaufnehmbare Phosphatvorrat des Bodens erfaßt. Die zum Zeitpunkt des Isotopengleichgewichtes ermittelten Werte waren in allen Fällen wesentlich größer als die durch physiologische Methoden ermittelten pflanzenaufnehmbaren Phosphatmengen. Werden jedoch bei verkürzter Reaktionszeit nur die rasch austauschenden Fraktionen erfaßt, so ist die Korrelation zum ermittelten pflanzenaufnehmbaren Phosphat befriedigend. Die Isotopenverdünnungsanalyse ist den klassischen chemischen Extraktionsmethoden überlegen, zumal sie gegenüber physiologischen Verfahren schneller durchführbar ist (MACHOLD).

8.2.4.3.3. Eisen und Chlorophyllsynthese

In der Arbeitsgruppe „Mineralstoffhaushalt" wurde das ernährungsphysiologische Verhalten der chlorophylldefekten Tomatenmutante *xantha*$_5$ untersucht. Dabei konnte eine enge Beziehung zwischen den Ernährungsbedingungen und dem Eisenstoffwechsel dieser Mutante festgestellt werden. Es hat den Anschein, daß die Mutante das für die Chlorophyllsynthese notwendige Eisen nicht reduzieren kann. Zusätze verschiedener Reduktionsmittel zur Nährlösung führten in allen Fällen zu einem deutlichen Anstieg des Chlorophyllgehaltes. Aufnahme und Transport des Eisens verlaufen jedoch normal, wie mit Hilfe von ^{59}Fe nachgewiesen werden konnte (MACHOLD). Dasselbe Ergebnis brachten die physiologischen Untersuchungen über den Eisenstoffwechsel der Tomatenmutante *chloronerva*, bei der nach Anwendung radioaktiver Isotope nachgewiesen wurde, daß Eisenaufnahme und -transport in der Mutante quantitativ nicht behindert sind (G. SCHOLZ).

Weitere Untersuchungen galten der Aufklärung der detaillierten Zusammenhänge zwischen dem genetisch bedingten Chlorophylldefekt und den damit verbundenen Veränderungen im Stoffwechsel der Pflanzen. Es bestätigte sich erneut, daß alle Faktoren, die das Redoxpotential des Nährmediums in Richtung auf negative Werte verändern, den Chlorophyllgehalt der Mutante *xantha*$_5$ erhöhen. Der Eisengehalt der Pflanzen wurde durch fraktionierte Extraktion ermittelt und festgestellt, daß mit der Erniedrigung des Redoxpotentials nicht nur der Chlorophyllgehalt, sondern gleichzeitig auch der Gehalt an „physiologisch aktivem" Eisen ansteigt. Die physiologische Ursache für den Chlorophylldefekt ist also im Eisenstoffwechsel zu suchen. Die fraktionierte Extraktion des Eisens gestattete es, das extrazelluläre Eisen und das lösliche Eisen des Zytoplasmas (Fraktion I), das lösliche Eisen der Chloroplasten (Fraktion II) und das an den Chlorophyll-Proteinkomplex gebundene Eisen (Fraktion III) getrennt zu erfassen. Mit diesem Extraktionsverfahren wurde nachgewiesen, daß — gleichen Gesamteisengehalt vorausgesetzt — in den chlorotischen Blättern die Fraktion I und das nichtextrahierbare Rest-Eisen erhöht sind, während bei der Ergrünung der Eisengehalt der Fraktionen II und III um etwa 100% ansteigt. Es muß nach diesen Ergebnissen ein unterschiedlicher Bindungszustand des Eisens in den grünen und den chlorotischen Blättern angenommen werden, bedingt durch eine Veränderung des Verhältnisses $Fe^{++}:Fe^{+++}$, das zu einer Inaktivierung des Eisens für den Chlorophyllsyntheseprozeß führt. Die Inaktivierung des Eisens ist bei der Mutante genetisch bedingt, sie kann durch Nährmedien mit hohem Reduktionsvermögen verhindert werden. Gleichzeitig muß für die Mutante eine genetisch bedingte Veränderung im Wirkungsgrad des Eisens angenommen werden (MACHOLD).

Die mit der fraktionierten Extraktionsmethode erzielten Ergebnisse wurden (1968) an intakten Blättern durch die Mössbauer-Spektrometrie bestätigt. Ebenso wie niedrige Redoxpotentiale erhöhen Temperaturen über 30 °C den Chlorophyllgehalt der Mutante. Auch hier konnte eine enge Beziehung zwischen Temperatur und Eisenstoffwechsel festgestellt werden (MACHOLD, MEISEL, SCHNORR).

Am gleichen Objekt wurden Untersuchungen eingeleitet, um den die Chlorophyllsynthese blockierenden Reaktionsschritt zu finden und die Funktion des Eisens in diesem Prozeß aufzuklären. Hierzu wurden die Ausgangsprodukte der Chlorophyllsynthese chromatographisch getrennt. In den verschiedenen Versuchsanordnungen konnte nachgewiesen werden, daß sich bei der Mutante alle Chlorophyll-Vorstufen bis zum Coproporphyrin anreichern. Der Übergang von Coproporphyrin zu Protoporphyrin ist demnach unterbrochen und gleichzeitig die Stelle ermittelt worden, wo das Eisen bei der Chlorophyllsynthese wirksam wird (STEPHAN, MACHOLD).

8.2.4.3.4. Magnesium und Chlorophyllsynthese

Mg-Mangel bewirkt eine starke Ausbleichung bewurzelter Tabak-Blattstecklinge, ohne daß der Eiweißwert wesentlich absinkt. Bei Aufhebung des Mg-Mangels wird das Chlorophyll völlig regeneriert (MOTHES, BAUDISCH).

8.2.4.4. Gaswechselprozesse

1954 wurden Untersuchungen des Grundstoffwechsels der Bohnenwurzel durch Gasstoffwechselmessungen (aerobe Glykolyse) begonnen.

Die manometrische Untersuchung der Kausalität der aeroben Gärung von aktiven meristematischen Geweben (Wurzelspitzen) ergab, daß die neben der oxidativen Atmung einherlaufende Gärung nicht physiologisch bedingt ist (RAMSHORN). Es konnte über die Messung des Gaswechsels bei variierter Temperatur (15—30 °C) nachgewiesen werden, daß nur eine partielle Gärung neben der oxidativen Atmung vorliegt, die auf einen in den verschiedenen Wurzelbezirken unterschiedlichen Sauerstoffmangel zurückzuführen ist. Die Ursachen für das Absinken der Gärungsvorgänge bei isolierten Segmenten wurden geklärt. Die Prüfung des Gaswechsels bei verschiedenem Sauerstoffdruck zeigte die Abhängigkeit des Sauerstoffzutritts vom histologischen Bau des Teilungsgewebes. Behinderter Sauerstoffzutritt führt zu Gärung, Erhöhung der Diffusion zum Verschwinden der Glykolyse, deren besondere Bedeutung für Stoffwechsel und Biosynthese durch Analysen des Grundstoffwechsels ermittelt wurde. Für Gaswechselmessungen von Wurzelsystemen in situ erfolgte eine Modifizierung der elektrochemischen und polarometrischen Methodik, um Einblick in die Korrelation zwischen Sproß und Wurzel zu gewinnen (RAMSHORN).

Die Existenz partieller Gärungsvorgänge in Wurzelmeristemen wurde durch weitere Gaswechselmessungen bei Bohnen- und Maispflanzen nachgewiesen. Versuche mit erhöhter Sauerstoffspannung wiesen auf die fakultative Natur der Gärung hin. Daneben besteht eine aerobe Gärung, deren Größe sich durch Konzentrationssteigerung des Betriebsmaterials erhöhen läßt. Für die RQ-Steigerung ist die Senkung der Sauerstoffaufnahme ausschlaggebend, die CO_2-Bilanz bleibt unverändert (RAMSHORN, WUNDERLICH). Die Sauerstoffaufnahme der Wurzel ist an der Spitze am geringsten, sie nimmt während der Zellentwicklung bis zu einem bestimmten Entwicklungsstadium ebenso wie die Plasmamenge und der Wassergehalt kontinuierlich zu. Erstmalige in-situ-Messungen der Wurzelatmung gaben positive Hinweise für die Vergleichbarkeit von Gaswechselmessungen an Wurzelstücken mit solchen am Objekt in situ (RAMSHORN).

Besondere Untersuchungen galten (1955) der physiologischen Regenerationsfähigkeit in vitro kultivierter und ergrünender Wurzeln von *Atropa belladonna*. Manometrische und polarometrische Messungen des Gaswechsels (MUNSCHE) ergaben ihre Fähigkeit zu assimilieren. Pigmentanalysen wiesen auf Abweichungen der Farbstoffkomponenten-Zusammensetzung von derjenigen des oberirdischen Pflanzenteils hin. Auch die ermittelten Assimilationszahlen deuten auf die stoffwechselphysiologische Beschaffenheit der unabhängig vom Gesamtorganismus gewachsenen Wurzeln. Für die Kritik an der $\pm$ KOH-Warburg-Methode konnten nunmehr exakte Belege erbracht werden, die anläßlich vergleichender Messungen von Streckungswachstum und Atmung bei Koleoptilgewebe gewonnen wurden. Das Wachstum wird bei Abwesenheit von CO_2 nahezu sistiert, dessen Fixation eine entscheidende Voraussetzung für den Ablauf des Wachstumsprozesses sein muß und das auch für die Zuwachsrate ein begrenzender Faktor zu sein scheint (MUNSCHE, GÖTZ). Ergrünte, isolierte Wurzeln von *Atropa* können das bislang in Wurzeln vermißte Ferment Glykolsäuredehydrogenase ausbilden (WAGNER). Solche Wurzeln photosynthetisieren normal bei hoher Assimilationszahl und können lange Zeit ohne Sproß und ohne Zufuhr organischer Substanz autotroph leben (RAMSHORN). Isolierte Wurzeln von *Atropa* bilden Scopoletin aus Tyrosin und Aesculin, Blätter offenbar nur aus Aesculin (Dr. KALA, Halle).

Zum Abschluß gebracht wurden 1956 Studien über den Einfluß von Nicotin auf oxidative Teilschritte der Gewebeatmung (RAMSHORN, GÖTZ).

Weitere Untersuchungen galten (1958) wieder der partiellen Gärung in Wurzelmeristemen in ihrer Abhängigkeit von Qualität und Quantität des Atmungssubstrats (RAMSHORN). Ferner wurde die entwicklungsphysiologische Differenzierung der bei der Endoxidation beteiligten Fermentsysteme sowie der Lichteinfluß auf den Gaswechsel von *Vicia-faba*-Wurzeln untersucht (RAMSHORN, KOENIG).

Im Anschluß an die bisherigen Untersuchungen des Grundstoffwechsels der Pflanzenwurzel wurde die Bedeutung verschiedener Zucker für Atmung und Streckungswachstum an einigen Kulturpflanzen nachgewiesen. Es gelang die Entdeckung eines Saccharose-Effektes, der auf dem gleichzeitigen Angebot der auf Baustoff- und Energiestoffwechsel optimal einwirkenden Spaltungsprodukte Glukose-1-phosphat und Fruktose beruht. Die Untersuchungen führten ferner zur Klärung der „toxischen" Wirkung von Glukose und Fruktose auf das Streckungswachstum. Auf Grund dieser Versuchsergebnisse konnte eine Hypothese über den aeroben Zuckerumsatz in isolierten Wurzelspitzen entwickelt werden. Die an Bohnenwurzeln gewonnenen Erkenntnisse wurden durch Beobachtungen an Mais und Erbsen gesichert.

Die ausgedehnten Untersuchungen zum Gaswechsel der Wurzeln von *Vicia faba* L., *Pisum sativum* L. und *Zea mays* L. ergaben (1960), daß die beiden Leguminosen hinsichtlich des Gaswechsels in Abhängigkeit von Umweltfaktoren ein nahezu identisches Verhalten zeigten, während die Graminee *Zea mays* augenscheinlich anderen

Gesetzmäßigkeiten folgt. Weiterhin wurde die Gültigkeit der für den Zuckerumsatz in Bohnenwurzelspitzen aufgestellten Hypothese durch Zuwachsmessungen und Zuckeranalyse bei *Pisum* und *Zea mays* geprüft und dabei an der Bohnenwurzelspitze besonders die Abhängigkeit des endogenen Zuckerspiegels vom exogenen Substrat studiert. Es zeigte sich, daß Glukose und Fruktose in die Zelle eindringen können, während Saccharose an der Zellaußenfläche gespalten wird, in Form ihrer Komponenten permeiert und dann im Zellinneren wieder neu aufgebaut wird (Ramshorn).

Mit dem Ausscheiden von Dr. Ramshorn aus dem Institut im Jahre 1960 und seiner Berufung zum Professor mit vollem Lehrauftrag und zum Direktor des Instituts für Allgemeine Botanik an der Humboldt-Universität zu Berlin wurden die Arbeiten zum Gasstoffwechsel an Wurzeln höherer Pflanzen eingestellt.

8.2.4.5. Stoffwechsel autotropher Mikroorganismen (Nitratreduktion und -atmung)

Bei Knallgasbakterien wurde (1953) die Kenntnis ihres enzymatischen Apparates durch eingehende Untersuchungen gefördert (Schlegel), die Oxydation der Glykolsäure studiert (Engelbrecht) und eine polarographische Methode der Nitratbestimmung entwickelt (Munsche).

In Fortsetzung der Studien an wasserstoffoxydierenden Bakterien konnte (1954) ein Beitrag zu der Frage, inwieweit die bei der Anorgoxydation autotropher Mikroorganismen gewonnene Energie zu Phosphorylierungsprozessen verwertet werden kann, geliefert werden (Schlegel).

1955 wurden die Arbeiten über den Phosphatstoffwechsel der wasserstoffoxydierenden Bakterien weitergeführt und die Rolle des Kohlendioxids für Phosphorylierungsprozesse untersucht. Kohlendioxidentzug übt anscheinend keine spezifische Wirkung auf die Phosphorylierung aus, sondern nimmt durch Beeinträchtigung synthetischer Reaktionen einen indirekten Einfluß auf energieliefernde Stoffwechselprozesse. Die Befunde wurden an anderen Mikroorganismen (*Serratia marcescens*, *Escherichia coli*, *Bacterium subtilis*, *Hydrogenomonas facilis* u. a.) auf die Möglichkeit einer Verallgemeinerung untersucht (Waller). Bei den Verbindungen, die sich während Energiegewinnung durch Knallgasbakterien anreichern und die in Trichloressigsäure schwer löslich sind, handelt es sich um Polyphosphate; die Methoden zu ihrem Nachweis wurden kritisch geprüft (Kaltwasser). Untersuchungen über das Zusammenspiel von Photosynthese und oxidativer Assimilation von organischen Säuren bei Grünalgen (*Chlorella pyrenoidosa*) wurden eingeleitet und die Studien über den Umsatz organischer Säuren durch Grünalgen in Licht, die (1956) zu einem ersten Abschluß gelangt waren, an neu isolierten Algenstämmen, die sich im Verhältnis der auto- und heterotrophen Stoffwechselleistungen unterschieden, weiter bearbeitet (Ohmann, Friedmann). Eine auf Fällungsoperationen und spezielle papierchromatographische Verfahren gegründete Mikromethode zur Erfassung und Charakterisierung der Phosphatverbindungen, einschl. der Polyphosphate, in Bakterien wurde ausgearbeitet und an Knallgasbakterien angewandt (Kaltwasser). Untersuchungen galten ferner der Nitratreduktion und Nitratatmung nitratreduzierender Bakterien, insbesondere Phosphorylierungsprozessen, dem Pasteur-Effekt und der Beteiligung von Kohlendioxid an diesen Vorgängen (Fritzsche). Bearbeitet wurde weiterhin die Frage, inwieweit der Substratumsatz von Bakterien und die damit gekoppelten Phosphorylierungsprozesse durch die Entziehung von CO_2 beeinflußt werden (Waller). Das Auftreten von Blausäureglykosiden und die Assimilation von Blausäure bei *Linum* und *Phaseolus lunatus* wurden untersucht (SCHLEGEL).

Weitere Arbeiten über den Stoffwechsel autotropher Mikroorganismen wurden mit dem Ausscheiden von Dr. SCHLEGEL (1957) jedoch eingestellt.

8.2.4.6. Photosynthese

Unter Ausnutzung des Gerstenmutanten-Sortiments der Abt. Genetik und Cytologie (1953) wurde begonnen, die Bedeutung der Granne für die Entwicklung des Gerstenkornes experimentell und vergleichend biochemisch zu untersuchen (SAGROMSKY, ENGELBRECHT). Diese Arbeiten wurden 1954 abgeschlossen, doch erforderte die Beziehung der Gerstengranne zum Eiweißgehalt des Kornes weitere Untersuchungen (ENGELBRECHT).

Erst 1964 konnten die Arbeiten über die Bedeutung der Gerstengranne für die Kornentwicklung von der Abt. Physikalische Physiologie wieder aufgenommen und der Photosyntheseanteil der Grannen am Gaswechsel der gesamten Ähre ermittelt werden (APEL).

Bei der Suche nach den Faktoren, die den Ertrag von Getreide bestimmen, wurde die Photosynthese einzelner Organe mehrerer Sorten von *Hordeum vulgare* und *Triticum aestivum* aus dem Gaterslebener Sortiment gemessen. Die Ergebnisse zeigten, daß Ähren mit starker Begrannung eine wesentlich höhere Photosyntheseleistung aufwiesen als Ähren mit geringer Grannenausbildung. Die Photosyntheseleistung der Ähren erfolgt bis zu 85% oder mehr durch die Grannen und bringt bei langgrannigen Formen über 40% des Korngewichtes (APEL). Es ergaben sich ferner Zusammenhänge zwischen der Photosyntheseintensität der Fahnenblätter, der Ähren und dem Kornertrag.

8.2.4.7. Fette

Zur Untersuchung der Frage, ob nach Röntgenbestrahlung von Sojabohnensamen chemische Mutanten auftreten, wurde das von der Abt. Genetik und Cytologie zur Verfügung gestellte Material der X_2- und X_3-Generation auf seinen Fettgehalt analysiert. Die Methode der refraktometrischen Fettbestimmung wurde auf Anwendbarkeit und Fehlergrenzen hin überprüft und mit anderen Methoden verglichen, die Variabilitätskurve für den Fettgehalt ermittelt und Samen mit extremen Fettgehalten ausgelesen, um zu prüfen, ob die Steigerung des Fettgehalts genetisch bedingt ist (BÖTTGER).

8.2.4.8. Cumarine

Die Bildung und Bedeutung der Cumarine bei verschiedenen Leguminosen wurde gemeinsam mit Dr. REPPEL und Dr. KALA, Pharmakognostisches Institut und Pharmazeutisch-Chemisches Institut der Martin-Luther-Universität Halle, geprüft. Es konnte die Bildung der Cumarine in der Wurzel und ihre Wanderung in den Sproß nachgewiesen werden. Isolierte Wurzeln scheiden Cumarine (ebenso wie Alkaloide) ins Medium ab, was Wurzeln an Pflanzen in der Regel nicht tun (ENGELBRECHT, WAGENBRETH).

Gemeinsam mit Dr. REPPEL wurdem (1957) Pfropfungen zwischen *Melilotus albus* und *Trigonella foenum-graecum* auf ihren Gehalt an Cumarinen untersucht. Die *Trigonella*-Reiser auf *Melilotus* waren im Gegensatz zu den Kontrollen frei von Chlorogensäure (WAGENBRETH).

8.2.4.9. Santonin

Ab 1952 wurden gemeinsam mit Apotheker WICHMANN vom Pharmakognostischen Institut und Apotheker BORSUTZKI vom Pharmazeutisch-Chemischen Institut der Universität Halle und in Zusammenarbeit mit der Zweigstelle des VEB Schering in Artern die Chemie, Physiologie und Genetik der Santonin-führenden *Artemisia*-Arten bearbeitet (MOTHES). Nach Fortsetzung der züchterischen Arbeiten an *Artemisia maritima* (1955) und Verbesserung der chemischen Selektionsmethode durch Apotheker WICHMANN wurde die photoperiodische Abhängigkeit der Blütenbildung und der Santoninausbildung verfolgt.

8.2.4.10. Anthocyane und Flavonoide

s. 8.2.7.1. Biochemie und Biogenese von Blütenfarbstoffen (SCHMIDT, BÖHME).

8.2.5. Naturstoffchemie

8.2.5.1. Steroide und weitere Triterpenoide

Die chemische Synthese der *Solanum*-Steroidalkaloide Solasodin aus Soladulcidin und von Tomatidenol aus Tomatidin wurde erfolgreich abgeschlossen (SCHREIBER, ADAM, RÖNSCH, Dipl.-Chem. WALTHER, Leipzig).

Im Zuge der Untersuchungen über die stickstofffreien Steroide und Triterpenoide von *Solanum*-Arten konnten aus dem unverseifbaren Anteil des Petrolätherextraktes von Kartoffelblättern außer Cycloartenol, β-Sitosterin, Stigmasterin, höheren aliphatischen Alkoholen (vor allem Hexakosanol und Oktakosanol) und Kohlenwasserstoffen weitere Steroide isoliert werden. Für eines dieser Nebensterine, das sehr wahrscheinlich mit α_1-Sitosterin identisch ist, wurde die Konstitution 4α-Methyl-5α-stigmasta.7.24(28)-dien-3β-ol ermittelt. Für das Triterpen Parkeol (5α-Lanosta-9(11).24-dien-3β-ol wurde eine neue, von Cycloartenol (9β.19.Cyclo-5α-lanost-24-en-3β-ol) ausgehende Synthese erarbeitet.

In Zusammenarbeit mit dem Forschungsinstitut Manfred von Ardenne, Dresden-Weißer Hirsch, wurden umfangreiche Untersuchungen zur Molekül-Massenspektrographie von Naturstoffen (Ionisierung durch Anlagerung negativer Ladungsträger) durchgeführt. Mit dieser neuen Methode ist dem Naturstoffchemiker ein weiteres wertvolles physikalisches Untersuchungsverfahren in die Hand gegeben, dessen Leistungsfähigkeit bei Identifizierung und Konstitutionsermittlung von Steroiden verschiedenen Strukturtyps und zahlreichen weiteren Substanzen bereits mehrfach unter Beweis gestellt werden konnte (SCHREIBER u. Mitarb.). So ließ sich beispielsweise molekülmassenspektrographisch feststellen und gaschromatographisch bestätigen, daß als Nebensterine Cholesterin, Campesterin, Lophenol und 24-Methylenlophenol gemeinsam mit β-Sitosterin, Stigmasterin, 4α-Methyl-5α-stigmasta.7.24 (28)-dien-3β-ol, 24-Äthyliden-lophenol (α_1-Sitosterin) und Cycloartenol in *Solanum tuberosum* L. vorkommen (SCHREIBER, OSSKE).

Neben Tomatidenol und Solasodin besitzt auch das Kartoffel-Hauptalkaloid Solanidin als zukünftige Rohstoffbasis für die industrielle Steroidhormonsynthese Interesse. Mehrjährige umfangreiche Versuche, Solanidin zu Pregnanderivaten abzubauen, führten zu ersten Resultaten (SCHREIBER, HORSTMANN). — Die Arbeiten zur Synthese von natürlichen Spirosolan- und Solanidan-Alkaloiden sowie deren 27-nor-Derivate konnten im wesentlichen abgeschlossen werden (SCHREIBER, ADAM, HORSTMANN). — Weitere Untersuchungen beschäftigten sich mit der Darstellung von 16-Amino-cholestan-Derivaten, mit der Aufklärung der erstmals beobachteten 1.4-N,N'-Acyl-Wanderung bei einem Diaminosteroid sowie schließlich mit photochemischen Reaktionen bei N-Chloramino- und N-Nitrosamin-Steroiden (SCHREIBER, ADAM). — Die Synthese des Steroidalkaloids Solanocapsin machte weitere Fortschritte. Die absolute Konfiguration von (+)-Pipecolin konnte durch Überführung von R-(+)-Pipecolinsäure in das N-Tosyl-Derivat von (+)-Pipecolin eindeutig bewiesen werden. S-(+)-Pipecolin ist eine wichtige Modellsubstanz der Untersuchungen zur optischen Rotationsdispersion von N-Dithiocarbomethoxy- und N-Nitroso-Derivaten cyclischer Amine. Bei diesen und weiteren stickstoffhaltigen Verbindungen (u. a. N-Chloramine und N-Chlorspiroaminoketale, cyclische Azomethine, Salicylidenderivate von Aminosteroiden) wurden in Zusammenarbeit mit dem Organisch-Chemischen Institut der Universität Bonn (Dr. SNATZKE) circulardichroitische Messungen durchgeführt und zum Teil theoretisch gedeutet. Diese Arbeiten dienten der Klärung stereochemischer Fragen (SCHREIBER, RIPPERGER, HORSTMANN).

Aus Blattwachs von kubanischem Zuckerrohr, *Saccharum officinarum* L., wurden außer mehreren bekannten Sterinen eine Anzahl neuer Triterpenoide isoliert. Eine dieser Verbindungen erwies sich mit erstmals synthetisiertem 24-Methylen-lophenol-(4α-Methyl-5α-ergosta-7.24(28)-dien-3β-ol) als identisch (SCHREIBER, OSSKE).

Das im Blattwachs von kubanischem Zuckerrohr weiter nachgewiesene Triterpenmethyläther-Gemisch konnte in Zusammenarbeit mit Dr. BRYCE, Dr. MARTIN-SMITH, Dr. SUBRAMANIAN vom Department of Chemistry, University of Glasgow, und Department of Pharmacy, University of Strathclyde, Glasgow, durch präparative Gaschromatographie und Massenspektrometrie als Arundoin (Fernenolmethyläther), Sawamilletin (Taxaxerolmethyläther) und Bauerenolmethyläther identifiziert werden (SCHREIBER u. Mitarb.).

Aus oberirdischen, vegetativen Organen des einheimischen Bittersüßen Nachtschattens, *Solanum dulcamara* L., wurden fünf neue Tomatidenolglykoside isoliert und ihre Zusammensetzung ermittelt. Das Aglykon Tomatidenol läßt sich wie Solasodin, jedoch in besseren Ausbeuten, zu dem industriell wichtigen 3β-Acetoxy-pregna-5,16-dien-20-on abbauen. Aus Wurzeln der gleichen Pflanze wurden vier weitere neue Steroidalkaloide (Aglyka) gewonnen und in ihrer Struktur aufgeklärt. Es handelte sich um die 15-Hydroxy-spirosolan-Alkaloide 15α-Hydroxysoladulcidin und -tomatidin sowie um die entsprechenden Δ^5-ungesättigten Verbindungen, denen als Ausgangsmaterial für 15-substituierte Steroidpharmaka Interesse zukommt. Diese Verbindungen sind die ersten 15α-Hydroxy-14α-Steroide, die aus höheren Pflanzen isoliert wurden (RÖNSCH, SCHREIBER).

Aus dem im tropischen Brasilien beheimateten *Solanum paniculatum* L. wurde in Zusammenarbeit mit Dr. BUDZIKIEWICZ, Organisch-Chemisches Institut der Universität Braunschweig, ein bisher unbekanntes Steroidalkaloid neuartigen Strukturtyps gewonnen, dem auf Grund physikalischer und chemischer Untersuchungen sowie der Partialsynthese die Struktur des (22R:25S)-3β-Amino-5α-spirostans zukommt. Das erstmalig festgestellte Vorkommen eines solchen 3-Amino-spirostans ist von besonderem biogenetischem Interesse (RIPPERGER, SCHREIBER).

Solanidin ist das Hauptalkaloid der Kartoffelpflanze, *Solanum tuberosum* L., in der es vor allem in den Dunkelkeimen in größeren Mengen vorkommt. Es wäre ein günstiges und relativ billiges Ausgangsmaterial für Steroidhormonsynthesen, wenn ein Abbau zu Pregnanderivaten gelänge. Die Untersuchungen zum Abbau von 5.6-Dihydro-solanidin führten zur Aufspaltung des Ringes F, wobei 16β-[(2S)-3-Carboxy-2-methyl-propyl-(1)]-amino-3β-hydroxy-5α-22.23-bisnor-cholansäurelactam-(22 → N) erhalten wurde (HORSTMANN, SCHREIBER).

Für weitere Abbauversuche war die Kenntnis der bisher umstrittenen Stereochemie von Solanidin von großer Bedeutung. In Zusammenarbeit mit dem Institut für Strukturforschung der Deutschen Akademie der Wissenschaften in Berlin-Adlershof (Prof. Dr. BOLL-DORNBERGER, Dr. HÖHNE, Dipl.-Chem. WORCH) wurde deshalb eine Röntgenstrukturanalyse von Dihydrosolanidin-hydrojodid durchgeführt und erfolgreich abgeschlossen. Damit ist nicht nur die vollständige Raumstruktur der *Solanum*-Alkaloide Solanidin und Demissidin, sondern darüber hinaus die der *Veratrum*-Alkaloide Rubijervin, Isorubijervin und Veralobin endgültig aufgeklärt (RIPPERGER, SCHREIBER).

Eine neue Perspektive zum Abbau von *Solanum*-Alkaloiden eröffnete die Photofragmentierung steroider N-Chloramine. Hierbei lassen sich Spirosolane in nur drei Reaktionsschritten mit guten Ausbeuten in pharmazeutisch interessante 16-substituierte 20-Chlor-pregnane überführen. Das Verfahren wurde zum Patent angemeldet und die pharmakologische Testung der Chlor-Steroide gemeinsam mit dem VEB Jenapharm in Angriff genommen. Andere photochemische Untersuchungen beschäftigten sich mit der Fragmentierung des (22S:25S)-N-Chlor-22.26-epimino-5α-cholestan-3β-ol sowie mit dem Reaktionsverhalten stereoisomerer N-Nitroso-22.26-epimino-cholestan-3β.16β-diole, die sich in Gegenwart von Mineralsäuren photochemisch zu Spirosolanolen cyclisieren lassen (ADAM, SCHREIBER).

Weitere Arbeiten betrafen die Synthese von 27-nor-Spirosolan-Alkaloiden, von Solanidin und 22-iso-Solanidin aus Tomatidenol sowie von 22.26-Epimino-cholestan-Derivaten mit 16-Amino-Gruppe (HORSTMANN, ADAM, RÖNSCH, SCHREIBER).

Aus der Wildtomate *Lycopersicon pimpinellifolium* Mill. ließen sich außer Tomatidin die Nebensteroide Soladulcidin, Totida-3,5-dien und 3β-Hydroxy-5α-pregn-16-en-20-on isolieren. Bei dem Pregnanderivat handelt es sich sehr wahrscheinlich um ein Produkt des biologischen Tomatidinabbaus; Δ^{16}-ungesättigte Pregnane sind bisher noch nicht in Pflanzen aufgefunden worden (AURICH, SCHREIBER).

Andere Untersuchungen, die gemeinsam mit dem Institut für Chemie der Slowakischen Akademie der Wissenschaften in Bratislava (Dr. TOMKO, Frau Mag. pharm. VASSOVÁ) durchgeführt wurden, dienten der Strukturaufklärung mehrerer aus *Veratrum album* subsp. *lobelianum* (Bernh.) Suessenguth isolierter Nebenalkaloide (ADAM, SCHREIBER).

Die in Zusammenarbeit mit dem Forschungsinstitut Manfred von Ardenne, Dresden-Weißer Hirsch (Prof. Dr. v. ARDENNE, Dr. TÜMMLER, K. STEINFELDER) seit 1962 laufenden Untersuchungen über die Sterine, Triterpenoide und weiteren Wachsbestandteile von *Solanum tuberosum* L., *Solanum demissum* Lindl., *Solanum polyadenium* Greenm. und des Kartoffelkäfers, *Leptinotarsa decemlineata* Say., wurden abgeschlossen.

Bei dem aus *Solanum dulcamara* L. isolierten γ_1-Solamarin handelt es sich um das α-L-Rhamnopyranosyl-(1 → 2)-β-D-glucopyranosyl-tomatidenol, bei der zweiten, δ-Solamarin genannten Verbindung um das β-D-Glucopyranosyl-(1 → 3)-β-D-galaktopyranosyl-tomatidenol.

Aus Wurzeln von *S. dulcamara* wurden außer den 1965 isolierten 15α-Hydroxy-spirosolanen weitere 15-oxygenierte Nebenalkaloide gewonnen, und zwar 15β-Hydroxy-soladulcidin und -solasodin sowie eine 15-Keto-Verbindung, der sehr wahrscheinlich die Struktur (25R)-3β-Hydroxy-5α.14β.22α N-spirosolan-15-on zukommt (RÖNSCH, SCHREIBER).

Das aus Wurzeln von *Solanum paniculatum* L. nach Säurehydrolyse erhaltene stickstoffhaltige Steroidsapogenin (25S)-3β-Amino-5α.22α o-spirostan, das nach dem brasilianischen Namen dieser Pflanze („Jurubeba") mit Jurubidin bezeichnet wurde, kommt nativ als Glukosid (Jurubin) vor. Durch Abbau von Pentaacetyljurubin und weitere Untersuchungen konnte die Struktur dieser Verbindung ermittelt werden. Danach handelt es sich hier um ein stickstoffhaltiges Steroidsaponin neuartigen Strukturtyps, und zwar um o(26)-β-D-Glucopyranosyl-(25S)-3β-amino-5α-furostan-22α.26-diol; die Spiroketalgruppierung seines „Aglykons" Jurubidin wird erst im Zuge der mineralsauren bzw. enzymatischen (Emulsin) Abspaltung der Glukose gebildet (RIPPERGER, SCHREIBER).

In Blättern und Früchten von *S. paniculatum* ließ sich kein Jurubin nachweisen. Statt dessen wurden Glykoside von zwei gleichfalls noch nicht in der Natur gefundenen stickstofffreien Steroidsapogeninen isoliert, die durch Abbau bzw. Partialsynthese sowie Anwendung physikalischer Untersuchungsmethoden (Infrarotspektroskopie, kernmagnetische Resonanz, Circulardichroismus, Massenspektrometrie) als Neochlorogenin [(25S)-5α.22αo-Spirostan-3β.6α-diol] und 23S-Hydroxy-neochlorogenin [Paniculogenin, (23S:25S) (5α. 22αo-Spirostan-3β. 6α.23-triol] erkannt wurden. Das 1961 von K. MEYER und F. BERNOULLI, Basel, aus *S. paniculatum* gewonnene Paniculidin erwies sich auf Grund unserer massen-, kernresonanz- und infrarotspektroskopischen Untersuchungen sowie weiterer Befunde (z. B. Gaschromatographie) als ein Gemisch von 9α-Hydroxy-jurubidin und dessen (25R)-Stereoisomeren (9α-Hydroxy-25-*iso*-juribidin) (RIPPERGER, HORSTMANN, SCHREIBER, Dr. BUDZIKIEWICZ, Organ.-Chem. Institut der Universität Braunschweig).

Das in Zusammenarbeit mit dem Institut für Chemie der Slowakischen Akademie der Wissenschaften in Bratislava (Dr. TOMKO, Frau Mag. pharm. VASSOVÁ) aus *Veratrum album* subsp. *lobelianum* (Bernh.) Suessenguth isolierte Nebenalkaloid Verazin der Summenformel $C_{27}H_{43}NO$ wurde mit Hilfe von IR-, UV-, NMR-, CD- und massenspektroskopischen sowie chemischen Untersuchungen strukturell aufgeklärt und die so ermittelte Struktur (25S)-22.26-Epimino-cholesta-5.22 (N)-dien-3β-ol durch die Identifizierung von Tetrahydroverazin A und B mit den bereits früher von uns totalsynthetisch gewonnenen Verbindungen (22S:25S)- und (22R:25S)-22.26-Epimino-5α-cholestan-3β-ol sowie durch die Synthese von Verazin aus Tomatid-5-en-3β-ol gesichert (ADAM, SCHREIBER).

Weitere Studien beschäftigten sich mit den bei partieller Acetylierung von Tetrahydrosolasodin A entstehenden Reaktionsprodukten. Die dabei festgestellte leichte Acetylierbarkeit der 16β-Hydroxy-Gruppe sowie die ungewöhnlich glatte Spaltung der N-Acetyl-Gruppe in (22S:25R)-22.26-Acetylepimino-16β-acetoxy-5α-cholestan-3-on läßt sich durch intramolekulare Katalyse deuten. Eine derartige Wechselwirkung wird durch den Nachweis einer intramolekularen 1.4 N → o-Acyl-Wanderung bei Säurebehandlung von N-Monoacetyl-tetrahydrosolasodin A bestätigt (ADAM, SCHREIBER).

Die Arbeiten zur Herstellung weiterer pharmakologisch interessanter 20-Chlor-pregnane insbesondere durch photoinduzierte Fragmentierung von 22.26-Chlor-epimino-cholestanen wurden fortgesetzt (ADAM, D. VOIGT, SCHREIBER). Andere photochemische Untersuchungen dienten der stereospezifischen Photoreduktion von Steroid-Immoniumverbindungen (ADAM, HORSTMANN, SCHREIBER) sowie der Strukturaufklärung der photolytischen Reaktionsprodukte von N-Chlor-spirosolanen (ADAM, SCHREIBER). Arbeiten von Ch. HORSTMANN und K. SCHREIBER hatten den weiteren Abbau von 16β[S-3-Carboxy-2-methyl-propyl-(1)]-amino-3β-hydroxy-5α-22.23-bisnor-cholansäurelactam-(22 → N) zum Ziel, das durch Quecksilber(II)-acetat-Dehydrierung und anschließende H_2O_2-Oxydation in alkalischem Milieu aus Demissidin erhalten worden war. Das in der Kartoffelpflanze, *Solanum tuberosum* L., vorkommende Triterpen Cycloartenol wurde in größeren Mengen aus Blättern dieser Pflanze isoliert und sein Abbau zu 14α-Methyl-pregnan-Derivaten in Angriff genommen (B. VOIGT, SCHREIBER).

In weiterer Zusammenarbeit mit dem Institut für Strukturforschung der Deutschen Akademie der Wissenschaften in Berlin-Adlershof(Prof. Dr. BOLL-DORNBERGER, Dr. habil. HÖHNE) wurde die Röntgenstrukturanalyse von Tomatidin-hydrojodid durchgeführt. Damit konnte die bisher noch umstrittene Stereochemie des heterocyclischen Teils dieses hauptsächlich in Tomatenpflanzen vorkommenden Steroidalkaloids aufgeklärt werden, das als (25S)-5α.22βN-Spirosolan-3β-ol vorliegt (RIPPERGER, SCHREIBER). Das von R. KUHN und I. LÖW aus der Wildkartoffel *Solanum chacoense* Bitt. isolierte und in seiner Konstitution aufgeklärte Steroidalkaloid Leptinidin besitzt nach neueren IR- und NMR-Untersuchungen unseres Laboratoriums eine axiale, d. h. β-ständige 23-Hydroxy-Gruppe und somit die Struktur Solanid-5-en-3β.23β-diol (RIPPERGER, SCHREIBER).

Während aus Wurzeln der in den Tropen beheimateten Solanaceen *Solanum paniculatum* L. und *S. torvum* Swartz das 3β-Amino-furostandiolglukosid Jurubin isoliert wurde (SCHREIBER, RIPPERGER), enthalten Blätter der gleichen Pflanzen stickstofffreie Steroidglykoside eines anderen Strukturtyps mit Neochlorogenin [(25S)-5α-22αo-Spirostan-3β.6α-diol] und Paniculogenin [(23S:25S)-5α.22αo-Spirostan-3β.6α.23-triol] als Aglykone (RIPPERGER, SCHREIBER, BUDZIKIEWICZ, Organ.-Chem. Institut der Technischen Hochschule Braunschweig). Zwei Blattsaponine von *S. paniculatum* (Paniculin A und B) wurden nunmehr in einheitlicher und kristalliner Form isoliert und insbesondere durch Untersuchung der bei Permethylierung und anschließender Methanolyse gebildeten Spaltprodukte als o(6)-[β-D-Xylopyranosyl-(1 → 3)-6-desoxy-β-D-glucopyranosyl]-paniculogenin und o,6-[α-L-Rhamnopyranosyl-(1 → 3)-6-desoxy-β-D-glucopyranosyl]-paniculogenin strukturell aufgeklärt. Damit unterscheiden sich beide Verbindungen in dreifacher Hinsicht von den bisher bekannten Steroidsaponinen: 1. durch das Vorliegen eines 23-hydroxylierten Spirostans als Aglykon, 2. durch die Verknüpfung der Kohlenhydratkomponenten mit der 6-ständigen und nicht — wie allgemein üblich — 3-ständigen Steroidhydroxygruppe sowie 3. durch die Anwesenheit von 6-Desoxy-D-glukose (D-Chinovose) als Glykosidbaustein. Einige Derivate dieses seltenen Zuckers wurden erstmalig beschrieben (RIPPERGER, SCHREIBER).

Die Trennung der 5α-gesättigten bzw. Δ^5-ungesättigten C_{27}-Steroidpaare mit Solanidan-, Spirosolan-, 22.26-Epimino-cholestan- und Spirostan-Grundgerüst gelang sowohl in analytischem als auch präparativem Maßstab durch Dünnschichtchromatographie an Silbernitrat-haltigem Kieselgel oder Aluminiumoxid (RÖNSCH, SCHREIBER).

In Zusammenarbeit mit dem Institut für Chemie der Slowakischen Akademie der Wissenschaften in Bratislava (Dr. TOMKO, Frau Mag. pharm. VASSOVÁ) wurden die umfangreichen Untersuchungen zur Struktur weiterer Nebenalkaloide von *Veratrum album* subsp. *lobelianum* (Bernh.) Suessenguth fortgesetzt. So ließ sich durch Anwendung chemischer und physikalischer Methoden (UV, IR, NMR, ORD, CD, Massenspektroskopie) sowie einer gemeinsam mit dem Institut für Strukturforschung Berlin-Adlershof der Deutschen Akademie der Wissenschaften (Dr. habil. HÖHNE) durchgeführten Röntgenkristallanalyse beweisen, daß dem *Veratrum*-Alkaloid Veralkamin die Struktur (22S:25S)-22.26-Epimino-17β-methyl-18-nor-cholesta-5.12-dien-3β.16β-diol [(17S:22S:25S)-22.26-Epimino-18 (13 → 17)-abeo-cholesta-5.12-dien-3β-16β-diol] zukommt. Durch die Überführung sowohl von Veralinin als auch von Veralkamin in (22S:25S)-22.26-Acetylepimino-17β-methyl-18-nor-5α-13α-cholestan-3β-ol bzw. von Veramin und Veralkamin in (22S:25S)-22.26-Acetylepimino-17β-methyl-18-nor-5α-cholest-12-en-3.16-dion sowie weitere chemische und physikalische Untersuchungen konnten auch diese *Veratrum*-Alkaloide strukturell aufgeklärt werden. Danach handelt es sich bei Veralinin um das 16-Desoxy-veralkamin [(22S:25S)-22.26-Epimino-17β-methyl-18-nor-cholesta-5.12-dien-3β-ol], bei Veramin um das Spiroaminoketal-Alkaloid (25S)-17β-Methyl-18-nor-16αo.22βN-spirosola-5.12-dien-3βol. Somit besitzen diese Steroidalkaloide das bisher noch nicht bei Naturstoffen festgestellte Kohlenstoffgerüst des 17β-Methyl-18-nor-17-iso-cholestans (ADAM, SCHREIBER).

Die Synthese von 3β-Amino-22.26-epimino-16β.23-epoxy-5α.22αH.25βH-cholestan-23β-ol aus Soladulcidin über das bereits früher von uns dargestellte (25R)-22.26-Epimino-3β.16β-diacetoxy-5α-cholest-22(N)-en-23-on konnte abgeschlossen werden. Diese Verbindung erwies sich wider Erwarten nicht mit dem *Solanum*-Alkaloid Solanocapsin als identisch; auch die jeweiligen N.N'-Diacetyl-Δ^{22}-Dehydratisierungsprodukte zeigten eindeutig Unterschiede. Auf Grund dieser und weiterer Befunde dürfte Solanocapsin die entsprechende 16-Iso-Verbindung darstellen und somit die Struktur 3β-Amino-22.26-epimino-16α.23-epoxy-5α.22αH.25βH-cholestan-23β-ol besitzen (RIPPERGER, SCHREIBER).

Die Arbeiten zur Herstellung weiterer pharmakologisch und chemisch interessanter 20-Chlor-pregnane durch photoinduzierte Fragmentierung von 22.26-Chlorepiminocholestanen bzw. durch Umwandlung bekannter 20-Keto-pregnane wurden fortgesetzt (ADAM, D. VOIGT, SCHREIBER). Insbesondere wurden Verfahren ausgearbeitet und zum Patent angemeldet, mit deren Hilfe die in zahlreichen *Solanum*-Arten vorkommenden Δ^5-Spirosolen-Alkaloide Solasodin und Tomatidenol durch Photofragmentierung entsprechender 22.26-Chlorepimino-16β-hydroxycholest-4-en-3-one zu den 20-stereoisomeren 20-Chlor-16β-hydroxypregn-4-en-3-onen bzw. bei nachfolgender Dehydrierung zu den 20-Chlor-16β-hydroxypregna-1.4-dien-3-onen abgebaut werden können (ADAM, SCHREIBER).

Weitere Untersuchungen beschäftigten sich mit der konfigurativen Zuordnung von 20-stereoisomeren 20-Chlor-pregnanen durch IR- und NMR-Spektroskopie sowie mit dem Reaktionsverhalten der 20-epimeren 20-Chlor-5α-pregnan-3β.16β-diole. Beispielsweise ließen sich beide Verbindungen über die entsprechenden 3.16-Diketone durch basenkatalysierte Chlorwasserstoff-Eliminierung in *cis*- bzw. *trans*-5α-Pregn-17(20)-en-3.16-dion sowie durch anschließende partielle katalytische Hydrierung in 5α-Pregnan-3.16-dion überführen. Eine neue heterolytische Fragmentierung wurde in der Umsetzung der stereoisomeren 20-Chlor-pregnan-3β.16β-diole mit methanolischer Kalilauge gefunden. Dabei erhält man unter Chlorwasserstoff-Abspaltung und Ring-D-Öffnung in ausgezeichneten Ausbeuten $\Delta^{17(20)}$-ungesättigte 16.17-Seco-pregnan-

16-aldehyde, deren Strukturen durch Anwendung physikalischer Methoden aufgeklärt wurden. Die Reaktion verläuft stereospezifisch und wird von der Konfiguration der Chlorpregnane an C-20 bestimmt. So gewinnt man aus dem (20R)-Stereoisomeren den *trans*-3β-Hydroxy-16.17-seco-5α-pregn-17(20)-en-16-aldehyd, aus der (20S)-Verbindung hingegen den entsprechenden *cis*-Aldehyd. Partielle katalytische Hydrierung der $\Delta^{17(20)}$-Doppelbindung führt in beiden Fällen zum gleichen gesättigten Secoaldehyd (ADAM, SCHREIBER)..

Eine weitgehend analoge Öffnung von Ring D erfolgt bei Photolyse von 16-Ketopregnanen. So ließ sich z. B. 3β-Hydroxy-5α-pregnan-16-on bei UV-Bestrahlung in wäßrigem Dioxan in etwa 60%iger Ausbeute in 3β-Hydroxy-16.17-seco-5α-pregnan-16-säure überführen. Bei Photolyse in Methanol entsteht der Methylester, bei Umsetzung in Gegenwart von n-Butylamin das N-Butylamid der Secopregnansäure (ADAM).

Die bei Photofragmentierung der 22.26-Chlorepiminocholestane als optisch aktive 5-Methyl-Δ^1-piperideine abgespaltenen Bruchstücke (C-22 bis C-27 der Ausgangsverbindungen) wurden durch Kondensation mit o-Amino-benzaldehyd in die (2S:3'R)- bzw. (2R:3'S)-2.3-(3'-Methyl-tetramethylen)- 1.2-dihydro-chinazolinium-hydroxyde überführt und in Form der entsprechenden Pikrate isoliert. Außerdem ließen sich aus den 5-Methyl-Δ^1-piperideinen bekannter Konfiguration (R)-(—)-β-Pipecolin (aus Solasodin) und (S)-(+)-β-Pipecolin (aus Tomatidin) gewinnen, die durch ihre Pikrate und N-Nitroso-Derivate charakterisiert wurden. Damit konnte die bereits früher auf anderem Wege ermittelte Absolutkonfiguration der β-Pipecolin-Enantiomere (RIPPERGER und SCHREIBER 1967) bestätigt werden (ADAM).

Das durch Quecksilber(II)-acetat-Dehydrierung und anschließende H_2O_2/OH^--Oxydation der tertiären *Solanum*-Base Demissidin erhaltene 16β-[S-3-Carboxy-2-methyl-propyl-(1)]-amino-3β-hydroxy-22.23-bisnor-5α-cholansäurelactam-(22 → N) wurde durch Grignardierung des entsprechenden o(3)-Acetyl-3'-carbonsäuremethylesters mit Phenylmagnesiumbromid, anschließende Dehydratisierung und Ozonisierung in Methanol zu 16β-[R-2-Carboxy-propyl-(1)]-amino-3β-hydroxy-22.23-bisnor-5α-cholansäurelactam-(22 → N) weiter abgebaut (HORSTMANN, SCHREIBER). Ebenso wurden die Arbeiten zum Abbau des aus Blättern der Kartoffelpflanze, *Solanum tuberosum* L., gewonnenen Triterpens Cycloartenol zu 14α-Methyl-pregnan-Derivaten fortgesetzt sowie 3β-Amino-cycloart-24-en und eine Anzahl seiner Derivate synthetisiert (B. VOIGT, SCHREIBER).

In Fortführung der Zusammenarbeit mit dem Institut für Strukturforschung der Deutschen Akademie der Wissenschaften in Berlin-Adlershof (Zentralinstitut für Physikalische Chemie, Dr. WORCH) ließen sich durch Röntgenkristallstrukturanalyse von (20S)-20-Chlor-3β.16β-di-(4-brom-benzoyloxy)-5α-pregnan Konstitution und Stereochemie der stereoisomeren 20-Chlor-pregnane endgültig sichern (ADAM, SCHREIBER).

Die Arbeiten zur Synthese von 20-hydroxylierten 22.26-Epimino-cholestanen und *Solanum*-Alkaloiden der Spirosolan- bzw. Solanidan-Reihe aus Pregnanderivaten (SCHREIBER, D. VOIGT, ADAM) sowie zum Seitenkettenabbau von Verbindungen der Cycloartan-, Lanostan- und Cholansäure-Reihe (SCHREIBER, B. VOIGT, ADAM) wurden abgeschlossen.

8.2.5.2. Gibberelline

Mit dem Eintritt von Dr. rer. nat. Klaus SCHREIBER als Leiter der Abteilung Chemische Physiologie wurden umfangreiche Arbeiten zu Isolierung, Synthesen und Strukturaufklärung von Gibberellinen aufgenommen.

Zunächst wurde von der Arbeitsgruppe eine neue sehr leistungsfähige dünnschichtchromatographische Trenn- und Identifizierungsmethode für Gibberelline ausgearbeitet. Damit war es möglich, die in höheren Pflanzen vorkommenden Gibberelline weitgehend zu identifizieren sowie weitere Vertreter dieser Stoffgruppe nachzuweisen und biologisch zu testen (SCHREIBER, SEMBDNER, SCHNEIDER, WEILAND).

Die in *Phaseolus coccineus* L., *Nicotiana tabacum* L. und *Lycopersicon esculentum* Mill. vorkommenden bekannten Gibberelline wurden identifiziert, neue gibberellinartige Substanzen aufgefunden und teilweise in präparativem Maßstab gewonnen. Von den bisher unbekannten Verbindungen erwiesen sich mindestens 2 als gebundene Gibberelline, in denen sich sowohl Kohlenhydrate als auch Aminosäuren nachweisen ließen. Durch das Auffinden solcher gebundenen Gibberelline eröffnen sich neue Möglichkeiten zur Bearbeitung der Physiologie dieser Hormone. Mit der Verbesserung der Methodik durch Anwendung der Molekül-Massenspektrographie und der Dünnschichtelektrophorese wurde ein „Screening"-Programm zur Isolierung und Identifizierung bzw. Charakterisierung der Gibberelline höherer Pflanzen begonnen. Aus reifen Karyopsen von *Triticum aestivum* wurden unbekannte polare gibberellinwirksame Verbindungen nachgewiesen, isoliert und charakterisiert. Bei *Nicotiana tabacum* L. fanden sich die Gibberelline A_1 und A_8 sowie 3 neue polare Substanzen, eine davon als gebundenes Gibberellin.

Aus 4000 kg unreifer Früchte von *Phaseolus coccineus* ließ sich erstmalig ein Gibberellin-Konjugat in reiner Form isolieren und mit Hilfe chemischer und physikalischer Methoden als Gibberellin A^8-o(2)-β-D-glucopyranosid strukturell aufklären (SCHREIBER, WEILAND, SEMBDNER). Gibberellinglykoside wurden auch in den Blutungssäften von *Acer platanoides* L. und *Ulmus glabra* Huds. nachgewiesen. 1968 wurden die Arbeiten über endogene Gibberelline höherer Pflanzen sowohl in Form eines Screening-Programms (u. a. *Triticum aestivum* L., *Secale cereale* L., *Linum usitatissimum* L., *Phaseolus vulgaris* L., *Crambe maritima* L., *Aesculus hippocastanum* L.) als auch zum Teil in präparativem Maßstab fortgeführt. Für die Isolierung und Strukturermittlung eines neuen Gibberellins aus unreifen Samen von *Phaseolus vulgaris* L., cv. ‚Heliodor', war der Anbau und die Aufarbeitung eines größeren Pflanzenmaterials erforderlich (SEMBDNER, SCHNEIDER, SCHREIBER).

In Form einer tabellarischen Übersicht wurden für alle bisher in der Literatur beschriebenen Gibberelline, ihre Derivate und Abbauprodukte (ca. 700 Verbindungen) die jeweils bekannten Strukturformeln, physikalischen Konstanten, spektroskopischen Daten sowie Gewinnungswege zusammengestellt und veröffentlicht.

Außerdem wurde eine Publikationsserie über die Bibliographie der Gibberellin-Untersuchungen an Kulturpflanzen begonnen (SEMBDNER, SCHNEIDER, WEILAND, und SCHREIBER 1965).

Parallel zu den Versuchen mit höheren Pflanzen liefen Versuche an niederen Pflanzen. In Zusammenarbeit mit dem Institut für Getreidezüchtung Bernburg der Deutschen Akademie der Landwirtschaftswissenschaften (Dr. I. FOCKE) wurden (ab 1964) Untersuchungen über die Gibberellinbildung einiger von *Zea mays* L. isolierter Stämme von *Fusarium moniliforme* Sheld. durchgeführt. Nach der weiteren Verbesserung der Untersuchungsmethoden (Dünnschichtchromatographie und -elektrophorese, Massenspektroskopie, Biotest) standen Arbeiten zur Isolierung, Charakterisierung und Strukturaufklärung nachgewiesener neuer Gibberelline auch hier im Vordergrund. Zur Klärung der Beziehungen zwischen Struktur und biologischer Wirksamkeit wurden weitere Derivate (u. a. Epoxide) und Abbauprodukte von Gibberellinen hergestellt sowie quantitativ biologisch getestet. Die Untersuchungen zur Epoxidation einiger Gibberelline sowie zur Strukturaufklärung der so erhaltenen Epoxyderivate und einiger ihrer Umlagerungsprodukte wurden (1966) im wesentlichen abgeschlossen (SEMBDNER, SCHNEIDER, WEILAND, SCHREIBER).

8.2.5.3. Guanidine und Alkaloide aus *Galega*

Aus *Galega officinalis* L. wurden (1962) außer Galegin das bisher unbekannte 4-Hydroxy-galegin und das Chinazolinalkaloid (+)-Peganin isoliert (SCHREIBER, PUFAHL) und 1963 größere Mengen beider Substanzen durch Isolierung bzw. Synthese gewonnen. Ein insbesondere für züchterische Zwecke entwickeltes dünnschichtchromatographisches Verfahren erlaubte den schnellen Nachweis der genannten Verbindungen in nur ca. 10 µl Blattpreßsaft (PUFAHL).

8.2.5.4. Alkaloide aus *Fontanesia*

Aus Blattextrakten der Oleacee *Fontanesia phillyreoides* Labill. wurden drei Dragendorff-positive Verbindungen isoliert und durch Anwendung von Massenspektroskopie identifiziert bzw. strukturell aufgeklärt (1966). Es handelt sich um drei Nicotinsäurederivate, und zwar um das bisher noch unbekannte Fontaphillin, um Gentianin sowie um 4-amino-nicotinsäuremethylester. Fontaphillin und Gentianin kommen nicht natürlich in der Pflanze vor, sondern dürften im Verlauf der Aufarbeitung durch Ammoniakbehandlung der methanolischen Blattextrakte aus stickstofffreien Vorstufen entstanden sein (PUFAHL, HORSTMANN, SCHREIBER, Dr. BUDZIKIEWICZ, Organ.-Chem. Institut der Technischen Hochschule, Braunschweig).

8.2.5.5. Synthesen von Nucleinsäurebausteinen und weiterer Verbindungen im Zusammenhang mit Untersuchungen über Nucleinsäuren

1964 wurden die künftigen Arbeiten über Nucleinsäuren weiter konkretisiert und folgendes Programm in Angriff genommen: Chemische Synthese von Desazapurinanaloga, deren Überführung in Glykoside und Testung in biologischen Systemen; enzymatische Polymerisationsversuche dieser basenanalogen Glykosidphosphate; Aufbau eines in-vitro-Systems der nucleinsäureabhängigen Proteinsynthese zur Klärung von Fragen über die Streptomycinwirkung und von synthetischen Antimetaboliten. — Aus der Reihe der Benzimidazole, Benzotriazole und Imidazopyridine wurden 13 verschieden substituierte Verbindungen synthetisiert und diese erstmals in ihre Silylderivate, als Ausgangsstufen zur Glykosidsynthese, überführt. Es ist zu erwarten, daß diese Verbindungen noch stärkere antimetabolische Aktivitäten besitzen, als es für eine Reihe von Aglyka nachgewiesen ist. Begonnene biologische in-vivo-Testungen wurden fortgesetzt und in Weiterführung der seit dem Jahre 1962 laufenden Zusammenarbeit mit Prof. D. SHUGAR, Institut für Biochemie und Biophysik der Polnischen Akademie der Wissenschaften, Warschau, vorgesehene enzymatische Polymerisationsversuche dieser Verbindungen vorbereitet (GOSDA, SCHMIDT, WALLWITZ).

Im Jahre 1965 wurden die Synthesen basenanaloger Desazapurine und deren Silylverbindungen weitergeführt. In zahlreichen Fällen konnten diese zu den entsprechenden Ribofuranosidglykosiden umgesetzt werden. Speziell beim Adenin-analogen 4-

Amino-benzimidazol-ribofuranosid kamen die synthetischen Arbeiten bis zur Stufe der 5'-Phosphorsäureester voran. Außerdem wurde der Aufbau von zellfreien Systemen zur Proteinsynthese aus Bakterien und Pflanzen weitgehend abgeschlossen, so daß mit den geplanten Untersuchungen über die Wirkung des Streptomycins und dessen Abwandlungsprodukten begonnen werden konnte. Die Herstellung radioaktiv markierter Basenanaloga zur Durchführung von Einbauversuchen in bakterielle Nucleinsäuren lief ebenfalls an (SCHMIDT, GOSDA, WALLWITZ).

In Fortsetzung der Arbeiten zur Synthese basenanaloger Nucleinsäurebausteine (1966) wurden von zahlreichen Desazapurinen Trimethylsilylderivate hergestellt, um sie für eine möglicherweise einfache Synthese von β-Ribofuranosiden einzusetzen. In den meisten Fällen konnte jedoch gezeigt werden, daß die gewünschten Glykoside auf diesem Wege nicht oder in nur geringen Ausbeuten erhältlich sind. Andererseits konnte durch Verschmelzen von 1-Acetyl-2,3,5-tribenzoyl-ribofuranose mit einer freien basenanalogen Verbindung eine neue, bequeme Methode zur Herstellung solcher Glykoside entwickelt werden. — Die Arbeiten an der Synthese eines ADP-analogen Aminobenzimidazol-β-ribofuranosid-5'-pyrophosphats als Substrat für eine enzymatische Polymerisation konnten bis zur Stufe des Monophosphats entwickelt werden.

Erfolgreich abgeschlossen wurden die Untersuchungen zur Synthese des ADP-analogen 1-(β-D-Ribofuranosyl)-4-aminobenzimidazol-5'-diphosphats (1967). Das Diphosphat ließ sich auf zwei Synthesewegen sowohl über das Diphosphat des 4-Nitrobenzimidazolribofuranosids als auch aus dem Monophosphat der entsprechenden Aminoverbindung darstellen (GOSDA).

8.2.5.6. Alkaloide aus *Nicandra*

Im Verlauf der Identifizierung verschiedener in Solanaceen auf das Wurzelsystem beschränkter Basen wurden bisher Hygrin und Tropinon in den Wurzeln von *Nicandra physaloides* (L.) Gaertn. nachgewiesen (1965) und damit Hygrin erstmals in der Familie der Solanaceen, Tropinon erstmals in der Natur gefunden. Das Auftreten beider Substanzen nebeneinander ist ein wertvoller Hinweis auf Zusammenhänge bei der Biogenese der Tropanalkaloide. Vorarbeiten zur Isolierung weiterer unbekannter basischer Pflanzeninhaltsstoffe wurden begonnen (ROMEIKE).

1966 wurden die physiologischen Bedingungen der Bildung bzw. des Abbaus von Hygrin und Tropinon mit Hilfe reziproker Pfropfungen zwischen *Nicandra* und *Cyphomandra betaceae* (L.) sowie steriler isolierter Wurzelkulturen von *Nicandra* untersucht. Fütterungsversuche mit Tropinon (Synthese AURICH) an *Nicandra*-Pflanzen verschiedener Entwicklungsstadien sollen den denkbaren Abbau des Alkaloids aufklären. Auch Tropinon (^{14}C-markiert) wurde synthetisiert (AURICH) und Versuche über seinen Abbau in *Datura* bzw. über die Synthese der Esteralkaloide in *Datura*-Wurzelkulturen durchgeführt.

8.2.6. Analytik

8.2.6.1. Nitratbestimmung

Entwicklung einer polarographischen Methode der Nitratbestimmung (MUNSCHE)

8.2.6.2. Aminosäuren

Säulenchromatographie s. 8.2.2.2.3. (RUDOLPH, MACHOLD)

8.2.6.3. Eiweiß

Entwicklung einer papierelektrophoretischen Methode zur Fraktionierung von Sojabohneneiweiß, die es gestattet, den Eiweißkomplex in 2 Globulin- und 3 Albuminfraktionen zu zerlegen (BÖTTGER)

8.2.6.4. Serum

Verfeinerung der elektrophoretischen Methodik für Untersuchungen über die Eiweißdifferenzierung in Futter- und Nahrungspflanzen (BÖTTGER, RAMSHORN)

8.2.6.5. Organische Säuren

Entwicklung einer Methode zur Bestimmung organischer Säuren in höheren Pflanzen unter Benutzung von Austauschern. Versuch über die Vorreinigung von Pflanzenextrakten zur qualitativen Papierchromatographie organischer Säuren (REINBOTHE)

8.2.6.6. Tropan- und Nicotinalkaloide

Papierchromatographische Trennung von Alkaloiden, Tüpfeltest (ROMEIKE, KRAFT)

8.2.6.7. Allantoin und verwandte Verbindungen

Entwicklung elektrophoretischer und chromatographischer Verfahren zur Trennung von Allantoin, Allantoinsäure und Harnstoff, s. 8.2.2.1.1. (ZIMMERMANN)

8.2.6.8. Steroide

Dünnschichtchromatographie, Molekülmassenspektrographie, Rotationsdispersion, Circulardichroismus, s. 8.2.5.1. und 8.2.6.10. (SCHREIBER, AURICH, OSSKE, RIPPERGER, RÖNSCH)

8.2.6.9. Phenolische Verbindungen

Entwicklung einer papierchromatographischen Methode zum Arbutinnachweis und zur Trennung und quantitativen Bestimmung von Khellin und Visnagin in Pflanzenextrakten, s. 8.2.4.1.1. (FRIEDRICH, HORSTMANN)

8.2.6.10. Gibberelline

Dünnschichtchromatographie, Dünnschichtelektrophorese, Molekülmassenspektrographie, s. 8.2.5.2. (SCHREIBER, SEMBDNER, WEILAND, SCHNEIDER)

8.2.6.11. Rotationsdispersion, Circulardichroismus, Molekülmassenspektrographie an verschiedenen Objekten

Zur Klärung stereochemischer Fragen Untersuchung der optischen Rotationsdispersion und des Circulardichroismus cottonogener Derivate verschiedener Naturstoffe (RIPPERGER, HORSTMANN, SCHREIBER, Dr. SNATZKE, Bonn, u. a.)

Anwendung der Molekülmassenspektroskopie mit Ionisierung durch Anlagerung negativer Ladungsträger für die Untersuchung von Naturstoffen (OSSKE, SCHREIBER, Prof. Dr. v. ARDENNE, Dr. TÜMMLER, Dr. STEINFELDER, Dresden)

Röntgenkristallstrukturanalyse von Naturstoffen (RIPPERGER, SCHREIBER, Dr. HÖHNE, Berlin-Adlershof)

Anwendung der Massenspektroskopie bei *Fontanesia* zum Nachweis von Nicotinsäurederivaten (PUFAHL, HORSTMANN, SCHREIBER, Dr. BUDZIKIEWICZ, Braunschweig)

Durch Spektropolarimetrie Ermittlung der absoluten Konfiguration einiger stickstoffhaltiger Verbindungen (RIPPERGER, SCHREIBER, Dr. PRACEJUS, Rostock, Dr. PONSOLD, Jena, Dr. SNATZKE, Bonn)

8.2.7. Biochemisch-genetische Probleme

8.2.7.1. Biochemie und Biogenese von Blütenfarbstoffen, biochemisch-genetische Untersuchungen an Mutanten

Die schon vor einer Reihe von Jahren durchgeführten Untersuchungen zur Biosynthese von Blütenfarbstoffen bei *Antirrhinum*-Mutanten wurden 1958 in Zusammenarbeit mit der Abt. Genetik und Cytologie wieder aufgenommen (SCHMIDT, BÖHME). Sie hatten das Ziel, Aussagen über die Biogenese der Anthoxanthine und Anthocyane zu machen. Papierchromatographische und absorptionsspektrophotometrische Messungen wurden durch enzymologische Untersuchungen ergänzt. Sie dienten vor allem der qualitativen Bestimmung der Flavonoid- und Anthocyanfarbstoffe und der quantitativen Verfolgung der p-Cumarylester-Konzentration im Laufe der Blütengenese. Messungen der Fermentaktivitäten in verschiedenen Mutanten und Fütterungsversuche mit ^{14}C-markierten Verbindungen wurden begonnen. 1961 kamen diese Untersuchungen zu einem vorläufigen Abschluß. Es konnte ein Biosyntheseschema der Flavonoidfarbstoffe entworfen und unter Verwendung radioaktiv markierter Verbindungen wahrscheinlich gemacht werden (SCHMIDT).

8.2.7.2. Nucleinsäuren

s. 8.2.2.3.5. Nucleinsäuren, Biosynthese und Physiologie (SCHMIDT, WALLWITZ, GOSDA, SYCH)

8.2.7.3. Einfluß der Ernährung auf Tomatenmutanten

In Zusammenarbeit mit der Abt. Genetik und Cytologie wurde an Tomatenmutanten begonnen, Versuche über den Einfluß der Ernährungsbedingungen auf die Eiweiß- und Chlorophyllbildung durchzuführen: Stickstoff wirkte auf den Ergrünungsvorgang der Mutante *xantha*$_{8}$ indirekt; daher wurde der Beziehung zwischen Stickstoffernährung und Mineralstoffaufnahme besondere Bedeutung beigemessen und umfangreiche Untersuchungen über das Verhältnis monovalenter und divalenter Ionen an chlorotischen und grünen Blättern durchgeführt (MACHOLD, GRÖBER). Um die Ursache des Ergrünungsvorganges bei diesen Mutanten zu erkennen, wurden die methodischen Voraussetzungen für die nähere Charakterisierung der Chloroplasteneiweiße geschaffen. Bei den Untersuchungen über die Eiweißzusammensetzung grüner und chlorotischer Blätter zeigten sich (1965) besonders große Unterschiede im Cysteinsäuregehalt der löslichen Stickstofffraktion, der bei der Mutante fünf- bis sechsmal so groß ist wie bei der Kontrolle (RUDOLPH).

Fermentuntersuchungen ergaben, daß Veränderungen im Chlorophyllgehalt mit Veränderungen der Katalase- und Peroxydaseaktivität verbunden sind. Mit Hilfe von ^{15}N wurde die Stickstoffaufnahme an markierten Ammonium- und Nitratverbindungen sowie der Stickstoffeinbau in das Blatteiweiß untersucht und festgestellt, daß die chlorotische Wirkung nitrathaltiger Nährlösungen nicht auf Veränderungen im Eiweißstoffwechsel beruht.

Außer der Mutante $xantha_5$ wurden auch andere Chlorophyllmutanten getestet, die durch ähnliche Chlorosesymptome gekennzeichnet waren. Auch bei ihnen führte die Erniedrigung des Redoxpotentials der Nährlösung zur Ergrünung. Es muß daher für die untersuchten Mutanten die gleiche physiologische Störung angenommen werden (MACHOLD).

Zur Untersuchung der Frage, welche Bedeutung den Blattproteinen für die normale Begrünung der Pflanzen zukommt, wurden die Beziehungen zwischen der Zusammensetzung der Blattproteine und dem Chlorophyllgehalt bei Plastidenmutanten der Tomate geprüft (1967). Im Rahmen dieser Arbeiten wurden die Isolierung der Chloroplasten und methodische Vorarbeiten für die Trennung der Proteine mit der Polyacrylamidelektrophorese durchgeführt (MIERSCH, MACHOLD).

Bei einer Anzahl anderer Chlorophyllmutanten wurde die Beziehung zwischen Blattproteinen und Chlorophyllgehalt näher untersucht. Die Fraktionierung der Blattproteine ergab bei allen geprüften Mutanten eine Verminderung der Strukturproteine um 40—50% gegenüber der Ausgangsform. Dagegen waren die löslichen Proteine in der Regel um 20—40% erhöht. Die Mutanten mit dem geringsten Chlorophyllgehalt hatten den größten Anteil an löslichem Stickstoff. Die Ergebnisse deuten auf einen engen Zusammenhang zwischen den Proteinfraktionen des Blattes und dem Chlorophyllgehalt hin (MIERSCH, MACHOLD).

8.2.7.4. Normalisierungsfaktor für die chlorophylldefekte Tomatenmutante *chloronerva*

Bei Pfropfversuchen von Tomatenmutanten hatte H. BÖHME (Abt. Genetik und Cytologie) gefunden, daß die Chlorophyllmutante *chloronerva* nach Pfropfung auf normaler Unterlage eine partielle phänotypische Normalisierung zeigt. Über die Ursachen der Normalisierung erfolgten ab 1959 gemeinsam mit G. SCHOLZ weitere Untersuchungen. So wurde die bisher nur im Pfropfexperiment bekannte Rückkehr zum normalen Phänotyp erstmals auch aus der Normalform durch Blattbesprühung mit wäßrigen Extrakten erreicht. Eine aus diesem Verfahren entwickelte Testmethode stellte den ersten Schritt zur Aufklärung der chemischen Natur des „normalisierenden Faktors" dar. Es wurden auch weitere Ergebnisse in dieser Richtung gewonnen, die z. T. durch Verwendung radioaktiver Isotope erzielt wurden und besonders auf die

Bedeutung des Eisenstoffwechsels der Mutante hinweisen. Die Reinigung von normalisierenden Rohextrakten der Tomate ergab eine starke Anreicherung des normalisierenden Faktors und damit die Voraussetzungen für seine chemische Charakterisierung (G. SCHOLZ). Er konnte schließlich (1962) als Aminoverbindung erkannt und seine Position auf dem Papierchromatogramm ermittelt werden. Mit Hilfe der Ionenaustauscherchromatographie gelang seine Abtrennung von der Mehrzahl der Aminosäuren. Vergleichende Untersuchungen an der Mutante und ihrer Ausgangsform ließen keine wesentlichen physiologischen Unterschiede zwischen beiden Formen erkennen. Eine Ausnahme bildet das Eisen, das zwar in genügender Menge aufgenommen, aber in den gescheckten Blättern etwa entsprechend dem Scheckungsmuster unregelmäßig verteilt wird. 1965 wurde die Eisenaufnahme und die Beziehung zwischen Eisen- und Chlorophyllgehalt quantitativ verfolgt. Es ergaben sich Zusammenhänge zwischen dem Eisengehalt und der genetisch bedingten Chlorose, die auch während des Normalisierungsvorganges erkennbar waren. 1964 gelang es, den „normalisierenden Faktor" mit Hilfe von Gelfiltration und präparativer Dünnschichtchromatographie auch aus Luzerne in hochgereinigter Form zu erhalten, womit Voraussetzungen zu seiner Strukturaufklärung geschaffen wurden. Weitere Versuche behandelten das Komplexbildungsvermögen des Faktors mit Eisen.

In Zusammenarbeit mit dem Institut für Organische Chemie und Biochemie der Tschechoslowakischen Akademie der Wissenschaften in Prag (Dr. PROCHÁZKA) und später mit dem Institut für Biochemie der Pflanzen der Deutschen Akademie der Wissenschaften in Halle wurden die Isolierungs- und Reinigungsverfahren weiter entwickelt und Untersuchungen zur Strukturermittlung auf breiter Basis vorgenommen. Die als rein angesehene Substanz ist noch in einer Dosis von 70 µg pro Mutante eindeutig aktiv.

1966 wurde eine Anzahl höherer und niederer Pflanzen auf das Vorkommen des „normalisierenden Faktors" qualitativ geprüft. Dabei bestätigte sich, daß dieser auf grüne Pflanzen beschränkt ist und in kohlenstoffheterotrophen Pflanzen (Pilzen und Hefe) nicht vorkommt (G. SCHOLZ, RUDOLPH).

Der Gehalt an „normalisierenden Faktoren" sowohl bei der Mutante wie bei der Ausgangsform als auch in anderen Pflanzen wurde quantitativ mit Hilfe einer eigens entwickelten Methode untersucht. Es zeigte sich, daß der „Faktor" in der Mutante *chloronerva* völlig fehlt. Seine Konzentration ist in den Sprossen junger normaler grüner Pflanzen sehr verschieden (G. SCHOLZ, RUDOLPH).

8.2.8. Kryptogamenstudien

Mit dem Eintritt von Dr. A. RIETH in das Institut (1951) wurde eine Arbeitsgruppe gebildet, die sich mit Problemen der Verbreitung, Systematik, Entwicklungsgeschichte, Entwicklungsphysiologie und Ökologie von Phycophyten und Mycophyten befaßte.

8.2.8.1. Phycophyten

Um eine breitere Basis für eine eventuell praktisch bedeutsam werdende Algengroßkultur zu legen, begannen Untersuchungen über kulturwürdige Formen und möglichst wenig aufwendige Kulturmethoden. Dabei erschienen halophile Arten für diese

Zwecke in mehrfacher Hinsicht aussichtsreicher als Süßwasserbewohner. Algen aus Salzgebieten des Binnenlandes wurde daher vor allem Beachtung geschenkt. Das Studium der Vaucherienflora der Arterner Salzwiesen, orientierend auch der Ostseeküste und des Neapeler Raumes, an Freilandmaterial und artreinen Kulturen, führte zur Beschreibung zweier neuer Arten und mehreren Erstnachweisen (neu: *Vaucheria dichotoma* f. *arternensis* Rieth 1953 [*V. sescuplicaria* Christensen 1952]; *Vaucheria hamata* f. *salina* Rieth 1956 [*V. erythrospora* Christensen 1956]). Einige Formen erwiesen sich als besonders geeignet für experimentelle Arbeiten über Regenerationsvorgänge, über Keimungsphysiologie und Polaritätsdeterminierung der Oospore sowie über das Fortpflanzungssystem. Unter anderem konnte eine klare, lichtgesteuerte endogene Rhythmik des Sporenschwärmens bei *Vaucheria sessilis* nachgewiesen und durch Klonkulturen und experimentelle Kreuzungen gezeigt werden, daß *V. dichotoma* keineswegs streng diözisch ist, sondern polyözisch (11; 13; 14; 22; 23; 29; 32; 36; 42; 62; 65; 66). Eine lange Zeit als in den Entwicklungszyklus von *Vaucheria* gehörend angesehenes „Gongrosirastadium" erwies sich, erstmals für Mitteleuropa nachgewiesen, als selbständiger Organismus: *Asteriosiphon dichotomum* (41; 45). Daneben entstanden eine Reihe von kritischen, auf Kulturen und Variabilitätsbeobachtungen gestützte Artmonographien verschiedener Algen sowie Untersuchungen von Neufunden für das Gebiet oder Neubeschreibungen. In diesem Rahmen ist auch die Bearbeitung der Vaucheriaceen der Chinesisch-Deutschen Biologischen Sammelreise 1956 zu erwähnen (neu: *Vaucheria lii* Rieth 1959) (28; 46; 47; 53; 58; 63; 8; 10; 18).

Weiter in die Untersuchungen einbezogen wurde die sowohl marin als auch an speziellen Standorten des Binnenlandes vorkommende einzellige Rotalge *Porphyridium cruentum* (Ag.) Näg. Ausgedehnte Kulturversuche an Material mariner Herkunft (Neapel) ergaben Einblicke in die Ökologie der Art. Wesentlich für ein gutes Gedeihen sind die Stickstoffversorgung, der Na-Gehalt sowie Temperaturen über +20 °C. Die Trennung in eine Art *cruentum* und eine Art *marinum* erwies sich als nicht haltbar. Interessante Ergebnisse lieferten teilweise gemeinsam mit H. Sagromsky (Abt. Physikalische Physiologie) durchgeführte Versuche zur Kältewirkung. Es wurde die ökologisch bemerkenswerte Erscheinung eines „Kälte-Licht-Todes" beobachtet, ausgelöst durch gleichzeitige Einwirkung hoher Lichtintensitäten (Sonnenlicht) und tiefer Temperatur (—30 °C) und dadurch bedingte Pigmentzerstörung. Weiterhin konnte gezeigt werden, daß die Rotalge auch unter einem periodischen Wechsel zwischen —22 °C und +27 °C bei Einhaltung gewisser Bedingungen noch aktiv zu wachsen vermag. Diese Befunde sind für das Verständnis der Kryovegetation und zur Selektion resistenter Massenkulturformen von Bedeutung (38; 40; 44; 50; 55; 56; 59) (Rieth).

8.2.8.2. Mycophyten

Im Zuge der Arbeiten mit Algen wurde das Interesse auch auf deren nicht seltene, jedoch wenig beachtete pilzliche Parasiten gelenkt. Beobachtungen zu Verbreitung, Entwicklungsgeschichte und Taxonomie solcher Organismen führten zu zahlreichen Neufunden für das Gebiet und zur Beschreibung einiger neuer Arten: *Micromyces ovalis* Rieth 1950; *Phlyctochytrium variabile* Rieth 1954; *Olpidiopsis myzocytia* Rieth 1954; *Phlyctochytrium vaucheriae* Rieth 1956; *Micromyces furcata* Rieth 1962; *Zygorhizidium vaucheriae* Rieth 1967. Von diesen Formen ist besonders *Zygorhizidium vaucheriae* durch die auf *Vaucheria* bewirkten hexenbesenartigen Wucherungen interessant (6; 15; 20; 21; 39; 43; 57). Das Studium algenparasitärer Phycomyceten lieferte einen Beitrag zum Problem der Wirt-Parasit-Beziehungen am Beispiel relativ einfacher einzelliger Organismen (RIETH).

8.2.9. Biochemische Screening-Untersuchungen

8.2.9.1. Eiweiß- und Fett-Serienanalysen bei Gerste und Sojabohne

s. 8.2.2.3.4. (BÖTTGER) und 8.2.4.7. (BÖTTGER)

8.2.9.2. Untersuchungen von Pflanzen der einheimischen und der kubanischen Flora auf vorkommende Alkaloide und Triterpenoide

1964 bis 1966 wurden im Hinblick auf zukünftige Forschungsprogramme der Abteilung in Form von Gemeinschaftsarbeiten mehrere hundert bisher nicht oder nur unzureichend phytochemisch untersuchte Pflanzen auf vorkommende Alkaloide, Triterpenoide und einige weitere Inhaltsstoffe überprüft (AURICH, HORSTMANN, OSSKE, PUFAHL, ROMEIKE, RÖNSCH, SEMBDNER, SCHREIBER). Die erzielten Ergebnisse bildeten die Grundlage für spätere Arbeiten zur Isolierung und Strukturaufklärung neuer Pflanzeninhaltsstoffe. Diese Untersuchungen erfolgten in Zusammenarbeit mit der Abt. Systematik und Sortiment (DANERT), wobei neben Pflanzen der einheimischen Flora auch das Gaterslebener Sortiment, und zwar eine große Zahl von Solanaceen, speziell von *Solanum*-Arten, systematisch überprüft wurden (AURICH, HORSTMANN, ROMEIKE, RÖNSCH, SCHREIBER, SEMBDNER).

Diese Arbeiten lieferten eine Fülle von Hinweisen auf neue Naturstoffe, deren Isolierung und Strukturaufklärung begonnen wurde. In dieses phytochemische Screening-Programm wurde später (1967) auch die kubanische Flora unter besonderer Berücksichtigung der volksmedizinisch genutzten Pflanzenarten einbezogen, indem von einer Gaterslebener Arbeitsgruppe (AURICH, HORSTMANN) in Zusammenarbeit mit dem Institut für Biologie der Akademie der Wissenschaften der Republik Kuba (Dr. RODRIGUEZ) im Zuge einer etwa zweijährigen Untersuchungsserie zahlreiche Pflanzenproben an Ort und Stelle auf vorkommende biologisch aktive bzw. chemisch interessante Inhaltsstoffe (Alkaloide, Saponine), insgesamt 1968 etwa 1800 Pflanzenproben (ca. 900 Arten von 518 Gattungen aus 174 Familien), getestet wurden.

8.2.9.3. Screening organischer N-Verbindungen in Speicherorganen

s. 8.2.2.2.2. (REUTER)

8.3. Abteilung Physikalische Physiologie

8.3.1. Aufgaben der Abteilung, Leitung und wissenschaftliche Mitarbeiter, Nachruf für Prof. METZNER

Die Abteilung Physikalische Physiologie wurde unter der Leitung von Prof. Dr. Paul METZNER am 1. September 1948 begründet und zunächst provisorisch in vier Räumen eines neu errichteten Gewächshausverbinders untergebracht. Im Juli 1950 bezog die

Abteilung ein eigenes Laborgebäude, das in einem Kellergeschoß und zwei Stockwerken 30 Arbeitsräume umfaßte. Ihm waren über einem glasgedeckten und auch für Kulturzwecke brauchbaren Verbinder zwei große Gewächshäuser (je 150 qm mit vier einzelnen heizbaren Abteilungen) und zwei weitere für die Aufstellung größerer Apparaturen bestimmte Versuchshäuser (je 54 qm) unmittelbar angebaut. Ende des Jahres 1951 wurde ein für die Aufstellung von Bestrahlungsgeräten eingerichteter Anbauflügel mit 12 Arbeitsräumen fertiggestellt.

Die Arbeiten der Abteilung gruppierten sich zunächst unter der Leitung von Prof. METZNER um zwei Hauptprobleme:

1. Die Untersuchung der Wirkung natürlicher und künstlicher physikalischer Umweltfaktoren auf Physiologie und Entwicklung höherer und niederer Pflanzen mit dem Ziel, durch geeignete Behandlung Einfluß auf Ertrag und Qualität von Kulturpflanzen zu nehmen.
2. Die Entwicklung und Anwendung physikalischer Methoden zur physiologischen und mikromorphologischen Untersuchung pflanzlicher Objekte, um der klassischen Systematik weitere Hinweise zur Differenzierung einander nahestehender Sippen zu geben.

Es muß nachdrücklich betont werden, daß ein großer Teil der für alle Untersuchungen erforderlichen Apparaturen von Prof. METZNER und seinen Mitarbeitern selbst entwickelt und gebaut wurden, wodurch allein die erfolgreiche Durchführung vieler Arbeiten möglich wurde.

Leitung:

1948–1960 Prof. Dr. phil. Paul METZNER (1959 nach Erreichen der Altersgrenze in den Ruhestand versetzt, bis auf weiteres mit der Leitung der Abteilung beauftragt, ab 1. 1. 1961 freier Mitarbeiter, † 5. 5. 1968)
ab 1. 1. 1961 Frau Prof. Dr. rer. nat. Herta SAGROMSKY

Wissenschaftliche Mitarbeiter:

Klaus ADLER
Dipl.-Biol. Dr. rer. nat. (Prom. 1968)
ab 1964 wiss. Assistent

Peter APEL
Dipl.-Biol. Dr. rer. nat. (Prom. 1965)
ab 1964 wiss. Assistent
1965 wiss. Oberassistent
1968 wiss. Arbeitsleiter

Friedrich BARNETZKY
Dipl.-Phys. Dr. rer. nat. (Prom. 1959)
ab 1953 wiss. Assistent
1959 wiss. Oberassistent — ausgeschieden 1. 3. 1960

Klaus ECKOLDT
Dipl.-Phys.
ab 20. 4. 1954 wiss. Hilfskraft — ausgeschieden 15. 8. 1954

Abdul Ghani FARAJ SALMAN
Dipl.-Biol.
ab 1966 wiss. Aspirant

Helmut König
Dipl.-Landw.
ab 1966 wiss. Assistent ausgeschieden 31. 3. 1967

Guntram Krauss
Dipl.-Biol.
ab 1962 wiss. Assistent ausgeschieden 31. 8. 1963

Gertrud Krentel
Dipl.-Biol. Dr. rer. nat. (Prom. 1960)
ab 1956 wiss. Assistent ausgeschieden 31. 7. 1961

Erich Leick
Prof. Dr. rer. nat.
ab 1950 wiss. Mitarbeiter ausgeschieden 31. 1. 1954

Armin Meister
Dipl.-Phys. Dr. rer. nat. (Prom. 1966)
ab 1962 wiss. Assistent
1967 wiss. Oberassistent

Ursula Ohm
Dr. rer. nat. (Prom. 1959)
ab 1949 wiss. Assistent ausgeschieden 15. 10. 1960

Martin Peisker
Dipl.-Phys. Dr. rer. nat. (Prom. 1967)
ab 1962 wiss. Assistent
1968 wiss. Oberassistent

Konrad Ramshorn
Dr. phil.
ab 1950 wiss. Assistent
1953 Übergang in die Abt. Chemische Physiologie

Hans-Jürgen Rehm
Dr. rer. nat. habil. (Hab. 1955)
ab 1952 wiss. Assistent ausgeschieden 31. 7. 1955

Herta Sagromsky
Dr. rer. nat.
ab 1953 wiss. Assistent
1960 wiss. Arbeitsleiter
1961 Abteilungsleiter
1965 Professor

Horst Schneider
ab 1951 Doktorand
1952 wiss. Hilfskraft ausgeschieden 15. 10. 1954

Hermine Tittor
ab 1950 wiss. Assistent ausgeschieden 31. 12. 1951

Martina Tschäpe
Dipl.-Biol.
ab 1957 wiss. Aspirant

Charlotte Vogel
Dipl.-Biol.
ab 1955 wiss. Assistent ausgeschieden 3. 3. 1958

Abbildung 7 Paul METZNER
(1893–1968)

Paul METZNER wurde als Sohn eines Buchdruckermeisters am 28. Januar 1893 in Bad Warmbrunn (Schlesien) geboren, besuchte 8 Jahre lang die Volksschule, 6 Jahre das sächsische Lehrerseminar in Bautzen und ging danach auf die Oberrealschule dieser Stadt, an der er mit 21 Jahren das Abitur ablegte. Im ersten Weltkrieg wurde er zum Sanitätsdienst eingezogen, konnte aber während dieser Zeit drei Semester in Leipzig studieren. Schon früh begann METZNER wissenschaftliche Arbeiten, darunter auch faunistische Beobachtungen, zu publizieren und konstruierte wissenschaftliche Apparate, eine ausgeprägte Veranlagung, die ihn bis an sein Lebensende erfüllte.

Nach dem ersten Weltkrieg setzt METZNER das Studium der Botanik in Leipzig fort, wird der letzte Schüler des großen Pflanzenphysiologen W. PFEFFER und promoviert 1920 mit einer Arbeit über die Mechanik und Reizphysiologie der Geißelbewegungen bei verschiedenen Bakterien, Algen und Spermatozoiden. Er kann mit einer von ihm entwickelten Methodik das Gesamtgebiet der Geißelbewegungen klären.

Nach dem Tode PFEFFERS übersiedelt METZNER 1921 an das Pflanzenphysiologische Institut der Berliner Universität zu HABERLANDT, wo er sich 1923 habilitierte. Die Berliner Zeit war für ihn reich an neuen wissenschaftlichen Erkenntnissen auf reizphysiologischem Gebiet, und es entstand das Standardwerk „Das Mikroskop, ein Leitfaden der wissenschaftlichen Mikroskopie".

Er wird 1929 als ao. Professor nach Tübingen berufen, um dort die Pharmakognosie zu vertreten. Bald darauf erfolgte die Berufung nach Greifswald als Direktor des

Botanischen Instituts. Hier wirkte Metzner seit 1930 in einer engen Verbindung zu einem ausgezeichneten Kreis von Physikern, Physiko-Chemikern, Pathologen, Geographen und Zoologen, umgeben von einer kleinen Schar von Mitarbeitern und Schülern in einem für damalige Verhältnisse instrumentell hervorragend eingerichteten Institut. Er war ein um seine Schüler stets besorgter Lehrer, der ihnen mit Rat und Tat zur Seite stand, der aber auch viel von ihnen verlangte.

Metzner gab 1946 das Greifswalder Institut an seinen Schüler Borriss ab und kam 1948 nach Gatersleben mit dem Auftrag, die Abt. Physikalische Physiologie aufzubauen. Im Zentrum der Arbeit seiner Abteilung standen strahlenbiologische Probleme, insbesondere der Primärwirkung verschiedener Strahlenarten. Er baute die Abteilung mustergültig auf und stattete sie mit vielen selbst konstruierten und gebauten Apparaten aus. Er strebte danach, auch auf angewandt botanischem Gebiet neue Erkenntnisse zu gewinnen, und war bemüht, durch die Untersuchung der Wirkung natürlicher und künstlicher Umweltfaktoren auf das physiologische Verhalten und die Entwicklung von Pflanzen Quantität und Qualität von Kulturpflanzen zu verbessern.

Sein Fleiß, seine Bescheidenheit und seine restlose Hingabe an die Wissenschaft sind allen unvergeßlich, die ihn näher kannten:

seinen Schülern, die ihn als Vorbild verehrten,

seinen Mitarbeitern, die seinen wissenschaftlichen Ideenreichtum und seine Begabung für die Konstruktion neuer Apparate bewunderten und die seine stete Hilfsbereitschaft und Fürsorge für sie und ihre Familien erfuhren,

seinen Freunden, denen er in den schweren Jahren der Nachkriegszeit mit seinen Erfahrungen zur Seite stand und denen er ohne viel Worte die Treue hielt bis an sein Lebensende.

(Ausführliche Würdigungen von Leben und Werk Paul Metzners finden sich in Bd. XVII/1969 der „Kulturpflanze")

8.3.2. Der Einfluß von Kurzwellen und Ultrakurzwellen auf die Entwicklung von Pflanzen

Von allen Quellen strahlender Energie wurde schon bald nach Begründung der Abteilung dem Bereich der Kurzwellen und Ultrakurzwellen besondere Aufmerksamkeit geschenkt. Es hatte sich ergeben, daß angequollene Samen und junge Pflanzen durch Kurzwellen im Meterbereich (8—1 m) nachhaltig beeinflußt werden, indem z. B. bei Tomaten nach geeigneter Vorbehandlung des Saatgutes eine Verkürzung der Vegetationsdauer und eine Ertragssteigerung eintritt. Die Untersuchungen erstreckten sich insbesondere auf den Einfluß des Kurzwellenbereiches, der auch in der von der Sonne kommenden Strahlung — wenn auch in kleiner und schwankender Intensität — vorhanden ist und allem Anschein nach biologisch bedeutungsvoll schien. Es wurde versucht, die Ursachen der Kurzwellenwirkung zu ermitteln und die Streitfrage zu klären, ob die beobachteten Effekte nur auf einer im Objekt erzielten Erwärmung oder auf spezifischen Reaktionen beruhen. Mit Spezialapparaten wurden Atmung, Beeinflussung der Stoffaufnahme und das Verhalten lebenswichtiger Eiweißkörper im Hochfrequenzfeld studiert (Metzner, Ramshorn) und hierfür manometrische Atmungsuntersuchungen an Weizen sowie zellphysiologische Untersuchungen unter Verwendung einer besonderen mikroskopischen Beobachtungsmethodik und schließlich elektrophoretische Untersuchungen über die Veränderung der Zelleiweiße durchgeführt. Dabei ergab sich eine auffällige Senkung der Wasserpermeabilität, eine Erhöhung der Saugkraft der Zellen sowie eine Änderung des isoelektrischen Punktes der Eiweißfraktionen (RAMSHORN).

1956 wurden nach längerer Unterbrechung die Versuche über die biologische Wirkung von Höchstfrequenzen wieder aufgenommen. Nach einer früheren Beobachtung der stimulierenden Wirkung von Kurzwellen im Metergebiet erfolgten nunmehr Bestrahlungen von Saatgut mit Ultrakurzwellen im Dezimetergebiet (METZNER).

8.3.3. Ultrarotstrahlung

In Zusammenarbeit mit der Physiologischen Abteilung der Zweigstelle für Technik im Gartenbau in Quedlinburg/Ditfurt des Instituts für Landtechnik der Deutschen Akademie der Landwirtschaftswissenschaften wurde der Einfluß ultraroter Strahlung auf Salat, Freesien und Gladiolen untersucht und eine Entwicklungsbeschleunigung erreicht. Parallel dazu liefen in der Abteilung im gleichen Rahmen Versuche über Ultrarotabsorption von Pflanzenteilen und die sich hieraus ergebende Wärmeverteilung (1952).

8.3.4. Ultraschall

Da in der medizinischen Ultraschalltherapie unzweifelhafte Erfolge erzielt worden waren, die erkennen ließen, daß biologische Wirkungen eintreten, wenn sie auch im einzelnen noch nicht geklärt werden konnten, wurde (1952) mit Untersuchungen über die Wirkung von Ultraschall auf Pflanzen begonnen. Dabei bestand auch bei diesen Versuchen die Hoffnung, Methoden zur Ertrags- und Wertsteigerung von Kulturpflanzen zu finden. Gleichzeitig wurden auch Mikroorganismen in die Untersuchungen einbezogen und zur grundsätzlichen Klärung der Ultraschallwirkung zellphysiologische Versuche durchgeführt, für die ein Ultraschallmikroskop entwickelt wurde, bei dem Störungen durch elektrische und thermische Effekte ausgeschaltet werden konnten (METZNER, OHM).

Die zellphysiologischen Untersuchungen über Ultraschallwirkungen wurden an verschiedenen Zwiebelsorten vorgenommen. Es wurde der Einfluß mehrerer Frequenzen zwischen 20 kHz (magnetostriktiver Generator) und 3 kHz (Quarzschwinger) verglichen und für bestimmte physiologische Reaktionen die optimale Dosis sowie die Grenzwerte der wirksamen Leistung ermittelt. Wegen der Inhomogenität des Ultraschallfeldes und der sich stark auswirkenden physiologischen Variabilität des Zellmaterials machten sich umfangreiche Versuchsserien erforderlich. Hilfsmittel bei den zellphysiologischen Studien zur Ultraschallwirkung waren im wesentlichen der Einsatz von fluoreszierenden Farbstoffen, das Studium des Plasmolyse- und Deplasmolyseverlaufs bei Zugabe verschiedener Salz- und Elektrolytlösungen, die Bestimmung der Stoffaufnahme und der Auslösung von chemischen Vorgängen in der Zelle. Es gelang zu zeigen (1959), daß Ultraschallbehandlungen reversible und zum Teil auch irreversible Änderungen des Kolloidzustandes der Plasmen sowie Veränderungen der Grenzflächeneigenschaften bewirken, damit Permeabilitätsänderungen hervorrufen, welche die Stoffaufnahme beeinflussen sowie die Auslösung von chemischen Vorgängen in lebenden Zellen veranlassen. Zum Beispiel wurde gezeigt, daß Oxydationsprozesse durch Ultraschall eingeleitet werden und Atmungsstörungen auftreten können (OHM). Die mechanische Komponente der komplexen Ultraschallwirkung konnte bei Extraktionsvorgängen genutzt werden. Damit verbundene Quellungsänderungen an keimenden Samen führten zur Überwindung von Keimhemmungen, die in Zusammenarbeit mit der Arbeitsgruppe Forstpflanzenforschung an verschiedenstem Saatgut untersucht wurden (OHM).

Im Rahmen mikromorphologischer Studien (1955) gelang es, durch Wirkung von Ultraschall auf Plastiden neue Erkenntnisse über den Granabau der Chloroplasten zu gewinnen (METZNER), ferner die durch Ultraschall verursachten Abbauvorgänge an Stärkekörnern zu verfolgen (OHM, METZNER). Auch die biologische Ultraschallwirkung auf technisch genutzte Mikroorganismen wurde (1963—1965) eingehend studiert (METZNER).

8.3.5. Ultraviolettstrahlung und Fluoreszenz

Bei der Entwicklung physikalischer Untersuchungsmethoden hatte sich für eine ganze Reihe von Aufgaben besonders die Fluoreszenz organischer Stoffe bei Ultraviolett- oder Blaulichtbestrahlung bewährt. Mit Fluoreszenzmethoden können am lebenden Objekt oder an Extrakten schon sehr geringe Mengen physiologisch aktiver Substanzen nachgewiesen werden, zu denen auch natürlich vorkommende „Lichtgifte" gehören. Die Verbreitung solcher Stoffe, die bei höheren Konzentrationen Lichtschäden beim Weidevieh hervorrufen können, wurde in der heimischen Kultur- und Wildpflanzenflora untersucht. Es wurden verschiedene *Hypericum*-Arten gesammelt, angebaut und von mehreren hundert Einzelpflanzen unterschiedlicher Herkunft dieses *Hypericum*-Sortiments das Hypericin chromatographisch geprüft. Es konnten physiko-chemische Eigenschaften der Farbstoffkomponente von *Hypericum* ermittelt werden, während sich die wohl artverschiedenen Trägersubstanzen nur schwer erfassen ließen. Auch der dem Hypericin chemisch verwandte Farbstoff Fagopyrin des Buchweizens, der photodynamisch den Fagopyrismus bewirkt, wurde in diese Studien mit einbezogen (METZNER). 1958 wurden Untersuchungen über die Auslösung von Lichtdermatosen beim Menschen durch Säfte von Wiesenpflanzen begonnen (METZNER).

Auch die Studien der Feinstruktur von Plastiden konnten durch fluoreszenzmikroskopische Beobachtungen mittels eines dafür speziell entworfenen Fluoreszenzmikroskopes gefördert und Vorstellungen über Vorhandensein und Funktion verschiedener Zustandsformen des Chlorophylls in den Chloroplasten entwickelt werden (METZNER).

Mit Hilfe künstlich in die Leitbahnen von Pflanzen eingeführter fluoreszierender Stoffe wurde der Stoffaustausch zwischen Unterlage und Reis gepfropfter Pflanzen studiert (METZNER).

1956 begannen zellphysiologische Untersuchungen über die Wirkung ultravioletten Lichtes an grünen und apochlorotischen Algen. Dazu wurden 150 Algenproben aus der näheren und weiteren Umgebung von Gatersleben, den Gewässern von Hiddensee und 1957 aus dem Golf von Neapel gesammelt und zum Teil in Reinkultur genommen. Aus 40 Baumflußproben konnten mehrere *Prototheca*-Stämme isoliert, ihr Nährstoffbedarf ermittelt und ihre Resistenz gegenüber Penicillin, Sulfonamiden, Streptomycin, Kristallviolett und Natriumacid getestet werden. Mittels eines speziell gebauten lichtstarken UV-Monochromators (mit Wasserlinse und Prismenoptik) wurde die spektrale Verteilung der Ultraviolettempfindlichkeit untersucht und eine maximale Wirkung im Gebiet der Nucleoproteidabsorption um 254 nm beobachtet. *Prototheca zopfii* unterschied sich von anderen farblosen Organismen in der spektralen Empfindlichkeitsverteilung. Eine erhöhte Sensibilität wurde im langwelligen Ultraviolett festgestellt, die auf eine stärkere Beteiligung der Proteine an den Strahleneffekten schließen läßt. Durch Zusatz von Trypaflavin konnte in flüssigen nährstoffarmen Medien die Empfindlichkeitsgrenze weiter ins sichtbare Gebiet verschoben werden (KRENTEL). Im Bereich um 254 wurde auch für mehrere Formen die Abhängigkeit der Überlebensrate von der UV-Dosis untersucht. — Für Algenbestrahlungen unter dem Mikroskop wurde ein kleiner Quarzspektrograph aufgebaut, mit dem Plasmaveränderungen an den großen Internodialzellen von *Nitella* beobachtet wurden (KRENTEL).

Mit der Emeritierung von Prof. METZNER 1961 und dem Ausscheiden von Dr. rer. nat. Gertrud KRENTEL aus dem Institut am 31. Juli 1961 wurden die Arbeiten über Ultraviolettbestrahlung und Fluoreszenz abgeschlossen.

8.3.6. Sichtbares Licht, Pigmentbildung

8.3.6.1. Höhere Pflanzen

Frau Dr. Herta SAGROMSKY, die bis zum Jahre 1953 in der Abt. Chemische Physiologie arbeitete, führte ihre lichtphysiologischen Arbeiten und die Untersuchungen über die Wachstumsbeeinflussung von Mikroorganismen durch Strahlung in der Abteilung Physikalische Physiologie weiter. Sie übernahm nach der Emeritierung von Prof. METZNER die Leitung der Abteilung.

Im Jahre 1953 wurde an Material der Abt. Genetik und Cytologie mit zahlreichen Pigmentbestimmungen begonnen. Einige *Aurea*-Varietäten des Tomatensortiments konnten eingehend geprüft werden. Sie erwiesen sich als sehr stark lichtempfindlich. Wenn z. B. die *Aurea*-Mutante der Tomatensorte ‚Condine Red' bei Langtag- sowie bei Kurztagbedingungen im schwachen Licht (etwa 50% des vollen Tageslichtes) kultiviert wurde, konnte sie starke Chlorophyllmengen ausbilden und eine dunkelgrüne Farbe annehmen. Bei intensiver Bestrahlung dagegen (volles Tageslicht im Sommer) nahm ihr Chlorophyllgehalt mit zunehmender Lichtintensität ab und die Mutante bekam gelbgrüne bis gelbe Blätter. Diese starke Lichtempfindlichkeit war durch variierte K-N-Gaben in der Nährlösung beeinflußbar. Bei K-Mangel und hohem N-Gehalt konnte diese Form normal grün werden, sogar bei hohen Lichtintensitäten. Reiche K-Zufuhr, die nicht mit vermehrter N-Ernährung gekoppelt war, hatte dagegen eine starke Herabsetzung des Chlorophyllgehaltes zur Folge. Somit war die Chlorophyllverarmung bei dieser *Aurea*-Form durch veränderte Mineralsalzernährung aufhebbar. Auch die Blätter des Goldahorns, *Acer negundo* fol. *aureum*, wurden grün, wenn sie starkem Sonnenlicht ausgesetzt waren (1956). Chlorophyll a wurde dabei stärker reduziert als Chlorophyll b (SAGROMSKY).

Ein Lichteinfluß bei der Blattfärbung konnte auch bei der Mutante *bipartita* der Sippe 50 von *Antirrhinum majus* und bei der Musterung der Blattpigmentierung von *Miscanthus sinensis* var. *zebrina* beobachtet werden (1962, 1966). Die Blätter dieser beiden Formen waren in einer frühen Entwicklungsperiode sehr lichtempfindlich.

Diese Photosensibilität erstreckte sich jedoch nur über ein kurzes Jugendstadium. Wenn Blatteile während dieser Zeit starkem Licht ausgesetzt wurden, konnten ihre Chloroplasten auch in späteren Altersstadien keine normalen Chlorophyllmengen führen. Diese Blattbezirke blichen aus und wurden grüngelb. Traf dagegen während der lichtempfindlichen Blattdifferenzierungszeit nur Schwachlicht auf die jungen Blattgebiete, dann entstanden rein grüne Blattareale, sie blieben auch im Alter grün, und es entstand keine Grüngelbmusterung (SAGROMSKY).

Bei der Mutante *venosa* der Sorte ‚Lukullus' von *Lycopersicon esculentum* war im Gegensatz zu den beiden beschriebenen Formen nicht die Lichtintensität im Jugendstadium ausschlaggebend für die spätere Färbung der Blätter, sondern die Nährstoffversorgung während der Blattdifferenzierung. Wuchs diese Mutante bei reichlicher Nährstoffversorgung auf, so bildete sie grün-gelblichweiß-gescheckte Blätter. Bei Hungerbedingungen sich differenzierende Blattgebiete dagegen wurden normal grün. Sie behielten die reingrüne Färbung während der ganzen Lebensdauer des Blattes, auch wenn der Pflanze neue Nahrung zugeführt wurde. Die Pigmentführung des Blattes kann nur in einer ganz kurzen Entwicklungsphase durch Nährstoffgaben beeinflußt werden. — Auch Mangel an organischen Stoffen bewirkte ein Grünwerden der Blätter, so daß immer dann grüne Blattareale angelegt wurden, wenn eine Kohlenhydratverknappung eintrat. War so viel Chlorophyll gebildet, daß die Photosyntheseprodukte für die Ernährung der Pflanze in ausreichender Menge zur Verfügung standen, dann wuchsen wieder helle Blattbezirke. Diese Tatsache bot eine Möglichkeit, die Chlorophyllmenge, die für eine normale Versorgung der Mutante mit Assimilaten nötig ist, abzuschätzen. Die Berechnungen ergaben, daß nur ein Drittel der Chlorophyll a-Menge einer normal grünen Pflanze gebraucht wird, bei abgeschwächtem Licht (48% des normalen Tageslichtes) etwa zwei Drittel (SAGROMSKY). An diesem Beispiel wurde gezeigt, daß eine normal grüne Pflanze im allgemeinen Chlorophyll a im Überschuß hat, so daß die Chlorophyllmenge nicht die Ertragsbildung begrenzen kann (1962, 1964, 1965).

Ein Vergleich von 14 Mutanten der Kulturtomate *Lycopersicon esculentum* ergab, daß nur bei niederen Pigmentmengen (also bei Chlorophyllmangelpflanzen) eine Korrelation zwischen Substanzproduktion und Chlorophyllgehalt der Gesamtpflanze zu beobachten war (1967, 1968). Der Chlorophyllgehalt pro Gramm Frischgewicht oder pro 100 cm^2 Blattfläche stand in keiner erkennbaren Beziehung zur Stoffproduktion. Dagegen ließ sich eine gewisse Korrelation zwischen Substanzbildung und dem Chlorophyll a : Chlorophyll b-Verhältnis erkennen. Bei kleinem Chlorophyll a : Chlorophyll b-Quotienten war die Ertragsbildung gering, sie stieg mit wachsendem Quotienten bis zu einem Maximum zwischen 7 und 13, um dann wieder abzufallen (SAGROMSKY).

Heterosis-Hybridformen von Kulturtomaten hatten im Vergleich zu ihren Eltern keine geänderte Chlorophyllzusammensetzung. Bei ungünstigen Licht- und Ernährungsbedingungen lag das Chlorophyll in den Heterosisformen jedoch stabiler vor als in den Ausgangspartnern. Es wurde dort nicht so leicht zu Phaeophytin abgebaut wie in den Elternsorten (SAGROMSKY).

Neben dem Pigmentgehalt wurde auch die Absorptionsfähigkeit der Blattfarbstoffe im lebenden Organismus ermittelt. Zur Beurteilung der Pigmentabsorption im lebenden Gewebe und zur Bestimmung von Vorkommen und Funktion verschiedener Formen von Chlorophyll a und Chlorophyll b wurde eine Apparatur zur Aufnahme von Derivativ-Spektren aufgebaut und erprobt (MEISTER). Durch in-vivo-Messung der Pigmentabsorption im roten Spektralbereich gelang es, Chlorophyll b und die beiden Hauptformen von Chlorophyll a mit den Absorptionsmaxima bei 673 und 684 nm zu bestimmen. 1967 wurde die Apparatur zur Aufnahme von Derivativ-Spektren verbessert, so daß die zu beobachtenden Blätter während der gesamten Messung an der Pflanze belassen werden und sich dadurch normal entwickeln konnten. Durch die Aufzeichnung der zweiten Ableitung von der Extinktion nach der Wellenlänge war es möglich, die im Laufe des Ergrünens auftretenden Chlorophyll a-Formen mit unterschiedlichen Absorptionsmaxima im roten Spektralbereich getrennt zu erfassen und für die Chlorophyllbildung im ergrünenden Blatt ein hypothetisches Schema aufzustellen (MEISTER).

In diesem Zusammenhang wurde in Gemeinschaftsarbeit mit Frau Dr. MASLOWA vom Botanischen Institut der Akademie der Wissenschaften der UdSSR, Leningrad, gezeigt, daß die bei 673 nm absorbierende Chlorophyll a-Form auch gegenüber Einflüssen von Lösungsmitteln und gegenüber Erwärmungen die stabilere ist und daß sich die bei 684 nm absorbierende Form unter gewissen Bedingungen in die Form Chlorophyll a 673 umwandeln kann (MEISTER).

Zum ersten Mal wurden in lebenden Blättern lichtinduzierte Xanthophyll-Umwandlungen spektroskopisch beobachtet. Die Absorptionsschwankungen des Xanthophylls laufen parallel mit Änderungen der Pigmentzusammensetzung im Pflanzenmaterial. Die durch Licht induzierten Xanthophyll-Umwandlungen zeigten sich besonders deutlich bei Chlorophyll b-armen Mutanten, weil bei ihnen das Chlorophyll b im Blaulicht die Karotinoidabsorption nicht überdeckt (Dr. MASLOWA, MEISTER).

Ferner wurde der Einfluß äußerer Bedingungen (Lichtqualität und -intensität, Zusammensetzung der umgebenden Atmosphäre, Temperatur) auf diesen Reaktionsablauf geprüft. Es konnten Abwandlungen des Absorptionsspektrums beobachtet werden, die im wesentlichen parallel zu den in Kontrollversuchen nachgewiesenen Pigmentveränderungen verliefen. Damit ließen sich Umwandlungsreaktionen, die durch Extraktion der Pigmente gefunden worden waren, auch unmittelbar in vivo bestätigen (Dr. MASLOWA, MEISTER).

Um eine Übersicht über die in den Mutantensortimenten vorhandenen Anomalien in der Pigmentverteilung zu bekommen, wurden die Mutantensortimente durch Aufzeichnung der Absorptionsspektren intakter Blätter durchgetestet. Die Mutantensortimente von Kultur- und Wildtomaten konnten vollständig, die von *Antirrhinum* teilweise erfaßt werden (MEISTER).

Bei Assimilationsmessungen wurden rhythmische Schwankungen der CO_2-Aufnahme von Gerstenblättern gefunden, die durch periodische Veränderungen der Schließzellenbewegung erklärt wurden. Durch das Experiment und durch mathematische und physikalische Modellbildungen konnten Vorstellungen über den dabei aktiven Regelmechanismus entwickelt werden (APEL, MEISTER).

Transpirationsmessungen mit dem Wasserdampf-URAS zeigten, daß sich die Rythmik der Stomatabewegung auch in rhythmischen Änderungen des Transpirationsstromes widerspiegelt. CO_2-Aufnahme und Transpirationsstrom wurden parallel gemessen und registriert. Werden rhythmische Änderungen der Stomataapertur induziert, so erhält man synchron verlaufende Schwingungen für beide Prozesse. Dies gilt für kleine und mittlere Stomataaperturen (APEL).

Ökologische Untersuchungen zum Studium des Einflusses tiefer Temperaturen (15 °C und 5 °C) in der Nachtphase auf den Gaswechsel in der dann anschließenden Lichtperiode mit normaler Temperatur (25 °C) ergaben, daß bei Pflanzen, die bei 5 ° Nachttemperatur gewachsen waren, die Photosynthese bei Tagesbeginn bei 25 °C nach anfänglichem Anstieg eine $1^1/_2$- bis 2stündige starke Depression zeigte und erst nach 3 bis 4 Stunden ihren endgültigen Wert erreichte. Als Ursache für diese Photosynthesehemmung erwies sich eine Störung des Wasserhaushaltes der Pflanzen, die sekundär durch Spaltöffnungsverschluß die Photosynthese negativ beeinflußte (TSCHÄPE).

Um die Variabilität der potentiellen Photosyntheserate innerhalb einer Art zu ermitteln, wurden (1967) an zehn zweizeiligen und acht mehrzeiligen Sommergerstensorten des Gaterslebener Sortiments CO_2-Aufnahmeraten der Fahnenblattspreiten gemessen. Es ergab sich eine ziemlich große Variabilität dieses Merkmals und die Photosyntheserate erwies sich bis zu einem gewissen Grade als erblich bedingt (APEL). Die Arbeiten zur Sortenspezifität der potentiellen Photosyntheserate führten zu einem guten Überblick über die Variabilität dieses Merkmals innerhalb einer Art (1968). Etwa 100 Sommergerstensorten wurden angezogen und die CO_2-Aufnahme unter Optimalbedingungen gemessen. Es zeigte sich, daß sieben getestete Hochzuchtsorten innerhalb der Gesamtvariabilität dieses Merkmals positive Varianten mit besonders hoher Photosyntheserate darstellen. Das Merkmal potentielle Photosyntheserate gehört also zu den ertragsbildenden Faktoren und sollte neben anderen in der Züchtungsforschung berücksichtigt werden.

Im Rahmen der Untersuchungen über die genetische Bedingtheit der potentiellen Photosyntheserate wurden Messungen an einem umfangreichen Material aus Gerstenkreuzungen (F_1) durchgeführt. Die Photosyntheserate ist in der F_1 sowohl intermediär als auch heterotisch ausgeprägt (APEL, LEHMANN, Abt. Systematik und Sortiment).

An fünf F_1-Winterweizen-Hybriden und deren Elternsorten wurde das Verhalten des Merkmals potentielle Photosyntheseintensität bei Sortenkreuzungen ebenfalls untersucht. Es war bei den F_1-Pflanzen (wie bei der Gerste) sowohl intermediär als auch heterotisch ausgeprägt (APEL, LEHMANN).

Weitere Arbeiten galten der Aufklärung der limitierenden Faktoren der potentiellen Photosyntheserate. Nach gut begründeten Vorstellungen spielen CO_2-liefernde Prozesse im Licht („Lichtatmung") eine wesentliche Rolle. Genetisch bedingtes Fehlen dieses Prozesses und hohe potentielle Netto-CO_2-Aufnahme scheinen korreliert zu sein.

Eine Entfernung der Samenanlagen oder ganzer Ähren bei Weizen während oder kurz nach der Blüte zeigte keinen signifikanten Einfluß auf die Potenz zur photosynthetischen CO_2-Aufnahme der Blätter. Das Ergebnis wurde bestätigt durch einen Vergleich der CO_2-Aufnahme von Blättern pollensteriler Weizenpflanzen mit solchen fertiler Pflanzen.

Gegenstand eingehender Untersuchungen war auch die Rolle des Lichtes bei Differenzierungsvorgängen in höheren Pflanzen. Es konnte gezeigt werden, daß die Wurzelbildung von *Cereus nyctacalus* durch Licht gesteuert wird. Weißes Licht hemmt ihre Entstehung, so daß sie immer an den Stellen des Sprosses erscheinen, die am dunkelsten sind. Vom sichtbaren Spektralbereich sind Blau und Grün besonders aktiv, aber auch Rot und Orange sind nicht ohne Einfluß, nur in wesentlich geringerem Maße als das kurzwellige Spektralgebiet. — Die Samen von *Cucurbita maxima* Duch. sind Dunkelkeimer. Weißes Licht hemmt ihre Keimung sehr stark, Dunkelrot unterdrückt sie vollkommen, Blaulicht hat eine schwächere Hemmwirkung. Hellrot sowie Grün sind unschädlich. Eine Nachbehandlung der nicht gekeimten Samen mit Hellrot löst ihre Keimung aus. Das Keimverhalten der Samen von *Cucurbita maxima* wird daher im wesentlichen durch das von BORTHWICK und HENDRICKS beschriebene Phytochromsystem gesteuert (1965). Bei der Luftwurzelbildung von *Cereus* scheint dagegen das Phytochromsystem keine Rolle zu spielen (SAGROMSKY).

8.3.6.2. Niedere Pflanzen

Ausführlich wurde der Einfluß des Lichtes auf die Konidienbildung von Schimmelpilzen untersucht, vor allem die Entstehung einer rhythmischen Konidienproduktion durch alternierende Licht-Dunkel-Gaben. Ein großer Teil der beobachteten Pilze (2 *Penicillium*-Arten, *Alternaria tenuis*, *Trichotecium roseum*) zeichnete sich durch rein exogene Rhythmen aus, d. h. die rhythmische Konidienbildung hörte auf, sobald die Licht-Dunkel-Gaben eingestellt wurden und entweder Dauerlicht oder Dauerdunkelheit bei sonst konstanten Kulturbedingungen geboten wurde. Licht wirkte nur auf junge Myzelspitzen, und zwar nur der kurzwellige Anteil des sichtbaren Spektralbereiches (unterhalb 530 nm). Im Gegensatz zu diesen Formen zeigte der Pilz *Sclerotinia fructicola* eine endogene Rhythmik. Die rhythmische Konidienbildung setzte sich über mehrere Tage hindurch fort, wenn nach den periodisch wechselnden Licht-Dunkel-Gaben Dauerdunkel geboten wurde. Auch eine einmalige Lichtgabe induzierte eine über mehrere Tage weiterlaufende rhythmische Konidienbildung. Sie war um so stärker und anhaltender, je länger die einmalige Lichtperiode gedauert hatte und je intensiver die Lichtintensität gewesen war. Es zeigte sich, daß dieser Pilz im Licht einen Stoff bildet, der in den Nährboden ausdiffundiert und eine Rhythmik bei der Konidienbildung in den über das Substrat wachsenden Pilzhyphen hervorrufen kann (SAGROMSKY).

Die Koremienbildung der Schimmelpilze *Penicillium duclauxii* und *Penicillium claviforme* mut. *album* sowie *Penicillium claviforme* var. *olivicolor* konnte ebenfalls durch abwechselnde Licht-Dunkel-Gaben rhythmisch gesteuert werden. Auch hier war wie bei der Konidienbildung nur das kurzwellige Licht (Spektralbereich < 510 nm) wirksam und die Rhythmik verlief exogen. Als Photorezeptoren wurden Flavoproteine wahrscheilich gemacht. Rote Strahlen konnten die Koremienbildung nicht induzieren, nur in schwachem Maße das Längenwachstum der Koremien beeinflussen (FARAJ SALMAN).

Die Versuche über den Einfluß des Lichtes auf rhythmische Entwicklungsvorgänge wurden auch auf Algen ausgedehnt. Die Tetrasporenbildung und die Tetrasporenentleerung bei der Rotalge *Nitophyllum punctatum* konnten durch den kurzwelligen Teil des Spektrums stimuliert und exogene Rhythmen durch periodischen Licht-Dunkel-Wechsel induziert werden (SAGROMSKY).

Verschiedene Algenpigmente wurden näher untersucht. Bei Vaucherien halophiler Standorte des Golfs von Neapel konnte kein Chlorophyll b gefunden werden (SAGROMSKY, RIETH, Abt. Chemische Physiologie).

Ausführliche Studien waren auch dem Chlorophyll d der Rotalgen gewidmet. Bei 25 untersuchten Rotalgen des Golfs von Neapel konnten bei sorgfältiger Versuchsführung keine meßbaren Mengen dieses Farbstoffes gefunden werden. Wenn jedoch einige Formen (*Furcellaria fastigiata*, *Delesseria sanguinea*, *Chondrus crispus*) bei unterdrückter Photosynthese infolge CO_2-Mangels und bei reichlichem O_2-Genuß hohen Lichtintensitäten ausgesetzt wurden, so traten photooxydative Umwandlungen der Plastidenpigmente ein, der Farbstoffextrakt der Algen hatte Absorptionsbanden an den Stellen, an denen Chlorophyll d absorbiert. Nach diesen Versuchen wird es wahrscheinlich, daß Chlorophyll d im lebenden Thallus auch als ein Umwandlungsprodukt von Chlorophyll a entstehen kann (SAGROMSKY).

Photooxydativer Abbau von Pigmenten fand auch statt, wenn die Photosynthese nicht wegen CO_2-Mangels, sondern durch niedere Temperaturen (—15 bis —20 °C) unterbunden war und auf die Rotalge *Porphyridium cruentum* (Ag.) Naeg. Licht hoher

Intensität einstrahlte. Der Pigmentabbau bei derartiger Photobleichung konnte genau verfolgt werden (SAGROMSKY, RIETH).

Weitere Untersuchungen galten auch der Bedeutung von Plastidenpigmenten bei Wachstum und Photosynthese von Algen, die in variierten Kulturbedingungen angezogen worden waren (veränderte Nährstoffversorgung, verschieden farbiges Licht). Die Messung der Photosyntheseraten erfolgte durch amperometrische Registrierung der relativen Nettosauerstoffaustauschraten mittels einer membrangeschützten Platinelektrode (ADLER). Bestimmungen der relativen Sauerstoffaustauschraten in monochromatischem Licht hoher spektraler Reinheit ergaben, daß die photosynthetische Lichtausbeute bei 647 nm durch kurzfristige Lichtgaben von 493 nm, die vorwiegend von Karotinoiden absorbiert werden, stark verbessert werden kann. Es wurde versucht, die Blaulichtwirkung näher zu analysieren. Jede der beiden Lichtreaktionen konnte durch Blaulicht stimuliert werden. Ferner trat der Blaulichteffekt nur zwischen zwei Rotlichtperioden auf, die von 2—5 Min. langen Dunkelzeiten umrahmt wurden. Infolge der kurzen Halbwertzeit der Lebensdauer der Photoprodukte aus beiden Lichtreaktionen (höchstens 18 Sek.) kann blaues Licht nicht auf ein Photoprodukt einer der beiden Lichtreaktionen wirken, und da es beide Lichtreaktionen stimuliert, ist sein Einfluß nicht durch einen Emerson Enhancement-Effekt zu erklären. Es konnte geschlossen werden, daß das blaue Licht mittelbar oder unmittelbar auf eine Komponente der photosynthetischen Elektronentransportkette zwischen den beiden Lichtreaktionen in der Nähe des photochemischen Systems II wirken muß. Als Photorezeptoren für die Blaulichtreaktionen kommen Karotinoide oder Flavine in Frage (ADLER).

8.3.7. Einfluß von Röntgenstrahlen auf Lebensfähigkeit und Entwicklung von Pflanzen

Versuche über die Wirkung langwelliger Röntgenbestrahlung auf die Lebensfähigkeit und Entwicklung von Pflanzen begannen 1952. Mit der vorhandenen und ständig weiterentwickelten Röntgenapparatur wurden auch die umfangreichen Bestrahlungen für die Abt. Genetik und Cytologie durchgeführt. Erhebliche Spannungsschwankungen des Ortsnetzes machten eine ständige Leistungskontrolle unbedingt erforderlich. Da seinerzeit noch keine Röntgendosimeter verfügbar waren, wurden mehrere quantitative Nachweismethoden entwickelt und für spezielle Bestrahlungszwecke weiterhin die Konstruktion eines in eigener Werkstatt entwickelten Röntgengerätes mit Nahbestrahlungsröhre verbessert (BARNETZKY). Mit dem vorhandenen Feinstruktur-Röntgengerät wurden Identitätsuntersuchungen an Hemmstoffkristallen von Streptomyceten vorgenommen.

Ein Schwerpunkt der Arbeiten mit Röntgenstrahlen war ab 1955 die Frage nach der Abhängigkeit der Strahlenempfindlichkeit vom Wassergehalt. Es wurden Studien über die Wirkung von Röntgenstrahlen auf das Wasser sowie auf biologisch wichtige organische Stoffe begonnen. Da bei der Bildung sog. Strahlenprodukte, die bei der Ionisation und Anregung der Molekeln durch Auftrennung intramolekularer Bindungen und durch Zusammenlagerung der Spaltprodukte entstehen, die dielektrischen Eigenschaften der bestrahlten Materie verändert werden können, sollten aus der Messung strahleninduzierter DK-Änderungen biologisch wichtiger Stoffe Aussagen über die bei der Röntgenbestrahlung erfolgenden Energieumsetzungen abgeleitet werden können. Bei den methodischen Fragen zu diesem Problem gab das Heinrich-Hertz-Institut für Schwingungsforschung in Berlin-Adlershof Unterstützung. Zunächst wurde die durch Strahlung hervorgerufene Veränderung der DEK mit einer von BARNETZKY entwickelten empfindlichen HF-Brückenanordnung gemessen. Die Größe der Veränderung und ihr zeitlicher Verlauf gestatteten Aussagen über strukturelle Veränderungen biologischer Stoffe durch Strahlenabsorption. Mit dieser Apparatur wurde der Strahleneinfluß auf Wasser und auf Lösungen von 20 verschiedenen strahlenbiologisch wichtigen Substanzen gemessen (z. B. Aminosäuren). Die Ergebnisse bestätigen u. a. die Mitwirkung freier Radikale bei der biologischen Strahlenwirkung. Ferner wurde an biologischem Material der Einfluß des Wassergehaltes auf die Strahlenempfindlichkeit untersucht. Die Prüfung der Zuverlässigkeit der Wassergehaltsbestimmung in Saatgut erfolgte durch Messung der Dielektrizitätskonstante (BARNETZKY).

Bei den Untersuchungen über den Einfluß äußerer Faktoren auf die Strahlenempfindlichkeit ruhender Samen wurde (1966) die Rolle des Wassergehaltes eingehend geprüft. Nach Trocknung von Gerstensamen über Lösungen mit einem definierten Dampfdruck zeigte sich, daß die Samen mit abnehmendem Wassergehalt zunächst eine steigende Strahlenempfindlichkeit haben, die jedoch bei Annäherung an den Gleichgewichtswert des Wassergehalts wieder abnimmt. Eine Trochnung über P_2O_5 bewirkt ebenfalls eine Zunahme der Strahlenempfindlichkeit, sie bleibt im Gegensatz aber so lange erhalten, wie die Samen sich über P_2O_5 befinden. Der Trocknungsprozeß bringt also Veränderungen hervor, die eine Zunahme der Strahlenempfindlichkeit bewirken. Die Strahlenwirkung verringerte sich jedoch, wenn die Samen nach Trocknung über P_2O_5 nicht sofort, sondern erst nach einer Lagerungsperiode bestrahlt wurden, ohne daß sich ihr Wassergehalt änderte. Das Verhalten von Samen verschiedener Sorten und aus verschiedenen Erntejahren zeigte beträchtliche Unterschiede in der Größe des Strahlenschadens unter gleichen Bedingungen und nach modifizierten Behandlungen. Dies deutet darauf hin, daß auch physiologische Faktoren für den Grad der Strahlenempfindlichkeit von Bedeutung sind (PEISKER).

Zu der Frage, ob ein Zusammenhang der beschriebenen Erscheinungen mit strahleninduzierten freien Radikalen besteht, wurden Elektronenspinresonanzmessungen an Samen verschiedener Arten (*Agrostis stolonifera, Phleum pratense, Hordeum*) bzw. an Teilen von Gerstensamen (Embryonen, Stärke) durchgeführt. Getrocknete Gerstenembryonen wurden einmal unmittelbar nach der Trocknung, zum anderen nach einer auf die Trocknung folgenden Lagerungsperiode mit 250 kR bestrahlt. Es traten Unterschiede in der Kinetik der freien Radikale auf. Bei den gelagerten Embryonen verringerte sich die Signalamplitude weniger rasch als bei den unmittelbar nach der Trocknung bestrahlten Embryonen (PEISKER).

Eigentümliche jahresperiodische Sensibilitätsschwankungen der Bestrahlungseffekte bei Saatgut wurden an Gerste bei Untersuchungen über den Einfluß von Lagerung und Jahreszeit auf die Sensibilität verfolgt. Im Zusammenhang hiermit wurde das Studium der Beeinflussung der Röntgenstrahlen-Sensibilität durch chemische Vorbehandlung oder bei Kombination von chemischer und Strahlenwirkung begonnen und zunächst die Beeinflussung des Wachstums und der Röntgenstrahlenwirkung durch Schwermetalle bei Erbsenkeimlingen geprüft (VOGEL).

An einem großen Pflanzenmaterial wurde auch (1960) der Effekt einer Röntgenbestrahlung von Buchweizensaatgut auf den Gehalt der Pflanzen an dem photodynamisch wirksamen Fagopyrin untersucht, und zwar unter Anwendung einer einfachen, nur geringste Materialmengen erfordernden chromatographischen Methode, die

Früheste an einem einzelnen Keimblatt erlaubte. Es konnten auf diese Weise besonders fagopyrinreiche Pflanzen (für Farbstoffuntersuchungen) und pigmentarme Individuen (für physiologische Zwecke) isoliert werden (METZNER). 1962/63 wurden Samen von Pflanzen vieler Arten unter verschiedenen physiologischen Bedingungen mit Röntgenstrahlen behandelt und ihre Reaktion auf die einwirkende Strahlung geprüft und auch die Dosisempfindlichkeit einiger Mikroorganismen bestimmt (PEISKER, SAGROMSKY). Bei Algen gelang es, nach Anwendung schwacher Röntgendosen (0.2—4 kR) Wachstumsstimulationen und Produktionssteigerungen zu erreichen, ein Befund, der sich bei höheren Pflanzen noch nicht statistisch gesichert erzielen ließ (SAGROMSKY).

8.3.8. Antibiotisch wirkende Substanzen bei Mikroorganismen

Zu den in der Abteilung bearbeiteten mikromorphologischen Problemen gehörte auch die weitere Aufklärung der Strukturbesonderheiten der Bakterienzelle. Es wurde versucht, die Kernäquivalente „kernloser" Mikroorganismen mit fluoreszierenden Farbstoffen ohne Schädigung der Zelle effektiv anzufärben, um unter Ausnutzung der hohen Empfindlichkeit fluoreszenzmikroskopischer Beobachtungen physiologische Beeinflussungen durch Aussenfaktoren (z. B. Strahlung verschiedener Art) sicher zu diagnostizieren. Es war in dieser Zeit (1954) noch sehr schwer, nicht handelsübliche Farbstoffe mit bestimmten Eigenschaften zu beschaffen (SCHNEIDER). Durch Untersuchung der Bildung antibiotisch wirkender Substanzen bei Mikroorganismen wurde ein Beitrag zum Verständnis der gegenseitigen Beziehungen in den Lebensgemeinschaften des Ackerbodens gegeben und weiterhin die Grundlage für die Ausarbeitung neuer Methoden zur biologischen Schädlingsbekämpfung geschaffen (REHM, OHM).

Zu den bearbeiteten weiteren mikromorphologischen Problemen gehörten die Untersuchungen über die Physiologie der antibiotisch aktiven *Streptomyces albus*-Gruppe (1953). Der von Streptomyceten abgegebene Hemmstoff kann durch Säurehydrolyse in einen Stoff übergehen, der die Entwicklung von *Aspergillus niger* van Tieghem fördert. Dieser Förderungsstoff gleicht einem ebenfalls fördernden Stoff im Innern der Streptomycetenzelle und ist möglicherweise mit ihm identisch. Die *Aspergillus* hemmenden Stoffe befinden sich nicht im Myzel der untersuchten Streptomyceten, sondern außerhalb der Membran. Es scheint daher, daß der Hemmstoff erst in der Membran oder im Plasmalemma gebildet wird. Der Förderungsstoff im Zellinnern scheint eine Vorstufe des Hemmstoffes zu sein. Diese Vorstufe wird in relativ großen Mengen in der Membran der Streptomyceten gefunden, in der wahrscheinlich die eigentliche Bildung des Hemmstoffes erfolgt (REHM).

1954 wurde mit Untersuchungen über die Aufnahme von Streptomycin durch Mikroorganismen begonnen. *Aspergillus niger* hat eine relativ große Resistenz gegen Streptomycin, es wird erst bei einer Dosis von 62.500 γ/ml merklich in seinem Wachstum gehemmt. Streptomycin-Konzentrationen von 6.25—625 γ/ml rufen eine z. T. starke Entwicklungsförderung des Pilzes hervor. Niedrigere Dosen von Streptomycin haben keine meßbare Wirkung. Wird *Aspergillus* eine bestimmte Zeit in einer streptomycinhaltigen Nährlösung kultiviert, so nimmt der Streptomycingehalt dieser Lösung ab. Ein Teil konnte in aktiver Form im Myzel, nicht aber in den Sporen des Pilzes nachgewiesen werden. Untersuchungen ergaben, daß ein Teil des Streptomycins aus der Kulturflüssigkeit verschwunden ist. Es wird vermutet, daß es sich entweder durch Adsorption an das Plasmamyzel in aktiver Form oder durch eine andere Art der Inaktivierung (evtl. Streptominase) dem Nachweis entzogen hat (REHM). Die Diffusion von Streptomycin in bestimmten Nähragar wurde geprüft (REHM, BARNETZKY) und 1957 Untersuchungen über die Diffusion hochmolekularer Stoffe im dreidimensionalen Raum zur Deutung der Streptomycinverteilung im Diffusionstest abgeschlossen (BARNETZKY). Eine Methode zur zahlenmäßigen Bestimmung der Veränderung der Wachstumsintensität von Bakterien am Rande von Antibiotika-Hemmzonen konnte entwickelt werden.

Es wurde ferner die Verbreitung parasitärer Pilze (insbesondere von *Alternaria*-Rassen) sowie von *Azotobacter* in den Böden des Gaterslebener Bereichs untersucht und die Algenflora der Gaterslebener Böden bearbeitet (TITTOR).

8.4. Abteilung Ökologische Physiologie

8.4.1. Aufgaben der Abteilung, Leitung und wissenschaftliche Mitarbeiter

Prof. Dr. W. MÜLLER-STOLL wurde mit Wirkung vom 1. September 1962 als Leiter der Abteilung Ökologische Pflanzenphysiologie in das Institut übernommen. Er kam von der Pädagogischen Hochschule „Karl Liebknecht" in Potsdam. Nach Überwindung größerer Schwierigkeiten wurden am 1. März 1964 sechs seiner wissenschaftlichen Mitarbeiter mit fünf Forschungsaufträgen ebenfalls übernommen. Die neue Abteilung arbeitete in den von der Hochschule gemieteten Räumen auf dem Drachenberg in Potsdam.

Hauptaufgabe der Abteilung war die Erforschung der physiologischen Wirkung der wichtigsten Umweltfaktoren auf grundlegende Entwicklungs- und Stoffwechselprozesse der Pflanzen. Da die Umweltfaktoren sehr verschiedenartig in die pflanzlichen Entwicklungs- und Stoffwechselvorgänge eingreifen, war es erforderlich, verschiedene Bereiche des Stoffwechsels zu erfassen. In die Untersuchungen wurden neben höheren Pflanzen auch einzellige Grünalgen einbezogen, da deren Grundstoffwechsel weitgehend als Modell für höhere Pflanzen dienen kann und zahlreiche Fragen hier methodisch leichter lösbar sind. Der Abteilung war ferner eine Arbeitsgruppe über die Anatomie rezenter und fossiler Hölzer angeschlossen, die sich mit Problemen der ökologischen Holzanatomie und mit der Diagnostik zahlreicher rezenter und fossiler Hölzer befaßte.

Leitung:

ab 1. 9. 1962 Prof. Dr. rer. nat. habil. Wolfgang MÜLLER-STOLL

Wissenschaftliche Mitarbeiter:

Harry BERGMANN
Dipl.-Biol. Dr. rer. nat. (Prom. 1965)
ab 1964 wiss. Assistent
1966 wiss. Oberassistent

Gerhard LERCH
Dipl.-Biol. Dr. rer. nat.
ab 1964 wiss. Arbeitsleiter

Erika MÄDEL-ANGELIEW
Dipl.-Biol. Dr. rer. nat.
ab 1964 wiss. Oberassistent — ausgeschieden 15. 9. 1967

Klaus MÜNTZ
Dipl.-Biol. Dr. rer. nat. habil. (Hab. 1968)
ab 1964 wiss. Oberassistent
1967 wiss. Arbeitsleiter

Conrad POLTER
Dipl.-Biol. Dr. rer. nat. habil. (Hab. 1968)
ab 1964 wiss. Arbeitsleiter

Peter SILHENGST
Dipl.-Biol.
ab 1968 wiss. Aspirant

Herbert SÜSS
Dipl.-Biol. Dr. rer. nat.
ab 1964 wiss. Arbeitsleiter

8.4.2. Stoffproduktion und Wasserhaushalt

Im Rahmen der Untersuchungen über den Einfluß der Umweltfaktoren wurde eine mehrjährige Versuchsreihe über die Auswirkung unterschiedlicher Wasserversorgung auf Stoffproduktion und Wasserverbrauch von Tabak und Hafer experimentell abgeschlossen (1964). Haferpflanzen (‚Goldschatz') wurden in Gefäßen bei 5 Bewässerungsstufen (100, 75, 50, 30, 15% der Bodenwasserkapazität) in zwei Bodenarten (Gartenerde und Sand-Nährlösung) kultiviert. Durch wöchentliche Gaswechselmessungen der Nettoassimilation, der Nachtatmung und Transpiration mit Hilfe von Ultrarot-Absorptionsgeräten (URAS) sowie parallel dazu durchgeführten Ertragsbestimmungen an ober- und unterirdischen Teilen und tägliche Feststellung des Wasserverbrauchs wurden die Veränderungen in der Trockensubstanzproduktion und im Wasserverbrauch im Laufe der Entwicklung der Versuchspflanzen verfolgt. Die mit Gaswechselmessungen verbundenen Schwierigkeiten des „Küvettenklimas" konnten durch Kombination verschieden starker Kühl- und Meßluftströme verringert werden. Die bisher mit Gefäßkulturen unter Freilandbedingungen erzielten Ergebnisse ließen deutliche Unterschiede in der Reaktion der Versuchspflanzen auf die abgestuften Wassergaben erkennen; optimale Verhältnisse stellen sich im allgemeinen bei 75 bis 50% der Bodenwasserkapazität ein. Es zeigte sich jedoch, daß Stoffproduktion und Wasserhaushalt bei den einzelnen Bewässerungsstufen von den Umweltfaktoren (Temperatur, Strahlung, Luftfeuchtigkeit) nicht gleichsinnig beeinflußt werden und sich darüber hinaus auch der jeweilige (ontogenetische) Entwicklungszustand der annuellen Versuchspflanzen auswirkt. Da eine genauere Analyse dieser Zusammenhänge jedoch unter Freilandbedingungen nicht möglich ist, wurden Schritte für Untersuchungen unter klimatisierten Bedingungen eingeleitet (MÜLLER-STOLL, LERCH).

Die 1965 ausgewerteten Untersuchungen über den Einfluß gestaffelter Wassergaben auf Stoffproduktion und Wasserverbrauch von Hafer bestätigten, daß eine unterschiedliche Wasserversorgung den Ertrag (Trockenmasse) und Wasserverbrauch deutlich beeinflußt. Optimale Erträge bei gleichzeitig höchstem Wasserverbrauch ergaben sich bei 100 und 75% Bodenwasserkapazität (WK); demgegenüber fielen die Erträge an Trockenmasse bei 30% WK auf 43–70%, bei 15 WK auf 28–50% ab.

Innerhalb dieser Bereiche wird die Stoffproduktion durch Bodenart, Jahreszeit und Witterung bestimmt. Ein unterschiedlicher Bodenwassergehalt wirkte sich nicht oder nur wenig auf den Wassergehalt der oberirdischen Pflanzenteile aus (ausgenommen bei besonders trocken gehaltenen Pflanzen) und auch wenig auf die „Produktivität der Transpiration", d. h. den Quotienten Trockenmasse: Wasserverbrauch. Durch wöchentliche Gaswechselmessungen mit einer kombinierten URAS-Apparatur wurden in regelmäßiger Folge Tagesgänge von CO_2-Umsatz und Transpiration aufgenommen. Die photosynthetische Aktivität, bezogen auf Trockenmasse, war bei Trockenkulturen zu Beginn ihrer Entwicklung bedeutend geringer als bei Pflanzen mit guter Wasserversorgung, sie nahm aber später zu und übertraf schließlich die Leistung gut bewässerter Pflanzen beträchtlich. Der Energiebedarf trocken kultivierter Pflanzen ist größer als der von Feuchtkulturen. Sie haben bei erhöhter Atmung einen größeren Lichtbedarf; der Kompensationspunkt wird morgens später und am Abend früher erreicht als bei guter Wasserversorgung. Aus diesen Untersuchungen sich ergebende weitere Fragen zum Produktivitätsproblem sollten unter genau gesteuerten Milieubedingungen näher untersucht werden. Ein wesentlicher Teil der 1965 durchgeführten, hauptsächlich technisch-methodischen Arbeiten diente dem Ziel, die Voraussetzungen hierfür zu schaffen (Müller-Stoll, Lerch).

Die Untersuchungen über den Einfluß abgestufter Wasserversorgung auf Stoffproduktion und Wasserverbrauch verschiedener Kulturpflanzen (Hafer, Tabak) hatten ergeben, daß hierbei sowohl der Entwicklungszustand der Objekte wie auch klimatische und edaphische Faktoren in starkem Maße modifizierend einwirken Um einzelne Komponenten, die in diesem Zusammenhang besonders wichtig sind, genauer zu erfassen, wurde 1966 eine Infralyt-Gaswechsel-Meßapparatur unter kontrollierten Laboratoriumsbedingungen in Betrieb genommen. Mit ihr wurden an intakten Bohnenpflanzen (*Phaseolus vulgaris*, ‚Saxanova') Licht-Assimulationskurven für die Primär- und Folgeblätter verschiedenen Alters aufgezeichnet. Die Vorkultur der Objekte wurde in Gefäßen in Sand + Nährlösung bei 75, 30 und 20% der Wasserkapazität vorgenommen. Während der Gaswechselmessungen wurden durch eine besondere Konstruktion der Küvetten Temperatur und Feuchtigkeit im Innern weitgehend konstant gehalten. Die Veränderung der Lichtintensität erfolgte durch entsprechende Variation des Abstandes von der Lichtquelle. Als Hauptergebnis der Untersuchungen zeigte sich ein qualitativ und quantitativ unterschiedliches Verhalten der Blätter hinsichtlich CO_2-Umsatz und Transpiration in Abhängigkeit von der Wasserversorgung und auch vom physiologischen Alter. Damit wurden weitere Einsichten in die Wechselbeziehungen zwischen der Wirkung des Licht- und Wasserfaktors bei den Grundprozessen der pflanzlichen Stoffproduktion sowie neue Gesichtspunkte zur Beurteilung des Assimilations-Transpirations-Quotienten gewonnen (Müller-Stoll, Lerch).

Aus diesen Untersuchungen ergaben sich weitere Fragen zum Produktivitätsproblem, die besonders durch Gaswechselmessungen mit einer verbesserten URAS-Apparatur unter genauer kontrollierten Milieubedingungen bearbeitet wurden. Wegen ihres nur mäßigen Lichtbedürfnisses waren Versuchsobjekt wieder Bohnenpflanzen (*Phaseolus vulgaris* cv. ‚Saxanova'). Dabei zeigte sich jedoch, daß ein tieferes Eindringen in das Zusammenspiel der einzelnen produktionsbestimmenden Faktoren nur unter Verwendung von programmgesteuerten Pflanzen-Wachstumskammern möglich ist; denn die gesamten während der Anzucht herrschenden Umstände sind für die spätere Assimilationsintensität und andere die Produktivität einer Pflanze beeinflussende Stoffwechselerscheinungen von mehr oder weniger großer Bedeutung. Da für derartige Untersuchungen in Potsdam die erforderlichen technischen Voraussetzungen nicht geschaffen werden konnten, wurden Anfang des Jahres 1967 im Hinblick auf eine geplante Installierung von Klimakammern im Hauptinstitut in Gatersleben die Arbeiten über den Problemkreis „photosynthetische Leistung und Produktivität der Pflanzen" dorthin verlegt (Lerch).

8.4.3. Kältemetabolismus bei Grünalgen

Die Untersuchungen über den Grundstoffwechsel von *Chlorella pyrenoidosa* und seine Beeinflussung durch tiefe Temperaturen wurden schon 1956 begonnen. Sie dienten der Erforschung des Kältemetabolismus bei grünen Pflanzenzellen und betrafen bis Ende 1963 die oxydative Assimilation von Glukose im Dunkeln und die Assimilation von Ammonium-Stickstoff durch *Chlorella*. An kohlenhydratverarmten und 24 Stunden lang bei 0 °C behandelten Algen ergab sich trotz verringerter oxydativer Glukoseassimilation eine zeitweilig gesteigerte Stickstoffassimilation. Die Ursachen dafür sind offenbar im Energiehaushalt zu suchen. An diese früheren Untersuchungen knüpften die Arbeiten von 1964 an. Analysen der in Trichloressigsäure löslichen Phosphate ließen auf Unterschiede im Stoffwechsel der freien Nucleotide bei kältebehandelten *Chlorella*-Zellen gegenüber den unbehandelten Kontrollen schließen. Qualitative Nachweise freier Nucleotide in alkoholischen Extrakten gelangen für eine große Zahl der bekannten Ribonucleotide und dienten als Grundlage für künftige quantitative Untersuchungen. Analysen über den Verbleib des Stickstoffs in den Zellen ergaben Unterschiede zwischen Kontrollen und Kältezellen im trichloressigsäurelöslichen Stickstoff. Daneben wurden vergleichende Untersuchungen mit Nitrat als N-Quelle aufgenommen, das gegenüber Ammoniumionen zusätzlichen Energieaufwand zur Reduktion erfordert (Müller-Stoll, Müntz).

1965 begannen genauere Bestimmungen von Wachstum und Vermehrung der Zellen nach Kälteeinwirkung. Es zeigte sich dabei, daß die Wirkung der Kälte auf den Durchmesser der Einzelzellen und das Volumen gepackter Zellen wesentlich von den Kultur- und Ernährungsbedingungen abhängt (Verarmungsgrad, auto- oder heterotrophe Ernährung). Im Rahmen dieser Untersuchungen wurde eine Analyse der Genauigkeit und Vergleichbarkeit der herkömmlichen visuellen Zählung mit dem Hämatocytometer und einer modernen automatischen Methode mit den Coulter-counter zur Bestimmung der Zellenzahl in Algenkulturen vorgenommen. Mit dieser Apparatur konnte bei erhöhter Genauigkeit und gesteigerter Arbeitsproduktivität das Wachstum von Kulturen einzelliger Algen wesentlich besser verfolgt werden. Die mathematische Verarbeitung der Meßdaten wurde in Zusammenarbeit mit der statistischen Abteilung des Instituts für Sozialhygiene, Berlin-Lichtenberg, durchgeführt (Müntz).

1966 erstreckten sich die Untersuchungen am Modellorganismus *Chlorella pyrenoidosa* vor allem auf die Erfassung von Auswirkungen der während der Kälteperiode herrschenden Bedingungen. Während früher mit verarmten Zellen gearbeitet wurde, konnte jetzt mit nichtverarmtem Material experimentiert und sowohl die Temperatur als auch die Konzentration der exogenen Kohlenstoffquelle variiert werden. Für die Wachstumsmessungen wurde ein elektronischer Teilchenzähler verwendet und die gewonnenen Werte durch eine mathematisch-statistische Untersuchung gesichert. Mit sinkender Temperatur wird zuerst die Zellvermehrung in der an die Kälteperiode anschließenden Zeit beeinträchtigt, nicht jedoch die Zunahme an Trockenmasse; unter o °C ist auch die Produktion an Trockenmasse herabgesetzt. Hinzu kommt eine bereits äußerlich sichtbare Pigmentschädigung, die jedoch reversibel ist und vermutlich mit der verminderten Produktivität zusammenhängt. Bei Bestimmung der oxydativen Assimilation von Zucker und der Aufnahme von Stickstoff im Dunkeln ergaben sich auch bei nicht verarmten Zellen in Abhängigkeit von den Bedingungen während der Kälteperiode Hinweise auf eine besondere Rolle der energiereichen Phosphate, die nach einer Kälteeinwirkung regulierend in den Stoffwechselablauf eingreifen (MÜLLER-STOLL, MÜNTZ).

Weiterhin beschäftigten sich die Untersuchungen mit der Auswirkung tiefer Temperaturen auf die Stoffwechselleistungen der Alge, wobei dem Kälteeinfluß auf Wachstum und Pigmentgehalt besondere Beachtung geschenkt wurde. Die Anfang 1967 in Betrieb genommene Anlage zur Kultur einzelliger Algen erlaubte eine erhebliche Verbesserung der Anzuchtmethode. Es zeigte sich, daß *Chlorella*-Zellen auch Temperaturen unter o °C ohne merkliche Schädigung überdauern können, sofern das Kulturmedium nur unterkühlt wird, ohne zu gefrieren (s. dagegen die Befunde von A. RIETH Abt. Chemische Physiologie, bei *Porphyridium cruentum* im Bereich von Temperaturen zwischen —18 °C bis —2 °C). Frieren dagegen die Zellen ein, so kommt es nach dem Auftauen zu Störungen des autotrophen Wachstums und zu Pigmentdefekten. Dabei werden die Chlorophylle stärker betroffen als die Carotinoide. Von den Chlorophyllen wird vor allem das photosynthetisch aktive Chlorophyll a geschädigt; die Zellen zeigten nach dem Auftauen eine Ausbleichung, die reversibel ist. Je kürzer die Zeit des Einfrierens war, um so schwächer waren die Ausbleichungserscheinungen und um so schneller erholen sich die Zellen durch erneutes Ergrünen. Auch die Wachstumshemmung ist von der Dauer des Einfrierens der Algen abhängig. Je länger die Zellen eingefroren waren, desto später begannen die Kulturen wieder zu wachsen. Einfrieren hat nach dem Wiederauftauen noch eine etwa 90%ige Hemmung der oxydativen Assimilation der Glukose im Dunkel zur Folge. Alle diese Erscheinungen unterbleiben jedoch, wenn das Kulturmedium bei gleicher Temperatur nur unterkühlt wird. Die Versuche mit unterkühlten oder eingefrorenen Zellen wurden bei —5 °C durchgeführt (MÜLLER-STOLL, MÜNTZ).

8.4.4. Eiweißstoffwechsel in Wurzeln

Ziel einer ebenfalls schon früher angelaufenen Untersuchung war die Erfassung der entwicklungsabhängigen Veränderungen im Eiweißstoffwechsel der Wurzeln; die Arbeiten wurden unter Verwendung von ^{35}S- und ^{14}C-markierten Substanzen durchgeführt. Methodische Schwierigkeiten bestanden insoweit, als die Applikation der markierten Verbindungen zu definierten Zeitpunkten in definierten Entwicklungsstadien des Organs zugleich die Bedingungen verändert, von denen die einzelnen Schritte des Eiweißstoffwechsels abhängen. Aus dem gesamten Komplex wurden im Jahre 1964 vor allem Experimente über die intrazelluläre Lokalisierung von Eiweißsynthese und Eiweißumwandlung sowie Untersuchungen über den Eiweißstoffwechsel in vitro kultivierter Erbsenwurzeln durchgeführt. Bei diesen waren die korrelativen Einflüsse der übrigen Organe zum Zeitpunkt der Untersuchung ausgeschaltet, so daß die Experimente aufschlußreiche Vergleiche mit Untersuchungen an intakten Keimpflanzen ermöglichten (POLTER).

Die Ergebnisse mehrjähriger Arbeiten über die entwicklungsabhängigen Vorgänge im Bereich des Stickstoffhaushaltes von Wurzeln der Erbse führten dazu, 1965 mit eingehenderen Untersuchungen über die Eigenschaften und Entwicklungsabhängigkeit der Plasma-Eiweiße in Erbsenwurzeln zu beginnen. Das Hauptgewicht lag hierbei zunächst in der Ausarbeitung geeigneter Methoden zur Fraktionierung der Plasma-Eiweiße. Dazu wurden insbesondere verschiedene Elektrophorese-Verfahren erprobt. Als erfolgversprechend erwies sich eine elektrophoretische Auftrennung in Gelsäulen, in denen sich durch Anfärbung eine große Zahl charakteristischer Banden sichtbar machen ließ. Die eigentliche quantitative Auswertung der getrennten Proteinkomponenten war seinerzeit noch nicht möglich, da das dazu benötigte Densitometer nicht zur Verfügung stand. An einem geeigneten Ersatzverfahren wurde gearbeitet (POLTER).

Angesichts der wichtigen Rolle, die Proteine im Rahmen der pflanzlichen Stoffproduktion spielen, war es von großem Wert, daß inzwischen ein verbessertes Verfahren entwickelt worden war, um Pflanzeneiweiße in zahlreiche Fraktionen zu trennen und deren Verhalten näher zu prüfen. Bei der Trennung der löslichen Plasmaproteine von Erbsenwurzeln mit Hilfe der Acrylamid-Gel-Elektrophorese wurden meist mehr als 20 Fraktionen erhalten. Die Ergebnisse einer Untersuchung über die Bedingungen eines optimalen Trenneffektes wurden veröffentlicht (POLTER 1967). Auf die Qualität der Trennung wirkten sich einerseits die verschiedenen Bedingungen während des Trennvorganges aus, in noch stärkerem Maße aber die Behandlungsmethoden bei der Herstellung und Aufbewahrung der Proteinextrakte. Weitere Studien galten dem Problem der Identität von Proteinbanden gleicher Position. Häufig wird aus gleicher Lage von Proteinfraktionen in den Gelsäulen auf Identität der Eiweiße geschlossen. In dieser Hinsicht ist Vorsicht geboten, da Proteine verschiedener Herkunft unter bestimmten Bedingungen wohl an gleicher Stelle ähnliche Banden bilden können, diese aber nach vorliegenden Untersuchungen sich durch Veränderungen der Trennbedingungen manchmal in verschiedener Weise auflösen lassen, also keine gleichartige Zusammensetzung haben. Da bei der elektrophoretischen Auftrennung Eiweiße mit ähnlichen Verhältnissen von Ladung, Molekülgröße und Molekülform gemeinsame Banden bilden, muß der Nachweis der Identität zweier Banden durch weitere Kriterien erbracht werden. Durch Modifikation des Trennverfahrens und Einbeziehung anderer Proteineigenschaften in den Trennvorgang gelang es, praktisch verwertbare Ergebnisse zu erzielen, die für die weiteren Untersuchungen von Wichtigkeit sind. Auch im Jahre 1966 lag das Schwergewicht der Arbeiten zum Proteinproblem auf methodischem Gebiet. Es wurden Versuche begonnen, um mit Hilfe der elektrophoretischen Auftrennung von Eiweißfraktionen entwicklungsabhängige Prozesse des Proteinstoffwechsels unter Einsatz von Radionukliden durchzuführen (POLTER).

Bei der Fortsetzung der Untersuchungen über die Zusammensetzung der löslichen Proteine in Erbsenwurzeln wurde ein möglichst vollständiger Überblick über die Variabilität der einzelnen Proteinbanden nach elektrophoretischer Auftrennung in Acrylamid-Gel angestrebt. Dies war eine notwendige Voraussetzung für die geplanten Versuche einer Beeinflussung der Proteinzusammensetzung pflanzlicher Gewebe durch bestimmte Milieufaktoren, besonders der Temperatur. Bei den bisherigen Proteintrennungen unter Anfärbung mit Amidoschwarz 10 B wurden mit bestimmten Proteinextrakten Banden festgestellt, die nicht regelmäßig auftraten. Die Frage, ob es sich dabei um besonders labile Proteine handelt oder um Nicht-Proteine, konnte bisher nicht eindeutig geklärt werden. Die Ergebnisse von Einbauversuchen mit ^{14}C-Leucin sprachen allerdings dafür, daß es sich dabei wahrscheinlich um Proteine handelt. Die bis dahin in der Literatur empfohlenen Verfahren zur Bestimmung der Radioaktivität in bestimmten radionuklid-markierten Proteinbanden, die zu deren näheren Charakterisierung benutzt wurden, führten wegen Störungen bei der Hydrolyse in den Aufschlußröhrchen zu keinem befriedigenden Erfolg (MÜLLER-STOLL, POLTER).

8.4.5. Nucleinsäure-Metabolismus

Methodische Untersuchungen zur quantitativen Bestimmung löslicher Nucleotide und anderer Purin- und Pyrimidinderivate in Gramineen-Keimlingen (Koleoptilen und Wurzeln) wurden (1964) aufgenommen. Die Sicherung der Reproduzierbarkeit der Nucleotidflecken durch Messung im Spektralphotometer nach papierchromatographischer Auftrennung war eine wesentliche Voraussetzung für geplante Arbeiten über Fragen des Kältemetabolismus und der Abhärtung (Resistenz bei höheren Pflanzen) (BERGMANN, MÜNTZ).

Im Mittelpunkt der Untersuchungen über den Einfluß tiefer Temperaturen auf den Nucleotid-Metabolismus von Mais stand 1965 eine kritische Überarbeitung der verschiedenen Nachweis- und Identifizierungsverfahren für freie Nucleotide. Die in Koleoptilen und Wurzeln von Maiskeimlingen vorkommenden äthanollöslichen Tri-, Di- und Monophosphate, Riboside und Basen konnten zum größten Teil auf papierchromatographischem Wege getrennt und identifiziert werden. Dabei ließen sich in der Literatur vorliegende fehlerhafte Angaben aufklären und richtigstellen. Trotz guter Eignung der Papierchromatographie zum qualitativen Nachweis der löslichen Komponenten des Nucleinsäure-Stoffwechsels zeigte sich, daß eine spektrophotometrische Ausmessung der Eluate der Chromatogrammflecken zur quantitativen Bestimmung offenbar nur in begrenztem Maße geeignet ist. Durch methodische Untersuchungen wurde eine Verbesserung der quantitativen Bestimmung der hier interessierenden Stoffe angestrebt (MÜLLER-STOLL, BERGMANN).

Es wurden ausgedehnte methodische Vorarbeiten zur qualitativen und quantitativen Erfassung löslicher Purin- und Pyrimidinverbindungen in verschiedenen Objekten durchgeführt, um sichere Anhaltspunkte für die Leistungsfähigkeit papierchromatographischer Trennungen dieser Stoffe zu erhalten. Diese Arbeiten führten zu einem positiven Ergebnis, da eine zweifelsfreie Identifizierung der verschiedenen Chromatogrammflecken möglich ist und erkannt wurde, von welchen Grenzwerten an Aussagen über umweltbedingte quantitative Veränderungen in der Konzentration der einzelnen Verbindungen gemacht werden können. Bei den weiteren Untersuchungen sollte der Einfluß tiefer Temperaturen auf den Stoffspiegel der genannten Substanzen geprüft werden. Dazu wurden zahlreiche Experimente durchgeführt. Es zeigte sich, daß eine 10tägige Behandlung bei niedriger Temperatur (+5 °C) vornehmlich die quantitative Basen- und Ribosid-Zusammensetzung stark beeinflußte. Eine längere Behandlung der Maiskeimlinge bei niedrigeren Temperaturen führte zu Kälteschädigungen. Die erhaltenen Werte stimmten nicht mit gewissen Angaben in der Literatur überein und machten eine Korrektur notwendig (MÜLLER-STOLL, BERGMANN).

Die Untersuchungen über den Kälteeinfluß auf die quantitative Zusammensetzung der Fraktion der äthanollöslichen Nucleotide und der zugehörigen Riboside und Basen in Maiskeimlingen wurden (1967) abgeschlossen. Ausgehend von den sorgfältigen methodischen Untersuchungen über die Leistungsfähigkeit der Papierchromatographie bei der quantitativen und qualitativen Erfassung von Purin- und Pyrimidinverbindungen in Extrakten aus Getreidekeimlingen wurden die Mengenverhältnisse dieser Stoffe, einzeln oder in Gruppen, in Koleoptilen und Wurzeln von etiolierten Maiskeimlingen nach einer Temperaturbehandlung von +5 °C ermittelt. Im Gegensatz zu den Angaben einiger anderer Autoren wurden durch Kälteeinwirkung auf die Objekte nur quantitative Veränderungen im Bereich der Uracil-Derivate erhalten. Andere Stoffe und Stoffgruppen zeigten nach Temperaturbehandlung der Maiskeimlinge keine Veränderungen, wie es z. B. bei Weizenkeimlingen der Fall ist (MÜLLER-STOLL, BERGMANN).

1967 wurde auch mit Versuchen zur Bestimmung der Gehalte an Ribonucleinsäuren in Maiskeimlingen begonnen. Zunächst wurden Trennungen mit Dowex-Kunstharzen versucht. Da aber auf diese Weise nur der Gesamtgehalt an Ribonucleinsäuren erfaßt werden konnte, ohne daß sich einzelne Nucleinsäure-Fraktionen von verschiedener Struktur und Funktion unterscheiden ließen, wurden schließlich MAK-Säulen (methyliertes Albumin auf Kieselgur-Substrat) benutzt. Mit dieser Methode war es möglich, natürlich vorkommende Nucleinsäuren aus Phenolextrakten der Keimlingsorgane von Mais in eine größere Anzahl von Fraktionen aufzutrennen, was sich bei Wiederholungen gut reproduzieren ließ. Das Ziel weiterer Untersuchungen war, diese Nucleinsäuren näher zu charakterisieren und eine mögliche quantitative Veränderung durch Behandlung der Objekte mit niederen Temperaturen zu erfassen (BERGMANN).

Die Versuche zur Trennung von RNS-Fraktionen aus Maiskeimlingen nach Kältebehandlung mit Hilfe von MAK-Säulen wurden 1968 aus technischen Gründen vorläufig abgebrochen und statt dessen mit Untersuchungen über Stoffwechselerscheinungen beim Resistenzerwerb von Gerste begonnen. Zunächst erfolgte die Prüfung der Entwicklungsgeschwindigkeit und des Entwicklungsverlaufs folgender Winter- und Sommergerstensorten des Anbausortiments der DDR unter standardisierten Laborbedingungen: ‚Dominator', ‚Xenia', ‚Undine', ‚Merkator', ‚Alsa'. Mit der Sorte ‚Dominator' wurden Untersuchungen zur Ermittlung optimaler Abhärtungsbedingungen durchgeführt. Hierzu wurde ein vorhandener Handelskühlschrank mit einem Leuchtröhrensatz versehen und die Keimpflanzen im 8-Stundentag gehalten, da Kurztagbedingungen zu optimaler Abhärtung der Pflanzen gegen tiefe Temperaturen führen sollen. Mit dieser Einrichtung konnte die Lichtintensität etwa zwischen 300 und 2000 Lux variiert werden. Mit Hilfe der Acrylamid-Gel-Elektrophorese wurden die löslichen Proteine verschiedener Entwicklungsstadien von Keimlingen der Sorte ‚Dominator' analysiert, in Wurzeln, Koleoptilen und Blättern getrennt. In jungen Entwicklungsstadien der Keimlinge erfolgten auch Untersuchungen am Endosperm und noch weiter unterteilten Keimlingsorganen. Weiterhin wurde begonnen, das Spektrum der freien Aminosäuren beim gleichen Objekt zu ermitteln. Zunächst wurden die vorkommenden Aminosäuren qualitativ mit Hilfe der Dünnschichtchromatographie erfaßt. Versuche zur Erprobung einer für das Objekt geeigneten Untersuchungsmethode und geeigneter Aufbereitungsbedingungen des Pflanzenmaterials gingen voraus (MÜLLER-STOLL, POLTER, SILHENGST).

8.4.6. Wirkung von Wachstumsfaktoren

Abgeschlossen wurde (1964) eine Untersuchung über Gibberellin- und Auxin-Wirkungen bei isolierten Getreide-Embryonen (Weizen, Roggen, Gerste, Hafer, Mais). Der Einfluß von Gaben von Gibberellinsäure und β-Indolylessigsäure auf Entwicklung und Wachstum von Koleoptile, Primärblatt und Wurzeln isolierter Embryonen wurde durch verschiedene Faktoren modifiziert: Licht, Temperatur, Glukose-Zugabe,

Quellungszustand der Embryonen und Zeitpunkt der Isolierung. Zur weiteren Aufklärung der Wechselbeziehungen zwischen Embryo und Endosperm, die für die Keimung der Karyopsen von entscheidender Bedeutung sind, erfolgte eine Bestimmung der endogenen Gibberellinmengen mit dem *Lactuca*-Test und der Auxine mit dem *Avena*-Koleoptilzylinder-Test. Die während der Keimung nachweisbaren Gibberellinmengen befinden sich primär in den Embryonen und treten von da in das Endosperm über. Die Ergebnisse stützen die Hypothese, nach der durch Gibberellinwirkung bei der Keimung Nährstoffe mobilisiert und vielleicht auch Wirkstoffe vom Charakter der Auxine aktiviert werden (BERGMANN).

8.4.7. Anatomie rezenter und fossiler Hölzer

Die holzanatomische Arbeitsgruppe beschäftigte sich mit Fragen der ökologischen (quantitativen) Holzanatomie und mit der Diagnostik rezenter und fossiler Hölzer. Untersuchungen über die jahreszeitlichen Veränderungen der Holzelemente im Ast-, Stamm- und Wurzelholz der Buche (*Fagus sylvatica* L.) ergaben bei einigen Holzelementen bestimmte Gesetzmäßigkeiten, vor allem im Verlauf der Zelldimensionen. Im Ast- und Stammholz werden zu Beginn des Jahreszuwachses relativ enge Gefäße und Holzfasern gebildet, im Frühsommer erreichen sie etwa im ersten Drittel der Jahresringe maximale Weiten und nehmen dann kontinuierlich nach dem Spätholz hin ab, bis sie schließlich im zuletzt gebildeten Spätholz an der Jahresringgrenze ihr Minimum erreichen. Die Länge der Markstrahlzellen nimmt ebenfalls diesen Verlauf. Im Wurzelholz läßt nur die Länge der Markstrahlzellen diese Gesetzmäßigkeit erkennen; die Gefäßweiten beginnen sofort mit einem Maximum und werden dann allmählich enger und die Holzfasern behalten eine mehr oder weniger konstante Größe bei. Da die jahreszeitlichen Veränderungen der erwähnten Zelldimensionen eine auffällige Parallelität zum jährlichen Verlauf des Dickenwachstums zeigen, kann angenommen werden, daß zwischen der Ausbildung bestimmter Zellelemente und der Intensität des Dickenwachstums Beziehungen bestehen. Außerdem wurde eine anatomische Methode zur eindeutigen und reproduzierbaren Bestimmung des Spätholzanteils bei der Buche entwickelt (SÜSS).

Eine Revision der bisher bekannten fossilen Leguminosenhölzer anhand von Originalpräparaten, Literaturvergleichen und neuem Fundmaterial wurde abgeschlossen. Die große Zahl der bisher beschriebenen fossilen Leguminosenhölzer aus tertiären und kretazischen Schichten verteilte sich auf 20 Formgattungen. Der größte Teil ist nicht klar abgegrenzt, die Diagnosen sind ungenau und ermöglichen meist keine eindeutige Zuordnung der Formen; ein Teil der Hölzer gehört gar nicht zu den Leguminosen. Nur 4 bereits bestehende Gattungen können aufrechterhalten werden; 14 neue Formgattungen wurden aufgestellt. Nach Studien an rezenten Leguminosenhölzern ergab sich, daß die fossilen Gattungen am besten an rezente Sippen mit möglichst einheitlichem Holzbau anzuschließen sind. Da innerhalb mancher Leguminosen-Gattungen verschiedene Holzbaupläne auftreten und andererseits verschiedene Gattungen die gleichen holzanatomischen Merkmale besitzen können, sind die aufgestellten fossilen Gattungen oft nicht allein mit der namengebenden rezenten Gattung vergleichbar, sondern können auch Leguminosensippen anderer Zugehörigkeit entsprechen. Zwei Arten wurden erstmalig und zwölf weitere nach älteren Originalen neu beschrieben. — Von der im Tertiär bisher nur durch Samenreste nachgewiesenen Lianengattung

Actinicia konnte erstmalig auch fossiles Holz (*Actinidioxylon princeps*) aus dem Pliozän des Westerwaldes identifiziert werden (MÜLLER-STOLL, MÄDEL).

Im Jahre 1965 wurden die Untersuchungen über die Längenveränderungen der Holzfasern und Gefäßglieder während einer Vegetationsperiode (Jahresring) fortgesetzt, so daß jetzt für zehn ring- und zerstreutporige Holzarten entsprechendes Material vorliegt. Die Faserlängen ändern sich bei allen Holzarten im Jahresverlauf in gesetzmäßiger Weise. Die Gefäßglieder zeigen dagegen nur bei einigen Holzarten Längenveränderungen, bei anderen bleiben sie im ganzen Jahresring konstant. Besondere Aufmerksamkeit wurde den bisher noch nicht geklärten Längenveränderungen der Holzfasern bei Übergang vom Spätholz des einen zum Frühholz des nächsten Jahresringes gewidmet. Entgegen den Angaben in der Literatur geht bei einigen Holzarten die Holzfaserlänge im letzten Spätholz bis auf das Niveau der Parenchymstränge zurück. Die ersten im Frühholz gebildeten Holzfaserzellen zeigen bei einigen ringporigen Holzarten noch keine Verlängerung, bei den zerstreutporigen Hölzern beginnt aber die Holzbildung sofort mit einem zusätzlichen Holzfaserlängenwachstum. Bei sämtlichen untersuchten Holzarten verlängern sich die Holzfasern durch autonomes Spitzenwachstum und nicht, wie vielfach angegeben wird, durch gleitendes oder synplastisches Wachstum. Die Jahreskurve des Längenwachstums der Holzfasern fällt bei der Buche mit der Jahreskurve der Intensität des Dickenwachstums zusammen. Die längsten Holzfasern werden in der Periode intensivster Zellteilungstätigkeit gebildet und nicht, wie von vielen Autoren angenommen wird, während der Periode der langsamsten Entwicklung (SÜSS).

Untersuchungen über fossile Pappel- und Eichenhölzer aus dem Pliozän, über einen Kiefernfund aus dem Alleröd der Rostocker Heide und über subfossile Holzreste aus holozänen Ablagerungen mitteldeutscher Flußauen wurden abgeschlossen. Ein umfangreiches Material mittelalterlicher Holzgeräte aus Grabungen in Magdeburg wurde für das Institut für Vor- und Frühgeschichte der Akademie holzanatomisch untersucht (MÄDEL, SÜSS).

Durch ein Abkommen mit der Botanischen Abteilung des Ungarischen Nationalmuseums in Budapest hat die Abteilung die systematische Bearbeitung tertiärer Laubhölzer aus Ungarn übernommen. Mit dem Aussuchen geeigneter Stücke aus den Museumsbeständen wurde 1964 begonnen und 1965 im Rahmen einer Studienreise weiteres Material des Budapester Museums aussortiert und nach Potsdam gebracht. Bei dieser Gelegenheit wurden an verschiedenen ungarischen Fundstellen auch eigene Aufsammlungen vorgenommen.

1966 wurden quantitative Untersuchungen über die Veränderungen der Zelldurchmesser einiger Elemente innerhalb eines Jahrringes bei zerstreutporigen Hölzern durchgeführt; sie ergaben Gesetzmäßigkeiten, die nicht mit den Längenveränderungen dieser Elemente korrelieren. Das Maximum der Werte wurde in der Regel schon im ersten Fünftel des Jahrringes erreicht; von hier aus kann die Zellweite bis kurz vor der folgenden Zuwachsgrenze beibehalten werden (z. B. bei *Platanus*) oder allmählich, aber deutlich abnehmen (z. B. bei *Fagus*). Es gibt offensichtlich verschiedene Typen zerstreutporiger Hölzer, wobei ein Übergang zur Halbringporigkeit besteht. Diesem Problem sollten weitere Studien gewidmet werden. Von praktischem Interesse ist die aus quantitativen Untersuchungen sich ergebende Möglichkeit zur Bestimmung des Spätholzanteils nach anatomischen Werten (SÜSS).

Weiterhin wurde eine Anzahl tertiärer Hölzer tropischer Herkunft untersucht. Hervorzuheben ist dabei der Nachweis eines interessanten Guttiferen-Holzes, der eine vergleichende Überprüfung aller Holzfossilien aus diesem Verwandtschaftskreis veranlaßte. Ferner wurde mit einer Revision der bisher beschriebenen Ebenaceen- und Sapotaceen-Hölzer begonnen.

Wesentlich erweitert wurde auch die Sammlung rezenter Hölzer. Ein erstes Verzeichnis mit 620 Holzarten, als Schnittpräparate zum internationalen Tausch angeboten, wurde versandt. Die Holzsammlung ist in die neue Auflage des von der Smithsonian Institution, Washington, herausgegebenen „Guide to institutional Wood Collections" aufgenommen worden. Auch im Jahre 1966 haben einige wissenschaftliche Einrichtungen (z. B. Museum für Ur- und Frühgeschichte Thüringens in Weimar, Botanisches Institut der Universität Innsbruck) um Hilfe bei Spezialuntersuchungen und Bestimmungen gebeten (MÜLLER-STOLL, MÄDEL).

1967 wurden die Untersuchungen über die Veränderungen des Durchmessers und des prozentualen Anteils der einzelnen Holzelemente innerhalb eines Jahrringes bei zerstreutporigen Holzarten abgeschlossen. Bestimmte Merkmale, wie Gefäßdurchmesser und Anteil der Holzelemente, erfahren Veränderungen, die als Maß für den Grad der Zerstreutporigkeit herangezogen werden können. Andere Merkmale, z. B. die Länge der Markstrahlzellen, zeigen innerhalb des Jahrringes gesetzmäßige Veränderungen, die wie die Holzfaserlänge von der Periodizität der Vegetationszeit abhängen. Eine dritte Gruppe von Merkmalen, z. B. Durchmesser und Wandstärke der Holzfasern, wird weitgehend unabhängig von jahresperiodischen Einflüssen ausgebildet und weist bei den einzelnen Holzarten ganz verschiedene Arten von Veränderungen auf. Spezielle Studien über das Spitzenwachstum der Holzfasern führten zu einer genauen Definition der sog. Überlappungsgröße der Fasern sowie zu einem zuverlässigen Verfahren zu ihrer Bestimmung. Durchgeführt wurden Messungen zur Abhängigkeit der Längenänderungen der Holzfasern, Gefäßglieder und Parenchymstränge bei Buche von der Jahrringbreite und von der Orientierung des Stammes zur Himmelsrichtung. Bei holzbildenden Kakteen konnte eine eigentümliche Form von Gefäßdurchbrechungen beobachtet und als „reniforme" Perforation genauer beschrieben sowie in der Entstehung gedeutet werden. Eigenartige spiral- und ringverdickte Tracheiden, die bei *Trichocereus schickendantzii* (Web.) Br. et R. auffielen, stellen offenbar eine besondere Form der holzanatomischem Spezialisierung kleinwüchsiger Kakteen dar (SÜSS, MÜLLER-STOLL).

Im Rahmen der Untersuchungen zur systematischen Anatomie fossiler Hölzer wurde die Revision der bisher bekannten Ebenaceen- und Sapotaceen-Hölzer abgeschlossen. Das erste sicher bestimmte Sapotaceen-Holz konnte im ungarischen Tertiär nachgewiesen werden (*Chrysophylloxylon* n. g.). Ein früher (1882) von FELIX zu den Sapotaceen gestelltes Holz gehört zu den Juglandaceen (Gattung *Eucaryoxylon* Müller-Stoll et Mädel); ein weiteres Juglandaceen-Holz der gleichen Gattung aus dem Pliozän wurde neu beschrieben. Die Bestimmung der Typusart von *Ebenoxylon* Felix (1882) von Antigua (Kleine Antillen) erwies sich als richtig. Das wichtigste Merkmal dieser Hölzer, über die eine kritische Übersicht gegeben wird, sind die schmalen, ein- oder zweireihigen apotrachealen Parenchymbänder. Anhand der Originalpräparate von fossilen Hölzern aus Ägypten wurde nachgewiesen, daß es sich bei den von CHIARUGI (1933) und KRÄUSEL (1939) als Rutaceen (*Evodioxylon*) bestimmten Fossilien in Wirklichkeit um Combretaceen handelt, die zur Gattung *Terminalioxylon* Schönfeld (1947) gehören. Weitere früher von KRÄUSEL (1939, Ägypten) und BOUREAU (1952, Vietnam) als Leguminosen bestimmte Reste gehören ebenfalls hierher. *Anogeissuxylon* (LOUVET 1964) und *Anogeissusoxylon* (NAVALE 1964) sind Synonyme von *Terminalioxylon*. Bei der Untersuchung eines umfangreichen Materials von platanenähnlichen Holzresten aus Ungarn ergab sich, daß in den Hölzern aus dem älteren Miozän (Burdigal) stets spiralverdickte Gefäße vorkommen, die bei den jungmiozänen (sarmatischen) Resten genau wie bei den rezenten Platanen durchweg fehlen; die anatomisch-systematische Klärung dieser Frage ist noch offen. Die Herstellung von Schliffpräparaten von einer umfangreichen Sammlung tertiärer Laubhölzer aus Ungarn wurde fortgesetzt und die Sammlung von Schnittpräparaten rezenter Hölzer weiter vervollständigt. Mit verschiedenen Holzsammlungen erfolgte ein Austausch von Material (Müller-Stoll, Mädel-Angeliew, Süss).

Im Bereich der holzanatomischen Arbeiten wurden die Untersuchungen über die Abhängigkeit der Längenveränderungen von Holzfasern, Gefäßgliedern und Parenchymsträngen der Buche von der Jahrringbreite und der Orientierung des Stammes zur Himmelsrichtung abgeschlossen (1968).

Mit dem Problem der Porenverteilung und ihren Beziehungen zu anderen Holzmerkmalen sowie mit der Frage nach der Unterscheidbarkeit der mitteleuropäischen stammbildenden Rosaceen-Hölzer befaßten sich zwei außerplanmäßige Aspiranten. Für die Rosaceen-Holzarbeiten wurden zur Erfassung der Variabilität der Merkmale Schnittpräparate von zahlreichen Holzproben (*Malus pumila*, *Pyrus communis*, *Prunus avium* u. a.) angefertigt.

Die allgemeine Sammlung von Schnittpräparaten rezenter Hölzer wurde weiterhin vervollständigt und ebenso mit verschiedenen auswärtigen Holzsammlungen Material ausgetauscht (Müller-Stoll, Süss).

8.4.8. Zusammenarbeit mit der Akademie der Wissenschaften der Republik Kuba

Vier Mitarbeiter der Abteilung (Lerch, Müntz, Bergmann, Süss) waren 1968 im Rahmen einer Vereinbarung zwischen der Deutschen Akademie der Wissenschaften zu Berlin und der Akademie der Wissenschaften der Republik Kuba tätig.

1. Die Pflanzenphysiologische Gruppe (Lerch, Müntz, Bergmann) hatte die Aufgabe, ein Forschungsprogramm über den Einfluß des tropischen Klimas auf Entwicklung und Stoffwechsel kubanischer Kulturpflanzen zu entwerfen, im Instituto de Biologia in La Habana ein pflanzenphysiologisches Laboratorium einzurichten und junge kubanische Nachwuchskräfte in pflanzenphysiologische Forschungsmethoden einzuarbeiten. Die Mitglieder dieser Arbeitsgruppe trafen in der Zeit von September bis November 1967 in Kuba ein. Die erforderliche Laboratoriumsausrüstung, darunter eine komplette URAS-Gaswechsel-Meßanlage, wurde aus der DDR in Etappen bis Juni 1968 nach La Habana überführt.

2. Auf dem Gebiet Paläontologie und Holzanatomie bestand die Aufgabe (Süss) darin, am Departamento de Botanico der Kubanischen Akademie der Wissenschaften in La Habana eine Arbeitsgruppe für paläontologische, besonders holzpaläontologische Untersuchungen zu entwickeln, die sich auch mit der holzanatomischen Bearbeitung vor allem wirtschaftlich wichtiger rezenter Hölzer des Landes befaßt. Dazu sollten junge kubanische Wissenschaftler in die mikroskopische Meß- und Untersuchungsmethode und die erforderliche Präparationstechnik eingeführt werden. Auch die apparative Ausrüstung dieser Gruppe stammte aus der DDR. Dr. Süss war ab November 1967 in La Habana tätig.

Die Arbeiten in Kuba liefen nach Überwindung von Anfangsschwierigkeiten 1968 voll an. Von der Pflanzenphysiologischen Gruppe wurde ein Praktikum durchgeführt, um die kubanischen Mitarbeiter mit den erforderlichen Arbeitsmethoden und -geräten vertraut zu machen. Daneben wirkte die Gruppe zunächst beratend bei der wissenschaftlichen Betreuung und Auswertung eines im Rahmen des Planes „Grüner Gürtel von La Habana" durchgeführten Großversuches über verschiedene Anzuchtmethoden von Kaffeejungpflanzen mit. Diese Arbeiten wurden im September 1968 abgeschlossen (LERCH u. Mitarb.).

Bis zur Fertigstellung der Laboratoriumseinrichtung und eines Gewächshauses für Gefäßversuche hatten zwei Mitarbeiter der Gruppe (MÜNTZ, BERGMANN) Gelegenheit, Untersuchungen über Temperatur- und osmotische Resistenz verschiedener Meeresalgen durchzuführen. Die Untersuchungen knüpften an Arbeiten von R. BIEHL (1962) mit Algen aus dem Mangrovegürtel von Puerto Rico an.

Im Herbst 1968 konnte mit der programmgemäßen Durchführung eigener Untersuchungen der Gruppe über den Einfluß von Licht und Schatten auf Wachstum, Stoffwechsel und Resistenzverhalten von Kaffeesämlingen sowie über die Bedeutung einer abgestuften Bodenwasserversorgung für Stoffproduktion, Wasserhaushalt und Stickstoffwechsel der Gandulbohne (*Cajanus cajan*) begonnen werden.

Für die holzanatomischen und holzpaläontologischen Untersuchungen (SÜSS) wurde zunächst ein kleines Laboratorium im Botanischen Garten der Akademie in La Habana eingerichtet und mit dem Aufbau einer Schnittsammlung rezenter Hölzer für Vergleichszwecke begonnen. Zahlreiche Exkursionen in verschiedene Provinzen des Landes dienten dem Kennenlernen der heimischen Gehölzflora und dem Sammeln rezenter und fossiler Hölzer. Die kubanischen Mitarbeiter wurden in die Untersuchungsmethodik eingearbeitet und eine Anleitung für die Anfertigung von Holzschnitten angefertigt. Dazu kamen umfangreiche holzanatomische Untersuchungen über die in Kuba endemisch vorkommende Gymnosperme *Microcycas calocoma*. Sie ergaben, daß sich diese Art auch holzanatomisch gegen *Cycas circinalis* und *C. revoluta* gut abgrenzen läßt. Die Holzfasern von *Microcycas* verlängern sich durch nachträgliches bipolares Spitzenwachstum. Die Fasertracheiden charakterisieren durch ihre mittlere Länge, durch das relative Ausmaß der nachträglichen Längenzunahme und durch den Quotienten aus absoluter und relativer Längenzunahme die primitive Holzstruktur dieser Pflanze.

8.5. Abteilung Systematik und Sortiment

8.5.1. Aufgaben der Abteilung, Leitung und wissenschaftliche Mitarbeiter, Nachruf für Prof. MANSFELD

Die Aufgabe der Abteilung ist die Weiterentwicklung der Systematik der Kulturpflanzen, d. h. die Klärung der Grundlagen und Methoden der systematischen Darstellung der Kulturpflanzen und die Erfassung und Ordnung der Sortenmannigfaltigkeit der verschiedenen Kulturpflanzen bzw. der Ausbau und die Vervollkommnung schon vorhandener Systeme (MANSFELD). Das allgemeine Problem der Systembildung bei den Kulturpflanzen ist auf das engste mit dem gleichen Problem bei den Wildpflanzen verbunden, wird doch die systematische Bewertung der Kulturpflanzensippen wesentlich durch ihre Beziehungen zu den wilden Stammpflanzen mitbestimmt. Systematik der Kulturpflanzen kann daher nicht für sich, sondern nur in ständigem Zusammenhang mit der Wildpflanzen-Systematik betrieben werden.

Als Grundlage einer rationellen systematischen Arbeit sind möglichst umfassende Sammlungen von Untersuchungs- und Vergleichsmaterial lebender sowie konservierter Pflanzen unentbehrlich. Lebende Pflanzen standen im Sortiment sowie in verschiedenen Dauerpflanzungen auf dem Institutsgelände zur Verfügung. Mit der Anlage von Sammlungen konservierter Pflanzen wurde 1946 begonnen (EICHLER). Das Material dazu wurde in der Hauptsache aus dem Sortimentsanbau gewonnen, z. T. durch Tausch oder auch Ankauf erworben. Von jeder Sippe wurden Pflanzen für das Herbar getrocknet; Pflanzenteile, die wegen ihrer Größe oder Konsistenz nicht herbarmäßig präparierbar waren (z. B. Knollen, fleischige Früchte, Fruchtstände, rohe Produkte von Kulturpflanzen u. a.), wurden trocken oder naß konserviert (in Alkohol oder Formol) in Sondersammlungen aufbewahrt; dazu kam schließlich eine Vergleichssammlung von Samenproben. Die Sammlungen sollten mit der Zeit ein Archiv der Kulturpflanzen und ihrer Stammpflanzen werden. Dazu war auch die Sammlung von Belegen von Sorten notwendig, deren Anbau wegen mangelnder Ertragsleistung eingestellt wurde und deren Existenz daher bedroht war. Leider war dieser Fall bei sehr vielen alten Sorten schon eingetreten, von denen außer dem Namen nur noch unzureichende Beschreibungen vorlagen. Primitivsorten landwirtschaftlicher Kulturpflanzen können durch Resistenz- und Qualitätseigenschaften von großem Wert für die Pflanzenzüchtung sein. Im Sortiment werden daher Sammlungen verschiedener Expeditionen lebend erhalten und eine Charakterisierung dieses Materials vorgenommen (LEHMANN).

In Gemeinschaft mit einer Reihe von Institutionen konnte bei Gersten und Weizen eine planmäßige Analyse ertragsbestimmender Merkmale vorgenommen werden, die zur Auffindung von zahlreichen züchterisch wertvollen Sippen und damit zu einer Vorselektion des umfangreichen Kulturpflanzensortiments führte.

In dem „Maßnahmeplan zur weiteren Entwicklung der Getreidezüchtung in der DDR" wurde das Kulturpflanzensortiment 1967 als „Konsultationsstelle für die Bereitstellung von definiertem Ausgangsmaterial für die Getreidezüchtung" aufgenommen.

Die Bearbeitung des Kulturpflanzensortiments, insbesondere der Gersten und Weizen, konzentrierte sich auf die Auslese geeigneten Ausgangsmaterials für die Kombinationszüchtung (krankheits- und frostresistente Sippen sowie Formen mit besonderen Leistungs- und Qualitätsmerkmalen).

Zur Unterbringung der Sammlungen, die zunächst nur behelfsmäßig erfolgen konnte, standen seit Anfang 1951 in dem neuerrichteten Gebäude der Abteilung zwei Säle zur Verfügung, die mit Schränken verschiedener Bauart ausgestattet waren (Herbarsaal und Saal für die Sondersammlungen). Zur Verringerung der Brandgefahr und zur besseren Bekämpfung in den Sammlungen auftretender Schädlinge wurden die beiden Säle (Nord- und Südflügel des Gebäudes) von den Arbeitsräumen (im Ost- und Westflügel) abgesondert. Sie wurden außerdem so angelegt, daß sie später durch Anbau vergrößert werden konnten.

Die Sammlungen der Abteilung konnten 1962 nach einem Neu- bzw. Erweiterungsbau in sechs Sälen von etwa 150 qm Größe untergebracht werden, zwei Räume enthalten das Herbarium, je ein Saal beherbergt die Frucht- und Samensammlung und die Ährenprobenkollektion. Zwei weitere ebensogroße Räume dienen als Saatgutmagazin. Für in Alkohol konservierte Präparate steht ein eigenes größeres Zimmer zur Verfügung.

Alle Archivräume wurden mit automatischen Feuersignalanlagen ausgestattet und durch Schleusenräume voneinander isoliert.

Die Erhaltung der Sortenechtheit im Kulturpflanzensortiment erfordert umfangreiche Betreuungsmaßnahmen und Kontrollen. Von jeder Anbaunummer werden Präparate für Vergleichszwecke im Archiv aufbewahrt. 1962 wurde begonnen, die bisher provisorisch untergebrachte Ährensammlung in einem eigenen Saal übersichtlich zu deponieren. Bei der Einordnung erfolgte eine umfassende Beschriftung der Ährenbündel, wodurch die Benutzung wesentlich erleichtert wurde.

In den ersten Jahren waren die Kräfte der Abteilung fast ausschließlich durch Organisations- und Aufbauarbeiten beansprucht, besonders auch durch Ordnungs- und Bestimmungsarbeiten am Sortiment. Erst allmählich konnten die Arbeiten zur Systembildung aufgenommen werden. Bearbeitet wurden vorläufig kultivierte Nutzpflanzen (die Einbeziehung von Zierpflanzen war für später vorgesehen), und zwar hauptsächlich Getreide (MANSFELD), Leguminosen, Gemüse (HELM), Tomaten (LEHMANN) und Kürbisgewächse (GREBENŠČIKOV, Abt. Genetik und Cytologie) sowie Arzneipflanzen. Dabei wurde zunächst eine diagonistische Übersicht angestrebt, besonders im Hinblick auf die Frage der praktischen Unterscheidung und Bestimmung der Sippen. Weiter wurde dann versucht, Systeme zu bilden, die der besonderen Eigenart der Sortenmannigfaltigkeit möglichst weit entsprachen (MANSFELD).

Auf welche Weise und wie weit eine Mannigfaltigkeit systematisch erfaßt und dargestellt werden kann, hängt wesentlich davon ab, wie weit die Merkmale ihrer Elemente und deren Beziehungen zueinander bekannt sind. Die Tätigkeit der Abteilung nach dieser Richtung erstreckte sich auf die Untersuchung morphologischer, anatomischer und entwicklungsgeschichtlicher Merkmale, dazu kamen ökologische Beobachtungen auf dem Versuchsfeld. Weitere Untersuchungen galten der historischen Entwicklung der Sortenmannigfaltigkeit (HELM, SCHIEMANN). Erkenntnisse über chemische, physiologische, genetische und cytologische Merkmale wurden durch die anderen Abteilungen bzw. in Zusammenarbeit mit ihnen gewonnen.

Als Ausgangsmaterial für die Untersuchungen an Kulturpflanzen stand im Sortiment des Instituts eine umfangreiche lebende Sammlung von Kulturpflanzensorten, z. T. auch der wilden Stammformen zur Verfügung. Daneben war in den Windschutzpflanzungen und Schmuckanlagen allmählich eine Sammlung von Gehölzen entstanden. Schließlich unterhielten die einzelnen Abteilungen für Sonderzwecke Sammlungen bestimmter Pflanzengruppen, z. B. die Abt. Genetik und Cytologie eine Sammlung von Mutanten von *Antirrhinum*, *Hordeum*, *Glycine* und *Lycopersicon*.

Nach Maßgabe der Möglichkeiten wurden Neuzugänge determiniert und die in früheren Jahren bestimmten Taxa kontrolliert. Zur Überprüfung der Anbauintervalle für die einzelnen Kulturpflanzenarten wurde Saatgut aus den zurückliegenden Jahren auf seine Keimfähigkeit getestet.

Das Kulturpflanzensortiment umfaßte 1952 rd. 14000 Arten, Landsorten, Zuchtsorten und Stammformen (LEHMANN). Die zahlenmäßige Zusammensetzung geht aus der folgenden Übersicht hervor, bezüglich der Sorten- und Artenmannigfaltigkeit sei auf den Index seminum des Instituts verwiesen. Außerhalb des eigentlichen Sortiments waren seinerzeit rd. 2000 Zierpflanzen und Sorten sowie rd. 1000 Gehölze vorhanden.

Getreide, Gräser				
Weizen	4119	Hirsen	213	
Gerste	2204	Reis	8	
Hafer	612	Mais	223	
Roggen	35	Gräser	398	insgesamt 7812

Hülsenfrüchte				
Bohnen	940	Puffbohnen	82	
Erbsen	639	Kichererbsen	53	
Soja	48	Platterbsen	281	
Linsen	111	Wicken	102	
Kleeartige	269	Lupinen	102	insgesamt 2627
Gemüse				
Kürbisse	260	Tomaten	380	
Gurken	102	Salat	87	
Melonen	162	Paprika und Eierfrucht	166	
Sonstige Kürbisgewächse	114	Kohl und Sonstiges	423	insgesamt 1694
Technische Pflanzen				
Mohn	129	Sonnenblumen	16	
Lein	211	Raps	11	
Hanf	9	Farbpflanzen und Sonstige	227	insgesamt 603
Gewürz- und Arzneipflanzen				insgesamt 785
Tabak				insgesamt 146

Die Ergänzung bzw. Erweiterung des Sortimentes erfolgte bis dahin ausschließlich durch Samentausch mit botanischen Gärten sowie botanischen, landwirtschaftlichen und gärtnerischen Instituten, insbesondere auch mit Züchtern (Lehmann). Der Samentausch begann 1946 und umfaßte schließlich Institute und Gärten in fast allen Ländern der Welt. An Züchter und wissenschaftliche Institute wurden Samen auch ohne Tausch abgegeben.

Zum allergrößten Teil besteht das Sortiment aus einjährigen Pflanzen, die in bestimmten zeitlichen Abständen auf dem Versuchsfeld angebaut werden, so daß stets keimfähiges Saatgut jeder Sorte vorhanden ist (meist Anbau jedes zweite Jahr). Getreide werden in Parzellen von 2 qm Größe angebaut; Leguminosen in Streifen oder Reihen, die übrigen Pflanzen in verschiedener Weise, entsprechend der Größe der Einzelpflanzen (Abb. 18). Zur Vermeidung von gelegentlicher Fremdbestäubung bzw. zu deren schneller Erkennung werden bei Selbstbestäubern nur Sorten verschiedener Arten nebeneinander gesetzt oder wenigstens solche Sorten, die äußerlich leicht unterscheidbar sind oder zu verschiedenen Zeiten blühen. Fremdbestäuber werden teils durch Hanfstreifen, teils durch Gazekästen isoliert oder die Blütenstände werden eingetütet; bei Kürbisgewächsen werden Einzelblüten isoliert und einzeln bestäubt. Ausdauernde Pflanzen stehen auf einem abgetrennten Feldstück (Dauergarten). Der Anbau der Einjährigen erfolgt in regelmäßigem Wechsel auf den vier Schlägen des Versuchsfeldes.

Eine umfangreiche Anweisung zur Sortimentserhaltung faßte die bisherigen Erfahrungen im Sortimentsanbau zunächst für den internen Gebrauch zusammen, sie wurde in ihren wesentlichen Teilen auch publiziert (Lehmann und Mansfeld 1957).

Die Mitarbeit an den internationalen Bemühungen zur Stabilisierung der botanischen Nomenklatur wurde fortgesetzt bzw. hinsichtlich Kulturpflanzen eingeleitet, woran sich eine umfangreiche Beratertätigkeit in nomenklatorischen Fragen knüpfte (Mansfeld, später Danert). Eine von Mansfeld 1949 veröffentlichte Einführung in die Prinzipien der wissenschaftlichen Pflanzenbenennung und der Entwicklung des Internationalen Code der botanischen Nomenklatur trug wesentlich zu einem breiteren Verständnis dieser Problematik bei.

Abbildung 18 Blick in den Zuchtgarten des Getreidesortiments (phot. G. TERPE)

Die Vereinheitlichung der Nomenklatur der Kulturpflanzen und ihre Anwendung entsprechend den internationalen Regeln war gleichfalls ein wichtiges Anliegen bei der Erstellung einer systematischen Übersicht über alle landwirtschaftlich-gärtnerisch angebauten Kulturpflanzen der Erde, an der sämtliche wissenschaftlichen Mitarbeiter der Abteilung beteiligt waren und die alle einschlägigen, bis dahin erfaßten Arten mit ihrer Untergliederung, den Synonymen, kurzen Angaben zum Anbaugebiet, zur Nutzung u. a. verzeichnete. Dieses 1959 erschiene Buch (MANSFELD, unter Mitarbeit von BENEDIX, DANERT, GREBENŠČIKOV, HELM, LEHMANN, RIETH: Vorläufiges Verzeichnis landwirtschaftlich oder gärtnerisch kultivierter Pflanzenarten (mit Ausschluß der Zierpflanzen) — Prodromus enumerationis specierum plantarum agri- et horticulturae) hat sich auch im internationalen Maßstab als einzigartiges und unentbehrliches Referenzwerk erwiesen. Eine ähnliche Zusammenstellung wurde später von SCHULTZE-MOTEL für die forstlich kultivierten Arten erarbeitet (vgl. S. 206).

In verschiedenen Beiträgen wurden grundlegende Fragen der Methodik und Zielstellung der allgemeinen botanischen Systematik analysiert (MANSFELD 1948, 1952), an die sich die Untersuchung der spezifischen Probleme der Kulturpflanzentaxonomie anschloß; ein erster Beitrag dazu wurde bereits 1953 (MANSFELD) fertiggestellt.

Nach den dort begründeten Verfahren erfolgte die spezielle taxonomische Bearbeitung von Kulturpflanzengruppen, wobei die taxonomische Darstellung ihrer infraspezifischen Mannigfaltigkeit im Vordergrund des Interesses stand. Aus der Vielzahl der entsprechenden Bearbeitungen seien im folgenden kurz einige charakteristische

Beispiele (mit dem Jahr der Veröffentlichung der Ergebnisse) aufgeführt:
MANSFELD: *Hordeum vulgare* (1950), *Triticum aestivum* (1951);
DANERT: *Solanum tuberosum* (1956), *Papaver somniferum* (1958), *Nicotiana tabacum* und *N. rustica* (1961, 1963);
KULPA und DANERT: *Linum usitatissimum* (1962);
HELM: *Lactuca sativa* (1954, 1955), *Allium* ssp. (1956), *Beta vulgaris* (1957), *Brassica* spp. (1961, 1963);
LEHMANN: *Pisum sativum* (1954), *Lycopersicon esculentum* (1955), *Glycine max* (1962);
HANELT: *Carthamus tinctorius* (1961), *Ornithopus sativus* (1962);
HANELT in Zusammenarbeit mit METTIN: *Vicia sativa* s. l. (1964, 1966).

Leitung:

1945—1946 Dr. O. SCHWARZ
1946—1948 Dr. W. ROTHMALER
ab 1. 1. 1949—30. 11. 1960 (†) Prof. Dr. phil. Rudolf MANSFELD, Direktor am Institut
ab 1961—28. 2. 1962 kommissarisch Prof. Dr. rer. nat. habil. Siegfried DANERT
ab 1. 3. 1962 Prof. Dr. rer. nat. habil. Siegfried DANERT

Wissenschaftliche Mitarbeiter:

Erich Heinz BENEDIX
Dr. rer. nat.
ab 1956 wiss. Assistent
1960 wiss. Arbeitsleiter

Siegfried DANERT
Dr. rer. nat. habil. (Hab. 1958)
ab 1953 wiss. Assistent
1956 wiss. Oberassistent
1960 wiss. Arbeitsleiter
1961 Professor
1961 kommissarischer Abteilungsleiter
1962 Abteilungsleiter

Hans-Jörg EICHLER
Dr. rer. nat. (Prom. 1950)
ab 1945 wiss. Assistent — ausgeschieden 15. 3. 1953

Karl HAMMER
Dipl.-Landw.
ab 1968 wiss. Assistent

Peter HANELT
Dipl.-Biol. Dr. rer. nat. (Prom. 1961)
ab 1956 wiss. Assistent
1962 wiss. Oberassistent
1965 wiss. Arbeitsleiter

Dorothea HAPPICH
Dipl.-Landw.
ab 1963 wiss. Mitarbeiter — ausgeschieden 31. 12. 1967

Johannes HELM
Dr. phil.
ab 1950 wiss. Assistent
1960 wiss. Arbeitsleiter

Joachim KRUSE
Dipl.-Biol. Dr. rer. nat. (Prom. 1967)
ab 1962 wiss. Assistent
1968 wiss. Oberassistent

Christian Otto LEHMANN
Dipl.-Landw. Dr. agr. (Prom. 1954)
ab 1951 wiss. Assistent
1955 wiss. Oberassistent
1960 wiss. Arbeitsleiter

Rudolf MANSFELD
Dr. phil.
ab 1946 wiss. Mitarbeiter
1949 Abteilungsleiter
1950 Professor
1959 Direktor am Institut

Ngô-Tru'c-NHA
ab 1967 wiss. Aspirant

Werner ROTHMALER
Dr. rer. nat.
ab 1944 wiss. Mitarbeiter
1946 Abteilungsleiter — ausgeschieden 31. 12. 1948

Helga SCHÄFER
Dipl.-Biol.
ab 1967 wiss. Assistent

Heinz SCHLÜTER
Dr. rer. nat.
ab 1968 wiss. Arbeitsleiter

Jürgen SCHULTZE-MOTEL
Dipl.-Biol. Dr. rer. nat. (Prom. 1961)
ab 1956 wiss. Assistent
1965 wiss. Oberassistent

Manfred SIEGEL
Dr. rer. nat.
ab 1967 wiss. Assistent

Kurt WEIN
Dr. h. c.
ab 1954 wiss. Mitarbeiter
1959 freier Mitarbeiter — † 12. 3. 1968

Abbildung 19 Rudolf MANSFELD (phot. N. FRANKE)

Rudolf MANSFELD wurde am 17. Januar 1901 als Sohn eines Rektors in Berlin geboren. Er studierte 1920 bis 1924 dort Botanik, Zoologie, Mathematik, Physik und Philosophie und promovierte bei DIELS mit einer Arbeit „Vorarbeiten zu einer Monographie der Gattung *Ligustrum*".

Im Mai 1926 wurde Rudolf MANSFELD als außerplanmäßiger und im Oktober 1927 als planmäßiger Assistent im Botanischen Museum in Berlin-Dahlem angestellt. Er verwaltete dort einige größere Pflanzenfamilien, insbesondere Orchidaceen und Euphorbiaceen, und widmete sich botanisch-systematischen, morphologischen und nomenklatorischen Arbeiten. Studienreisen führten ihn nach Helgoland und zu den Botanischen Gärten in Wien und London. Bis zu seiner Einberufung zum Heeresdienst im April 1943 arbeitete er als Assistent in Dahlem.

Nach dem Kriege kam MANSFELD aus einer Notstandsarbeit im Westen nach Gatersleben und begann sich mit der interspezifischen Mannigfaltigkeit von *Triticum aestivum* und *Hordeum vulgare* zu befassen und sie nach morphologischen Merkmalen zu gliedern.

1949 übernahm er die Abteilung Systematik und Sortiment. Schwerpunkt seiner Arbeiten war die Erweiterung des Weltsortiments und die Anlage von Samen- und Fruchtsammlungen mit dem Ziel, ein Zentralherbar der Akademie der Wissenschaften aufzubauen. Im Jahre 1956 beteiligte er sich an einer botanisch-zoologischen Sammelreise des Instituts nach Nordchina und knüpfte enge persönliche Beziehungen zu den chinesischen Kollegen.

Hatte MANSFELD bisher Systematik als beschreibende Wissenschaft gesehen, so führte die enge Berührung mit anderen biologischen Disziplinen im Gaterslebener Institut schließlich auch ihn zu der Überzeugung, daß die Basis für die klassische

Systematik einer Erweiterung bedürfe, um die phylogenetischen Zusammenhänge eindeutiger und klarer zu erkennen. So wurde für die kommenden Jahre eine engere Zusammenarbeit von Systematik und Genetik, von Systematik und Physiologie entworfen.

Rudolf MANSFELD verfaßte umfangreiche und bedeutende literarische Arbeiten. Der wissenschaftlichen Pflanzenbenennung durch Regeln schenkte er seine besondere Aufmerksamkeit. Er war Mitglied der Internationalen Nomenklaturkommission und vertrat die konsequente Anwendung der Regeln. Sein Hauptwerk „Vorläufiges Verzeichnis landwirtschaftlich oder gärtnerisch kultivierter Pflanzenarten (mit Ausschluß der Zierpflanzen)" wurde 1959 veröffentlicht. Er plante gemeinsam mit seinen Mitarbeitern die Herausgabe einer großen Kulturpflanzenflora und hatte als Orchideenspezialist die Absicht, mit einigen Fachkollegen ein umfassendes Werk über diese Pflanzenfamilie herauszugeben.

Der Präsident der Deutschen Akademie der Wissenschaften ernannte Rudolf MANSFELD 1950 zum Professor der Akademie und vom Vorsitzenden der Forschungsgemeinschaft der naturwissenschaftlichen, technischen und medizinischen Institute der Akademie wurde er 1959 zum Direktor am Institut für Kulturpflanzenforschung berufen. Die Deutsche Akademie der Naturforscher (Leopoldina) wählte ihn kurz vor seinem Tode zu ihrem Mitglied. Ein im November 1959 gestellter Antrag, ihn zum Korrespondierenden Mitglied der Deutschen Akademie der Wissenschaften zu Berlin zu berufen, sollte in der nächsten Wahlperiode behandelt werden. Diese Ehrung ist ihm nicht mehr zuteil geworden.

Rudolf MANSFELD ist, von langer Krankheit fast genesen, am 30. November 1960 von uns gegangen. Er hat dem Institut 15 Jahre lang die Treue gehalten. In seiner stillen Bescheidenheit und seinem unbestechlichen Dienst an der Wissenschaft jedem ein Vorbild, als Wissenschaftler und als Mensch uns allen unvergeßlich.

(Ein ausführlicher Nachruf findet sich in Beiheft 3 der „Kulturpflanze", das dem Gedächtnis von Rudolf MANSFELD gewidmet ist)

8.5.2. Die wissenschaftlichen Arbeiten der Abteilung, systematisch geordnet nach Kulturpflanzen-Familien (mit dem Jahr der Bearbeitung)

Pilze und Moose

Die systematischen Arbeiten an höheren Discomyceten und an *Coleolejeunea* wurden 1959 fortgesetzt und 1960 bryologische und mykologische Studien weitergeführt (BENEDIX). Das galt auch für die taxonomischen Untersuchungen an der Lebermoosgattung *Coleolejeunea*, für eine Monographie der Helvellales wurden die Discomycetenstudien erweitert (1961, 1962). 1964 konzentrierten sich diese Untersuchungen auf die Gattungen *Gyromitra* und *Cyathipodia-Leptopodia*.

Durch den Witterungsverlauf 1965, der das Auftreten auch seltener Discomyceten ermöglichte, wurden die monographischen Arbeiten an Morcheln und Lorcheln (Helvellales) sehr begünstigt.

Die Untersuchungen an höheren Discomyceten konzentrierten sich in der Folge auf die Discinaceen und führten zur Neugliederung dieser Familie. In Auswertung von Fundergebnissen des im Jahre 1966 in Warschau abgehaltenen IV. Europäischen

Mykologenkongresses konnten einige Artgrenzen in der Gattung *Helvella* L. ex Fries s. str. geklärt werden. Gefördert wurden diese Untersuchungen durch die Zusammenarbeit mit dem Nationalmuseum in Prag und dem Botanischen Institut der ČSAV in Brno. Die Studien zur Rassegebundenheit von Abnormitäten bei Basidiomyceten wurden fortgesetzt (1967). Sie ergaben einen direkten Zusammenhang zwischen Prolifikationen und morchelloiden Blätterpilzformen.

Infolge des trockenen Frühjahrs und Frühsommers 1968 war die Weiterarbeit an der Monographie der mitteleuropäischen Helvellales weitgehend auf Exsikkaten-Material angewiesen. Wichtige Frischbelege (Neufunde) ergänzten und bestätigten die Discinaceen-Ergebnisse des Vorjahres. Sie führten außerdem bei den Helvellales zur Aufklärung umstrittener Artgrenzen. Durch Standortskontrollen konnte für *Ptychoverpa bohemica* (Krombh.) Boud. mit Sicherheit eine Mycorrhizabindung an Zitterpappeln und Weiden verneint werden, es besteht lediglich eine saprophytische Abhängigkeit von der Bodenstreu dieser Gehölze (Benedix).

Chenopodiaceae

Beta, bearbeitet von Helm (1954 und 1956)

Amaranthaceae

Amaranthus. Merkmalsuntersuchungen, Hanelt (1960). Eine Revision der kultivierten Amaranthaceen erbrachte neue Gesichtspunkte für die taxonomische Beurteilung und die Kulturgeschichte einiger Sippen (1965).

Ranunculaceae

Nigella. Feststellung der infragenerischen Verwandtschaftsbeziehungen durch Kreuzungsanalysen, Kruse (1962). 1964 Erfassung des Karyogramms verschiedener *Nigella*-Arten.

Ranunculus auricomus. Sammlung von Material zum Studium der Sippendifferenzierung dieses apomiktischen Komplexes, Hanelt, Schultze-Motel (1961).

Papaveraceae

Papaver, bearbeitet von Danert (1955), Merkmalsuntersuchungen bei *Papaver somniferum* (1957).

In Auswertung des während der Mongolisch-Deutschen Expeditionen gesammelten Materials wurde die Revision der mongolischen Sippen von *Papaver* L. sect. *Scapiflora* Rchb. zu einem ersten Abschluß gebracht, wobei 5 Arten und 13 Unterarten unterschieden wurden. Diese Sippen erwiesen sich für das Verständnis der Evolution der ganzen Gruppe als sehr bedeutsam. Es konnten unter ihnen einige diploide ursprüngliche Sippen nachgewiesen werden, während der überwiegende Teil der zumeist (sub-) arktisch bis alpinen Sippen dieser Sektion polyploid ist. Die in der Mongolei gefundenen Arten lassen sich auf zwei Entwicklungslinien verteilen, die von den zwei diploiden Arten *P. rubroaurantiacum* Fisch. ex Sweet und *P. croceum* Ledeb. p. p. ausgehen.

In diese beiden Entwicklungslinien läßt sich ein Teil der außermongolischen Sippen der Sektion zwanglos einfügen.

Im Zusammenhang mit diesen Arbeiten wurde die Typisierung der Linnéschen Art *Papaver nudicaule* geklärt. Es ließ sich dabei nachweisen, daß die in den gemäßigten Breiten seit etwa 100 Jahren als Zierpflanzen gezogenen „Island-Mohne" fälschlich zu *P. nudicaule* L. gestellt wurden, sie gehören zu *P. croceum* Ledeb. (Hanelt).

Während eines dreiwöchigen Studienaufenthaltes im Komarov-Institut für Botanik der Akademie der Wissenschaften der UdSSR in Leningrad (Danert, Hanelt) konnte als wertvolle Ergänzung zur Revision der mongolischen *Papaver*-Arten (sect. *Scapiflora*) Material aus den dem eigenen Untersuchungsgebiet benachbarten geographischen Räumen (Sibirien, Mittelasien, China) ausgewertet werden.

Cruciferae

Brassica oleracea und *Brassica chinensis*, bearbeitet von Helm (1954, 1956, 1957, 1960). *Brassica oleracea*, Geschichte und Gliederung, ferner das aus China 1956 mitgebrachte *Brassica*-Material (1958), *Brassica chinensis* und *Brassica pekinensis* (1959). Eine Untersuchung der taxonomischen Beziehungen zwischen Brokkoli und Spargelkohl wurde abgeschlossen (1960), desgleichen (1961) die taxonomische Gliederung der laciniaten Sippen von *Brassica oleracea*. Gliederungsübersichten von *Brassica oleracea*, *B. chinensis*, *B. narinosa*, *B. alboglabra* (1962).
Raphanus, bearbeitet von Helm (1954)
Lepidium, bearbeitet von Helm (1956)

Leguminosae

Lupinus. 1959 allgemeine Darstellung der Lupinen durch Danert. Materialsammlung und Merkmalsuntersuchungen bei *Lupinus*, Hanelt (1960, 1961, 1963). Alkaloidprüfungen des Lupinensortiments durch Tüpfeltestverfahren, Hanelt (1965).
Ornithopus. Taxonomische Gliederung von *Ornithopus sativus* durch Hanelt (1961).
Vicia, bearbeitet durch Hanelt. Statistische Merkmalsuntersuchung (1959, 1962). Morphologisch-systematische Merkmalsuntersuchungen an Sippen von *Vicia sativa* (1961). — Cytologische Untersuchung und Klärung der Verwandtschaftsverhältnisse einiger morphologisch nahestehender Arten aus der Gruppe von *Vicia cracca*, Hanelt, in Zusammenarbeit mit Dr. Mettin, Institut für Pflanzenzüchtung der Martin-Luther-Universität Halle (1961). — Umfangreiche morphologische Merkmalsbonituren (Blütenmessungen mit statistischer Auswertung, Feststellung von Hülsen- und Samenmerkmalen) und cytologische Untersuchungen führten zur Klärung der Verwandtschaftsbeziehungen innerhalb des *Vicia sativa*-Komplexes, Hanelt (1963). — Cytosystematische Arbeiten zur Klärung der Umgrenzungsmöglichkeiten einiger Taxa aus der Komplexart *Vicia sativa* L., Hanelt (1964).

Die Bearbeitung der mit der Saatwicke (*Vicia sativa* L.) verwandten Sippen wurde fortgesetzt (1965), dabei konnten einige wenig oder bisher unbekannte Sippen in die Untersuchung einbezogen werden. Die wiederum in Zusammenarbeit mit dem Institut für Pflanzenzüchtung der Universität Halle durchgeführten cytologischen Analysen erbrachten den Nachweis, daß die einzelnen Sippen der komplexen Art Glieder einer absteigenden aneuploiden Reihe von 2 n = 14 bis 2 n = 10 sind, Hanelt (1965).

Gemeinsam mit dem Pharmakognostischen Institut der Universität Halle (Dr. TSCHIERSCH) Analyse der freien Aminosäuren der Samen von Taxa aus dem Verwandtschaftskreis der Saatwicke, HANELT (1965).

Die 1966 fortgesetzten Untersuchungen über die Verteilung der freien Aminosäuren in den Samen konnten auf die gesamte Gattung ausgedehnt und zu einem ersten Abschluß gebracht werden. Dabei zeigte sich, daß das Spektrum an freien Aminosäuren als sehr konstantes Merkmal gewertet werden kann. Die in dieser biochemischen Eigenschaft übereinstimmenden Artengruppen sind allerdings nur bedingt mit der nach morphologischen Charakteren vorgenommenen Untergliederung der Gattung identisch. Dennoch kann dieses Merkmal für eine Reihe systematischer Fragen als aussagekräftig angesehen werden. — Mit dem Abbau der Aminosäure β-Cyanoalanin sind Blausäureglykoside stoffwechselphysiologisch verbunden. In der Artengruppe um *Vicia sativa* wurde eine Analyse über die Verbreitung von Blausäureglykosiden vorgenommen (zusammen mit Dr. TSCHIERSCH). Die Arbeiten über die Inhaltsstoffe der *Vicia*-Arten bilden eine Grundlage zur Auffindung geeigneten Ausgangsmaterials in der Futterpflanzenzüchtung (HANELT).

In einigen bislang cytologisch nicht geprüften *Vicia*-Sippen wurden cytologische Analysen durchgeführt und die Karyogramme ermittelt (HANELT).

In Weiterführung der cytotaxonomischen Arbeiten in der Gattung *Vicia* L. wurden (1967) zusammen mit Dr. METTIN (Institut für Pflanzenzüchtung der Universität Halle) karyologisch bisher unbekannte Sippen geprüft sowie Nachuntersuchungen an anderen Herkünften vorgenommen. Es ergaben sich Neufunde von in dieser Gattung seltenen zehnchromosomigen bzw. tetraploiden Karyotypen. Die früher getroffene Feststellung, daß der überwiegende Teil der *Vicia*-Species durch deutlich abgrenzbare Karyotypen gekennzeichnet ist, bestätigte sich.

In Fortsetzung der Zusammenarbeit mit Dr. TSCHIERSCH wurde die Untersuchung des Blausäureglykosid-Gehaltes des Gaterslebener Wickensortimentes 1967 abgeschlossen. Alle blausäurehaltigen Sippen der Gattung gehören zu einer durch das Vorkommen der nicht proteinogenen Aminosäure β-Cyanoalanin und ihres γ-Glutamyl-Derivates biochemisch charakterisierten Artengruppe; sie stehen auch in taxonomischer Hinsicht $\pm$ eng zusammen (im wesentlichen *Vicia sativa* L. und verwandte Arten). Die genannte Aminosäure und das Blausäureglykosid Vicianin sind als Glieder der Abbauprozesse des Phenylalanins biosynthetisch miteinander gekoppelt. Nur die Sippen, die innerhalb dieser Artengruppe aus morphologischen, karyologischen und ökologischen Gesichtspunkten als relativ abgeleitet angesehen werden, haben die Fähigkeit, Vicianin zu akkumulieren und zu tolerieren. Bei den übrigen Sippen wird diese Verbindung nicht in nachweisbaren Mengen angereichert. Bei der wirtschaftlich bedeutsamen Saatwicke ist es nicht selten sekundär zu einem Verlust der Akkumulation von Vicianin gekommen (HANELT).

In den annuellen *Vicia*-Arten wurden die Beobachtungen der Jugendentwicklung (1967) fortgesetzt. Als artkonstante Merkmale erwiesen sich die Zahl der niederblattartigen Primärblätter am Hauptsproß, seine Art des Wachstums und teilweise auch die Anlagefolge der basalen Bestockungstriebe. Eine geringe Variabilität zeigte die Anzahl der Gefäßprimanen, 3—4 in der Hauptwurzel; sie ist nur bei *Vicia faba* L. auf 5—7 erhöht und scheint intraspezifisch konstant zu sein (HANELT).

1968 standen in der Gattung *Vicia* die Beziehungen zwischen mediterranen und temperaten Sippen — vorzugsweise aus den Untergattungen *Cracca* und *Vicia* — im Mittelpunkt der Untersuchungen. Das mediterrane Häufungsgebiet der Gattung wird im wesentlichen durch ein zahlenmäßig stärkeres Auftreten von Annuellen, vor allem aus der Untergattung *Vicia*, bedingt. Dagegen sind im gemäßigten Zentraleuropa vornehmlich perennierende Sippen der Untergattung *Cracca* beheimatet. Dieser Verwandtschaftskreis weist im Vergleich zum Subgenus *Vicia* ursprüngliche Merkmale in morphologischer, biochemischer und ökologischer Hinsicht auf. Deshalb wird in Analogie zu einigen anderen Leguminosengattungen (z. B. *Lathyrus*, *Trifolium*), aber im Gegensatz zu vielen anderen mediterran-mitteleuropäischen Sippen die Untergattung *Cracca* als phylogenetisch älterer Verwandtschaftskreis angesehen (HANELT).

Bei einer größeren Anzahl Sippen der Ackerbohne (*Vicia faba* L.) wurde (1965) gemeinsam mit dem Institut für Tierernährung der Universität Jena der Rohproteingehalt festgestellt (HANELT).

Pisum, bearbeitet durch LEHMANN. Eine morphologische Gliederung der Erbsen mit Merkmalsanalysen wurde im wesentlichen abgeschlossen (1953, 1954, 1962). — Merkmalsprüfungen zur Vertiefung der infraspezifischen Gliederung bei *Pisum* (1964). — Prüfung von Samenmerkmalen bei Erbsen gemeinsam mit dem Institut für Agrobotanik Tápiószele, Ungarn (1963).

Glycine. Beginn und Fortsetzung der systematischen Bearbeitung des Soja-Sortiments, Merkmalsuntersuchungen (LEHMANN 1953—1960, in Zusammenarbeit mit ZACHARIAS, Abt. Genetik und Cytologie). — 1961 Deskriptive Erfassung des Soja-Mutantensortiments (LEHMANN, ZACHARIAS) und taxonomische Gliederungen von *Glycine soja*, *Glycine max* (LEHMANN).

Phaseolus. Beginn und Fortsetzung der systematischen Bearbeitung, LEHMANN (1955, 1956, 1957, 1958). — Sortenbeschreibungen bei *Phaseolus*, LEHMANN (1959).

Linaceae

Linum. Beginn und Fortsetzung der systematischen Bearbeitung von *Linum usitatissimum*, DANERT (1955). — Merkmalsuntersuchungen (1956, 1957). — 1960 Beginn einer Gliederung von *Linum usitatissimum* (Dr. KULPA, Landw. Hochschule Lublin, DANERT). — Morphologische Merkmalsanalysen und Arbeiten am System der Gattung *Linum*, DANERT (1962). — Die Leinsammlung konnte durch Übernahme von 1154 Nummern aus dem Institut für Pflanzenzüchtung Hohenthurm vermehrt werden. Für die systematische Zuordnung wurden an diesem Material alle wesentlichen Merkmale erfaßt.

Malvaceae

Malva. Untersuchungen von *Malva verticillata* und ihre Beziehungen zu *M. crispa* und *pulchella* durch DANERT (1958). — Merkmalsuntersuchungen in der Gattung *Malva* (1960). Prüfung der Kreuzungsnachkommenschaften zur Feststellung der Sippen innerhalb der Art *Malva verticillata* (1961, Abschluß 1964). — Weiterführung der systematischen Gliederung der Formen von *Malva verticillata*, die in einigen Ländern der gemäßigten Breiten als Futterpflanze angebaut wird, unter besonderer Berücksichtigung von Kultur- und Wildsippen aus China und Tibet. Einige dieser Taxa waren bisher nicht erfaßt und ihr Anbauwert unter mitteleuropäischen Klimabedingungen noch nicht geprüft worden. Zur Ermittlung infraspezifischer Verwandtschaftsbeziehungen wurden cytologische Untersuchungen vorgenommen. Alle Sippen sind polyploid. Anzahl der Chromosomen (diploid) zwischen 86 und 120 (1965).

Umbelliferae

Petroselinum crispum. Systematische Gliederung, DANERT (1958).

Boraginaceae

Lithospermum arvense. Studium der infraspezifischen Sippendifferenzierung bei Wildarten, HANELT, SCHULTZE-MOTEL (1961).

Solanaceae

Nicandra. Entwicklungsgeschichtliche und anatomische Untersuchungen der mehrfächrigen Fruchtknoten, die durch eine entsprechend erhöhte Karpellzahl und nicht durch falsche Scheidewände bedingt sind, SCHÄFER (1968).
Hyoscyamus. Einleitung von Kreuzungsanalysen zur Feststellung der infragenerischen Verwandtschaftsbeziehungen, KRUSE (1962). Interspezifische Kreuzungen wurden mit gutem Samenansatz durchgeführt, DANERT (1963).
Datura. Beginn der systematischen Bearbeitung durch DANERT (1953). — Prüfung der Bastardierungsmöglichkeiten in der Gattung mit dem Ziel der Festlegung von Rangstufen, DANERT (1960). — Studien zur Geschichte der Kultur und Einführung von *Datura*, WEIN (1953).
Physalis. Taxonomie und Beschreibung der als Obstpflanzen kultivierten Arten, MANSFELD (1954).
Solanum, bearbeitet durch DANERT. Fertigstellung eines morphologischen Systems der Kartoffel, Bestimmung und Revision des Solanaceen-Sortiments in Groß Lüsewitz und Mühlhausen (1955). — Abschluß einer morphologischen Untersuchung über den Sproßaufbau der Kartoffel und anderer *Solanum*-Arten (1956). — Vorlage eines Sortenbestimmungsschlüssels für *Solanum tuberosum*, zusammen mit der Zentralstelle für Sortenwesen, Nossen (1959). — Prüfung von Bastardierungsmöglichkeiten in der Gattung *Solanum* (sect. *Solanum*) mit dem Ziel der Festlegung von Rangstufen (1960). — Morphologisch-systematische Merkmalsuntersuchungen an Sippen von *Solanum melongena*, LEHMANN (1961).

Als Vorarbeit für den Versuch einer chemotaxonomischen Gliederung der Gattung *Solanum* L. wurde mit der Revision der bisher vorgeschlagenen systematischen Einteilung begonnen. Weitere Untersuchungen sollten in Gemeinschaft mit der Abt. Chemische Physiologie durchgeführt werden, DANERT (1963).

Die Revision der infragenerischen Sippenstruktur in der mehr als 1800 Arten umfassenden Gattung *Solanum* erbrachte Aufschluß über einige Evolutionsbeziehungen der Untergattungen und Sektionen. Es konnten zahlreiche infragenerische Gruppen unterschieden werden, deren Identifizierung infolge unzureichender Beschreibungen bislang nicht möglich war. Zur Orientierung in der Mannigfaltigkeit wurde ein Bestimmungsschlüssel der Untergattungen und Sektionen erarbeitet, DANERT (1966). Als wertvolles Kriterium zur Erfassung ursprünglicher und abgeleiteter Taxa erwiesen sich die Ramifikationsverhältnisse im reproduktiven Bereich. Mit diesen Arbeiten sollte eine Bezugsbasis zur Beurteilung chemotaxonomischer Merkmale geschaffen werden. Die gemeinsam mit K. SCHREIBER (Abt. Chemische Physiologie) geplanten Untersuchungen wurden 1966 begonnen.

Die merkmalsanalytischen Studien in der Gattung *Solanum* wurden mit der Untersuchung der Entwicklungsgeschichte der Früchte, insbesondere des Auftretens von Steinzellen fortgesetzt (1967).

Der einförmige Blütenbau ist das wichtigste generische Merkmal in der artenreichen Gattung *Solanum* L. Nach der Sproßkonsistenz, der Behaarung der Blattform, der Antherenform und der Form der Emergenzen wurden zahlreiche (oft taxonomisch ungleichwertige) Sektionen unterschieden. Unter Berücksichtigung der Ramifikation, der bisher bekannten Chromosomenzahlen und der Inhaltsstoffe lassen sich mehrere Sektionen zu Abstammungsgemeinschaften zusammenfassen. Sie sind geeignet, infragenerische Entwicklungslinien zur charakterisieren, DANERT, SCHREIBER, Abt. Chemische Physiologie (1968).

Capsicum. Morphologisch-systematische Bearbeitung, LEHMANN (1953, 1954, 1955, 1957). — Anfertigung von Sortenbeschreibungen und Durchführung von rd. 1000 Artkreuzungen (1956). — Merkmalsprüfungen, morphologische Merkmalsanalysen und Arbeiten am System (1959, 1960, 1962, 1964). — Für die Darstellung der Formenmannigfaltigkeit der angebauten Sippen der Gattung *Capsicum* L. erwies sich eine Überprüfung von Sorten, deren Merkmale bisher nur unvollständig erfaßt worden waren, als notwendig (1963). — Infraspezifische Kreuzungen zwischen stark voneinander abweichenden Sippen zum Studium der evolutionsgenetischen Verwandtschaftsbeziehungen wurden bei *Capsicum annuum* L. erfolgreich durchgeführt, LEHMANN (1965) und 1967 mit der Analyse der Vererbung bedeutsamer Merkmale in einzelnen F_1- und F_2-Nachkommenschaften begonnen, DANERT, LEHMANN).

Lycopersicon. Durchführung einer morphologischen Gruppierung und morphologisch-systematischer Merkmalsuntersuchungen bei *Lycopersicon esculentum*, LEHMANN (1953, 1955, 1961, 1964). — Abschluß der morphologisch-systematischen Untersuchung einer größeren Tomatenkollektion aus Mittelamerika, LEHMANN (1963). — Bastardierung von Tomatenmutanten zur Feststellung der genetischen Identität, LEHMANN (1965). — Zur übersichtlichen Darstellung der Formenmannigfaltigkeit von Mutanten wurden vergleichend-morphologische Studien am Tomaten-Mutantensortiment aufgenommen, KRUSE (1963). Bei der Darstellung des Mutantensortiments von *Lycopersicon esculentum* Mill. erfolgten die morphologischen Untersuchungen speziell an Fiederblättern und durch Wuchsformanalysen, KRUSE (1964, 1965).

Der sich über mehrere Jahre erstreckende Wuchsformenvergleich des Tomaten-Mutantensortiments konnte 1966 überprüft und abgeschlossen werden. In die entwicklungsgeschichtliche Untersuchung wurden auch Blatt-, Infloreszenz-, Blüten- und Fruchtmerkmale einbezogen. Mit diesen Untersuchungen sollten u. a. Anhaltspunkte zur Beurteilung unterschiedlicher Pleiotropiegrade und Aufschlüsse über die sich innerhalb der Mutantenvielfalt abzeichnenden Differenzierungsrichtungen gewonnen werden, KRUSE (1966).

Die merkmalsanalytisch-systematische Erfassung des Gaterslebener Mutantensortiments der Kulturtomate wurde 1967 mit einer vergleichenden Übersicht der experimentell erzeugten Formenmannigfaltigkeit abgeschlossen. Das Schwergewicht lag dabei auf der Analyse und dem Vergleich der mutierten Merkmale im Bereich der Wuchsform, der Blätter, Infloreszenzen, Blüten und Früchte. Die häufigsten Abweichungen betrafen die Wuchsform und die Blätter. Zum Verständnis der Reduktionserscheinungen sowie stark abweichender oder schwer deutbarer Merkmalsstrukturen war auch die Entwicklungsgeschichte verschiedener Organe untersucht worden. Die meisten Mutanten werden als Hemmungsformen angesehen. Eine wesentlich geringere Zahl weist progressive Merkmale auf. Im allgemeinen sind die progressiven und regressiven Merkmalsunterschiede quantitativ. Für die 250 untersuchten Mutanten wurde eine Gliederung vorgelegt; sie kann unter der Voraussetzung definierter und reproduzierbarer Umweltbedingungen bei der Kultur der Pflanzen als Modell für ein Tomatenmutantensystem gelten. Es gründet sich auf die vielfältigen Abwandlungen der Wuchsform- und Blattmerkmale, KRUSE (1967).

Eine vergleichende Untersuchung der Wachstumsvorgänge bei der Entwicklung der Früchte von *Lycopersicon esculentum* und verwandten Arten hatte das Ziel, die besonderen Merkmale derKulturtomate anatomisch zu begründen. In der Gattung *Lycopersicon* entstehen sowohl die Plazenta als auch das Exokarp und das Endokarp aus einem Meristem, das von der subepidermalen Schicht ausgeht. Später erfolgt die Zellvermehrung halbmeristematisch. Einen wesentlichen Anteil an der Fruchtvergrößerung hat die Zellstreckung. Verglichen mit den Wildsippen ist bei Kulturtomaten eine stärkere Volumenzunahme der Einzelzellen zu beobachten, auch ist die Zahl der Zell-Lagen im Perikarp höher, SIEGEL (1968).

Nicotiana. Morphologisch-systematische Merkmalsuntersuchungen bei *Nicotiana tabacum* und *N. rustica*, DANERT (1957, 1958, 1961). 1959 wurde eine Gliederung von *Nicotiana tabacum* und 1962 eine Gliederungsübersicht von *N. rustica* abgeschlossen.

Die infraspezifische Gliederung der allotetraploiden Art *Nicotiana tabacum* L. basiert vornehmlich auf Blattmerkmalen. Zum Studium evolutionsgenetischer Verwandtschaftsbeziehungen wurden alle zehn bekannten Varietäten untereinander reziprok gekreuzt. Dabei sollten wiederholt berichtete Ergebnisse geprüft und analysiert werden, DANERT (1966, 1967).

Neben intermediären und dominanten Erbgängen traten in der F_2-Generation Kombinationen auf, die nach den morphologischen Merkmalen der Ausgangssippen nicht zu erwarten waren. Die Auswertung des Merkmalsspektrums der F_3-Generation soll Aufschluß über die genetischen Verwandtschaftsbeziehungen der Varietäten von *Nicotiana tabacum* bringen, DANERT (1968).

Valerianaceae

Valerianella. Beginn morphologisch-systematischer Arbeiten, HELM (1956).

Compositae

Helianthus. Einleitung umfangreicher systematischer Untersuchungen an *Helianthus annuus* L., HAPPICH (1963).

Taxonomische Studien zur Revision gebräuchlicher systematischer Gliederungen von *Helianthus annuus*, die vornehmlich auf Farbunterschieden der Blüten und Achänen basieren, führten zu dem Ergebnis, daß zur Gruppenbildung auch Blattmerkmale herangezogen werden können. Korrelationen zu züchterischen Werteigenschaften ließen sich nicht erkennen, doch wird es unter Einbeziehung der Wildsippen möglich sein, die vorhandene Sortenmannigfaltigkeit übersichtlich zu untergliedern, DANERT, HAPPICH (1965).

Die mehrjährigen Arbeiten am Sonnenblumensortiment zur Erfassung von Merkmalen für eine infraspezifische Gliederung von *Helianthus annuus* L. kamen 1967 zum Abschluß. Eine vorläufige Gliederung der Art, die auf Merkmalen der Wuchsform, der Infloreszenz und Achänen basiert, wurde vorbereitet (DANERT).

Chrysanthemum. Einleitung einer morphologisch-taxonomischen Analyse des in Ostasien als Gemüsepflanze kultivierten *Chrysanthemum coronarium* L. HANELT (1963). — Cytosystematische Arbeiten zur Klärung der Abgrenzung von *Chrysanthemum coronarium* L. (1964).

Die cytologische Untersuchung des Verwandtschaftskreises um *Chrysanthemum coronarium* konnte abgeschlossen werden. Analysiert wurde die erste Generation aus der reziproken Kreuzung von *Chr. coronarium* und *Chr. spatiosum*. Kreuzungsbarrieren liegen nicht vor. Die Chromosomenzahl ist in beiden Sippen einheitlich 2n = 18, HANELT (1965, 1967).

Bonituren der voll fertilen Kreuzungsnachkommenschaften (F_2) von *Chrysanthemum coronarium* × *Chr. spatiosum* erbrachten den Nachweis, daß für die unterschiedliche Blütenfarbe ein monofaktorieller Erbgang vorliegt. Beide Taxa müssen in einer Art vereinigt werden, HANELT (1968).

Carthamus. Eine Revision der Gattung wurde abgeschlossen, HANELT (1959, 1960).

Cichorium. Fertigstellung einer ersten Übersicht der morphologischen Mannigfaltigkeit, HELM (1953, 1958, 1959). — Morphologisch-systematische Merkmalsuntersuchungen an Sippen von *Cichorium endivia*, HELM (1960, 1961, 1963).

Lactuca. Erste Übersicht der morphologischen Mannigfaltigkeit und zugleich Untersuchung der ontogenetischen Entwicklung der Blattmerkmale, HELM (1953, 1954).

Gramineae

Hordeum. Es war das große Verdienst von R. MANSFELD, schon 1950 die im Weltsortiment des Instituts ständig zunehmende Zahl von Varietäten der Saatgerste nach morphologischen Merkmalen geordnet und damit ein neues, dem damaligen Stand der Erkenntnisse entsprechendes morphologisches System der Saatgerste entworfen zu haben.

Als erster Schritt zur Erfassung physiologischer Eigenschaften wurden in Zusammenarbeit mit dem Institut für Phytopathologie der Universität Halle die Sommergersten des Weltsortiments auf Krankheitsresistenz geprüft. Die Tab. 24 faßt die 20-jährigen Untersuchungen an Winter- und Sommergersten, die von Ch. LEHMANN zusammen mit Frau Dr. NOVER, Halle, durchgeführt wurden, für die einzelnen Krankheitserreger zusammen.

In Zusammenarbeit mit dem Institut für Getreideforschung Hadmersleben der Deutschen Akademie der Landwirtschaftswissenschaften, Arbeitsgruppe Frostresistenz in Bernburg, wurden Kälteresistenzprüfungen an Wintergersten durchgeführt. Tab. 25 faßt die 10jährigen Untersuchungen, die von Ch. LEHMANN zusammen mit Dr. KOCH, Bernburg, durchgeführt wurden, zusammen. Es wurden in diesen Jahren 21 gut frostresistente und 175 mittel frostresistente Sippen selektioniert.

Zusammen mit der Abt. Genetik und Cytologie wurden die experimentell erzeugten Gerstenmutanten beschrieben und geordnet, LEHMANN, F. SCHOLZ (1957).

Der Klärung der Entstehung von *Hordeum lagunculiforme* Bakht. galten Kreuzungen zwischen *Hordeum spontaneum* Koch und Kulturformen, LEHMANN (1960, 1961).

Merkmalsprüfungen zur Vertiefung der infraspezifischen Gliederung und Arbeiten am System der Gattung, LEHMANN (1962, 1964).

Begonnen wurde 1967 mit der Merkmalsanalyse äthiopischer Gersten, die zu einer umfassenden Darstellung der Mannigfaltigkeit der morphologischen und physiologischen Merkmale der Gersten dieses Landes führen soll, die für die Resistenzzüchtung

Tabelle 24 Krankheitsresistenz-Untersuchungen an den Getreidekollektionen — Gerste (nach Ch. LEHMANN)

Krankheit	Untersuchungszeitraum	Untersuchte Sippen	Zur Prüfung herangezogene Rassen	Resistente Sippen gegenüber allen	Resistente Sippen gegenüber einem Teil der Rassen	Publikationen
Gerste (*Hordeum* L.)						
Mehltau	1954	720	4	23	21	NOVER und MANSFELD (1955)
(*Erysiphe graminis*	1954	225	9	6	7	NOVER und MANSFELD (1956)
DC. f. sp. *hordei* Marchal)						
	1967	470	14	—	33	NOVER und LEHMANN (1968)
	1966—1970	1300	11	48	82	NOVER und LEHMANN (1972)
Gelbrost	1962—1965	1780	1	48	—	NOVER und LEHMANN (1966)
(*Puccinia striiformis* West.)	1963—1969	478	1	—	—	NOVER und LEHMANN (1970)
Zwergrost	1954—1958	989	3	—	13	NOVER und MANSFELD (1959)
(*Puccinia hordei* Oth.)	1967	470	5	—	23	NOVER und LEHMANN (1968)
	1966—1973	2360	14	15	120	NOVER und LEHMANN (1974)
Flugbrand	1956—1968	335	Rassenpopulation	15	—	NOVER und LEHMANN (1969)
(*Ustilago nuda* (Jens.) Rostr.)	1955—1969	700	Rassenpopulation	12	—	NOVER und LEHMANN (1972)
	1964—1974	1100	Rassenpopulation	197	—	NOVER, LEHMANN und SEIDENFADEN (1976)

Tabelle 25 Frostresistenz — Untersuchungen an der Wintergersten-Kollektion (nach Ch. LEHMANN)

Untersuchungszeitraum	Untersuchte Sippen	Frostresistenz gut	mittel	Publikationen
1957–1965	367	11	103	KOCH und LEHMANN (1966)
1965–1967	450	10	72	KOCH und LEHMANN (1968)

und das Verständnis der Gerstenevolution von besonderer Bedeutung sind (LEHMANN). Aus der Kollektion äthiopischer Gersten, in der im Sommer 1968 umfangreiche Formentrennungen erfolgten, konnten ca. 1300 Sippen determiniert werden (LEHMANN).

In Zusammenarbeit mit der Abt. Physikalische Physiologie wurde am Gersten- und Weizensortiment die Variabilität des Merkmals potentielle Photosyntheseintensität und an F_1-Winterweizen- und Wintergersten-Hybriden seine Heritabilität am Fahnenblatt untersucht, APEL, LEHMANN (1967). Zur Fortführung dieser Arbeiten wurden ca. 40 Kreuzungen bei Wintergerste und -weizen durchgeführt (LEHMANN) und 1968 gemeinsam mit der Abt. Physikalische Physiologie die Untersuchungen am Fahnenblatt (Feldanbau) und an Jungpflanzen, die in Klimakammern gezogen wurden, fortgesetzt. Neben geographischen Herkünften und den Kreuzungseltern wurden F_1- und F_2-Pflanzen geprüft. Auf Grund der vorliegenden Ergebnisse wurden weitere Kreuzungskombinationen durchgeführt, die eindeutigen Aufschluß über die Heritabilität des Merkmals geben sollen (APEL, LEHMANN).

Triticum. Die zunehmende Zahl von morphologisch unterscheidbaren Varietäten bei *Triticum aestivum* veranlaßte MANSFELD, 1951 ein morphologisches System des Saatweizens (ähnlich dem von *Hordeum vulgare*) aufzustellen.

Beginn der Bearbeitung der Weizensammlung von Prof. KUCKUCK, Hannover, aus dem Iran mit besonderer Berücksichtigung der Winterformen, LEHMANN (1959, 1960, 1963). — Morphologische Merkmalsanalysen und Arbeiten am System der Gattung *Triticum*, LEHMANN (1962). — Prüfungen von Weizensippen auf Gelbrost-, Braunrost- und Mehltauresistenz (ab 1951). Die Ergebnisse der mehr als 20jährigen Untersuchungen von Weizensippen auf Krankheitsresistenz, die von Ch. LEHMANN in Zusammenarbeit mit Frau Dr. NOVER, Halle, durchgeführt wurden, sind in Tab. 26 dargestellt.

Die in Zusammenarbeit mit dem Institut für Agrobotanik Tápiószele (Dr. MESCH) 1966 durchgeführten vergleichenden Untersuchungen zur Beurteilung der Variabilität wirtschaftlich bedeutsamer Merkmale bei Winterweizen verliefen plangemäß (LEHMANN).

Im Herbst 1965 wurden in Bernburg auch an Winterweizen Kälteresistenzprüfungen eingeleitet. Dazu wählten Weizenzüchter 120 Sorten mit morphologischen Werteigenschaften aus den Sortimentsbeständen aus.

Auf Veranlassung der Winterweizenzüchter der DDR erfolgte ab 1962 ein Anbau aller seit 1955 in das Sortiment aufgenommenen Winterweizen (1150 Sorten). Zur weiteren Prüfung von Wertmerkmalen und zur möglichen späteren Verwendung als Kreuzungspartner wurden bei einer Besichtigung 452 Sorten ausgesucht, von denen nach der Ernte Saatgut abgegeben werden konnte. Die Getreidezüchter der DDR erhielten im Jahre 1965 insgesamt 1500 Saatgutproben zur Verbreiterung der Ausgangsbasis für die Kombinationszüchtung (LEHMANN). Aus dem krankheits- und frostresistenten Gersten- und Weizenmaterial wurden 1967 verschiedene Test- und Indi-

Tabelle 26 Krankheitsresistenz-Untersuchungen an den Getreidekollektionen — Weizen (nach Ch. LEHMANN)

Krankheit	Untersuchungszeitraum	Untersuchte Sippen	Zur Prüfung herangezogene Rassen	Resistente Sippen gegenüber allen der Rassen	Resistente Sippen gegenüber einem Teil der Rassen	Publikationen
Weizen (*Triticum* L.)						
Mehltau	1954—1960	2000	10	22	7	NOVER (1962)
(*Erysiphe graminis*	1954—1963	2700	14	101	41	NOVER und LEHMANN (1964)
DC. f. sp. *tritici* Marchal)	1963—1968	1172	10	36	75	NOVER und LEHMANN (1969)
Braunrost	1951—1966	4700	6	63	155	NOVER und LEHMANN (1972)
(*Puccinia triticina* Erikss.)	1966—1971	1211	5	13	97	NOVER, LEHMANN und SIMON (1972)
Gelbrost (*Puccinia striiformis* West.)	1955—1974	5100	6	163	320	NOVER und LEHMANN (1978)

katorsortimente zusammengestellt und an die Züchter zur weiteren Bearbeitung und Beobachtung gegeben, insgesamt 367 Samenproben.

Auf Grund von Analysen von Populationen der 1964 erhaltenen und 1965 erstmals angebauten „Sammlung Alpiner Getreidelandsorten 1922—1932" konnten zahlreiche bisher nicht erfaßte Sippen isoliert werden (LEHMANN).

Wieder aufgenommen wurden (1967) in Zusammenarbeit mit Dr. SCHMIEDER (Institut für Getreideforschung Hadmersleben, Arbeitsgruppe Qualitätsuntersuchungen) die Backqualitätsprüfungen im Weizensortiment. Zur ersten Untersuchung (Sedimentationstest) kamen 2128 Weizen aus Iran.

Die Arbeiten zur Hybridweizenzüchtung im gleichen Institut (Dr. MERFERT) wurden u. a. mit der Durchführung von Hybrid-Testkreuzungen bei Winterweizen unterstützt und im Herbst 1967 25 Kombinationen zur Prüfung abgegeben (LEHMANN).

Avena. Beginn einer Revision des Systems der Kulturhafer, LEHMANN (1959). — Prüfung der Gliederungsmöglichkeiten in der Gattung *Avena* L. durch eingehende Merkmalsanalysen, LEHMANN (1963).

Arrhenatherum. Morphologische Merkmalsanalysen und Arbeiten am System der Gattung, DANERT (1962).

Setaria. R. MANSFELD bearbeitete 1952 die Systematik und Nomenklatur der Hirsen.

In der Gattung *Setaria* ist *S. italica* convar. *maxima* von den als ursprünglich anzusehenden Sippen *S. viridis* und *S. italica* convar. *moharica* durch stark vergrößerte Fruchtstände unterschieden. Die Auflockerung der proximalen Infloreszenzabschnitte ist durch Streckungsvorgänge an der Hauptachse bedingt. Auch an den Seitenachsen ist das Längenwachstum gefördert, die Anzahl der Teilinfloreszenzanlagen vermehrt. Hinsichtlich der Borstenentwicklung lassen sich Reduktions- und Progressionsreihen unterscheiden, KRUSE (1968).

Zea mays. Aufnahme morphologisch-entwicklungsgeschichtlicher Studien an *Zea mays* und Abstammungsprobleme, DANERT (1960, 1961). Alle übrigen Arbeiten an *Zea mays* s. Arbeiten I. GREBENŠČIKOV, Abt. Genetik und Cytologie.

Liliaceae

Allium. Fertigstellung einer Übersicht der zu Speisezwecken genutzten *Allium*-Arten, HELM (1955). — Versuche über die Bildung von Perlzwiebeln, HELM (1956). — Morphologisch-entwicklungsgeschichtliche Studien und Abstammungsprobleme an Perlzwiebeln, HELM (1960/1961).

Forstlich kultivierte Holzarten der Erde

In der Abt. Systematik und Sortiment wurde von J. SCHULTZE-MOTEL in mehrjähriger Arbeit ein Verzeichnis forstlich kultivierter Pflanzen aufgestellt. Die Entwicklung dieser Arbeit und die Behandlung taxonomischer Probleme an Forstpflanzen werden aus Gründen der Zugehörigkeit an dieser Stelle genannt.

Mit der Ausarbeitung eines Verzeichnisses kultivierter Forstgehölze wurde 1960 begonnen und eine Untersuchung an mesozoischen Gymnospermenhölzern abgeschlossen (SCHULTZE-MOTEL).

Bei den Arbeiten zur Nomenklatur der forstlich kultivierten Pflanzen der Erde konnten bis 1961 etwa 700 Arten ermittelt werden. 1963 wurden in der Liste forstlich kultivierter Gehölze 900 Arten erfaßt mit Angaben über Synonymik, Verbreitung, Nutzungseignungen u. a., von denen 250 in Europa angebaut werden (SCHULTZE-MOTEL).

Für das geplante Verzeichnis der forstlich kultivierten Pflanzen wurden inzwischen 1040 Arten erfaßt und nomenklatorisch geprüft (SCHULTZE-MOTEL).

Eine Liste mit den korrekten Namen und den wichtigsten Synonymen der auf der Erde forstlich kultivierten Pflanzenarten wurde als Beiheft 4 der „Kulturpflanze" veröffentlicht (SCHULTZE-MOTEL 1966).

In Zusammenarbeit mit der Arbeitsgruppe Forstpflanzenforschung wurden 1965 taxonomische Studien über die infraspezifische Mannigfaltigkeit des Bergahorns aufgenommen. Es war zu prüfen, ob zwischen morphologischen Merkmalen und Werteigenschaften des Holzes Korrelationen vorliegen (SCHULTZE-MOTEL).

8.5.3. Untersuchungen an prähistorischen Kulturpflanzen

Im Rahmen der regionalen historischen Kulturpflanzenforschung gelang bei der Bearbeitung einer Sammlung von Getreideabdrücken an schnurkeramischen Gefäßen aus Mitteldeutschland der eindeutige Nachweis von Gerste, Einkorn und Emmer (SCHULTZE-MOTEL). Damit konnten die bisher ungesichertern Hinweise, daß Ackerbau im Bereich der Schnurkeramikkultur betrieben wurde, bestätigt werden. Auch für die Schönfelder-Kultur und die Glockenbecherkultur konnte, zum Teil ebenfalls im Gegensatz zu bisherigen Vorstellungen, ein Ackerbau wahrscheinlich gemacht werden. Bei der Bearbeitung eines bronzezeitlichen Kulturpflanzenfundes von Ichtershausen Krs. Arnstadt, der vom Museum für Ur- und Frühgeschichte Thüringens in Weimar geborgen wurde, konnte für Thüringen erstmalig das Vorkommen von Einkorn (*Triticum monococcum* L.) und Linse (*Lens culinaris* Medik.) nachgewiesen werden (SCHULTZE-MOTEL und GALL 1967).

In diesem Zusammenhang konnten weiterhin Kulturpflanzenreste aus verschiedenen Kulturgruppen des Neolithikums untersucht werden. Unter den Getreidearten ist der Emmer weitaus vorherrschend. Aus einem vorgeschichtlichen Fund bei Dresden-Nickern ließen sich zahlreiche Erbsen, darunter auch eine Wilderbse (*Pisum elatius* Steven), belegen. Dies ist der erste prähistorische Fund der Wildart in Europa und zugleich der erste Nachweis außerhalb des natürlichen Verbreitungsgebietes (1966).

Bei der Bearbeitung prähistorischer Funde steht der Prähistoriker immer wieder vor der Frage nach der Wirtschaftsform der betreffenden Kulturgruppe. Hinweise darauf bieten Kulturpflanzenreste, die ihrerseits der Kulturpflanzenforschung einen Einblick in das Evolutionsgeschehen jener Arten gestatten. So ergab sich eine Zusammenarbeit vor allem mit dem Landesmuseum für Vorgeschichte in Halle. — Über die Wirtschaftsform der an Funden sehr reichen Schnurkeramik war bisher nur wenig bekannt; es gibt keine kohlig erhaltenen Kulturpflanzenreste. In schnurkeramischer Töpferware wurden Getreideährchen- oder Körnerabdrücke nachgewiesen und bestimmt. Damit erhielten die Hinweise auf einen Ackerbau in dieser Kulturgruppe eine gesicherte Bestätigung. Die wichtigsten Getreide des Neolithikums, Gerste und Emmer, treten in einem etwa gleichen Mengenverhältnis auf (SCHULTZE-MOTEL und MATTHIAS 1967).

Für das neunbändige Sammelwerk „Die Anfänge des Neolithikums vom Orient bis Nordeuropa" (Hrsg. Prof. Dr. H. SCHWABEDISSEN, Institut für Ur- und Frühgeschichte der Universität Köln) wurde ein Beitrag „Die ältesten Kulturpflanzen im mitteldeutschen Raum" fertiggestellt (SCHULTZE-MOTEL). Erfaßt wurden die Kulturpflanzen des frühen und mittleren Neolithikums. Die Gesamtzahl der Funde ist bisher sehr beschränkt, auch liegen noch nicht aus allen Gruppen Kulturpflanzenreste vor. Dennoch darf mit einiger Wahrscheinlichkeit angenommen werden, daß der Ackerbau in allen behandelten Gruppen eine mehr oder weniger wichtige Rolle gespielt hat. Am häufigsten wurde Emmer nachgewiesen, der oft zusammen mit Einkorn vorkommt; Gerste tritt dagegen weniger häufig auf. Auch Erbsen konnten mehrfach gefunden werden. Die zahlreichen Funde bandkeramischer Kulturpflanzenarten (Emmer. Einkorn, Gerste, Rispenhirse, Erbse, Linse, Spring-Lein) in Eisenberg/Thür. zeigen an, daß der Ackerbau bereits in dieser Gruppe eine ziemlich hohe Stufe erreicht hatte (1968).

8.5.4. Das Weltsortiment und das Archiv der Kulturpflanzen des Instituts

Die Entwicklung des Weltsortiments, seine kontinuierliche Vergrößerung durch eigene Sammelreisen und durch internationalen Tausch, der jährliche Anbau und die hierfür

Tabelle 27 Entwicklung des Gaterslebener Weltsortiments von Kulturpflanzen 1952 bis 1968 und seine Nutzung (nach Ch. Lehmann)

	Sortiments-bestand Sorten	Sortimentsanbau ha	= Sorten	Tausch Zugang Proben	Abgang
1952	14.011				
1953		6.47	8.865	6.181	4.958
1954	15.351	4.90	9.150	4.515	6.180
1955	15.652	5.48	9.502	3.971	10.554
1956	17.149	6.60	11.025	4.369	5.892
1957	18.140	8.80	11.322	3.769	7.798
1958	19.700	8.07	11.585	3.534	4.752
1959	19.675	7.75	10.671	3.303	8.632
1960		10.40	11.036	3.837	7.349
1961		10.26	12.335	1.609	16.419
1962	23.000	8.84	12.233	1.065	10.739
1963	27.200	8.78	11.761	4.231	17.461
1964	28.000	10.11	11.828		7.381
1965	29.120	8.47	11.272	2.152	19.232
1966	29.702	8.50	10.539	1.484	10.865
1967	30.857	8.50	10.959	2.223	22.146
1968	32.212	10.63	12.295	2.035	6.222

Tabelle 28 Entwicklung des Gaterslebener Kulturpflanzenarchivs 1953—1967 (nach Ch. Lehmann)

		Herbar-pflanzen	Früchte usw. in Gläsern	Alkohol-präparate	Ähren-proben	Samen-proben
1953	Zu-	2.612	131		1250	1450
1954	gang	946	188		1687	
1955		4.416		70	698	
1956		2.928		87		
1957		3.324		61		
1958		1.694		90		
1959		2.079		68		
1960		4.412		39		
1961	4.000 + 17.300			61		
1965	2.275 + 5.737 + 99					
1966	1.550 + 1.500					
1967		1.850				

benötigte Ackerfläche, die Nutzung des Sortiments durch Abgabe kleinerer und größerer Kollektionen an Institute, Schulen etc. sind in der Tab. 27 dargestellt (LEHMANN).

Aus Tab. 28 ist der jährliche Zugang an Herbarpflanzen, an Früchten, Alkoholpräparaten, Ähren- und Samenproben im Kulturpflanzenarchiv ersichtlich.

Im Jahre 1948 erschien erstmalig der Index seminum des Instituts mit allen im Kulturpflanzensortiment vorhandenen Sippen. Ihm folgte 1949 die 2. Ausgabe, der sich dann bis 1951 alle zwei Jahre weitere, immer umfassendere Auflagen anschlossen. Mit dem Index seminum wurde das Weltsortiment des Instituts international vorgestellt und in den internationalen Austausch einbezogen. Es diente durch den sich ständig vergrößernden Samenaustausch mit vielen Ländern der Welt der Erweiterung des eigenen Sortiments und in gleicher Weise der Bereicherung anderer Kollektionen.

Folgende größere Zugänge im Sortiment und im Archiv durch Einzelpersönlichkeiten und durch Sammelreisen sind zu erwähnen:

1. Aus der „Deutschen Hindukusch-Expedition" (A. SCHEIBE) 1935 wurden die von FREISLEBEN und LEIN in Halle bearbeiteten Gersten und Weizen 1946 zur weiteren Erhaltung nach Gatersleben überführt (249 Weizen, 149 Gersten, 55 Erbsen).
2. Aus der Sammlung HERRLICH von einer Kundfahrt durch die Gebirgslandschaft des südlichen Himalaya 1937/38 übernahm das Institut aus Halle 50 Weizen und 10 Gersten.
3. Aus der Sammelreise von C. TROLL und R. SCHOTTENLOHER nach Äthiopien und Erythräa 1937/38 übernahm das Institut 1946 103 Gersten.
4. Aus der „Deutschen Tibet-Expedition" (E. SCHÄFER) 1938/39 übernahm das Institut 538 Weizen, 209 Gersten und 10 Leguminosen und Ölfrüchte.
5. Aus der Sammelreise Balkan 1941 (H. STUBBE) nach Nordgriechenland und Albanien und der Sammelreise Peloponnes und Kreta 1942 (H. STUBBE) sind die gesammelten Kulturpflanzen, die im Sortiment vorhanden sind, in Tab. 29 aufgeführt.

Tabelle 29 Kulturpflanzen-Sortiment aus der Balkan-Sammelreise 1941 und 1942 (aus Ch. LEHMANN 1972)

	Albanien und Nordgriechenland	Peloponnes	Kreta
Getreide			
Weizen	355	174	58
Gersten	85	177	53
Hafer	57	37	10
Mais	24	10	–
Leguminosen			
Bohnen	47	93	9
Erbsen	42	36	8
Linsen	26	55	8
Wicken	72	99	30
Acker- und Puffbohnen	1	32	8
Sonstige	23	87	53
Kürbisgewächse	10	17	1
Gemüse	13	10	2
Öl-, Faser- und Farbpflanzen	–	20	8

Tabelle 30 Kulturpflanzen-Sortiment aus der Sammelreise R. MALY in Süditalien (aus Ch. LEHMANN 1963)

Getreide					
Weizen	137	Gersten	22		
Roggen	12	Hafer	19	Mais	21
Leguminosen					
Bohnen	57	Erbsen	11		
Acker- und Puffbohnen	41	Futterpflanzen (*Trifolium*, *Medicago* etc.)	20	Sonstige	22
Kürbisgewächse	30	Gemüse			
		Tomaten	23	Paprika	21
		Blattgemüse (*Brassica*, *Lactuca* etc.)	39		
Öl-, Faser- und Farbpflanzen			19		

Tabelle 31 Kulturpflanzen-Sortiment aus der FAO-Sammlung H. KUCKUCK Iran 1952 bis 1954 (aus Ch. LEHMANN 1963)

Getreide und Gräser			
Weizen	1276	Gersten	123
Hafer	13	Gräser	23
Leguminosen			
Wicken	32	Linsen	8
Futterpflanzen (*Trifolium*, *Medicago* etc.)	12	Sonstige	7

6. Aus der Sammelreise von R. MALY (1950) in Süditalien erhielt das Institut die in Tab. 30 aufgeführten Samenproben.
7. Aus den Sammlungen von H. KUCKUCK als Mitarbeiter der FAO in Iran erhielt das Institut 1956 Samenproben iranischer Kulturpflanzenherkünfte, die in Tab. 31 zusammengestellt sind.
8. 1959 erhielt das Institut von H. KUCKUCK 16 Getreide und Gräser sowie 18 Leguminosen, darunter 15 Erbsen, aus Äthiopien.
9. Aus der Chinesisch-Deutschen Sammelreise 1956 in Nordchina (LIOU TSCHEN-NGO und H. STUBBE), ferner aus Exkursionen chinesischer botanischer Institute 1958, an denen S. DANERT und P. HANELT teilnahmen, und weiteren Exkursionen 1959 in die gleichen Gebiete und auf die Insel Hainan mit J. HELM und J. SCHULTZE-MOTEL erhielt das Institut die in Tab. 32 aufgeführten Kulturpflanzensortimente.
10. Prof. Dr. H. BRÜCHER, Universität Mendoza (Argentinien), überwies dem Institut 1957 81 Nummern Herbarpflanzen aus Südamerika.
11. Prof. Dr. F. SCHWANITZ (BRD) übergab dem Institut 1960 aus einer Reise nach Mittelamerika (El Salvador, Guatemala, Honduras) Samenproben von 582 Tomaten, 117 Paprikas, 96 Bohnen, 10 Hirsen, 4 Weizen, 5 Gersten und 44 Kürbisgewächsen.
12. Die 1. Mongolisch-Deutsche Sammelreise in die Wüste Gobi 1962 (C. DAVAŽAMĆ, H. BÖHME) erbrachte eine wertvolle Exsikkatensammlung, die völlig durchbestimmt wurde. Eine Anzahl kritischer Arten wurde in Leningrad determi-

Tabelle 32 Kulturpflanzen-Sortiment aus den China-Sammelreisen 1956, 1958 und 1959 (aus Ch. LEHMANN 1963)

Getreide und Gräser			
Weizen	46	Gersten	27
Hirsen	40	Mais	6
Gräser	13		
Leguminosen			
Bohnen (*Phaseolus*, *Vigna* etc.)	75	Erbsen	17
		Wicken	5
Acker- und Puffbohnen	3	Soja	63
Kürbisgewächse	31		
Gemüse			
Tomaten, Paprika und Eierfrüchte	23	Blatt- und Wurzelgemüse	86
Chinakohle (*Br. chinensis*, *Br. pekinensis* etc.)			67
Öl-, Faser- und Farbpflanzen			41
Arznei- und Gewürzpflanzen			33

niert. Einige Arten konnten erstmalig für die mongolische Flora festgestellt werden, andere Arten waren bisher nicht bekannt. Es gelang eine größere Zahl pflanzengeographisch wertvoller Fundnachweise. Cytologische Untersuchungen ergänzten die systematischen Analysen.

13. Aus der reichen Exsikkatensammlung der 2. Mongolisch-Deutschen Sammelreise 1964 (C. DAVAŽAMĆ, S. DANERT) konnten in der weiteren Auswertung 1965 mehrere Pflanzenfamilien des umfangreichen botanischen Exsikkatenmaterials determiniert werden (Primulaceen, Boraginaceen, Plumbaginaceen, Asclepiadaceen, Apocynaceen, Labiaten, Chenopodiaceen, Betulaceen, Orchidaceen). Dabei ergaben sich ebenfalls mehrere Neufunde für das Territorium der Mongolischen Volksrepublik. Während eines Studienaufenthaltes des Mitarbeiters der Mongolischen Akademie der Wissenschaften Dr. DAVAŽAMĆ wurden gemeinsam die gesammelten Unica sowie ausgewählte weitere Belege bestimmt und die Grundlagen für die Auswertung des geobotanischen Aufnahmematerials festgelegt. Die gesamte Flechtenkollektion ist determiniert worden (Dr. O. KLEMENT, Kreuzthal-Eisenbach). Weitere Identifizierungsarbeiten wurden an Wirtspflanzen phytopathogener Pilze durchgeführt (HANELT 1965).
14. Die Biologische Bundesanstalt Braunschweig (BRD) übergab 1964 dem Institut ein Sommergersten-Sortiment von 764 Nummern.
15. Von Prof. Dr. E. MAYR, Landesanstalt für Pflanzenzucht und Samenprüfung in Rinn/Tirol (Österreich) erhielt das Institut 1954 eine Sammlung alpiner Getreidesorten aus den Jahren 1922—1932, die 170 Weizen und 20 Gersten umfaßte.
16. Während einer Studienreise nach Jugoslawien 1964 wurden von J. HELM und M. ZACHARIAS 350 Exsikkate gesammelt.
17. Durch Tausch mit dem Botanischen Institut der Sowjetischen Akademie der Wissenschaften, Leningrad, und dem Agronomischen Institut der Universität Craiova (SR Rumänien) erwarb das Institut über 1500 Pflanzenbelege.
18. Eine zusammen mit dem Institut für Pflanzenzüchtung Kleinwanzleben der Deutschen Akademie der Landwirtschaftswissenschaften 1966 durchgeführte Reise nach Armenien und der Halbinsel Krim galt dem Studium und dem Sammeln von Wildrüben für cytologische, züchterische und phytopathologische Untersuchungen. Die aus diesen Gebieten mitgebrachte Exsikkatenkollektion um-

faßte über 400 Belege von wildwachsenden Pflanzensippen (J. HELM, G. BANDLOW).

19. Aus dem Weltsortiment in Beltsville und Leningrad wurden 1967 mehr als 1300 in Äthiopien gesammelte Gersten bezogen.

20. Von der Kubanisch-Deutschen Alexander-von-Humboldt-Gedächtnis-Expedition 1967/68 wurden von über 1300 Pflanzensippen Exsikkate angefertigt, 102 Pflanzen- oder Pflanzenteile wurden als Naßpräparate konserviert und 442 Samenproben gesammelt. Aus einigen lebend mitgebrachten Algenproben konnten mehrere Arten (Konjugaten, *Vaucheria*) kultiviert und nach Bildung von Fortpflanzungsorganen bestimmt werden (RIETH, Abt. Chemische Physiologie). Von den gesammelten höheren Pflanzen wurden bis Ende 1968 über 800 Taxa determiniert (DANERT).

Weitere Sammlungen von Sorten übernahm das Institut 1945 von einigen Züchtern (u. a. von W. RIMPAU, Langenstein, Fr. STRUBE, Schlanstedt, R. SCHREIBER und Söhne, Quedlinburg, E. BENARY, Erfurt, und H. HEYN, Rastatt) zur weiteren Erhaltung.

Hinzu kamen die Sammlungen einzelner Wissenschaftler, die Sortimente für die Durchführung ihrer Forschungsaufgaben hielten und sie später dem Institut übergaben. Dazu gehörten Th. ROEMER, Halle, R. FREISLEBEN, Halle, E. SCHIEMANN, Berlin, K. HASSEBRAUK, Braunschweig. Ferner wurden durch die Umgestaltung der Sortenzulassungsstelle Vergleichssammlungen von Gersten und Leguminosen aus Nossen übernommen.

Tabelle 33 Bestand der Sortimentsgruppen im Gaterslebener Weltsortiment im Jahre 1968 (nach Ch. LEHMANN)

Getreide und Gräser			
Weizen	7.709	Hirsen und *Aegilops*	393
Gersten	6.141	Mais	412
Hafer	1.155	Gräser	927
Roggen	290		
Leguminosen			
Bohnen	2.034	Acker- und Puffbohnen	229
Erbsen	1.175	Kichererbsen	67
Sojabohnen	760	Platterbsen	215
Linsen	185	Wicken	778
Futterpflanzen (*Medicago, Trifolium* usw.)	624	Lupinen	238
Kürbisgewächse			
Kürbisse	268	Gurken	198
Melonen	281	Sonstige	94
Blatt- und Wurzelgemüse	2.116	Tomaten	1.348
		Paprika und Eierfrüchte	617
Öl-, Faser- und Farbpflanzen			
Mohn	205	Sonnenblumen	146
Lein	1.327	Übrige Ölpflanzen (*Brassica, Sinapis* usw.)	230
Hanf	8	Farbpflanzen und Sonstige	318
Gewürz- und Arzneipflanzen	1.337		
Tabak	387		

Eine weitere ständige Vergrößerung des Weltsortiments erfolgte durch internationalen Samentausch.

Im Jahre 1968 ergab sich für das Gaterslebener Weltsortiment der Kulturpflanzen der in Tab. 33 dargestellte Bestand an Sortimentsgruppen.

Das von Ch. Lehmann seit vielen Jahren bearbeitete und verwaltete Sortiment wird in vielfacher Weise für Aufgaben der Grundlagenforschung und der angewandten Forschung genutzt. Hervorgehoben sei die Bedeutung des Sortiments für die Gebiete Taxonomie, Entwicklungsgeschichte, Physiologie und Genetik, für die Bereitstellung wertvollen Ausgangsmaterials für die Pflanzenzüchtung und die Phytopathologie bis hin zu Problemen der Medizin und Ernährungswissenschaft. Vorgeschichtliche Funde haben sich mit Hilfe des Sortiments identifizieren lassen und die wachsende Bedeutung des Biologieunterrichts in den Schulen, die Anlage von Schulgärten und die Verbindung des Biologieunterrichts mit Problemen der praktischen Landwirtschaft haben den Wert des Sortiments als Quelle des Studiums der Mannigfaltigkeit und der Evolution von Kulturpflanzen immer deutlicher erkennen lassen.

8.5.5. Monographien und Studien zur Geschichte der Kulturpflanzen

Danert, Siegfried, 1954: *Laburnum anagyroides* Med. und *Cytisus purpureus* Scop. in der Zeit vor Linné. — Wiss. Z. Univ. Halle, Math.-Naturw. **4**, 79—88

Grebenščikov, Igor, 1954: Mais als Kulturpflanze. — Die Neue Brehm-Bücherei Nr. 123, A. Ziemsen Verlag, Wittenberg

Hanelt, Peter, 1960: Lupinen. Zur Botanik und Geschichte landwirtschaftlich wichtiger Lupinenarten. — Die Neue Brehm-Bücherei Nr. 265, A. Ziemsen Verlag, Wittenberg

Helm, Johannes, 1964: 100 Jahre Kulturpflanzen-Taxonomie. Dr. Friedrich Alefeld zum Gedächtnis. (Eine Bibliographie.) — Kulturpflanze **12**, 75—91

Helm, Johannes, 1965: Die Pillnitzer Centurienbände. Plantae selectae vivis coloribus depictae. — Acta Historica Leopoldina **3**, 1—60

Helm, Johannes, 1966: Einführung in Alefeld, F., Landwirtschaftliche Flora. Berlin 1866. — Neudruck Königstein-Taunus, S. V.-XVI

Helm, Johannes, 1966: Theophilus Kentmann (1552—1610). Sein Leben und Werk, vor allem seine bisher unbekannten botanischen Schriften. — Beitr. Biol. Pflanzen **42**, 1—112

Helm, Johannes, 1966: Dr. Georg August Pritzel 1815—1874. Ein Gedenken zum 150. Geburtstag (eine Bibliographie). — Kulturpflanze **14**, 311—357

Helm, Johannes, 1966: Ein aufschlußreicher Brief Friedrich Alefelds an George Bentham aus dem Jahre 1866. — Kulturpflanze **14**, 441—445

Helm, Johannes, 1968: Die Pflanzengattung *Sprekelia* Heister und ihr Namenspatron Johann Heinrich von Sprekelsen (1691—1764). Beitr. Biol. Pflanzen **44**, 1—57

Helm, Johannes, 1968: Das erste 1591 im Druck erschienene Bestandsverzeichnis des Botanischen Gartens zu Padua. Ein Beitrag zur Geschichte der heutigen Indices seminum. — Kulturpflanze **16**, 75—90

Lehmann, Christian O., 1953: Die Tomate. — Die Neue Brehm-Bücherei Nr. 107, A. Ziemsen Verlag, Wittenberg

Mansfeld, Rudolf, 1949: Die Technik der wissenschaftlichen Pflanzenbenennung. — Akademie-Verlag, Berlin

Mansfeld, Rudolf, 1959: Vorläufiges Verzeichnis landwirtschaftlich oder gärtnerisch kultivierter Pflanzenarten (mit Ausschluß von Zierpflanzen). Prodromus enumerationis specierum plantarum agri- et horticulturae. — Kulturpflanze, Beih. **2**, 1—659

Mansfeld, Rudolf, 1954: Für die Neuauflage des Werkes „Pareys Blumengärtnerei" wurden die Orchidaceen neu bearbeitet und zugleich die durch den Krieg unterbrochene Arbeit am System dieser Familie wieder aufgenommen (Mansfeld 1954)

Schultze-Motel, Jürgen, 1964: Vorläufiges Verzeichnis der in Europa forstlich kultivierten Pflanzenarten. — Kulturpflanze **12**, 345—472

SCHULTZE-MOTEL, Jürgen, 1966: Verzeichnis forstlich kultivierter Pflanzenarten. Enumeratio specierum plantarum silviculturae. — Kulturpflanze, Beih. 4
SCHULTZE-MOTEL, Jürgen, 1966: Neolithische Getreideabdrücke aus Mitteldeutschland. Kulturpflanze 14, 299—310
SCHULTZE-MOTEL, Jürgen und Wilfried BAUMANN, 1968: Neolithische Kulturpflanzenreste aus Sachsen. — Arb. -u. Forsch. Ber. sächs. Bodendenkmalpflege 18, 9—28
SCHULTZE-MOTEL, Jürgen und Werner GALL, 1967: Prähistorische Kulturpflanzenfunde aus Thüringen. — Alt-Thüringen, Jahresschr. Mus. Ur-u. Frühgeschichte Thüringens 9, 7—15
SCHULTZE-MOTEL, Jürgen und Joachim KRUSE, 1964: Neue Daten zur Verbreitung des Spelzes (*Triticum spelta* L.) in prähistorischer Zeit. — Mber. Dt. Akad. Wiss. Berlin 6, 786—787
SCHULTZE-MOTEL, Jürgen und Joachim KRUSE, 1965: Spelz (*Triticum spelta* L.), andere Kulturpflanzen und Unkräuter in der frühen Eisenzeit Mitteldeutschlands. — Kulturpflanze 13, 586—620
SCHULTZE-MOTEL, Jürgen und Waldemar MATTHIAS, 1967: Kulturpflanzenabdrücke an schnurkeramischen Gefäßen aus Mitteldeutschland. — Jahresschr. f. mitteldt. Vorgeschichte 51, 119—158
SCHULTZE-MOTEL, Jürgen, Berthold SCHMIDT und Joachim KRUSE, 1965: Früheisenzeitliche Vorratsgrube auf der Bösenburg Kr. Eisleben. — Ausgrabungen u. Funde 10, 29—31
WEIN, Kurt, 1954: Die Geschichte von *Datura stramonium*. — Kulturpflanze 2, 18—71
WEIN, Kurt, 1955: Die Geschichte von *Trigonella foenum-graecum* L. — Kulturpflanze 3, 24—38
WEIN, Kurt, 1962: Die Geschichte der Entstehung und Verbreitung von *Rubus idaeus* var. *leucocarpus*. — Kulturpflanze 10, 195—211
WEIN, Kurt, 1963: Die Einführungsgeschichte von *Helianthus tuberosus* L. — Kulturpflanze 11, 43—91
WEIN, Kurt, 1963: Die Heimat von *Ornithogalum nutans* L. und die Entstehung der Grundlagen für seine spätere Ausbreitung in den europäischen Gärten im Verlaufe der Barockzeit. — Nova Acta Leopold. 27, 383—411
WEIN, Kurt, 1964: Die Geschichte des Rettichs und des Radieschens. — Kulturpflanze 12, 33—74

8.6. Arbeitsgruppe Forstpflanzenforschung

8.6.1. Aufgaben der Arbeitsgruppe und erste Arbeiten, Leitung und Mitarbeiter

Die Abteilung nahm am 1. April 1952 ihre ersten Arbeiten unter der vorläufigen Leitung des Institutsdirektors auf. Als Versuchsrevier stand dem Institut der 5 km nördlich von Gatersleben gelegene etwa 1300 ha große Hakel zur Verfügung. Die Arbeiten begannen mit der Selektion phänotypisch guter Mutterbäume von Holzarten, die an anderen Instituten nicht bearbeitet wurden. Im Vordergrund standen Untersuchungen über Standortsrassen bei solchen Laubhölzern, die schnellen züchterischen Erfolgen schwer zugänglich sind und bei denen daher die Baumrassenforschung von vordringlichem Nutzen für die Forstwirtschaft ist. Bevorzugt bearbeitet wurden die wirtschaftlich wichtigen Holzarten der Gattungen *Prunus*, *Fraxinus*, *Acer* und *Quercus*. Auch wurden im Herbst 1952 eine Anzahl von Elitestämmen von Wildapfel und Wildbirne beerntet und von 33 Wildbirnen 125 kg Früchte und von 13 Stämmen Wildapfel 59,5 kg Früchte eingebracht, die wesentliche Unterschiede in Größe, Gestalt, Farbe und Geschmack zeigten. Bei Elsbeere, Winterlinde, Bergahorn und Weißbuche wurden gleichfalls die ersten Elitestämme registriert, bei Weißbuche mit besonders strenger Selektion auf Gradschäftigkeit und fehlende Spannrükkigkeit. Waldbauliche Versuche zur Erzielung eines hochleistungsfähigen Mehrschichtenwaldes unter Ausnutzung natürlicher Verjüngung wurden eingeleitet, die Anlage eines größeren Zuchtgartens für den Nachbau der geernteten Elitestämme geplant.

Die Bestandsaufnahme der qualitativ hochwertigen Mutterbäume von Wildkirsche, Winterlinde, Feld- und Bergahorn, Elsbeere, Hainbuche, Wildapfel und Wildbirne im Hakel wurde (1953) abgeschlossen. Zum Vergleich ihrer Wuchsleistung erfolgte ein Anbau der Nachkommenschaften der 1952 individuell beernteten Elitebäume in Versuchsgärten und Kämpen. Die Beerntung der Elitebäume wurde, soweit sie fruchteten, fortgesetzt.

Im Bereich des Staatlichen Forstwirtschaftsbetriebes Blankenburg/Harz wurde die Bestandsaufnahme qualitativ hochwertiger Mutterbäume von Nadelholzarten eingeleitet und 1954 in einigen Revieren des Harzes die Aufnahme und Kartierung von Elitebäumen abgeschlossen. Für die Prüfungen der Nachkommenschaften war die Anlage neuer Kämpe erforderlich. Die Beerntung der Elitebäume bereitete wegen der abnormen Witterung in diesem Jahre große Schwierigkeiten. Nur wenige Bäume fruchteten. Im Hakel wurde die Anlage von Waldmänteln in einer zweckmäßigen Zusammensetzung aus geeigneten Arten begonnen.

Auch 1955 stand die Arbeitsgruppe noch unter der kommissarischen Leitung des Institutsdirektors, doch wurden im Zusammenhang mit der Fertigstellung des Neubaues der Abt. Genetik und Cytologie Vorkehrungen getroffen, um mit Beginn des Jahres 1956 die Arbeitsgruppe mit mehreren Fachleuten zu besetzen.

Die Arbeiten im Jahre 1955 beschränkten sich auf die Anlage eines neuen großen Kampes bei Heteborn, die Beobachtung und Beerntung der Elitebäume und deren Nachkommenschaften. Die Anlage von Waldmänteln im Hakel wurde in verschiedener Zusammensetzung der geeigneten Arten fortgesetzt.

Leitung:

ab 1. 4. 1952—31. 3. 1956 kommissarisch Prof. Dr. H. STUBBE
ab 1. 4. 1956—31. 8. 1967 Oberforstmeister Kurt WUTTKY (forstlicher Leiter)

Wissenschaftliche Mitarbeiter:

Karl BERGER
Dr. phil.
ab 1958 wiss. Mitarbeiter
1959 wiss. Assistent — ausgeschieden 31. 8. 1967

Klaus JAHN
Dipl.-Forstwirt
ab 1958 wiss. Mitarbeiter
1959 wiss. Assistent — ausgeschieden 30. 6. 1960

Heinz SCHLÜTER
Dr. rer. nat.
ab 1964 wiss. Arbeitsleiter
1967 Übergang in die Abt. Systematik und Sortiment

Frithjof WEISER
Dipl.-Forstwirt Dr. rer. silv. (Prom. 1963)
ab 1956 wiss. Mitarbeiter
1959 wiss. Assistent
1963 wiss. Oberassistent — ausgeschieden 31. 8. 1967

Forstliche Mitarbeiter:

Fritz KUBE
Oberförster
ab 1956 †19. 1. 1965

Hans MATTHES
Revierförster
ab 1956 ausgeschieden 31. 8. 1967

8.6.2. Weitere Entwicklung der Arbeitsgruppe, Methoden und Hauptprobleme

Während des Jahres 1956 wurde die bisherige, vom Institutsdirektor kommissarisch durchgeführte Leitung der Arbeitsgruppe Oberforstmeister K. WUTTKY als forstlichem Leiter übertragen. Der Arbeitsgruppe konnten mehrere Räume zur Verfügung gestellt werden, in denen die für die derzeitigen Aufgaben erforderlichen Laboratorien eingerichtet wurden. Seit Frühjahr 1957 standen einige Gewächshäuser und ausreichend Freilandflächen für Versuchszwecke in unmittelbarer Nähe des Institutsgebäudes zur Verfügung.

Die im Hakel und einigen Revieren des Harzes bisher durchgeführte Aufnahme und Kartierung von Elitebäumen wurde nach erweiterten Gesichtspunkten unter Erfassung der Einzelmerkmale, die in Karteien und photographisch festgelegt wurden, einer Überprüfung unterzogen. Hierbei wurden auch Jungwüchse der betreffenden Holzarten in einer verfeinerten Analyse auf ihren Qualitätswert und ihre bestandesgeschichtliche Herkunft und Entwicklung untersucht. Im Harz und in den Elbe- und Saaleauen erfolgte eine Vorauslese für weitere Versuchsbäume. Für die Nachkommenschaftsprüfung und für physiologische Untersuchungen wurden die Eliten und andere Bäume und Sträucher beerntet, sofern das bei dem geringen Samenansatz des Jahres 1956 und den für die Waldsamenernte bestehenden technischen Schwierigkeiten möglich war.

Auf dem Versuchsland der Arbeitsgruppe wurde eine Anzahl von Absaaten für weitere Beobachtungen durchgeführt. Außerdem wurden mit den Staatl. Forstwirtschaftsbetrieben des Harzes Abkommen getroffen, um auch im Walde Versuchsanbau unter Gatterschutz vorzunehmen. Die theoretischen und praktischen Vorarbeiten für Standortsrassenuntersuchungen bei den von der Arbeitsgruppe vornehmlich bearbeiteten Holzarten wurden abgeschlossen. Dazu gehörte die Sammlung und Auswertung von Klimadaten für eine Reihe von Stationen im Oberharz, in mittleren Lagen und den Vorbergen bis zum Flachland.

Die Aufnahme und Sicherstellung von Auslesebäumen wurde bei den bearbeiteten Holzarten (1957) fortgesetzt. Aus den Gattungen *Fraxinus*, *Acer*, *Tilia*, *Ulmus*, *Carpinus*, *Prunus*, *Pyrus* und *Sorbus* wurde unter Feststellung der Einzelmerkmale ein umfangreiches Material als Grundlage für Forschung und Züchtung in Karteien und photographisch erfaßt. Die Auslese erstreckte sich wiederum auf den mitteldeutschen Raum, vornehmlich die Vorberge des Harzes, den Ostharz und die Elb-, Saale- und Luppe-Aue. Für Holzarten, mit denen Herkunftsversuche und physiologische Untersuchungen begannen, wurden auch weiter entfernte Gebiete einbezogen und als Voraussetzung für die Versuchsanlage standörtlich voruntersucht (Schwäb. Alb, Thüringen, Spreewald, Mecklenburg). Die Auslese fand wiederum nach den festgelegten Richtlinien statt, wonach in den verschiedenen Anerkennungsklassen z. T, sehr strenge Anforderungen bei der Auswahl der Phänotypen gestellt, z. T. aber auch Bäume einbezogen wurden, deren negative Merkmale, wie sich bei der weiteren Bearbeitung ergab, genetisch bedingt waren.

Für Bäume, die in Kreuzungsplantagen, Klon- und Nachkommenschaftsprüfungen weiter untersucht wurden, konnten bestandsgeschichtliche und standörtliche Unterlagen ermittelt werden.

Die geringe Samenernte des Jahres 1956 verhinderte die Anlage ausgedehnter Nachkommenschaftsprüfungen mit Saatgut frei abgeblühter Mutterbäume. Während 1956 die Grundlagen für später vorzunehmende Pfropfungen geschaffen wurden, konnten Pfropfungen 1957 erstmalig soweit durchgeführt werden, daß Kreuzungsplantagen und Klonprüfungen bei *Fraxinus excelsior* und *Prunus avium* gesichert waren. Für diese Anlagen wurden Versuchsanordnungen geschaffen, welche die Gleichmäßigkeit und Auswertbarkeit der Versuche auch bei der bei Forstpflanzen erforderlichen Langfristigkeit sicherstellten. Das gleiche galt für die physiologischen Versuche mit langlebigen Forstpflanzen, die ab 1958 vorgesehen waren.

Für den dem Institut nächstgelegenen Wald, den Hakel, der durch seinen Mischwaldcharakter und seine Zusammensetzung mit z. T. selten gewordenen Holzarten eine Voraussetzung für künftige Arbeiten darstellte, wurden Waldbaurichtlinien bearbeitet, die die Ursprünglichkeit dieses Waldes und seine für die Forstpflanzenforschung bedeutungsvolle Eigenart auch für die Zukunft sicherstellen sollten.

Zur Verbesserung der Technik der Arbeiten in Baumkronen, die eine unerläßliche Voraussetzung für die Forstpflanzenzüchtung sind, machte sich die Entwicklung und Beschaffung entsprechender Geräte erforderlich.

Die Aufnahme und Sicherstellung von Auslesebäumen wurde (1958) bei den Gattungen *Fraxinus, Ulmus, Acer* und *Sorbus* fortgesetzt und durch Einzelbeobachtungen an Auslesebäumen ergänzt.

Da nach früheren Beobachtungen besonders wüchsige Rassen einzelner Holzarten im östlichen Raum autochthon vorhanden sind, wurde zur eventuellen Feststellung qualitativ und quantitativ hervorragender Wuchseigenschaften bei in der Arbeitsgruppe bearbeiteten Bäumen, die für die Züchtung und großräumige Herkunftsversuche geeignet waren, 1958 eine 14tägige Studienreise in die Volksrepublik Polen durchgeführt (WUTTKY, KUBE). Erstes Material zur vegetativen Vermehrung für Kreuzungsplantagen und Saatgut konnte beschafft werden. Mit der Polska Akademia Nauk in Warszawa und dem Instytut Badawczy Leśnictwa in Warszawa entwickelte sich nach dieser Studienreise eine wertvolle Zusammenarbeit, die auch durch mehrfache Besuche von Angehörigen der Polnischen Akademie der Wissenschaften und des Instituts für Dendrologie, Kórnik, in Gatersleben gefördert wurde.

Die Aufnahme der als Ausgangsmaterial für Versuche und zur Forstpflanzenzüchtung dienenden Auslesebäume wurde (1959) in Einzelheiten morphologisch, phänologisch und durch standörtliche Feststellungen ergänzt. Bei *Prunus avium* wurden Herkünfte des mecklenburgischen Raumes und der Insel Rügen einbezogen.

Für den Beginn von Herkunftsversuchen mit den wirtschaftlich wichtigen Holzarten *Quercus robur* und *Quercus petraea* wurden standörtliche Erkundungen in geeigneten Eichenwäldern der DDR durchgeführt. Mit diesen Arbeiten und den Untersuchungen bei *Fraxinus excelsior* und *Sorbus aucuparia* verlagerte sich das Schwergewicht der Forstpflanzenforschung auf Fragen der Baumrassenforschung.

Die technischen Einrichtungen der Arbeitsgruppe wurden durch Fertigstellung eines Laboratoriums für bodenkundliche und pflanzenphysiologische Untersuchungen ergänzt und eines der Gewächshäuser entsprechend eingerichtet, um Gefäßversuche mit Forstpflanzen durchführen zu können.

Das Ergebnis der Studienfahrt in die Volksrepublik Polen vom Jahre 1958 konnte 1960 durch eine erneute Reise dorthin erweitert und ergänzt werden (Wuttky). Hierbei wurde (entgegen früheren Auffassungen) ein nur in Resten vorhandenes sporadisches Vorkommen von *Prunus avium* festgestellt. In urtümlichen Wäldern Polens wurden Bäume der Gattungen *Acer, Tilia, Carpinus* mit qualitativ und quantitativ charakteristischen Wuchseigenschaften ausgelesen und für Nachkommenschafts- und Herkunftsprüfungen örtlich gekennzeichnet. Das Material sollte in internationalen Anbauversuchen auf individuelle Besonderheiten und auf Rassenunterschiede, die durch den Standort bedingt sind, untersucht werden. Mit dem Instytut Badawczy Leśnictwa in Warszawa, mit dem Institut der Forstlichen Hochschule in Poznań und Vertretern der forstlichen Praxis wurde der Beginn solcher Versuche besprochen.

Eine weitere Studienreise (Weiser) erfolgte 1960 in die Volksrepublik Rumänien. Diese Reise diente dazu, einen Überblick über die Eichen-Vorkommen Rumäniens bezüglich ihrer Leistung, der Qualität und den standörtlichen Bedingungen zu gewinnen, um einzelne Objekte in Provenienzversuchen auf ihre Anbauwürdigkeit zu prüfen. Bei der zeitlichen Begrenzung der Reise beschränkten sich die Studien vorerst auf die Stieleiche *Quercus robur* L. Der zur Auswahl von Versuchsobjekten notwendige Überblick konnte dabei gewonnen werden. Die Voraussetzungen für solche Versuche wurden mit den forstlichen Forschungsstätten des Landes geschaffen.

Die technischen Einrichtungen der Abteilung wurden durch ein Laboratorium für Keimuntersuchungen ergänzt.

Wie in den vergangenen Jahren lag das Schwergewicht der Arbeiten weiterhin auf dem Gebiet der Baumrassenforschung, insbesondere bei *Prunus avium* L., *Fraxinus excelsior, Sorbus aucuparia* L. und *Acer pseudoplatanus* L. Die 1962 eingeleiteten Untersuchungen über Variabilität und Leistung von *Acer pseudoplatanus* L. wurden 1963 erweitert und außerdem Kreuzungsarbeiten an *Prunus avium* L. var. *avium* sowie blütenbiologische Studien und Keimversuche mit verschiedenen Straucharten durchgeführt.

8.6.3. Selektion von Elitebäumen und Baumrassenforschung

8.6.3.1. *Prunus avium* L.

Der natürliche und reiche Bestand an Wildkirschen *Prunus avium* L. im Hakel hatte das Schwergewicht der Arbeit zunächst auf diese Holzart gelegt. Zur Feststellung der Elitestämme wurde das gesamte Versuchsrevier systematisch durchgearbeitet und eine sorgfältige Kartierung der Elitestämme auf Handskizzen im Maßstab 1:5000 durchgeführt, jeder ausgewählte Stamm dabei numeriert. Im Einzelstammbuch erfolgten Feststellungen über Alter, Gesundheitszustand, Krone, Schaft, Verzweigungstyp, Höhe, Brusthöhendurchmesser, Volumen und Ernteergebnisse. Im Sommer 1952 wurden 13 Distrikte des Versuchsreviers zur Beerntung freigegeben und 3 Güteklassen von Wildkirschen unterschieden. Von 1234 Stämmen gehören 34 = 2,8% zur Klasse 1, 274 = 22,2% zur Klasse 2 und 926 = 75% zur Klasse 3. Beerntet wurden 1952 sämtliche Stämme der Klasse 1 und ein geringer Teil der beiden anderen Klassen, um schon bei der Nachzucht Vergleiche über das Wachstum der Jungpflanzen der einzelnen Klassen anstellen zu können. Von 117 beernteten Stämmen wurden 74,5 kg Früchte geerntet. Die einzelnen Stämme wiesen Unterschiede in Reifezeit, Größe, Geschmack und Farbe auf.

Von Auslesebäumen wurden 1958 über 1200 Pfropfungen für Klonprüfungen durchgeführt und erste Grundlagen für die Anlage einer Kreuzungsplantage als Ausgangsmaterial für weitere Arbeiten der Züchtungsforschung geschaffen.

Diese Anlage konnte 1959 mit 49 Klonen im wesentlichen abgeschlossen werden, die Plantage erhielt jedoch laufend Ergänzungen durch bisher nicht einbezogene Herkünfte aus geographisch entfernteren Räumen. Die zur Kenntnis der Eigenschaften von Einzelbäumen und für die exakte Untersuchung von Teilfragen bei Herkunftsversuchen erforderliche vegetative Vermehrung wurde fortgesetzt. 1959 wurden eine Nachkommenschaftsprüfung mit Saatgut einer größeren Anzahl frei abgeblühter Auslesebäume angelegt und 1961 erneute Nachkommenschaftsprüfungen für hiesige und je eine holländische und kaukasische Herkunft eingeleitet. Sie betrafen Wuchsleistung, Verzweigungstyp, phänologisches und morphologisches Verhalten von frei abgeblühten Bäumen.

Um einklonige Unterlagen für bestimmte Versuchsreihen zu schaffen, wurde an der Ermittlung geeigneter und wirtschaftlich tragbarer Methoden zur vegetativen Vermehrung von *Prunus avium* L. var. *avium* gearbeitet.

Die Nachkommenschaftsprüfungen von Wildkirschen unterschiedlicher Verzweigungstypen wurden 1963 fortgesetzt (Wuttky).

Zur Überprüfung von Transgressionserscheinungen wurden die in den Jahren 1963 bis 1966 vorgenommenen Herkunftskreuzungen wiederholt und durch neue Kombinationen erweitert. Holländische, kaukasische und mitteldeutsche Herkünfte fanden hierbei Verwendung.

8.6.3.2. *Fraxinus excelsior* L.

Die im Rahmen der Standortsrassenforschung begonnene Untersuchung zur Frage der Existenz von Bodenrassen bei der Esche (*Fraxinus excelsior* L.) konnte 1958 fortgeführt werden. Es wurde von der Esche aus vier geeigneten Herkunftsgebieten einmal von extrem trockenen, zum anderen von feuchten Standorten Material entnommen und Standortsbeschreibungen, Entnahme von Boden- und Grundwasserproben und pflanzensoziologische Aufnahmen durchgeführt. Nach Auswahl, Kennzeichnung, Messung, Beschreibung und photographischer Aufnahme der Alteschen wurden, nach Herkunftsgebieten getrennt, mit Reisern der ausgesuchten Bäume Pfropflinge hergestellt, deren Anwüchse mit 88% sehr hoch lagen. Sie dienten der Anlage eines Vergleichsanbaus der verschiedenen Herkünfte im Blockversuch in zehnfacher Wiederholung. Der gute Samenbehang des Jahres 1958 gestattete eine Beerntung der gleichen Herkünfte, wobei jedoch wegen der komplizierten Blühverhältnisse der Esche die ursprüngliche Auswahl von 20 Bäumen je Herkunftsgebiet durch Neuaufnahme weiterer Mutterbäume beträchtlich erweitert werden mußte.

Durch die Beerntung der gewählten Herkünfte sowie die standörtliche Aufnahme und Vorbereitung geeigneter Freilandversuchsflächen ließen sich die Voraussetzungen für den Beginn eines Vergleichsanbaues mit Kernwüchsen für das folgende Jahr schaffen.

Die Untersuchungen zur Frage der rassischen Differenzierung von Eschen trockener Kalk- und grundwasserbeeinflußter Standorte wurden 1959/60 weitergeführt, durch Bodenuntersuchungen und eingeleitete Gefäßversuche ergänzt.

Auf drei unterschiedlichen Standorten konnte ein Vergleichsanbau mit je 80 Sämlingsnachkommenschaften angelegt werden. Die Ermittlung des Verhältnisses Oberirdische Masse: Unterirdische Masse und des Keimablaufs gab Einblicke in das Verhalten der einzelnen Nachkommenschaften. Die Klonprüfungen erfolgten weiterhin durch phänologische Beobachtung und Feststellung der quantitativen und qualitativen Leistung. Der Wachstumsgang des gesamten Versuchsmaterials ließ sich durch periodische Messungen erfassen. 1959 probeweise vorgenommene Blattuntersuchungen wurden weitergeführt und auf eine größere Zahl von Mutterbäumen der verschiedenen Herkünfte ausgedehnt, so daß ein umfangreiches Material zur Auswertung gewonnen werden konnte. Die Voraussetzungen für einen langfristigen Vergleichsanbau wurden geschaffen und die Arbeiten mit *Fraxinus excelsior* L. durch eine Versuchsanlage und neue Untersuchungsmethoden erweitert. Eine der 1960 auf drei Standorten angelegten Vergleichspflanzungen der vier untersuchten Herkünfte mußte 1961 wegen Hochwasserschäden neu begründet werden. Zum näheren Studium der sog. „Kalk"- und „Wassereschen" wurde ein Gefäßversuch mit differenzierten Wasser- und Kalkgaben durchgeführt. Phänologische Beobachtungen sowie Feststellungen zur Höhenwuchsleistung und zum Trockensubstanzertrag konnten durch blattmorphologische und -anatomische Untersuchungen ergänzt werden. Varianten mit periodischem Wasserstau und zeitweiliger Austrocknung vermittelten wertvolle Einblicke in das Verhalten der einzelnen Herkünfte. Das in den vergangenen Jahren von Mutterbäumen, Sämlings- und Pfropflingsnachkommenschaften gesammelte Zahlenmaterial wurde weiter ergänzt und — ebenso wie die Ergebnisse des Gefäßversuches — statistisch ausgewertet. Damit wurde ein erster Abschnitt in den Untersuchungen zur Frage der Existenz ökologischer Rassen bei *Fraxinus excelsior* L. erreicht. Es ließ sich kein Hinweis für das Bestehen einer gegenüber Wasserstau besonders widerstandsfähigen oder einer dürreresistenten Rasse finden. Die Besiedlung im Wasserhaushalt stark unterschiedener Standorte durch *Fraxinus excelsior* L. dürfte daher auf Anpassung beruhen. Dieses durch weitere Feststellungen zu erhärtende Ergebnis könnte für die Praxis der Saatgutverwendung bei der Esche von Bedeutung sein (Weiser).

Die Untersuchung der rassischen Differenzierung von Eschen trockener Kalkstandorte und grundwasserbeeinflußter Standorte wurde 1962 aufbauend auf dem bisher erreichten Zwischenresultat fortgesetzt. Hierbei wurde das Verhalten der einzelnen Herkünfte bezüglich des Mineralstoffhaushaltes geprüft, insbesondere die Wirkung und Bedeutung des Kalkfaktors in Verbindung mit Dürreeinflüssen. Blattmorphologische und -anatomische Studien dienten der Klärung bisher offengebliebener Fragen bzw. zur Bestätigung der bisherigen Ergebnisse.

Phänologische Beobachtungen und Ermittlungen zur Wuchsleistung in den standörtlich verschiedenen Versuchsanlagen wurden zur lückenlosen Weiterführung mehrjähriger Beobachtungs- und Meßreihen fortgesetzt. Über das eigentliche Problem hinaus ergaben sich dabei Einblicke in die bei heterovegetativ vermehrtem Pflanzenmaterial noch wenig bekannten Entwicklungs- und Wachstumsabläufe.

Etwa 80 Baumnachkommenschaften von vier verschiedenen Standorten wurden 1962 für langfristige Anbauversuche herangezogen, um eine endgültige Entscheidung in der Frage der rassischen Differenzierung von *Fraxinus excelsior* L. zu erbringen.

Im Vergleichsanbau verschiedener Herkünfte und Nachkommenschaften erfolgten phänologische Beobachtungen und die Ermittlung der Höhenwuchsleistung und des Trockensubstanzgewinns sowie der Qualität und der Zahl der Spaltöffnungen in den Blättern der verschiedenen Herkünfte. Dabei bestätigte sich auch unter den Bedingungen des trockenen Sommers 1963 und der Jahre 1964/1965/1966 die in Einzeluntersuchungen der vergangenen Jahre gewonnene Erkenntnis, daß Rassenunterschiede zwischen Eschen auf trockenen Kalkstandorten und auf grundwasserbeeinflußten Standorten nicht bestehen (WEISER).

8.6.3.3 *Sorbus aucuparia* L. und *Sorbus domestica* L.

Als Beitrag zur Klärung der Klimarassenfrage wurden 1958 Arbeiten für einen Herkunftsversuch mit *Sorbus aucuparia* L. eingeleitet und einige Jahre fortgeführt. Samen von Herkünften unterschiedlicher Standorte wurden gesammelt und ausgesät und die standörtlichen Einzelheiten der betreffenden Herkunftsgebiete festgelegt. Messungen und phänologische Beobachtungen ergänzten diesen Provenienzversuch und die Klonprüfungen.

Diese Untersuchungen erbrachten 1962 neue Ergebnisse bezüglich der möglichen Ausbildung von Klimarassen auf extremen Standorten, die sich durch Wuchsleistung und Phänotyp unterscheiden.

Der Versuch mit Mittelgebirgsherkünften ergab 1963, daß sich im bisherigen Versuchsverlauf markante Unterschiede einzelner Herkünfte abzeichnen, die in einer Wiederholung überprüft werden müssen (WUTTKY).

Die markanten Unterschiede der Herkünfte extremer Standorte blieben 1964/1965/1966 nach Wiederholung bestehen. Die Einbeziehung meteorologischer Daten gab Aufschlüsse über Faktoren, die bei der rassischen Differenzierung wirksam sind. Der Wachstumsverlauf baumartiger Formen von *Sorbus aucuparia* wurde in Nachkommenschaftsprüfungen untersucht, auch um Ausgangsmaterial für die Verwendung dieser Holzart in rauchgeschädigten Mittelgebirgslagen zu erhalten. Für eine Erweiterung dieser Nachkommenschaftsprüfungen mußte zusätzlich Material in den Wäldern ausgewählt und sichergestellt werdem (WUTTKY).

Im Zuge der Bemühungen zur Erhaltung selten gewordener autochthoner Gehölze wurden aus generativer Vermehrung stammende *Sorbus domestica* L. im engeren Herkunftsgebiet der letzten hier vorhandenen Mutterbäume (Hakel) angebaut und die gleiche Art zur Erhaltung einer autochthonen Herkunft vom Rande ihres Verbreitungsgebietes vegetativ vermehrt. Als bestes Verfahren hat sich hierbei die Okulation im August auf *Sorbus aucuparia* L. herausgestellt.

8.6.3.4. *Acer pseudoplatanus* L. und *Acer platanoides* L.

Die vorbereitenden Arbeiten zur Anlage von Herkunftsversuchen mit *Acer pseudoplatanus* L. wurden 1963 beendet und darüber hinaus mit der systematischen Erfassung der noch vorhandenen autochthonen Vorkommen dieser Baumart in den Wäldern des südlichen Teils der DDR begonnen. Diese Erfassung war mit Erhebungen über das Wachstum des Bergahorns auf verschiedenen Standorten und die Ausbildung holztechnologisch wertvoller Typen verbunden. Sie lieferte die Grundlage für die züchterische Bearbeitung dieser wertvollen Mischholzart (WEISER).

Die systematische Erfassung und Sicherstellung der wichtigsten Vorkommen dieser Baumart wurde 1964 fortgesetzt. In Zusammenarbeit mit dem Institut für Ertragskunde der Fakultät für Forstwirtschaft Tharandt begannen Untersuchungen über ihre Leistung in Abhängigkeit von Standort und Mischungsverhältnis.

Die Arbeiten zur Variabilität forstlich wichtiger Merkmale umfaßten dabei verschiedene Problemkreise, in deren Vordergrund die Frage nach der rassischen Differenzierung des Bergahorns stand. Ein langfristiger Vergleichsanbau wurde mit der Anzucht von 160 Einzelbaumnachkommenschaften eingeleitet. Ferner wurde mit den Vorarbeiten für einen internationalen Provenienzversuch begonnen. Zur Erfassung des Phänotyps züchterisch interessierender Bäume konnten verfeinerte Richtlinien erarbeitet und erprobt werden. Schließlich wurde die Frage nach Leistung und Ertrag von *Acer pseudoplatanus* L. in Abhängigkeit von Standort und Mischungsverhältnis durch Außenaufnahmen in Laubholzmischbeständen und durch erste Auswertungen weiter verfolgt.

Eine Studienreise in die ČSSR galt 1965 der Erkundung und Auswahl autochthoner Vorkommen von Bergahorn auf verschiedenen Standorten für die Anlage von Provenienzversuchen. Zahlreiche Wälder mit noch autochthoner Bestockung in der ČSSR und die unterschiedlichsten standörtlichen Verhältnisse ermöglichten die Beschaffung wertvollen Materials für Studien- und Versuchszwecke auch bei anderen Laubhölzern. Eine Zusammenarbeit mit der Tschechoslowakischen Akademie der Wissenschaften wurde eingeleitet.

Die zur Verbesserung genetischer und züchterischer Grundlagen an Laubhölzern, insbesondere Edellaubhölzern, in den Jahren 1966/67 durchgeführten Arbeiten waren vorwiegend der Aufklärung der Variabilität forstlich wichtiger Merkmale des Bergahorns gewidmet. Besonders wichtig war dabei das Auffinden leistungsfähiger Populationen und die Analyse ihrer genetischen Differenzierung. Auf einer im Gebiet der ČSSR durchgeführten mehrwöchigen zweiten Studienreise konnten in Zusammenarbeit mit der Tschechoslowakischen Akademie der Wissenschaften die 1965 begonnenen Vorarbeiten zur Anlage eines internationalen Provenienzversuches durch Erkundung und Auswahl weiterer autochthoner Vorkommen dieser Baumart fortgesetzt werden. Ein langfristiger Vergleichsanbau wurde im gleichen Jahr eingeleitet, der zunächst verschiedene heimische Herkünfte eines engeren Raumes umfaßte, die jeweils durch eine größere Zahl von Nachkommenschaften vertreten waren. In der Frage der werterhöhenden Holzstrukturen bei *Acer pseudoplatanus* L. ergab sich eine Verbindung zur Furnierindustrie, um eine zielstrebige Untersuchung dieses ökonomisch wichtigen Problems zu ermöglichen.

Als Folgerung aus der in den letzten Jahren durchgeführten Saatgutanerkennung bei Laubhölzern war 1965 mit der Erhaltung der im Gebiet des Harzes noch vorhandenen Spitzahorne, *Acer platanoides* L., begonnen worden. Zu diesem Zweck wurden 1966 200 Bäume der letzten autochthonen Reste des Spitzahorns registriert und 140 von ihnen für die Anlage einer Erhaltungsplantage sowie von zwei kleineren Ausleseplantagen verklont (Wuttky, Weiser). 1967 konnte die Auspflanzung der Erhaltungs- sowie einer kleineren Ausleseplantage erfolgen. Die Aufnahme, Sicherstellung und Verklonung aller noch aufgefundenen Exemplare als Vorarbeit für die Komplettierung der Plantagen wurde beendet (Weiser).

8.6.4. Blüten-, Befruchtungs- und Keimungsphysiologie

Auf dem Gebiet der Blüten- und Befruchtungsbiologie wurden offene Fragen bei den Bestäubungsverhältnissen der Waldbäume und bei dem Problem der Selbststerilität und Selbstfertilität bearbeitet und ein Versuchsprogramm für die Vegetationsperiode 1960 entwickelt (Berger).

Im Zuge einer Anzucht von *Pinus koraiensis* wurde eine Versuchsreihe durchgeführt, um die bei dieser Holzart bestehende Keimhemmung der Samen zu brechen.

Hierbei ergab sich die Möglichkeit, die bisher noch nicht bekannte Chromosomenzahl dieser Art (2 n = 24) festzustellen. Die 1959 begonnenen Versuche zur Überwindung der Keimhemmung wurden 1960 abgeschlossen (BERGER). Eine regelmäßig wiederholte Luftzufuhr während der Stratifikation wirkte keimungsbeschleunigend.

Die für die Wildkirsche (*Prunus avium* L. var. *avium*) nicht bekannten Fertilitätsverhältnisse wurden (1960) an einer unter einheitlichen Bedingungen erwachsenen Population (27jährige Plantage) untersucht. An morphologisch und phänologisch unter Beobachtung stehenden unterschiedlichen Individuen konnte Selbststerilität nachgewiesen werden. Hinzu kamen gelenkte Bestäubungen mit Pollen von Wildkirsche kaukasischer Herkunft und aus dem Harz. Graphische Darstellungen der Zuwachsverhältnisse trugen zur individuellen Charakteristik der in die Versuche einbezogenen Bäume bei (BERGER).

Eine Versuchsserie über periodische Keimbereitschaft verschiedener Gehölzsamen (*Cornus, Rhamnus, Sambucus, Sorbus, Crataegus*) wurde begonnen und ergänzt durch Untersuchungen über die Wirkung einer kurzfristigen Wärmebehandlung des Saatgutes in den verschiedenen Altersstadien (BERGER).

Das zur Feststellung der Fertilitätsverhältnisse von Wildkirsche im Jahre 1960 begonnene Programm dialleler Kreuzungen (ohne Reziproke) an 10 ausgewählten Exemplaren einer Plantage wurde 1961 in seinem zweiten Teil durchgeführt. Die in drei Fällen beobachtete Sterilität deutet auf ein Auftreten der gleichen Sterilitätsallele in der Population hin. Die Kreuzungen geographisch entfernter Herkünfte (Holland, Kaukasus) wurden in größerem Umfang durchgeführt. Erste orientierende Versuche, durch Röntgenbestrahlung von Pollen die Selbststerilität der Wildkirsche zu überwinden, blieben zunächst erfolglos. Zur Frage der periodischen Keimbereitschaft von Samen wurde eine Versuchsserie mit einigen Gehölzarten über eine Periode von 12 Monaten durchgeführt. Während die Samen von *Cornus sanguinea* L., *Crataegus submollis* Sarg., *Sorbus aucuparia* L. und *Prunus spinosa* L. nach diesem Zeitraum noch ruhten, zeigten *Rhamnus cathartica* L., *Sambucus nigra* L. und *Sambucus racemosa* L. charakteristische Verhaltensweisen. Das gleiche Saatgut wurde parallel zur Normalserie auch mit einem Wärmeschock vorbehandelt, der in Einzelfällen zu einer Keimbeschleunigung führte.

Die Untersuchungen über die Fertilitätsverhältnisse der Wildkirsche (*Prunus avium* L. var. *avium*) wurden 1962 abgeschlossen. Durch diallele Kreuzungen konnten Rückschlüsse auf die Zahl der Sterilitätsallele gezogen werden. Die Kreuzungen geographisch entfernter Herkünfte der Wildkirsche (Harz, Holland, Kaukasus) wurden dagegen fortgesetzt.

Zur Aufklärung der Fertilitätsverhältnisse bei *Ulmus carpinifolia* Gled. wurde frei abgeblühtes Matertal statistisch untersucht. Diese Frage wurde auch (1963) an verklontem Material geprüft und Selbststerilität festgestellt. Die Ursache des Versagens gelenkter Kreuzungen zwischen zwei Klonen bedarf der Aufklärung (BERGER).

Die blütenbiologischen Untersuchungen wurden 1965 mit einem umfangreichen Blütenmaterial von 100 bereits im Vorjahre einbezogenen Bäumen weitergeführt und mit der Verklonung einzelner, nach der Geschlechterverteilung ihrer Blüten unterschiedlicher Typen eine exakte Ausgangslage für künftige Auswertungen geschaffen.

Weitere Arbeiten waren der Klärung blütenbiologischer Fragen bei *Acer pseudoplatanus* L. gewidmet, die Bedeutung für die Anlage von Samen- und Kreuzungsplantagen haben. Im Rahmen dieser Untersuchung wurde von 100 Bäumen umfangreiches Blütenmaterial eingebracht und mit seiner Auswertung begonnen (WEISER).

Die Untersuchungen zur Frage der Geschlechterverteilung und deren periodischen Veränderung bzw. Konstanz, die seit 1964 an *Acer pseudoplatanus* L. liefen, konnten durch erneute Entnahme umfangreichen Blütenmaterials von den bisher kontrollierten Bäumen fortgesetzt werden. Eine Auswertung dieser Unterlagen ist vor allem hinsichtlich der Anlage von Samenplantagen bei dieser Baumart für die forstwirtschaftliche Praxis bedeutungsvoll.

Durch Auswertung des aus drei zurückliegenden Jahren stammenden Materials sowie durch nochmalige periodische Entnahme zahlreicher Blüten- und Fruchtstände von den bisher kontrollierten Bäumen wurden die blütenbiologischen Untersuchungen an dieser Art auch 1967 fortgeführt. Die Analyse führte erstmalig zu einer funktionellen Gliederung an den drei Stufen Blüte — Blütenstand — Baum und ließ für die Haupttypen qualitative und quantitative Aussagen über die Geschlechterverteilung innerhalb der Krone sowie in verschiedenen Jahren zu. Zur Bearbeitung offengebliebener, aus technischen Gründen in Baumkronen nicht zu klärender Fragen wurden umfangreiche Verklonungen der kontrollierten Bäume vorgenommen. Die Pfropflinge ermöglichen zugleich Aussagen über die Beibehaltung oder eventuelle Veränderungen der Geschlechterverteilung gegenüber den Mutterbäumen sowie über den zeitlichen Rhythmus und zahlenmäßigen Umfang der Blütenbildung als Grundlage für die Blühverhältnisse in Samen- und Kreuzungsplantagen (Berger).

8.6.5. Weitere Untersuchungen an Laub- und Nadelbäumen und Waldstauden

Von *Ulmus campestris* wurde 1957 eine Nachkommenschaft, die frei abgeblühten, vermutlich Ophiostoma-resistenten Mutterbäumen entstammte, in verschiedene Qualitätsklassen gegliedert und weiter beobachtet.

Metasequoia glyptostroboides Hu et Cheng kam 1960 in zwei Versuchen im ozeanischen und kontinentalen Klimagebiet zum Anbau.

Die Jugendentwicklung von *Metasequoia glyptostroboides* Hu et Cheng und *Pinus koraiensis* S. et Z. wurde im Hinblick auf die Anbauwürdigkeit geprüft. *Metasequoia glyptostroboides* wird offensichtlich durch ozeanisches Klima gefördert. *Pinus koraiensis* zeigt ein gehemmtes Jugendwachstum, so daß eine wirtschaftliche Verwendung in Frage gestellt ist. Der Grund hierfür scheint im Fehlen geeigneter *Mykorrhiza*-Pilze zu liegen, so daß hier noch weitere Untersuchungen durchzuführen sind.

Die 1960 begonnenen Studien zur Vorbereitung von Herkunftsversuchen mit *Quercus petraea* (Matt.) Liebl. und *Quercus robur* L. in der Volksrepublik Rumänien wurden 1962 fortgesetzt. Das Schwergewicht der Arbeit lag dabei in dem bisher noch nicht erfaßten Nordwestteil der Rumänischen Volksrepublik. Hierbei konnte ein nach Standort, Phänotyp und Leistung für Herkunftsversuche geeignetes Ausgangsmaterial aufgefunden werden.

Mit *Lupinus polyphyllus* L. wurden 1965 und in den folgenden Jahren Anzuchtversuche durchgeführt. Ziel der Untersuchungen war die Gewinnung alkaloidfreier Pflanzen mit platzfesten Hülsen für den Anbau zu Meliorationszwecken im Walde. Die Eignung des bisher gewonnenen Materials auch als Wildfutterpflanze wurde neben seiner Bedeutung zur Bodenverbesserung in Kleinversuchen der Praxis überprüft.

Die Selektion einer alkaloidarmen Dauerlupine mit platzfesten Hülsen führte zu befriedigenden Ergebnissen. Das bisher vorhandene, dem Zuchtziel angenäherte Material konnte schließlich auf elf Versuchsflächen unter Bedingungen der Praxis erprobt werden (BERGER).

8.6.6. Vegetationskundliche Untersuchungen

Mit Beginn des Jahres 1964 wurden vegetationskundliche Untersuchungen im laubwaldreichen Mittelthüringen in das Arbeitsprogramm der Arbeitsgruppe aufgenommen. Die Gliederung der Laubwaldgesellschaften Thüringens soll danach zu einer standörtlichen und geographischen Bezugsbasis für die Baumrassenforschung ausgebaut werden. Eine Bearbeitung von Fichtenforstgesellschaften auf Laubwaldstandorten im Mittleren Thüringer Wald wurde abgeschlossen. Die ausgeschiedenen Einheiten lassen deutliche Beziehungen zur Höhenbonität der Fichte und zu den Standortsverhältnissen erkennen und gewinnen somit praktische forstliche Bedeutung. Zur Klärung hydrologischer Fragen wurde ein überwiegend entwaldetes Hochlagengebiet im Mittleren Thüringer Wald pflanzensoziologisch aufgenommen und kartiert. Dabei erwiesen sich die Wald- und ihre Ersatzgesellschaften, Moorgesellschaften sowie Hochstauden- und Quellfluren, als sehr geeignet für eine flächenmäßige Erfassung der verschiedenen Wasserhaushaltsstufen und deren Kartierung (SCHLÜTER).

Repräsentative Bestände mit standörtlicher und pflanzengeographischer Differenzierung, die als Grundlage für die Einschätzung von Baumrassen von Buntlaubhölzern bedeutungsvoll sind, wurden 1965 pflanzensoziologisch bearbeitet und eine Reihe der für thermophile Eichenmischwälder charakteristischen Kontaktgesellschaften in typischen Beispielen pflanzensoziologisch erfaßt. Fragen des „Standortes" ließen sich an den Vegetationszonen einer Lichtung mit Licht- und Temperaturmessungen sowie bezüglich der Auswirkung von Bestandskalkungen und in einem Quellgebiet vegetationskundlich analysieren.

Zur Aufklärung des soziologischen Verhaltens von Buntlaubhölzern im thüringischen Raum konnte weiteres Material in repräsentativen Beständen mit standörtlicher und pflanzengeographischer Differenzierung aufgenommen und die wichtigsten mittelthüringischen Waldgebiete erfaßt werden. Im Rahmen dieser und vorausgegangener Arbeiten wurde mit der Sichtung eines reichen Aufnahmematerials zur räumlichen und systematischen Gliederung des Carpinion in Mittelthüringen ein 1967 von der Biologischen Gesellschaft der DDR geplantes internationales Symposium zu Fragen der Eichen-Hainbuchen-Wälder vorbereitet. — Als Ergebnis der Vegetationsaufnahmen wurde das Teilstück Mittelthüringen der Vegetationskarte 1:500000 für den Heimatatlas der DDR fertiggestellt (SCHLÜTER).

Die im Rahmen der Baumrassenforschung laufende Untersuchung des soziologischen Verhaltens sog. „Buntlaubhölzer" wurde 1967 für das mittelthüringische Triashügelland abgeschlossen. Es konnten enge Zusammenhänge zwischen der Holzartenkombination, der Bodenflora und den Standortverhältnissen festgestellt werden. Zahlreiche dabei anfallende Vegetationsaufnahmen aus thüringischen Laubmischwäldern wurden zu einer systematischen, standortskundlichen und räumlichen Gliederung verarbeitet, die u. a. für die Holzartenwahl in der Forstwirtschaft dieses Gebietes praktische Bedeutung erhält. Weitere Ergebnisse führten zur Erstattung von Gutachten für das Amt für Meteorologie in Weimar zu Fragen der Wasserwirtschaft.

Obwohl Dr. SCHLÜTER nach Auflösung der Arbeitsgruppe Forstpflanzenforschung in die Abt. Systematik und Sortiment übersiedelte, werden seine Abschlußarbeiten

1968 an dieser Stelle genannt: Die 1964 begonnenen Arbeiten zum Thema „Synökologische Untersuchungen zum Wasserhaushalt eines hochmontanen Quellgebietes im Thüringer Wald" wurden abgeschlossen. Die Auswertung der Messungen zum Bodenwasserhaushalt und zum Mikroklima in repräsentativen Pflanzengesellschaften wurden graphisch dargestellt und die Unterschiede statistisch gesichert. Die Grundwasserganglinien bzw. Grundwasserstands-Dauerlinien, die Isoplethen der Bodenfeuchte und die Sickerzeiten als Maß für die Bodendurchlässigkeit bestätigten die nach dem Catenaprinzip auf Grund der Vegetationsdifferenzierung ausgeschiedene Abfolge von Bodenfeuchtestufen. Temperatur und Evaporationsmessungen lassen vor allem eine strenge Differenzierung der Fichtenbestände gegenüber offenen Schlaggesellschaften erkennen; Quell- und Hochstaudenfluren nehmen eine Mittelstellung ein. Die Auswirkung von Höhenlage und Exposition ist demgegenüber verhältnismäßig gering. Die Meßergebnisse zeigen deutlich, daß Vorkommen und Verbreitung der Pflanzengesellschaften im Untersuchungsgebiet im wesentlichen vom Bodenwasserhaushalt abhängen, der durch die Geländemorphologie, Bodenart und -struktur bestimmt wird.

8.6.7. Zusammenarbeit mit staatlichen Dienststellen

Mitarbeiter der Arbeitsgruppe wirkten 1963 im Rahmen der Zentralen Sozialistischen Arbeitsgemeinschaft „Forstsaatgut und Forstpflanzen" bei der Aufstellung neuer Richtlinien für die Anerkennung von Saatgutbeständen und bei der Überprüfung der von der forstlichen Praxis zur Anerkennung vorgeschlagenen Bestände und Baumgruppen mit. – Im Rahmen dieser Überprüfungen wurden Voraussetzungen für die Anlage von Erhaltungsplantagen zur Sicherung wertvoller selten gewordener Herkünfte einzelner Baumarten für wissenschaftliche Untersuchungen geschaffen (Wuttky, Weiser).

1964 gestaltete sich die Mitarbeit in dieser Arbeitsgemeinschaft besonders intensiv. Das Auffinden guter Phänotypen der Edellaubhölzer zur Saatgutgewinnung für die forstliche Praxis war schwierig, die Überprüfung ergab eine bereits weitgehende Verarmung der Wälder an diesen Holzarten. Die im Rahmen der Saatgutanerkennung erfolgende Sicherstellung ist danach sowohl für die Forstwirtschaft als auch zur Sammlung von Versuchsmaterial für wissenschaftliche Zwecke von Bedeutung (Wuttky, Weiser).

Die Mitarbeit der Arbeitsgruppe Forstpflanzenforschung an der Lösung von Aufgaben der Arbeitsgemeinschaft „Forstsaatgut und Forstpflanzen" erstreckte sich 1965 u. a. auf Fragen der Erstellung eines Standards für die Anerkennung und Beerntung von Saatgutbeständen sowie die Verwendung anerkannten Forstsaatgutes zur Verbesserung der Wuchsleistung der Wälder. Ein wesentlicher und mit nicht unbeträchtlichem Zeitaufwand verbundener Teil dieser Arbeit betraf die örtliche Begutachtung und Auswahl anzuerkennender Laubhölzer verschiedener in den Reinbestandsforsten bereits selten gewordener Holzarten, deren Erhaltung für die Forstwirtschaft und als Ausgangsmaterial für wissenschaftliche Versuche wichtig ist. Richtlinien zur schonenden waldbaulichen Behandlung solcher Laubholzbestände mit dem Ziel der vermehrten und technisch verbesserten Gewinnung wertvollen Saatgutes wurden hierzu von der Arbeitsgruppe bearbeitet und über die zentralen Dienststellen der Forstpraxis als Anweisung zugänglich gemacht (Wuttky, Weiser).

Auch in den Jahren 1966 und 1967 ergab sich wiederum eine intensive Mitarbeit an der forstlichen Saatgutanerkennung. Der dabei wiederholt festgestellte bedenkliche Mangel gutwüchsiger, vor allem autochthoner, standörtlich bewährter Restbestände dieser sog. „Buntlaubhölzer" verpflichtet — insofern liegt ein Ergebnis gerade für die forstwirtschaftliche Praxis vor —, ständig alles Erforderliche zur Erhaltung und Pflege (Auslesedurchforstung) dieses auch genetisch unersetzlichen Materials an forstlichen Wildpflanzen zu tun (WUTTKY, WEISER).

9. Die technischen Abteilungen, ihre Entwicklung und Aufgaben

9.1. Abteilung Gartenbau (Versuchsfeld und Zuchtgärten)

Der Abteilung Gartenbau (Versuchsfeld und Zuchtgärten) wurde seit Gründung des Instituts die technische Durchführung der Versuche im Freiland und unter Glas übertragen. Die Abteilung sollte den wissenschaftlichen Mitarbeitern personelle und maschinelle Kräfte zur Aussaat, für die Pflanz- und Pflegearbeiten und zur Ernte ihrer Versuchsobjekte zur Verfügung stellen. Sie wurde ab 1943 von Garteninspektor H. VOGT geleitet.

Unter welchen Bedingungen die für die wissenschaftlichen Abteilungen so wichtige Gartenverwaltung ihre Arbeit im Jahre 1945 in Gatersleben aufnahm, geht aus einem Bericht hervor, den Garteninspektor VOGT dem Betriebsrat 1946 vorlegte und in dem es heißt:

„Die Einrichtung eines neuen Gartenbaubetriebes, oder in unserem Fall einer neuen Abteilung eines schon bestehenden Betriebes, dürfte schon in normalen Zeiten einige Schwierigkeiten machen. In unserem Falle waren die Schwierigkeiten besonders groß und oft kaum zu meistern. An eigenen Werkzeugen standen uns nur die wenigen aus Stecklenberg mitgebrachten Geräte zur Verfügung: 4 Spaten, 3 Harken, 4 Hacken, 1 Gießkanne!! Ein Ausleihen von Handwerkszeug von der Gutsverwaltung war nur in beschränktem Maße möglich und immer erst dann, wenn es dort gerade nicht gebraucht wurde ...".

„Besonders katastrophal war die Wasserversorgung. Das Wasser wurde mit Jauchewagen herangeschafft, doch war eine regelmäßige Versorgung aus Mangel an Gespannen nicht immer möglich. An Gespannen standen uns das ganze Jahr über ausschließlich die Stecklenberger Ponys zur Verfügung, auf die wir uns im wesentlichen stützen mußten (bei 35 ha). Für das Wasserfahren konnten wir verhältnismäßig oft ein Ochsengespann verwenden und nur zur Einbringung der Erntefuhren bekamen wir ab und zu zusätzlich 1–2 Ochsen und Pferdegespanne."

Mit großer Energie wurde die Abteilung in den folgenden Jahren entwickelt und in mehrere Arbeitsgruppen gegliedert, die jeweils unter der Leitung eines Obergärtners standen, dem die erforderlichen gelernten und ungelernten Arbeitskräfte beigegeben wurden. Eine Arbeitsgruppe übernahm die Anzucht der Versuchspflanzen und die Weiterkultur in den Gewächshäusern und Frühbeetkästen. Eine Anzahl tropischer und subtropischer Kulturpflanzen werden als Lehr- und Schausammlung unterhalten. Die Heranzucht und Verwendung ausdauernder Freilandpflanzen (Gehölze und Stauden) im Gelände wurde einer weiteren Arbeitsgruppe übertragen. Der Anbau von Gemüse und Blumen zum Verkauf und zur innerbetrieblichen Verwertung wurde der Bereich der Arbeitsgruppe Lehrgärtnerei, wobei den Lehrlingen neben diesen Pflanzengruppen weiteres vielfältiges Material zur Belehrung vorgestellt wurde.

In den ersten Nachkriegsjahren standen neben den bereits angedeuteten grundsätzlichen organisatorischen Problemen mit dem fortschreitenden Aufbau des Instituts sehr bald mannigfache Anforderungen im Vordergrund der Arbeit. Die Tätigkeit der Abteilung wurde erschwert durch den von Jahr zu Jahr zunehmenden Arbeitskräftemangel, dem nur durch eine ständige Verbesserung der Mechanisierung aller Arbeiten begegnet werden konnte.

Mit zunehmender Bebauung nahm die Bepflanzung und Ausgestaltung des Institutsgeländes einen immer größeren Raum ein. Eine eigene Fuhrabteilung (Gespanne und Traktoren) führte die maschinelle Bestellung, Pflege- und Erntearbeiten durch, sorgte für rechtzeitige und gute Bodenbearbeitung des Versuchsfeldes und stand für die umfänglichen Materialanfuhren zur Verfügung. Durch angelernte Arbeitskräfte wurden in einer weiteren Arbeitsgruppe auf dem Versuchsfeld alle notwendigen Arbeiten durchgeführt. Kleinere Reparaturen wurden durch eigene Handwerker vorgenommen. Die Gesamtglasfläche des Instituts betrug 1952 etwa 3700 qm Gewächshausfläche und Frühbeetkästen mit etwa 1800 Fenstern.

Das Versuchsfeld war 76,16 ha groß. Davon betrugen

die eigentliche Ackerfläche	33,64 ha
der Kulturpflanzengarten	1,34 ha
die Obstpflanzungen	2,79 ha
die Wege	5,51 ha
die Gebäude, Gärtnerei usw.	12,16 ha
die Holzungen (alte und neue Fasanerie, Windschutzhecken)	20,72 ha.

Ein Waldstreifen (Fasanerie) gab dem Versuchsfeld gegen Süden und Westen einen optisch günstigen Abschluß und zugleich einen ausgezeichneten Windschutz. Der zweckmäßigen Anlage des Versuchsfeldes wurde von Anfang an größte Sorgfalt geschenkt. Im Rahmen eines Forschungsauftrages über die klimatische und ökologische Wirkung von Schutzpflanzungen wurde das Gelände in gleichmäßigen Abständen mit Windschutzhecken versehen. Diese Hecken waren von unterschiedlicher Breite und Pflanzenzusammensetzung. 10 m breite, waldartig angelegte Streifen enthielten meist strauchige Vertreter der größeren Pflanzenfamilien. Die Mitte des Geländes durchzog ein Windschutzstreifen, der der großen Familie der Rosacaeen vorbehalten wurde, einschließlich der baumartigen Vertreter dieser Familie. Schmalere Streifen setzten sich als ein- und zweireihige Hecken aus verschiedenem Pflanzenmaterial zusammen. 5 m breite Streifen zeigten dendrologische Zusammensetzungen nach wirtschaftlichen Gesichtspunkten (Wildobst, Bienenweide usw.).

Neu hinzukommende Arten und Sorten konnten an geeigneten Stellen eingefügt werden. Senkrecht zu diesen Windschutzstreifen verlief ein 15 m breiter Meßstreifen. 7,5 m davon wurden als Dauerkulturfläche mit Sommerroggen bebaut, die restlichen 7,5 m, die für die Aufstellung der Meßgeräte vorgesehen waren, mit einer ausdauernden Futterpflanze. Durch die Heckenpflanzungen wurden die Versuchsflächen rechtwinklig geschnitten mit einer einheitlichen Größe von 6,5 ha. Mit geeignetem Fruchtwechsel und Zwischenschaltung von neutralen Pflanzen (Luzerne, Hülsenfrüchte usw.) wurde der Ausbreitung von Pflanzenkrankheiten und sonstigen nachteiligen Erscheinungen begegnet. Durch eine Beregnungsanlage konnte das Versuchsfeld im Bedarfsfalle künstlich bewässert werden. Der Bau eines Vorwärmbassins für zu verregnendes Klarwasser wurde geplant.

Die Hauptwege des Versuchsgeländes wurden zum größten Teil mit Obstbäumen bepflanzt, deren Ertrag der Eigenversorgung des Institutes diente. Eine etwa 2,5 ha große Obstplantage wurde zur Hälfte mit einer Obstversuchspflanzung über geeignete Baumformen, winterharte Stammbildner usw. angelegt. Die andere Hälfte erhielt eine Apfel-Spindelbuschanlage in vielen Sorten auf verschiedenen EM-Typen. Eine Sortensammlung von Apfelsorten als Hochstämme und eine Pflaumensortensammlung wurden begonnen. Beerenobstpflanzungen bewährten sich schlecht und mußten aufgegeben werden.

Zu Lehr- und Schauzwecken erfolgte 1950 die Anlage eines 1,25 ha großen Kulturpflanzengartens. Ausdauernde, aber auch einjährige Kulturpflanzen wurden hier alljährlich geordnet nach ihrer wirtschaftlichen Verwendung gezeigt. Ein etwa 200 qm großer Teich mit einer natürlichen Bepflanzung wurde angelegt. Weiterhin wurde eine Vergleichspflanzung von Wildobst- und Kulturformen in den folgenden Jahren fortgesetzt, ebenso eine Staudenvergleichspflanzung, die alle gärtnerisch verwendbaren Stauden enthalten sollte. Der Kulturpflanzengarten und die Staudenpflanzung sind durch ein Geländestück verbunden, das einen Teil der Wildflora auf natürlichem Standort zeigt. Die Entwicklung von der Wildpflanze zur Kulturpflanze war der Leitgedanke dieser Anlage. Verzeichnisse der hier vorhandenen Stauden und Gehölze wurden in der Liste des Sortiments mit aufgenommen.

Für die großen, gärtnerisch wichtigen Staudengattungen wurde eine Sortensichtung eingeleitet. Für die Fachuntergruppen der ZVdgB erfolgten verschiedene Vergleichsanbauten; für die Untergruppe Dahlien und Gladiolen eine Dahlienvergleichspflanzung von 900 Sorten, für die Untergruppe Cyclamen ein Vergleichsanbau der Sorte 'Dunkellachs' und ein Vergleichsanbau von *Primula malacoides*. 1953 begann ein Vergleichsanbau der Cyclamensorten 'Hellachs' und 'Leuchtfeuer'. Für die Untergruppe Jungpflanzen lief ein Sortenvergleich bei Chrysanthemen.

Die zur Verfügung stehende Anbaufläche war schon 1953 vollständig durch die laufenden Versuche der wissenschaftlichen Abteilungen in Anspruch genommen. Zur Bekämpfung bzw. Verhütung von Pflanzenkrankheiten, insbesondere von Viruskrankheiten, und zur weiteren Bodenverbesserung wurde in der Fruchtfolge der Gemüsebau stark eingeschränkt und zunächst durch Anbau von Luzerne und Klee ersetzt.

Neben den laufenden Arbeiten wurden an den fertiggestellten Wohnbauten für Belegschaftsmitglieder Gärten angelegt und dabei u. a. 10000 cbm Erde bewegt.

1954 konnten die Windschutzanlagen auf dem Versuchsfeld, die sich gut entwickelten, durch Verdichtung der Ränder und Einfügung zahlreicher Hochstämme weiter verbessert werden. Die durch den Kahlfrost zu Anfang des Jahres entstandenen Verluste waren verhältnismäßig gering; sie wurden im wesentlichen durch Nachpflanzung von Traubenholunder ausgeglichen. Große Fraßschäden verursachten Maikäfer, doch konnten die am stärksten gefährdeten Gehölze durch fortgesetztes Absuchen erhalten werden.

Der bisherige Leiter der Abteilung, Helmut Vogt, schied Anfang September 1956 aus dem Institut aus. An seine Stelle trat am 1. Januar 1957 der Garteninspektor Felix Gasser.

Infolge heftiger Niederschläge Mitte Juli 1956 wurden größere Teile des Versuchsfeldes unter Wasser gesetzt und vor allem die Tomatenbestände stark geschädigt.

Auf dem im Jahre 1955 in das Versuchsfeld aufgenommenen Gelände der Selkenbreite wurde mit der Anpflanzung von Windschutzstreifen begonnen und für die Forstpflanzenarbeitsgruppe ein Quartier Wildkirschen aufgepflanzt.

Trotz der wettermäßigen Behinderung aller Arbeiten konnte das Vorgelände der Abt. Genetik und Cytologie an der Südseite aufgeräumt, mit Erde aufgefüllt, neu angesät und bepflanzt werden.

Das als Bauplatz für die Bibliothek und Zentrale Verwaltung vorgesehene Gelände wurde ebenfalls geräumt, planiert und anschließend mit Sonnenblumen angesät.

Durch den harten Winter und das im Sommer 1956 aufgetretene Hochwasser litten sowohl die Süß- wie auch die Sauerkirschenbestände sehr stark, so daß ein größerer

Prozentsatz entfernt werden mußte. Um den Baumbestand wieder zu vervollständigen, wurde eine Ersatzpflanzung im Jahre 1957 erforderlich.

Am 15. Juli 1957 trat der Gartenbauingenieur Wilhelm SCHRÖDER in die Abteilung ein — Arbeitsgruppe Gehölze und Stauden (ausgeschieden 7. Januar 1961).

Die Versuchsparzellen, Ausgleichsflächen und Schaugärten umfaßten in diesem Jahr rd. 60 ha. Die Glasfläche (Grundfläche) betrug 7957 qm. Dazu kamen 5 km Schutzstreifen und zahlreiche Grün- und Wegeflächen.

Im 1. Quartal des Jahres 1957 wurden die Arbeiten durch die Witterung begünstigt. Die Temperaturen lagen allgemein über dem langjährigen Mittel. Nach einem wechselvollen April brachte der Mai zahlreiche und strenge Spätfröste. Nur unter größten Schwierigkeiten und mit erheblichem Arbeits- und Materialaufwand konnten kälteempfindliche Pflanzenarten vor größeren Frostschäden geschützt werden.

Ende Juni und in den ersten 10 Tagen des Monats Juli setzte eine große Hitzewelle ein, die von den Arbeitskräften nur mit letztem körperlichen Einsatz und nur durch Arbeitszeitverlegungen gemeistert wurde. Die Regenanlagen liefen Tag und Nacht, die Leistungsfähigkeit der Pumpen wurde voll ausgenutzt.

Im August regnete es oft, aber nur in geringen Mengen. Der September brachte aber 268% der durchschnittlichen Niederschläge. Unter diesen Umständen wurde die Ausbreitung von Pilzkrankheiten, insbesondere der Kraut- und Braunfäule (*Phytophthora infestans*), bei Tomaten stark begünstigt. Niedrige Temperaturen in den Monaten August und September bewirkten außerdem eine starke Reifeverzögerung, u. a. bei *Capsicum*, *Datura*, *Malva*, *Solanum* und *Zea*.

Die Witterung in den Monaten Oktober und November 1957 ermöglichte eine gute Bodenvorbereitung sowie die zeitgerechte Bestellung des Wintergetreides. Auch die Winterfurche konnte trotz später Räumung einiger Bestände noch rechtzeitig und einwandfrei gezogen werden. Oft und stark wechselnde, abnormal hohe und abnormal tiefe Temperaturen brachte der Monat Dezember. Verschiedene Gehölze begannen bereits zu treiben, als am 17. Dezember die Temperatur, gemessen in 2 m Höhe, auf —25,6 °C absank. Dicht über der Schneedecke erreichte sie —29,4 °C. An empfindlichen Gehölzen wurden Frostschäden befürchtet, deren Ausmaß sich aber erst im Sommer 1958 zeigte.

Zur Unterbringung der Arbeitsgruppe Lehrlingsausbildung wurde 1957 ein baufällig gewordener Block sowie das Vermehrungshaus abgerissen und durch Neubauten ersetzt. An der Verbesserung der Wege wurde laufend gearbeitet und die nähere Umgebung der neuen Wohnhäuser am Schwabenplan durch Grünanlagen gestaltet.

Die Freiland-Versuchsflächen veränderten sich 1958 gegenüber dem Vorjahr nicht. Die Glasflächen wurden erweitert. Sie betrugen

Hochglasfläche, heizbar	5242 qm
Hochglasfläche, nicht heizbar	210 qm
Niederglasfläche, heizbar	300 qm
Niederglasfläche, nicht heizbar	3639 qm
	9391 qm.

An der Westseite der Abt. Genetik und Cytologie wurden Isolierparzellen eingerichtet, die überwiegend dem Anbau von Versuchspflanzen dienten. Sie waren an der Windseite durch eine Schutzhecke begrenzt. Zwei Pappel-Windschutzhecken wurden ausgelichtet.

Im Innenhof der Abt. Genetik und Cytologie wurden das Wasserbecken, die Plattenwege und die Flächengestaltung so weit beendet, daß eine Bepflanzung erfolgen konnte.

Die Bestellung im Frühjahr 1958 wurde durch niedrige Temperaturen im März und April stark behindert und verzögert. Im Mai war es zwar ausreichend warm, aber zu naß und im Juni war es zu kühl und zu naß. Wurde im März, April und Mai das Säen und Pflanzen behindert und verzögert, so wurden im Mai und Juni die Pflegearbeiten erschwert. Die Monate Juli und August brachten normale Wärme und Feuchtigkeit. Das Wachstum der Kulturen und die Pflegearbeiten wurden stark gefördert, so daß die Verzögerungen, die in den Frühjahrsmonaten entstanden waren, wieder aufgeholt wurden. Auch die warme und trockene Witterung des Monats September war auf den bindigen Böden von Gatersleben vorteilhaft. Am 10. Oktober war die spätsommerliche warme Witterung zu Ende. Der Oktober bracht 168% der Niederschläge des langjährigen Mittels. Danach trockneten die Böden nicht mehr ab.

Es gelang trotzdem, die Parzellen abzuräumen, die Wintergetreide auszusäen und auf den gesamten Flächen die Winterfurche zu ziehen.

Zahlreiche, aus Arbeitskräftemangel nicht vermeidbare Einsätze der Abt. Gartenbau zu Pflege- und Erntearbeiten in der Abt. Landwirtschaft verzögerten 1958 das Abräumen der Versuchsflächen und die Aufbereitung der Ernte, doch erlaubte die milde Witterung im November und Dezember, daß auch diese Versäumnisse wieder aufgeholt werden konnten.

Die Freiland-Versuchsflächen und die Hoch- und Niederglasflächen wurden im Jahre 1959 nicht verändert. Die Windschutzhecken waren in den acht bis neun Jahren ihres Bestehens zu dicht und zu breit geworden. Es mußten daher vier Windschutzhecken mit einer Gesamtlänge von 1500 m kräftig ausgelichtet und überhängende Teile beseitigt werden.

Trotz schwieriger Verhältnisse durch Arbeitskräftemangel, der sich 1959 besonders bei den Hilfsarbeitern mehr und mehr bemerkbar machte, gelang es, begünstigt durch die Witterung, mit allen Arbeiten fertig zu werden. Ein sehr frühes Frühjahr erlaubte eine mehrmalige mechanische Unkrautbekämpfung mit den Gespannen vor der Bestellung.

Durch Verstärkung der Mechanisierung wurde versucht, fehlende Handarbeit zu ersetzen. Ein Teil der Hackarbeiten wurde mittels Motorhacken ausgeführt. Eine vorausgehende Vereinheitlichung der Pflanzweiten war die Voraussetzung für eine Verstärkung der Mechanisierung, die im Jahre 1960 noch weiter ausgedehnt wurde.

Durch die trockene Jahreswitterung 1959 wurde das Auftreten von Pilzkrankheiten gemindert. Dafür traten tierische Schädlinge, besonders Läuse, sehr viel stärker auf als in anderen Jahren. Durch ständigen Einsatz von Spritz- und Stäubegeräten gelang es, Schäden zu vermeiden.

1960 hatten die Gewächshäuser und Frühbeete folgende Grundflächen:

Hochglasfläche, heizbar	5339,50 m^2
Niederglasfläche, heizbar	300,00 m^2
Niederglasfläche, nicht heizbar	3867,00 m^2
	9506,50 m^2.

Die Freilandversuchs- und Ausgleichsflächen wurden um 4 ha erweitert. Sie betrugen jetzt 62,57 ha. Die einzelnen Schläge hatten mit 3—4 ha eine annähernd gleiche Größe. Diese Flächen wurden in einer elfgliedrigen Fruchtfolge genutzt. Neben 11 großen Parzellen gab es 20 kleinere für Kulturen, die außerhalb der Fruchtfolge liefen.

Der Anbau von Gemüsen, Obst und Blumen für die Betriebsküche und die Versorgung der Mitarbeiter des Instituts erfolgte auf 6,13 ha. Einige Wegränder wurden mit Obst neu bepflanzt.

Die Erdlager nahmen 2,18, die Grün- und Schmuckflächen 9 ha ein.

Das Institutsgelände einschließlich Versuchsfeld wurde 1960 durch Wege in einer Gesamtlänge von 11 km vollständig erschlossen.

Auf der Selkenbreite wurde eine Windschutzhecke neu gepflanzt, wobei der Abstand zwischen jeweils zwei Streifen, gemessen an den bereits bestehenden, verdoppelt wurde. Zwischen den älteren Hecken betrug der Abstand 115 m. Die Windschutzstreifen nahmen in diesem Jahr eine Fläche von 5,60 ha ein.

Die Witterung des Jahres 1960 brachte in den Monaten Februar, März, April, Juni und Juli Niederschläge, die nur etwas mehr als die Hälfte des langjährigen Mittels ausmachten. Hinzu kam, daß der Boden ab Ende Februar so gut wie frostfrei war. Diese Situation erlaubte eine sehr frühe und gründliche Bodenbearbeitung der Versuchsflächen. Die Monate April, Mai und Juni waren außerdem sehr reich an Sonnenscheinstunden, wodurch alle Pflegearbeiten gefördert wurden.

Der Grundwasserstand, der im trockenen Jahr 1959 stark abgefallen war und bis Ende Juli 1960 weiter absank, erreichte in den regenreichen Monaten Oktober, November und Dezember wieder seine fast normale Höhe.

Die Arbeiten für die Bestellung, Pflege und Ernte der Kulturen, die Instandhaltung und Pflege der Wege, Hecken und Grünflächen konnten planmäßig durchgeführt werden.

Die vorhandenen Planstellen für die Saisonkräfte konnten 1960 sämtlich besetzt werden. Dieser Umstand sowie der verstärkte Einsatz von Traktoren, Gespannen und Maschinen in der Abteilung erlaubte zusätzlich die Ausführung von Pflege- und Erntearbeiten für die Abt. Landwirtschaft des Instituts.

Bei dem Bestreben, durch Mechanisierung Arbeitskräfte einzusparen, haben sich der RS 09 mit seinen Zusatzgeräten, das Universalladegerät Typ I, der Agria-Einachsschlepper mit seinen Mäheinrichtungen und die Hackfräse besonders bewährt.

Im Jahre 1961 betrugen die Freilandflächen 84,82 ha, daran waren beteiligt:

die Abt. Genetik und Cytologie mit	20,50 ha
die Abt. Systematik und Sortiment mit	11,00 ha
die Abt. Chemische Physiologie mit	1,00 ha
die Arbeitsgruppe Forstpflanzenforschung mit	3,00 ha.
Hinzu kamen	
Vorbereitungs- und Ausgleichsflächen	21,11 ha
Kleinklimatologische Untersuchungen	8,70 ha
Obst-, Gemüse- und Blumenanlagen	6,41 ha
Erd- und Kohlenlager	3,00 ha
Grün- und Schmuckflächen	9,00 ha
Baumschule	1,10 ha.

Die mittlere Jahrestemperatur 1961 von 9,3 °C lag 0,9 °C über dem langjährigen Mittel. Die hohen Werte erbrachten die Monate Februar, März, April, September und Oktober. Die entscheidenden Monate Mai, Juli, August waren zu kalt.

Diese ungünstigen Einflüsse wurden verstärkt durch die Höhe und Verteilung der Niederschläge, die mit 639,5 mm 129% über der durchschnittlichen jährlichen Niederschlagsmenge lagen. Die Monate April mit 305% und Mai mit 226% der durchschnittlichen Menge brachten einige Starkregen, die eine tiefreichende Verschlämmung der Krume bewirkten und die Pflegearbeiten auf den Feldern behinderten. Auf den schweren und bindingen Böden von Gatersleben konnten diese Strukturschäden im Laufe des Sommers nicht mehr beseitigt werden. In den regenarmen Monaten Juli bis Oktober trocknete der verschlammte Boden schnell aus, wurde sehr hart und konnte nicht mehr rechtzeitig gelockert werden. Die Monate November mit 227% und Dezember mit 167% der mittleren Niederschläge verzögerten und erschwerten die Feldarbeiten.

Die Jahreswitterung war 1962 für einige Pflanzengruppen ungünstig. Das Temperaturmittel betrug nur 7,4 °C gegenüber dem langjährigen Durchschnitt von 8,4 °C. Wärmebedürftige Kulturen, z. B. Tomaten und Gurken, entwickelten sich sehr zögernd und begannen erst mit der Reife, als im Herbst die ersten Nachtfröste einsetzten. Der März mit —0,4 °C (langjähriger Durchschnitt etwa 3,3 °C) war zu kalt. Er brachte an 24 Tagen Bodenfröste und verzögerte die Bestellungsarbeiten. Selbst im Juni gab es noch Bodenfrost, durch den Tomaten und Frühkartoffeln erhebliche Frostschäden erlitten. Nur im Januar, Februar und im April standen die Durchschnittstemperaturen über dem langjährigen Mittel, alle übrigen Monate lagen z. T. bedeutend darunter. Ein Teil der Versuchsflächen konnte erst sehr spät abgeerntet werden. Es war dennoch möglich, alle vorgesehenen Flächen mit Stalldung zu versehen und auf allen Schlägen die Winterfurche zu ziehen. Die Niederschläge erreichten nur rd. 72% der durchschnittlichen Niederschlagsmenge. Nur der Februar brachte überdurchschnittliche und die Monate Mai und Dezember etwa normale Mengen. Im Herbst war es zeitweilig so trocken, daß die Wintergetreideaussaaten auf dem Versuchsfeld beregnet werden mußten, um das Auflaufen mit Sicherheit zu gewährleisten. Auch die Zahl der Sonnenscheinstunden lag weit unter dem Mittel, was zur verspäteten und bisweilen auch mangelhaften Reife in einigen Pflanzengruppen beitrug.

Der Arbeitsgruppenleiter für die Lehrausbildung qualifizierte sich 1962 zum Gartenbauingenieur. Sieben Lehrlinge legten die Facharbeiterprüfung ab. Elf ältere, erfahrene Gartenarbeiter konnten als Facharbeiter anerkannt werden.

Auf dem Versuchsfeld waren im Winter 1962/63 trotz einer negativen Tagesmittelsumme von —663 °C (November/März) keine Kälteschäden zu beobachten, da bis in die erste Märzdekade hinein eine geschlossene Schneedecke lag.

Die Niederschlagsarmut während der Vegetationsperiode 1963 erleichterte die Pflegemaßnahmen; die Bodenbearbeitungsmaschinen konnten nahezu kontinuierlich eingesetzt werden, so daß der Arbeitskräftemangel nicht spürbar wurde.

Der Grundwasserspiegel, der infolge der Trockenheit des Vorjahres wieder erheblich abgesunken war, erhöhte sich durch die örtlichen Niederschläge des Winters 1962/63 nur wenig, da die außergewöhnlich hohe Schneedecke nach Eintritt der wärmeren Witterung rasch verdunstete. Er fiel im Laufe des Jahres 1963 weiter ab. Nur in 3 Monaten überschritten die Niederschläge das langjährige Mittel. Mit einer Jahressumme von 375,8 mm wurden nur 76,5% des langjährigen Gaterslebener Mittels erreicht. Der Wassermangel wurde noch verstärkt durch umfangreiche Tiefbauarbeiten der Gemeinde Gatersleben am Nordrand des Institutsgeländes, die eine künstliche Senkung des Grundwasserspiegels erforderlich machten.

Die Temperatur der Monate April bis August lag leicht über dem langjährigen Mittel dieser Monate. Die mittlere Jahrestemperatur betrug nur 7,2 °C und lag um 1,2 °C unter dem langjährigen Durchschnitt.

Unter dem Einfluß der relativ trockenen Witterung traten Pilzkrankheiten nur in geringem Umfang auf, sie waren leicht zu bekämpfen. Schwieriger war die Anwendung wirksamer Maßnahmen gegen den starken Blattlausbefall.

Fünf Gartenarbeiter wurden 1963 in einem Lehrgang zu landwirtschaftlichen Facharbeitern (Feldwirtschaft) qualifiziert. Sieben Gärtnerlehrlinge legten die Facharbeiterprüfung mit gutem Erfolg ab.

Die mittlere Jahrestemperatur des Jahres 1964 lag mit 8,2 °C um 0,2 °C unter dem langjährigen Mittel. Nur die Monate April, Mai, Juni und Juli waren überdurchschnittlich warm. Mit 1772 Sonnenscheinstunden war das Jahr 1964 sonnenreich, besonders die Monate Juni und Juli erbrachten außergewöhnlich hohe Werte.

Das Niederschlagsdefizit der letzten Jahre vergrößerte sich 1964. Mit 373 mm wurden nur ca. 75% des langjährigen Mittels erreicht. Der Grundwasserstand ging weiter zurück. Hinzu kamen die künstlichen Absenkungen, die im Rahmen der bereits erwähnten umfangreichen Kanalisationsarbeiten notwendig wurden. Auf den Versuchsfeldern wurden Trockenschäden durch eine intensive Bodenpflege so weit als möglich vermieden.

In den letzten Jahren konnten einige Feldarbeiten, aber auch andere Arbeiten, wie das Laden und der Transport von Kohle, Asche, Erde, Kies u. a., sowie das Umsetzen, Mischen und Dämpfen von Kulturerde immer mehr mechanisiert werden. Die Aussaat, Pflege und Ernte der zahlreichen Populationen und Einzelpflanzennachkommenschaften in Kleinstparzellen war jedoch nur durch Handarbeit möglich. Der seit Jahren bestehende Mangel an Arbeitskräften während der Vegetationsperiode konnte auch 1964 nicht ausgeglichen werden.

In der Umgebung der Neubauten des Instituts wurden umfangreiche Erdaufschüttungen vorgenommen und Grünanlagen geschaffen.

Mit gutem Erfolg beendeten sieben Gärtnerlehrlinge ihre Ausbildung.

Als Voraussetzung zur Mechanisierung der Arbeiten in der Abteilung wurde 1965 der Besatz an größeren Maschinen und Geräten wie Traktoren, Kränen, großen Transportbändern, Traktorenanhängern und Kippern komplettiert. Nach wie vor bestand ein Bedarf an Maschinen und Geräten mittlerer Leistung.

Ein verspätetes Frühjahr verzögerte die Bestellungsarbeiten, die in einem kurzen Zeitraum durchgeführt werden mußten.

Die Pflegearbeiten wurden durch zahlreiche Niederschläge von wechselnder Ergiebigkeit erschwert, die auch die Entwicklung wärmebedürftiger Kulturpflanzen negativ beeinflußten. Die feuchte Witterung begünstigte trotz fehlender Wärme die Entwicklung von Pilzkrankheiten an Kartoffeln, Tomaten und an Obstgehölzen, außerdem vermehrten sich Spinnmilben und Blattläuse an Obstgehölzen im Laufe des Jahres 1965 so stark, daß ihrer möglichen Ausbreitung 1966 besondere Beachtung geschenkt werden mußte. Andere Pflanzen- und Tierschädlinge, wie Apfelmehltau, Apfelblattsauger und Gespinnstmotten, nahmen in ihrer Befallsstärke im Vergleich zu den Vorjahren ab.

Die Bekämpfungsmaßnahmen wurden vielfach durch die Witterung erschwert. Auch waren die Pflanzenschutzgeräte unter diesen Bedingungen nicht ausreichend.

Die Getreideernte setzte drei bis vier Wochen später als in normalen Jahren ein. Die Minderung der Luftbewegung durch die Windschutzhecken des Versuchsfeldes verzögerte das Abtrockenen des gemähten und aufgestellten Getreides erheblich.

Die Winterfurche konnte trotz später Räumung auf allen Schlägen gezogen werden. Im Interesse einer gleichmäßigen jährlichen Arbeitsverteilung wurde seit drei Jahren die Grunddüngung bereits im Herbst gegeben.

Amtliche Bodenuntersuchungen ergaben, daß der natürliche Nährstoffvorrat des Bodens von Schlag zu Schlag und auch innerhalb der Schläge oft stark wechselt.

Durch geeignete Düngungs- und Bearbeitungsmaßnahmen wurde versucht, eine größere Ausgeglichenheit zu erreichen.

Fünf Gärtnerlehrlinge legten die Facharbeiterprüfung ab. Im Winter 1964/65 wurde ein Pflanzenschutzlehrgang für 15 Mitarbeiter eingerichtet, von denen 13 den Erlaubnisschein für den Umgang mit Giften erwarben.

Die Arbeiten auf dem Versuchsfeld waren 1966 stark durch die Jahreswitterung beeinträchtigt. In den Monaten Januar und Februar lag über mehrere Wochen eine geschlossene Schneedecke. Mit den Bestellungsarbeiten konnte erst am 5. März begonnen werden. Es gab während des Jahres nur fünf größere Trockenperioden mit insgesamt 52 Tagen. Die Witterung war feuchtwarm und sonnenarm. Einige Starkregen in den Monaten Juni, Juli und August brachten so hohe Niederschläge, daß tagelang danach Feldarbeiten mit Maschinen und Geräten nicht ausgeführt werden konnten. Die Niederschläge lagen mit insgesamt 655,8 mm bei 131,9% des langjährigen Mittels. Die Pflege- und Erntearbeiten wurden durch die feuchte Witterung sehr erschwert.

Die termingerechte Ausführung der Pflanzenschutzarbeiten war oft nicht möglich, was unter anderem zu einem starken *Phytophthora*-Befall an Tomaten führte.

Die Winteraussaaten erfolgten plangemäß, auch die Winterfurche konnte auf allen Schlägen gezogen werden.

Im Jahre 1967 lag das Temperatur-Jahresmittel um 1,1 °C höher als das 20jährige Gaterslebener Mittel. Auch die Niederschläge waren mit 575 mm um 78 mm höher, wozu mehrere Starkregen in der Vegetationszeit beitrugen. Besonders folgenschwer waren am 20. Juli ein und am 23. Juli zwei schwere Hagelschläge mit erbsen- bis kirschgroßen Hagelkörnern. Sie wurden von heftigem Sturm mit Spitzenwindstärken von 7—9 in Böen begleitet. Zahlreiche Gehölze wurden abgebrochen und aus den meisten Früchten (Äpfel und Tomaten) Stücke des Fruchtfleisches herausgeschlagen. In der Folge wurden, durch die feuchtwarme Witterung begünstigt, die verletzten Gewebe von Pilzen, wie *Phytophthora infestans*, befallen. Intensive Pflanzenschutzmaßnahmen konnten jedoch eine starke Ausbreitung des Befalls verhindern. Alle Bodenbearbeitungsmaßnahmen wurden zu agrotechnisch richtigen Terminen ausgeführt und die Herbst- und Wintersaaten rechtzeitig gedrillt. Die Herbstwitterung begünstigte das Auflaufen der Wintersaaten.

Die Windschutzhecken, durch die das Versuchsfeld gegliedert wurde, waren wüchsiger als zu erwarten war. Damit kamen zu den anfänglichen Vorteilen Nachteile, die von Jahr zu Jahr zunahmen. Die geminderte Luftbewegung verstärkte die Spätfrostwirkung und verzögerte die Reife. Ein spezifisches Kleinklima begünstigte den Befall mit Pflanzenschädlingen. Sperlinge und andere Körnerfresser fanden in den Hecken Schutz und wurden zur Plage. Aus diesen Gründen und zur Rationalisierung der Feldarbeiten wurde beschlossen, jede zweite Hecke zu entfernen. Die ersten beiden Hecken wurden 1967 gerodet.

Im Jahre 1968 betrug die Durchschnittstemperatur 8,6 °C und lag damit 0,2 °C über dem langjährigen Mittel. Die Niederschläge erreichten mit 429,7 mm nur rd. 86% der langjährigen Durchschnittswerte. Besonders trocken waren die Monate April und Dezember.

Wie in den Wintern der letzten Jahre war der Frost, z. T. bedingt durch eine geschlossene Schneedecke, nicht tief in den Boden eingedrungen. Infolge des Fehlens der für schwere Böden wichtigen Frostgare verdichtete sich der Boden wie 1967 wiederum stark. Die Feldarbeiten konnten am 20. März begonnen und rechtzeitig durchgeführt werden. Die warmen April-Temperaturen förderten die Pflege-, insbesondere die Hackarbeiten. Begünstigt durch die Winterfeuchtigkeit entwickelten sich die Getreidekulturen gut, reiften in den trockenen Monaten Juli und August voll aus und brachten hohe Erträge. Die im Jahre 1967 durch die drei schweren Hagelschläge geschädigten Obstgehölze zeigten nur einen geringen Blütenknospenansatz. Ein Spätfrost in der Blütezeit beeinträchtigte den Fruchtansatz zusätzlich. Die zur Reife gelangenden Früchte waren in der Folge vielfach mißgebildet und rostbefallen.

Folgende Schädlinge traten auf: Hamster in den Getreide- und Sojaflächen, Brach- und Fritfliegenbefall, Haus- und Feldsperlinge, Mehltau im Herbst an Wintergerste und Winterweizen, verschiedene Spinnmilben im Gewächshaus und im Freiland, Kohlweißlinge, Kohleulen, Rübenfliegen, Larven von zwei Laufkäfergattungen und Grauschimmel. Durch zweckmäßige Bekämpfungsmaßnahmen konnten größere Schäden vermieden werden. Problematisch war die Bekämpfung des Erbsenwicklers. Bemerkenswert auch das Auftreten eines Luzernemosaikvirus auf Tomaten, besonders der Sorte 'Rheinlands Ruhm', der unter typischen Verkrümmungen der Sprosse und einer ziegel- bis weinroten Verfärbung der jüngsten Blätter zum Absterben der Pflanzen führte. Der Befall trat in der Nachbarschaft eines Luzernefeldes auf und griff auch auf eine in der Nähe dieses Feldes befindliche Tabakpflanzung über. Die beobachtete Virose wurde vom Institut für Phytopathologie der Deutschen Akademie der Landwirtschaftswissenschaften in Aschersleben näher untersucht. Zunächst war die Vernichtung der befallenen Pflanzen die einzig mögliche Bekämpfungsmaßnahme.

Einer laufenden Verbesserung und Vervollständigung der technischen Ausrüstung zur Überwindung der angespannten Arbeitskräftelage der Abteilung wurde weiterhin besondere Aufmerksamkeit geschenkt und der Gerätebesatz durch Anschaffung einer Zapfwellenfräse für den RS Zetor, einer Zapfwellenfräse für den Gartenschlepper T 4 K 10 sowie eines 6 PS-Einachsschleppers mit Mäheinrichtung und einer Einmann-Motorsäge ergänzt.

9.2. Abteilung Landwirtschaft

Mit der Übergabe der Domäne Gatersleben an das Institut im Herbst 1945 wurde die Basis geschaffen, die den großzügigen Aufbau des Instituts ermöglichte. Insgesamt wurde ein Fläche von 575,66 ha übernommen, die sich folgendermaßen aufgliederte:

von der Abt. Landwirtschaft wurden bewirtschaftet:		
Ackerland	430,00 ha	
Dauer-Grünland	40,53 ha	
Hausgärten	8,30 ha	478,83 ha,
von der Abt. Gartenbau (Versuchsfeld und Zuchtgärten) wurden bewirtschaftet:		
Versuchsflächen	33,64 ha	
Baumschulen	2,79 ha	36,43 ha,
sonstige Flächen:		
Kiesgrube	1,15 ha	
Gewässer	0,29 ha	
Forstungen und Holzungen	24,29 ha	
Gebäude und Höfe	23,18 ha	
Private Wege, Gräben	7,29 ha	
Öffentliche Wege	4,20 ha	60,40 ha.

Die Abt. Landwirtschaft wurde von dem Inspektor U. KÜHN geleitet, der unmittelbar dem Leiter der Verwaltung E. v. d. PLANITZ und später O. DÜMICHEN unterstellt war. Die Abteilung hatte in erster Linie praktische Aufgaben zu lösen, obgleich auch größere Sorten-Leistungsversuche durchgeführt wurden. Dem Institut diente sie vornehmlich in den ersten Nachkriegsjahren mit der Lieferung von Stalldünger für die Versuchsflächen, sie ermöglichte eine ausreichende Versorgung der Belegschaft mit Lebensmitteln und stellte das Futter für die 6 Pferde der Abt. Gartenbau (Versuchsfeld und Zuchtgärten) zur Verfügung. Ein Teil der Wohngebäude der ehemaligen Domäne wurde für die Unterbringung wissenschaftlicher und technischer Mitarbeiter des Instituts benötigt, bis das Wohnungsbauprogramm ihre Umsetzung in neuerbaute Wohnungen bzw. Einzelhäuser ermöglichte.

Die folgende Darstellung der Entwicklung der Abt. Landwirtschaft läßt noch einmal die Schwierigkeiten erkennen, die in den ersten Nachkriegsjahren durch vielfältige Umstände objektiv gegeben waren. Sie vermittelt ferner einen Einblick in die Entwicklung der Landwirtschaft in der DDR vom Beginn und der Durchführung der Bodenreform über den allmählichen Aufbau einer Landmaschinen-Organisation und -Industrie bis hin zu den Anfängen kooperativer Zusammenschlüsse benachbarter Betriebe. Sie zeigt aber auch, daß es durch Tatkraft und Initiative der leitenden Mitarbeiter des Instituts gelang, die Produktivität des Betriebes kontinuierlich zu steigern und damit einen guten Beitrag zur Versorgung der Bevölkerung zu leisten. Der zunehmende Mangel an Arbeitskräften in der Landwirtschaft machte in den ersten 10 bis 15 Nachkriegsjahren, als noch ein Mangel an moderner Technik bestand, alljährlich wiederholte Einsätze aller Abteilungen des Instituts bei der Einbringung der Ernte erforderlich. Der Abt. Gartenbau (Versuchsfeld und Zuchtgärten) und den Mitarbeitern aller wissenschaftlichen Abteilungen gebührt für die Erkenntnis der Notwendigkeit zu dieser Hilfe zum Wohl der Allgemeinheit hohe Anerkennung.

Von den durch die Abt. Landwirtschaft bewirtschafteten 430,00 ha Acker lagen in einer Entfernung

unter 1 km	1 ha
1 bis 2 km	58 ha
2 bis 3 km	160 ha
5 bis 8 km	211 ha vom Gutshof.

Diese ungünstige innere Verkehrslage, nach der 50% der Ackerflächen über 5 km vom Wirtschaftshof entfernt lagen, war dadurch bedingt, daß im Zuge der Bodenreform im Herbst 1946 rd. 200 ha Acker in der Nähe des Dorfes gegen über 5 km entfernt liegende Ackerflächen ausgetauscht wurden, um den bäuerlichen Klein- und Mittelbetrieben eine leichtere Bewirtschaftung der ihnen zugewiesenen Flächen zu ermöglichen.

Die Verkehrssituation wurde weiterhin erschwert durch die Tatsache, daß von der zu den über 5 km entfernt liegenden Ackerflächen führenden Straße nur etwa 1,8 km befestigt waren, während der übrige Teil ein ansteigender Lehmweg mit einem Höhenunterschied von etwa 80 m und im Winter und nach Regenfällen auch im Sommer für Traktoren mit Last unbefahrbar war. Auch die Ackerflächen unter 5 km Entfernung waren zum größten Teil nur durch unbefestigte Feldwege erschlossen. Es wurde daher geplant, jährlich 1 km dieser Wege zu chaussieren, um in etwa 8 Jahren die erschwerte Bewirtschaftung der Flächen zu überwinden. Durch diese Maßnahme sollte auch für die Felder zahlreicher Klein- und Mittelbauern eine intensive und moderne Bewirtschaftung ermöglicht werden. Die Befestigung der ersten Teilstrecke von 1 km wurde für das Jahr 1953 geplant.

Die Ackerkrume besteht fast ausschließlich aus Löß mit einer Wertzahl von 70 bis 100.

Die Nähe des Harzes, in dessen Regenschatten Gatersleben liegt, hat ihren besonderen Einfluß auf die jährlichen Niederschläge. Nähere Angaben über die klimatischen Verhältnisse wurden an anderer Stelle gemacht (s. Kap. 4 Boden, Klima und Vegetation im Raum um Gatersleben und Kap. 9.1. Abt. Gartenbau (Versuchsfeld und Zuchtgärten)).

Unter Berücksichtigung der sehr ungünstigen Verkehrslage war der Besatz an motorischen und tierischen Zugkräften der Abteilung in den ersten Jahren nach Übernahme der Domäne:

1 Dampfpflugsatz
1 45-PS-Radschlepper Pionier
5 45-PS-Radschlepper Bulldog
1 28-PS-Radschlepper Deutz
1 22-PS-Radschlepper Aktivist
1 15-Ps-Radschlepper Brockenhexe
23 Ackerpferde
20 5-t-Anhänger gummibereift.

Der Abteilung standen ferner eine ausreichende Zahl von Landmaschinen aller Art zur Verfügung, u. a. 1 Mähdrescher, 2 Dreschsätze, moderne Kartoffelrodemaschinen usw. Ein Teil des Maschinenparkes war jedoch älteren Typs und bedurfte so bald wie möglich der Erneuerung durch moderne Maschinen und Geräte.

Wurde nach dem Kriege aus ernährungswirtschaftlichen Gründen das Hauptaugenmerk auf eine Steigerung des Gemüsebaues und des Gemüsesamenbaues gelegt, so zwang der Mangel an menschlichen Arbeitskräften sehr bald dazu, möglichst handarbeitsparende Früchte zu bauen.

Wie aus Tab. 34 zu ersehen ist, wurde der Gemüsebau zugunsten des Anbaues z. B. von Heil- und Gewürzpflanzen stark verringert, dagegen der Feldfutterbau im Zuge der Entwicklung der Viehwirtschaft von Jahr zu Jahr erhöht.

Tab. 35 zeigt die Ernteerträge der Jahre 1948 bis 1951 und beweist ab 1949 einen ziemlich konstant bleibenden Getreideertrag je ha. Auch die Kartoffelerträge unterlagen in diesen Jahren nur geringen Schwankungen.

Die Viehwirtschaft zeigte seit 1945 eine ständige Aufwärtsentwicklung sowohl in der Zahl als auch in der Leistung. Nur der Pferdebestand wurde im Zuge der Technisierung von 1951 ab ständig verringert. Die weitere Verringerung der Zugtierhaltung war von der Sicherheit der Brennstoffversorgung abhängig.

Der Bestand an Milchkühen stieg seit 1946 von 45 Kühen auf 80 Kühe 1952, wobei dieser Aufbau fast ausschließlich aus eigener Zucht und nur Ende des Jahres 1951 durch Zukauf von 12 tragenden Färsen erfolgte. Großer Wert wurde auf die Haltung möglichst wertvoller Vatertiere gelegt. Die Richtigkeit dieser Maßnahme bestätigte sich in den Milchleistungen je Kuh, sie betrugen

1946 2376 kg	1947 2256 kg
1948 2589 kg	1949 2724 kg
1950 2939 kg	1951 3693 kg.

1952 wurden bei 60 ganzjährig kontrollierten Kühen 4200 kg Milch je Kuh ermolken. Nachdem im Jahre 1952 der als Ziel gesetzte Milchkuhbestand erreicht wurde, konnte eine intensive Zuchtauswahl auf Grund der Leistungen der einzelnen Tiere erfolgen. Zu diesem Zweck wurden geeignete Tiere bereits 1949 in das Herdbuch bzw. in das Vorkörregister eingetragen.

Tabelle 34 Anbauverhältnis in % der Ackerfläche

Fruchtarten	zur Ernte 1949	1950	1951	1952	1953
Getreide	51,0	45,3	44,3	45,0	43,0
Hülsen- und Ölfrüchte	3,8	4,4	14,5	16,9	13,5
Hackfrüchte (davon etwa 40% Zuckerrüben)	28,0	29,6	29,0	26,4	26,0
Gemüse	7,5	12,5	3,8	1,7	0,9
Handelsgewerbl. Heil- und Gewürzpflanzen	0,7	0,8	0,1	2,4	4,1
Feldfutter	9,0	7,4	8,3	7,6	12,5
	100,0%	100,0%	100,0%	100,0%	100,0%

Tabelle 35 Erträge in dz/ha

Ernte	1948	1949	1950	1951
Weizen	33,66	38,85	41,60	42,70
Roggen	32,23	32,61	29,94	27,30
Gerste	24,10	35,97	31,40	37,90
Hafer	29,31	41,93	37,43	31,50
Hülsenfrüchte	30,30	37,79	35,35	36,40
Speiseerbsen	13,02	25,14	11,07	17,96
Markerbsen		30,83	4,59	—
Buschbohnen	—	—	24,73	6,88
Raps	—	25,74	23,64	24,70
Flachs	44,75	49,57	68,06	—
Kartoffeln	162,00	194,65	195,80	197,30
Zuckerrüben	347,70	176,87	302,44	392,20

Auch die Schweinehaltung zeigte eine ständige Aufwärtsentwicklung. In den Jahren 1946 bis 1948 wurde das Cornwallschwein gezogen, doch wurde die Zucht dann auf das veredelte deutsche Landschwein umgestellt. Der Bestand betrug Ende 1948 80 Schweine, davon 12 Zuchtsauen, die in das Herdbuch aufgenommen wurden. Im Jahre 1950 wurden je Sau 21 Ferkel geboren und bei einem Verlust von 5,9% 19,8 Ferkel aufgezogen. Ende 1952 betrug der Bestand 385 Schweine. Dabei wurden bereits bis zum 1. September 1952 51 Tiere als Zuchttiere und 145 Masttiere sowie 164 Ferkel abgegeben. Auch in der Schweinehaltung erfolgte der Aufbau und die Entwicklung der Zucht durch Zukauf wertvoller Vatertiere.

Schafe wurden in einer Gebrauchsherde des Merino-Woll-Fleischschafes gehalten. Der Bestand an Schafen erhöhte sich von 143 Mutterschafen im Jahre 1945 auf 310 im Jahre 1952. Mit Beginn des Frühjahrs wurde die Mutterherde in einem 6 km vom Hof entfernt liegenden Feldstall untergebracht, um die dort liegenden Flächen im Sommer zu beweiden.

Die Geflügelhaltung konnte infolge nicht vorhandener Auslaufflächen in der Nähe des Hofes nur im beschränkten Umfang zur annähernden Erfüllung der Sollverpflichtung in Eiern durchgeführt werden.

Im Rahmen der Arbeiten der Versuchsgüter der Martin-Luther-Universität Halle-Wittenberg wurden 1953 mehrere Feldversuche durchgeführt, deren Auswertung durch Prof. KÖNNECKE, Halle, erfolgte.

Der Einsatz von zwei Mähdreschern vereinfachte die Ernte weiter.

Die abnormen Witterungsverhältnisse des Jahres 1954 stellten die Abteilung vor eine Fülle besonderer Aufgaben. Einem trockenen, sehr niederschlagsarmen, im letzten Teil relativ harten Winter folgte ein trockenes Frühjahr. Die Trockenheit zog sich fast bis zur Getreideernte hin, während anschließend sehr starke und vor allem andauernde Regenfälle einsetzten.

Die Folge des harten Winters war ein vollständiges Auswintern von Winterraps und Wintergerste und von etwa 40% des Winterweizens. Eine nochmalige Bestellung dieser Flächen wurde zusätzlich zur normalen Frühjahrsbestellung erforderlich. Durch konzentrierten Einsatz aller vorhandenen Kräfte, Maschinen und Geräte konnte diese Mehrarbeit bewältigt und die gesamte Frühjahrsbestellung normal abgeschlossen werden.

Der allgemeine Arbeitskräftemangel machte sich 1954 auch in der Abt. Landwirtschaft bemerkbar. Eine Erleichterung in der Hackfruchtpflege brachte die Reduzierung der Aussaatmenge des Monogermrübensamens auf 9 kg/ha. Das Rübenvereinzeln konnte hierdurch zu einem sehr frühen Zeitpunkt vorgenommen und eine wesentliche Einsparung an Zeit und Arbeitskräften erzielt werden.

Das Engdrillverfahren bei Getreide (15 cm) bewährte sich und brachte eine Steigerung der Hektarerträge.

Die Ernte des Jahres 1954 bereitete infolge der ungünstigen Witterung große Schwierigkeiten. Durch Anwendung aller technischen Möglichkeiten, Einsatz von Mähdreschern und durch andere Maßnahmen konnte die Ernte ohne Verluste und in guter Qualität, wenn auch verspätet, eingebracht werden. Auch die Hackfruchternte wurde durch laufende Regenfälle ungünstig beeinflußt, so daß die Kartoffelernte erst nach dem 20. Oktober und die Rübenernte erst am 19. November beendet werden konnte.

In den Viehställen erfuhren die Rinder- und Schweinebestände 1954 eine geringe Steigerung, der Schafbestand blieb unverändert. Die Milchleistung stieg allgemein bis nahe an die 4000-Liter-Grenze. Das aufgetretene seuchenhafte Verkalben wurde durch Impfung der Jungtiere mit lebenden Kulturen und der Kühe im 4. bis 6. Monat der Trächtigkeit mit Vakzinen fast vollständig überwunden. Der Schweinebestand entwickelte sich befriedigend. Pro Sau wurden durchschnittlich im Jahr 20 Ferkel geboren und 18,2 aufgezogen. An Zuchttieren konnten 11 Eber und 30 Jungsauen an LPG-Betriebe und werktätige Bauern verkauft werden.

Das Ablieferungssoll wurde auf allen Gebieten erfüllt und erreichte das recht gute Ergebnis von 32 G.E. pro Hektar.

Die ungünstigen Witterungsverhältnisse des Jahres 1954 setzten sich auch im Jahre 1955 fort. Der Winter zog sich sehr lange hin, brachte jedoch ausreichend Schnee, so daß keinerlei Auswinterungsschäden auftraten.

Durch den langen Winter bedingt, begann die Frühjahrsbestellung erst am 7. April, also für mitteldeutsche Verhältnisse sehr spät.

An die Abt. Gartenbau (Versuchsfeld und Zuchtgärten) wurden rd. 11 ha als Versuchsfläche abgegeben.

Nach einem trockenen Frühjahr (speziell im März) setzten 1955 mit Beginn der Hauptpflegearbeiten häufige und z. T. ergiebige Regenfälle ein, die sich mit einigen Unterbrechungen bis zur Hackfruchternte hinzogen, wodurch alle Arbeiten sehr erschwert wurden und die starke Verunkrautung einiger Gemüseflächen nicht zu vermeiden war. Durch Verwendung von Monogermrübensamen konnten zwar die Rübenschläge sehr früh vereinzelt und gesäubert werden, doch war der Aufgang der Rüben wegen der Trockenheit im Frühjahr nicht so lückenlos wie in den vorhergehenden Jahren, was sich später auf den Ertrag auswirkte.

Die ungünstige Witterung erschwerte die Einbringung der Getreideernte. Dem selbstlosen und aktiven Einsatz der Werkstatt- und Traktorenbrigaden sowie der ruhigen, überlegten und verantwortungsbewußten Arbeit der Leitung ist es zu verdanken, daß alle Schwierigkeiten gemeistert wurden und keinerlei Verluste eintraten. Die Ernte konnte erst am 15. September beendet werden.

Die Einbringung der Kartoffelernte wurde durch das Fehlen geeigneter Rodemaschinen erschwert.

Die Erträge aller Kulturen lagen 1955 als Folge der ungünstigen Witterung im Durchschnitt niedriger als im Vorjahr. Eine Ausnahme machte der Winterraps, der den in Gatersleben bisher nicht erreichten Ertrag von 24,20 dz je ha brachte.

Die Entwicklung in der Tierhaltung war erfreulich. Die Viehbestände blieben von Seuchen verschont und nennenswerte Krankheiten traten nicht auf. Die Schweine- und Schafbestände konnten erhöht werden, während der Rindviehbestand gleich blieb. Der Pferdebestand wurde weiter vermindert, da ein weiterer Schlepper angeschafft werden konnte. Die Milchleistung zeigte wiederum steigende Tendenz und erreichte 4160 kg Milch bei 3,5% Fett pro Kuh und Jahr im Durchschnitt. Es wurde ein guter Bulle aus einem Hochzuchtgebiet in Westdeutschland gekauft. Mit der Zucht von Jungbullen wurde begonnen und die ersten Bullen, ferner 12 Jungeber und 44 Jungsauen zum Verkauf gebracht. Der Erweiterungsbau des Schweinestalles mußte um ein Jahr zurückgestellt werden.

Das Ablieferungssoll konnte bis auf Kartoffeln und Zuckerrüben in allen Produkten erfüllt werden.

Der bisherige Leiter der Abteilung, Ulrich KÜHNE, schied zum 31. Dezember 1955 aus. An seine Stelle trat am 15. März 1956 August-Ernst WERTHMANN. Gegen Ende dieses Jahres erfolgte ein größerer Abgang von Jugendlichen in andere Berufe. Die anfallenden Arbeiten konnten im Jahre 1957 nur durch eine stärkere Technisierung einigermaßen bewältigt werden.

Die Wirtschaftsfläche der Abteilung erhöhte sich 1956 um 28 ha, die von der LPG übernommen wurden. An das Großgut Quedlinburg wurden zum Ende des Jahres rd. 3 ha Ackerland abgegeben, die in einer Entfernung von 6 km lagen und schwer zu erreichen waren, aber unmittelbar an die Ländereien des Großgutes angrenzten.

Das Anbauverhältnis änderte sich nur unwesentlich, nur die Futterfläche wurde etwas erhöht, um die Voraussetzungen für die notwendige Aufstockung der Viehbestände zu schaffen.

Erstmalig wurden nach Wintergerste Zwischenfrüchte für Futterzwecke angebaut, die einen recht guten Ertrag und eine Entlastung der angespannten Futterlage brachten.

Die Schwierigkeiten bei der Bewältigung der Arbeiten vergrößerten sich gegenüber den vorhergehenden Jahren durch die ungünstige Witterung noch mehr. Einem milden Januar folgte eine längere Periode mit außerordentlich hohen Kältegraden bis minus 29 °C. Durch eine ausreichende Schneedecke konnten Auswinterungsschäden fast ganz verhindert werden, lediglich die Bestände von Wintergerste, Winterweizen und Roggen am Hakel zeigten Teilschäden.

Die Frühjahrsbestellung begann am 31. März und konnte ohne Schwierigkeiten beendet werden. Während der Pflegearbeiten setzten starke und ausdauernde Regenfälle ein, die die Arbeiten verzögerten und erschwerten. Ein Dauerregen am 16. Juli 1956 brachte innerhalb von 24 Stunden 130 mm Regen und richtete großen Schaden an: 15 ha Zuckerrüben wurden fast vollständig vernichtet, 25 ha Kartoffeln, Kohl und Gurken standen teilweise unter Wasser und erlitten größeren Schaden. Die Hafer- und Sommergerstenschläge lagerten durch diesen Regen so stark, daß ein großer Ertragsausfall nicht zu vermeiden war.

Die Getreideernte konnte erst am 26. Juli begonnen und erst am 26. September beendet werden. Getreide, Erbsen und Raps hatten nur mittlere Erträge, dagegen brachten die Kartoffeln wider Erwarten eine gute Ernte.

Durch die im November erneut einsetzenden Regenfälle wurde die Rübenernte fast zur Katastrophe. Erst zum Ende des Jahres konnten die Rüben unter größten Anstrengungen von Mensch, Tier und Maschine geborgen werden. Die Folge war, daß bei Zuckerrüben das Ablieferungssoll nicht erfüllt werden konnte; in allen anderen Produkten wurde das Ablieferungssoll voll erreicht.

Die Entwicklung der Viehbestände nahm 1956 weiterhin einen erfreulichen Verlauf. Die Aufzucht von Jungbullen brachte gute Ergebnisse. Die Gesamtproduktion von Schweinen stieg weiter an, doch waren die aufgezogenen Jungeber und Jungsauen fast nicht abzusetzen und mußten zum Teil anderen Zwecken zugeführt werden.

Der im Jahre 1955 zurückgestellte Erweiterungsbau des Schweinestalles konnte 1956 begonnen und beendet werden. Eine Regenanlage für die Viehweiden wurde aus Investmitteln des Kreises angelegt. Eine neue Dreschmaschine und ein Ifa-Schlepper Typ „Harz" konnten beschafft werden, doch war der Mangel an geeigneten arbeitssparenden Maschinen noch immer groß.

Dem Jahre 1956 mit seinen schlechten Witterungsverhältnissen folgte ein milder Winter, ohne Auswinterungsschäden. Auch konnte trotz der ungünstigen Witterung die Winterfurche im Laufe des Winters noch beendet werden.

Zur weiteren Unterstützung der LPG Gatersleben wurden im sog. „Sauren Loch" in Richtung Nachterstedt ca. 26 ha Ackerland übernommen unter der Bedingung, daß das Volksgut Cochstedt eine gleichgroße Fläche am Hakel übernahm, die ca. 7 km weit vom Gutshof entfernt lag.

Das Anbauverhältnis änderte sich nur unwesentlich, die Hülsenfruchtfläche wurde etwas zu Lasten der Getreidefläche erhöht.

Die Arbeitskräftelage verschlechterte sich 1957 weiter durch Abgänge von Landarbeitern, vornehmlich von Jugendlichen. Ersatz war nur in wenigen Fällen möglich.

Eine weitere Technisierung konnte erst zum Ende des Jahres erreicht werden, sie wurde in verstärktem Maße für das Jahr 1958 vorgesehen.

Die Frühjahrsbestellung 1957 konnte am 22. März begonnen und zügig durchgeführt werden. Im Juni setzte jedoch eine längere Trockenheitsperiode ein, die die Winterung unter den hiesigen Verhältnissen nicht beeinträchtigte, jedoch bei der Sommerung — vor allem beim Hafer — eine vorübergehende Stockung des Wachstums bewirkte.

Die Saatenpflege konnte durch stärksten Einsatz aller vorhandenen Kräfte und mit Hilfe der Abt. Gartenbau (Versuchsfeld und Zuchtgärten) termingemäß durchgeführt werden.

Infolge der Juni-Trockenheit begann die Getreide- und Ölfruchternte bereits am 6. Juli, zog sich jedoch dann wegen häufiger Niederschläge bis zum 6. September hin. Bei der schwierigen Arbeitskräftelage wurde die Getreideernte durch das Fehlen moderner Mähdrescher erschwert, ein Mähdrescher konnte von der MTS ausgeliehen werden.

Obwohl mit der Hackfruchternte schon während der Getreideernte begonnen wurde, konnte sie erst in den ersten Dezembertagen beendet werden.

Die Herbstbestellung verlief planmäßig bis auf die Rapsaussaat, die auch in diesem Jahre zu spät erfolgte, da die Vorfrucht nicht rechtzeitig geräumt werden konnte.

Getreide und Hülsenfrüchte brachten gute Erträge, dagegen war der Ertrag der Hackfrüchte nur mittelmäßig. Das Ablieferungssoll konnte, teilweise durch Austauschprodukte, bis auf eine geringe Menge von Zuckerrüben erfüllt werden.

Die Viehbestände entwickelten sich plangemäß. Die Schafherde erholte sich gut, das fehlende Ablamm-Ergebnis des Jahres 1956 konnte aufgeholt werden. Das Abferkel-Ergebnis bei den Schweinen war mit durchschnittlich 21 Ferkeln pro Sau wieder ausgezeichnet, allerdings der Absatz von Zuchtschweinen auch 1957 nicht befriedigend. Es konnten nur 6 Zuchteber und 18 Zuchtsauen verkauft werden. Eine größere Anzahl Zuchtschweine mußte der Mast zugeführt werden.

Für die Rindviehhaltung konnte ein guter Zuchtbulle zu Beginn des Jahres angekauft werden.

In Zusammenarbeit mit der Deutschen Akademie der Landwirtschaftswissenschaften wurde die Tuberkulinisierung des Rindviehbestandes durchgeführt und die negativen Zuchttiere dem Institut für Pflanzenzüchtung Quedlinburg zur weiteren Aufzucht übergeben.

Die Aufzucht von Jungbullen wurde fortgesetzt und 5 Bullen von guter Qualität verkauft. Eine Anzahl von Kühen, die an Leukose erkrankt waren, mußte notgeschlachtet werden; eine Bekämpfung dieser Krankheit war 1957 noch nicht möglich.

Zur Einsparung von Arbeitskräften im Bereich der Tierhaltung wurde eine Melkanlage angeschafft und zu Beginn des Jahres 1958 in Betrieb genommen.

An wichtigen Maschinen und Geräten konnten 1 Dungkran, 1 Mäh-Häcksler, 1 Tankanhänger, 3 Kippanhänger und 1 weiterer Schlepper mit Hydraulik beschafft werden.

Der Ausbau der Reparaturwerkstatt auf dem Hühnerhof wurde beendet und damit die Voraussetzung geschaffen, den starken Maschinenpark zu pflegen und in einem einsatzbereiten Zustand zu halten.

Der Winter 1957/58 war wiederum — mit Ausnahme einer kurzen sehr kalten Periode Mitte Dezember —, allerdings mit viel Schnee, verhältnismäßig mild. Auswinterungsschäden traten daher kaum auf. Lediglich die 5 ha Raps, die 1957 zu spät bestellt worden waren, mußten umgebrochen werden. Die Futterfläche wurde mit Rücksicht auf die vorgesehene Steigerung der Viehbestände etwas erhöht.

Durch häufige Niederschläge im Frühjahr 1958 verzögerte sich die Frühjahrsbestellung, die erst Mitte April begonnen werden konnte. Die ersten Pflegearbeiten verliefen ohne Störungen. Im Juni traten größere Niederschläge auf, die die Hackfruchtpflege, vor allem bei Rüben, behinderten. Durch die Hilfe der Abt. Gartenbau konnten die Rübenfelder in einen einwandfreien Zustand gebracht werden.

Die Entwicklung der gesamten Kulturen verlief normal, nur wurde durch eine längere Regenperiode im Juni die Reife des Getreides verzögert, so daß die Ernte der Wintergerste erst am 22. Juli beginnen konnte. Auch während der Getreideernte gab es eine zweiwöchige Regenperiode, die den Einsatz eines neuen Mähdreschers nicht voll wirksam werden ließ. Nur durch Zusammenarbeit aller Abteilungen des Institutes war es möglich, die Ernte nach Eintritt trockenen Wetters ohne Verluste einzubringen. Sie konnte erst am 8. September beendet werden, wodurch die Hackfruchternte mit einer Verspätung von 14 Tagen begonnen wurde. Obwohl es im September gutes Erntewetter für die Hackfrüchte gab, konnte diese Verspätung mit den wenigen vorhandenen Arbeitskräften nicht aufgeholt werden, zumal der vertraglich Anfang September zu liefernde Kartoffelvorratsroder erst Ende Dezember geliefert wurde. Auch der Einsatz der Rübenvollerntemaschine brachte nicht die erwartete Erleichterung, da Ende Oktober eine längere Regenperiode begann, die den Einsatz der Maschine nicht mehr zuließ. Erst durch eine Reihe von Maßnahmen, die von den Massenorganisationen und der Betriebsleitung eingeleitet wurden, konnte die Hackfruchternte Anfang Dezember beendet werden. Diesen Maßnahmen und dem Umstand, daß nur geringe Nachtfröste auftraten, ist es zuzuschreiben, daß alle Früchte ohne Verluste geerntet werden konnten. Es war daher möglich, das gesamte Ablieferungssoll zu erfüllen und erstmalig auch die geplanten Einnahmen voll zu erreichen und zu überschreiten.

Die Entwicklung der Viehbestände war daran in großem Maße mit beteiligt. Die Schafherde zeigte ein erfreuliches Anwachsen an Zahl und Güte, was in erster Linie dem neuen Schafmeister und seinen Mitarbeitern zu danken war. Ebenso erfreulich verlief die Entwicklung im Schweine- und Rindviehstall. Bei der Rinderhaltung war nachteilig, daß die Melkmaschine auf der Weide nicht eingesetzt werden konnte. Der Wechsel zwischen maschinellem Melken und Handmelken wirkte sich auf die Milchleistungen nicht günstig aus, ein schwaches Zurückgehen der Jahresdurchschnittsleistung bei der Milch war die Folge. Für das Jahr 1959 wurde daher der Bau eines Fischgrätenmelkstandes auf der Weide geplant.

Die Zusammenarbeit mit dem Institut Quedlinburg bei der Schaffung einer tbc-freien Rindviehherde verlief weiterhin planmäßig.

Die Geburtenzahlen bei allen Tierarten waren 1958 befriedigend und zeigten vor allem bei den Schweinen ein recht gutes Ergebnis. Der Absatz an Zuchtschweinen war mit 8 Jungebern und 32 Jungsauen noch nicht ausreichend.

Die Aufzucht von Jungbullen wurde eingeschränkt, da die Nachfrage durch die verstärkte Anwendung der künstlichen Besamung zurückging.

Die Arbeitskräftelage in der Abt. Landwirtschaft war auch 1958 weiterhin ungünstig. Sie konnte nur durch die Bereitstellung von Wohnraum für verheiratete Landarbeiter verbessert werden.

Auch wurden weitere moderne Maschinen angeschafft, und zwar neben dem bereits erwähnten Mähdrescher noch ein Geräteträger mit verschiedenen Zusatzgeräten, ein Heu- und Strohgebläse und ein Kopplungsgerät für drei Düngerstreuer.

Der Leiter der Abt. Landwirtschaft August-Ernst Werthmann schied im Monat August aus; an seine Stelle trat der staatl. geprüfte Landwirt Gerhard Jacobi.

Obwohl die Rübenernte im Herbst 1958 infolge der feuchten Witterung erst spät beendet wurde, konnte die gesamte Winterfurche rechtzeitig durchgeführt werden. Der Winter 1958/59 war wiederum mild, so daß Auswinterungsschäden nicht entstanden. Die Niederschläge blieben jedoch äußerst gering, so daß für die Vegetation nennenswerte Wasserreserven nicht verfügbar waren.

Die Frühjahrsbestellung konnte infolge der günstigen Witterung bereits am 4. März begonnen und sehr schnell beendet werden. Das Anbauverhältnis wurde dahingehend geändert, daß die Getreideanbaufläche auf rd. 50% erhöht und arbeitsintensive Früchte, vor allem Gemüse, Gewürz- und Heilpflanzen etwas eingeschränkt wurden.

Die gesamten Kulturen entwickelten sich 1959 recht günstig, durch die geringen Regenfälle wurde die Unkrautbekämpfpung sehr erleichtert. Trotzdem war es nicht möglich, die Arbeiten mit den Mitarbeitern der Abteilung allein zu bewältigen, so daß die Hilfe der Abt. Gartenbau erforderlich wurde. Bei der Rübenpflege wurden außerdem freiwillige Mitarbeiter eingesetzt.

Die Raps- und Getreideernte begann schon Anfang Juli und konnte — begünstigt durch die Witterung — am 21. August beendet werden. Der Einsatz von modernen Maschinen, wie Mähdrescher und Räum- und Sammelpresse, erleichterte die Arbeiten und führte dazu, daß die Getreideernte fast ohne zusätzliche Hilfe eingebracht werden konnte. Das Getreide hatte kaum unter der Trockenheit gelitten und brachte, bis auf Sommergerste, recht gute Erträge, bei einigen Weizenschlägen sogar Spitzenerträge.

Die Kartoffelernte konnte am 5 September begonnen werden. Durch die große Trockenheit konnten die Vorratsroder und Vollerntemaschinen nur bedingt eingesetzt werden. Der neue Siebketten-Vorratsroder lieferte eine befriedigende Arbeit, doch war der Verschleiß durch die Trockenheit sehr groß. Die Erträge konnten noch als befriedigend angesehen werden. Größere Schwierigkeiten bereitete die Ernte der Zuckerrüben, da durch die Verhärtung des Bodens alle normalen Geräte versagten. Lediglich der Dampfpflug-Rübenheber konnte die Arbeiten, wenn auch unter Schwierigkeiten, bewältigen. Die Erträge waren unbefriedigend und die Beendigung der Rübenernte verzögerte sich bis Anfang Dezember.

Das gesamte Soll an Pflanzen-Produkten konnte bis auf Zuckerrüben erfüllt werden.

Die Entwicklung der Viehbestände nahm 1959 nicht bei allen Tierarten den gewünschten Verlauf. Bei Schweinen wurde die geplante Zahl und auch der Ausstoß nicht voll erreicht. Es konnten aber 13 Zuchtsauen, 37 Nutzsauen und 14 Jungeber verkauft werden.

Erfreulich war die Entwicklung des Schafbestandes und insbesondere die Leistungen bei den Wollerträgen. Das Ablieferungssoll an Wolle konnte mit 150% erfüllt werden.

Die tbc-freie Aufzucht der Rinder wurde wiederum in Zusammenarbeit mit dem Institut für Pflanzenzüchtung in Quedlinburg durchgeführt und bereits eine Anzahl von tbc-freien Tieren zurückgenommen. Es war jedoch notwendig, für 1960 bauliche Veränderungen vorzusehen, um den Bestand an tbc-freien Tieren zu erhalten.

Sehr bedauerlich war, daß Anfang August Milzbrand im Rindviehstall ausbrach und erhebliche Verluste die Folge waren. Die Krankheit griff, wenn auch in geringem Umfang, auf den Pferde- und Schafbestand über.

Auf der Weide an der Selke wurde der neuerbaute Fischgrätenmelkstand im Laufe des Sommers der Rinderzuchtbrigade übergeben. Gleichzeitig wurde ein neuer Brunnen angelegt und eine automatische Wasserzufuhr eingerichtet. Die Milchleistung erreichte eine Höhe von 4058 kg Milch bei 3,48% Fett pro Kuh und Jahr.

Die Arbeitskräftelage war auch 1959 sehr angespannt, und nur dem Einsatz der Abt. Gartenbau, der Mitarbeiter der wissenschaftlichen Abteilungen und der recht günstigen Witterung ist es zu danken, daß alle Arbeiten termingerecht durchgeführt werden konnten. Ende des Jahres wurde eine Neuorganisation der gesamten Brigadenarbeit vorgenommen. Die Technisierung wurde durch den Kauf neuer Maschinen gefördert.

Infolge des relativ milden Winters 1959/60 traten an den Herbstbeständen der Getreide und Ölsaaten keine Schäden auf, doch waren die Niederschläge während des Winters nicht ausreichend, um die fehlende Feuchtigkeit der vergangenen trockenen Jahre aufzufüllen.

Die Frühjahrsbestellung begann am 24. März 1960, am 7. April die Aussaat der ersten Zuckerrüben. Als Folge der Erhöhung der Viehbestände wurde der Hackfruchtanteil und der Feldfutterbau — insbesondere Silomais — verstärkt zu Lasten der Getreideanbaufläche; sie wurde auf 44,8% gesenkt. Bei den Frühjahrsarbeiten bewährte sich der Einsatz einer neuerworbenen Kartoffellegemaschine.

Der Arbeitskräftebesatz verringerte sich weiterhin. Rund 25% der gesamten Rübenanbaufläche mußte zur Pflege an nicht arbeitende Angehörige von Mitarbeitern des Instituts vergeben werden, einen weiteren großen Teil übernahm eine Brigade der Abt. Gartenbau.

Die Getreideernte wurde am 12. Juli, die Rapsernte am 15. Juli begonnen.

Bei der Raps- und bei der Erbsenernte wurde durch Schwaddrusch eine hohe Arbeitsproduktivität erreicht. Die Getreideernte verzögerte sich durch häufige Niederschläge, sie konnte jedoch ohne Verluste geborgen werden. Die Getreideerträge waren gut, der Weizen brachte einen Spitzenertrag von durchschnittlich 46,9 dz/ha.

Eine Schönwetterperiode von Mitte September bis Mitte Oktober begünstigte die Hackfruchternte und ermöglichte den reibungslosen Einsatz der Vollerntemaschinen. Das war nicht mehr möglich, als Mitte Oktober laufend Niederschläge einsetzten. Die Schwierigkeiten bei der Bergung der Hackfrüchte konnten nur durch den Einsatz von Hilfskräften – in erster Linie aus der Abt. Gartenbau – bewältigt werden. Die Hilfsbereitschaft der Leitung und der Mitarbeiter der Abt. Gartenbau muß besonders anerkannt werden. Die Kartoffelernte konnte am 25. Oktober und die Zuckerrübenernte am 19. November abgeschlossen werden.

Das geplante Ablieferungssoll wurde bei Getreide mit 150%, bei Erbsen mit 144% und bei Kartoffeln mit 100% erfüllt, bei Ölfrüchten und Zuckerrüben konnte das Soll nicht ganz erreicht werden.

Die Viehbestände entwickelten sich 1960 planmäßig, die vorgesehene Produktionsleistung konnte erfüllt werden. Rind-, Schaf- und auch Schweinefleisch wurde in der geplanten Menge abgeliefert. Die Entwicklung des Schafbestandes war ebenfalls gut, so daß das Ablieferungssoll an Wolle mit 124% erfüllt werden konnte.

Die in Zusammenarbeit mit dem Institut für Pflanzenzüchtung in Quedlinburg durchgeführte Aufzucht von tuberkulosefreien Rindern mußte infolge Seucheneinbruchs aufgegeben werden. Es mußte daher durch Aufzucht von eigenen Tieren ein tbc-freier Rinderbestand geschaffen werden. Bis zum Jahresende wurde aus eigener Nachzucht bzw. durch Zukauf von geeigneten Tieren bereits ein Bestand von 56 Tieren erreicht.

In der Schweinezucht wurde die Umstellung auf einen reinen Herdbuchbestand vorgesehen; sie konnte bis zum Jahresende fast erreicht werden. 57 Jungsauen und 2 Jungeber wurden abgegeben.

2 Zuchtbullen wurden verkauft und 1 Jungbulle mit guter Abstammung gekauft.

Durch die zielbewußte Leitung und Organisation der Abteilung konnte das Jahr 1960 erstmalig mit einem finanziellen Überschuß abgeschlossen werden.

Der Winter 1960/61 verlief mit wenig Frost, jedoch ausreichend Schnee als Schutz für die Saaten, so daß Auswinterungsschäden bei Getreide und Raps nicht auftraten. Bereits am 2. März 1961 konnte mit der Frühjahrsbestellung begonnen werden, sie wurde am 24. März abgeschlossen.

Die Bestellung der Zuckerrüben und das Auspflanzen der Kartoffeln wurde ab Mitte April vorgenommen.

Bei den Pflegearbeiten wurde die Verwendung von Maschinen und Geräten durch langanhaltende Niederschläge behindert.

Mit Beginn der Getreideernte trat eine Wetterbesserung ein, die den Einsatz aller Maschinen und Geräte gestattete. Die Getreideernte konnte ohne Verluste am 3. September abgeschlossen werden.

Die Erträge bei Getreide, Ölfrüchten, Kartoffeln und Zuckerrüben waren nicht zufriedenstellend und brachten nur eine knappe Mittelernte. Das Marktaufkommen an Getreide konnte jedoch erfüllt werden.

Über dem Durchschnitt lagen die Erträge bei Erbsen.

Bei der Kartoffelernte ließ der durch die starken Niederschläge verhärtete Boden den Einsatz der Vollerntemaschinen nur zeitweise zu; fast die gesamte Kartoffelernte mußte mit der Hand aufgelesen werden.

Auch bei der Ernte der Zuckerrüben war eine Arbeit der Vollerntemaschinen infolge der Niederschläge und des nicht befriedigenden Kulturzustandes nur bedingt möglich.

Durch die ungünstige Witterung lagen auch die Erträge bei Futterpflanzen — in erster Linie beim Mais — relativ niedrig, so daß die Grundfuttermengen für Rinder und Schafe eingeschränkt werden mußten.

Die Entwicklung der Viehbestände nahm 1961 einen guten Verlauf, die vorgesehenen Endbestände konnten bei allen Tierarten überschritten werden. Der Rindviehbestand erhöhte sich um rd. 30%, am Jahresschluß waren 405 Tiere vorhanden.

Der Aufbau des tuberkulosefreien Rinderbestandes konnte weiter erfolgreich gefördert werden, er betrug z. Z. 108 Tiere, darunter 11 Kühe, und wurde bereits staatlich anerkannt.

Die geplante Erhöhung des Schweinebestandes — auf 40 Zuchtsauen — konnte erreicht bzw. überschritten werden. Ein neuer Schweinemaststall wurde errichtet.

Das Ablieferungssoll an Schaf- und Schweinefleisch wurde 100%ig und das Soll an Wolle mit 118% erfüllt. Bei der Abnahme von Rindern traten Stockungen ein, so daß das Ablieferungssoll nicht erreicht werden konnte.

Als Zuchttiere wurden 1 Jungbulle, 1 Jungeber und 50 Jungsauen verkauft. Aus dem Schafbestand konnten insgesamt 96 junge Schafe als Nutztiere bzw. Wollträger abgegeben werden.

Die ungünstige Witterung im Herbst 1961 verhinderte die planmäßige Beendigung der Winterweizenbestellung. Sie wurde aber im Januar 1962 mit der Aussaat von Sommerweizen nachgeholt. Erst am 29. März konnte mit der Frühjahrsbestellung begonnen werden. Durch intensiven Einsatz aller vorhandenen Maschinen und durch Anwendung des Zweischichtensystems gelang es, die gesamte Frühjahrsbestellung einschl. Zuckerrüben und Kartoffeln bereits am 24. April abzuschließen.

Die Futterpflanzenfläche wurde zu Lasten der Getreidefläche wiederum erweitert, um den erhöhten Anforderungen der vergrößerten Viehbestände gerecht zu werden.

Die kühle Witterung in der zweiten Frühjahrshälfte 1962 begünstigte die Pflegemaßnahmen. Durch freiwilligen Einsatz vieler Mitarbeiter des Instituts und der Einwohner des Ortes Gatersleben konnten vor allem die Pflegearbeiten bei den Zuckerrüben schnell zum Abschluß gebracht werden.

Die Getreideernte begann am 26. Juli und wurde bereits am 7. September beendet. Durch den Einsatz aller verfügbaren Maschinen und durch die Hilfe einiger Mitarbeiter aus den wissenschaftlichen Abteilungen verlief die Getreideernte reibungslos und konnte ohne Verlust geborgen werden. Entgegen allen Erwartungen brachte das Getreide Rekorderträge, und zwar bei Winterweizen 56 dz/ha, bei Sommerweizen 37,6 dz/ha und bei Sommergerste 46,0 dz/ha. Das Marktaufkommen konnte mit 25% übererfüllt werden.

Einen guten Ertrag brachten auch die Speiseerbsen, während der Winterraps zum größten Teil auswinterte und durch Anbau von Senf ersetzt werden mußte.

Die Kartoffelernte konnte durch den zügigen Einsatz der Vollerntemaschine bis zum 13. Oktober abgeschlossen werden. Die Erträge befriedigten nicht in vollem Umfange.

Bei der Ernte der Zuckerrüben behinderte die teilweise Verhärtung des schweren Bodens die Arbeit der Vollerntemaschine zum großen Teil, doch konnte die Zuckerrübenernte bereits am 4. November abgeschlossen werden. Da Wärme und Feuchtigkeit während der Entwicklungsperiode gefehlt hatten, blieben die Erträge zurück.

Die Umstellung des Rinderbestandes auf tbc-freie Tiere konnte bis auf kleine Reste durchgeführt werden. Von zwei Instituten der Deutschen Akademie der Landwirtschaftswissenschaften wurden 40 tragende Färsen bzw. Kühe durch Ankauf erworben. Aus der eigenen Nachzucht standen ebenfalls eine größere Anzahl tbc-freier Rinder zur Verfügung, so daß im Laufe des Jahres 1963 mit einer Herde vollständig tbc- und Brucellose-freier Tiere zu rechnen war.

Im Schweinebestand trat im November 1962 Maul- und Klauenseuche auf und verursachte einen Verlust von 90 Ferkeln und Läufern. Im Maststall wurden die Gewichtszunahmen durch die Seuche beeinträchtigt, so daß die geplante Ablieferung von Schweinefleisch nicht in vollem Umfange erreicht wurde.

Im Winter 1961/62 trat vor allem für die Schafherde Futterknappheit ein, dennoch nahm die Entwicklung der Herde einen planmäßigen Verlauf. Sowohl das Schlachtvieh- als auch das Nutzvieh-Aufkommen konnte erbracht werden, der Wollertrag wurde nicht voll erreicht.

Die Winterpflugarbeiten konnten infolge der kalten Spätherbstwitterung 1962 und durch den Ausfall des Dampfpfluges nicht beendet werden.

Der lang anhaltende Winter mit einer starken Schneedecke, die Auswinterungsschäden verhinderte, verzögerte den Beginn der Frühjahrsbestellung 1963 bis zum 28. März; bereits am 27. April wurde sie einschl. der Bestellung von Rüben und Kartoffeln abgeschlossen.

Der Abteilungsleiter Gerhard JACOBI schied am 30. Juni 1963 aus dem Betrieb aus. Am 1. Juli übernahm Dipl.-Landw. Hans Joachim KÜHN die Leitung der Abteilung.

Die Getreideernte begann am 12. Juli; sie konnte durch den verstärkten Einsatz des Mähdreschers und durch das in großem Umfang angewendete Strohhäckselverfahren reibungslos durchgeführt und am 29. August beendet werden. Das Getreide brachte durch die Trockenheit in den Frühjahrsmonaten nur mittlere Erträge, das staatliche Aufkommen wurde erfüllt. Der Rapsertrag befriedigte nicht, das Ergebnis bei Erbsen war ausreichend.

Durch den Einsatz der Vollerntemaschine konnte unter Mithilfe der wissenschaftlichen Abteilungen die gute Kartoffelernte schnell und ohne Verluste geborgen werden. Ein großer Teil wurde für die Versorgung der Viehbestände konserviert.

Erstmalig 1963 wurde die gesamte Zuckerrübenernte mit der Vollerntemaschine gerodet. Der Ertrag war befriedigend, obwohl die Hälfte der Rübenfläche im Frühjahr nochmals bestellt werden mußte.

Infolge der Trockenheit blieben die Futterpflanzenerträge, besonders bei Mais, unter den Erwartungen. Eine verlustlose Ernte, eine gute Konservierung und der Anbau von Zwischenfrüchten trugen dazu bei, daß ausreichende Futterbestände bis zum Frühjahr zur Verfügung standen.

Der Aufbau des tuberkulosefreien Rinderbestandes entwickelte sich weiterhin günstig. Die vorgesehene Gesamtzahl an Rindern wurde fast erreicht. Die Leistung der jungen Herde betrug ca. 3500 kg Milch/Kuh.

Bei den Schweinen trat leider während des Winters 1963/64 die Schweinedysenterie in so starkem Umfange auf, daß von den zuständigen Veterinär-Dienststellen die Schlachtung des gesamten Bestandes bis zum Jahresende gefordert werden mußte.

Der Absatz von Nutz- und Schlachtschafen war zum Jahresende gehemmt. Durch die verlängerte Haltung der verkaufsreifen Tiere wurde der gesamte Bestand beeinträchtigt. Trotzdem entwickelte sich die Herde günstig, die Produktion von Fleisch und Wolle konnte erfüllt bzw. übererfüllt werden.

Durch den langanhaltenden Winter 1963/64 konnte die Frühjahrsbestellung erst am 10. April 1964 beginnen. Sie wurde am 29. April abgeschlossen. Die Hälfte der Zuckerrübenfläche wurde erstmalig mit monokarpem Saatgut bestellt.

Durch eine schneefreie Frostperiode traten in geringem Umfange Auswinterungsschäden bei Rübsen, Raps, Weizen und Gerste auf. Auch Feldmäuse schädigten trotz mehrmaliger Bekämpfungsaktionen die Saaten.

Die Getreideernte begann am 7. Juli und endete am 27. August. Das Stroh wurde vorwiegend im Häckselverfahren geborgen. Die Erträge bei Getreide befriedigten nicht, bei Raps und Erbsen waren sie ausreichend. Der Staatsplan wurde erfüllt.

Die Kartoffel- und Zuckerrübenernte erfolgte mit Vollerntemaschinen. Bei der Bergung der Zuckerrüben bewährte sich der Nachläufer, so daß zügig gerodet und das Erntegut sofort zur Fabrik gebracht werden konnte. Das Rübenblatt wurde größtenteils einsiliert. Trotz der geringen Niederschläge waren die Erträge bei Kartoffeln, Zuckerrüben und Rübenblatt zufriedenstellend.

Die Futterpflanzenerträge blieben durch die Trockenheit unter den Erwartungen.

Im Rahmen der Modernisierung der Stallanlagen wurde ein Axialgebläse eingebaut, das eine Kaltbelüftung des Luzerneheus gestattet. Die durch umfangreiche Kanalisationsarbeiten der Gemeinde Gatersleben erforderliche künstliche Senkung des Grundwasserspiegels in der Nähe der Viehweiden schmälerte den Ertrag.

Der tuberkulosefreie Rinderbestand näherte sich 1964 der geplanten Höhe. Die Milchleistung lag im Durchschnitt bei 3600 kg.

Für den Neuaufbau des Schweinebestandes wurden 30 Stammsauen gekauft. Eine geplante Mast von 250 Tieren konnte nicht in vollem Umfang durchgeführt werden. da vertraglich gebundene Läufer nicht geliefert wurden.

Der Absatz von Schlachtschafen und weiblichen Nutztieren bereitete wieder Schwierigkeiten, eine rationelle Futterplanung wurde dadurch beeinträchtigt. Das Aufkommen an Wolle und Schaffleisch konnte übererfüllt werden.

Die Frühjahrsbestellung im Jahre 1965 begann mit dem 31. März relativ spät. Durch Niederschläge mehrfach unterbrochen, wurde sie am 12. Mai abgeschlossen.

Durch intensive chemische und mechanische Pflegemaßnahmen konnten die Bestände unkrautfrei gehalten werden.

Die Getreideernte begann am 30. Juli und wurde am 19.September beendet. Häufige Niederschläge verhinderten an vielen Tagen den Einsatz der Mähdrescher. Ein großer Teil des geernteten Getreides war überfeucht und mußte industriell getrocknet werden. Die Strohbergung erfolgte überwiegend im Häckselverfahren.

Die Raps- und Speiseerbsenerträge waren Durchschnittlich. Bei Getreide und Futtererbsen lagen die Ergebnisse über dem durchschnitt. Im Rahmen der zusätzlichen Getreideerfassung kamen 25 to Weizen zur Ablieferung.

In der Kartoffel- und Zuckerrübenernte wurden Vollerntemaschinen eingesetzt, soweit es die Witterungs- und Bodenverhältnisse erlaubten. Durch den frühen Beginn des Winters am 13. November konnten nicht alle Zuckerrüben gerodet werden.

Die Futterpflanzenerträge lagen über dem Durchschnitt. Fast 3000 dt Luzerne konnten in der Zuckerfabrik Gatersleben künstlich getrocknet werden. Die vorhandenen Kaltbelüftungsanlagen wurden voll beschickt.

Der tuberkulosefreie Rinderbestand erreichte 1965 die vorgesehene Höhe. Die Milchleistung pro Kuh betrug im Jahr 3870 kg. Der Landeszucht wurden mehrere Zuchtbullen und Herdbuchfärsen zur Verfügung gestellt.

Der Bestand an Zuchtschweinen vergrößerte sich planmäßig. Die ersten Jungsauen konnten an andere Betriebe verkauft werden.

In der Schafhaltung wurde das Planaufkommen an Wolle, Schlachtvieh sowie an Zucht- und Nutzvieh überboten.

Die Frühjahrsbestellung im Jahre 1966 begann am 18. März. Durch Niederschläge mehrfach unterbrochen, konnte sie am 17. Mai abgeschlossen werden.

Auswinterungsschäden traten nicht auf. Dagegen war die Schädigung der Luzerneschläge durch Feldmäuse trotz Bekämpfung erheblich.

Die Getreideernte begann am 13. Juli und endete am 23. August. Kooperative Hilfe leistete hierbei ein Mähdrescher aus der LPG Düben Krs. Roßlau. Ein großer Teil des Getreides mußte wieder künstlich getrocknet werden. Die Erträge befriedigten nicht. Das Stroh wurde meist im Häckselverfahren geborgen.

Die Kartoffel- und Zuckerrübenernte erfolgte vorwiegend mit Vollerntemaschinen. Mit gutem Erfolg bewährte sich in der Zuckerrübenblatternte der Köpflader. Die Erträge bei Kartoffeln lagen weit über dem langjährigen Durchschnitt, die Zuckerrübenernte war zufriedenstellend.

Bei Futterpflanzen litten die Erträge unter der bereits erwähnten künstlichen Senkung des Grundwasserspiegels.

Im Jahre 1966 wurde für die Rinder- und Schweinehaltung ein neues Produktionsprofil vorgesehen. Einschränkung der Mast und Betonung der Zucht sollten dazu beitragen, die Produktion rationeller und gewinnbringender zu gestalten. Schwerpunkt in der Rinderhaltung war die Ausmerzung von leistungsschwachen Tieren und die Entwicklung einer Leistungsherde, die dann im Durchschnitt des Jahres 1966 4094 kg Milch mit 3,98% Fett erbrachte. Der Landeszucht konnten eine größere Anzahl Herdbuchfärsen zur Verfügung gestellt werden.

In der Schweinezucht wurden in steigendem Maße Jungsauen und Eber an andere Betriebe verkauft, in der Schafhaltung waren die Erträge an Wolle, Schlacht-, Zucht- und Nutzvieh überdurchschnittlich. Der Staatsplan konnte in fast allen Punkten erfüllt oder überboten werden.

Die Frühjahrsbestellung im Jahre 1967 begann am 15. März. Durch ungünstige Witterungsbedingungen mehrfach unterbrochen, konnte sie am 28. April beendet werden. Auswinterungsschäden traten nicht auf. Ein Teil der Luzernefläche und eine Steinklee-Vermehrungsfläche waren durch Feldmäuse so stark geschädigt, daß sie umgebrochen werden mußten.

Durch Hagelunwetter im Juli entstanden auf zwei Sommerweizenschlägen Verluste von 15% und auf einem Futtererbsen-Vermehrungsschlag Totalschaden.

Die Ernte der Winterzwischen- und Feldfutterfrüchte erfolgte durch die Ernte- und Transportgemeinschaft „Einheit", der 7 LPG und die Abt. Landwirtschaft des Instituts angehören. Grünroggen, Luzerne und Feldfuttergemenge wurden im Trocknungsbetrieb Gatersleben des VEB Zuckerfabrik Nordharz zu hochwertigem Trockengut verarbeitet und damit die Rauhfutterversorgung der Viehbestände gesichert.

Der Drusch der Ölfrüchte begann am 18. Juli. Die sich anschließende Getreideernte wurde im Komplex mit der LPG „Freundschaft", Gatersleben, durchgeführt. So konnten erste Erfahrungen auf dem Gebiet der Kooperation gesammelt werden, die bei der Kartoffel-, Silomais- und Zuckerrübenernte ausgewertet und erweitert wurden.

Die Silomaisernte erfolgte im Schichtsystem, die Ernte der Zuckerrüben im Zweiphasensystem.

Die Erträge des Getreides waren befriedigend. Der Staatsplan wurde übererfüllt. Bei Kartoffeln und Silomais wurden überdurchschnittliche Erträge erzielt. Obwohl die Zuckerrüben durch den Hagel stark in Mitleidenschaft gezogen waren, konnte der Staatsplan übererfüllt werden.

In der Rinderhaltung erreichte die 35 Tiere zählende Leistungsherde 5000 kg Milch und 200 Fettkilo im Jahresdurchschnitt. Die Leistung des Gesamtkuhbestandes betrug 4000 kg Milch je Kuh mit 3,5% Fett. Der Landeszucht konnten eine größere Anzahl Herdbuchfärsen zur Verfügung gestellt werden. Der Staatsplan in Schlachtvieh wurde übererfüllt. Das Auftreten der Aujetzkyschen Krankheit behinderte die positive Entwicklung der Schweinezucht. Alle erforderlichen Maßnahmen wurden getroffen, um den Bestand zu sanieren.

In der Schafhaltung konnte der Staatsplan in Wolle, Schlachtvieh sowie in Zucht- und Nutzvieh überboten werden. Der überwiegende Teil des Zucht- und Nutzviehs wurde exportiert.

Das Jahr 1968 war durch eine höhere Stufe der kooperativen Arbeit in der Feldwirtschaft gekennzeichnet. Aufbauend auf den Erfahrungen des Jahres 1967 und nach gründlichen Vorbereitungen begann die Frühjahrsbestellung am 19. März. Sie wurde im Zweischicht-System konsequent durchgeführt und konnte trotz witterungsbedingter Unterbrechungen bis auf kleine Restflächen am 30. April im gesamten Kooperationsbereich abgeschlossen werden.

Wie im vergangenen Jahr erfolgte die Ernte der Winterzwischen- und Feldfutterfrüchte im Schichtbetrieb durch die Ernte- und Transportgemeinschaft „Einheit" im Zusammenwirken mit dem Trocknungsbetrieb Gatersleben und der BHG Hedersleben. Bedingt durch eine Trockenperiode in den Monaten Mai und Juni wurde das Getreide etwa zehn Tage früher reif als in früheren Jahren. Die Ernte der Wintergerste begann am 8. Juli. Im Bereich Gatersleben der Kooperationsgemeinschaft Hedersleben liefen während der Getreideernte 5 Mähdrescher und 4 Strohpressen im Komplex. Bei der Weizenernte leisteten 2 Mähdrescher aus dem Kreis Roßlau sozialistische Hilfe. Die Getreideernte wurde am 29. August beendet. Die Erträge waren zufriedenstellend. Bei Winterweizen lag der Spitzenertrag bei 56 dz/ha.

Auch die Silomais- und Kartoffelernte erfolgte im Zweischicht-System. Mähhäcksler und Kartoffelvollerntemaschinen wurden komplex eingesetzt. Während die Maiserträge infolge der Trockenperiode im Vorsommer nicht befriedigten, lag die Ernte bei Kartoffeln über dem langjährigen Durchschnitt. Die Ernte wurde durch Niederschläge sehr erschwert und konnte im Kooperationsbereich erst am 18. Oktober beendet werden. Erstmalig wurde die Sortierung der Kartoffeln auf einem BHG-eigenen modernen Sortierplatz vorgenommen. Nicht alle mit der neuen Technologie verbundenen Probleme konnten im Verlaufe der schwierigen Kartoffelernte 1968 befriedigend gelöst werden.

Die Zuckerrüben wurden unter ungünstigen Witterungsbedingungen im Zweiphasen-System geerntet. Als Folge der großen Trockenheit speziell im Juli war der Ertrag nicht befriedigend.

Getreide wird künftig das strukturbestimmende Erzeugnis in der Feldwirtschaft sein.

Bei der Rinderhaltung machten sich durch die Trockenheit aufgetretene Fütterungsschwierigkeiten in einer geringeren Milchleistung bemerkbar. In der Leistung konnte zwar das Vorjahrsergebnis überboten werden, doch wurde der geplante Zuwachs der

Milchproduktion nicht erreicht. Der Staatsplan für Zucht- und Nutzvieh konnte erfüllt werden. Die Schweinehaltung wurde auch 1968 durch eine unklare Seuchenlage beeinträchtigt. Die Aujetzky-Sanierung kam erst im Herbst zum Abschluß, eine plangemäße Vermehrung der Zucht- und Nutzschweinbestände war dadurch nicht möglich.

In der Schafhaltung konnten alle Planteile erfüllt werden.

9.3. Lehr- und Versuchsimkerei

Zu Beginn des Jahres 1947 wurde im Institut eine Lehr- und Versuchsimkerei zur Sicherung der Blütenbestäubung auf den Versuchsfeldern und zur Entwicklung einfacher Bienenbeuten und zweckmäßiger Aufstellungsarten eingerichtet. Die Anlage unterstand dem Imkermeister LIETZMANN, einem staatlich anerkannten Lehrmeister, der die Entwicklung der Imkerei besonders gefördert hat. Die Imkerei umfaßte:

1947 7 alt gekaufte Bienenbeuten, System Freudenstein
1948 20 Völker in Blätterstöcken neuer Art
1949 52 Völker in Blätterstöcken neuer Art
1950 80 Völker in Blätterstöcken neuer Art.

Die neuen Beuten wurden in den Betriebswerkstätten des Instituts gebaut. 1950 konnte zu den bisher vorhandenen Freiständen und der Beobachtungslaube ein Bienenhaus für 20 Völker mit Werkraum, Schleuderraum, Arbeitszimmer und Wohngelegenheit errichtet werden. Durch alljährliche Wanderung mit allen Völkern an die Rapsschläge des Instituts stieg der Honigertrag aus Raps von 26% auf 42% der Gesamthonigernte. Der fachgemäße Einsatz der Bienenvölker nach vorangegangenem Stäuben und Spritzen der Flächen verhinderte an den Rapsschlägen des Instituts jede Einwirkung von Schädlingen. Die Gesamthonigernte stieg von 100 kg 1947 auf 600 kg im Jahre 1950. Gegenüber dem Landesdurchschnitt von 8 kg Honig je Bienenvolk betrug im Durchschnitt von 5 Jahren die Stockernte 10 bis 12 kg. Tageshöchsterträge konnten mit 2,5 bis 2,8 kg am Raps und bei herbstlicher Wiesentracht gewogen werden. Die über das Ablieferungssoll verbleibende Honigmenge wurde zum verbilligten Preis an die Belegschaft des Betriebes abgegeben. Seit Einrichtung der Imkerei wurde die Hochzuchtbienenrasse Alba auf dem Stand eingeführt. Die Versuchsimkerei hatte folgende Probleme zu klären:

1. Vergleich zwischen Freistand und geheiztem Bienenhaus bezüglich Futterverbrauch und Frühjahrsentwicklung
2. Einfluß des Unter-Doppelbodens auf die Frühjahrsentwicklung bis zur Rapsblüte
3. Hefefütterung im Frühjahr als Pollenersatz in mehreren Vergleichsreihen
4. Versuchsreihen zur Duftlenkung und deren Wert für Landwirtschaft und Samenbau
5. Fortführung der Vergleiche verschiedener Beutensysteme am Raps zur Entwicklung der bestgeeigneten Rapsbeute für Betriebe mit Großrapsanbau
6. Feststellung des wirtschaftlichen Wertes der Hochzuchtrasse gegenüber der Landrasse.

1952 liefen außerdem Versuche über vermehrten Fruchtansatz durch Bienen in den Beerenobstplantagen auf den Versuchsfeldern, ferner Pollenuntersuchungen zur Feststellung aller Trachtpflanzen. Auch zur Gewinnung von Mutterkorn wurden Bienen probeweise eingesetzt. Der Leiter der Anlage beriet ständig in Wort und Schrift weite Kreise der Imkerschaft und trug damit zur Verbreitung der Kenntnisse über die Bedeutung der Bienen und ihren Bestäubungsnutzen bei.

Im Jahre 1953 betrug die Zahl der Bienenvölker unverändert 80. Ältere Beutetypen wurden durch neue ersetzt. Als Wirtschaftsbeute, die bei zeitsparender Behandlung der Bienen gleichzeitig beste Beobachtungsmöglichkeiten bot, wurde eine dreietagige Blätterstock-Hochwabenbeute im Normalmaß mit Fenster für Baurahmen im Stockmaß und Unterboden entwickelt. Auch die Weiselzucht-Einwabenkästchen entsprachen dem Stockmaß. Durch einheitliche Verwendung deutscher Normalmaß-Halbrähmchen in den Bruträumen, den Honigrahmen der Beuten, im Baurahmenfenster und in den Weiselzucht-Einwabenkästchen wurde eine bisher unerreichte Vereinfachung erzielt. Für Lehrzwecke waren vorhanden: Breitwagen-Blätterstöcke, Magazinbeuten, Strohkörbe mit Aufsatz, Freudensteinbeuten und ein Beobachtungsstock nach Prof. v. FRISCH. Beschafft wurden ein zweiter Waagstock und ein Wohnwagen für die Großwanderung.

Eingerichtet wurde eine Sammlung von Sortenhonigen und Anschauungsobjekten zur Königinnenzucht und zur Gerätekunde.

Wanderungen mit Bienenvölkern führten zu den Rapsschlägen (50 Völker), in die Beerenobst- und Apfelbuschpflanzungen und zu den Mutterkornparzellen. Der Leiter der Imkerei besuchte im Herbst 1953 Imkereibetriebe in 30 Ortschaften, um namentlich auch den volkseigenen Betrieben zu raten und zu helfen.

1954 wurde eine Anzahl neuer Beuten aufgestellt, darunter ein zerlegbarer Wanderstapel für Mehrvolkbetriebsweise mit Ausziehvorrichtungen. Eine Großwanderung konnte nicht stattfinden, da der Winterraps ausgefroren war. Es fanden nur einige Umsetzungen von Völkern auf Parzellen des Versuchsfeldes für Mutterkornroggen und Obstanlagen statt. In größerem Umfang konnten Untersuchungen von Honigen auf Pollengehalt zur Trachtfeststellung durchgeführt und auch auswärtigen Imkern wirtschaftlich wertvolle Hinweise für richtigen Einsatz von Wandervölkern gegeben werden. Das umstrittene Problem des Honigens der Linde wurde im Ostteil des Hakelwaldes unter Hinzuziehung mehrerer Wanderkollegen und der VEG-Imkerei Egeln seiner Lösung näher gebracht. Die Waldlinde im Osthakel hat 1954 trotz vorhergegangener Trockenheit gehonigt.

Die Arbeitskreise, die sich um die Lehr- und Versuchsimkerei gebildet hatten, schlossen ihre Arbeiten ab, wie der „Versuchsring für Höselhefe“, dessen Ergebnisse veröffentlicht wurden. Die „Arbeitsgemeinschaft für Bienenkunde und Imkerpraxis“ brachte ein Königinnenzuchtgerät heraus, das soviel Anklang fand, daß die Herstellerfirma zeitweise mit der Produktion nicht folgen konnte.

Zur Erweiterung unserer Lehrlingsausbildung, zu der behördlicherseits gewünschten Propagierung der Seidenraupenzucht und zur Ausnutzung vorhandener Maulbeerhecken wurde 1954 eine „Arbeitsgemeinschaft für Seidenbau“ ins Leben gerufen, die mit gutem Erfolg ihre ersten Zuchten durchführte. Mit der Heranzucht großblättriger Maulbeersträucher wurde begonnen.

Der bisherige Leiter der Abteilung, Imkermeister Hermann LIETZMANN, verstarb unerwartet am 7. Mai 1955. Zum 14. Juli 1955 trat als Nachfolger der Imkermeister Ulrich FUCHS ein.

1955 waren die Rapsbestände gut durch den Winter gekommen und brachten eine reiche Blüte. Daher konnten wieder Wanderungen durchgeführt werden. Zuerst wurde der Wanderstand am Rapsfeld am Kochenborn errichtet, später am Hakel. Leider waren die Ergebnisse der Wanderung nur bescheiden, da die ungünstige regnerische und kühle Witterung den Bienenflug behinderte.

Eine systematische Registrierung der einzelnen Völker wurde begonnen und mit der Einführung von Stockkarten die Vorarbeiten zur Aufstellung von Leistungstabellen durchgeführt.

Mit der Vereinigung Volkseigener Güter wurden Verhandlungen zwecks käuflicher Übernahme von 1955 anfallenden Völkern geführt.

Die Verbindung zu der Arbeitsgemeinschaft des Bienenforschungskreises, die vorübergehend unterbrochen war, wurde wieder aufgenommen. Ebenso wurde die Arbeitsgemeinschaft „Junge Imker" der Grundschule Gatersleben wieder ins Leben gerufen und die Arbeit fortgesetzt.

Sämtliche im Herbst 1955 eingewinterten 85 Bienenvölker in Kästen und ein Volk im Strohkorb kamen gut durch den harten Winter 1955/56. Wie vorgesehen, wurden an volkseigene Güter 25 Bienenvölker in den vorher von diesen Betrieben angelieferten Bienenwohnungen abgegeben. 6 Völker wurden in den benutzten Freudenstein beuten verkauft. Angekauft wurden 8 Paschke-Breitwabenblätterstöcke, die mit Bienen besetzt wurden. 84 Standvölker und 6 Reservevölker wurden eingewintert.

Die Honigernte von 433,5 kg war infolge der ungünstigen Witterung des Jahres 1956 nicht befriedigend. Während des Sommers wurde mit den Bienenvölkern fünfmal gewandert und die Rapsblüte sowie die Sonnenblumenblüte am Hakel ausgenutzt. Nach der Rapsblüte wurden 42 Völker zum Hakelwald gebracht, um auch hier Honig zu ernten.

Der Imkermeister führte bei der LPG Mansfeld (Südharz) mehrere fachliche Beratungen über Bienenzucht durch. Auf Kreisimkertagungen in Aschersleben bzw. Gatersleben wurden Vorträge gehalten. In einem Lehrgang in Jena zur Vorbereitung der Imkergehilfenprüfung gab der Imkermeister 18 Unterrichtsstunden und nahm an der Prüfung als Mitglied der Prüfungskommission teil.

Der bis zum Herbst 1956 auf 90 Völker gestiegene Bienenbestand konnte gut durch den Winter 1956/57 gebracht werden.

10 Völker wurden im Laufe des Frühjahrs aufgelöst und mit anderen vereinigt. 5 Völker waren für Versuche vorgesehen, so daß zum Beginn der Tracht 75 Ertragsvölker vorhanden waren. An volkseigene Güter wurden 20 Völker abgegeben und an sonstige Imker 2 Völker. Hierbei wurden 7 Normal-Dreietage-Blätterstöcke mit verkauft. Angeschafft wurden 20 Typenbeuten.

Gegenüber dem Jahre 1956 konnte die Honigernte 1957 wesentlich gesteigert werden und betrug 675 kg, was einem Stand-Durchschnitt von 9 kg entsprach. Der Honigertrag hätte noch reichlicher sein können, wenn nicht in einer Nachbargemeinde ein Rapsfeld mit Kontaktgiften bestäubt und dadurch eine Reihe von Völkern stark geschädigt worden wäre.

Auch im Jahre 1957 wurden wieder mehrere Wanderungen vorgenommen, und zwar zu den Rapsschlägen an der Fasanerie, zum Hakelwald, in den Monaten Juli/August zur Luzerneblüte am Hakel und zur Sonnenblumenblüte am Kochelborn.

Für die Weiterentwicklung der Zucht wurde ein Zuchtvolk sowie eine Königin der Carnica-Rasse (Stamm Alba) angekauft. Hiervon wurden 34 Königinnen nachgezogen, von denen 4, die zur weiteren Nachzucht vorgesehen waren, auf der Belegstelle Spiegelshaus begattet wurden.

Der Bienenstand wurde der neu gegründeten Arbeitsgemeinschaft für angewandte Bienenforschung in der DDR angeschlossen und hierbei folgende Aufgaben übernommen: Feststellung der Wirkung der verschiedenen Reizfütterungsarten auf die Legetätigkeit der Königin; Ertragssteigerung der Sonnenblume durch Bienenflug.

Der Imkermeister FUCHS wirkte außerdem als Mitglied der Prüfungskommission für die Imker-Facharbeiterprüfungen in der Lehr- und Forschungsanstalt für Bienen in Tälermühle Krs. Stadtroda/Thür. mit.

Im Jahre 1957 wurde der Bienenstand von 2 Imkersparten mit insgesamt 140 Teilnehmern besucht, dazu kamen verschiedene Einzelbesuche von Imkern aus der Umgebung, die sich laufend bei dem Imkermeister Rat holten.

Die im Herbst eingewinterten 75 Stand- und 5 Reservevölker konnten ohne Verlust durch den Winter 1957/58 gebracht werden. Die 5 Reservevölker wurden der Abt. Systematik und Sortiment zu Bestäubungsversuchen zur Verfügung gestellt.

Verkauft wurden planmäßig an volkseigene Güter 25 Völker. Eingewintert wurden 1958 90 Standvölker und 60 Reservevölker. Diese 60 Reservevölker wurden für die Bestäubungsarbeit innerhalb der wissenschaftlichen Abteilungen zur Samengewinnung wichtiger Kulturpflanzen vorgesehen.

1958 wurden nur 490 kg Honig geerntet, das entsprach einem Standdurchschnitt von 6,5 kg. Diese relativ geringe Ernte wurde durch die ungünstige Witterung im Frühjahr und die damit verbundenen schlechten Vegetationsverhältnisse der Frühtracht (Obst und Raps) verursacht. Es konnte nur ein Drittel der sonst geernteten Honigmenge geschleudert werden. Auch die Junitracht (Senf) versagte durch die regnerische Witterung und die Robinie honigte nur sehr kurze Zeit. Lediglich die Linden am Hakel brachten eine reichere Honigernte.

Durch Wanderungen wurden folgende Trachten genutzt: Rapstracht mit 43 Völkern; Robinie auf der Abraumhalde Nachterstedt mit 20 Völkern; Linde im Hakel mit 23 Völkern, Sonnenblumen mit 20 Völkern.

Zur Ermittlung der Trachtverhältnisse im Mittelharz wurden 5 Völker zur Windenhütte bei Altenbrak gebracht.

Annähernd 200 Königinnen wurden gezüchtet, von denen 125 begattet wurden. Hiervon wurden 7 Königinnen verkauft und 4 an Mitarbeiter der Arbeitsgemeinschaft abgegeben. Durch die Beschickung der Inselbelegstelle Ruden standen 12 reingepaarte Tiere nach erfolgter Erprobung zur Nachzucht bereit.

Bei der Windenhütte im Harz wurde eine Belegstelle errichtet.

Die im Rahmen der Arbeitsgemeinschaft für angewandte Bienenforschung der DDR übernommenen Aufgaben wurden 1958 weitergeführt und für das Meteorologische Institut der Friedrich-Schiller-Universität Jena Ermittlungen über den Baubeginn der Bienenvölker angestellt.

Sieben Caucasica-Bienenköniginnen aus der UdSSR wurden in Völker eingeweiselt und standen der Forschung zur Verfügung. Die Aufgabenstellung erfolgte über die Arbeitsgemeinschaft für angewandte Bienenforschung.

Von den im Herbst 1958 eingewinterten 90 Stand- und 60 Reservevölkern wurden im Frühjahr 1959 42 Völker für die Bestäubungstätigkeit an die Abt. Systematik und Sortiment abgegeben und 7 Völker verkauft.

238 Königinnen wurden gezüchtet, von denen 148 begattet wurden. 151 Standbegattungen wurden vorgenommen und außerdem noch 3 auswärtige Belegstellen mit insgesamt 78 Königinnen beschickt. Zur Körung im Jahre 1960 konnte über 14 Völker verfügt werden.

Auf dem Stand standen 20 auf Belegstellen begattete Königinnen zur Erprobung bereit. 34 Königinnen wurden an die Arbeitsgemeinschaft abgegeben und 5 verkauft.

Der milde Winter 1958/59 gab den Bienen oft Gelegenheit zum Ausflug. Der Reinigungsflug erfolgte am 25. Februar 1959; bereits am 26. Februar konnten die Bienen den ersten Haselnuß-Blütenstaub eintragen. Die meisten Völker hatten schon Brut, bei den restlichen Völkern begann das Brutgeschäft. Größere Brutflächen entstanden jedoch nicht, weil die Nächte zu kalt waren und außerdem ein Witterungsrückschlag vom 8. bis zum 18. März auftrat. Das im allgemeinen sonnenreiche Wetter begünstigte den Flug der Bienen, auch war vorerst ausreichende Tracht vorhanden. Die langanhaltende Trockenheit führte jedoch zu einem starken Rückgang der Nektarausbeute. Trotzdem war der Honigertrag bedeutend höher als in den vergangenen Jahren, so daß insgesamt 1190 kg geerntet werden konnten. Das entsprach einem Standdurchschnitt von 13,35 kg gegenüber 6,5 kg im Jahre 1958.

Wanderungen erfolgten in Raps mit 49 Völkern, in Robinie mit 30, in Linde mit 28, in Obstpflanzungen mit 7 und nochmals in Linde mit 22 Völkern.

Die im Rahmen der Arbeitsgemeinschaft für angewandte Bienenforschung der DDR 1957 übernommenen Versuche zur Ermittlung der Legeleistung der Königinnen bei Anwendung verschiedener Reizfütterungsarten wurden fortgesetzt, ebenso die Aufzeichnungen über die Leistungsfähigkeit der in verschiedenen Anzuchtverfahren gezüchteten Königinnen.

Mit den für die Abteilung Systematik und Sortiment bereitgestellten 42 Völkern wurden 76 Parzellen bestäubt.

Über die Eingewöhnung der 1958 beschafften Caucasica-Bienenköniginnen und ihrer Völker wurden Ermittlungen angestellt und eine kleine Anzahl Königinnen nachgezogen. 5 Königinnen wurden auf einer Belegstelle für Caucasica-Drohnen begattet.

Mit Ende des Jahres 1959 wurde die Lehr- und Versuchsimkerei aufgelöst. Die noch vorhandenen Völker wurden von der Abt. Systematik und Sortiment zur besseren Bestäubung von Fremdbefruchtern in Isolierkästen genutzt. Die Betreuung der Bienenvölker erfolgte durch Peter KUBE (bis 1963), dann von Ute SÖRGEL (bis 1968).

10. Interdisziplinäre Zusammenarbeit

Die Erfahrungen des Institutsdirektors, der als junger Wissenschaftler vor fast einem halben Jahrhundert im Bereich der experimentellen Mutationsforschung eine erbliche Formenmannigfaltigkeit in einer bisher noch unbekannten Fülle an verschiedenen höheren Pflanzen erzeugte, hatten gelehrt, daß neue Entdeckungen nur dann voll in ihren Ursachen erkannt werden können, wenn Wissenschaftler verschiedener Disziplinen gemeinsam an ihrer Aufklärung arbeiten. Diese heute selbstverständliche Erkenntnis von der Bedeutung der interdisziplinären Kooperation hat sich in unserer Wissenschaft erst langsam durchgesetzt.

Es war bei dem Aufbau des Gaterslebener Instituts daher ein Hauptanliegen der Institutsleitung, eine Zusammenarbeit der verschiedenen im Institut vereinigten biologischen Disziplinen zu erreichen und darüber hinaus so bald wie möglich eine Kooperation mit in- und ausländischen Instituten einzuleiten.

Das vorliegende Kapitel über interdisziplinäre Kooperation ist daher in zwei Unterkapitel gegliedert, indem einmal die Zusammenarbeit verschiedener Spezialisten innerhalb des Instituts, zum anderen mit Instituten im Bereich der DDR und des Auslandes, nach Abteilungen geordnet, aufgeführt wird. Die Dauer der Kooperation über ein bestimmtes Thema war verschieden, sie konnte sich bei einzelnen langwierigen Untersuchungen über die gesamte Berichtsperiode hinziehen.

10.1. Interdisziplinäre Zusammenarbeit innerhalb des Gaterslebener Instituts

Abteilung Genetik und Cytologie

1953
Zusammenarbeit mit der Abteilung Chemische Physiologie zur Gewinnung eiweißreicher Futtergersten, Rohprotein-Serienuntersuchungen
(F. Scholz, I. Böttger)

1955
Zusammenarbeit mit der Abteilung Chemische Physiologie zur Vorverlegung des Blühtermins und der Reife bei Soja durch Besprühen der Pflanzen mit Antiauxinen
(M. Zacharias, K. Ramshorn)

1957
Zusammenarbeit mit der Abteilung Physikalische Physiologie zur indirekten Auslösung von Chromosomenmutationen durch röntgenbestrahltes Wasser in Wurzelspitzen von *Vicia faba*
(R. Rieger, A. Michaelis, F. Barnetzky)

1958
Zusammenarbeit mit der Abteilung Chemische Physiologie über einen Mutationsversuch mit überdosierten Nährlösungen und einzelnen Nährstoffen bei *Antirrhinum majus* und Untersuchungen zur Klärung der physiologischen Komponenten der Heterosiswirkung
(H. Stubbe, K. Ramshorn)

1959
Zusammenarbeit mit der Abteilung Chemische Physiologie über die partielle phänotypische Normalisierung der Tomatenmutante *chloronerva*
(H. Böhme, G. Scholz, A. Rudolph)
Zusammenarbeit mit der Abteilung Chemische Physiologie über die Natur des mutagenen Faktors, der nach befristeter Anaerobiose in keimenden Samen von *Vicia faba* entsteht
(R. Rieger, A. Michaelis, K. Ramshorn)

1960
Zusammenarbeit mit der Abteilung Chemische Physiologie über Polyploidisierung züchterisch wertvoller *Datura*-Formen und -Kombinationen und deren Selektion
(F. Mechelke, A. Romeike)

1964
Zusammenarbeit mit der Abteilung Systematik und Sortiment über blütenbiologisch und taxonomisch-evolutionsgenetisch interessante Gerstenmutanten
(F. Scholz, Ch. Lehmann)

1966
Zusammenarbeit mit der Arbeitsgruppe Nukleinsäureforschung der Abteilung Chemische Physiologie zum Aufbau eines in vitro-Systems zur Polynukleotid-stimulierten Polypeptidsynthese
(H. Böhme, B. Adler, J. Hofemeister, H. Stäber, H. Schmidt, W. Gosda, F.-J. Sych)
Zusammenarbeit mit der Abteilung Systematik und Sortiment über Gerstenmutanten mit zweiblütigen Ährchen
(F. Scholz, Ch. Lehmann)

Abteilung Chemische Physiologie

1954
Zusammenarbeit mit der Abteilung Genetik und Cytologie über die Variabilität des Fruchteiweißes und des Fettgehaltes bei aus röntgenbestrahltem und UV-bestrahltem Saatgut gezogenen Gerstenpflanzen und Sojabohnen und deren Nachkommenschaft
(I. Böttger, F. Scholz, M. Zacharias)

1955
Zusammenarbeit mit der Abteilung Genetik und Cytologie über die Erzeugung chemischer Mutanten in der X_2 und X_3 nach Röntgenbestrahlung der Sojabohne
(I. Böttger, Material M. Zacharias)

1958

Zusammenarbeit mit der Abteilung Genetik und Cytologie zur Analyse eines in gequollenen Samen von *Vicia faba* wirksamen mutagenen Faktors
(K. RAMSHORN, R. RIEGER, A. MICHAELIS)

Zusammenarbeit mit der Abteilung Genetik und Cytologie über die Biosynthese von Blütenfarbstoffen bei *Antirrhinum*-Mutanten
(H. SCHMIDT, H. BÖHME)

1960

Zusammenarbeit mit der Abteilung Genetik und Cytologie über Untersuchungen zur quantitativen Bestimmung des RNS- und DNS-Gehaltes von *Proteus mirabilis* unter verschiedenen Wachstumsbedingungen und Entwicklungsphasen
(H. SCHMIDT, H. BÖHME)

Zusammenarbeit mit der Abteilung Genetik und Cytologie über den qualitativen Zusammenhang zwischen endogenem Äthanolspiegel und dessen mutagener Wirkung auf die Wurzelspitzenchromosomen von *Vicia faba*
(K. RAMSHORN, R. RIEGER, A. MICHAELIS)

1963

Zusammenarbeit mit der Abteilung Genetik und Cytologie über den Einfluß verschiedener Nährstoffkombinationen auf Pigment- und Eiweißgehalt von Chlorophyllmutanten der Tomate und zur phänotypischen Normalisierung
(O. MACHOLD, K. GRÖBER)

Zusammenarbeit mit der Abteilung Physikalische Physiologie über den kombinierten Einfluß von Kälte und Licht auf die Rotalge *Porphyridium cruentum*
(A. RIETH, H. SAGROMSKY)

1965

Zusammenarbeit mit der Abteilung Systematik und Sortiment über das Vorkommen von Alkaloiden, Saponinen, Sterinen und Triterpenen bei 200 phytochemisch noch nicht oder nur unzureichend untersuchten Pflanzenarten
(K. SCHREIBER u. Mitarb., S. DANERT)

1966

Zusammenarbeit mit der Abteilung Systematik und Sortiment über orientierende phytochemische Untersuchungen an Pflanzen der einheimischen Flora und des Gaterslebener Sortiments auf vorkommende Alkaloide, Saponine und Triterpenoide, insbesondere an Solanaceen
(O. AURICH, Ch. HORSTMANN, A. ROMEIKE, H. RÖNSCH, K. SCHREIBER, G. SEMBDNER, S. DANERT)

1967

Zusammenarbeit mit der Abteilung Genetik und Cytologie über Alkaloide in Bastarden von 2 Chemovarietäten von *Solanum dulcamara* L.
(K. SCHREIBER, H. RÖNSCH, H. STUBBE)

Zusammenarbeit mit der Abteilung Genetik und Cytologie über die Wirkung von Streptomycin auf die Peptidsynthese von *Proteus mirabilis*
(W. GOSDA, H. SCHMIDT, F.-J. SYCH)

Abteilung Physikalische Physiologie

1957
Zusammenarbeit mit der Abteilung Genetik und Cytologie durch Materiallieferung von chlorophylldefekten Tomatenmutanten zur Untersuchung des Einflusses von Licht und Nährstoffgehalt auf die Photosynthese
(H. SAGROMSKY , H. STUBBE)
Zusammenarbeit mit der Abteilung Chemische Physiologie: Polarographische Untersuchungen über die Aufnahme von Schwermetallverbindungen an Keimpflanzen
(Ch. VOGEL, A. UNVERRICHT)

1967
Zusammenarbeit mit der Abteilung Systematik und Sortiment zur Untersuchung des Merkmals potentielle Photosyntheseaktivität an Winterweizenhybriden und Sommergerstensorten
(P. APEL, Ch. LEHMANN)

Abteilung Systematik und Sortiment

1953
Zusammenarbeit mit der Abteilung Genetik und Cytologie zur Beschreibung von Sojamutanten und zur systematischen Gliederung von Soja
(Ch. LEHMANN, M. ZACHARIAS)

1957
Zusammenarbeit mit der Abteilung Genetik und Cytologie zur Beschreibung von Gerstenmutanten
(Ch. LEHMANN, F. SCHOLZ)

1958
Zusammenarbeit mit der Abteilung Genetik und Cytologie zur Beschreibung von Tomatenmutanten
(Ch. LEHMANN, H. BÖHME)

1962
Zusammenarbeit mit der Abteilung Genetik und Cytologie über die morphologisch-systematische Erfassung des Tomaten-Mutantensortiments. Analyse der Wuchsformen zur Darstellung der Ramifikation
(J. KRUSE, Material H. STUBBE)

1965
Zusammenarbeit mit der Arbeitsgruppe Forstpflanzenforschung über taxonomische Studien der infraspezifischen Mannigfaltigkeit des Bergahorns
(J. SCHULTZE-MOTEL, F. WEISER)

1968
Zusammenarbeit mit der Abteilung Chemische Physiologie zur Erprobung von Analysenmethoden zur Festlegung essentieller Aminosäuren (Lysin)
(Ch. LEHMANN, A. RUDOLPH)

10.2. Interdisziplinäre Zusammenarbeit mit Instituten des In- und Auslandes

Abteilung Genetik und Cytologie

1951
Zusammenarbeit mit dem Institut für Phytopathologie der Martin-Luther-Universität Halle-Wittenberg (Frau Dr. NOVER) über mehltauresistente Gerstenmutanten und die Genetik der Mehltauresistenz
(G. BANDLOW)

1953
Zusammenarbeit mit dem Institut für Tierernährung der Martin-Luther-Universität Halle-Wittenberg (Prof. COLUMBUS, Dr. HARNISCH) zur Durchführung vergleichender Fütterungsversuche mit mutativ entstandenen Nacktgersten und der bespelzten Ausgangsform
(F. SCHOLZ)

1954
Zusammenarbeit mit dem Genetischen Institut der Universität Lund/Schweden (Doz. Dr. ÖSTERGREN) zur Prüfung einer Roggenpopulation auf Translokationen und Analyse von röntgeninduzierten Chromosomenbrüchen in der 1. und 2. meiotischen Teilung von Hyazinthen
(F. MECHELKE)

1955
Zusammenarbeit mit dem Institut für Acker- und Pflanzenbau der Martin-Luther-Universität Halle-Wittenberg (Dr. STREUBER) zur Durchführung eines Komplexversuches (Saatzeit, Saatmengen, Standweiten) bei Soja und anderen Leguminosen
(M. ZACHARIAS)
Zusammenarbeit mit dem Institut für Organische Chemie der Martin-Luther Universität Halle-Wittenberg (Dr. SCHÜTTE, Prof. LANGENBECK) zur Untersuchung der Vererbung und Bildung der Blütenfarbe bei *Antirrhinum*
(H. BÖHME)

1957
Zusammenarbeit mit der Forschungsstelle für Kartoffelkäferbekämpfung Mühlhausen/Thür. (Dr. SCHREIBER) zur Aufbereitung von *Lycopersicon esculentum-* und *L. pimpinellifolium*-Mutanten-Material für Alkaloiduntersuchungen
(H. STUBBE)
Zusammenarbeit mit dem Institut für Mikrobiologie und experimentelle Therapie der Deutschen Akademie der Wissenschaften, Jena (Dr. TAUBENECK) über Penicillin-Resistenz bei *Proteus vulgaris* und *P. mirabilis*
(H. BÖHME)
Zusammenarbeit mit der Genetischen Abteilung des Statens Skogsforskningsinstitut, Stockholm/Schweden (Dr. EHRENBERG) über die Entstehung von Fleckenmosaik auf den Blättern von Leguminosen nach Samenbestrahlung mit Röntgen- und Gammastrahlen
(M. ZACHARIAS)
Zusammenarbeit mit der Forschungsstelle für Getreidezüchtung der Deutschen Akademie der Landwirtschaftswissenschaften, Hadmersleben (Dr. D. LAU) über die

züchterische Weiterbearbeitung von Sommergerstenmutanten
(F. SCHOLZ)

1960
Zusammenarbeit mit dem Institut für Mikrobiologie und experimentelle Therapie Jena der Deutschen Akademie der Wissenschaften, Abt. Organische Synthese (Dr. SIEBER) über die radiomimetische Wirkung krebschemotherapeutischer Substanzen bei *Vicia faba*
(R. RIEGER, A. MICHAELIS)

1961
Zusammenarbeit mit dem Institut für Phytopathologie der Martin-Luther-Universität Halle-Wittenberg (Frau Dr. NOVER) über eine mehltauresistente Gerstenmutante mit Gruppenresistenz gegen die wichtigsten virulenten Mehltaurassen und Untersuchungen über Gelbrostresistenz
(F. SCHOLZ)

1964
Zusammenarbeit mit dem Institut für Tierernährung der Hochschule für Landwirtschaft, Bernburg (Prof. HOLZSCHUH) zur Prüfung der Möglichkeiten des gemeinsamen Anbaues von Sojabohnen und Mais zur Verbesserung des Gehaltes an Eiweiß in Grün- und Silofutter
(M. ZACHARIAS)

1965
Zusammenarbeit mit dem Institut für organische Chemie und Biochemie der Tschechoslowakischen Akademie der Wissenschaften, Prag (Dr. FUČICK) über die radiomimetische Wirkung von Basenanalogen auf die Chromosomen von *Vicia faba* und Ascitestumoren der Maus
(R. RIEGER, A. MICHAELIS, J. SCHÖNEICH)
Zusammenarbeit mit dem Institut für Acker- und Pflanzenbau (Dr. BANNEICK) sowie dem Institut für Tierernährung (Prof. ZAUSCH) der Martin-Luther-Universität Halle-Wittenberg über die an verschiedenen Orten durchgeführten Leguminosenvergleiche, um die Flächenerträge der Weißlupine und Ackerbohne an physiologisch nutzbarem Protein mit denen der Sojabohne zu vergleichen
(M. ZACHARIAS)

1966
Zusammenarbeit mit dem Institut für Physiologie und Biophysik in Duschambe/Tadschikistan (Dr. USSMANOV) über Methoden zur licht- und elektronenmikroskopischen Erfassung der Chloroplastenstruktur bei *Arabidopsis*
(P. DÖBEL)

1967
Zusammenarbeit mit dem Institut für organische Chemie und Biochemie der Tschechoslowakischen Akademie der Wissenschaften, Prag (Dr. FUČICK) über den Einbau des Basenanalogons Anacytidin in die chromosomale DNS von *Vicia faba*
(R. RIEGER, A. MICHAELIS)

Abteilung Chemische Physiologie

1952
Zusammenarbeit mit dem Naturkundemuseum Görlitz (Dr. SCHULZE) und der Poliklinik-Apotheke Bützow (Apotheker WIECHERT) über Probleme der Alkaloidbildung

beim Mutterkorn, der Entwicklung der Sklerotien, ihrer Abhängigkeit von äußeren Faktoren und der Möglichkeiten der Züchtung von Mutterkorntypen
(A. RIETH, A.-L. SILBER, R. MEINICKE, W. BISCHOFF)
Gemeinschaftsarbeit mit dem Pharmakognostischen Institut und dem Pharmazeutisch-Chemischen Institut der Martin-Luther-Universität Halle-Wittenberg (Apotheker WICHMANN, Apotheker BORSUTZKI, Dr. REPPEL, Dr. KALA, RABITZSCH) sowie der Zweigstelle des VEB Schering in Artern über die Chemie, Physiologie und Genetik der Santonin führenden *Artemisia*-Arten und der Cumarin- und Hordenin-Pflanzen
(K. MOTHES)

1954
Zusammenarbeit mit dem Arzneimittelwerk Dresden (Dr. THREN), den Ysatwerken Wernigerode (Dr. BAUMGARTEN), der LPG Hirzbach u. a. über den ersten Großanbau von Mutterkorn
(K. MOTHES, A.-L. SILBER, R. MEINICKE, W. BISCHOFF, D. GRÖGER)
Zusammenarbeit mit dem Pharmazeutisch-Chemischen Institut der Martin-Luther-Universität Halle-Wittenberg (Dr. REPPEL, Dr. KALA) über die Bildung der Cumarine in der Wurzel und ihre Wanderung in den Sproß
(L. ENGELBRECHT, D. WAGENBRETH)

1956
Zusammenarbeit mit dem Institut für Organische Chemie der Technischen Universität Berlin-Charlottenburg (Prof. WEYGAND) über die Fütterung von Roggenhalmen mit radioaktiv markiertem Tryptophan, Untersuchungen zur Biogenese der Mutterkornalkaloide
(D. GRÖGER, U. MOTHES)

1960
Zusammenarbeit mit dem Forschungslaboratorium für Stereochemie der Ungarischen Akademie der Wissenschaften, Budapest (Dr. FODOR) über die Biogenese von Tropanalkaloiden hinsichtlich der Sproß-Wurzel-Beziehungen
(A. ROMEIKE)

1962
Zusammenarbeit mit dem Forschungsinstitut Manfred v. Ardenne, Dresden-Weißer Hirsch (Prof. v. ARDENNE, Dr. TÜMMLER, Dr. STEINFELDER) über Trenn-, Identifizierungs- und quantitative Bestimmungsverfahren für Steroidalkaloide und -sapogenine durch Dünnschichtchromatographie und Molekül-Massenspektroskopie
(K. SCHREIBER, O. AURICH, G. OSSKE)
Zusammenarbeit mit dem Institut für Biochemie und Biophysik der Polnischen Akademie der Wissenschaften, Warschau (Prof. SHUGAR) und der Abteilung Genetik und Cytologie des Gaterslebener Instituts auf dem Gebiet der Nucleotide und Nucleinsäuren und der Glykosidsynthese
(H. SCHMIDT, W. GOSDA, U. WALLWITZ)

1964
Zusammenarbeit mit dem Organisch-Chemischen Institut der Universität Bonn (Dr. SNATZKE) zur Durchführung circulardichroitischer Messungen und optischer Rotationsdispersion zur Klärung stereochemischer Fragen
(K. SCHREIBER, H. RIPPERGER, Ch. HORSTMANN)
Zusammenarbeit mit dem Institut für Strukturforschung der Deutschen Akademie der Wissenschaften in Berlin-Adlershof (Prof. BOLL-DORNBERGER, Dr. HÖHNE, Dipl.-

Chem. WORCH) zur Röntgenstrukturanalyse stickstoffhaltiger Steroide
(K. SCHREIBER, H. RIPPERGER)
Zusammenarbeit mit dem Physikalischen Institut der Karl-Marx-Universität Leipzig zur kernmagnetischen Resonanz stickstoffhaltiger Steroide
(K. SCHREIBER u. Mitarb.)
Zusammenarbeit mit dem Department of Chemistry, Stanford University, Stanford, California/USA (Prof. DJERASSI, Dr. BUDZIKIEWICZ) über Elektronenstoß-Massenspektrometrie stickstoffhaltiger Steroide
(K. SCHREIBER u. Mitarb.)
Zusammenarbeit mit dem Institut für Pflanzenzüchtung Bernburg der Deutschen Akademie der Landwirtschaftswissenschaften (Dr. I. FOCKE) über Gibberellinbildung einiger von *Zea mays* isolierter Stämme von *Fusarium moniliforme* Sheld.
(K. SCHREIBER, G. SEMBDNER, G. SCHNEIDER, J. WEILAND)
Zusammenarbeit mit dem Institut für Physik und physikalische Chemie der Hochpolymeren der Deutschen Akademie der Wissenschaften in Leipzig (Prof. LANGHAMMER) über die Trennwirkung von Epidex
(O. MACHOLD, A. RUDOLPH)

1965
Zusammenarbeit mit dem Organisch-Chemischen Institut der Technischen Hochschule Braunschweig (Dr. BUDZIKIEWICZ) über massen-, kernresonanz- und infrarotspektroskopische Untersuchungen zur Aufklärung des aus *Solanum paniculatum* gewonnenen Paniculidin und anderer Verbindungen
(K. SCHREIBER, H. RIPPERGER, Ch. HORSTMANN)

1966
Zusammenarbeit mit dem Instituf für Chemie der Slowakischen Akademie der Wissenschaften, Bratislava (Dr. TOMKO, Frau Mag. Pharm. VASSOVÁ) zur Strukturaufklärung mehrerer aus *Veratrum album* subsp. *lobelianum* isolierter Nebenalkaloide
(K. SCHREIBER, G. ADAM)
Zusammenarbeit mit dem Department of Chemistry, University of Glasgow, und dem Department of Pharmacy, University of Strathclyde, Glasgow/Großbritannien (Dr. BRYCE, Dr. MARTIN-SMITH, Dr. SUBRAMANIAN) über stereochemische Probleme von Naturstoffen
(K. SCHREIBER u. Mitarb.)
Zusammenarbeit mit dem Institut für Organische Chemie und Biochemie der Tschechoslowakischen Akademie der Wissenschaften Prag (Dr. PROCHÁZKA) zur Reindarstellung des „normalisierenden Faktors" aus Luzerne, der bei der Tomatenmutante *chloronerva* „phänotypische Normalisierung" bewirkt
(G. SCHOLZ, A. RUDOLPH)
Zusammenarbeit mit dem Institut für Mikrobiologie und experimentelle Therapie Jena der Deutschen Akademie der Wissenschaften (Dr. PONSOLD), dem Institut für organische Katalyseforschung der Deutschen Akademie der Wissenschaften in Rostock (Dr. PRACEJUS) und dem Organisch-Chemischen Institut der Universität Bonn, BRD (Dr. SNATZKE) über Struktur und Synthese, zur optischen Rotationsdispersion und zum Circulardichroismus chromophorer Derivate stickstoffhaltiger Steroide
(K. SCHREIBER, H. RIPPERGER, Ch. HORSTMANN, W. MORITZ)

1967
Zusammenarbeit mit dem Institut für Biologie der Akademie der Wissenschaften der

Republik Kuba (Frau Dr. RODRIGUEZ) über Untersuchungen an der kubanischen Flora auf biologisch aktive bzw. chemisch interessierende Inhaltsstoffe
(O. AURICH, Ch. HORSTMANN)

1968
Zusammenarbeit mit dem Institut für Organische Chemie der Universität Hamburg, BRD (Prof. PAULSEN, Dr. TODT) über stereochemische Probleme stickstoffhaltiger Verbindungen
(H. RIPPERGER)

Zusammenarbeit mit dem Organisch-Chemischen Institut der Technischen Hochschule Braunschweig, BRD (Dr. BUDZIKIEWICZ) über die Isolierung der Alkaloide von *Kniphofia foliosa* Hochst., *K. tuckii* Buk. und *K. flavovirens* Engl. durch NMR- und Massenspektren
(H. RIPPERGER, K. SCHREIBER)

Abteilung Physikalische Physiologie

1952
Zusammenarbeit mit der Physiologischen Abteilung der Zweigstelle für Technik im Gartenbau des Instituts für Landtechnik der Deutschen Akademie der Landwirtschaftswissenschaften in Quedlinburg-Ditfurt über den Einfluß ultraroter Strahlung auf Gemüse- und Zierpflanzen
(P. METZNER)

1967
Zusammenarbeit mit dem Botanischen Institut der Akademie der Wissenschaften der UdSSR, Leningrad (Prof. MASLOWA) über die Umwandlung von Chlorophyllformen und Xanthophyll-Umwandlungen bei chlorophyllarmen Tomatenmutanten
(A. MEISTER)

Abteilung Systematik und Sortiment

1954
Zusammenarbeit mit dem Institut für Phytopathologie der Martin-Luther-Universität Halle-Wittenberg (Frau Dr. NOVER) zur Erfassung der Mehltauresistenz bei Sommergerste, des Vorkommens von Yellow-false-stripe-Virus bei Gersten, der Gelbrost-, Braunrost- und Zwergrostresistenz bei Gersten und Weizen
(Ch. LEHMANN)

1957
Zusammenarbeit mit dem Institut für Pflanzenzüchtung Bernburg der Deutschen Akademie der Landwirtschaftswissenschaften (Dipl.-Landw. H.-D. KOCH) über Kälteresistenzprüfungen an Wintergersten
(Ch. LEHMANN)

1959
Zusammenarbeit mit der Zentralstelle für Sortenwesen der DDR in Nossen für einen Sortenbestimmungsschlüssel der Kartoffeln
(S. DANERT)

1960
Zusammenarbeit mit der Landwirtschaftlichen Hochschule in Lublin/Polen (Dr. KULPA) über die systematische Gliederung von *Linum usitatissimum*
(S. DANERT)

1961
Zusammenarbeit mit dem Institut für Pflanzenzüchtung der Martin-Luther-Universität Halle-Wittenberg (Dr. METTIN) über die cytotaxonomische Analyse von *Vicia sativa*-Sippen
(P. HANELT)

1962
Zusammenarbeit mit den Getreidezüchtungsinstituten der Deutschen Akademie der Landwirtschaftswissenschaften zur Auswertung des Weltsortiments der Kulturpflanzen
(Ch. LEHMANN)

1963
Zusammenarbeit mit dem Institut für Agrobotanik in Tápiószele/Ungarn (Dr. B. KOCH) zur Untersuchung von Samenmerkmalen bei Erbsen
(Ch. LEHMANN)

1965
Zusammenarbeit mit dem Pharmakognostischen Institut der Martin-Luther-Universität Halle-Wittenberg (Dr. TSCHIERSCH) zur Analyse der freien Aminosäuren der Samen von Taxa aus dem Verwandtschaftskreis von *Vicia sativa* und über die Verbreitung von Blausäureglykosiden in der Artengruppe um *Vicia sativa*
(P. HANELT)
Zusammenarbeit mit dem Institut für Tierernährung der Friedrich-Schiller-Universität Jena (Prof. HENNIG) zur Feststellung des Rohproteingehalts von Sippen der Ackerbohnen (*Vicia faba* L.)
(P. HANELT)

1966
Zusammenarbeit mit dem Institut für Agrobotanik in Tápiószele/Ungarn (Dr. MESCH) bei vergleichenden Untersuchungen zur Beurteilung der Variabilität wirtschaftlich bedeutender Merkmale bei Winterweizen
(Ch. LEHMANN)

1967
Zusammenarbeit mit dem Nationalmuseum Prag (Dr. PILÁT, Dr. SVRČEK) und dem Botanischen Institut der Tschechoslowakischen Akademie der Wissenschaften in Brno (Dr. ŠMARDA) über Artgrenzen in der Gattung *Helvella* L. ex Fries s. str.
(E. H. BENEDIX)
Zusammenarbeit mit dem Landesmuseum für Vorgeschichte in Halle (Dr. MATTHIAS) zur Analyse von Getreideresten (Gerste und Emmer) aus dem Neolithicum
(J. SCHULTZE-MOTEL)
Zusammenarbeit mit dem Museum für Ur- und Frühgeschichte Thüringens in Weimar (Dr. GALL) zur Analyse bronzezeitlicher Kulturpflanzenfunde (*Triticum monococcum* L. und *Lens culinaris* Medik.)
(J. SCHULTZE-MOTEL)
Zusammenarbeit mit dem Institut für Getreideforschung Hadmersleben der Deutschen Akademie der Landwirtschaftswissenschaften, Arbeitsgruppe Qualitätsuntersuchungen (Dr. SCHMIEDER) über Backqualitätsprüfungen am Weizensortiment und (Dr. MERFERT) über die Durchführung von Hybrid-Testkreuzungen bei Winterweizen
(Ch. LEHMANN)

Abteilung Ökologische Physiologie

1965

Zusammenarbeit mit der Statistischen Abteilung des Instituts für Sozialhygiene, Berlin-Lichtenberg (Dipl-Math. Dr. OEMISCH) zur mathematischen Verarbeitung der Meßdaten über das Wachstum und die Vermehrung von Kulturen einzelliger Algen
(K. MÜNTZ)

Zusammenarbeit mit dem Institut für Vor- und Frühgeschichte der Deutschen Akademie der Wissenschaften, Berlin (Dr. NICKEL): Holzanatomische Untersuchungen an mittelalterlichen Holzgeräten
(E. MÄDEL, H. SÜSS)

Zusammenarbeit mit der Botanischen Abteilung des Ungarischen Nationalmuseums Budapest (Prof. Dr. ANGREÁNSZKY) über die systematische Bearbeitung tertiärer Laubhölzer aus Ungarn
(W. MÜLLER-STOLL, E. MÄDEL)

1967

Zusammenarbeit mit dem VEB NARVA, Berlin, über die Wirkung der Leuchtstoffröhre „Flora-Lux" auf Zellengröße, Vermehrungsrate und Pigmentzusammensetzung einzelliger Algen
(K. MÜNTZ)

1968

Zusammenarbeit mit der Akademie der Wissenschaften der Republik Kuba zur Einrichtung eines pflanzenphysiologischen Laboratoriums im Instituto de Biologia in La Habana
(G. LERCH, K. MÜNTZ, H. BERGMANN)

Zusammenarbeit mit der Akademie der Wissenschaften der Republik Kuba, Departamento de Botanico in La Habana zur Durchführung paläontologischer, insbesondere holzpaläontologischer Untersuchungen
(H. SÜSS)

11. Ausländische Gäste

Schon in den ersten Institutsjahren gab es vereinzelt kurze Besuche ausländischer Wissenschaftler in Gatersleben, die Vorträge aus ihren Arbeitsgebieten hielten und über die Entwicklung des wissenschaftlichen Lebens in ihren Ländern nach den Zerstörungen des Krieges berichteten.

Erst mit der Fertigstellung der Laboratorien in den wissenschaftlichen Abteilungen und der Schaffung von Möglichkeiten zur Unterbringung und Versorgung von Gästen konnten die internationalen Verbindungen gefestigt und enge persönliche Beziehungen zu Fachkollegen entwickelt werden. So wurden neben der Aufnahme zahlreicher Gäste aus Instituten der DDR vornehmlich Studienaufenthalte für Wissenschaftler aus dem sozialistischen Ausland ermöglicht, die zu Gemeinschaftsarbeiten führten und die Gelegenheit gaben, im Austausch die Institute der Gäste kennenzulernen. Aus den noch vorhandenen Unterlagen ist ersichtlich, daß folgende ausländische Gäste im Institut arbeiteten:

1954
in der Abt. Chemische Physiologie
Dr. Lászlo GÁSPÁR — VR Ungarn
Prof. Dr. J. CZOSNOWSKY, Laboratorium für Pflanzenphysiologie, Institut für Biologie der Universität Poznań
November 1954 — VR Polen

1958
in der Abt. Genetik und Cytologie
DSCHOU DSCHI-DSCHEN, Akademie der Wissenschaften der Volksrepublik China
ab Februar für ca. 1 Jahr — VR China
in der Abt. Chemische Physiologie
Dr. Abd el Hamid Talat HEGAZY, Kairo — VAR
Mgr. Grzegorz JESKE, Poznań
vom 10. 12. 1958—10. 1. 1959 — VR Polen

1959
in der Abt. Chemische Physiologie
J. KACZKOWSKY, Biochemisches Institut der Landwirtschaftlichen Hochschule, Warschau — VR Polen

1960
in der Abt. Genetik und Cytologie
Frau Ek. MOLCHOWA, Central Institute of Plant Industry, Bulgarian Academy of Sciences, Sofia — VR Bulgarien
in der Abt. Chemische Physiologie
Ferenc URESCH, Institut für Stereochemie der Ungarischen Akademie der Wissenschaften, Budapest — VR Ungarn
in der Abt. Systematik und Sortiment
Dr. Władisław KULPA, Landwirtschaftliche Hochschule, Lublin
vom 7. 8. 1960 bis 5. 6. 1961 — VR Polen

1961
in der Abt. Genetik und Cytologie
Dr. R. A. E. TILNEY-BASSETT, Botany School, University of Oxford
vom 14.—28. 11. 1961 Großbritannien

1962
in der Abt. Chemische Physiologie
Pál DOBÓ, Institut für Stereochemie der Ungarischen Akademie der Wissenschaften, Budapest VR Ungarn

in der Abt. Physikalische Physiologie
Dr. Spas GENTSCHEW, Zentralwissenschaftliches Institut für Gemüsekulturen „Mariza", Plovdiv VR Bulgarien

in der Abt. Ökologische Physiologie
Dr. Joszef STIEBER, Institut für angewandte Botanik und Histogenese der Pflanzen, Eötvös-Lorand-Universität, Budapest
vom 22. 10. —9. 11. 1962 VR Ungarn

1963
in der Abt. Genetik und Cytologie
Dr. F. MACO, Institut für Genetik der Ungarischen Akademie der Wissenschaften, Budapest
vom 1.7.—30. 8. 1963 VR Ungarn
Dr. O. S. SHUKOV, Zentrallaboratorium für Genetik „I. V. Mitschurin", Mitschurinsk
vom 10.5.—30. 7. 1963 UdSSR

in der Abt. Chemische Physiologie
Jordan JANKULOV, Institut für Pflanzenbau der Bulgarischen Akademie der Landwirtschaftswissenschaften, Sofia VR Bulgarien

in der Abt. Physikalische Physiologie
Frau Dr. A. ZURZYCKA, Botanisches Institut der Polnischen Akademie der Wissenschaften, Krakau VR Polen

1964
in der Abt. Genetik und Cytologie
Prof. Dr. A. LAZÁNYI, Centrul de Cercetari Biologice der Rumänischen Akademie der Wissenschaften, Cluj
vom 16. 4.—6. 5. 1964 SR Rumänien
Dr. R. HONČARIV, Institut für Allgemeine Biologie der Universität Košice
vom 1.—21. 8. 1964 ČSSR
G. THIESSEN, Institut für Strahlenbiologie der Technischen Hochschule Hannover
vom 15.—24. 8. 1964 BRD
G. TSCHAWDAROW, Dobrudja Landwirts-Forschungsinstitut, Tolbuhin
vom 17. 8.—12. 9. 1964 VR Bulgarien
H. SEIDEL, Institut für experimentelle Biologie der Universität Košice
vom 4. 9.—4. 12. 1964 ČSSR
Frau A. SEIDEL, Institut für allgemeine Biologie der Universität Košice
vom 9. 11.—5. 12. 1964 ČSSR

in der Abt. Chemische Physiologie
Frau Dr. M. TOMOVA, The Chemical Pharmaceutical Research Institute, Sofia
vom 15. 4.—15. 6. 1964 VR Bulgarien

1965
in der Abt. Genetik und Cytologie
Brian SNOAD, John Innes Institute, Bayfordbury, Hertford
vom 18.—25. 6. 1965 Großbritannien
Dr. W. SCHEUERMANN, Institut für Strahlenbiologie der Technischen Hochschule Hannover
vom 19. 7.—25. 7. 1965 BRD
Dr. V. FUČIK, Institut für organische Chemie und Biochemie der Tschechoslowakischen Akademie der Wissenschaften, Prag
vom 6. 9.—6. 11. 1965 ČSSR
S. DASKALOFF, Institut für Pflanzenbau der Bulgarischen Akademie der Wissenschaften, Sofia
vom 5. 10.—8. 11. 1965 VR Bulgarien
Dr. J. NEČAS, Laboratorium für experimentelle Algologie des Mikrobiologischen Instituts

der Tschechoslowakischen Akademie der Wissenschaften, Třeboň
vom 1. 10.—20. 11. 1965 ČSSR
M. Małuszyński, Institut für Pflanzengenetik der Polnischen Akademie der Wissenschaften, Skierniewice
vom 21. 4.—28. 6. 1965 VR Polen

in der Abt. Chemische Physiologie

Dr. J. Tomko, Institut für Chemie der Slowakischen Akademie der Wissenschaften Bratislava
vom 20.—28. 5. 1965 ČSSR

in der Abt. Ökologische Physiologie

Dr. Elisabeth Horvatovič-Haspel, Botanisches Institut der Slowakischen Akademie der Wissenschaften, Bratislava
vom 14.—21. 6. 1965 ČSSR

in der Abt. Systematik und Sortiment

Dr. C. Davažamć, Mongolische Akademie der Wissenschaften, Ulan Bator
vom 3.—30. 9. 1965 VR Mongolei

1966

in der Abt. Genetik und Cytologie

Ing. J. Kučera, Institut für wissenschaftlich-technische Informationen des Ministeriums für Land- und Forstwirtschaft, Prag
vom 12. 1.—12. 2. 1966 ČSSR
M. Małuszyński, Institut für Pflanzengenetik der Polnischen Akademie der Wissenschaften, Skierniewice
vom 17. 1.—20. 3. 1966 VR Polen
Dr. P. Ussmanov, Institut für Physiologie und Biophysik der Tadschikischen Akademie der Wissenschaften, Duschambe
vom 1. 6.—25. 11. 1966 UdSSR
Dr. M. K. Jana, Indian Institute of Technology, Karagpur (Westbengal)
vom 12. 6.—12. 7. 1966 Indien
S. Daskaloff, Institut für Pflanzenindustrie, Sofia
vom 20. 6.—14. 7. 1966 VR Bulgarien
Dr. Hr. Nicoloff, Institut für Pflanzenindustrie, Sofia
vom 20. 6.—7. 7. 1966 VR Bulgarien
Prof. Dr. A. Lazányi, Centrul de Cercetari Biologice der Rumänischen Akademie der Wissenschaften, Cluj
vom 18.—28. 10. 1966 SR Rumänien
Fräulein Ilse-Dore Adler, Institut für Anthropologie und Humangenetik der Universität Heidelberg
vom 7. 11.—8. 12. 1966 BRD

in der Abt. Chemische Physiologie

Frau Mag. Pharm. A. Vassová, Institut für Chemie der Slowakischen Akademie der Wissenschaften, Bratislava ČSSR
vom 2.—16. 5. 1966
Dr. H. Kaldewey, Botanisches Institut der Universität des Saarlandes, Saarbrücken BRD
vom 1.—7. 6. 1966
Dr. B. Danos, Institut für Angewandte Botanik und Histogenese der Eötvös-Lorand-Universität, Budapest
vom 27. 6.—1. 7. 1966 VR Ungarn
Frau E. Nichiforescu, Institutul de Cercetări Chimico-Farmaceutice, Bukarest
vom 1.—5. 7. 1966 SR Rumänien
Dr. J. Tomko, Institut für Chemie der Slowakischen Akademie der Wissenschaften, Bratislava
vom 21. 7.—7. 8. 1966 ČSSR

in der Abt. Physikalische Physiologie

Dr. P. Ussmanov, Institut für Physiologie und Biophysik der Tadschikischen Akademie der Wissenschaften, Duschambe
vom 3.—31. 5. 1966 UdSSR
Frau Dr. J. Svachulova, Institut für experimentelle Botanik der Tschechoslowakischen Akademie der Wissenschaften, Prag
vom 5.—12. 12. 1966 ČSSR

1967

in der Abt. Genetik und Cytologie

Ing. H. Kučera, Institut für wissenschaftlich-technische Informationen des Ministeriums für Land- und Forstwirtschaft, Prag
vom 12. 1.—10. 2. 1967 ČSSR

Dr. A. H. Hassanean, Cytology and Genetics Department of National Research Centre, Cairo
vom 20. 2.—23. 3. 1967 VAR

V. I. Ivanov, Institut für medizinische Radiologie, Obninsk
vom 30. 5.—7. 6. 1967 UdSSR

Dr. H. Nicoloff, Institut für Pflanzenzüchtung und Genetik, Sofia
vom 30. 5.—29. 6. 1967 VR Bulgarien

Ing. M. Kraus, I.C.C.P.T., Fundulea
vom 24. 9.—11. 10. 1967 SR Rumänien

S. Daskaloff, Institut für Pflanzenzüchtung und Genetik, Sofia
vom 16. 9. —26. 9. 1967 VR Bulgarien

Dr. V. Fučik, Institut für organische Chemie und Biochemie der Tschechoslowakischen Akademie der Wissenschaften, Prag
vom 2.—25. 11. 1967 ČSSR

in der Abt. Chemische Physiologie

Dr. Edith Rodríguez, Institut für Biologie der Kubanischen Akademie der Wissenschaften, Havanna
vom 30. 5.—20. 9. 1967 VR Kuba

Dr. J. Ullmann, Institut für experimentelle Botanik der Tschechoslowakischen Akademie der Wissenschaften, Prag
vom 20. 6.—4. 7. 1967 ČSSR

in der Abt. Physikalische Physiologie

Frau Dr. T. G. Maslowa, Botanisches Institut V. L. Komarov der Akademie der Wissenschaften der UdSSR, Leningrad
vom 4. 8. 1967—15. 2. 1968 UdSSR

in der Abt. Systematik und Sortiment

Ngô-T'Ruc-Nha, delegiert von der Universität Hanoi
vom 1. 8. 1967 VR Vietnam

in der Abt. Ökologische Physiologie

Dr. Utham Prakash, Birbal Sahni-Institute of Paleobotany, Lucknow
vom 14.—22. 9. 1967 Indien

1968

in der Abt. Genetik und Cytologie

Frau D. Pleskotová, Institut für experimentelle Botanik der Akademie der Wissenschaften der ČSSR, Prag
vom 15. 2.—19. 3. und 3. 6.—2. 7. 1968 ČSSR

Dr. J. Rascó, Institut für Mikrobiologie, Szeged
vom 17. 5.—23. 6. 1968 VR Ungarn

Frau Prof. Dr. I. Kiknadse, Institut für Cytologie und Genetik der Sibirischen Abteilung der Akademie der Wissenschaften der UdSSR, Novosibirsk
vom 18.—24. 5. 1968 UdSSR

Frau Dr. L. D. Madjirowa, Institut „W. Komarow", Plovdiv
vom 3.—8. 6. 1968 VR Bulgarien

Ing. I. Brad, Institut Fundulea (ICCPT), Bukarest
vom 9.—20. 12. 1968 SR Rumänien

in der Abt. Chemische Physiologie

Dr. N. Grigorieva, Zelinski-Institut für Organische Chemie der Akademie der Wissenschaften der UdSSR, Moskau UdSSR

in der Abt. Physikalische Physiologie

Prof. D. I. Sapozhnikov, Botanisches Institut „V. L. Komarov" der Akademie der Wissenschaften der UdSSR, Leningrad
vom 2.—15. 2. 1968 UdSSR

12. Die wissenschaftliche Bibliothek

Die wissenschaftliche Bibliothek wurde bei der Gründung des Instituts auf seine zunächst festgelegten Aufgaben ausgerichtet; die Aufnahme weiterer Arbeitsgebiete im Lauf der Jahre machte dann den Erwerb der neuesten internationalen Literatur auch dieser Fachgebiete erforderlich.

Es war von Anfang an das Bestreben der Institutsleitung, die Bibliothek zu einer zentralen Einrichtung zu entwickeln, um den Mitarbeitern die Möglichkeit der Kenntnis des neuesten Wissensstandes zu geben und damit eine optimale Information zu gewährleisten, zumal sich die persönlichen Kontakte zu den Laboratorien des Auslandes in den ersten Nachkriegsjahren erst langsam entwickelten.

Wesentlich gefördert wurde der Aufbau der Bibliothek und die Versorgung vieler Wissenschaftler mit neuester Fachliteratur durch die Tatsache, daß sich der Institutsdirektor bereits 1945 darum bemühte, die wichtigsten Zeitschriften der biologischen Grundlagen- und der angewandten Forschung, die alle ihr Erscheinen gegen Ende des Krieges einstellen mußten, neu herauszugeben (s. Kap. 13).

Im Mittelpunkt der Bibliotheksarbeit stand die Versorgung der Wissenschaftler mit Literatur über Kulturpflanzen, ihre Züchtung, Vererbung, Anatomie und Morphologie, chemische und physikalische Physiologie, ihre Systematik und Evolution, ihren Anbau und ihre Geschichte.

Daneben waren die allgemeine Botanik und der allgemeine Garten- und Pflanzenbau gut vertreten.

Die Leitung der Bibliothek hatte 1946–1949 Prof. Dr. R. MANSFELD, von 1950 bis 1957 Prof. Dr. K. MOTHES. Als Bibliothekar war zunächst Dr. WINTER tätig. Als dieser am 31. März 1953 ausschied, trat am 1. September 1953 Prof. Dr. K. GOFFERJE als Bibliothekar in das Institut ein, und am 1. August 1954 Frau Edith GOFFERJE als Hilfsbibliothekarin.

Die 1943 in Wien eingerichtete Bibliothek zählte 1945 bei der Übersiedlung nach Gatersleben 1343 Bände. Sie konnte in jedem Jahr weiter ausgebaut werden. Auch die sich allmählich ergebenden Verbindlichkeiten durch Tausch und Fernleihe sowie die Anfertigung von Lesefilmen, Photokopien u. a. für den eigenen und fremden Bedarf nahmen von Jahr zu Jahr zu.

Bereits Ende 1955 waren die der Bibliothek im alten Institut zur Verfügung stehenden Räume so überfüllt, daß der ordnungsgemäße Betrieb der Bücherei nur unter großen Schwierigkeiten aufrechterhalten werden konnte. Durch den Raummangel wurde auch die Katalogisierung der Bestände erschwert. Dennoch nahm der Leihverkehr alljährlich einen immer größeren Umfang an und viele Zeitschriften konnten durch Tausch mit ausländischen Instituten erworben werden. Die wertvollen Tauschverbindungen ergaben sich häufig im Anschluß an Auslandsreisen der Wissenschaftler des Instituts, auch wurden der Bücherei aus solchen Anlässen oft hochwillkommene Buchgaben überwiesen.

Im Jahr 1955 wurde eine Bibliothekskommission ins Leben gerufen, in der aus jeder Abteilung ein Wissenschaftler vertreten war. Es sollte damit eine enge Zusammenarbeit zwischen der Bibliothek und den einzelnen Abteilungen ermöglicht werden.

Die notwendig gewordene und von Grund auf durchzuführende Neuaufnahme aller Bestände im Haupt- und in den Nebenkatalogen wurde begonnen. Die Allgemeine Abteilung wurde 1956 fertiggestellt, die Neuordnung der Sonderdruck- und Dissertationssammlung konnte fast abgeschlossen werden.

Nach Umzug der Abt. Genetik und Cytologie in ihren Neubau wurde im alten Institut ein vierter großer Raum für die Zwecke der Bücherei nutzbar gemacht.

Der Ersatz der alten Karteien durch eine bibliothekarisch einwandfreie Neuaufnahme aller Bestände wurde 1958 weitergeführt. Die Aufstellung und Neuordnung der Sonderdruck- und Dissertationssammlungen wurde abgeschlossen. Leihgaben aus Privathand wurden gleichfalls neu aufgenommen und sachgemäß aufgestellt.

Ende Juni 1959 erfolgte der Umzug der Bibliothek aus den überfüllten Räumen im alten Institut auf dem Oberhof der Abt. Landwirtschaft in das neu errichtete Büchereigebäude, das sich östlich an das Gebäude der Abt. Genetik und Cytologie anschließt.

Die beiden Haupträume des eingeschossigen Neubaues sind der Büchersaal (Magazin) im Ostteil des Gebäudes und der Lesesaal an der Nordseite des Westteiles. Im Büchersaal wurden die Bücher in Regalen aus Stahlblech so aufgestellt, daß die Arbeit an den Beständen ohne Leitern möglich wurde. Im Lesesaal befinden sich außer der Zweitschrift der Gesamtkartei die in Karteiform aufgestellten Lesefilme und dazu ein Zeiß-Lesegerät, die Arbeitsplätze sind kleine Einzeltische mit Leselampen. An der langen Seitenwand wurden in Fächern die neuesten Hefte der wichtigsten Zeitschriften sowie die Neuanschaffungen ausgelegt.

An der Südseite des Westteiles des Baues liegen hintereinander die Arbeitsräume für den Büchereileiter, die Räume der Bibliothekarinnen und ein Raum für den Botenverkehr.

Ein kleiner Lastenaufzug bietet die Möglichkeit, später auch den Bodenraum als Magazin mit einzubeziehen.

Der entsprechend vorbereitete Umzug konnte bis auf einige kleinere Ordnungsarbeiten so durchgeführt werden, daß die Bücherei nach einer Woche wieder benutzbar war.

Am 16. September 1959 trat der bisherige Bibliothekar, Prof. Dr. K. Gofferje, in den Ruhestand, an seine Stelle trat am gleichen Tage Diplombibliothekar Werner Julius.

An der Vervollständigung des neuen Gesamtkataloges (alphabetische Verfasserkartei, systematische Standortkartei und Stich- und Schlagwortkartei) wurde im gesamten Jahr 1959 weitergearbeitet. Begonnen wurde die Aufnahme der Landkartenbestände und die Verkartung der Lesefilme, Mikroaufnahmen und Fotokopien, die Anbringung von Signaturen an allen Beständen und die Beschriftung der im Büchersaal verwahrten Einheiten.

Ebenso wurde die Neukatalogisierung der Monographien für einen neuen alphabetischen Dienstkatalog, den systematischen Standortkatalog und das Stich- und Schlagwortregister weitergeführt und fast abgeschlossen.

Die Umarbeitung des alphabetischen Katalogs der Büchertitel erfolgte nach den für die wissenschaftlichen Bibliotheken geltenden Regeln. 1960 wurde eine für die Bibliotheksbenutzer bestimmte Zweitschrift des alphabetischen Katalogs angefertigt und im Magazin aufgestellt. Damit war den wissenschaftlichen Mitarbeitern des

Instituts bei Arbeiten in der Bibliothek eine schnelle Orientierung in unmittelbarer Nähe der Bestände möglich.

Die Institutsbücherei hatte im Jahre 1961 wesentlich mehr Neuzugänge als im Vorjahre zu verzeichnen. Von der Forschungsstelle für Limnologie, Jena, wurde eine Anzahl von Büchern und Sonderdrucken aus Restbeständen des Nachlasses von Prof. Dr. R. Kolkwitz übernommen, soweit sie für die Forschungsarbeit des Instituts von Bedeutung waren. Weiterhin ging die wertvolle Bücher- und Sonderdrucksammlung des verstorbenen Prof. Dr. Rudolf Mansfeld in den Besitz der Institutsbücherei über, deren Bestand sich inzwischen auf rd. 23000 Einheiten belief.

Die Umarbeitung und Vervollständigung des alphabetischen Kataloges und der Sachkarteien konnte 1961 nur in begrenztem Maße weitergeführt werden, da in erster Linie die größeren Neuerwerbungen einer möglichst raschen Bearbeitung bedurften. Es war jedoch möglich, neben diesen vordringlichen Arbeiten die älteren Bestände an Monographien in russischer Sprache sowie die Abteilungen „Sonstige Naturwissenschaften“ und „Philosophie“ zu katalogisieren. Weiterhin wurde die Inventarisierung und Katalogisierung der Sammlung Kolkwitz — abgesehen von einem Restbestand an Sonderdrucken -- abgeschlossen. Von der Sammlung Mansfeld wurden die selbständig erschienenen Schriften — rd. 1100 Einheiten — inventarisiert und mehr als die Hälfte in den Katalogen und Sachkarteien nachgewiesen.

1962 gingen als Sondererwerbung rd. 100 Bände vom Institut für Pflanzenzüchtung Kleinwanzleben, Versuchsstation Mühlhausen, der Deutschen Akademie der Landwirtschaftswissenschaften zu Berlin durch Umsetzung in das Eigentum des Instituts über. Außerdem wurde eine größere Sammlung floristischer Literatur erworben, die sich zum Teil schon seit mehreren Jahren als Leihgabe in der Bibliothek befand.

Die Katalogisierungstätigkeit 1962 erstreckte sich neben der laufenden Bearbeitung der Neuzugänge auf die Erfassung der Sondererwerbungen aus dem Vorjahr. So wurde die Verzeichnung der Bücher aus der Sammlung Mansfeld sowie der restlichen Sonderdrucke aus dem Nachlaß von Prof. Kolkwitz abgeschlossen. Die Sonderdrucke aus der Sammlung Mansfeld wurden inventarisiert, mit ihrer Katalogisierung begonnen.

Um den Wissenschaftlern noch intensiver als bisher die neueste Zeitschriftenliteratur zu vermitteln, wurde die Auswahl der Zeitschriften, die in den einzelnen Abteilungen des Instituts zirkulieren, erheblich erweitert. Mit den Bibliotheken einiger verwandter Institutionen wurden außerdem die neuesten Hefte mehrerer Zeitschriften fortlaufend kurzfristig ausgetauscht, sie zirkulierten ebenfalls in den wissenschaftlichen Abteilungen.

1963 wurde die Katalogisierung der aus dem Nachlaß von Prof. Mansfeld stammenden Sonderdrucke abgeschlossen. Ferner wurde neben der laufenden Erfassung der Neueingänge das Manuskript eines vollständigen Verzeichnisses der Zeitschriftenbestände fertiggestellt.

Im Herbst 1963 konnte eine bibliothekarische Fachkraft eingestellt und mit der Weiterführung der Kataloge beauftragt werden. Gegen Ende dieses Jahres wurde der Bücherei das neu eingerichtete Zentrale Fotolabor des Instituts verwaltungsmäßig angeschlossen. Räumlich war die Fotostelle in 5 Räumen des Gebäudes der Zentralen Verwaltung untergebracht. Sie wurde mit allem erforderlichen Inventar versehen und mit 2 Fachkräften besetzt. Ihre Aufgabe war, Mikrofilme und Fotokopien für den Bedarf der wissenschaftlichen Abteilungen sowie der Bücherei herzustellen und außerdem die bei der Bücherei auf dem Fernleihwege angeforderten Filme anzufertigen.

Um der in den letzten Jahren erneut entstandenen Raumnot abzuhelfen (der Bestand der Bibliothek hatte sich inzwischen auf fast 29000 Einheiten erhöht), wurde 1964 der östliche Bodenraum des Bibliotheksgebäudes zum Buchmagazin ausgebaut und ein Teil der Buch- und Zeitschriftenbestände dort untergebracht. Weiterhin erhielten die Bestände des Hauptmagazins eine etwas veränderte Anordnung, durch die für die nächsten Jahre eine geordnete Unterbringung des zu erwartenden Zuwachses an Büchern und Zeitschriften gesichert war.

Der regelmäßige Leih-Austausch wichtiger Zeitschriften mit anderen Bibliotheken und Instituten wurde weiter ausgebaut. Die Zahl der Institutionen, mit denen derartige Vereinbarungen bestanden, erhöhte sich gegenüber 11 im Jahre 1963 auf 18, die Zahl der ausgetauschten Zeitschriften auf 80 gegenüber 40.

Zur besseren Erschließung der Bestände wurde das gegen Ende 1963 im Manuskript fertiggestellte vollständige Verzeichnis der Zeitschriftenbestände in maschinenschriftlich vervielfältigter Form an die wissenschaftlichen Mitarbeiter des Instituts sowie an die Hauptbiliothek der Deutschen Akademie der Wissenschaften und andere Bibliotheken und Institute verteilt.

Die Katalogisierungstätigkeit erstreckte sich 1964 neben der laufenden Erfassung der Neuzugänge auf die Verarbeitung der 1962 erworbenen floristischen Sondersammlung sowie älterer im Institut vorhandener monographischer Literatur. Ebenso konnte an der Durchsicht der in der Bibliothek befindlichen geographischen Karten weitergearbeitet werden, die nach Signaturen aufgestellt und in einem Kartenverzeichnis nachgewiesen wurden. Zur Ausführung der laufenden Katalogisierungsarbeiten wurde ein Kleinvervielfältigungsgerät angeschafft, bei dessen Verwendung zur Versorgung der eigenen Kataloge und der Zentralkataloge in Berlin und Halle nur noch etwa 70% der früher aufgewendeten Zeit erforderlich war.

Der Bestandsaufbau der Bibliothek entsprach der durch die Forschungsaufgaben des Instituts bedingten Themenstellung. Als Sammelschwerpunkt wurden 1965 die Disziplinen Kulturpflanzensystematik, allgemeine Genetik, Photophysiologie inkl. Photosynthese (biologisch-physikalisch) und Naturstoffchemie festgelegt und dem Methodischen Zentrum für wissenschaftliche Bibliotheken beim Staatssekretariat für das Hoch- und Fachschulwesen in dieser Form mitgeteilt. Im April 1964 erwarb die Institutsbibliothek die Mitgliedschaft im Deutschen Bibliotheksverband.

1966 konnten wiederum wertvolle neue Tauschvereinbarungen mit ausländischen Institutionen, u. a. in der UdSSR, den Vereinigten Staaten, Finnland und der Bundesrepublik getroffen werden. Der Leihaustausch wissenschaftlicher Zeitschriften mit anderen Bibliotheken und Instituten in der DDR stieg ebenfalls weiter an.

1967 wurde der westliche Teil des Bibliotheksbodens zum Buchmagazin ausgebaut und damit die ordnungsgemäße Aufstellung der für die folgenden Jahre zu erwartenden Neuerwerbungen sichergestellt.

Um die in der Bibliothek vorhandenen Zeitschriftenbestände den Forschungsaufgaben des Instituts fortlaufend anzupassen, war es erforderlich, die vorhandenen Periodica einer kritischen Sichtung zu unterziehen. Als Ergebnis konnten einige Zeitschriften an die Bibliotheken von Kooperationspartnern des Instituts oder an die Hauptbibliothek der Akademie abgegeben werden.

Eine Liste der 1968 im Institut gehaltenen Zeitschriften findet sich am Schluß des Kapitels.

Nach dem Tode von Prof. Dr. P. Metzner wurde seine hinterlassene Büchersammlung zunächst in der Institutsbibliothek aufgestellt. Sie sollte, soweit sie für die Forschungsaufgaben des Instituts wichtige Literatur enthielt, im Sinne des Verstorbenen der Institutsbibliothek als Geschenk überlassen werden. Mit der Auswahl der dankbar angenommenen Werke konnte im 3. Quartal 1967 begonnen werden.

Der fortlaufende Leihaustausch wissenschaftlicher Literatur mit Kooperationspartnern des Instituts und sonstigen verwandten Einrichtungen sowie mit größeren Bibliotheken wurde 1968 in erhöhtem Maße fortgesetzt. Zum Jahresende belief sich die Zahl der ausgetauschen Zeitschriften auf 97 Titel, die mit 22 Instituten an 14 Orten der Republik gemeinsam genutzt wurden. Durch den regulären Fernleihverkehr stellte die Bibliothek auswärtigen Bibliotheken und Instituten im Vergleich mit den Vorjahren wesentlich mehr Texte aus den eigenen Beständen — meist in Form von Mikrofilmen — zur Verfügung.

Anläßlich des Institutsjubiläums wurde im Juni 1968 in den Räumen der Bibliothek eine Ausstellung mit allen von den Wissenschaftlern des Instituts verfaßten Publikationen gezeigt. Einige graphische Darstellungen machten dabei auch die Entwicklung der Institutsbibliothek anschaulich.

Der Bestand der Bibliothek war bis Ende 1968 auf ca. 35000 Einheiten angewachsen. Neben den laufenden Arbeiten wurde 1968 ohne Unterbrechung der Ausleiharbeiten eine Gesamtrevision der Bibliotheksbestände durchgeführt und in ihren wesentlichen Teilen zum Abschluß gebracht.

12.1. Zusammenstellung der 1968 von der Bibliothek des Instituts für Kulturpflanzenforschung in Gatersleben laufend bezogenen Zeitschriften und Periodica

Lfd. Nr.	Titel der Zeitschrift	Erscheinungsort
1.	Abhandlungen und Berichte des Naturkundemuseums – Forschungsstelle – Görlitz	Görlitz
2.	Abstracts for the advancement of industrial utilization of wheat (Washington State University, Pullman, Washington, College of Engineering Research Division)	Washington
3.	Abstracts of Bulgarian scientific literature (Bulgarian Academy of Sciences. Central Library. Department for Scientific and Technical Information and Documentation) – Biology and biochemistry –	Sofija
4.	Abstracts of Bulgarian scientific literature (Bulgarian Academy of Sciences. Central Library. Department for Scientific and Technical Information and Documentation) – Agriculture and forestry, veterinary medicine	Sofija
5.	Acta agriculturae Scandinavica (Scandinavian Agricultural Research Workers' Association. Royal Swedish Academy of Agriculture)	Stockholm
6.	Acta agrobotanica (Polskie Towarzystwo botaniczne)	Warszawa
7.	Acta agronomica Academiae scientiarum Hungaricae	Budapest
8.	Acta biochimica Polonica (Polska Akademia nauk. Komitet biochemiczny)	Warszawa
9.	Acta biologica Academiae scientiarum Hungaricae	Budapest
10.	Acta biologica. N.S. Acta Universitatis Szegediensis	Szeged
11.	Acta biologica et medica Germanica	Berlin
12.	Acta botanica Academiae scientiarum Hungaricae	Budapest
13.	Acta botanica Croatica	Zagreb
14.	Acta botanica Fennica (Societas pro fauna et flora Fennica)	Helsingforsiae
15.	Acta botanica Neerlandica (Koninklijke Nederlandse Botanische Vereniging)	Amsterdam
16.	Acta botanica Venezuelica	Caracas
17.	Acta chemica Scandinavica (Chemical Societies in Denmark, Finland, Norway, and Sweden)	København
18.	Acta histochemica	Jena
19.	Acta microbiologica Academiae scientiarum Hungaricae	Budapest
20.	Acta microbiologica Polonica. Microbiologia generalis, agrobiologica et technica (Polskie Towarzystwo mikrobiologów)	Warszawa
21.	Acta phytogeographica Suecica	Uppsala
22.	Acta Průhoniciana (Československé akademie zemědělské věd)	Pruhonice, ČSSR
23.	Acta societatis botanicorum Poloniae	Warszawa
24.	Acta Societatis pro fauna et flora Fennica	Helsingfors

Lfd. Nr.	Titel der Zeitschrift	Erscheinungsort
25.	Acta virologica (Československé akademie věd)	Praha
26.	Adansonia. Recueil périodique d'observations botaniques	Paris
27.	Advances in agronomy (American Society of Agronomy)	New York
28.	Advances in biological and medical physics	New York
29.	Advances in cancer research	New York
30.	Advances in enzymology and related subjects of biochemistry	New York
31.	Advances in genetics	New York
32.	Advances in protein chemistry	New York
33.	Advances in virus research	New York
34.	Agri hortique genetica (Meddelanden fran Weibullsholms växtförädlinganstalt, Landscrona)	Landskrona
35.	Agrobotanika. Az országos agrobotanikai intézet közlemenyei	Tapiószele/Ungarn
36.	Agrokémia és talajtan (Magyar tudományos Akadémia Talajtani és agrokémiai Kutatóintézet) [Agrochemie und Bodenkunde]	Budapest
37.	Agronomia lusitana (Estação agronómica nacional)	Sacavém/ Portugal
38.	Agronomy journal (American Society of Agronomy)	Madison/ Wisconsin
39.	Albrecht-Thaer-Archiv	Berlin
40.	El Aliso. A series of papers on the native plants of California (Rancho Santa Ana Botanic Garden)	Anaheim/Cal.
41.	American journal of botany (Botanical Society of America)	Baltimore
42.	The American naturalist (American Society of Naturalists)	Lancaster/Pa.
43.	American potato journal (Potato Association of America)	New Brunswick/ N.J.
44.	Amtliche Pflanzenschutzbestimmungen. N. F.	Berlin (West)
45.	Anais do Instituto superior de agronomia (Universidade técnica de Lisboa)	Lisboa
46.	Analele Institutului de cercetări agronomice (Academia Republicii Populare Romîne) Ser. B: Agrotehnică, păşuni şi fîneţe, economie şi organizarea, agricultura socialiste	Bucureşti
47.	Analele Institutului de cercetări agronomice (Academia Republicii Populare Romîne) Ser. C: Fiziologie, genetică, ameliorare, protecţia plantelor şi tehnologie agricola	Bucureşti
48.	Analele Universităţii "C.I. Parhon" Ser.: Ştiinţelor naturii	Bucureşti
49.	Anales de edafología vegetal y fisiología vegetal (Instituto de edafología y fiziología vegetal del Consejo superior de investigaciones científicas)	Madrid

Lfd. Nr.	Titel der Zeitschrift	Erscheinungsort
50.	Anales. Instituto nacional de investigaciones agronómicas (Ministerio de agricultura. Dirección general de agricultura) Ser.: Economia y sociologia agrarias	Madrid
51.	Anales. Instituto nacional de investigaciones agronómicas (Ministerio de agricultura. Dirección general de agricultura) Ser.: Produccion vegetal	Madrid
52.	Anales. Instituto nacional de investigaciones agronómicas (Ministerio de agricultura. Dirección general de agricultura) Ser.: Proteccion vegetal	Madrid
53.	Analytical chemistry (American Chemical Society)	Washington
54.	Angewandte Botanik	Berlin (West)
55.	Angewandte Chemie	Weinheim
56.	Annales agriculturae Fenniae	Suomi/Finnland
57.	Annales de la Direction des études et de l'équipement Sect. 2: Travaux de l'Institut expérimental du tabac, Bergerac	Paris
58.	Annales de l'Institut national de la recherche agronomique (République Française. Ministère de l'agriculture) Sér. A: Annales agronomiques. Science du sol. Fertilisation. Bioclimatologie	Paris
59.	Annales de l'Institut national de la recherche agronomique (République Française. Ministère de l'agriculture) Sér. B: Annales de l'amélioration des plantes. Génétique. Sélection. Ecologie. Techniques culturales	Paris
60.	Annales de l'Institut national de la recherche agronomique (République Française. Ministère de l'agriculture) Sér. C: Annales des épiphyties. Pathologie végétale. Zoologie agricole. Phytopharmacie	Paris
61.	Annales de l'Institut national de la recherche agronomique (République Française. Ministère de l'ariculture) Sér. Abis: Annales de physiologie végétale	Paris
62.	Annales de l'Institut national de la recherche agronomique de Tunisie	Tunis
63.	Annales des sciences naturelles. Botanique et biologie végétale	Paris
64.	Annales scientifiques de l'Université de Besançon. Botanique. Sér. 3	Besançon
65.	Annales Universitatis Mariae Curie-Skłódowska Sect. C: Biologia	Lublin
66.	Annali di botanica (Istituto botanico)	Roma
67.	Annals of botany. N.S.	Oxford
68.	Annals of the Missouri Botanical Garden	St. Louis/ Missouri
69.	Annual report. John Innes Institute	Norwich
70.	Annual report. Plant Breeding Institute	Cambridge
71.	Annual report. National Institute of Genetics	Misima/Japan
72.	Annual report. The Scottish Horticultural Research Institute	Invergowrie
73.	Annual report. The New York Botanical Garden	Bronx/New York

Lfd. Nr.	Titel der Zeitschrift	Erscheinungsort
74.	Annual report. Brookhaven National Laboratory, Biology Department	Upton/New York
75.	Annual report. Centre for Agricultural Publications and Documentation	Wageningen
76.	Annual report. Commonwealth Scientific and Industrial Research Organization. Division of Tropical Pastures	Brisbane
77.	Annual report. Commonwealth Scientific and Industrial Research Organization. Division of Plant Industry	Canberra
78.	Annual report of the director. Genetics Research Unit. Carnegie Institution of Washington	Cold Spring Harbor/New York
79.	Annual report of the director. Department of Plant Biology. Carnegie Institution of Washington	Stanford/ New York
80.	Annual review of biochemistry	Palo Alto/Cal.
81.	Annual review of genetics	Palo Alto/Cal.
82.	Annual review of microbiology	Stanford/Cal.
83.	Annual review of plant physiology	Palo Alto/Cal.
84.	Annuals. Montreal Botanical Garden	Montréal
85.	Applied microbiology	Baltimore
86.	Arabidopsis information service	Göttingen
87.	Arboretum kórnickie	Poznań
88.	Archiv für Forstwesen	Berlin
89.	Archiv für Gartenbau	Berlin
90.	Archiv der Julius-Klaus-Stiftung für Vererbungsforschung, Sozialanthropologie und Rassenhygiene	Zürich
91.	Archiv für Mikrobiologie	Berlin (West)
92.	Archiv für Protistenkunde	Jena
93.	Archives of biochemistry and biophysics	New York
94.	Archivio per le scienze mediche	Torino
95.	Arsskrift. Den Kongelige Veterinaer- og Landbohojskole	København
96.	Arzneimittelforschung	Aulendorf/ Württemb.
97.	Atti dell'Istituto botanico della Università, Laboratorio crittogamico. Ser. VI	Pavia
98.	Australian journal of agricultural research (Commonwealth Scientific and Industrial Research Organization)	Melbourne
99.	Australian journal of biological sciences (Commonwealth Scientific and Industrial Research Organization)	Melbourne
100.	Australian journal of botany (Commonwealth Scientific and Industrial Research Organization)	Melbourne
101.	Australian journal of chemistry (Commonwealth Scientific and Industrial Research Organization)	Melbourne
102.	Bacteriological reviews (Society of American Bacteriologists)	Baltimore/Md.
103.	Baileya. A quarterly journal of horticultural taxonomy (Bailey Hortorium of the New York State College of Agriculture)	Ithaca/New York

Lfd. Nr.	Titel der Zeitschrift	Erscheinungsort
104.	Bauhinia. Zeitschrift der Basler Botanischen Gesellschaft	Basel
105.	Beiträge zur Biologie der Pflanzen	Berlin (West)
106.	Beiträge zur Entomologie	Berlin
107.	Beiträge zur Geschichte der Universität Erfurt	Erfurt
108.	Beretning om Botanisk Haves virksomhed	København
109.	Berichte der Bayerischen Botanischen Gesellschaft zur Erforschung der heimischen Flora	München
110.	Berichte über die gesamte Biologie Abt. A: Berichte über die wissenschaftliche Biologie	Berlin (West)
111.	Berichte der Deutschen Botanischen Gesellschaft	Stuttgart
112.	Berichte des Instituts für Tabakforschung Wohlsdorf-Biendorf	Dresden
113.	Berichte des Ohara-Instituts für Landwirtschaftliche Forschungen (Okayama Universität)	Kuraschiki/ Japan
114.	Berichte der Schweizerischen Botanischen Gesellschaft	Bern
115.	Bibliographie der Pflanzenschutzliteratur	Berlin (West)
116.	Bibliography of agriculture (United States Department of Agriculture. Library)	Washington
117.	The biochemical journal (Biochemical Society)	London
118.	Biochemical and biophysical research communications	New York
119.	Biochemical preparations	New York
120.	Biochemical Society symposia	Cambridge/ Großbrit.
121.	Biochimica et biophysica acta	New York
122.	Biochimija	Moskva
123.	Biofizika	Moskva
124.	Biológia. Časopis Slovenskej Akadémie vied	Bratislava
125.	Biologia plantarum	Praha
126.	Biologické Práce (Sekcia biologických a lekárských vied. Slovenskej Akadémie vied)	Bratislava
127.	Biologie in der Schule	Berlin
128.	Biologische Rundschau	Jena
129.	Biologisches Zentralblatt	Leipzig
130.	Biuletyn Instytutŭ roślin leczniczych = Herba Polonica (Panstwowy Instytut naukowy leczniczych surowców roślinnych w Poznaniu)	Poznań
131.	Bjulleteń Glavnogo botaničeskogo sada (Akademija nauk SSSR)	Moskva
132.	Bjulleteń Moskovskogo obščestva ispytatelej prirody. N.S. Otdel biologičeskij	Moskva
133.	Bjulleteń Vsesojuznogo instituta rastenievodstva (Vsesojuznaja ordena Lenina Akademija sel'skochozjajstvennych nauk im. V.I. Lenina)	Leningrad
134.	Blumea. Tijdschrift voor de systematick on de geografie der planten (Het Rijksherbarium te Leiden)	Leiden

Lfd. Nr.	Titel der Zeitschrift	Erscheinungsort
135.	Boletim da Sociedade Broteriana. Ser. 2 (Instituto botânico da Universidade de Coimbra)	Coimbra/ Portugal
136.	Boletin del Instituto nacional de investigaciónes agronómicas (Ministerio de agricultura. Dirección general de agricultura)	Madrid
137.	Bonplandia. Revista de la Facultad de Agronomia y Veterinaria de la Universidad Nacional del Nordeste	Corrientes/ Argentinien
138.	Botanical Bulletin of Academia Sinica. N.S.	Nankang/Taiwan
139.	The botanical review	New Haven/Conn.
140.	Botanische Jahrbücher für Systematik, Pflanzengeschichte und Pflanzengeographie	Stuttgart
141.	Botanisk tidsskrift (Dansk Botanisk Forening)	København
142.	Botaniska notiser (Lunds Botaniska Förening)	Lund
143.	Brittonia (New York Botanical Garden in cooperation with the American Society of Plant Taxonomists)	New York
144.	Bulletin of the College of Agriculture and Veterinary Medicine (Nihon University)	Tokyo
145.	Buletin ştiinţific (Institutul agronomic „Tudor Vladimirescu")	Craïova/ VR Rumänien
146.	Bulletin de l'Académie polonaise des sciences Série des sciences biologiques	Warszawa
147.	Bulletin of the Horticultural Research Station, Series D	Kurume/Japan
148.	Bulletin de l'École supérieure d'agriculture de Tunis	Tunis
149.	Bulletin du Jardin botanique de l'État, Bruxelles	Bruxelles
150.	Bulletin of the National Institute of Agricultural Sciences Ser. D: Plant physiology, genetics, and crops in general	Nishigahara/ Japan
151.	Bulletin de la Société botanique de France	Paris
152.	Bulletin of the Torrey Botanical Club	Lancaster
153.	Caldasia. Boletin del Instituto de ciencias naturales de la Universidad de Colombia	Bogotá
154.	Canadian journal of chemistry (National Research Council of Canada)	Ottawa
155.	Canadian journal of genetics and cytology (Genetics Society of Canada)	Ottawa
156.	Canadian journal of plant science	Ottawa
157.	Candollea. Organe des Conservatoire et Jardin botaniques de la ville de Genève	Geneve
158.	Caryologia. Giornale di citologia, citosistematica e citogenetica	Pisa
159.	Časopis Slezského Muzea v Opave, Ser. A: Historia naturalis	Opava
160.	Časopis Slezského Muzea v Opave Ser. C: Dendrologia	Opava
161.	Castanea (Southern Appalachian Botanical Club. West Virginia University)	Morgantown
162.	La Cellule. Recueil de cytologie et d'histologie	Lierre

Lfd. Nr.	Titel der Zeitschrift	Erscheinungsort
163.	Česká Mykologie (Československá vědecká Společnost pro mykologii)	Leden
164.	Československá farmacie. Měsíčnik farmaceutické sekce Československé lékařské Společnosti J.E. Purkyne	Praha
165.	Chemie in unserer Zeit	Weinheim
166.	Chemische Berichte	Weinheim
167.	Chemisches Zentralblatt	Berlin
168.	Chimia (Schweizerischer Chemiker-Verband)	Zürich
169.	Chimija prirodnych soedinenij	Taškent
170.	Chromosoma	Berlin (West)
171.	Citologija	Moskva
172.	Cold Spring Harbor Symposia on quantitative biology	New York
173.	Coletânea de trabalhos do Instituto Botantan	Sao Paulo/ Brasilien
174.	Collection of Czechoslovak chemical communications	Praha
175.	Comunicări de botanică (Societatea de ştiinţe naturale şi geografie din Republica Populară Romînă)	Bucureşti
176.	Comptes rendus hebdomadaires des séances de l'Académie des sciences Série C: Sciences chimiques	Paris
177.	Comptes rendus hebdomadaires des séances de l'Académie des sciences Série D: Sciences naturelles	Paris
178.	Comptes rendus des travaux du Laboratoire Carlsberg	København
179.	Contributions from Boyce Thompson Institute for Plant Research	Menasha/Wisc.
180.	Contributions from the Gray Herbarium of Harvard University	Cambridge/Mass.
181.	Coresta Centre de coopération pour les recherches scientifiques relatives au tabac	Paris
182.	Crop science (Crop Science Society of America)	Madison
183.	Currents in modern biology. An international journal of molecular and cellulär biology	Amsterdam
184.	Current topics in developmental biology	New York
185.	Curtis's botanical magazine (Royal Horticultural Society)	London
186.	Cytologia. International journal of cytology (University of Tokyo. Faculty of Sciences. Botanical Institute)	Tokyo
187.	Dansk botanisk arkiv	København
188.	Darwiniana. Revista del Instituto de botánica "Darwinion"	Buenos Aires
189.	Der deutsche Gartenbau	Berlin
190.	Deutsche Zeitschrift für Philosophie	Berlin
191.	Developmental biology	New York

Lfd. Nr.	Titel der Zeitschrift	Erscheinungsort
192.	Documents techniques (Institut national de la recherche agronomique de Tunisie)	Tunis
193.	Doklady Akademii nauk SSSR Serija biologija	Moskva
194.	Doklady Bolgarskoj akademii nauk	Sofija
195.	Doklady vsesojuznoj ordena Lenina Akademii sel' – skochozjajstvennych nauk imeni V. I. Lenina	Moskva
196.	Economic botany	Lancaster
197.	Endeavour. Quarterly review designed to record the progress of the sciences in the service of mankind	London
198.	Enzymologia, Acta biocytalytica	Den Haag
199.	Springer tracts in modern physics	Berlin (West)
200.	Ernährungsforschung	Berlin
201.	Euphytica. Netherlands journal of plant breeding	Wageningen
202.	European journal of biochemistry	Berlin (West)
203.	Evolution (Society for the Study of Evolution)	Lancaster
204.	Excerpta botanica Sectio A: Taxonomica et chronologica	Stuttgart
205.	Experientia. Monatsschrift für das gesamte Gebiet der Naturwissenschaft	Basel
206.	Experimental cell research (International Society for Cell Biology)	New York
207.	Fachliche Mitteilungen der Österreichischen Tabakregie	Wien
208.	FAO agricultural development paper	Rome
209.	FAO agricultural studies	Rome
210.	FAO plant protection bulletin	Rome
211.	Feddes Repertorium. Zeitschrift für botanische Taxonomie und Geobotanik	Berlin
212.	Feldwirtschaft	Berlin
213.	Fertödi növénynemesítési és növénytermesztési kutató intézet közlemenyei [Mitteilungen des Forschungsinstituts für Pflanzenzüchtung und Pflanzenbau]	Fertöd/ VR Ungarn
214.	Fieldiana: Botany	Chicago
215.	Fiziologija rastenij	Moskva
216.	Federation proceedings (Federation of American Societies for Experimental Biology)	Washington
217.	Flora oder Allgemeine botanische Zeitung	Jena
218.	Folia biologica (Polska Akademia nauk. Zakład zoologii doświadczalnej)	Warszawa
219.	Folia geobotanica et phytotaxonomica Bohemoslovaca	Praha
220.	Forstwissenschaftliches Zentralblatt	Berlin (West)
221.	Fortschritte der Botanik	Berlin (West)
222.	Fortschritte der Chemie organischer Naturstoffe	Wien
223.	Fortschritte der experimentellen und theoretischen Biophysik	Leipzig
224.	Fortschritte der Zoologie	Jena
225.	Fragmenta floristica et geobotanica (Institutum botanicum Academiae scientiarum Poloniae)	Kraków

Lfd. Nr.	Titel der Zeitschrift	Erscheinungsort
226.	Gayana (Universidad de Concepcion. Instituto central de biología)	Concepcion/Chile
227.	Genetica. Nederlands tijdschrift voor erfelijkheids- en afstammingsleer	s-Gravenhage
228.	Genetica agraria (Istituto nazionale de genetica per la cerealicoltura "Nazareno Strampelli")	Pavia
229.	Genetica Ibérica (Consejo superior de investigaciones científicas)	Madrid
230.	Genetica Polonica	Posnań
231.	Genetical research	London
232.	Genetics	Madison
233.	Genetika	Moskva
234.	Genetika i selekcija	Sofija
235.	Genetika a šlechtění	Praha
236.	Getreide und Mehl	Detmold
237.	Glasnik Prirodńačkog Muzeja srpske zemle Ser. A: Mineralogija, geologija, paleontologija	Beograd
238.	Glasnik Prirodńačkog Muzeja srpske zemle Ser. B: Biološke nauke	Beograd
239.	Godišen zbornik. Biologija (Prirodno-matematički fakultet na Universitetot Skopje)	Skopje
240.	Godišnjak biološkog Instituta Univerziteta u Sarajevu	Sarajevo
241.	Gradinarska i lozarska nauka	Sofija
242.	Herba Hungarica	Budapest
243.	Hercynia. N.F. für die Fachgebiete Botanik, Geographie, Geologie, Geophysik, Paläontologie, Zoologie	Leipzig
244.	Hereditas (Mendelian Society of Lund for the Scandinavian Association of Geneticists)	Lund
245.	Heredity. An international journal of genetics	Edinburgh
246.	Hilgardia. A journal of agricultural science (California Agricultural Experiment Station)	Berkeley
247.	Hodowla roślin, aklimatyzacja i nasiennictwo	Warszawa
248.	Hoppe-Seylers Zeitschrift für physiologische Chemie	Berlin (West)
249.	Humangenetik	Berlin (West)
250.	Hydrobiologia. Acta hydrobiologica, hydrographica et protistologica	Den Haag
251.	Jaarverslag. Stichting Nederlands algemene keuringsdienst voor zaaizaad en pootgoed van landbouwgewassen	Wageningen
252.	Jahrbuch der Deutschen Akademie der Wissenschaften zu Berlin	Berlin
253.	Jahrbuch der Bundesanstalt für Pflanzenbau und Samenprüfung in Wien = Die Bodenkultur. Sonderhefte	Wien
254.	Jahrbuch der Deutschen Akademie der Landwirtschaftswissenschaften zu Berlin	Berlin
255.	Jahrbuch der Max-Planck-Gesellschaft zur Förderung der Wissenschaften E. V.	Göttingen

Lfd. Nr.	Titel der Zeitschrift	Erscheinungsort
256.	Jahresbericht der Biologischen Bundesanstalt für Land- und Forstwirtschaft in Braunschweig	Braunschweig
257.	Jahresbericht. Bundesanstalt für Tabakforschung in Forchheim bei Karlsruhe	Forchheim
258.	Jahresbericht der Bundesforschungsanstalt für Getreideverarbeitung in Berlin und Detmold	Berlin (West), Detmold
259.	Jahresbericht. Staatliche Lehr- und Forschungsanstalt für Gartenbau. Weihenstephan	Freising-Weihen-stephan
260.	Jahresbericht. Forschungsanstalt für Landwirtschaft Braunschweig-Völkerode	Braunschweig
261.	Jahresbericht. Hessische Forschungsanstalt für Wein-, Obst- und Gartenbau Geisenheim (Rheingau)	Geisenheim
262.	Jahresbericht. Kernforschungsanlage Jülich des Landes Nordrhein-Westfalen	Jülich
263.	Jahresbericht des Staatsinstituts für Angewandte Botanik	Hamburg
264.	Japanese journal of breeding	Tokyo
265.	Jenaer Jahrbuch. Wissenschaftliche Veröffentlichung des Zeisswerkes	Jena
266.	Jenaer Rundschau. Mitteilungen aus dem VEB Carl Zeiss Jena	Halle
267.	Index seminum. Academia scientiarum Germanica Berolinensis	Gatersleben
268.	The Indian journal of genetics and plant breeeding (Indian Society of Genetics and Plant Breeding)	New Delhi
269.	Indian journal of plant-physiology (Indian Society for Plant Physiology)	New Delhi
270.	Information Bulletin. International Center of Information on Antibiotics in collaboration with WHO	Liége
271.	Informations techniques. Centre technique interprofessionel des oléagineux métropolitains	Paris
272.	International journal of radiation biology and related studies in physics	London
273.	International review of cytology	New York
274.	Internationale Zeitschrift der Landwirtschaft	Berlin
275.	Journal of the American Chemical Society	Washington
276.	Journal of the Arnold Arboretum (Harvard University)	Cambridge/Mass.
277.	Journal of bacteriology (Society of American Bacteriologists)	Baltimore/Md.
278.	Journal of biochemistry (Tokyo University. Japanese Biochemical Society)	Tokyo
279.	The journal of biological chemistry (American Society of Biological Chemists)	Baltimore/Md.
280.	Journal of botany of the United Arab Republic	Kairo
281.	The journal of cell biology	New York
282.	Journal of cellular physiology	Philadelphia
283.	Journal of chromatography	Amsterdam
284.	Journal of ecology (British Ecological Society)	Cambridge
285.	Journal of experimental botany (Society for Experimental Biology)	Oxford

Lfd. Nr.	Titel der Zeitschrift	Erscheinungsort
286.	Journal of the Faculty of Science. University of Tokyo Sect. 3: Botany	Tokyo
287.	Journal of general and applied microbiology (University of Tokyo. Institute of Applied Microbiology)	Tokyo
288.	Journal of general microbiology (Society for General Microbiology)	Cambridge
289.	Journal of general physiology (The Rockefeller University)	New York
290.	Journal de génétique humaine	Génève
291.	Journal of genetics	Haidarabad/ Indien
292.	Journal of heredity	Washington
293.	Journal of histochemistry and cytochemistry	Baltimore/Md.
294.	Journal of the Madras University (Centenary Number) Sect. B: Contributions in mathematics, physical and biological sciences	Madras
295.	Journal of molecular biology	London
296.	The journal of organic chemistry	Easton
297.	Journal of pharmaceutical sciences	Washington
298.	The journal of pharmacy and pharmacology (Direction of the Council of the Pharmaceutical Society of Britain)	London
299.	Journal für praktische Chemie. Reihe 4	Leipzig
300.	Journal of the Royal Horticultural Society	London
301.	Journal of theoretical biology	London
302.	Journal of science of the Hiroshima-University Ser. B. Div. 2 (Botany)	Hiroshima
303.	Isotope titles	Berlin
304.	Isotopenpraxis	Berlin
305.	Justus Liebigs Annalen der Chemie	Weinheim
306.	Izvestija Akademii nauk SSSR Ser. biologičeskaja	Moskva
307.	Izvestija Akademii nauk SSSR Ser. chimičeskaja	Moskva
308.	Izvestija na Botaničeskija institut (Bŭlgarska Akademija na naukite)	Sofija
309.	Izvestija na Instituta po fiziologija na rastenijata "Metodij Popov"	Sofija
310.	Kernenergie. Zeitschrift für Kernforschung und Kerntechnik	Berlin
311.	A Kertészeti és Szölöszeti Föiskola közlemenyei [Publicationes Academiae horti- et viticulturae]	Budapest
312.	Kew bulletin (Royal Botanic Gardens, Kew)	London
313.	Kísérletügyi közlemények [Mitteilungen der landwirtschaftlichen Versuchsstellen Ungarns]	Budapest
314.	Kooperation. Zeitschrift für die sozialistische Landwirtschaft und Nahrungsgüterwirtschaft	Berlin

Lfd. Nr.	Titel der Zeitschrift	Erscheinungsort
315.	Kosmičeskie issledovanija (Akademija nauk SSSR)	Moskva
316.	Kukuruza. Ežemesjačnyj massogo-proizvodstvennyj žurnal (Ministerstvo sel'skogo chozjajstva SSSR)	Moskva
317.	Kulturpflanze. Berichte und Mitteilungen aus dem Institut für Kulturpflanzenforschung der Deutschen Akademie der Wissenschaften zu Berlin in Gatersleben, Krs. Aschersleben	Berlin
318.	Kungl. Skogs- och Lantbruksakademiens tidskrift	Stockholm
319.	Kurtziana (Museo Botanico, Cordoba)	Cordoba/Spanien
320.	Landbauforschung Völkenrode. Wissenschaftliche Mitteilungen der Forschungsanstalt für Landwirtschaft Braunschweig-Völkenrode	Braunschweig
321.	Landwirtschaftliches Zentralblatt. Abteilung II: Pflanzliche Produktion	Berlin
322.	Lantbrukshögskolans meddelanden. Ser. A	Uppsala
323.	Lavori dell' Istituto Botanico e del Giardino Coloniale di Palermo	Palermo
324.	Limnologia (Deutsche Akademie der Wissenschaften. Forschungsstelle für Limnologie)	Berlin
325.	Literatuurlijst van suiker- en voederbieten (Instituut voor Veredeling van Landbouwgewassen)	Wageningen
326.	Literatur-Mededeling. Stichting Nederlands Graan-Centrum	Wageningen
327.	Lloydia. A quarterly journal of pharmacognosy and allied biological sciences (The Lloyd Library and Museum and the American Society of Pharmacognosy)	Storrs/ Connecticut
328.	Madroño. A West American journal of botany (California Botanical Society)	Berkeley/Cal.
329.	Mededeling. Laboratorium voor Fytopathologie	Wageningen
330.	Mededelingen. Landbouwhogeschool Wageningen	Wageningen
331.	Medicamentum. Informationen für Ärzte und Apotheker (VVB Pharmazeutische Industrie, Berlin)	Berlin
332.	Memoirs of the College of Agriculture, Ehime University	Matsuyama/Japan
333.	Memoirs. School of Agriculture. University of Cambridge	Cambridge
334.	Memoranda Societatis pro fauna et flora Fennica	Helsingfors
335.	Memoria. Instituto de edafologia y biologia vegetal	Madrid
336.	Memórias do Instituto Butantan	Sao Paulo/ Brasilien
337.	Memórias da Sociedade broteriana	Coimbra/Portugal
338.	Mikrobiologija. Žurnal obščej sel'skochozjajstvennoj i promyšlennoj mikrobiologii	Moskva
339.	Miltitzer Berichte über ätherische Öle, Riechstoffe usw.	Miltitz
340.	Mitteilungen aus der Biologischen Bundesanstalt für Land- und Forstwirtschaft, Berlin-Dahlem	Berlin (West)
341.	Mitteilungen der Botanischen Staatssammlung München	München
342.	Mitteilungen der Dokumentationsstelle für Pflanzliche Produktion Abt. Pflanzenzüchtung	Freising/ Weihenstephan

Lfd. Nr.	Titel der Zeitschrift	Erscheinungsort
343.	Mitteilungen der Dokumentationsstelle für Pflanzliche Produktion Abt. Pflanzenbau	Freising-Weihenstephan
344.	Mitteilungen der Floristisch-soziologischen Arbeitsgemeinschaft Todenmann ü. Rinteln	Hannover
345.	Mitteilungen. Rebe und Wein, Obstbau und Früchteverwertung (Höhere Bundeslehr- und Versuchsanstalten für Wein- und Obstbau)	Klosterneuburg
346.	Mitteilungsblatt: Standardisierung. Landwirtschaft	Berlin
347.	Molecular and general genetics	Berlin (West)
348.	Molekuljarnaja biologija	Moskva
349.	Monatsberichte der Deutschen Akademie der Wissenschaften zu Berlin	Berlin
350.	Mutation research. International journal on mutagenesis, chromosome breakage and related subjects	Amsterdam
351.	Mycologia (Mycological Society of America)	Lancaster/Pa.
352.	Mykologisches Mitteilungsblatt (Rat des Bezirkes Halle, Bezirkshygieneinspektion)	Halle
353.	Nachrichtenblatt für den deutschen Pflanzenschutzdienst (Deutsche Akademie der Landwirtschaftswissenschaften zu Berlin)	Berlin
354.	Nachrichtenblatt des deutschen Pflanzenschutzdienstes (Biologische Bundesanstalt für Land- und Forstwirtschaft Braunschweig)	Stuttgart
355.	Die Nahrung. Chemie, Biochemie, Mikrobiologie, Technologie	Berlin
356.	Natura. Revista Societății de științe naturale și geografie din Republica Socialistă România Ser. Biologie	București
357.	Nature	London
358.	Naturkundliche Jahresberichte des Museums Heineanum	Halberstadt
359.	Die Naturwissenschaften (Max-Planck-Gesellschaft zur Förderung der Wissenschaften. Gesellschaft Deutscher Naturforscher und Ärzte)	Berlin (West)
360.	Naturwissenschaftliche Rundschau	Stuttgart
361.	The new phytologist	Oxford
362.	Mezögazdasági növénynemesítési és növénytermesztési kutatointézet közleményei	Sopronhorpacs/ VR Ungarn
363.	Növénytermelés [Pflanzenbau]	Budapest
364.	Notes from the Royal Botanic Garden Edinburgh	Edinburgh
365.	Nova acta Leopoldina. Abhandlungen der Deutschen Akademie der Naturforscher Leopoldina	Leipzig
366.	Nova Hedwigia. Zeitschrift für Kryptogamenkunde	Lehre
367.	Novosti sistematiki nizšich rastenij	Moskva
368.	Novosti sistematiki vysšich rastenij	Leningrad
369.	Obstbau (Deutsche Akademie der Landwirtschaftswissenschaften zu Berlin)	Berlin
370.	Österreichische botanische Zeitschrift	Wien

Lfd. Nr.	Titel der Zeitschrift	Erscheinungsort
371.	Opera Lilloana (Universidad Nacional de Tucuman. Instituto "Miguel Lillo")	Tucuman/ Argentinien
372.	Peat and plant news (Peat Research Institute of Satoturve Oy, Plant Breeding Institute of Hankkija)	Helsingfors
373.	Pharmazeutische Zentralhalle für Deutschland. Zeitschrift für wissenschaftliche und praktische Interessen der Pharmazie	Dresden
374.	Die Pharmazie. Zeitschrift für wissenschaftliche und praktische, berufliche und wirtschaftliche Fragen der Pharmazie und Pharmakologie	Berlin
375.	Photochemistry and photobiology	Oxford
376.	Die Phosphorsäure. Arbeiten über Phosphorsäurefragen (Thomasphosphatfabriken GmbH, Düsseldorf, Landwirtschaftliche Versuchsanstalt Essen-Bredeney)	Düsseldorf
377.	Photosynthetica. International journal for photosynthesis research	Praha
378.	Physiologia plantarum	Lund
379.	Physiological reviews (American Physiological Society)	Bethesda/Md.
380.	Phytochemistry. An international journal of plant biochemistry	Oxford
381.	Phytomorphology (International Society of Plant Morphologists)	Delhi/Indien
382.	Phyton. Revista international de botanica experimental	Vicente López/ Argentinien
383.	Phyton. Annales rei botanicae	Horn
384.	Phytopathology (American Phytopathological Society)	Worcester/Mass.
385.	Plant breeding abstracts (Commonwealth Bureaux of Plant Breeding and Genetics, School of Agriculture, Cambridge)	Farnham Royal/ Großbrit.
386.	Plant and cell physiology (Japanese Society of Plant Physiologists)	Tokyo
387.	Plant physiology (American Society of Plant Physiologists)	Kutztown/Pens.
388.	Plant and soil. International journal of plant nutrition, plant chemistry, soil microbiology and soil-borne plant disease	Den Haag
389.	Planta	Berlin (West)
390.	Planta medica. Zeitschrift für Arzneipflanzenforschung	Stuttgart
391.	Počvoznanie i agrochimija (Akademija na sel'skostopanskite nauki)	Sofija
392.	Portugaliae acta biologica (Universidade de Lisboa. Instítuto botânico da Faculdade de ciências. Museu, Laboratorio e Jardim botânico) Sér. A: Morfologia, fisiologia, genética e biologia geral	Lisboa
393.	Portugaliae acta biologica (Universidade de Lisboa. Instituto botânico da Faculdade de ciências. Museu, Laboratorio e Jardim botânico) Sér. B: Sistemática,ecologia, biogeografia e paleontologia	Lisboa

Lfd. Nr.	Titel der Zeitschrift	Erscheinungsort
394.	Prace Instytutu sadownictwa w Skierniewicach	Warszawa
395.	Preslia. Časopis Československé botanické společnosti	Praha
396.	Priroda. Populjarnyj estestvenno-naučnyj žurnal	Moskva
397.	Probleme agricole. Revistă de ştiinţă şi practică agricolă socialistă (Ministerul agriculturii şi silviculturii)	Bucureşti
398.	Proceedings of the National Academy of Sciences of the United States of America	Chicago
399.	Proceedings of the American Society for Horticultural Science	Ithaca/New York
400.	Proceedings of the Linnean Society of London	London
401.	Progress in biophysics and molecular biology	London
402.	Progress in nucleic acid research	New York
403.	Progress in phytochemistry	London
404.	Protoplasma	Wien
405.	Publicaçoes do Instituto de botânica "Dr. Gonçalo Sampaio" da Faculdade de ciências da Universidade do Porto	Porto/Portugal
406.	Publicationes Instituti botanici Universitatis Jagellonicae Cracoviensis et Academiae scientiarum Polonae	Kraków
407.	Quarterly reviews of biophysics	London
408.	Radiation botany. An international journal devoted to plant radiobiology and closely related fields	London
409.	Radiation research	New York
410.	Rasteniev'dni nauki (Akademija na sel'skostopanskite nauki)	Sofija
411.	Radiobiologija	Moskva
412.	Rastitel'nye resursy	Moskva
413.	Referativnyj žurnal. Biologija (Akademija nauk SSSR. Institut naučnoj informacii)	Moskva
414.	Referativnyj žurnal. Chimija (Akademija nauk SSSR. Institut naučnoj informacii)	Moskva
415.	Regnum vegetabile. A series of handbooks for the use of plant taxonomists	Uppsala
416.	Reinwardtia. A journal on taxonomic botany, plant sociology and ecology (Herbarium Bogoriense)	Bogor/Indonesien
417.	Report. Rothamsted Experimental Station	Harpenden/Herts.
418.	Reports from the Institute of Applied Microbiology. University of Tokyo	Tokyo
419.	Revista de la Facultad de agronomía (Universidad nacional de la Plata)	La Plata
420.	Revista de horticultură şi viticultură (Consiliul superior al agriculturii din Republica Socialistă România)	Bucureşti
421.	Revue roumaíne de biochimie	Bucureşti
422.	Rodriguésia. Revista do Instituto de biologia vegetal Jardim botânico e Estaçao biologica do Itatiaya	Rio de Janeiro
423.	Rostnövények [Faserpflanzen]	Kompolt/ VR Ungarn
424.	Savremena poljoprivreda	Novi Sad

Lfd. Nr.	Titel der Zeitschrift	Erscheinungsort
425.	Sbornik trudov aspirantov i molodych naučnych sotrudnikov (Vsesojuznyj Institut rastenievodstva)	Leningrad
426.	Schotbericht. Stichting Nederlands Graan-Centrum	Wageningen
427.	Science (American Association for the Advancement of Science)	Lancaster/Pa
428.	Scientific American	New York
429.	Scientific papers of the Institute of Algological Research (Hokkaido University. Faculty of Science)	Sapporo
430.	Seiken Zihô. Report of the Kihara Institute for Biological Research	Kyoto/Japan
431.	Selekcija i semenovodstvo	Kiev
432.	Selekcija i semenovodstvo	Moskva
433.	Sellowia. Anais botânicos do herbário "Barbosa Rodrigues"	Itajai/Brasilien
434.	Sel'skochozjajstvennaja biologija	Moskva
435.	Silvae genetica	Frankfurt/M.
436.	Sitzungsberichte. Deutsche Akademie der Landwirtschaftswissenschaften zu Berlin	Leipzig
437.	The soybean digest (American Soybean Association)	Hudson/Iowa
438.	Stain technology. A journal for microtechnic and histochemistry	Génève
439.	Statistisches Jahrbuch der Deutschen Demokratischen Republik	Berlin
440.	Steroids	San Francisco
441.	Studia biophysica. Mitteilungsblatt der Biophysikalischen Gesellschaft in der Deutschen Demokratischen Republik	Berlin
442.	Studii şi cercetări de biochimie (Academiei Republicii Socialiste România)	Bucureşti
443.	Studii şi cercetări de embriologie şi citologie (Academiei Republicii Socialiste România) Ser. citologie	Bucureşti
444.	Studijní informace. Základní vědy v zemědělstvi	Praha
445.	Suomalaisen Tiedeakatemian toimituksia [Annales Academiae Scientiarum Fennicae	Helsingfors
446.	Svensk botanisk tidskrift (Svenska botaniska föreningen)	Uppsala
447.	Sveriges utsädesförenings tidskrift (Svensk växtodling)	Malmö
448.	Sydowia. Annales mycologici Ser. II	Horn/Österr.
449.	Symbolae botanicae Upsaliensis. Arbeten från Botaniska Institutionerna i Uppsala	Uppsala
450.	Symposia of the Society for Experimental Biology	Cambridge
451.	Takarmánybázis. A Délkelet-dunántúli mezögazdaságikísérleti intézet közleményei [Mitteilungen des Forschungsinstituts für Landwirtschaft zu Iregszemcse]	Iregszemcse/ Ungarn
452.	Taxon (International Association for Plant Taxonomy)	Utrecht
453.	Technical bulletin. University of Minnesota. Agricultural Experiment Station	St. Paul/ Minnesota

Lfd. Nr.	Titel der Zeitschrift	Erscheinungsort
454.	Technical bulletin of Faculty of Agriculture (Kagawa University)	Miki-tyô/Japan
455.	Technical paper. Division of plant industry (Commonwealth Scientific and Industrial Research Organization)	Melbourne
456.	Technical paper. Divison of land research (and regional survey) (Commonwealth Scientific and Industrial Research Organization)	Melbourne
457.	Technical paper. Division of tropical pastures (Commonwealth Scientific and Industrial Research Organization)	Melbourne
458.	Technisch bericht. Stichting Nederlands Graancentrum	Wageningen
459.	Tetrahedron. The international journal of organic chemistry	Oxford
460.	Tetrahedron letters	Oxford
461.	Theoretical and applied genetics	Berlin (West)
462.	Tierzucht. Fachzeitschrift für Tierzucht, Fütterung und Haltung	Berlin
463.	Timirjazevskie čtenija (Akademija nauk SSSR. Institut fiziologii rastenij im. K. A. Timirjazeva)	Moskva
464.	Trudy. Gosudarstvennyj Nikitskij botaničeskij sad	Jalta
465.	Trudy po prikladnoj botanike, genetike i selekcii	Leningrad
466.	Die Umschau in Wissenschaft und Technik	Frankfurt/M.
467.	Unasylva. An international review of forestry and forest products	Rome
468.	Ungarische Agrar-Rundschau. Zeitschrift des Zentralinstituts für Information des Ministeriums für Landwirtschaft und Ernährung	Budapest
469.	University of California publications in botany	Berkeley/Cal.
470.	Urania. Wissen und Leben	Jena
471.	Uspechi sovremennoj biologii	Moskva
472.	VEB Carl Zeiss Jena Nachrichten	Jena
473.	Vědecké práce Výskumného Ústavu lesného hospodárstva vo Zvolene	Bratislava
474.	Vědecké práce Výskumného Ústavu lesného rastlinnej vyroby v Piešťanoch	Bratislava
475.	Vědecké práce Výzkumného Ústavu rostlinné výroby v Prace-Ruzyňi	Praha
476.	Vegetatio. Acta geobotanica	Den Haag
477.	Veröffentlichungen des Geobotanischen Institutes der Eidg. Technischen Hochschule, Stiftung Rübel, in Zürich	Bern
478.	Veröffentlichungen der Bundesanstalt für Tabakforschung Forchheim bei Karlsruhe	Forchheim
479.	Vestnik Akademii nauk SSSR	Moskva
480.	Vestnik Leningradskogo universiteta	Leningrad
481.	Vestnik sel'skochozjajstvennoj nauki	Moskva
482.	Virology	New York

Lfd. Nr.	Titel der Zeitschrift	Erscheinungsort
483.	Vitis. Berichte über Rebenforschung (Bundesforschungsanstalt für Rebenzüchtung Geilweilerhof, Siebeldingen über Landau/Pfalz)	Siebeldingen
484.	Waldhygiene (Institut für Angewandte Zoologie, Würzburg)	Würzburg
485.	Willdenowia. Mitteilungen aus dem Botanischen Garten und Botanischem Museum Berlin-Dahlem	Berlin (West)
486.	Wissenschaft und Fortschritt. Populärwissenschaftliche Monatszeitschrift für Naturwissenschaften und Technik	Berlin
487.	Wissenschaftliche Veröffentlichungen aus der Fakultät für Forstwirtschaft Tharandt der Technischen Universität Dresden, (F)-Reihe	Dresden
488.	Wissenschaftliche Zeitschrift der Martin-Luther-Universität Halle-Wittenberg Mathematisch-naturwissenschaftliche Reihe	Halle
489.	Wissenschaftliche Zeitschrift der Karl-Marx-Universität Leipzig Mathematisch-naturwissenschaftliche Reihe	Leipzig
490.	Zeitschrift für allgemeine Mikrobiologie. Morphologie, Physiologie, Genetik und Ökologie der Mikroorganismen	Berlin
491.	Zeitschrift für Chemie	Leipzig
492.	Zeitschrift für Naturforschung Teil b: Chemie, Biochemie, Biophysik, Biologie	Tübingen
493.	Zeitschrift für Pflanzenernährung und Bodenkunde	Weinheim
494.	Zeitschrift für Pflanzenphysiologie	Stuttgart
495.	Zeitschrift für Pflanzenzüchtung	Berlin (West)
496.	Zeitschrift für wissenschaftliche Mikroskopie und mikroskopische Technik	Stuttgart
497.	Zentralblatt für Bakteriologie, Parasitenkunde, Infektionskrankheiten und Hygiene Abt. II: Allgemeine, landwirtschaftliche und technische Mikrobiologie	Jena
498.	Zentralblatt für die gesamte Radiologie (Deutsche Röntgen-Gesellschaft)	Berlin (West)
499.	Zeszyty naukowe Wyźszej Szkoły Rolniczej we Wrocławiu	Wrocław
500.	Žurnal mikrobiologii, epidemiologii i immunobiologii	Moskva
501.	Žurnal obščej biologii (Akademija nauk SSSR)	Moskva

13. Herausgabe bzw. Mitherausgabe wissenschaftlicher Zeitschriften und anderer Periodica

Gegen Ende des 2. Weltkrieges waren die Zerstörungen im Inland so groß, daß viele Wirtschaftszweige zum völligen Erliegen kamen. Auch das gesamte wissenschaftliche Publikationswesen, die Arbeit der Verlage und Druckereien mußte 1944 fast eingestellt werden, so daß am Ende des Krieges auch in diesem Bereich ganz neu begonnen werden mußte. Der Institutsdirektor war bereits seit 1936 während seiner Tätigkeit am Kaiser-Wilhelm-Institut für Biologie in Berlin-Dahlem Mitglied des Redaktionskollegiums der Zeitschrift „Biologisches Zentralblatt" geworden, die vom Verlag Georg Thieme in Leipzig seit 1880 herausgegeben wurde. Es war daher naheliegend, sofort nach Kriegsende umfangreiche Verhandlungen mit den Militärbehörden der verschiedenen Besatzungszonen zu führen, die das Wiedererscheinen der Zeitschrift ermöglichten. Darüber hinaus erschien es notwendig, die Zeitschriften für theoretische und angewandte Genetik und für Pflanzenzüchtung gleichfalls neu herauszugeben, um die Arbeit in den noch vorhandenen Instituten anzuregen und den Anschluß an die internationale Wissenschaft durch Austausch von Zeitschriften zu gewinnen.

Nach längeren Verhandlungen mit der SMAD in Karlshorst, mit dem Verlag und der Druckerei gelang es, das „Biologische Zentralblatt" unter der Schriftleitung von H. Stubbe und den Redaktionsmitgliedern R. Harder, Göttingen, Karl Henke, Tübingen, und Alfred Kühn, Tübingen, ab 1946 mit dem 65. Band wieder erscheinen zu lassen. Die Zeitschrift veröffentlichte Arbeiten aus dem Gesamtgebiet der Biologie, zu ihren Autoren gehörten zahlreiche namhafte Wissenschaftler des In- und Auslandes. Die Herausgabe des „Biologischen Zentralblattes", das sich zu einem von zahlreichen Institutionen bezogenen internationalen Publikationsorgan entwickelte, dessen Herausgebergremium entsprechend durch internationale Mitarbeiter erweitert wurde, förderte wesentlich die Verbindung der Wissenschaftler des Instituts zu ihren Fachkollegen. Die in den ersten Nachkriegsjahren bestehenden Schwierigkeiten des Bezugs neuester wissenschaftlicher Literatur ließen uns intensive Beziehungen zu ausländischen wissenschaftlichen Verlagen aufnehmen mit der Bitte, uns Besprechungsexemplare ihrer Buchproduktion zu übersenden, die wir an Wissenschaftler verschiedener Disziplinen in der DDR zur Rezension weitergaben. Aus den ersten Anfängen entwickelte sich im „Biologischen Zentralblatt" ein umfangreicher Referatenteil, der vorbildlich wurde und für viele Wissenschaftler die einzige Möglichkeit bot, die neueste ausländische wissenschaftliche Literatur kennenzulernen.

Weitere Bemühungen, das wissenschaftliche Zeitschriftenwesen zu erneuern, betraf die im Verlag Borntraeger, Berlin, erscheinende älteste genetische Zeitschrift der Welt, die 1908 gegründete „Zeitschrift für induktive Abstammungs- und Vererbungslehre". Es wurde erreicht, daß diese Zeitschrift vom Springer-Verlag, Berlin-Göttingen-Heidelberg, übernommen wurde. Sie erschien nach dem Kriege erstmalig im Jahre 1949 mit Band 82 unter der Schriftleitung von G. Melchers, Tübingen, und H. Stubbe, Gatersleben, mit dem Redaktionskollegium H. Bauer, Tübingen, A.

KÜHN, Tübingen, F. OEHLKERS, Freiburg, und K. PÄTAU, Berlin. Auch diese Zeitschrift, die zweimal ihren Namen wechselte (1958 in „Zeitschrift für Vererbungslehre' und 1967 in „Molecular and General Genetics") war für die Kenntnis der Fortschritte auf dem Gebiet der Genetik eine äußerst wichtige Quelle für die Mitarbeiter des Instituts und die Beteiligung des Institutsdirektors an der Schriftleitung daher von großer Bedeutung.

Im Verlag von Julius Springer, Berlin, erschien ferner seit 1929 die Zeitschrift „Der Züchter", in der Probleme der Züchtungsforschung vornehmlich an Pflanzen behandelt wurden. Es gelang, die Zeitschrift ab 1946/47 mit dem 17./18. Jahrgang unter der Schriftleitung von H. STUBBE und dem Redaktionskollegium G. BECKER, Quedlinburg, H. KAPPERT, Münster, H. KUCKUCK, Hannover, und K. PÄTAU, Berlin, wieder herauszugeben. 1966 wurde festgelegt, daß auch zoologische Probleme in ihr behandelt werden sollten. Auch diese Zeitschrift, deren Redaktionskollegium im Verlauf der Jahre durch namhafte Fachleute aus sozialistischen und kapitalistischen Ländern erweitert wurde, erhielt im Zuge der internationalen Zusammenarbeit ab Bd. 38/1968 einen neuen Titel: „Theoretical and Applied Genetics". Drei der in unregelmäßigen Abständen erscheinenden Sonderhefte zu der Zeitschrift veröffentlichten Arbeiten von Mitgliedern des Instituts (H. STUBBE, 1949, Genetisch-züchterische Bibliographie 1939—1946 (1947); R. RIEGER und A. MICHAELIS, 1954, Genetisches und Cytogenetisches Wörterbuch, und Ch. LEHMANN, 1955, Das morphologische System der Kulturtomaten (*Lycopersicon esculentum* Miller)).

Schließlich gelang es in enger Zusammenarbeit mit dem Verlag Paul Parey, Berlin und Hamburg, auch die seit 1913 bestehende „Zeitschrift für Pflanzenzüchtung", die das Gesamtgebiet der in- und ausländischen Pflanzenzüchtung betreute, im Jahre 1949 mit Band 27 wieder erscheinen zu lassen. Dieser Band enthielt das Autoren- und Sachregister der bisher erschienenen 26 Bände. Ab Bd. 28/1949 wurden die ersten Originalarbeiten veröffentlicht. Auch diese Zeitschrift stand unter der Schriftleitung von H. STUBBE, das damalige Redaktionskollegium H. KAPPERT, Münster, H. NILSSON-EHLE, Svalöf (Schweden), Th. ROEMER, Halle, und E. v. TSCHERMAK, Wien, wurde später ebenfalls durch bekannte in- und ausländische Wissenschaftler auf dem von ihr betreuten Gebiet erweitert.

Dank der intensiven Bemühungen des Institutsdirektors war es möglich, weitere wissenschaftliche Zeitschriften wieder herauszugeben:

Für das „Kühn-Archiv" und „Feddes Repertorium Specierum Plantarum" wurde 1947 der Antrag auf Lizenzierung bei der Sowjetischen Administration in Berlin-Karlshorst gestellt. Sie erschienen ab 1948 bzw. 1950.

Für das „Archiv für Protistenkunde" wurde 1951 die Druckgenehmigung erteilt, und zusammen mit dem VEB Gustav Fischer Verlag, Jena, gelang es, die „Zeitschrift für Botanik" in Verbindung mit der „Flora" 1951 wieder erscheinen zu lassen.

Als wissenschaftliches Publikationsorgan ist ferner der Berichtsband des Instituts „Die Kulturpflanze" zu erwähnen, die erstmalig 1953 von R. MANSFELD, P. METZNER, K. MOTHES und H. STUBBE (Schriftleitung R. MANSFELD) im Akademie-Verlag Berlin herausgegeben wurde und seitdem alljährlich erschien. Die Bände enthalten neben allgemeinen Berichten über den Aufbau des Instituts und die Arbeiten in den einzelnen Abteilungen auch Originalbeiträge von Mitarbeitern des Instituts. An der Herausgabe waren in den späteren Jahren die jeweiligen Abteilungsleiter beteiligt.

Weitere im Institut herausgegebene Zeitschriften bzw. Mitherausgebertätigkeit

E. H. Benedix
Abt. Systematik und Sortiment
Schriftleiter „Z. f. Pilzkunde“ (Verlag Julius Klinkhardt, Bad Heilbrunn/Obb.)
ab 1957
Redaktionsmitglied „Feddes Repertorium“ (Akademie-Verlag, Berlin)
ab 1965

H. Böhme
Abt. Genetik und Cytologie
Redaktionsmitglied „Die Kulturpflanze“ (Akademie-Verlag, Berlin)
ab 1966
Mitglied des Wissenschaftlichen Beirates der „Biologischen Rundschau“ (VEB Gustav Fischer Verlag, Jena)
ab 1964

S. Danert
Abt. Systematik und Sortiment
Schriftleiter (ab 1960) und Redaktionsmitglied (ab 1962) „Die Kulturpflanze“ (Akademie-Verlag, Berlin)
Mitherausgeber „Feddes Repertorium“ (Akademie-Verlag, Berlin)
ab 1965

H. Friedrich
Abt. Chemische Physiologie
Mitherausgeber und Schriftleiter „Die Pharmazie“ (VEB Volk und Gesundheit, Berlin)
1955—1960

R. Mansfeld
Abt. Systematik und Sortiment
Redaktionsmitglied und Schriftleiter „Die Kulturpflanze“ (Akademie-Verlag, Berlin)
1952—1960
Mitherausgeber „Feddes Repertorium“ (Akademie-Verlag, Berlin)
1951—1960

P. Metzner
Abt. Physikalische Physiologie
Redaktionsmitglied „Die Kulturpflanze“ (Akademie-Verlag, Berlin)
1952—1967

K. Mothes
Abt. Chemische Physiologie
Redaktionsmitglied „Die Kulturpflanze“ (Akademie-Verlag, Berlin)
1952—1957
Redaktionsmitglied „Die Pharmazie“ (VEB Volk und Gesundheit, Berlin)
ab 1952

Mitherausgeber „Flora“ Abt. A und B (VEB Gustav Fischer Verlag, Jena)
ab 1952
Mitherausgeber „Planta Medica“ (Hippokrates-Verlag, Stuttgart)
ab 1953
Redaktionsmitglied „Archiv der Pharmazie“ (Verlag Chemie, Weinheim/Bergstr).
ab 1955
Herausgeber „Nova Acta Leopoldina“ (Verlag Johann Ambrosius Barth, Leipzig)
ab 1955

A. Müller
Abt. Genetik und Cytologie
Mitherausgeber „Arabidopsis Information Service“ (Institut f. Pflanzenbau und Pflanzenzüchtung der Universität Göttingen)
ab 1964

W. Müller-Stoll
Abt. Ökologische Physiologie
Mitherausgeber „Archiv für Naturschutz und Landschaftsforschung“ (Akademie-Verlag, Berlin)
ab 1961
Redaktionsmitglied „Die Kulturpflanze“ (Akademie-Verlag, Berlin)
ab 1964

R. Rieger
Abt. Genetik und Cytologie
Mitherausgeber „Mutation Research“ (Elsevier Publishing Co., Amsterdam)
ab 1964

A. Rieth
Abt. Chemische Physiologie
Redaktionsmitglied „Die Kulturpflanze“ (Akademie-Verlag, Berlin)
ab 1961
Redaktionsmitglied „Limnologica“ (Akademie-Verlag, Berlin)
ab 1962
Mitherausgeber „Archiv für Protistenkunde“ (VEB Gustav Fischer Verlag, Jena)
ab 1968

W. Rothmaler
Abt. Systematik und Sortiment
Herausgeber „Feddes Repertorium“ (Akademie-Verlag, Berlin)
1943–1962

H. Sagromsky
Abt. Physikalische Physiologie
Redaktionsmitglied „Die Kulturpflanze“ (Akademie-Verlag, Berlin)
ab 1961
Mitherausgeber „Photosynthetica“ (Publ. House of the Czechoslovak Academy of Sciences, Prag)
ab 1967

K. SCHREIBER
Abt. Chemische Physiologie
Redaktionsmitglied „Die Kulturpflanze" (Akademie-Verlag, Berlin)
ab 1962
Mitglied des Wissenschaftlichen Beirates der „Biologischen Rundschau" (VEB Gustav Fischer Verlag, Jena)
ab 1963

H. STUBBE
Institutsdirektor
Redaktionsmitglied „Die Kulturpflanze" (Akademie-Verlag, Berlin)
ab 1952
Mitherausgeber „Ergebnisse der Biologie" (Verlag von Julius Springer, Berlin)
1939—1964
Mitherausgeber „Kühn-Archiv" (Max Niemeyer Verlag, Halle)
ab 1948
Redaktionsbeirat „Radiation Botany" (Pergamon Press, Oxford)
ab 1962
Mitherausgeber „Biologia Plantarum" (Academia Scientiarum Bohemoslovenica, Prag)
ab 1963

Herausgabe bzw. Mitherausgabe von Lehrbüchern und Handbüchern, Buchpublikationen

S. DANERT
Abt. Systematik und Sortiment, 1958
Die Verzweigung der Solanaceen im reproduktiven Bereich (Abh. Dt. Akad. Wiss., Berlin, Kl. Chemie, Geologie, Biologie, Jahrg. 1957 Nr. 6)

H. FRIEDRICH
Abt. Chemische Physiologie, 1954
Wiss. Redaktion der deutschen Übersetzung von A. L. Kursanov, Synthese und Umwandlung der Gerbstoffe in der Teepflanze (Beiheft 1 „Die Pharmazie"/VEB Volk und Gesundheit, Berlin)

I. GREBENŠČIKOV
Abt. Genetik und Cytologie, 1954
Mais als Kulturpflanze (Die Neue Brehm-Bücherei Nr. 123/A. Ziemsen Verlag, Wittenberg) 2. Aufl. 1959

R. HAGEMANN
Abt. Genetik und Cytologie, 1959
Plasmatische Vererbung (Die Neue Brehm-Bücherei Nr. 239/A. Ziemsen Verlag, Wittenberg)

R. HAGEMANN, 1962
Plasmatitscheskaja Nasledstwennostj (Isdat. Innostrann. Literaturi, Moskwa)

P. Hanelt
Abt. Systematik und Sortiment, 1960
Lupinen (Die Neue Brehm-Bücherei Nr. 265/A. Ziemsen Verlag, Wittenberg)

J. Helm
Abt. Systematik und Sortiment, 1966
Einführung in Alefeld, F., Landwirtschaftliche Flora. Berlin 1866 (Neudruck Verlag Koetz, Königstein/Taunus)

J. Kruse
Abt. Systematik und Sortiment, 1968
Merkmalsanalyse und Gruppenbildung bei Mutanten von Lycopersicon esculentum Miller (Beiheft 5 „Die Kulturpflanze"/Akademie-Verlag, Berlin)

Ch. Lehmann
Abt. Systematik und Sortiment, 1953
Die Tomate (Die Neue Brehm-Bücherei Nr. 107/A. Ziemsen Verlag, Wittenberg)

Ch. Lehmann, 1955
Das morphologische System der Kulturtomaten, Lycopersicon esculentum Miller (3. Sonderheft „Der Züchter"/Springer-Verlag, Berlin-Göttingen-Heidelberg)

G. Lerch
Abt. Ökologische Physiologie, 1965
Pflanzenökologie (Wiss. Taschenbücher Reihe Biologie und Landwirtschaftswissenschaften Nr. 27/Akademie-Verlag, Berlin)

R. Mansfeld
Abt. Systematik und Sortiment, 1949
Die Technik der wissenschaftlichen Pflanzenbenennung (Akademie-Verlag, Berlin)

R. Mansfeld, 1959
Vorläufiges Verzeichnis landwirtschaftlich oder gärtnerisch kultivierter Pflanzenarten (mit Ausnahme von Zierpflanzen) (Beiheft 2 „Die Kulturpflanze"/Akademie-Verlag, Berlin)

P. Metzner
Abt. Physikalische Physiologie, 1960
Deutsche Ausgabe von A. F. Kleschnin, Pflanze und Licht (Akademie-Verlag, Berlin)

K. Mothes
Abt. Chemische Physiologie, 1954
Deutsches Arzneibuch, VI. Ausgabe, Nachtrag (Akademie-Verlag, Berlin)

K. Müntz
Abt. Ökologische Physiologie, 1966
Stoffwechsel der Pflanzen (VE Verlag Volk und Wissen, Berlin)

R. Rieger und A. Michaelis
Abt. Genetik und Cytologie, 1954
Genetisches und Cytogenetisches Wörterbuch (2. Sonderheft „Der Züchter"/Springer-Verlag, Berlin-Göttingen-Heidelberg)

R. RIEGER und A. MICHAELIS, 1958
Genetisches und Cytogenetisches Wörterbuch, 2. Aufl. (Springer-Verlag, Berlin-Göttingen-Heidelberg

R. RIEGER, A. MICHAELIS, and M. M. GREEN, 1968
A Glossary of Genetics and Cytogenetics, Classical and Molecular (Springer-Verlag, Berlin-Heidelberg-New York)

A. RIETH
Abt. Chemische Physiologie, 1961
Jochalgen (Konjugaten) (Franckh'sche Verlagshandlung, Stuttgart)

E. SCHIEMANN
Abt. Systematik und Sortiment, 1948
Weizen, Roggen, Gerste, Systematik, Geschichte und Verwendung (VEB Gustav Fischer Verlag, Jena)

G. SCHNEIDER, G. SEMBDNER und K. SCHREIBER
Abt. Chemische Physiologie, 1966
Gibberelline — Ihre Derivate und Abbauprodukte (Akademie-Verlag, Berlin)

K. SCHREIBER
Abt. Chemische Physiologie, 1966
Über die Biochemie der Steroidalkaloide (Abh. Dt. Akad. Wiss., Berlin, Kl. Chemie, Geologie, Biologie Nr. 3)

J. SCHULTZE-MOTEL
Abt. Systematik und Sortiment, 1966
Verzeichnis forstlich kultivierter Pflanzenarten. Enumeratio specierum plantarum silviculturae (Beiheft 4 „Die Kulturpflanze"/Akademie-Verlag, Berlin)

H. STUBBE
Institutsdirektor, 1949
Genetisch-züchterische Bibliographie 1939—1946 (1947) (1. Sonderheft „Der Züchter"/Springer-Verlag, Berlin-Göttingen-Heidelberg)

H. STUBBE, 1953
Das Pflanzenreich, Regni vegetabilis conspectus (Redaktion R. MANSFELD/S. DANERT) (Akademie-Verlag, Berlin)

H. STUBBE, 1961
Beiträge zur Jagd- und Wildforschung Band I—VI (VEB Deutscher Landwirtschaftsverlag, Berlin)

H. STUBBE, ab 1963
Genetik — Grundlagen, Ergebnisse und Probleme in Einzeldarstellungen, Beitrag 1—6 (VEB Gustav Fischer Verlag, Jena), davon Beiträge von Institutsmitgliedern:
Beitr. 1 — H. STUBBE, 1963: Kurze Geschichte der Genetik bis zur Wiederentdeckung der Vererbungsregeln Gregor Mendels (2. Aufl. 1965)
Beitr. 3 — R. RIEGER, 1963: Die Genommutationen
Beitr. 4 — R. HAGEMANN, 1964: Plasmatische Vererbung
Beitr. 6 — R. RIEGER und A. MICHAELIS, 1967: Die Chromosomenmutationen

H. Stubbe, 1966
Genetik und Zytologie von Antirrhinum sect. Antirrhinum (VEB Gustav Fischer Verlag, Jena)

U. Wallwitz, W. Gosda und H. Schmidt
Abt. Chemische Physiologie, 1966
Probleme der Molekularbiologie (Akademie-Verlag, Berlin)

Mitarbeit an Sammelwerken

Wörterbuch der Medizin, hrsg. von M. Zetkin und H. Schaldach
(Verlag Volk und Gesundheit, Berlin)

P. Metzner, Abt. Physikalische Physiologie, 1956: Sachgebiet Physik (2. Aufl. 1964)

Handbuch der Pflanzenphysiologie, hrsg. von W. Ruhland
(Springer-Verlag, Berlin-Göttingen-Heidelberg)
K. Mothes, Abt. Chemische Physiologie, 1957: Redaktion und Einleitung von Bd. 8: Der Stickstoffumsatz
A. Romeike, Abt. Chemische Physiologie, 1957: Die Alkaloide
W. Müller-Stoll, Abt. Ökologische Physiologie, 1965: Regeneration bei Niederen Pflanzen (in physiologischer Betrachtung)

Brockhaus ABC der Biologie
(VEB F. A. Brockhaus Verlag, Leipzig)
R. Rieger, A. Michaelis, J. Schöneich, H. Stäber, Abt. Genetik und Cytologie, 1967: Genetik und Cytologie
G. Adam, Abt. Chemische Physiologie, 1967: Biochemie
G. Sembdner, Abt. Chemische Physiologie, 1967: Pflanzenphysiologie
S. Danert, P. Hanelt, J. Helm, J. Kruse, Ch. Lehmann, J. Schultze-Motel, Abt. Systematik und Sortiment, 1957: Beiträge zur Systematik der Kulturpflanzen

Die Kartoffel, ein Handbuch, hrsg. von R. Schick und M. Klinkowski
(Akademie-Verlag, Berlin)
K. Schreiber, Abt. Chemische Physiologie, 1961: Chemie und Biochemie unter besonderer Berücksichtigung qualitätsbestimmender Faktoren
S. Danert, Abt. Systematik und Sortiment, 1961: Morphologie und Anatomie

Papierchromatographie in der Botanik, hrsg. von H. F. Linskens
(Springer-Verlag, Berlin-Göttingen-Heidelberg)
A. Romeike, Abt. Chemische Physiologie, 1955: Alkaloide (2. Aufl. 1959)

Chromatography, ed. by E. Heftmann
(Reinhold Publishing Co., New York)
A. Romeike, Abt. Chemische Physiologie, 1961: Chromatography of Alkaloids

The Alkaloids, ed. by R. H. F. Manske
(Academic Press, New York-London)
K. Schreiber, Abt. Chemische Physiologie, 1968: Steroid Alkaloids: The Solanum Group

Beiträge zur Abstammungs- und Vererbungslehre, Red. Gertrud KUMMER und Manfred GEMEINHARDT
(VEB Volk und Wissen, Berlin)
H. BÖHME, Abt. Genetik und Cytologie, 1964: Über einige neuere Erkenntnisse in der Vererbungsforschung
Ch. LEHMANN, Abt. Systematik und Sortiment, 1964: Zu Fragen der Entstehung und Entwicklung der Kulturpflanzen
R. HAGEMANN, Abt. Genetik und Cytologie, 1967: Vererbungserscheinungen im Plasma

Biologie — ein Lehrbuch für die Erw. Oberschule,
(VEB Volk und Wissen, Berlin)
M. ZACHARIAS, Abt. Genetik und Cytologie, 1964: Genetik, Evolution und Züchtung (12. Klasse)
M. ZACHARIAS, Abt. Genetik und Cytologie, 1965: Entwicklung der Organismen (10. Klasse)
M. ZACHARIAS, Abt. Genetik und Cytologie, 1965: Die Lehre von der Evolution der Organismen (12. Klasse)
K. MÜNTZ, Abt. Ökologische Physiologie, 1965: Physiologie (11. Klasse)
K. MÜNTZ, Abt. Ökologische Physiologie, 1966: Anatomie und Physiologie der Pflanzen (8. Klasse)

Die Anfänge des Neolithikums vom Orient bis Nordeuropa, hrsg. von H. SCHWABEDISSEN
(Böhlau-Verlag, Köln-Wien)
J. SCHULTZE-MOTEL, Abt. Systematik und Sortiment, 1968: Die ältesten Kulturpflanzen im mitteldeutschen Raum

Vegetationskarte der Deutschen Demokratischen Republik (1:500000), hrsg. von A. SCAMONI
(Akademie-Verlag, Berlin)
H. SCHLÜTER, Arbeitsgr. Forstpflanzenforschung, 1964: Kartierungsausschnitt Thüringer Gebirge und die nördlich davon gelegenen Landschaften; Kap. 5

Brockhaus Reisehandbuch Thüringer Wald
(VEB F. A. Brockhaus Verlag, Leipzig)
H. SCHLÜTER, Arbeitsgr. Forstpflanzenforschung, 1967: Pflanzen

14. Nationale und internationale wissenschaftliche Tagungen im Institut (oder vom Institut organisiert)

1953

Vom 23. 7. bis 24. 7. 1953 wurde im Institut eine Tagung der „Arbeitsgemeinschaft für biologische Ultraschallforschung in der Deutschen Demokratischen Republik" durchgeführt, zu der Prof. METZNER in seiner Eigenschaft als Gruppenleiter im Arbeitskreis Ultraschall eingeladen hatte. Auf dieser Tagung wurden 11 öffentliche wissenschaftliche Vorträge gehalten und eine interne Besprechung der Arbeitsgruppe durchgeführt.

1955

Vom 6. bis 9. 7. 1955 wurde unter der Leitung von Prof. MOTHES eine Arbeitstagung über „Probleme der Biochemie der Kulturpflanzen" veranstaltet, an der namhafte Fachgenossen aus der DDR, der Bundesrepublik Deutschland, Berlin (West) und dem Ausland (UdSSR, ČSSR, Rumänien, Frankreich) teilnahmen. Die Tagung behandelte Probleme des Kohlenhydratstoffwechsels, des Eiweißumsatzes und phenolartiger sekundärer Pflanzenstoffe.

Die gehaltenen Vorträge wurden in Beiheft 1 zur „Kulturpflanze" veröffentlicht.

1956

Im Auftrag der Deutschen Akademie der Wissenschaften wurde vom 8. bis 12. 10. 1956 unter Leitung von Prof. MOTHES eine Tagung über „Biochemie und Physiologie der Alkaloide" in Quedlinburg durchgeführt, an der 110 Wissenschaftler, darunter aus Bulgarien, China, der ČSSR, Frankreich, Großbritannien, Holland, Jugoslawien, Österreich, Polen, Ungarn, der Schweiz, der UdSSR, den USA sowie der Bundesrepublik Deutschland und Berlin (West) teilnahmen.

1957

Am 8. und 9. 7. 1957 wurde von den Mitarbeitern der Abteilung Genetik und Cytologie eine Tagung über aktuelle Fragen der Genetik und Cytologie durchgeführt. An dieser Veranstaltung nahmen Gäste aus der VR Polen, aus Schweden, der VR Ungarn, der Bundesrepublik Deutschland, aus Berlin (West) und der DDR teil.

Das zentrale Thema des ersten Tages war die Bewegung der Chromosomen während der Kern- und Zellteilung. Der 2. Tag war der Behandlung verschiedener Themen vorbehalten, z. B. berichtete Frau Prof. HERTWIG, Halle/S., über die Bedeutung der Mäusegenetik in der heutigen erbbiologischen Forschung, Prof. GYÖRFFY, Budapest, über die Entstehung der Streptomycin-Resistenz bei *Serratia*, Dr. WOLF, Berlin, über die genetische Bedeutung der Allozyklie. Die Gaterslebener Mitarbeiter behandelten die Themen „Inhomologenpaarung bei *Antirrhinum majus* L." (RIEGER) und „Das Verhalten der Chromosomen in den Ruhekernen der Speicheldrüse von Acricotopus" (MECHELKE).

Vom 23. bis 25. 7. 1957 veranstaltete die Abteilung Systematik und Sortiment eine Beratung über Probleme der Kulturpflanzensystematik und der Erhaltung von Kulturpflanzensortimenten. Neben Teilnehmern aus der DDR waren Gäste aus England, Schweden, der UdSSR, der Bundesrepublik Deutschland und Berlin (West) erschienen. Es wurden keine Vorträge gehalten, sondern einige vorher festgelegte Einzelthemen diskutiert und Erfahrungen ausgetauscht. Am 23. 7. wurden Fragen der Systematik behandelt (u. a. Rangstufen unterhalb der Art, Nomenklatur, praktische Umgrenzung von Gattungen und Arten, verschiedene Systembildung), am 24. 7. die Schwierigkeiten der Erhaltung von Sorten und Landsorten (Populationen) über längere Zeiträume. Die in Gatersleben angewendeten Anbaumethoden wurden auf dem Versuchsfeld vorgeführt. Am 25. 7. wurden die Forschungsstelle für Getreide, Kloster Hadmersleben, und das Institut für Pflanzenzüchtung Hohenthurm/Halle besichtigt.

Vom 28. 9. bis 3. 10. 1957 fand mit Unterstützung der Deutschen Akademie der Wissenschaften zu Berlin und des Institutes die I. Deutsche Mykologentagung in Dresden statt. Die Gestaltung und wissenschaftliche Leitung lag in den Händen von Dr. E. H. BENEDIX und Frau Charlotte BENDIX. Es nahmen über 200 Mykologen aus der DDR und der BRD, aus Österreich, aus der VR Polen und der ČSSR teil.

Ein ausführlicher Bericht ist in der „Zeitschrift für Pilzkunde" Heft 3/4 (1957) erschienen.

1959

Im Rahmen der vom Institut in zwei- bis dreijährigem Abstand geplanten „Erwin-Baur-Gedächtnisvorlesungen" fand vom 26. bis 28. 7. 1959 das 1. Symposium unter dem Thema „Chemische Mutagenese" statt. Die 16 vortragenden auswärtigen Teilnehmer stammten aus Dänemark, England, Frankreich, Ungarn, Schweden, aus der Bundesrepublik Deutschland und Berlin (West).

Die Vorträge wurden in den „Abhandlungen der Deutschen Akademie der Wissenschaften", Klasse für Medizin, Jahrgang 1960 Nr. 1 veröffentlicht.

1961

Die „Erwin-Baur-Gedächtnisvorlesungen II" fanden vom 5. bis 10. 6. 1961 unter dem Thema „Strahleninduzierte Mutagenese" statt. An dieser Konferenz nahmen 59 Wissenschaftler aus Belgien, England, Frankreich, Holland, Polen, Schweden, Ungarn, USA, Berlin (West), der Bundesrepublik Deutschland und der DDR teil.

Die Vorträge erschienen in den „Abhandlungen der Deutschen Akademie der Wissenschaften", Klasse für Medizin, Jahrgang 1962 Nr. 1.

Vom 4. bis 9. 9. 1961 wurde in der Abteilung Systematik und Sortiment des Instituts die II. Deutsche Mykologentagung der Deutschen Akademie der Wissenschaften durchgeführt, Programmgestaltung und wissenschaftliche Leitung Dr. E. H. BENEDIX und Frau Ch. BENEDIX. An der Tagung beteiligten sich führende Mykologen des In- und Auslandes (BRD, VR Polen, Schweiz, ČSSR). Die Veranstaltung war dem Andenken Rudolf MANSFELDS und Georg SÖRGELS gewidmet; sie gedachte ferner des Gründungsbeschlusses der Deutschen Gesellschaft für Pilzkunde, der vor 40 Jahren in Nürnberg gefaßt worden war.

Behandelt wurden auf der Tagung physiologische, ökologische und systematische sowie phytopathologische Probleme; sie wurden durch einen Besuch des Instituts für Phytopathologie der Deutschen Akademie der Landwirtschaftswissenschaften in

Aschersleben ergänzt. An die Tagung schlossen sich zwei ganztätige Studienfahrten unter Leitung von Oberforstmeister WUTTKY in den Mittelharz und den Kyffhäuser mit einem Besuch der Mykoholz-Anlage bei Stempeda an.

Ein ausführlicher Bericht mit dem Wortlaut der Tagungsreferate ist als Sonderheft der „Zeitschrift für Pilzkunde" (Bd. 27, Heft 2/4, 1961) erschienen.

1963

In der Zeit vom 25. bis 29. 8. 1963 veranstaltete das Institut die „Erwin-Baur-Gedächtnisvorlesung III" unter dem Thema „Struktur und Funktion des genetischen Materials".

An dieser Konferenz nahmen 50 auswärtige Wissenschaftler aus folgenden Ländern teil: Belgien, VR Bulgarien, ČSSR, England, Japan, VR Polen, SR Rumänien, UdSSR, VR Ungarn, USA, BRD und DDR.

Die Vorträge erschienen in den „Abhandlungen der Deutschen Akademie der Wissenschaften", Klasse für Medizin, Jahrgang 1964 Nr. 4.

1965

In der Zeit vom 14. bis 18. 9. 1965 wurde in Smolenice (ČSSR) ein internationales Symposium über Chemie und Stereochemie der Steroid- und Indolalkaloide abgehalten, das von der Abteilung Chemische Physiologie des Instituts in Gemeinschaft mit dem Institut für Chemie der Slowakischen Akademie der Wissenschaften in Bratislava organisiert wurde und an dem Wissenschaftler aus Belgien, der VR Bulgarien, der ČSSR, Frankreich, Großbritannien, Indien, Japan, der Schweiz, der UdSSR, den USA, der VR Ungarn, der BRD und der DDR teilnahmen.

1966

Vom 20. bis 24. 6. 1966 wurden die „Erwin-Baur-Gedächtnisvorlesungen IV" unter dem Thema „Induzierte Mutationen und ihre Nutzung" abgehalten.

An dieser Tagung nahmen 93 auswärtige Wissenschaftler aus folgenden Ländern teil: Australien, VR Bulgarien, ČSSR, Finnland, Frankreich, Indien, Italien, SFR Jugoslawien, Niederlande, Österreich, VR Polen, SR Rumänien, Schweden, UdSSR, VR Ungarn, USA, BRD und DDR; von an der Teilnahme verhinderten Autoren aus Großbritannien und Japan wurden Vorträge verlesen.

Die Vorträge erschienen in den „Abhandlungen der Deutschen Akademie der Wissenschaften", Klasse für Medizin, Jahrgang 1967 Nr. 2.

1967

Das Institut veranstaltete vom 2. bis 6. 10. 1967 ein Symposium unter dem Thema „Plastidenpigmente und ihre Rolle im Photosyntheseprozeß".

An dieser Arbeitstagung nahmen 41 ausländische Wissenschaftler aus folgenden Ländern teil: Belgien, VR Bulgarien, ČSSR, Dänemark, Bundesrepublik Deutschland, Großbritannien, Frankreich, Irak, Niederlande, VR Polen, UdSSR, VR Ungarn, VAR.

Die Vorträge sind in „studia biophysica", Sonderband 5/1967 erschienen.

1968

Am 27. 2. 1968 wurde in Zusammenarbeit mit der Sektion Geobotanik und Phytotaxonomie der Biologischen Gesellschaft der DDR eine Vortragstagung „Methoden in der Taxonomie" durch die Abteilung Systematik und Sortiment durchgeführt. Außer den Teilnehmern aus der DDR waren nur Gäste aus der VR Polen anwesend.

Den 20. Jahrestag der Übernahme des Instituts für Kulturpflanzenforschung in die Deutsche Akademie der Wissenschaften zu Berlin und den 25. Jahrestag seines Bestehens begingen die Mitarbeiter des Instituts mit einer Festveranstaltung vom 25. bis 27. 6. 1968 in Gatersleben. Dazu waren Vertreter der staatlichen Organe, der Akademie sowie Fachkollegen des In- und Auslands eingeladen.

An dieser Festveranstaltung nahmen 15 Gäste aus Australien, Brasilien, Großbritannien, Schweden, der Schweiz, der Sowjetunion, Ungarn, der BRD und Berlin (West) teil.

Die Festvorträge gaben einen Rückblick auf die in den vergangenen 25 Jahren geleistete Arbeit und einen Ausblick auf die sich hieraus ergebenden künftigen Forschungsschwerpunkte des Instituts und behandelten aktuelle Probleme der Kulturpflanzenforschung. Sie wurden in Beiheft 6 der „Kulturpflanze" veröffentlicht.

15. Colloquien und Vorträge im Institut

(Bei Referenten ohne Ortsangabe handelt es sich um Mitarbeiter des Instituts)

16. 11. 1944	K. PIRSCHLE: Versuch einer zahlenmäßigen Darstellung der Grenzen menschlicher Erkenntnisfähigkeit an Hand von Daten aus der Atom- und Astrophysik
23. 11. 1944	V. DENCKMANN: Referat über H. Meusel, Vergleichende Arealkunde
30. 11. 1944	K. PIRSCHLE: Über Spurenelemente
7. 12. 1944	O. SCHWARZ: Endemismus und Vikarianz
5. 9. 1945	R. MALY: Über das Plastidenproblem
28. 5. 1946	R. MALY: Eindrücke vom neuen Österreich
4. 6. 1946	H. VOGT: Verschiedene Arten des Gartenbaubetriebes
13. 6. 1946	W. ROTHMALER: Aufgaben der Systematischen Abteilung und des Sortiments
20. 6. 1946	H. STUBBE: Genetische Arbeiten an *Antirrhinum*
19. 7. 1946	I. GREBENŠČIKOV: Über Arbeiten von T. D. Lyssenko
	Hj. EICHLER: Referate über Arbeiten von G. Tischler und G. Melchers zur besseren Siedlungs- und Anpassungsfähigkeit von Polyploiden
1. 8. 1946	R. MANSFELD: Die Entwicklung der wissenschaftlichen Pflanzenbenennung
21. 8. 1946	H. ROTHE: Referat über Arbeiten von F. v. Wettstein und von Svedelius über höheren Selektionswert im diploiden Zustand
28. 8. 1946	Hj. EICHLER: Überblick über die *Umbelliferae*
6. 9. 1946	I. GREBENŠČIKOV: Die Familie *Cucurbitaceae*
26. 9. 1946	W. ROTHMALER: Die Solanaceen
2. 10. 1946	R. MANSFELD: Die heutige wissenschaftliche Pflanzenbenennung
18. 10. 1946	G. BANDLOW: Referat über E. Kretschmer, Körperbau und Charakter
13. 11. 1946	G. BANDLOW: Auszug aus Burbanks Selbstbiographie
21. 11. 1946	Hj. EICHLER: Referat über Arbeiten von G. Melchers und A. Lang zur Erforschung der Auslösung der Blütenbildung bei *Hyoscyamus niger*
29. 11. 1946	S. GÄDEKE: Referat über Arbeiten von J. Straub über Selbststerilität
5. 12. 1946	I. GREBENŠČIKOV: Bedeutung europäischer Schlangen für die Landwirtschaft
14. 12. 1946	W. ROTHMALER: Referat über N. I. Vavilov, Genzentren
14. 1. 1947	G. BANDLOW: Über Zwillinge

23. 1. 1947	H. VOGT: Druckverfahren zur Herstellung von Pflanzenabbildungen
30. 1. 1947	W. SCHNEIDER: Referat über F. v. Wettstein, Über einige Beobachtungen und experimentelle Befunde bei Laubmoosen
7. 2. 1947	W. ROTHMALER: Das natürliche System der Lebewesen
14. 2. 1947	R. MANSFELD: Die Praxis der systematischen Botanik
5. 3. 1947	H. VOGT: Herstellung einer Veröffentlichung
	H. STUBBE: Referat über Götsch, Vitamin T.
27. 3. 1947	H. ROTHE: Licht- und Dunkelkeimer
9. 4. 1947	H. ÖSTERREICH: Referat über R. Harder, Photoperiodisch bedingte Organ- und Gestaltbildung bei den Pflanzen
30. 4. 1947	Hj. EICHLER: Referat über die von Bünning entwickelte Theorie des Photoperiodismus
4. 6. 1947	Wd. EICHLER: Evolutionsprobleme bei Parasiten
12. 6. 1947	G. BANDLOW: Gerstenmutationen
29. 10. 1947	Hj. EICHLER: Referat über die Arbeiten von J. Hämmerling über *Acetabularia*
27. 11. 1947	E. SCHIEMANN: Bericht über eine Englandreise
10. 12. 1947	H. ÖSTERREICH: Referat über H. Schanderl, Botanische Bakteriologie und Stickstoffhaushalt der Pflanzen
17. 12. 1947	I. GREBENŠČIKOV: Referate über N. W. Timoféeff-Ressovsky und K. G. Zimmer, Biophysik I
15. 1. 1948	W. ROTHMALER: Generationswechsel und Systematik
4. 2. 1948	R. MANSFELD: Der Artbegriff in der Systematik
19. 2. 1948	W. HOFFMANN (Landesmuseum Halle): Vorgeschichtliche Funde von Gatersleben
12. 3. 1948	G. BANDLOW: Referat über G. Schubert, Kernphysik und Medizin
24. 3. 1948	I. GREBENŠČIKOV: Über populationsgenetische Arbeiten sowjetischer Autoren
25. 6. 1948	H. STUBBE: Eindrücke von einer Reise in die Schweiz
10. 11. 1948	H. STUBBE: Bericht über den internationalen Genetikerkongreß 1948 in Stockholm
18. 11. 1948	G. BANDLOW: Biochemische Mutationen bei dem Pilz *Neurospora*
24. 11. 1948	W. ROTHMALER: Dialektischer Materialismus
	H. STUBBE: Methoden der Genetik
1. 12. 1948	I. GREBENŠČIKOV: Giftschlangen und Schlangengifte
8. 12. 1948	H. STUBBE: Die neue Genetik in der Sowjetunion I: Jarowisation und Phasenlehre Lyssenkos.
15. 12. 1948	R. MANSFELD: Referat über A. G. Oparin, Die Entstehung des Lebens auf der Erde
16. 12. 1948	I. GREBENŠČIKOV: Referat über J. J. Schmalhausen, Evolutionsfaktoren
5. 1. 1949	Wd. EICHLER: Referat über R. Rensch, Neue Probleme der Abstammungslehre
13. 1. 1949	W. ROTHMALER: Bilder aus Südgriechenland
18. 1. 1949	Dr. E. KEPPLER (Quedlinburg): Heterosis und Inzucht
9. 2. 1949	Dr. K. STOLL (Aschersleben): Beitrag zur Kenntnis der Fußkrankheit der Erbse

10. 2. 1949	H. ROTHE: Neue genetische Untersuchungen bei *Antirrhinum*
16. 2. 1949	H. LIETZMANN: Neuere Ergebnisse der Bienenforschung
25. 2. 1949	H. STUBBE: Die neue Genetik in der Sowjetunion II: Die genetische These Lyssenkos
2. 3. 1949	Dr. M. KLINKOWSKI (Aschersleben): Pflanzkartoffeln als phytopathologisches Problem
10. 3. 1949	H. VOGT: Kultur von Alpenpflanzen im Tiefland
16. 3. 1949	R. MANSFELD: Über Kulturpflanzensystematik
6. 4. 1949	I. GREBENŠČIKOV: Zur Gruppeneinteilung von *Zea mays*
9. 11. 1949	I. GREBENŠČIKOV: Referat über I. J. Gluschtschenko, Vegetative Bastardierung bei Pflanzen
30. 11. 1949	F. MECHELKE: Referat über C. D. Darlington, Development and Infection
14. 12. 1949	P. METZNER: Über die Feinstruktur der Plastiden
18. 1. 1950	K. MOTHES: Über das Alkaloidproblem
1. 2. 1950	I. GREBENŠČIKOV: Zur Kenntnis der Kürbisart *Cucurbita pepo* L.
25. 2. 1950	Prof. Dr. H. KIENLE (Potsdam): Bau der Welt
22. 3. 1950	U. OHM: Tonische Wirkung der Schwerkraft
29. 3. 1950	G. BANDLOW: Über einige Fragen der Mutationszüchtung der Gerste
25. 4. 1950	Dr. J. TRAPP (Jena): Fortschritte in der Lichtmikroskopie
3. 5. 1950	Dr. H. BORTELS (Braunschweig): Mikrobiologische Beiträge zum bioklimatischen Problem
9. 5. 1950	H. STUBBE: Über den Selektionswert von Mutanten
16. 6. 1950	Prof. Dr. H. GALLWITZ (Halle): Zur Geologie des östlichen Harzvorlandes mit besonderer Berücksichtigung der Salzlager
17. 7. 1950	Dr. Dr. W. WEIDEL (Tübingen): Über Bakteriophagen und Bakteriophagensystematik
23. 8. 1950	K. RAMSHORN: Zur biologischen Wirkung elektrischer Ultrakurzwellen
24. 10. 1950	Doz. Dr. L. BEHLING (Jena): Große Themen der Buchmalerei um 1000 und Miniaturen zu den Werken der Hildegard von Bingen
3. 11. 1950	Prof. Dr. A. PIRSON (Marburg): Die Entwicklung der gegenwärtigen Auffassungen von der Photosynthese
29. 11. 1950	P. METZNER: Fluoreszierende Reizstoffe in Pflanzen
6. 12. 1950	Dipl.-Landw. G. HOFFMANN (Bernburg): Beiträge zur Kenntnis der biologischen Spezialisierung des Erregers des Kartoffelschorfes *Actinomyces scabies*
12 12. 1950	G. SORGE (Arnstadt): Im ewigen Eis vergraben. (Wegeners Grönland-Expedition)
10. 1. 1951	K. MOTHES: Reisen in den Nordkarpaten
31. 1. 1951	Dr. H. KÖHLER (Aschersleben): Über die stoffliche Grundlage der Erreger, erläutert am Beispiel der Toxine
14. 2. 1951	P. METZNER: Reisebilder aus den Tropen
21. 2. 1951	Prof. Dr. W. SIMONIS (Hannover): Untersuchungen zur Physiologie der Trockenresistenz
26. 2. 1951	I. GREBENŠČIKOV: Steuerung des biologischen Gleichgewichtes und biologische Bekämpfungsmethoden an Beispielen aus neuer sowjetischer Literatur

28. 2. 1951 Prof. Dr. G. MELCHERS (Tübingen): Über neuere entwicklungsphysiologische Arbeiten

14. 3. 1951 Prof. Dr. E. KÖHLER (Celle): Die Grundlage der Virusbekämpfung im Kartoffelbau

21. 3. 1951 Dr. H. DRAWERT (Jena): Die Bedeutung der Anilinfarbstoffe für die Untersuchung der pflanzlichen Stoffaufnahme

28. 3. 1951 Prof. Dr. Wd. EICHLER (Leipzig): Resistenz von Fliegen gegen Kontaktinsektizide

4. 4. 1951 Prof. Dr. G. KRUMBACH (Jena): Die Aufgaben der Erdbebenforschung in Deutschland

16. 4. 1951 Dr. O. SCHRÖCK (Müncheberg): Methodische Grundlagen der Forstpflanzenzüchtung

18. 4. 1951 F. WINTER: Dichter und Dichtungen zwischen Hakel und Harz

25. 4. 1951 Prof. Dr. H. WARTENBERG (Naumburg): Biologische Probleme des mitteldeutschen Weinbaus

2. 5. 1951 Lektor KERSTEN (Halle): Über den gegenwärtigen Stand der Züchtung von Nutzpilzen

7. 5. 1951 Dozentin Dr. K. VODERBERG (Greifswald): Über Hiddensee

9. 5. 1951 Dr. R. W. KAPLAN (Voldagsen): Neuere Probleme der Mutationsforschung

25. 5. 1951 Dozentin Dr. L. BEHLING (Jena): Die Pflanzenwelt der mittelalterlichen Meister

30. 5. 1951 Dr. E. JANISCH (Wohlsdorf): Die Bedeutung der Variabilität für die Kennzeichnung des Wachstumsverlaufs bei Tabakpflanzen

6. 6. 1951 H. ROTHE: Über eine sich variabel manifestierende Mutation von *Antirrhinum majus* L.

20. 6. 1951 H. SAGROMSKY: Probleme der Spaltöffnungsverteilung auf dem Blatt

11. 7. 1951 Prof. Dr. H. BOGEN (Marburg): Die Stoffaufnahme der Zelle unter neueren Aspekten

18. 7. 1951 Dr. W. MAKATSCH (Bautzen): Aus der Fortpflanzungsbiologie der Vögel

25. 7. 1951 Prof. Dr. J. HÄMMERLING (Wilhelmshaven): Wechselseitige Beziehungen zwischen Kern und Plasma während der Entwicklung von *Acetabularia*

1. 8. 1951 Prof. Dr. C. STAPP (Braunschweig): Serologie und Virusforschung

8. 8. 1951 Prof. Dr. O. STOCKER (Darmstadt): Probleme der pflanzlichen Dürreresistenz

31. 10. 1951 Dr. O. KANDLER (München): Neuere Untersuchungen und Vorstellungen über den Energiehaushalt der Zelle

3. 11. 1951 Prof. Dr. G. GASSNER (Braunschweig): Untersuchungen über das osmotische Verhalten keimender Weizenkörner

Dr. K. HASSEBRAUK (Braunschweig): Wirkungsmechanismus der Sulfonamidtherapie von Rostpilzinfektionen

7. 11. 1951 Prof. Dr. H. v. GUTTENBERG (Rostock): Über die Rolle von Wirkstoffen bei der Keimung

24. 11. 1951 Prof. Dr. Th. HERZOG (Jena): Auf botanischer und geographischer Forschungsreise durch Bolivien

5. 12. 1951 Dr. L. STEUBING (Hiddensee): Bioklimatische Untersuchungen an Hecken unter besonderer Berücksichtigung des Taufaktors

16. 1. 1952 Dr. H. W. Nolte (Aschersleben): Neue Forschungsergebnisse über pflanzenschädliche Nematoden

30. 1. 1952 Prof. Dr. E. Schratz (Münster): Die Ursachen der Gehaltsschwankungen bei Arzneipflanzen und deren züchterische Bedeutung

6. 2. 1952 Prof. Dr. W. Müller-Stoll (Potsdam): Ergebnisse der Jahrringforschung bei Bäumen

13. 2. 1952 F. Mechelke: Die Karyologie des Antherentapetums bei *Antirrhinum majus*

27. 2. 1952 K. Mothes: Über geschlechtsverschiedenen Stoffwechsel zweihäusiger einjähriger Pflanzen

H. Stubbe: Einige theoretische und praktische Fragen der Mutationsforschung

12. 3. 1952 P. Metzner: Ultraschall in der Biologie

19. 3. 1952 K. Wein (Nordhausen): Die Geschichte der neuzeitlichen Kulturpflanzen

2. 4. 1952 Dr. O. Bessler (Halle): Die Kräuterbücher des 15. Jahrhunderts und der Hallesche Codex Breyell

8. 4. 1952 Prof. Dr. H. Weber (Mainz): Die Vegetation Korsikas

23. 4. 1952 Prof. Dr. B. Rademacher (Hohenheim): Unkraut und Kulturpflanze

28. 4. 1962 Prof. Dr. J. Schwemmle (Erlangen): Gibt es eine selektive Befruchtung?

20. 5. 1952 Dr. L. Behling (Jena): Leonardo da Vinci

28. 5. 1952 Forstmeister H. Krauss (Erlau): Probleme der Wiederaufforstung der Kahlflächen im Hauptschadengebiet des mittleren Thüringer Waldes

18. 6. 1952 Dr. W. Wergin (Teltow-Seehof): Das Ligninproblem in der Zellwandforschung

1. 7. 1952 Prof. Dr. E. Schiemann (Berlin): Offene Fragen zur Geschichte der Phylogenie der Getreide

5. 7. 1952 Prof. Dr. F. Firbas (Göttingen): Zur Vegetationsgeschichte des Oberharzes und des mitteldeutschen Trockengebietes

Dr. P. Grimm (Berlin): Über die vor- und frühgeschichtliche Besiedlung des Nordharzvorlandes mit besonderer Berücksichtigung des Gaterslebener Sees

16. 7. 1952 Dr. O. Fischnich (Braunschweig-Völkenrode): Über die praktische Bedeutung der Wuchsstoff-Forschung

6. 8. 1952 Prof. Dr. C. Harte (Köln): Genetik und Entwicklungsphysiologie der pflanzlichen Mißbildungen, insbesondere in den Arbeiten von Hugo de Vries

27. 8. 1952 Prof. Dr. W. Mevius (Hamburg): Über die Morphologie und Physiologie von *Hyphomicrobium vulgare*

1. 10. 1952 Prof. Dr. I. Esdorn (Hamburg): Untersuchungen über Veränderungen der Wirkstoffe in welkenden Arzneipflanzen

20. 1. 1952 Dr. W. Makatsch (Bautzen): Die Vogelwelt der Seen und Teiche

29. 10. 1952 Prof. Dr. B. Huber (München): Untersuchungen über den Gaswechsel von Pflanzenbeständen

10. 11. 1952 Prof. Dr. K. Egle (Frankfurt a. M.): Die Reassimilation der Atmungskohlensäure bei der Photosynthese der Pflanzen

15. 11. 1952 K. Mothes: Wurzel-Sproß-Beziehungen

26. 11. 1952	Dr. A. BÜCKMANN (Wilhelmshaven): Massenwechsel bei Nutzfischen des Meeres und seine Ursachen
3. 12. 1952	Dr. MÜLLER (Halle): Die Arbeiten zur Zellbildung aus nichtorganisiertem Eiweiß von Prof. Lepeschinskaja
19. 12. 1952	Prof. Dr. O. HECKMANN (Hamburg): Ausgewählte Probleme der modernen Astronomie
28. 1. 1953	Dr. K. STOLL (Aschersleben): Die Bedeutung hormonaler Substanzen im Pflanzenbau und in der Pflanzenpathologie
11. 2. 1953	Dr. R. THREN (Dresden): Die Bedeutung der Variabilität der Pilze für die Praxis der Penicillinproduktion
25. 2. 1953	Dr. H. KÖHLER (Aschersleben): Arbeitsmethoden der pflanzlichen Antibiotikaforschung
23. 3. 1953	Prof. Dr. Dr. P. HERTWIG (Halle): Mäuse-Genetik unter besonderer Berücksichtigung der Entwicklungsphysiologie
25. 3. 1953	K. MOTHES: Über entgiftetes und reaktives Ammoniak
1. 4. 1953	Prof. Dr. M. KLINKOWSKI (Aschersleben): Entwicklung und Probleme der pflanzlichen Virusforschung
15. 4. 1953	Prof. Dr. H. H. SCHLUBACH (Hamburg): Über den Kohlenhydratstoffwechsel der Getreide- und Grasarten
20. 4. 1953	Gartenarchitekt LINGNER (Berlin): Über Landschaftsdiagnose
27. 4. 1953	Prof. Dr. W. SCHWARTZ (Mahlum): Erdölbakteriologie, Entwicklung und Stand eines neuen Forschungsgebietes
1. 6. 1953	Prof. Dr. W. LANGENBECK (Halle): Die Bedeutung Liebigs als Chemiker und als Lehrer
5. 7. 1953	Prof. Dr. H. BURGEFF (Würzburg): Neue Untersuchungen über die Mikrobiologie der Hochmoore
13. 7. 1953	Dr. H. METZNER (Göttingen): Biochemische Grundvorgänge bei der photoperiodischen Induktion
17. 8. 1953	H. DRECHSLER (Colditz): Wildschwäne über Uhlenhorst
7. 9. 1953	H. BÖHME: Neuere Ergebnisse und Probleme der Befruchtungsbiologie
21. 9. 1953	H. STUBBE: Neuere Untersuchungen zum Problem der Heterosis
26. 10. 1953	Prof. Dr. P. MICHAELIS (Voldagsen): Wechselwirkung von Kern und Plasma
16. 11. 1953	Prof. Dr. VOLK (Würzburg): Zur pflanzengeographischen Kenntnis von Afghanistan
17. 11. 1953	I. GREBENŠČIKOV: N. M. Prshewalskij und N. N. Miklucho-Maklaj. (Aus der Geschichte der russischen geographischen Forschung)
23. 11. 1953	Prof. Dr. H. DRAWERT (Berlin): Die vitalfärberische und fluoreszenzmikroskopische Unterscheidung der Einschlüsse des Cytoplasmas
7. 12. 1953	Prof. Dr. H. GRAPOW (Berlin): Ägypten und ägyptisches Leben im Altertum
14. 12. 1953	Prof. Dr. M. GERSCH (Jena): Die Beziehungen zwischen chemischem Sinn und Verdauungsvorgang bei niederen Tieren
1. 2. 1954	P. METZNER: Mikroskopie im unsichtbaren Licht
5. 4. 1954	W. BISCHOFF: Variabilität des Mutterkorns

22. 3. 1954	Prof. Dr. H. WEBER (Mainz): Botanische Reisen in Columbien
12. 4. 1954	Prof. Dr. E. BÜNNING (Tübingen): Die Anpassung der Pflanzen an die Tages- und Jahreszeiten
3. 5. 1954	W. ECKART (Berlin): Neuere Ergebnisse der Bakteriophagenforschung. Zur UV-Inaktivierung von Bakteriophagen
7. 5. 1954	Prof. Dr. RICHTER (Braunschweig): Das *Rhizoctonia*-Problem im Hinblick auf die Möglichkeiten der Resistenzzüchtung für die Kartoffel
17. 5. 1954	Dr. L. v. GAVEL (München): Modellversuche zur Beziehung zwischen Mikroflora und Bodenfeuchtigkeit
17. 5. 1954	F. MECHELKE: Ergebnisse und Probleme der Riesenchromosomenforschung
14. 6. 1954	Prof. Dr. SCHLUBACH (Hamburg): Kohlenhydratstoffwechsel der Grasarten
21. 6. 1954	Prof. Dr. J. STRAUB (Köln): Entwicklungsphysiologisch-genetische Untersuchungen über die Selbststerilität
5. 7. 1954	Prof. Dr. MAGER (Greifswald): Methoden, Probleme und Ergebnisse meiner norddeutschen Kulturlandschaftsforschung
30. 8. 1954	I. GREBENŠČIKOV: Zur Populationsgenetik und Phänogeographie der Mittelmeerpopulationen des Melonenkäfers
13. 9. 1954	Dr. J. FRANZ (Darmstadt): Probleme und Ergebnisse der biologischen Schädlingsbekämpfung
1. 11. 1954	Prof. Dr. J. CZOSNOWSKI (Poznań): Ergebnisse und Bedeutung der Gewebe-Kultur
8. 11. 1954	A. ROMEIKE, G. TREFFTZ und H. B. SCHRÖTER: Neue Untersuchungen zur Physiologie der Alkaloide
15. 11. 1954	H. FRIEDRICH: Untersuchungen an Gerbstoffen, insbesondere über die Tee-Arbeiten Kursanows
24. 11. 1954	Dr. MAKATSCH (Bautzen): Altes und Neues von unserem Kuckuck
17. 1. 1955	H. B. SCHRÖTER: Biologische Methylierungen
31. 1. 1955	Prof. Dr. GRAFFI (Berlin): Experimentelle Untersuchungen über den Vorgang der Geschwulstbildung
7. 2. 1955	A. RIETH: Neue oder weniger bekannte Algen aus Artern
21. 2. 1955	Prof. Dr. MARKGRAF (München): Die Bedeutung vegetativer Merkmale für die Systematik
21. 3. 1955	Prof. Dr. M. KLINKOWSKI (Aschersleben): Die Bedeutung der Antibiotika in der Phytopathologie
25. 4. 1955	Dr. SEIDEL (Plön): Die Flechtbinse
4. 7. 1955	Dr. LINDNER (Strasbourg): Mais als genetisch-pädagogisch auserlesenes Material
6. 7. 1955	Dr. LINDNER (Strasbourg): Incompatibilität bei *Oenothera missouriensis*
15. 7. 1955	Dr. BÉKÉSY (Budapest): Probleme der Mutterkornforschung
22. 8. 1955	H. SAGROMSKY: Versuche mit *aurea*-Mutanten der Tomate
8. 9. 1955	Dr. GRAHLE (Tübingen): Die Pfefferminze
14. 9. 1955	R. ZIMMERMANN: Über den alkalischen Abbau von Polysacchariden
17. 10. 1955	A. MÜLLER: Grundlagen statistischer Methoden in der Biologie

31. 10. 1955	Prof. Dr. REMANE (Kiel): Spezialisation und Umkehrbarkeit in der Phylogenie
29. 11. 1955	Prof. Dr. MAKOWSKI (Bukarest): Stimulation von Samen von Kulturpflanzen
2. 12. 1955	Dr. KAESER (Freiburg): Geschichtliche Entwicklung, wirtschaftliche Bedeutung und derzeitige Lage der Bienenzucht
5. 12. 1955	A. ROMEIKE: Die Alkaloidumwandlung im Sproß von *Datura*-Arten
12. 12. 1955	Dr. BAUMANN (Aschersleben): Problematik und Stand der Forschung auf dem Gebiet der Viruskrankheiten des Kern- und Steinobstes
18. 4. 1955	Prof. Dr. STEINITZ (Berlin): Auf Forschungsreise in Sibirien
25. 5. 1955	Prof. Dr. MÜLLER (Jena): Pathos und Ethos in Schillers Werk
20. 6. 1955	Prof. Dr. BUHE (Leipzig): Heimat als künstlerisches Erlebnis
5. 10. 1955	Dr. HELGARSON (Reykjavik): Island — Land und Leute
4. 11. 1955	Frau MOTHES: Kunstgeschichtliche Kostbarkeiten zwischen Hakel und Huy
28. 11. 1955	Prof. Dr. MÜLLER (Jena): Das dichterische Weltbild Adalbert Stifters
14. 12. 1955	Dr. MAKATSCH (Bautzen): Als Ornithologe in Algerien
23. 1. 1956	Prof. GUSTAFSSON (Stockholm): Die Wirkung ionisierender Strahlen in der Pflanzenzüchtung (Lichtbildervortrag)
12. 3. 1956	Prof. Dr. OVERBECK (Kiel): Was lehrt der Aufbau der Moore über die Geschichte der Vegetation und des Klimas
25. 6. 1956	Prof. Dr. GYÖRFFY (Budapest): Fortschritte der genetischen Forschung in Ungarn
9. 7. 1956	L. ENGELBRECHT: Die Bedeutung der Isolation des Blattes für Stoffwechsel und Lebensdauer
2. 8. 1956	Prof. Dr. SCHEIBE (Göttingen): Gengesteuerte Formbildungsprozesse beim Sproßaufbau der Erbse
9. 8. 1956	H. BEYER (Jena): Der variable Phasenkontrast in der Mikroskopie
6. 9. 1956	Dr. PERNER (Münster): Ontogenese der Chloroplasten auf Grund elektronenmikroskopischer Untersuchungen
14. 9. 1956	Doz. Dr. GOTTSCHALK (Göttingen): Die Bearbeitung des Abstammungsproblems der Kulturkartoffel mit Hilfe cytologischer Methoden
9. 10. 1956	Doz. Dr. F. BRABEC (Hamburg): Zur Frage der vegetativen Hybridisation unter besonderer Berücksichtigung von Burdonen und Chimären
5. 11. 1956	Dr. GIRBARDT (Jena): Die vegetative Kernteilung bei Hymenomyzeten
7. 4. 1956	Prof. Dr. HEIDENREICH (Jena): Baukunst und Landschaft in China
13. 4. 1956	Dr. GÄUMANN-WILD (Zürich): Moderne Kunst in Sammlungen der Schweiz
13. 8. 1956	Dr. FEIT (Halle): Das schöne Österreich
31. 10. 1956	Doz. Dr. REESE (Kiel): Bericht über eine Reise durch die Sahara
28. 1. 1957	R. RIEGER: Intrahaploidpaarung und Meioseablauf bei haploiden Formen von *Antirrhinum majus*
11. 2. 1957	K. WEIN (Nordhausen): Die Geschichte des Pflanzensystems von der Renaissance bis zur Aufklärung

1. 4. 1957	R. Mansfeld: Kulturpflanzen in Nord- und Nordost-China
15. 4. 1957	S. Danert: Die Pflanzenwelt Nordost-Chinas und der Inneren Mongolei
21. 5. 1957	Prof. Dr. P. Ilieff (Sofia): Biologische Grundlagen der Stimulationserscheinungen und ihre Anwendung in der Praxis
24. 6. 1957	H. Sagromsky: Aus der Pflanzenwelt der Alpen (mit Farblichtbildern)
15. 8. 1957	Prof. Dr. Schwabe (Valdivia, Chile): Das ökologische Jahr im südlichen Chile
27. 8. 1957	Prof. Dr. Brücher (Mendoza, Argentinien): Probleme der Abstammung einiger südamerikanischer Kulturpflanzen
31. 10. 1957	Dr. habil. A. Wedel (Jena): Mensch und Arbeit — Menschenkenntnis und Menschenbehandlung
15. 11. 1957	Dipl.-Chem. Thierfelder, Leuna-Werke: Der Mensch erobert den Weltraum (mit Lichtbildern)
16. 12. 1957	Prof. Dr. E. Lips (Leipzig): Der Mais im Blickfeld der Indianer
9. 1. 1957	W. Krynitz (Wernigerode): Die Novelle von Thomas Mann: Mario und der Zauberer
5. 5. 1957	K. Voppel, Duisburg und C. Künne (Quedlinburg): Klavierabend mit originaler 4händiger Klaviermusik
18. 11. 1957	G. Lenssen (Dresden): Orff-Abend: Die Bernauerin
13. 1. 1958	Dr. H.-W. Nolte: (Aschersleben) Eine Reise durch Albanien
24. 2. 1958	Prof. Dr. E. Suomalainen (Helsinki): Polyploidie bei Tieren
7. 7. 1958	Doz. Dr. A. Wacker (Berlin-Charlottenburg): Biochemische Untersuchungen mit Bakterien-Nukleinsäure
15. 9. 1958	Prof. Dr. A. Lang (Los Angeles, California): Die Gibberelline, eine neue Gruppe von Wuchsstoffen und ihre Bedeutung für die Entwicklung der Pflanzen
20. 10. 1958	Doz. Dr. H. Metzner (Göttingen): Primärprozesse der Photosynthese
7. 11. 1958	Prof. Dr. K. Schwabe (Plön, Holstein): Ökologische Freilandarbeiten in Südchile
15. 12. 1958	Doz. Dr. F. Kaudewitz (Tübingen): Transduktion bei Bakterien und ihre Bedeutung für den Genbegriff
5. 5. 1958	G. Lenssen (Dresden): Orff-Abend „Die Kluge"
21. 7. 1958	W. Krynitz (Wernigerode): Lesung aus Thomas Mann „Bekenntnisse des Hochstaplers Felix Krull"
24. 11. 1958	G. Lenssen (Dresden): Brecht-Weill „Die Dreigroschenoper"
12. 1. 1959	Dr. Wenig (Berlin): Die Zentralbibliothek der DAdW Berlin und ihre Arbeit mit den Institutsbüchereien
16. 3. 1959	A. Michalis: Über das genetische Verhalten der Schmalblattform *„angusta"* und über die Häufigkeit und Art spontaner Genom- und Chromosomenmutationen bei *Antirrhinum majus* L.
23. 3. 1959	O. Machold und H. Marschner: Untersuchungen mit radioaktiven Isotopen über Phosphataustausch im Boden und an Pflanzenwurzeln
4. 5. 1959	H. Friedrich: Über neuere Arbeiten zur Biosynthese der Terpene
6. 5. 1959	Prof. Dr. F. Mattick (Berlin-West): Landschaft, Vegetation und Mensch in Mittel- und Nord-Portugal

11. 5. 1959	W. Berger: Bedeutung und Rolle der Beurteilung. Der Weg zum Hoch- und Fachschulstudium
15. 6. 1959	A. Romeike: Zur Biogenese von Scopolamin
23. 6. 1959	Dr. H. Wessel (Berlin): Über dialektisch-materialistische Philosophie und ihre Beziehungen zur Naturwissenschaft
6. 7. 1959	Dr. A. Oaks (Saskatchewan, Kanada): Über die Aktivität der β-Indolyl-Essigsäure-Oxydase im Pflanzengewebe
8. 7. 1959	Prof. Dr. F. Schwanitz (Hamburg): Reisebericht über Mittelamerika mit Lichtbildern
13. 7. 1959	H. Sagromsky: Tagesrhythmische Vorgänge bei asexuellen Reproduktionsorganen einiger Kryptogamen
2. 11. 1959	F. Barnetzky: Neue Methoden in der strahlenbiologischen Forschung
10. 11. 1959	H. Schmidt: Zur Biosynthese des Grundskeletts der Anthocyan- und Anthoxanthin-Blütenfarbstoffe
16. 11. 1959	Dr. W. Seyffert (Berlin-West): Ergebnisse und Probleme der Blütenfarbvererbung
23. 11. 1959	J. Endlich: Cytologische und genetische Untersuchung einer dominant wirkenden, im Dominanzgrad verschiebbaren Mutation bei *Lycopersicon esculentum*
14. 12. 1959	Prof. Dr. F. Schwanitz (Hamburg): Das Problem des Ertrages in genetischer und entwicklungsphysiologischer Sicht
10. 5. 1959	W. Krynitz (Wernigerode): Schiller
9. 11. 1959	G. Lenssen (Dresden): Orff-Abend „Der Mond"
21. 12. 1959	H. Stubbe: Reisebilder aus Indien
25. 1. 1960	G. Scholz: Physiologische Untersuchungen über das Spurenelement Bor
8. 2. 1960	Dr. H. Wessel (Berlin): Wesen und Erscheinung im Organischen
9. 2. 1960	K. Berger: Zur Biologie des Blühens und Fruchtens bei Waldbäumen
15. 3. 1960	Doz. Dr. H. Hänsel (Wien): Untersuchungen zu einigen Problemen der angewandten Mutationsforschung
21. 3. 1960	Priv. Doz. Dr. St. Vogel (Mainz): Die Bestäubung der Kesselblüten von *Ceropegia* (Asclep)
2. 5. 1960	E.-H. Benedix: Gesichtspunkte der neueren Pilzsystematik
9. 5. 1960	Dr. F. Schötz (München): Plastidenvererbung und Plastidenkonkurrenz bei Oenotheren
16. 5. 1960	K. Gröber: Ein System partiell balancierter Letalfaktoren bei *Lycopersicon esculentum* Mill.
24. 5. 1960	Dr. A. G. Morton (St. Alban, England): Sporulation bei *Penicillium* (Untersuchungen zur Morphogenese)
8. 8. 1960	Dr. H. Wessel (Berlin): Der dialektische Widerspruch im Organischen
15. 8. 1960	H. Sagromsky: Kurzbericht über einige Untersuchungen an Algen des Golfes von Neapel
18. 8. 1960	Dr. K. C. Bora (Bombay, Indien): Some Aspects of Radiobiology of Seeds
5. 9. 1960	Prof. Dr. R. Hegnauer (Leiden): Chemische Hinweise für die Stellung der *Rutaceae* im System der Dicotyledonen

6. 9. 1960	Prof. Dr. N. NYBOM (Fjälkestad, Schweden): Probleme und Erfahrungen in der schwedischen Obstzüchtung
15. 9. 1960	E.-H. BENEDIX: Pilzdemonstrationen und Bericht über die II. Internationale Mykologentagung in Prag
12. 10. 1960	Dr. Z. ČEKAN (Prag): Die Aufgaben und Ergebnisse des Forschungsinstituts für Naturarzneimittel in Prag
28. 11. 1960	Doz. Dr. A. RESCH (Münster i. Westf.): Differenzierung des Phloems
2. 12. 1960	Dr. habil. G. M. GRINEWA (Moskau): Einfluß der kurzfristigen Anaerobiose auf den Stoffwechsel und den Wasserhaushalt der Pflanzen
5. 12. 1960	F. SCHOLZ: Die Bedeutung induzierter Mutanten für Fragen der Evolution bei *Hordeum vulgare*
10. 12. 1960	O. MACHOLD: Beziehungen zwischen pflanzenverfügbaren und labilen Phosphationen
11. 1. 1960	E. WUSTMANN (Bad Schandau) über seine Mato-Grosso-Expedition 1958: „Indianer am Xingú"
18. 1. 1960	Prof. Dr. Dr. H. GRIMM (Berlin): Menschenkundliches von den ältesten Ackerbauern Mitteldeutschlands
11. 4. 1960	J. HELM: Reisebilder aus Südchina und von der Insel Hainan
25. 4. 1960	H.-H. MÜLLER (Halle/Saale): Die vorgeschichtlichen Funde aus dem Institutsgelände als Quellen der Heimatgeschichte
20. 6. 1960	F. POHL: Maupertuis und seine Bedeutung für den Konflikt zwischen Voltaire und König Friedrich II
11. 7. 1960	P. METZNER: Reisebilder aus Indien II
25. 7. 1960	Dr. W. MAKATSCH (Bautzen): Zwischen Donau und Theiß
12. 12. 1960	H. SAGROMSKY: Reisebilder aus Italien
9. 1. 1961	D. METTIN: Untersuchungen über das Wesen des Linsen-Wicken-Bastards
13. 3. 1961	Dr. R. MALY (Tübingen): Experimentelle Untersuchungen zum Problem der Zelltrennung
20. 3. 1961	P. HANELT: Systematische Studien in der Gattung *Carthamus* (Compositae)
	F. WEISER: Beitrag zur Frage der rassischen Differenzierung von *Fraxinus excelsior* auf trockenen Kalk- und grundwasserbedingten Standorten
8. 5. 1961	Prof. Dr. A. H. MÜLLER (Freiberg i. Sa.): Erscheinungen und Probleme des phylogenetischen Niederganges
10. 7. 1961	Dr. W. HENTRICH (Dornburg): Über einen Fall genotypischer Veränderung des Winterweizens „Dornburg, Stamm 412" durch das Endosperm des Sommerweizens 'Koga' nach Embryosubstitution
17. 7. 1961	Doz. Dr. H. J. BECKER (Marburg/Lahn): Untersuchungen zur Genphysiologie an *Drosophila melanogaster*
18. 7. 1961	M. ZACHARIAS: Abstammung und Genetik des Kohles *Brassica oleracea* L.
16. 10. 1961	H. SCHMIDT: Chemische Untersuchungen über den Biosyntheseweg der Flavonoid- und Anthocyanblütenfarbstoffe in Mutanten von *Antirrhinum majus*
21. 11. 1961	R. A. E. TILNEY-BASSETT (Oxford): Preliminary studies on cytoplasmic and nuclear causes of variegation

27. 11. 1961	Dr. H. LORENZEN (Göttingen): Dauersynchronisation von *Chlorella* und Möglichkeiten ihrer Anwendung
11. 12. 1961	R. HAGEMANN und F. SCHOLZ: Ein Fall geninduzierter Mutationen des Plasmotypus bei Gerste
18. 12. 1961	R. HAGEMANN: Mutabilität am yv-Locus der Tomate
23. 1. 1961	Studenten der Hochschule für Musik, Dresden: Kammermusikalische Werke von Schumann, Schubert, Mozart und Lortzing
13. 2. 1961	F. KUBE: Eine Wanderung durch das Natur- und Landschaftsschutzgebiet Hakel
9. 1. 1962	Prof. Dr. D. SHUGAR (Warschau): Primary effects of ultraviolet radiation on nucleic acids
29. 1. 1962	K. WEIN (Nordhausen): Die Herkunft unserer Ackerunkräuter
12. 2. 1962	G. SCHOLZ und H. BÖHME: Genetische und biochemische Untersuchungen an der Tomatenmutante *chloronerva*
26. 2. 1962	Prof. Dr. E. NUERNBERGK (Hamburg): URAS-Versuche über den Kohlendioxyd-Stoffwechsel von Sukkulenten und ihre theoretische Deutung
12. 3. 1962	Prof. Dr. E. PERNER (Hannover): Struktur- und Funktionsanalyse an isolierten Chloroplasten
20. 3. 1962	Dr. H. WESSEL (Berlin): Dialektik von Notwendigkeit und Zufälligkeit im Organischen
26. 3. 1962	A. MICHAELIS: Einige biochemische Gesichtspunkte zur Chromosomenbruchauslösung
16. 4. 1962	Dr. H. LORENZEN (Göttingen): Botanische Eindrücke aus den Pyrenäen und dem Baskenland
14. 5. 1962	H. SAGROMSKY: Untersuchungen zum Photoperiodismus bei Kryptogamen
14. 5. 1962	A. RIETH: Über *Asterosiphon*
28. 5. 1962	K. SCHREIBER: Naturstoffchemie und Kulturpflanzenforschung
4. 6. 1962	Doz. Dr. A. HAGBERG (Svalöf): Induzierte Mutationen und Cytogenetik der Gerste
4. 6. 1962	Doz. Dr. J. MAC KEY (Svalöf): Mutagenese beim Weizen
5. 6. 1962	Prof. Dr. F. FISCHER (Tharandt): Über die Isolierung neurohormonaler Faktoren aus Insekten und einige biologische Testverfahren
13. 8. 1962	P. DÖBEL: Elektronenmikroskopische Untersuchungen entwicklungsgehemmter Plastiden der Tomate
20. 8. 1962	Prof. Dr. L. EHRENBERG (Stockholm): Direkte und indirekte biologische Strahlenwirkungen (Theoretische Fragestellungen und praktische Anwendungen von Strahlen z. B. für die Lebensmittelkonservierung
1. 10. 1962	Doz. Dr. H. LORENZEN (Göttingen): Lappland, Land und Leute (mit Farbbildern)
22. 10. 1962	Prof. Dr. Ch. OPPENHEIMER (Rhevoth, Israel): Über Aufgaben und Probleme der Obstzüchtung in Israel
29. 10. 1962	Doz. Dr. H. SANDER (Marburg/Lahn): Chemotaxonomie der Gattung *Solanum* sensu ampl.
26. 11. 1962	Prof. Dr. G. FODOR (Budapest): Stereospezifische Reaktionen in der Alkaloidchemie und Biogenese

3. 12. 1962	E. H. BENEDIX: 1. Adventive und spontane Pilzvorkommen in Mitteleuropa. — 2. Pilzstudien in Mähren
4. 12. 1962	H. BÖHME: Über die Mongolisch-Deutsche Biologische Expedition 1962. Allgemeiner Expeditionsbericht (mit Schmalfilm)
10. 12. 1962	A. MÜLLER: Analyse der genotypischen Konstitution von M_1-Pflanzen unter Verwendung zygotischer Letalfaktoren
11. 12. 1962	P. HANELT: Vegetationszonen in der Mongolischen Volksrepublik
20. 12. 1962	Prof. Dr. M. MARTIN-SMITH (Glasgow, Großbritannien): On the Biological Activity of Nitrogenous Steroids
8. 1. 1962	Dr. W. MAKATSCH (Bautzen): Ein Frühling in Hellas — Landschaften und Vogelwelt Griechenlands (mit Farbbildern)
5. 2. 1962	W. KRYNITZ (Wernigerode): Der alte Mann und das Meer (E. Hemingway)
14. 1. 1963	I. GREBENŠČIKOV: Einige Landschaften und Orte der Mongolischen Volksrepublik
4. 2. 1963	Dr. H. BEHRENS (Halle): Der archäologische Beitrag zur Erforschung des Ursprungsgebietes und der Betriebsform der ältesten Landwirtschaft
11. 3. 1963	Dr. R. PIECHOCKI (Halle): Die zoologischen Ergebnisse der Mongolisch-Deutschen Expedition 1962
12. 3. 1963	G. ADAM: Synthese von *Solanum*-Steroidalkaloiden
25. 3. 1963	Prof. Dr. M. DELBRÜCK (Köln): Probleme der Übertragung der genetischen Information
29. 4. 1963	G. SEMBDNER: Untersuchungen auf dem Gibberellin-Gebiet
20. 5. 1963	Dr. J. B. HARBORNE (Bayfordbury, Hertford, England): Recent Advances in the Biochemical Genetics of Flavonoid Pigments
27. 5. 1963	Prof. Dr. H. STRAKA (Kiel): Der Endemismus, am Beispiel Madagaskars erläutert
17. 6. 1963	K. PUFAHL: Über basische Inhaltsstoffe der Geißraute *Galega officinalis* L.
8. 7. 1963	Doz. Dr. B. SCHWEMMLE (Tübingen): Thermoperiodismus bei Pflanzen
10. 7. 1963	Prof. Dr. A. LANG (Pasadena, USA): Umweltfaktoren und Pflanzenwachstum
22. 7. 1963	Doz. Dr. G. JACOBI (Hannover): Die chemische Beurteilung isolierter Chloroplastensuspensionen
9. 9. 1963	Prof. Dr. K. STOPP (Mainz): Möglichkeiten und Grenzen im Auffinden therapeutisch interessanter Pflanzen; Erfahrungen aus den alt- und neuweltlichen Tropen
4. 10. 1963	Prof. Dr. C. S., KONZAK (Pullman, USA): Mutation Research at Washington State University
11. 11. 1963	Prof. Dr. R. BOGNÁR (Debrecen, Ungarn): Neuere Untersuchungen auf dem Gebiet der Mohn- und *Solanum*-Alkaloide
25. 11. 1963	Prof. Dr. K. O. MÜLLER (Heidelberg): Gedanken zur Immunbiologie der Pflanzen
26. 11. 1963	Prof. Dr. K. O. MÜLLER (Heidelberg): Neuere Ergebnisse in der Phytoalexinforschung

9. 12. 1963	Prof. Dr. H. DATHE (Berlin): Tierpsychologische Erlebnisse mit Zootieren
25. 2. 1963	Dr. W. MAKATSCH (Bautzen): Ein Frühling in Hellas — Landschaften und Vögel Griechenlands, Teil II
8. 4. 1963	Doz. Dr. H. LORENZEN (Göttingen): Eine Frühjahrsreise nach Spanien
22. 10. 1963	Dr. E. WILLWEBER (Tokio): Farblichtbilder aus Japan
20. 1. 1964	R. PANITZ: Hormonkontrollierte Gen-Aktivitäten in den Riesenchromosomen von *Acricotopus lucidus* (Verteidigung im Rahmen des Promotionsverfahrens)
18. 2. 1964	G. OSSKE: Zur Biogenese von Triterpenen und Sterinen in höheren Pflanzen
16. 3. 1964	Privatdoz. Dr. C.-G. ARNOLD (Erlangen): Untersuchungen zur Plasmavererbung
17. 3. 1964	Prof. Dr. J. SCHWEMMLE (Erlangen): Keimversuche auf genetischer Grundlage
6. 4. 1964	P. HANELT und D. METTIN (vorgetragen von P. Hanelt), Cytotaxonomische Studien in der Artengruppe um *Vicia sativa* L.
20. 4. 1964	S. DANERT: Tradition und Fortschritt in der botanischen Systematik
27. 4. 1964	Prof. Dr. E. BÜNNING (Tübingen): Vergleichende Physiologie des Photoperiodismus bei Pflanzen und Tieren
11. 5. 1964	Dr. C. PELLING (Tübingen): Chromosomenstruktur und -Funktion. Autoradiographische Untersuchungen an Riesenchromosomen von *Chironomus pentans*
14. 5. 1964	Dr. J. TOMKO (Bratislava): Über die Alkaloide von *Veratrum album* subsp. *lobelianum* (Bernh.) Suessenguth
8. 6. 1964	Doz. Dr. H.-J. RUDOLPH (Kiel): Sphagnen unter definierten Bedingungen in Kultur, ein neues Versuchsobjekt für die Analyse von Fragen aus dem Sekundärstoffwechsel
29. 6. 1964	Prof. Dr. A. MIYAWAKI (Yokohama, Japan): Vegetationsgliederung in Japan
30. 6. 1964	C. POLTER: Vergleichende Untersuchungen über den Sauerstoffumsatz von Keimlingswurzeln und in vitro kultivierten Wurzeln von *Pisum sativum*
20. 7. 1964	Dr. R. TÜMMLER (Dresden — Weißer Hirsch): Anwendungsmöglichkeiten der Molekül-Massenspektrographie, insbesondere auf dem Naturstoffgebiet
6. 8. 1964	Prof. Dr. M. M. GREEN (Davis, California): Korrelation zwischen genetischer und cytologischer Feinstruktur bei *Drosophila*
7. 8. 1964	Prof. Dr. K. BAYREUTHER (Tübingen): Virus-induzierte neoplastische Transformation in vitro
21. 9. 1964	Dr. G. SNATZKE (Bonn): Neuere Ergebnisse auf dem Gebiet des Circulardichroismus
28. 9. 1964	Prof. Dr. G. REESE (Kiel): Zwischen St. Lorenzstrom und Hudson River
29. 9. 1964	Prof. Dr. G. REESE (Kiel): Cytotaxonomische Studien an *Ruppia* L. und *Zannichellia* Mich.
30. 9. 1964	Prof. Dr. L. GENEVOIS (Bordeaux): Biochemie des Maises
10. 10. 1964	Prof. Dr. C. STERN (Davis, California): Die genetische Bedeutung des menschlichen Y-Chromosoms

26. 10. 1964	Dr. L. LÁBLER (Prag): Einige neuere Untersuchungen auf dem Gebiet der *Holarrhena*-Alkaloide
9. 11. 1964	Dr. H. LIETH (Hohenheim): Die ökologische Fragestellung im Rahmen des „Internationalem Biologischen Programms"
30. 11. 1964	Dr. H. FÖLSTER (Göttingen): Landschaft und Landwirtschaft des südlichen Sudan
18. 1. 1965	H. SCHLÜTER: Vegetationskundliche Untersuchungen zur Standorts- und Landschaftsgliederung in Thüringen
28. 1. 1965	Dr. H. BUDZIKIEWICZ (Stanford, California): Massenspektrometrische Untersuchungen auf dem Naturstoffgebiet
15. 2. 1965	S. DANERT: Die Vegetation der westlichen Mongolei
22. 2. 1965	Dr. G. PETERS (Berlin): Zoogeographische Probleme der westlichen Mongolei
2. 3. 1965	Doz. Dr. H. LORENZEN (Göttingen): Neuere Aspekte der Synchronkulturen am Beispiel der *Chlorella*
15. 3. 1965	Prof. Dr. W. HAUPT (Erlangen): Lichtorientierung im Pflanzenreich
12. 4. 1965	Doz. Dr. W. STUBBE (Köln): Die Rolle des Plastoms in der Evolution der Oenotheren
26. 4. 1965	Prof. Dr. A. ANDERLE (Halle): Ziel des Sieges, Wesen und Inhalt der Befreiung
17. 5. 1965	Dr. J. TROJÁNEK (Prag): Neuere Ergebnisse auf dem Gebiet der *Vinca*-Alkaloide
14. 6. 1965	Priv.-Doz. Dr. G. HABERMEHL (Darmstadt): Neues auf dem Gebiet der Salamander-Alkaloide
21. 6. 1965	Dr. A. GRAHLE (Tübingen): Zusammenhänge zwischen der Biosynthese der ätherischen Öle und dem photoperiodischen Verhalten der Pfefferminze (*Mentha piperita* L.)
22. 6. 1965	B. SNOAD (Bayfordbury, England): Tomato chromosomes
28. 6. 1965	Priv.-Doz. Dr. G. RÖBBELEN (Göttingen): Elektronenmikroskopische Untersuchungen an Chlorophyllmutanten von *Arabidopsis thalianv*
6. 7. 1965	Prof. Dr. H. KIENLE (Heidelberg): Neuere Entdeckungen auf dem Wege an das Ende der Welt
2. 8. 1965	Ing. K. KŘÍŽ (Brünn): Die Pilzflora der Pollauer Berge (Pavlovské vrchy) — Beispiel der Pilzerforschung eines Naturschutzparkes
2. 8. 1965	E. H. BENEDIX: Die Bedeutung pilzlicher Abnormitäten für die Taxonomie
10. 8. 1965	J. H. van der VEEN (Wageningen): Die genetischen Grundlagen des Blühalters bei *Arabidopsis*
18. 8. 1965	Dr. St. H. REVELL (London): Evidence that chromatid break frequency is not linearly related to X-ray dose, and the significance thereof
23. 8. 1965	P. HANELT: Polyploidiefrequenz und geographische Verbreitung bei höheren Pflanzen mit besonderer Berücksichtigung von *Papaver*
23. 8. 1965	G. SCHOLZ: Neue Ergebnisse chemischer Untersuchungen an der Tomatenmutante *chloronerva*
30. 8. 1965	G. ADAM: Neue Untersuchungen über Synthese und Abbau von *Solanum*-Steroidalkaloiden

30. 8. 1965 H. RIPPERGER: Stereochemische Untersuchungen an stickstoffhaltigen Naturstoffen mit Hilfe der optischen Rotationsdispersion und des Circulardichroismus

12. 10. 1965 O. MACHOLD: Beziehungen zwischen Eisenstoffwechsel und Chlorophyllgehalt bei chlorophylldefekten Tomatenmutanten

18. 10. 1965 Prof. Dr. W. SEYFFERT (Tübingen): Die Simulation quantitativer Merkmale durch qualitativ wirkende Gene

8. 11. 1965 Prof. Dr. E. KESSLER (Erlangen): Über den Wasserstoff-Stoffwechsel von Grünalgen

15. 11. 1965 H. SCHMIDT: Basenanaloge Nucleinsäurebausteine, ihre Synthese und Anwendungen in biologischen Systemen

1. 12. 1965 Priv.-Doz. Dr. G. RÖHRBORN (Heidelberg): Potentielle genetische Gefährdung des Menschen durch Pharmaka

25. 1. 1965 E. BODDYN-LANGER (Stolberg/Harz): Gedichte von Erich Kästner

1. 3. 1965 Doz. Dr. H. LORENZEN (Göttingen): Colorado, Californien und Arizona (Grand Canyon)

8. 3. 1965 H. SAGROMSKY: Reisebilder aus Tadshikistan

21. 7. 1965 Dr. W. SCHEUERMANN (Hannover): Reisebilder aus Italien

21. 2. 1966 Prof. Dr. U. FREIMUTH (Dresden): Chemische Probleme bei der Ermittlung des physiologischen Wertes der Nahrungsproteine

28. 2. 1966 Doz. Dr. habil. G. KLOTZ (Halle): Natur- und Kulturlandschaft in Indien

21. 3. 1966 Prof. Dr. E. PERNER (Hannover): Strukturprobleme beim Übergang von der Samenruhe zur Keimung

18. 4. 1966 Doz. Dr. D. KÖHLER (Darmstadt): Gibberellingesteuerte Entwicklungsphänomene an höheren Pflanzen

29. 4. 1966 Prof. Dr. F. BOHLMANN (Berlin-Charlottenburg): Biogenetische Beziehungen in der Reihe der natürlich vorkommenden Acetylenverbindungen

23. 5. 1966 Prof. Dr. I. M. POLYAKOV (Charkov): Befruchtungsbiologische Untersuchungen an Blütenpflanzen

25. 5. 1966 Dr. G. UHERKOVICH (Szeged, Ungarn): Spezielle Probleme der Chlorococcalen-Forschung

3. 6. 1966 Prof. Dr. H. KALDEWEY (Saarbrücken): Über die Bedeutung von Wuchsstoffen für die Bildung von Pflanzengallen

22. 6. 1966 Prof. Dr. S. M. KUPCHAN (Madison, USA): Recent Advances in the Chemistry of Tumor Inhibitors of Plant Origin

19. 9. 1966 Priv.-Doz. Dr. M. HESSE (Zürich; Schweiz): Das massenspektrometrische Verhalten quartärer Stickstoffverbindungen

4. 10. 1966 Dr. N. IKEKAWA (Tokyo, Japan): Some Recent Applications of Gas Chromatography to the Research of Natural Products (mit anschließendem Farbtonfilm „Gas Chromatography"),

25. 10. 1966 P. APEL: Photosynthesemessungen an höheren Pflanzen — Methodische Probleme und einige Ergebnisse

28. 11. 1966 I. GREBENŠČIKOV: Über die Arbeiten von V. A. Geodakjan (Moskau), über den Rückkoppelungsmechanismus in der Regelung des Geschlechtsverhältnisses und über die Rolle der Geschlechter in der Evolution

12. 12. 1966 Doz. Dr. B. SCHWEMMLE (Tübingen): Probleme des Thermoperiodismus

4. 5. 1966 E. BODDYN-LANGER (Stolberg): „Aus vergnügter Feder" Werke von Ringelnatz, Weinert, Tucholsky, Endrukat, Strahl, Eugen Roth u. a.

20. 9. 1966 Priv.-Doz. Dr. M. HESSE (Zürich, Schweiz): Wanderungen durch die Schweiz

13. 2. 1967 W. BAUDISCH und R. PANITZ: Ein Balbianiring als locus der Hydroxyprolin-Synthese in der Speicheldrüse von *Acricotopus lucidus*

3. 4. 1967 Prof. Dr. H. WEBER (Mainz): Vegetation der äquatorialen Hoch-Anden und Kordilleren von Costarica

17. 4. 1967 J. SCHULTZE-MOTEL: Untersuchungen an prähistorischen Kulturpflanzen

18. 4. 1967 Dr. F. BAUMBACH (Berlin-Adlershof): Fragen des Patentwesens

17. 5. 1967 Dipl.-Chem. W. NUCK (Berlin-Adlershof): Fragen des Arbeitsschutzes, Verantwortungsbereiche und von Verantwortlichkeiten im Rahmen der technischen Sicherheit und des Arbeitsschutzes

22. 5. 1967 Dr. F. RITOSSA (Neapel): DNA complementary to ribosomal RNA in *Drosophila*

12. 6. 1967 Dipl.-oec. Ing. G. RÜBENACH (Berlin-Adlershof): Zur Objektivierung der Urteile über Aufgaben, Ergebnisse und Leistungen in der naturwissenschaftlichen Forschung

16. 6. 1967 Prof. Dr. A. TREBST (Göttingen und Bochum): Untersuchungen über den Wirkungsmechanismus von Herbiciden in der Photosynthese isolierter Chloroplasten

7. 7. 1967 Doz. Dr. H. BUDZIKIEWICZ (Braunschweig): Massenspektroskopische Untersuchung von Porphin-Derivaten

10. 7. 1967 Dr. W. O. ABEL (Ladenburg b. Heidelberg): Chromosomenreduplikation und intergenische Rekombination

17. 7. 1967 K. SCHREIBER: Isolierung, Struktur und Stoffwechsel eines Gibberellinglucosids

17. 7. 1967 H. BÖHME: Genetische Instabilität strahlensensibler Mutanten von *Proteus mirabilis*

31. 7. 1967 J. KRUSE: Blatt- und Wuchsform bei Mutanten der Kulturtomate *Lycopersicon esculentum* Mill.

6. 9. 1967 Dr. B. H. MOST (Carapichaima, Trinidad, Westindien): The Gibberellins and Gibberellin-like Substances of Sugarcane

22. 9. 1967 Prof. Dr. Dr. h.c. mult. C. DJERASSI (Stanford, Calif. USA): Neue Anwendungen der Massenspektrometrie in der organischen Chemie

11. 10. 1967 Prof. Dr. Dr. h.c. mult. T. REICHSTEIN (Basel): Herzaktive Glykoside als Abwehrstoffe von Insekten

12. 10. 1967 Dr. F. K. ZIMMERMANN (Freiburg i. Br.): Chemisch induzierte mitotische Rekombination und Genkonversion als Ursachen somatischer Variegation

23. 10. 1967 Prof. Dr. A. DREIDING (Zürich): Betanin, der Farbstoff der Roten Rübe

27. 10. 1967 Prof. Dr. P. HOWARD-FLANDERS (New Haven, Connect., USA): Genetic Recombination and Repair after UV-Irradiation

27. 10. 1967 Prof. Dr. G. BERTANI (Stockholm): Prophage Attachment

7. 11. 1967	H. STUBBE: Über die deutsch-russisch-sowjetischen Wechselbeziehungen im Bereich der Naturwissenschaften, insbesondere der Biologie und Landwirtschaftswissenschaften
13. 11. 1967	Prof. Dr. I. TORGOV (Moskau): The Total Synthesis of Estrane Derivatives
14. 11. 1967	Dr. habil. H. KOBLITZ (Teltow-Seehof): Die Verwendung in vitro kultivierter Zellen höherer Pflanzen in Forschung und Anwendung
27. 11. 1967	Prof. Dr. H. SCHMIDT (Zürich): Dimere Indolalkaloide
5. 12. 1967	Dr. U. GROSSBACH (Tübingen): Genaktivität und Zelldifferenzierung in den Speicheldrüsen von *Chironomus*
11. 12. 1967	Prof. Dr. F. VOGEL (Heidelberg): Moderne Probleme der Humangenetik
6. 2. 1967	Dr. F. POHL (Cottbus): Reisebilder aus dem Kaukasus
6. 12. 1967	E. BODDYN-LANGER (Stolberg/Harz): Der kleine Prinz (Rezitation)
29. 1. 1968	K. SCHREIBER: Toxische Inhaltsstoffe von Nahrungspflanzen
12. 2. 1968	Prof. Dr. D. I. SAPOSHNIKOW (Leningrad): Evolution der Photosynthese
16. 2. 1968	Prof. Dr. H. BERGNER (Berlin): Die Bedeutung der biologischen Wertigkeit von Proteinträgern für die Human- und Tierernährung
26. 2. 1968	A. MEISTER: Untersuchungen der Formen von Chlorophyll in vivo mit Hilfe der Derivativ-Spektrophotometrie
26. 2. 1968	Priv.-Doz. Dr. G. SNATZKE (Bonn): Optische Rotationsdispersion und Circulardichroismus sowie deren Anwendung zur Untersuchung der Stereochemie niedermolekularer Naturstoffe
11. 3. 1968	G. ADAM: Photochemische Reaktionen in der organischen Chemie
12. 3. 1968	Dr. J. GERMANN (Jena): Erfahrungen mit der Information und Dokumentation auf dem Gebiet der Biologie und Medizin
12. 3. 1968	Dr. G. BLANKENSTEIN (Bergholz-Rehbrücke): Aufgaben, Probleme und Methoden der Information und Dokumentation
25. 3. 1968	A. MICHAELIS: Die inter- und intrachromosomale Verteilung induzierter Chromatidenaberrationen
6. 5. 1968	A. MÜLLER: Über die Mutagenität von Nitrosamiden
13. 5. 1968	Dr. S. KIRSCHKE (Halle): Karl Marx und die Naturwissenschaften
20. 5. 1968	M. PEISKER: Untersuchungen zur Rolle des Wassergehalts in der Strahlenbiologie ruhender Samen
27. 5. 1968	Prof. Dr. W. BEERMANN (Tübingen): Zur Frage der genetischen Einheiten in Chromosomen höherer Organismen
29. 5. 1968	Prof. Dr. F. SANDBERG (Stockholm): Pfeilgifte
31. 5. 1968	Dr. B. BRETSCHNEIDER-HERRMANN (Rauisch-Holzhausen): Über das Phytotron in Rauisch-Holzhausen und Arbeiten darin
10. 6. 1968	O. MACHOLD: Über die Funktion des Eisens bei der Protein- und Chlorophyllsynthese stoffwechseldefekter Mutanten
14. 6. 1968	W. KRYNITZ (Wernigerode/Leipzig): Johann Wolfgang von Goethe, Skizze zu einer Schilderung Winckelmanns; J. J. Winckelmann, Beschreibung des Torsos im Belvedere
8. 7. 1968	I. GREBENŠČIKOV: Über den Begriff der „Vererbbarkeit" (Heritabilität). — Zugleich ein Beispiel der Anwendung von Varianzanalyse in der Biologie

12\. 7. 1968 Prof. Dr. A. RIED (Frankfurt/M): Über die Hemmung der respiratorischen CO_2-Aufnahme durch die Photosynthese

16\. 9. 1968 A. RIETH: Bemerkungen zu *Pseudobodanella peterfi* Gerloff 1967

30\. 9. 1968 A. ROMEIKE: Stoffwechsel von Nebenalkaloiden in *Datura*

14\. 10. 1968 P. APEL: Untersuchungen zur Sortenspezifität der Photosyntheserate

21\. 10. 1968 Prof. Dr. W. SIMONIS (Würzburg): Neuere Untersuchungen über die Photophosphorylierung in vivo

28\. 10. 1968 U. WOBUS: Chromosomale Differenzierung und Proteinmuster bei Chironomiden

11\. 11. 1968 P. DÖBEL: Elektronenmikroskopische Untersuchungen an Speicheldrüsen von *Acricotopus lucidus*

25\. 11. 1968 Dr. U. WOLF (Freiburg/Br.): Genduplikationen in der Evolution der Wirbeltiere

26\. 11. 1968 M. ZACHARIAS: Die Sojabohne — züchterische Fortschritte und die Problematik des Anbaus im mitteldeutschen Trockengebiet

2\. 12. 1968 Prof. Dr. H. MATTHIES (Magdeburg): Molekularbiologische Grundlagen neuronaler Funktionen

5\. 12. 1968 Prof. Dr. B. MÜLLER-HILL (Köln): Regulation der Proteinsynthesen in *E. coli*

9\. 12. 1968 G. SEMBDNER: Stoffwechsel von Gibberellinen

16\. 12. 1968 A. RIETH: Bericht über die 1. Kubanisch-Deutsche Alexander-von-Humboldt-Expedition 1967/68

16. Sammelreisen

Zu den Aufgaben des Instituts für Kulturpflanzenforschung der Deutschen Akademie der Wissenschaften gehörte seit seiner Gründung der Aufbau eines Weltsortiments von Zucht- und Landsorten sowie von Primitiv- und Wildformen der Kulturpflanzen und ihrer Verwandten. Es war daher unausbleiblich und eine zentrale Aufgabe des Instituts, sich an der Entwicklung eines Weltsortiments aktiv zu beteiligen und durch eigene Sammelreisen in die Mannigfaltigkeitszentren der Kulturpflanzen zur Vermehrung wichtigen Ausgangsmaterials für die botanische Grundlagenforschung, für Züchtungsforschung und Kulturpflanzenzüchtung beizutragen.

Gleichzeitig aber bestand die Notwendigkeit, das Zentralherbar des Instituts durch die Sammlung der Wildflora der bereisten Gebiete zu erweitern und schließlich sollte dabei auch die Wildfauna der Länder untersucht und Belege gesammelt werden, um die durch Kriegszerstörungen eingetretenen großen Verluste in den Museen und zoologischen Instituten ausgleichen zu helfen.

Es war daher erforderlich, neben speziellen botanischen Untersuchungen auch biologische Sammelreisen durchzuführen, an denen also Botaniker und Zoologen gemeinsam teilnahmen. Auf die Problematik der Durchführung und der Koordinierung aller Arbeiten zur Befriedigung aller Wünsche und Vorhaben der beteiligten Wissenschaftler verschiedener Disziplinen von seiten der Leitung kann hier nicht eingegangen werden.

Die erste große biologische Sammelreise konnte nach gründlicher Vorbereitung erst 1956 in die Volksrepublik China entsprechend einer Vereinbarung zwischen der Academia Sinica und der Deutschen Akademie der Wissenschaften durchgeführt werden. In den folgenden Jahren schlossen sich kleinere und größere Sammelreisen an.

1955

Vorbereitung der Chinesisch-Deutschen Biologischen Sammelreise in Peking vom 1.—31. 3. 1955
Beauftragter: H. Böhme

1956

Chinesich-Deutsche Biologische Sammelreise nach Nord- und Nordost-China vom 4. 5.—27. 9. 1956 in die Provinzen Hopei, Honan, Shantung, Heilungchiang, Innere Mongolei
Leitung: Liou Tschen-Ngo und H. Stubbe
Deutsche Teilnehmer: H. Böhme, S. Danert, S. Geier-Halle, P. Hanelt, R. Mansfeld, R. Piechocki-Halle, A. Rieth, H. Stubbe, K. Zimmermann-Berlin
Sammlung: Kulturpflanzen, Wildflora, Algen, Wildtiere, Studium der Wälder und Waldbewirtschaftung
Allgemeiner Bericht s. „Die Kulturpflanze" Bd. V, S. 25 ff., 1957

1957

Sammelreise in die ČSSR vom 24. 6.—11. 7. 1957
Durchgeführt von A. Romeike, G. Scholz
Sammlung: Alkaloidpflanzen in der Niederen Tatra

1958

Erste Sammelreise mit Angehörigen chinesischer botanischer Institute in Südchina vom 15. 10.—20. 12. 1958 in die Provinzen Kuangsi, Kuangtung und weitere Umgebung von Canton
Deutsche Teilnehmer: S. Danert und P. Hanelt
Sammlung: Wild- und Kulturpflanzen
Allgemeiner Bericht s. „Die Kulturpflanze" Bd. VII, S. 22 ff., 1959

1959

Zweite Sammelreise mit Angehörigen chinesischer botanischer Institute in Südchina vom 6.10.—6. 12. 1959 in die gleichen Provinzen wie 1958 und die Insel Hainan
Deutsche Teilnehmer: J. Helm und J. Schultze-Motel
Sammlung: Wild- und Kulturpflanzen, Gehölzarten
Allgemeiner Bericht s. „Die Kulturpflanze" Bd. VIII, S. 25 ff., 1960

1961

Vorbereitung der 1. Mongolisch-Deutschen Biologischen Sammelreise in Ulan-Bator vom 30. 11.—12. 12. 1961
Beauftragter: H. Böhme

1962

Erste Mongolisch-Deutsche Biologische Sammelreise in die Wüsten und Halbwüsten der Mongolei vom 21. 4.—22. 7. 1962
Leitung: C. Davažamc und H. Böhme
Deutsche Teilnehmer: H. Böhme, W. Fischer-Berlin, I. Grebenščikov, P. Hanelt, R. Piechocki-Halle, K. Uhlenhaut-Halle
Sammlung: Wildpflanzen, ökologische und pflanzensoziologische Arbeiten, Wildtiere, spez. Insekten, Vögel, Kleinsäuger
Allgemeiner Bericht s. „Die Kulturpflanze" Bd. XI, S. 26 ff., 1963

Sammelreise vom 17. 5.—25. 6. 1962 in die VR Bulgarien (Witoscha-Gebirge, Rhodopengebirge, Pirin-Gebirge, Rila-Gebirge u. a.)
Durchgeführt von J. Schultze-Motel und P. Döbel
Sammlung: Wildflora

1963

Vorbereitung der 2. Mongolisch-Deutschen Biologischen Sammelreise in Ulan-Bator vom 2.—14. 12. 1963
Beauftragter: H. Böhme

1964

Zweite Mongolisch-Deutsche Biologische Sammelreise in die Westmongolei, Gebirge, Wüsten, vom 11. 5.—28. 8. 1964

Leitung: C. DAVAŽAMĆ und S. DANERT
Deutsche Teilnehmer: S. DANERT, K. GÜNTHER-Berlin, P. HANELT, G. PETERS-Berlin, R. PIECHOCKI-Halle, M. SCHMIEDEKNECHT-Hadmersleben, M. STUBBE-Halle, K. UHLENHAUT-Halle
Sammlung: Wild- und Kulturpflanzen, niedere und höhere Wildtiere, phyto- und zoogeographische Untersuchungen, phytopathologische Arbeiten, Jagdwirtschaft
Allgemeiner Bericht s. „Die Kulturpflanze" Bd. XIII, S. 28 ff., 1965

Sammelreise vom 14. 7.—15. 8. 1964 in die SFR Jugoslawien (Inseln Lokrum und Koločep, Karstgebiet um Trebinje, Halbinsel Pelješac, Inseln Korčula, Lastovo, Kopište, Sušac u. a.)
Durchgeführt von J. HELM und M. ZACHARIAS
Sammlung: Wildkohl (*Brassica incana*), Wildflora, Getreide

1966

Vorbereitung der Kubanisch-Deutschen Alexander von Humboldt-Gedächtnis-Expedition in Habana vom 17. 1.—16. 2. 1966
Beauftragter: H. BÖHME

Sammelreise vom 11. 7.—12. 9. 1966 nach Armenien und der Halbinsel Krim (UdSSR)
Durchgeführt von J. HELM und G. BANDLOW-Kleinwanzleben
Sammlung: Wildrüben, Wildflora

1967/68

Kubanisch-Deutsche Alexander von Humboldt-Gedächtnis-Expedition vom 13. 11. 1967—16. 3. 1968 entsprechend einer Vereinbarung zwischen der Kubanischen Akademie der Wissenschaften und der Deutschen Akademie der Wissenschaften (Arbeit in Standlagern in den Provinzen Pinar del Rio, Oriente)
Leitung: L. M. JAUME und A. RIETH
Deutsche Teilnehmer: S. DANERT, G. PETERS-Berlin, R. PIECHOCKI-Halle, A. RIETH, M. SCHMIEDEKNECHT-Hadmersleben, R. SCHUBERT-Halle, H. STUBBE (zeitweilig), M. STUBBE-Halle, K. UHLENHAUT-Halle
Sammlung: Flora und Fauna Kubas, vegetationskundliche und tiergeographische Untersuchungen, mikroklimatische Meßdaten
Allgemeiner Bericht s. „Die Kulturpflanze" Bd. XVII, S. 68 ff., 1969

17. Teilnahme der Wissenschaftler an internationalen Kongressen in der DDR und im Ausland

1947

1. Deutscher Volkskongreß in Berlin 6. 12. 1947
H. Stubbe, Institutsdirektor

1948

2. Deutscher Volkskongreß in Berlin 17. 3. 1948
H. Stubbe, Institutsdirektor

8. Internationaler Genetik-Kongreß in Stockholm (Schweden) 7.—14. 7. 1948
H. Stubbe, Institutsdirektor

1949

3. Deutscher Volkskongreß in Berlin 29. 5. 1949
H. Stubbe, Institutsdirektor

1950

7. Internationaler Botaniker-Kongreß in Stockholm (Schweden) 12.—20. 7. 1950
H. Stubbe, Institutsdirektor

96. Versammlung der Gesellschaft Deutscher Naturforscher und Ärzte in München (BRD) 22.—25. 10. 1950
H. Stubbe, Institutsdirektor

1951

Jahrestagung der Deutschen Botanischen Gesellschaft in Berlin (West) 15.—19. 5. 1951

H. Sagromsky, Abt. Chemische Physiologie

1953

Jahrestagung der Deutschen Botanischen Gesellschaft in Hamburg (BRD) 24. bis 29. 8. 1953
F. Scholz, M. Zacharias } Abt. Genetik und Cytologie
A. Rieth, Abt. Chemische Physiologie
H. Sagromsky, Abt. Physikalische Physiologie

9. Internationaler Genetik-Kongreß in Bellagio (Italien) 24.—31. 8. 1953
H. Stubbe, Institutsdirektor

1954

II. Arbeitstagung der Deutschen Gesellschaft für Arzneipflanzenforschung in Karlsruhe (BRD) 3.—5. 9. 1954
A. ROMEIKE, Abt. Chemische Physiologie

Jahrestagung der Deutschen Botanischen Gesellschaft in Münster (BRD) 6.—13. 9. 1954
M. ZACHARIAS, Abt. Genetik und Cytologie
H. SAGROMSKY, Abt. Physikalische Physiologie

7. Wanderversammlung Deutscher Entomologen in Berlin 8.—10. 9. 1954
I. GREBENŠČIKOV, Abt. Genetik und Cytologie

1955

Meeting of the Society for General Microbiology in London (Großbritannien) 18. bis 20. 4. 1955
H.-G. SCHLEGEL, Abt. Chemische Physiologie

3. Internationaler Brotkongreß in Hamburg (BRD) 31. 5.—3. 6. 1955
R. MANSFELD, Abt. Systematik und Sortiment

Jahrestagung der Deutschen Botanischen Gesellschaft in Freiburg (BRD) 31. 5. bis 5. 6. 1955
F. SCHOLZ, Abt. Genetik und Cytologie
A. RIETH, Abt. Chemische Physiologie
H. SAGROMSKY, Abt. Physikalische Physiologie

Congrès Scientifique International du Tabac in Paris und Bergerac (Frankreich) 6. bis 15. 9. 1955
H.-B. SCHRÖTER, Abt. Chemische Physiologie

XVI. Generalversammlung der Fédération Internationale Pharmacéutique (FIP) in London (Großbritannien) 17.—23. 9. 1955
H. FRIEDRICH, Abt. Chemische Physiologie

III. Arbeitstagung der Deutschen Gesellschaft für Arzneipflanzenforschung in Bad Harzburg (BRD) 7.—9. 10. 1955
A. ROMEIKE, Abt. Chemische Physiologie

Jahreshauptversammlung der Deutschen Pharmazeutischen Gesellschaft in Berlin (West) 21.—23. 10. 1955
A. ROMEIKE, Abt. Chemische Physiologie

Gründungskongreß der Deutschen Gesellschaft für Genetik in Hirsau (BRD) 26. 10. 1955
A. MICHAELIS, R. RIEGER } Abt. Genetik und Cytologie

1956

Jahrestagung der Deutschen Botanischen Gesellschaft in Hann. Münden (BRD) 22. bis 27. 5. 1956
R. HAGEMANN, Abt. Genetik und Cytologie
H. SAGROMSKY, Abt. Physikalische Physiologie

Internationale Konferenz für Radiobiologie in Svalöf (Schweden) 6. 8.—4. 9. 1956
M. ZACHARIAS, Abt. Genetik und Cytologie

Tagung der Deutschen Gesellschaft für Pilzkunde in Recklinghausen (BRD) 13. bis 14. 9. 1956
E. H. BENEDIX, Abt. Systematik und Sortiment

I. Europäischer Mykologenkongreß in Brüssel/Antwerpen (Belgien) 15.—22. 9. 1956
E. H. BENEDIX, Abt. Systematik und Sortiment

Hundertjahrfeier der Deutschen Entomologischen Gesellschaft in Berlin 30. 9. bis 5. 10. 1956
I. GREBENŠČIKOV, Abt. Genetik und Cytologie

Tagung der Deutschen Gesellschaft für Genetik in Waldenburg (BRD)
A. MICHAELIS, R. RIEGER } Abt. Genetik und Cytologie

1957

Jahreshauptversammlung der Deutschen Pharmazeutischen Gesellschaft in Freiburg (BRD) 14.—17. 3. 1957
A. ROMEIKE, Abt. Chemische Physiologie

Jahrestagung der Deutschen Botanischen Gesellschaft in Heidelberg (BRD) 11. bis 16. 6. 1957
R. HAGEMANN, A. MICHAELIS, R. RIEGER } Abt. Genetik und Cytologie
G. SCHOLZ, A. RIETH } Abt. Chemische Physiologie
H. SAGROMSKY, Abt. Physikalische Physiologie

Symposium über „Die Entstehung des Lebens" in Moskau (UdSSR) 19.—24. 8. 1957
K. MOTHES, I. BÖTTGER } Abt. Chemische Physiologie

Konferenz über „Heil- und Nutzpflanzen" in Wageningen (Niederlande) 9.—11. 9. 1957
K. MOTHES, Abt. Chemische Physiologie

V. Arbeitstagung der Deutschen Gesellschaft für Arzneipflanzenforschung in Würzburg (BRD) 10.—13. 10. 1957
A. ROMEIKE, Abt. Chemische Physiologie

1958

X. Internationaler Genetik-Kongreß in Montreal (Canada) 20.—27. 8. 1958
H. STUBBE, Institutsdirektor
H. BÖHME, F. MECHELKE } Abt. Genetik und Cytologie

Tagung der Deutschen Gesellschaft für Pilzkunde in Neustadt/Weinstraße (BRD) 27.—30. 8. 1958
E. H. BENEDIX, Abt. Systematik und Sortiment

4. Internationaler Kongreß für Biochemie in Wien (Österreich) 1.—6. 9. 1958
H. Friedrich, Abt. Chemische Physiologie

Jahrestagung der Deutschen Botanischen Gesellschaft in Kiel (BRD) 1.—7. 9. 1958
R. Hagemann, F. Scholz — Abt. Genetik und Cytologie
A. Rieth, Abt. Chemische Physiologie
H. Sagromsky, Abt. Physikalische Physiologie

VI. Arbeitstagung der Deutschen Gesellschaft für Arzneipflanzenforschung in Tübingen (BRD) 2.—4. 10. 1958
H. Friedrich, A. Romeike — Abt. Chemische Physiologie

1959

Science Congress in New Delhi (Indien) 19.—27. 1. 1959
H. Stubbe, Institutsdirektor

6. Biometrisches Kolloquium der Deutschen Region der Biometric Society in Leipzig, 22.—25. 1. 1959
I. Grebenščikov, Abt. Genetik und Cytologie

Jahrestagung der Deutschen Botanischen Gesellschaft in Klagenfurt (Österreich) 19.—25. 5. 1959
R. Hagemann, A. Michaelis, R. Rieger — Abt. Genetik und Cytologie
A. Rieth, Abt. Chemische Physiologie

III. Tagung der Intern. Vereinigung zur Erforschung der Qualität von Nahrungspflanzen in Wien (Österreich) 20.—23. 5. 1959
F. Scholz, Abt. Genetik und Cytologie

Internationaler Kongreß für Radiologie in München (BRD) 24.—25. 7. 1959
F. Barnetzky, Abt. Physikalische Physiologie

9. Internationaler Botanischer Kongreß in Montreal (Canada) 13.—30. 8. 1959
S. Danert, Abt. Systematik und Sortiment

Congressus pharmaceuticus Societas Pharmaceutica Bohemoslovenia in Karlsbad (ČSSR) 6.—11. 9. 1959
A. Romeike, Abt. Chemische Physiologie

Jahreshauptversammlung der Deutschen Pharmazeutischen Gesellschaft in Göttingen (BRD) 24.—27. 9. 1959
A. Romeike, Abt. Chemische Physiologie

Tagung des Forschungsrates der Deutschen Demokratischen Republik in Leipzig 26.—27. 9. 1959
H. Stubbe, Institutsdirektor

VII. Vortragstagung der Deutschen Gesellschaft für Arzneipflanzenforschung in Münster (BRD) 22.—25. 10. 1959
A. Romeike, Abt. Chemische Physiologie

10. Arbeitstagung der Arbeitsgemeinschaft der Saatzuchtleiter in Gumpenstein (Österreich) 2.—4. 12. 1959
F. SCHOLZ, Abt. Genetik und Cytologie

1960

Internationales Mykorrhiza-Symposium in Weimar 25.—30. 4. 1960
E. H. BENEDIX, Abt. Systematik und Sortiment

Jahrestagung der Deutschen Zoologischen Gesellschaft in Bonn (BRD) 5.—12. 6. 1960
R. PANITZ, Abt. Genetik und Cytologie

Jahrestagung der Deutschen Botanischen Gesellschaft in Köln (BRD) 7.—12. 6. 1960
H. BÖHME, A. MICHAELIS, R. RIEGER, Abt. Genetik und Cytologie
K. RAMSHORN, G. SCHOLZ, Abt. Chemische Physiologie
J. HELM, Abt. Systematik und Sortiment

Internationaler Bodenkundlicher Kongreß in Madison (USA) 5. 8.—9. 9. 1960
O. MACHOLD, Abt. Chemische Physiologie
IAEA-Symposium „Effects of Ionizing Radiation on Seeds" in Karlsruhe (BRD) 8.—12. 8. 1960
R. RIEGER, F. SCHOLZ, M. ZACHARIAS, Abt. Genetik und Cytologie

XVIII. Generalversammlung der Fédération Internationale Pharmaceutique in Kopenhagen (Dänemark) 25. 8.—2. 9. 1960
A. ROMEIKE, Abt. Chemische Physiologie

Symposium über moderne Methoden der Säugetierforschung in Brno (ČSSR) 26. 8. bis 5. 9. 1960
J. SCHÖNEICH, Abt. Genetik und Cytologie

II. Europäischer Mykologenkongreß in Prag (ČSSR) 26. 8.—11. 9. 1960
E. H. BENEDIX, Abt. Systematik und Sortiment

VIII. Vortragstagung der Deutschen Gesellschaft für Arzneipflanzenforschung in Braunschweig (BRD) 20.—23. 10. 1960
A. ROMEIKE, Abt. Chemische Physiologie

Arbeitstagung Biophysik der Physikalischen Gesellschaft der DDR 15.—17. 11. 1960
H. SAGROMSKY, Abt. Physikalische Physiologie

1961

8. Biometrisches Kolloquium der Deutschen Region der Biometric Society in Berlin, 26.—29. 1. 1961
I. GREBENŠČIKOV, Abt. Genetik und Cytologie

Gemeinsames Kolloquium des Zoologischen Instituts und des Instituts für experimentelle Krebsforschung der Universität Heidelberg (BRD) 10. 5. 1961
F. MECHELKE, Abt. Genetik und Cytologie

55. Jahrestagung der Deutschen Zoologischen Gesellschaft in Saarbrücken (BRD) 22.–26. 5. 1961
R. Panitz, Abt. Genetik und Cytologie

Jahrestagung der Deutschen Botanischen Gesellschaft in Halle/S. 23.–28. 5. 1961
W. Baudisch, R. Hagemann – Abt. Genetik und Cytologie
A. Rieth, G. Scholz – Abt. Chemische Physiologie
H. Sagromsky, Abt. Physikalische Physiologie
P. Hanelt, Abt. Systematik und Sortiment

Colloquium der Société botanique de France in Paris (Frankreich) Mai 1961
A. Romeike, Abt. Chemische Physiologie

Conference on Paper Chromatography in Prag (ČSSR) 21.–23. 6. 1961
Ch. Horstmann, Abt. Chemische Physiologie

V. Internationaler Kongreß für Biochemie in Moskau (UdSSR) 10.–16. 8. 1961
H. Schmidt, G. Sembdner – Abt. Chemische Physiologie

1. Generalversammlung der Biologischen Gesellschaft der DDR in Leipzig 18. bis 20. 10. 1961
M. Zacharias, Abt. Genetik und Cytologie

1962

Konferenz über Probleme der Vererbung und Veränderlichkeit der Mikroorganismen in Moskau (UdSSR) 24.–29. 1. 1962
H. Böhme, Abt. Genetik und Cytologie

Internationales Symposium über Genetik und Züchtung des Weizens in Martonvásár (VR Ungarn) 12.–14. 6. 1962
F. Scholz, Abt. Genetik und Cytologie

II. IUPAC-Symposium „The Chemistry of Natural Products" in Prag (ČSSR) 27. 8. bis 2. 9. 1962
K. Schreiber, G. Adam, G. Osske, A. Romeike, H. Rönsch – Abt. Chemische Physiologie

Symposium zur Anatomie rezenter und fossiler Hölzer in Potsdam 19.–21. 10. 1962
W. Müller-Stoll, Abt. Ökologische Physiologie

Jahrestagung der Deutschen Gesellschaft für Urologie in Stralsund Oktober 1962
A. Michaelis, R. Rieger – Abt. Genetik und Cytologie

Arbeitstagung „Biophysik" in Berlin 26.–28. 11. 1962
A. Meister, Abt. Physikalische Physiologie

1963

Hauptjahrestagung der Physikalischen Gesellschaft in der DDR in Leipzig 1.—5. 4. 1963
A. MEISTER, Abt. Physikalische Physiologie

RGW-Expertenberatung zum Thema VI/5.2. Photosynthese in Jena 25.—26. 6. 1963
H. SAGROMSKY, Abt. Physikalische Physiologie

XX. Chemikertagung der Tschechoslowakischen Chemischen Gesellschaft in Žilina (ČSSR) 9.—11. 7. 1963
K. SCHREIBER, Abt. Chemische Physiologie

Symposium über Transformation und Bacteriocinogie in Budapest (VR Ungarn) 12.—18. 8. 1963
H. BÖHME, Abt. Genetik und Cytologie

Internationales Symposium „Physiologie, Ökologie und Biochemie der Keimung" in Greifswald 8.—14. 9. 1963
G. SEMBDNER, Abt. Chemische Physiologie

Herbsttagung der Biophysikalischen Gesellschaft in der DDR in Leipzig 5.—9. 12. 1963
H. SAGROMSKY }
A. MEISTER } Abt. Physikalische Physiologie

Symposium on Maize Breeding and Production in Martonvásár (VR Ungarn) 11. bis 15. 9. 1963
I. GREBENŠČIKOV, Abt. Genetik und Cytologie

Internationale Tagung über Arzneipflanzenforschung der sozialistischen Länder in Sofia (VR Bulgarien) 16.—18. 9. 1963
K. SCHREIBER, Abt. Chemische Physiologie

Symposium „Induction of Mutations and the Mutation Process" in Prag (ČSSR) 26.—29. 9. 1963
R. HAGEMANN }
A. MICHAELIS }
A. MÜLLER } Abt. Genetik und Cytologie
R. RIEGER }
F. SCHOLZ }

Symposium über Mutationsvorgänge bei Pflanzen in Prag (ČSSR) 26. 9.—3. 10. 1963
J. SCHÖNEICH, Abt. Genetik und Cytologie

Internationales Symposium Water Stress in Plants in Prag (ČSSR) 29. 9.—4. 10. 1963
W. MÜLLER-STOLL, Abt. Ökologische Physiologie

2. Generalversammlung der Biologischen Gesellschaft der DDR in Dresden 30. 9. bis 4. 10. 1963
M. ZACHARIAS, Abt. Genetik und Cytologie

RGW-Konferenz über Holzanatomie in Bratislava (ČSSR) 2.—10. 12. 1963
W. MÜLLER-STOLL, Abt. Ökologische Physiologie

1964

Tagung Elektronenmikroskopie der Physikalischen Gesellschaft in der DDR in Jena 19. 2. 1964
P. DÖBEL, Abt. Genetik und Cytologie

Symposium „Chromosomen in Mitose und Genetik" in Krakau (VR Polen) 20. bis 22. 3. 1964
A. MICHAELIS, R. RIEGER – Abt. Genetik und Cytologie

III. IUPAC-Symposium „The Chemistry of Natural Products" in Kyoto (Japan) 12. bis 18. 4. 1964
K. SCHREIBER, Abt. Chemische Physiologie

Tagung des Koordinierungsrates für Sammlung, Austausch, Untersuchung und Nutzung des Genofonds der Kulturpflanzen in den sozialistischen Ländern in Leningrad (UdSSR) 14. 4.—21. 4. 1964
Ch. LEHMANN, Abt. Systematik und Sortiment

Internationales Colloquium on Topics on Natural Products Chemistry in Sendai (Japan) 21.—24. 4. 1964
K. SCHREIBER, Abt. Chemische Physiologie

Internationales Symposium on the Chemistry of Microbial Products in Tokyo (Japan) 25.—30. 4. 1964
K. SCHREIBER, Abt. Chemische Physiologie

Arbeitstagung der Pharmazeutischen Gesellschaft der DDR über synthetische Arzneimittel in Erfurt 8.—12. 5. 1964
K. SCHREIBER, Abt. Chemische Physiologie

International Union for Biological Sciences, Tagung in Prag (ČSSR) 17.—22. 7. 1964
W. MÜLLER-STOLL, Abt. Ökologische Physiologie

4. Internationaler Photobiologischer Kongreß in Oxford (Großbritannien) 26. bis 30. 7. 1964
H. SAGROMSKY, Abt. Physikalische Physiologie

Symposium für Phytotronik in London (Großbritannien) 31. 7.—1. 8. 1964
H. SAGROMSKY, Abt. Physikalische Physiologie

10. Internationaler Botanischer Kongreß in Edinburgh (Schottland) 3.—12. 8. 1964
W. MÜLLER-STOLL, Abt. Ökologische Physiologie
Ch. LEHMANN, Abt. Systematik und Sortiment

8. Internationaler bodenkundlicher Kongreß in Bukarest (SR Rumänien) 20. 8. bis 20. 9. 1964
O. MACHOLD, Abt. Chemische Physiologie

3. Europäische Regionalkonferenz für Elektronenmikroskopie in Prag (ČSSR) 28. 8. 1964
P. DÖBEL, Abt. Genetik und Cytologie

Ungarische Landesmykologentagung in Keszthely/Balaton (VR Ungarn) 30. 8. bis 2. 9. 1964
E. H. BENEDIX, Abt. Systematik und Sortiment

Symposium on Differentiation of Apical Meristems and Some Problems of Ecological Regulation of Development of Plants in Prag and Nitra (ČSSR) 31. 8.—8. 9. 1964
G. SEMBDNER, Abt. Chemische Physiologie

Chemiedozententagung der Chemischen Gesellschaft der DDR in Berlin 2.—5. 9. 1964
K. SCHREIBER, G. ADAM } Abt. Chemische Physiologie

Jahrestagung der Deutschen Botanischen Gesellschaft in München (BRD) 7. bis 12. 9. 1964
G. SCHOLZ, Abt. Chemische Physiologie
H. SAGROMSKY, Abt. Physikalische Physiologie

RGW-Expertenberatung zum Thema VI/5.2. Photosynthese in Sofia (VR Bulgarien) 3.—8. 10. 1964
H. SAGROMSKY, Abt. Physikalische Physiologie

103. Versammlung der Gesellschaft Deutscher Naturforscher und Ärzte in Weimar 4.—10. 10. 1964
W. BAUDISCH, R. HAGEMANN } Abt. Genetik und Cytologie
W. MÜLLER-STOLL, Abt. Ökologische Physiologie

Congress of Pharmacists of Yugoslavia, Pharmaceutic Society of Croatia in Opatja (SFR Jugoslawien) 12.—15. 10. 1964
A. ROMEIKE, Abt. Chemische Physiologie

Arbeitstagung Strahlenbiologie der Gesellschaft für Physikalische und Mathematische Biologie der DDR in Dresden 13. 10. 1964
H. SAGROMSKY, Abt. Physikalische Physiologie

2. Wissenschaftliche Tagung der Gesellschaft für Versuchstierkunde in Hannover (BRD) 19.—21. 10. 1964
J. SCHÖNEICH, Abt. Genetik und Cytologie

Colloquium mit Bericht über die Leningrader Tagung des Koordinierungsrates im April 1964 in Groß-Lüsewitz 23. 11. 1964
Ch. LEHMANN, Abt. Systematik und Sortiment

3. Arbeitstagung zum Thema 9.9. Algen-Intensivkulturen im Rahmen der Ständigen Kommission der RGW für wirtschaftliche und technische Zusammenarbeit in Moskau (UdSSR) 15. 12. 1964
K. MÜNTZ, Abt. Ökologische Physiologie

1965

Koordinierungskonferenz über Nucleinsäuren in Moskau (UdSSR) 19.—25. 1. 1965
H. SCHMIDT, Abt. Chemische Physiologie

49. Wissenschaftliche Tagung der Pharmazeutischen Gesellschaft der DDR, Gruppe Magdeburg, in Magdeburg 5.—7. 3. 1965
K. SCHREIBER, Abt. Chemische Physiologie

International Symposium on Arabidopsis Research in Göttingen (BRD) 21.—24. 4. 1965
A. MÜLLER, Abt. Genetik und Cytologie

Symposium der Internationalen Vereinigung über experimentelle Pflanzensoziologie in Rinteln (BRD) 12.—17. 4. 1965
W. MÜLLER-STOLL, Abt. Ökologische Physiologie

2. Internationale Konferenz über Stereochemie in Bürgenstock b. Luzern (Schweiz) 2.—8. 5. 1965
K. SCHREIBER, Abt. Chemische Physiologie

Tagung der Floristisch-soziologischen Arbeitsgemeinschaft in Erlangen (BRD) 8. bis 10. 6. 1965
H. SCHLÜTER, Arbeitsgr. Forstpflanzenforschung

XIII. Vortragstagung der Deutschen Gesellschaft für Arzneipflanzenforschung in Hamburg (BRD) 8.—12. 6. 1965
K. PUFAHL, A. ROMEIKE } Abt. Chemische Physiologie

Tagung der Arbeitsgemeinschaft für Forstliche Vegetationskunde in Würzburg (BRD) 11.—13. 6. 1965
H. SCHLÜTER, Arbeitsgr. Forstpflanzenforschung

3. Internationales Symposium Biochemie und Physiologie der Alkaloide in Halle/S. 24.—27. 6. 1965
K. SCHREIBER, Abt. Chemische Physiologie

Chemiedozententagung der Chemischen Gesellschaft der DDR in Potsdam 4. bis 7. 7. 1965
K. SCHREIBER, G. ADAM, H. RIPPERGER } Abt. Chemische Physiologie

Symposium über Genetik der Mikroorganismen in Moskau (UdSSR) 20.—25. 7. 1965
H. BÖHME, Abt. Genetik und Cytologie

Mendel-Memorial-Symposium in Brno (ČSSR) 4.—7. 8. 1965
H. STUBBE, Institutsdirektor
W. BAUDISCH, R. HAGEMANN, A. MICHAELIS, R. PANITZ, R. RIEGER, F. SCHOLZ, J. SCHÖNEICH, M. ZACHARIAS } Abt. Genetik und Cytologie

Symposium on the Mutational Process in Prag (ČSSR) 9.—11. 8. 1965
H. STUBBE, Institutsdirektor
G. KÜNZEL, A. MÜLLER, F. SCHOLZ, J. SCHÖNEICH } Abt. Genetik und Cytologie

Jahrestagung der Deutschen Botanischen Gesellschaft in Bonn (BRD) 6.—11. 9. 1965
G. SEMBDNER, Abt. Chemische Physiologie
W. MÜLLER-STOLL, Abt. Ökologische Physiologie

2nd Western-Europe Symposium on Photosynthesis, Woudschoten (Niederlande) 6. bis 12. 9. 1965
H. SAGROMSKY, Abt. Physikalische Physiologie

10. Wanderversammlung Deutscher Entomologen in Dresden 15.—19. 9. 1965
I. GREBENŠČIKOV, Abt. Genetik und Cytologie

Advanced Study Course on ORD and CD in Bonn (BRD) 25. 9.—1. 10. 1965
H. RIPPERGER, Abt. Chemische Physiologie

RGW-Expertenkonferenz zum Thema 9.4. Problem Photosynthese in Balatonalmády/ Budapest/Martonvásár 28.—30. 9. 1965
H. SAGROMSKY, Abt. Physikalische Physiologie

3. Generalversammlung der Biologischen Gesellschaft der DDR in Erfurt 1. bis 5. 10. 1965
B. ADLER, W. BAUDISCH, R. HAGEMANN, F. HERRMANN, A. MICHAELIS, R. PANITZ, R. RIEGER, J. SCHÖNEICH, M. ZACHARIAS – Abt. Genetik und Cytologie
G. SCHOLZ, Abt. Chemische Physiologie
W. MÜLLER-STOLL, Abt. Ökologische Physiologie

III. Internationales Colloquium über die Anwendung von ultravioletten Strahlen der Physikalisch-technischen Institute der Deutschen Akademie der Wissenschaften, Ber. Strahlenanwendung, in Stralsund 4.—7. 10. 1965
G. ADAM, Abt. Chemische Physiologie

3. Internationale Wissenschaftliche Konferenz der Gesellschaft Deutscher Naturforscher und Ärzte: Probleme biologischer Reduplikation, in Semmering b. Wien (Österreich) 18.—21. 10. 1965
P. DÖBEL, R. HAGEMANN – Abt. Genetik und Cytologie

2. Hauptjahrestagung der Gesellschaft für physikalische und mathematische Biologie der Biophysikalischen Gesellschaft der DDR in Leipzig 18.—21. 10. 1965
H. SAGROMSKY, A. MEISTER – Abt. Physikalische Physiologie

1966

Vedecká Konference Výzkum Svetových Sortimentu Kulturních Rostlin in Olomouc (ČSSR) 24.—27. 1. 1966
Ch. LEHMANN, Abt. Systematik und Sortiment

Jahrestagung der Schwedischen Arbeitsgemeinschaft für Mutationsforschung in Stockholm (Schweden) 13.—15. 2. 1966
A. MÜLLER, Abt. Genetik und Cytologie

Nationale Konferenz über Methoden und Probleme der Mutationszüchtung in Prag (ČSSR) 15.—16. 2. 1966
F. Scholz, Abt. Genetik und Cytologie

Vortragstagung und 4. Koordinierungsberatung zum RGW-Thema VI. 5.5. in Krakau (VR Polen) 14.—18. 3. 1966
K. Müntz, Abt. Ökologische Physiologie

Arbeitstagung des Arbeitskreises Pflanzenernährung des Instituts für Pflanzenernährung der Justus-Liebig-Universität in Gießen (BRD) 28.—29. 4. 1966
O. Machold, Abt. Chemische Physiologie

Jahreshauptversammlung der Wissenschaftlichen Gesellschaft für Veterinärmedizin, Bezirkssektion Dresden in Bad Schandau 2. 4. 1966
J. Schöneich, Abt. Genetik und Cytologie

Tagung der Gesellschaft für experimentelle Medizin in Leipzig 20. 5. 1966
H. Böhme, Abt. Genetik und Cytologie

XIV. Vortragstagung der Deutschen Gesellschaft für Arzneipflanzenforschung in Würzburg (BRD) 31. 5.—3. 6. 1966
A. Romeike, Abt. Chemische Physiologie

5. Internationales Weizensymposium in Novi Sad (SFR Jugoslawien) 12.—18. 6. 1966
Ch. Lehmann, Abt. Systematik und Sortiment

Chemidozententagung der Chemischen Gesellschaft der DDR in Magdeburg 22. bis 24. 6. 1966
K. Schreiber } Abt. Chemische Physiologie
G. Schneider }

III. Internationaler Kongreß für Strahlenforschung in Cortina d' Ampezzo (Italien) 26. 6.—2. 7. 1966
R. Rieger, Abt. Genetik und Cytologie

4. Internationales IUPAC-Symposium on the Chemistry of Natural Products in Stockholm (Schweden) 26. 6.—2. 7. 1966
K. Schreiber, Abt. Chemische Physiologie

III. Landeskonferenz für Chemie in Timişoara (SR Rumänien) 27.—30. 6. 1966
G. Adam, Abt. Chemische Physiologie

Internationale Konferenz über die Qualität von Gemüse in Plovdiv (VR Bulgarien) 28. 6.—1. 7. 1966
J. Helm, Abt. Systematik und Sortiment

IX. Internationaler Kongreß für Mikrobiologie in Moskau (UdSSR) 27.—30. 7. 1966
B. Adler } Abt. Genetik und Cytologie
H. Stäber }

Tagung des Koordinierungsrates für die Sammlung, den Austausch, die Untersuchung und Nutzung des Genofonds der Kulturpflanzen in den sozialistischen Ländern in Leningrad (UdSSR) 2. 8—9. 8. 1966
Ch. Lehmann, Abt. Systematik und Sortiment

IV. Europäischer Mykologenkongreß in Warschau (VR Polen) 31. 8.—6. 9. 1966
E. H. Benedix, Abt. Systematik und Sortiment

II. Ungarisches Pflanzenanatomisches Symposium in Budapest (VR Ungarn) 6. bis 8. 9. 1966

E. Mädel, H. Süss – Abt. Ökologische Physiologie

Arbeitstagung über Anwendung neuer Erkenntnisse der Züchtungsforschung in der Obstzüchtung in Müncheberg 6.—9. 9. 1966
K. Gröber, Abt. Genetik und Cytologie
W. Müller-Stoll, Abt. Ökologische Physiologie

104. Versammlung der Gesellschaft Deutscher Naturforscher und Ärzte in Wien (Österreich) 25.—29. 9. 1966
K. Schreiber, Abt. Chemische Physiologie

Arbeitstagung Biophysikalische Aspekte zur Regulation der Zellaktivität in Jena 12.—13. 9. 1966
H. Sagromsky, Abt. Physikalische Physiologie

IV. Hochschulwoche für Chemiker in Jena 21.—23. 9. 1966
H. Ripperger, Abt. Chemische Physiologie

II. Internationales Symposium für Strahlenschutz in Pecs (VR Ungarn) 25. 9. bis 1. 10. 1966
A. Rudolph, Abt.Chemische Physiologie

Internationales Symposium „Wachstumsregulatoren bei Pflanzen" in Rostock-Kühlungsborn 11.—16. 10. 1966
G. Sembdner, Abt. Chemische Physiologie
W. Müller-Stoll, Abt. Ökologische Physiologie

Nationale wissenschaftliche pharmazeutische Konferenz in Sofia (VR Bulgarien) 10. bis 12. 10. 1966
K. Schreiber, Abt. Chemische Physiologie

3. Koordinierungsberatung zum RGW-Thema VI. 5.4. Wechselbeziehungen zwischen der Stoffproduktion und dem Wasserhaushalt der Pflanzen in Krakau (VR Polen) 18.—21. 10. 1966
G. Lerch, Abt. Ökologische Physiologie

Internationales Symposium on Plant Stimulation in Sofia (VR Bulgarien) 25. bis 30. 10. 1966

G. Schneider, G. Sembdner – Abt. Chemische Physiologie

5. Intern. Symposium der Institute für Pflanzenzüchtung der Deutschen Akademie der Landwirtschaftswissenschaften in Quedlinburg 27.—29. 10. 1966
A. Rudolph, Abt. Chemische Physiologie

Hauptjahrestagung der Chemischen Gesellschaft der DDR in Leipzig 2.—5. 11. 1966
G. Adam, Abt. Chemische Physiologie

Vortragstagung zu Problemen der modernen Taxonomie der Biologischen Gesellschaft in der DDR in Berlin 18.—20. 11. 1966

S. Danert, E. H. Benedix, P. Hanelt – Abt. Systematik und Sortiment

1967

II. Komplex-Kolloquium zum Thema Produktivität der Pflanzen der Biol. Gesellschaft der DDR und des Botanischen Instituts der Humboldt-Universität in Berlin 31. 1.—1. 2. 1967
W. MÜLLER-STOLL, Abt. Ökologische Physiologie

Internationales Symposium über Forschungsfilm in Reinhardtsbrunn 20.—24. 3. 1967
W. MÜLLER-STOLL, Abt. Ökologische Physiologie

International Symposium on Biology of Woody Plants in Mlyňany (ČSSR) 10. bis 17. 5. 1967
F. WEISER, Arbeitsgr. Forstpflanzenforschung

Internationales Pflanzensoziologisches Symposium „Der Eichen-Hainbuchenwald" in Reinhardtsbrunn 16.—20. 5. 1967
W. MÜLLER-STOLL, Abt. Ökologische Physiologie
H. SCHLÜTER, Arbeitsgr. Forstpflanzenforschung

Arbeitstagung Becherkulturen auf dem Gebiet der DDR in Halle/S. 12.—15. 6. 1967
J. SCHULTZE-MOTEL, Abt. Systematik und Sortiment

Symposium „Chemische Modifikation der Nucleinsäuren" in Moskau (UdSSR) 12. bis 17. 6. 1967
H. SCHMIDT, Abt. Chemische Physiologie

Chemiedozententagung der Chemischen Gesellschaft der DDR in Dresden 20. bis 23. 6. 1967
K. SCHREIBER
H. RIPPERGER } Abt. Chemische Physiologie

Tagung der Sektion Mutation und Polyploidie der EUCARPIA in Paris und Dijon (Frankreich) 20.—24. 6. 1967
F. SCHOLZ, Abt. Genetik und Cytologie

Vortragstagung über Probleme der Züchtung der Gerste, gleichzeitig Koordinierungsberatung über die Nutzung des Ausgangsmaterials in der Gerstenzüchtung in Kroměříž (ČSSR) 27. 6—1. 7. 1967
Ch. LEHMANN, Abt. Systematik und Sortiment

8. Internationale Embryologen-Konferenz in Interlaken (Schweiz) 4.—8. 9. 1967
R. PANITZ, Abt. Genetik und Cytologie

XXI. Internationaler Kongreß für reine und angewandte Chemie (IUPAC-Kongreß) in Prag (ČSSR) 4.—9. 9. 1967
H. SCHMIDT, Abt. Chemische Physiologie

Symposium über Phytogenetik bei Kulturpflanzen in Quedlinburg 11.—15. 9. 1967
K. GRÖBER, Abt. Genetik und Cytologie

7. Vortragstagung der Arbeitsgemeinschaft Botanische Gärten zu Problemen der Botanischen Gärten in Potsdam 13.—15. 9. 1967
W. MÜLLER-STOLL, Abt. Ökologische Physiologie

European Photobiology Symposium in Hvar (SFR Jugoslawien) 19.—22. 9. 1967
H. SAGROMSKY
A. MEISTER } Abt. Physikalische Physiologie

Royal Society Wates Research Conference on Mutation in Microorganisms in Edinburgh (Schottland) 22. 9. 1967
H. Böhme, Abt. Genetik und Cytologie

Vortragstagung und 5. Koordinierungsberatung zum RGW-Thema VI. 5.5. in Bukarest (SR Rumänien) 25.—29. 9. 1967
K. Müntz, Abt. Ökologische Physiologie

Symposium für Vegetationskartierung im Karpatengebiet in Bukarest (SR Rumänien) 26.—27. 9. 1967
W. Müller-Stoll, Abt. Ökologische Physiologie

4. Generalversammlung der Biologischen Gesellschaft der DDR in Karl-Marx-Stadt 2.—6. 10. 1967

H. Böhme
B. Adler
W. Baudisch
I. Grebenščikov
R. Hagemann
F. Herrmann
J. Hofemeister
A. Michaelis
R. Panitz
R. Rieger
J. Schöneich
M. Zacharias
} Abt. Genetik und Cytologie

G. Scholz
G. Sembdner
} Abt. Chemische Physiologie

Hauptjahrestagung der Chemischen Gesellschaft der DDR in Berlin 7.—10. 11. 1967
K. Schreiber, Abt. Chemische Physiologie

IV. Internationales Colloquium über die Anwendung ultravioletter Strahlen in Friedrichroda 13.—15. 11. 1967
H. Sagromsky, Abt. Physikalische Physiologie

Tagung für Zytogenetik der Martin-Luther-Universität Halle-Wittenberg in Halle/S. 7. 12. 1967
J. Schöneich, Abt. Genetik und Cytologie

Zentrales Colloquium der Institute für Medizin und Biologie in Berlin-Buch 8. 12. 1967
H. Böhme, Abt. Genetik und Cytologie

1968

Symposium on Plant Growth Regulators in London (Großbritannien) 8.—9. 1. 1968
G. Sembdner, Abt. Chemische Physiologie

1. Jahrestagung der Sektion Cytogenetik der Tschechoslowakischen Biologischen Gesellschaft in Brno (ČSSR) 23.—24. 4. 1968

A. Michaelis
J. Schöneich
} Abt. Genetik und Cytologie

III. Entomologisches Symposium zur Faunistik Mitteleuropas in Görlitz 23. bis 26. 4. 1968
I. Grebenščikov, Abt. Genetik und Cytologie

7. Internationales Symposium der „Agrochimica" in Salamanca (Spanien) 27. 5. bis 1. 6. 1968
O. MACHOLD, Abt. Chemische Physiologie

Symposium „Biophysik pflanzlicher Systeme" in Quedlinburg 28.—30. 5. 1968
H. SAGROMSKY, K. ADLER, A. MEISTER — Abt. Physikalische Physiologie

Chemiedozententagung der Chemischen Gesellschaft der DDR in Merseburg 18. bis 20. 6. 1968
K. SCHREIBER, G. ADAM, H. RIPPERGER — Abt. Chemische Physiologie

Internationales Symposium über Probleme der mediterran-mitteleuropäischen Florenbeziehungen in Halle/S. 1.—6. 7. 1968
W. MÜLLER-STOLL, Abt. Ökologische Physiologie
P. HANELT, Abt. Systematik und Sortiment

5th International IUPAC-Symposium on the Chemistry of Natural Products in London (Großbritannien) 10.—15. 7. 1968
K. SCHREIBER, Abt. Chemische Physiologie

5. Internationaler FEBS-Kongreß in Prag (ČSSR) 15.—20. 7. 1968
W. BAUDISCH, Abt. Genetik und Cytologie

XIIth International Congress of Genetics in Tokyo (Japan) 19.—28. 8. 1968
R. RIEGER, Abt. Genetik und Cytologie

Internationales Symposium „Genetic Effects of Radiation and Radiomimetic Chemicals" in Kyoto (Japan) 30.—31. 8. 1968
R. RIEGER, Abt. Genetik und Cytologie

III. Symposium on Plant Growth Regulators in Toruń (VR Polen) 10.—15. 9. 1968
G. SEMBDNER, Abt. Chemische Physiologie

RGW-Konferenz über Steroide in Liblice (ČSSR) 18.—20. 9. 1968
K. SCHREIBER, Abt. Chemische Physiologie

Diskussionstagung der Chemischen Gesellschaft der DDR in Leipzig 23.—24. 9. 1968
K. SCHREIBER, H. RIPPERGER — Abt. Chemische Physiologie

Jahreskongreß der Deutschen Akademie für ärztliche Fortbildung in Leipzig 23. bis 27. 9. 1968
R. RIEGER, Abt. Genetik und Cytologie

RGW-Expertenberatung zum Thema VI. 5.2. Photosynthese in Krakow (VR Polen) 28.—30. 9. 1968
H. SAGROMSKY, K. ADLER, P. APEL, A. MEISTER — Abt. Physikalische Physiologie

1. Gemeinschaftstagung der Gesellschaften und Arbeitsgemeinschaften in der Deutschen Gesellschaft für experimentelle Medizin in Leipzig 1.–4. 10. 1968

H. Böhme, B. Adler, W. Baudisch, J. Hofemeister, R. Panitz, E. Serfling, U. Wobus – Abt. Genetik und Cytologie

G. Sembdner, Abt. Chemische Physiologie

2. Arbeitstagung „Biophysik zellulärer Systeme" in Jena 10.–12. 10. 1968

H. Sagromsky, A. Meister – Abt. Physikalische Physiologie

Internationales Symposium „Stofftransport und Stoffverteilung in Zellen höherer Pflanzen" in Reinhardtsbrunn 14.–19. 10. 1968

G. Scholz, G. Sembdner – Abt. Chemische Physiologie

18. Studienreisen der Wissenschaftler

1948

H. Stubbe, Institutsdirektor

Studienreise in die Schweiz auf Einladung des Schweizerischen Volkswirtschaftsdepartments Zürich vom 25. 5.—10. 6. 1948: Besprechung von Plänen über Zusammenarbeit mit der Eidgenössischen Schweizerischen Versuchsanstalt Mont Calme und Zürich-Oerlikon, Sammlung und Austausch von Getreide-Landsortimenten

1951

H. Stubbe, Institutsdirektor

Erste Delegations-Studienreise in die UdSSR vom 23. 1.—15. 2. 1951: Besichtigung von Instituten der Allunions-Lenin-Akademie der Landwirtschaftswissenschaften in Moskau und Leningrad

Studienreise in die Republik Österreich vom 8.—15. 11. 1951: Besuch der Institute für Genetik und Botanik der Universität Wien und Teilnahme an der Feier des 80. Geburtstages von Hofrat E. v. Tschermak-Seysenegg

1952

H. Stubbe, Institutsdirektor

Studienreise in die BRD vom 23.—28. 5. 1952: Besuch des Max-Planck-Instituts für Biologie in Tübingen

I. Grebenščikov, Abt. Genetik und Cytologie

Studienreise in die BRD vom 16.—27. 5. 1952: Besuch des Instituts für Botanik der Universität Würzburg

1954

H. Stubbe, Institutsdirektor

Delegations-Studienreise in die UdSSR vom 31. 7.—13. 8. 1954: Besichtigung von Instituten der Allunions-Lenin-Akademie der Landwirtschaftswissenschaften in Moskau

1955

H. Stubbe, Institutsdirektor

Studienreise in die BRD vom 10.—12. 2. 1955: Besuch des Max-Planck-Instituts für Biologie in Tübingen

Vortragsreise in die Republik Österreich vom 24. 5.—1. 6. 1955: Vortrag vor der Botanisch-Zoologischen Gesellschaft in Wien

Vortragsreise in die BRD vom 18.—22. 6. 1955: Vortrag im Botanischen Institut der Universität Kiel

Vortragsreise in die BRD vom 18.—20. 7. 1955: Vortrag im Botanischen Institut der Universität Erlangen

Reise in die BRD vom 17.—19. 12. 1955: Verhandlungen im Max-Planck-Institut für Biologie in Tübingen über die Wiederherausgabe der „Ergebnisse der Biologie"

S. DANERT, Abt. Systematik und Sortiment
Studienreise in die BRD vom 14.—18. 10. 1955: Besichtigung der Einrichtungen der Bayerischen Botanischen Staatssammlung in München, morphologische Untersuchungen im dortigen Herbar

1956

F. SCHOLZ, Abt. Genetik und Cytologie
Studienreise in die BRD vom 2.—11. 7. 1956: Besuch der Abteilung für Kulturpflanzenzüchtung des Max-Planck-Instituts für Züchtungsforschung in Hamburg-Volksdorf, des Instituts für gärtnerische Pflanzenzüchtung der TH Hannover sowie weiterer Einrichtungen

H. FRIEDRICH, D. GRÖGER, K. RAMSHORN, G. REUTER, D. WAGENBRETH, Abteilung Chemische Physiologie
Studienreise in die ČSSR und die VR Ungarn: Wissenschaftliche Fortbildung an befreundeten Instituten

H. SAGROMSKY, Abt. Physikalische Physiologie
Studienreise in die Republik Österreich vom 6.—11. 9. 1956: Teilnahme an einem Einführungskursus in die biologische Statistik in Linz

1957

H. STUBBE, Institutsdirektor
Vortragsreise in die BRD vom 23.—27. 2. 1957: Vortrag im Botanischen Institut der Universität Hamburg

Delegations-Studienreise in die UdSSR vom 24. 11.—3. 12. 1957: Besichtigung von Instituten der Allunions-Lenin-Akademie der Landwirtschaftswissenschaften in Moskau und Leningrad

I. GREBENŠČIKOV, Abt. Genetik und Cytologie
Informationsreise in die ČSSR vom 12.—20. 3. 1957 Besuch genetischer, botanischer und entomologischer Institutionen in Bratislava, Brno, Hradec Kralove und Prag

Informationsreise in die UdSSR vom 3. 9.—2. 10. 1957: Besuch botanischer und landwirtschaftlicher Institutionen in Moskau, Leningrad, Taschkent und Suchumi

M. ZACHARIAS, Abt. Genetik und Cytologie
Reise nach Schweden vom 19. 5.—17. 8. 1957: Forschungsarbeit am Skogsforskning-Institut, Stockholm

Studienreise nach Nordchina und in die Provinz Shantung vom 5. 9.—16. 10. 1957: Besuch von Soja-Anbaugebieten und -Züchtungsinstituten

L. ENGELBRECHT, G. REUTER, Abt. Chemische Physiologie
Studienreise nach Italien: Besuch der Stazione Zoologica, Neapel

H. Friedrich, Abt. Chemische Physiologie
Studienreise in die ČSSR vom 24. 6.—11. 7. 1957: Leitung von Exkursionen von Wissenschaftlern aus der ČSSR und der DDR in die Niedere und Hohe Tatra

P. Metzner, Abt. Physikalische Physiologie
Studienreise in die UdSSR vom 12.—19. 9. 1957: Besuch der Institute für Biophysik, für künstliches Klima und für Pflanzenphysiologie sowie weiterer Laboratorien und Institute der Universität und der Akademie der Wissenschaften der UdSSR in Moskau, Arbeitsbesprechung mit Prof. Kleschnin bezügl. der Übersetzung seines Buches „Pflanze und Licht"

H. Sagromsky, Abt. Physikalische Physiologie
Studienreise nach Italien vom 17. 10.—12. 12. 1957: Forschungsarbeit an der Stazione Zoologica, Neapel

S. Danert, P. Hanelt, Abt. Systematik und Sortiment
Studienreise in die UdSSR vom 15. 5.—15. 6. 1957: Herbararbeiten im Komarov-Institut in Leningrad

J. Helm, Abt. Systematik und Sortiment
Studienreise in die ČSSR vom 24. 6.—11. 7. 1957: Besuch der Niederen und Hohen Tatra

Ch. Lehmann, Abt. Systematik und Sortiment
Studienreise in die UdSSR vom 4.—31. 10. 1957: Besuch des Allunionsinstitutes für Pflanzenbau in Leningrad

1958

H. Stubbe, Institutsdirektor
Delegationsreise in die BRD vom 15.—17. 2. 1958: Besuch des Max-Planck-Instituts für Kulturpflanzenzüchtung in Hamburg-Volksdorf

F. Mechelke, Abt. Genetik und Cytologie
Studienreise in die UdSSR vom 12.—23. 5. 1958

F. Scholz, Abt. Genetik und Cytologie
Studienreise in die UdSSR vom 20. 5.—4. 6. 1958: Besuch des Botanischen Instituts „V. L. Komarov" in Moskau und des Allunionsinstituts für Pflanzenbau in Leningrad

E. H. Benedix, Abt. Systematik und Sortiment
Reise in die BRD vom 27. 8.—1. 9. 1958: Teilnahme an der Tagung der Deutschen Gesellschaft für Pilzkunde in Neustadt/Weinstr., Vortrag im Botanischen Institut der Universität München

K. Wuttky, F. Kube, Arbeitsgr. Forstpflanzenforschung
Studienreise in die VR Polen vom 10.—24. 8. 1958: Prüfung von Standortsrassen wirtschaftlich wichtiger Baumarten

1959

I. Grebenščikov, Abt. Genetik und Cytologie
Studienreise in die VR Ungarn vom 21. 4.—13. 5. 1959: Besuch genetischer, botanischer, landwirtschaftlicher und entomologischer Institutionen in Budapest, Gödöllö, Fertöd, Tapioszele und Tihany

F. Scholz, Abt. Genetik und Cytologie
Studienreise nach Schweden vom 3.—20. 7.1959: Besuch der Genetischen Abteilung des Staatsinstituts für Forstforschung, Stockholm, der Schwedischen Saatzuchtvereinigung in Svalöf und des Instituts für Genetik der Universität Lund

G. Scholz, Abt. Chemische Physiologie
Studienreise nach Großbritannien: Besuch von Instituten in London, Bristol, Oxford, Rothamsted, Nottingham, Aberdeen

P. Metzner, Abt. Physikalische Physiologie
Studienreise nach Süd-Indien von Ende Janur bis Anfang März 1959: Besuch botanischer Institute

H. Sagromsky, Abt. Physikalische Physiologie
Studienreise nach Italien vom 20. 3.—18. 6. 1959: Forschungsarbeit an der Stazione Zoologica, Neapel

P. Hanelt, Abt. Systematik und Sortiment
Studienreise in die UdSSR vom 1.—30. 10. 1959: Besuch des Botanischen Instituts der Akademie der Wissenschaften der UdSSR in Leningrad

O. Dümichen, Abt. Zentrale Verwaltung
Reise in die BRD vom 2.—10. 5. 1959: Besuch der Deutschen Landwirtschaftsausstellung in Frankfurt/Main als Mitglied der zentralen Körkommission der DDR

1960

H. Stubbe, Institutsdirektor
Studienreise in die VR Bulgarien vom 27. 6.—4. 7. 1960: Besuch von Instituten der Bulgarischen Akademie der Wissenschaften in Sofia und Plovdiv

H. Böhme, Abt. Genetik und Cytologie
Studienreise in die UdSSR September 1960: Besuch von Instituten der Akademie der Wissenschaften der DDR in Moskau und Leningrad

I. Grebenščikov, Abt. Genetik und Cytologie
Studienreise in die VR Bulgarien vom 6.—27. 7. 1960: Besuch botanischer, landwirtschaftlicher und entomologischer Institutionen in Sofia, Plovdiv, Pleven, Gornja Orachovica und Varna

K. Gröber, Abt. Genetik und Cytologie
Studienreise nach Schweden vom 24. 6.—8. 7. 1960: Besuch des Instituts für Genetik der Universität Lund

R. Hagemann, Abt. Genetik und Cytologie
Studienreise nach Großbritannien im Juni/Juli 1960: Besuch der Universitäten London, Oxford, Cambridge, Birmingham und Edinburgh sowie des John Innes Institute in Bayfordbury

Vortragsreise in die BRD vom 27. 11.—3. 12. 1960: Vorträge in den Botanischen Instituten der Universitäten Erlangen und München

F. Scholz, Abt. Genetik und Cytologie
Studienreise in die VR Ungarn vom 12.—25. 5. 1960: Besuch des Instituts für Ackerbau und Pflanzenzüchtung in Kecskemét, des Genetischen Instituts der Ungarischen Akademie der Wissenschaften in Budapest und des Landwirtschaftlichen Instituts der Ungarischen Akademie der Wissenschaften in Martonvásar

M. ZACHARIAS, Abt. Genetik und Cytologie
Studienreise in die VR Polen vom 21.—29. 6. 1960: Besuch des Instituts für Akklimatisation und Pflanzenzüchtung in Warschau und des Instituts für Genetik der Polnischen Akademie der Wissenschaften in Skierniewice

H. SAGROMSKY, Abt. Physikalische Physiologie
Studienreise nach Italien vom 25. 3.—25. 6. 1960: Forschungsarbeit an der Stazione Zoologica, Neapel

P. HANELT, Abt. Systematik und Sortiment
Studienreise in die Republik Österreich vom 23. 3.—7. 4. 1960: Besuch des Naturhistorischen Museums in Wien

Ch. LEHMANN, Abt. Systematik und Sortiment
Studienreise in die UdSSR vom 29. 8.—30. 9. 1960: Besuch des Allunionsinstituts für Pflanzenbau (VIR) in Leningrad und von Versuchsstationen in Krasnodar, Maikop, Suchumi und im Kubangebiet

K. WUTTKY, Arbeitsgr. Forstpflanzenforschung
Studienreise in die VR Polen vom 2.—23. 8. 1960: Studien zur Baumrassenforschung bei *Quercus*, *Carpinus*, *Tilia*, *Acer* und *Prunus avium*

F. WEISER, Arbeitsgr. Forstpflanzenforschung
Studienreise in die SR Rumänien vom 21. 9.—12. 10. 1960: Studien zur Baumrassenforschung

O. DÜMICHEN, Abt. Zentrale Verwaltung
Reise in die BRD vom 15.—22. 5. 1960: Besuch der Deutschen Landwirtschaftsausstellung in Köln als Mitglied der zentralen Körkommission der DDR

O. DÜMICHEN, Abt. Zentrale Verwaltung
Reise in die BRD vom 11.—12. 12. 1960: Besuch der Angeldschau der ostfriesischen Stammviehzüchter in Leer/Ostfriesland als Mitglied der zentralen Körkommission der DDR

1961

H. STUBBE, Institutsdirektor
Delegations-Studienreise in die UdSSR vom 11.—26. 6. 1961: Besuch von Instituten der Allunions-Lenin-Akademie in Moskau, Kiew, Charkow und Krasnodar
Delegations-Studienreise in die ČSSR vom 27. 11.—1. 12. 1961: Besuch der Tschechoslowakischen Akademie der Wissenschaften und der Tschechoslowakischen Akademie der Landwirtschaftswissenschaften in Prag

I. GREBENŠČIKOV, Abt. Genetik und Cytologie
Studienreise in die UdSSR vom 19. 9.—17. 10. 1961: Besuch des Haupt-Botanischen Gartens in Moskau, des Instituts für Botanik, des Instituts für Zoologie und des Vavilov-Instituts (VIR) in Leningrad

K. GRÖBER, Abt. Genetik und Cytologie
Studienreise in die VR Ungarn vom 13.—27. 6. 1961: Besuch des Instituts für Genetik der Ungarischen Akademie der Wissenschaften in Budapest und weiterer Forschungsinstitute für Gartenbau und Landwirtschaft in Budapest, Martonvásar und Kecskemét

F. Mechelke, Abt. Genetik und Cytologie
Studien- und Vortragsreise in die BRD vom 25.—29. 1. 1961: Besuch des Max-Planck-Instituts für Pflanzengenetik, Rosenhof

Studienreise in die BRD vom 9.—14. 5. 1961: Besuch des Instituts für Experimentelle Krebsforschung der Universität Heidelberg und Teilnahme an einer Arbeitstagung

M. Zacharias, Abt. Genetik und Cytologie
Studienreise in die UdSSR vom 6.—13. 10. 1961: Besuch der Timirjasew-Akademie für Landwirtschaftswissenschaften und des Instituts für Genetik der Akademie der Wissenschaften der UdSSR in Moskau

A. Romeike, Abt. Chemische Physiologie
Studienreise in die VR Ungarn vom 15.—29. 8. 1961: Besuch des Instituts für Stereochemie der Ungarischen Akademie der Wissenschaften in Budapest

1962

H. Stubbe, Institutsdirektor
Delegations-Studienreise in die VR Ungarn vom 18.—24. 6. 1962: Besuch von Instituten der Ungarischen Akademie der Wissenschaften in Budapest, Tihany, Fertöd, Tapioszele und Kecskemét

Studienreise in die VR Polen vom 25. 6.—4. 7. 1962: Besuch von Instituten der Polnischen Akademie der Wissenschaften in Warschau, Skierniewice, Pulawy, Bialowicza und Slupsk

Studienreise in die Republik Österreich vom 15.—18. 12. 1962: Besuch des Botanischen Instituts der Universität Wien

R. Rieger, Abt. Genetik und Cytologie
Studienreise in die ČSSR vom 15. 7.—1. 8. 1962: Besuch des Instituts für Botanik der ČSAV in Prag, des Instituts für Genetik der Universität Kosice, des Botanischen Instituts der Universität Bratislava

M. Zacharias, Abt. Genetik und Cytologie
Studienreise vom 3.—21. 12. 1962 in die VR Ungarn: Besuch des Instituts für Landwirtschaftliche Forschung, Iregcemzce; in die SR Rumänien: Besuch des Forschungsinstituts für Getreide und Technische Pflanzen in Fundulea-Bukarest; in die VR Bulgarien: Besuch des Instituts für Genetik und Pflanzenbau der Bulgarischen Akademie der Landwirtschaftswissenschaften in Sofia

H. Schmidt, Abt. Chemische Physiologie
Studienaufenthalt in der VR Polen vom 24. 6.—24. 7. 1962: Studienaufenthalt im Institut für Biochemie und Biophysik der Polnischen Akademie der Wissenschaften in Warschau

E. H. Benedix, Abt. Systematik und Sortiment
Studienreise in die ČSSR vom 20.—28. 8. 1962: Teilnahme an den Mykologischen Studientagen mit Sammelexkursionen (Mährische Mykologentage) in Brno und den Beskiden

K. Wuttky, F. Weiser, Arbeitsgr. Forstpflanzenforschung
Studienreise in die SR Rumänien vom 4.—25. 9. 1962: Vertiefung und Ergänzung früherer Studien zur Baumrassenforschung

H. STUBBE, Institutsdirektor
Studienreise nach Schweden vom 26. 1.—2. 2. 1963: Besuch des Statens Skogsforskning-Instituts in Stockholm, der Schwedischen Saatzuchtvereinigung von Svalöf und des Instituts für Genetik der Universität Lund

R. HAGEMANN, A. MÜLLER, Abt. Genetik und Cytologie
Studienreise in die VR Ungarn vom 2.—16. 7. 1963: Besuch genetischer und Züchtungsinstitute in Budapest, Martonvásar und Kecskemét

A. MICHAELIS, R. RIEGER, Abt. Genetik und Cytologie
Studienreise in die UdSSR vom 30. 5.—13. 6. 1963: Besuch des Instituts für allgemeine Botanik der Akademie der Wissenschaften der UdSSR, Moskau, und des Instituts für Cytologie in Leningrad

F. SCHOLZ, Abt. Genetik und Cytologie
Studienreise in die VR Polen vom 15.—29. 5. 1963: Besuch der Institute für Züchtung und Akklimatisation der Pflanzen in Warschau und Kraków, des Instituts für Genetik der Polnischen Akademie der Wissenschaften in Skierniewice und des Instituts für Pflanzengenetik der Polnischen Akademie der Wissenschaften in Poznań

M. ZACHARIAS, Abt. Genetik und Cytologie
Studienreise in die VR Ungarn, die SR Rumänien und die VR Bulgarien vom 18. 7. bis 26. 8. 1963: Wiederholung der vorjährigen Institutsbesuche in Iregcemzce, Fundulea-Bukarest und Sofia, ferner Besuch des Instituts für Genetik der Ungarischen Akademie der Wissenschaften in Budapest

Studienreise in die UdSSR vom 6. 9.—1. 10. 1963: Besuch von Instituten für Sojazüchtung und -anbau in und in der Nähe von Chabarowsk und Blagowestschensk (Ferner Osten, Amurgebiet)

K. SCHREIBER, Abt. Chemische Physiologie
Studienreise in die ČSSR vom 8.—14. 7. 1963: Besuch des Chemischen Instituts der Slowakischen Akademie der Wissenschaften in Bratislava

H. SAGROMSKY, Abt. Physikalische Physiologie
Studienreise nach Tadschikistan vom 22. 7.—16. 8. 1963: Besuch der Institute für Biophysik und Pflanzenphysiologie der Tadschikischen Akademie der Wissenschaften in Duschambe

W. MÜLLER-STOLL, Abt. Ökologische Physiologie
Studienreise in die VR Polen vom 2.—11. 6. 1963: Exkursion der Internationalen Vereinigung für Vegetationskunde nach Nordost-Polen

Studienreise in die ČSSR vom 5.—14. 10. 1963: Busexkursion Prag-Trebon-Prag

P. HANELT, Abt. Systematik und Sortiment
Studienreise in die UdSSR vom 17. 9.—8. 10. 1963: Besuch des Botanischen Instituts der Akademie der Wissenschaften der UdSSR in Leningrad

J. HELM, Abt. Systematik und Sortiment
Studienreise in die VR Bulgarien vom 1.—14. 7. 1963: Besuch des Zentralen Instituts für Pflanzenbau der Bulgarischen Akademie der Landwirtschaftswissenschaften in Sofia und des Zentralinstituts für Gemüsekulturen Mariza in Plovdiv

Ch. LEHMANN, Abt. Systematik und Sortiment
Studienreise in die UdSSR vom 16. 6.—16. 7. 1963: Besuch des Hauptbotanischen

Gartens der Akademie der Wissenschaften der UdSSR und des Allunionsinstituts für Pflanzenbau (VIR) in Leningrad

1964

H. STUBBE, Institutsdirektor
Studienreise in die SR Rumänien vom 7.—24. 6. 1964: Besuch von Instituten der Rumänischen Akademie der Wissenschaften in Bukarest, Constanza, Cluj, Sibiu, Fundulea und des Donaudeltas

W. BAUDISCH, Abt. Genetik und Cytologie
Studienreise in die ČSSR vom 1.—15. 6. 1964: Besuch des Instituts für Genetik der Tschechoslowakischen Akademie der Wissenschaften in Prag

A. MICHAELIS, R. RIEGER, Abt. Genetik und Cytologie
Studienreise nach Schweden vom 21. 9.—4. 10. 1963: Besuch des Instituts für physiologische Botanik und des Instituts für Genetik der Universität Uppsala, des Genetischen Instituts der Universität Lund, des Instituts für Strahlenbiologie und des Instituts für Forstforschung, Stockholm, und der Schwedischen Saatzuchtvereinigung in Svalöf

R. PANITZ, Abt. Genetik und Cytologie
Studienreise in die ČSSR vom 20.—26. 4. 1964: Besuch der Institute für Experimentelle Botanik und für Zoologie der Universität Prag

R. RIEGER, Abt. Genetik und Cytologie
Studienreise in die VR Bulgarien und die VR Ungarn vom 9.—23. 7. 1964: Besuch des Zentralinstituts für Pflanzenbau und Pflanzenzüchtung der Bulgarischen Akademie der Wissenschaften in Sofia, der Laboratorien für Physiologie und Pflanzenzüchtung der Weinversuchsanstalt in Plewen, des Zentralinstituts für landwirtschaftlichen Forschung in General Toschewo, des Forschungsinstituts Mariza in Plovdiv und des Institus für Genetik der Ungarischen Akademie der Wissenschaften in Budapest

J. SCHÖNEICH, Abt. Genetik und Cytologie
Studienreise in die UdSSR vom 17. 9.—1. 10. 1964: Besuch des Instituts für Strahlen- und physikochemische Chemie und des Instituts für biologische Physik der Akademie der Wissenschaften der UdSSR in Leningrad und des Instituts für Cytologie und Botanik der Akademie der Wissenschaften der UdSSR und des Genetischen Instituts der Universität Moskau

O. MACHOLD, A. RUDOLPH, Abt. Chemische Physiologie
Studienreise in die ČSSR vom 27.—31. 7. 1964: Besuch des Instituts für Organische Chemie und Biochemie der Tschechoslowakischen Akademie der Wissenschaften in Prag

H. SCHMIDT, Abt. Chemische Physiologie
Reise in die VR Polen vom 2.—11. 10. 1964: Studienaufenthalt im Institut für Biochemie und Biophysik der Polnischen Akademie der Wissenschaften in Warschau

G. SCHOLZ, Abt. Chemische Physiologie
Studienreise in die VR Polen: Besuch verschiedener Institute in Poznan, Warschau, Krakau, Wrocław

H. SAGROMSKY, A. MEISTER, Abt. Physikalische Physiologie
Studienreise in die VR Polen vom 9.—15. 3. 1964: Besuch des Department of Plant Physiology der Universität Krakau

W. MÜLLER-STOLL, Abt. Ökologische Physiologie
Vortragsreise in die VR Ungarn vom 27. 5.—5. 6. 1964: Vortrag bei der Ungarischen Biologischen Gesellschaft und Exkursion durch das west- und südungarische Bergland

C. POLTER, Abt. Ökologische Physiologie
Studienreise in die SR Rumänien vom 27. 7.—17. 8. 1964: Studium der Wasser- und Sumpfvegetation im Donaudelta

Ch. LEHMANN, Abt. Systematik und Sortiment
Studienreise in die Republik Österreich vom 21.—31. 10. 1964: Besuch der Landesanstalt für Pflanzenzüchtung und Samenprüfung in Rinn/Tirol

1965

H. STUBBE, Institutsdirektor
Reise in die UdSSR vom 28. 11.—16. 12. 1965: Feier des 100jährigen Jubiläums der Timirjasew-Akademie in Moskau, Festsitzung der Allunions-Botanischen Gesellschaft in Leningrad

B. ADLER, Abt. Genetik und Cytologie
Studienreise in die BRD vom 7.—28. 3. 1965: Teilnahme an Kurs über Methoden der Bakteriengenetik im Institut für Genetik der Universität Köln

W. BAUDISCH, Abt. Genetik und Cytologie
Studienreise in die BRD vom 27. 5.—17. 6. 1965: Besuch des Max-Planck-Instituts für Biologie in Tübingen

R. HAGEMANN, Abt. Genetik und Cytologie
Studienreise in die BRD vom 7.—14. 7. 1965: Besuch der Max-Planck-Institute für Pflanzengenetik in Ladenburg und für Züchtungsforschung in Köln-Vogelsang, des Botanischen Instituts der Universität Heidelberg, ferner der Universitäten Köln und Bochum

R. PANITZ, Abt. Genetik und Cytologie
Studienreise in die BRD vom 25. 5.—14. 6. 1965: Besuch des Max-Planck-Instituts für Biologie, Tübingen, und des Zoologischen Instituts der Universität München

R. RIEGER, Abt. Genetik und Cytologie
Vortragsreise in die BRD vom 31. 3.—16. 4. 1965: Besuch des Instituts für Botanik der Universität Erlangen, des Instituts für Anthropologie und Humangenetik Heidelberg und des Instituts für Strahlenbiologie der TH Hannover

H. STÄBER, Abt. Genetik und Cytologie
Studienreise in die BRD vom 16. 5.—5. 6. 1965: Besuch des Instituts für Genetik der Universität Köln

M. ZACHARIAS, Abt. Genetik und Cytologie
Studienreise in die ČSSR vom 3.—12. 8. 1965: Besuch des Instituts für experimentelle Botanik der ČSAV in Prag und Olomouc

Vortragsreise in die ČSSR vom 6.—9. 9. 1965: Vortrag vor der Vereinigung der Pflanzenzüchter der ČSSR in Prag

K. Schreiber, Abt. Chemische Physiologie
Vortragsreise in die BRD vom 16. 2.—2. 3. 1965: Vorträge im Botanischen Institut und Pharmazeutischen Institut in Erlangen, vor der Landesgruppe Bayern der Deutschen Pharmazeutischen Gesdllschaft in München, im Organisch-Chemischen Institut der Universität Bonn, vor der Landesgruppe Rhein-Main der Deutschen Pharmazeutischen Gesellschaft in Frankfurt, bei der E. Merck A.G., Darmstadt

Vortragsreise in die ČSSR vom 14.—16. 3. 1965: Vortrag vor der Tschechoslowakischen Chemischen Gesellschaft, Gruppe Slowakei, Bratislava

Studien- und Vortragsreise in die VAR vom 9. 11.—8. 12. 1965: Vorträge im National Research Centre, Cairo, und den Universitäten Cairo und Alexandria

G. Adam, Abt. Chemische Physiologie
Studienreise in die UdSSR vom 18.—31. 10. 1965: Besuch der Institute für organische Chemie und für Naturstoffchemie der Akademie der Wissenschaften der UdSSR in Moskau

O. Machold, Abt. Chemische Physiologie
Vortragsreise in die UdSSR vom 14.—17. 7. 1965: Vortrag vor dem Agrophysikalischen Forschungsinstitut in Leningrad

H. Ripperger, Abt. Chemische Physiologie
Studienreise in die BRD vom 24. 9.—22. 10. 1965: Besuch des Instituts für Organische Chemie der Universität Bonn, Teilnahme an einem Kursus über optische Rotationsdispersion und Circulardichroismus

H. Schmidt, Abt. Chemische Physiologie
Studienreise in die BRD vom 2.—22. 5. 1965: Besuch des Instituts für Therapeutische Biochemie in Frankfurt/M. und des Instituts für Pflanzenernährung der Landwirtschaftlichen Hochschule in Stuttgart-Hohenheim

H. Sagromsky, Abt. Physikalische Physiologie
Vortragsreise in die BRD vom 21. 5.—7. 6. 1965: Vorträge im Botanischen Institut der Universität Erlangen und im Botanischen Institut der Universität Tübingen

A. Meister, M. Peisker, Abt. Physikalische Physiologie
Studienreise in die VR Bulgarien vom 6.—13. 4. 1965: Besuch des Instituts für Pflanzenphysiologie „Metodi Popov" der Bulgarischen Akademie der Wissenschaften und des Zentralinstituts für Agrophysik der Bulgarischen Akademie der Landwirtschaftswissenschaften in Sofia

W. Müller-Stoll, Abt. Ökologische Physiologie
Studienreise in die BRD vom 11.—18. 9. 1965: Exkursion durch Eifel und Venn

G. Lerch, Abt. Ökologische Physiologie
Studienreise in die BRD und die Republik Österreich vom 10.—30. 4. 1965: Information über die Einrichtung von Phytotronen

E. Mädel, Abt. Ökologische Physiologie
Studienreise in die VR Ungarn vom 8.—22. 6. 1965: Besuch des Naturwissenschaftlichen Museums, Budapest, und des Instituts für angewandte Botanik und Histogenese der Pflanzen der Universität Budapest

K. Müntz, Abt. Ökologische Physiologie
Studienreise in die VR Polen vom 6.—15. 9. 1965: Besuch des Instituts für Zootechnik, Krakau, und Teilnahme an einer mathematischen Konferenz über Selektion und Genetik der Algen

S. DANERT, Abt. Systematik und Sortiment
Studien- und Vortragsreise in die VAR vom 26. 3.—30. 4. 1965: Vorträge im National Research Centre, Cairo, und vor der Faculty of Agriculture in Alexandria

P. HANELT, Abt. Systematik und Sortiment
Vortragsreise in die BRD vom 31. 1.—5. 2. 1965: Vorträge im Botanischen Institut der Universität Kiel und vor dem Naturwissenschaftlichen Verein Schleswig-Holsteins in Kiel

Ch. LEHMANN, Abt. Systematik und Sortiment
Studienreise in die SR Rumänien vom 5.—15. 5. 1965: Besuch des Instituts für Getreide und technische Pflanzen in Fundulea

K. WUTTKY, F. WEISER, Arbeitsgr. Forstpflanzenforschung
Studienreise in die ČSSR vom 11. 7.—2. 8. 1965: Erkundung autochthoner Vorkommen von Bergahorn im Rahmen der Baumrassenforschung

K. BERGER, Arbeitsgr. Forstpflanzenforschung
Studienreise in die Republik Österreich vom 21. 11.—4. 12. 1965: Besuch des Botanischen Instituts der Universität Wien und der Forstlichen Bundesversuchsanstalt Wien-Mariabrunn

1966

H. STUBBE, Institutsdirektor
Studienreise in die ČSSR vom 22.—25. 3. 1966: Besuch der Institute für Biologie und Genetik in Prag
Studienreise in die BRD vom 16.—23. 7. 1966: Besuch des Max-Planck-Instituts für Biologie, Abt. Melchers, Tübingen
Studienreise nach Berlin (West) vom 21.—25. 8. 1966: Besuch des Instituts für Vererbungs- und Züchtungsforschung
Studienreise in die BRD vom 2.—12. 9. 1966: Besuch des Max-Planck-Instituts für Züchtungsforschung in Köln-Vogelsang und des Max-Planck-Instituts für Kulturpflanzenzüchtung in Hamburg

H. STUBBE, A. RIETH, Abt. Chemische Physiologie
Studienreise durch die Republik Kuba vom 17. 1.—17. 2. 1966, organisiert durch die Kubanische Akademie der Wissenschaften

H. BÖHME, Abt. Genetik und Cytologie
Vortragsreise in die BRD am 25. 3. 1966: Vortrag vor dem Institut für Genetik der Universität Köln

B. ADLER, Abt. Genetik und Cytologie
Reise nach Schweden vom 3. 10.—14. 11. 1966: Studienaufenthalt am Institut für Mikrobengenetik des Karolinska Institut in Stockholm

I. GREBENŠČIKOV, Abt. Genetik und Cytologie
Studienreise in die UdSSR vom 20. 9.—18. 10. 1966: Besuch des Instituts für allgemeine Genetik in Moskau und des Instituts für Cytologie und Genetik in Novosibirsk

K. GRÖBER, Abt. Genetik und Cytologie
Studienreise in die BRD vom 11.—28. 7. 1966: Besuch des Max-Planck-Instituts für Kulturpflanzenzüchtung in Hamburg und des Max-Planck-Instituts für Züchtungs-

forschung in Köln-Vogelsang sowie der Landwirtschaftlichen Hochschule in Stuttgart-Hohenheim

F. HERRMANN, Abt. Genetik und Cytologie
Fortbildungsreise in die BRD vom 18. 7.—8. 8. 1966: Teilnahme am Molekularbiologischen Kurs im Max-Planck-Institut für Biochemie in München

A. MÜLLER, Abt. Genetik und Cytologie
Studienreise nach Schweden vom 13. 2.—12. 3. 1966: Besuch des Instituts für Genetik der Universität Uppsala, des Instituts für Genetik der Universität Lund und des Instituts für Strahlenbiologie der Universität Stockholm

R. PANITZ, Abt. Genetik und Cytologie
Studienreise in die UdSSR vom 23. 5.—4. 6. 1966: Besuch des Instituts für Molekulargenetik in Moskau und des Instituts für Cytologie und Genetik in Novosibirsk

J. SCHÖNEICH, Abt. Genetik und Cytologie
Vortragsreise in die BRD vom 5.—15. 5. 1966: Besuch des Instituts für Strahlenbiologie und des Zentralinstituts für Versuchstierzucht in Hannover und des Instituts für Humangenetik in Heidelberg

M. ZACHARIAS, Abt. Genetik und Cytologie
Reise in die ČSSR vom 8.—11. 3. 1966: Besuch des Ministeriums für Landwirtschaft der ČSSR in Prag als Berater des Ministeriums für Außenwirtschaft der DDR

Studienreise nach Kampuchea vom 15. 9.—22. 12. 1966: Besuch von Instituten und Hochschulen für Landwirtschaft in 8 Provinzen des Landes

K. SCHREIBER, Abt. Chemische Physiologie
Vortragsreise nach Berlin (West) am 10. 1. 1966: Vortrag im Organisch-Chemischen Institut der Technischen Universität

Vortragsreise in die Schweiz vom 21. —30. 10. 1966: Vortrag im Organisch-Chemischen Institut der Universität Zürich, im Pharmazeutischen Institut der Universität Basel und in der CIBA AG, Basel

G. ADAM, Abt. Chemische Physiologie
Studienreise in die ČSSR vom 17. 5.—1. 6. 1966: Besuch des Instituts für Chemie der Slowakischen Akademie der Wissenschaften in Bratislava

O. MACHOLD, Abt. Chemische Physiologie
Studienreise in die BRD vom 28.—29. 4. 1966: Besuch des Instituts für Pflanzenernährung der Justus-Liebig-Universität Gießen und Teilnahme an der Arbeitstagung des Arbeitskreises Pflanzenernährung

Studienaufenthalt in Schweden vom 28. 6.—12. 7. 1966: Besuch der Institute für Forstgenetik der Forsthochschule und für Pflanzenphysiologie der Universität in Stockholm, der Institute für Genetik und Pflanzenphysiologie der Landw. Hochschule in Uppsala, desgl. der Universität in Lund, der Saatzuchtvereinigung in Svalöf und des Instituts für Pflanzenphysiologie der Universität in Göteborg

A. RUDOLPH, G. SCHOLZ, Abt. Chemische Physiologie
Studienreise in die ČSSR vom 15. 4.—1. 5. bzw. 15. 4.—22. 4. 1966: Besuch des Instituts für Organische Chemie und Biochemie der ČSAV in Prag

H. SCHMIDT, Abt. Chemische Physiologie
Studienaufenthalt in der BRD vom 18.—29. 7. 1966: Teilnahme am Kurs über „Biochemische Genetik" am Max-Planck-Institut für experimentelle Medizin in Göttingen

G. Sembdner, Abt. Chemische Physiologie
Studienreise in die ČSSR vom 20.—25. 7. 1966: Besuch des Instituts für Experimentelle Botanik der Tschechoslowakischen Akademie der Wissenschaften in Prag

H. Sagromsky, Abt. Physikalische Physiologie
Studienreise in die BRD vom 10.—20. 5. 1966: Besuch des Botanischen Instituts der Universität Würzburg

J. Helm, Abt. Systematik und Sortiment
Studienreise in die BRD vom 8.—15. 5. 1966: Besuch der Staatsarchive in Wolfenbüttel und Hamburg zur Zusammenstellung von Dokumenten für ein Forschungsthema

Ch. Lehmann, Abt. Systematik und Sortiment
Studienreise in die Republik Indien vom 4. 10. 1966—5. 1. 1967: Besuch des Indian Agriculture Research Institute in New Delhi mit Abstecher nach Calcutta, Dehra Dun, Ahmedabad

Ch. Lehmann, G. Lerch, Abt. Ökologische Physiologie
Reise in die ČSSR vom 7.—8. 6. 1966: Teilnahme an der Beratung von Vertretern der Nationalkomitees der sozialistischen Länder für das Internationale Biologische Programm in Prag

U. Sörgel, Abt. Systematik und Sortiment
Studienreise in die ČSSR vom 20.—30. 4. 1966: Besuch des Instituts für Bienenkunde in Dol bei Liblice

H. Bergmann, Abt. Ökologische Physiologie
Studienreise in die VR Polen vom 27. 7.—12. 8. 1966: Besuch der Landwirtschaftlichen Hochschulen in Szcezecin, Olsztyn und Poznań sowie der Universität Toruń

K. Müntz, Abt. Ökologische Physiologie
Studienreise in die ČSSR vom 1. 8.—10. 9. 1966: Besuch des Mikrobiologischen Instituts der ČSAV, Laboratorium für Experimentelle Algologie in Třeboň

Vortragsreise in die BRD vom 2.—13. 11. 1966: Vorträge vor dem Institut für Limnologie der Max-Planck-Gesellschaft in Plön (Holstein) und im Pflanzenphysiologischen Institut der Universität Göttingen

K. Wuttky, F. Weiser, Arbeitsgr. Forstpflanzenforschung
Studienreise in die ČSSR vom 7.—28. 7. 1966: Erkundung und Auswahl autochthoner Vorkommen von *Acer pseudoplatanus* L. zur Einleitung internationaler Provenienzversuche

1967

H. Stubbe, Institutsdirektor
Studienreise in die UdSSR vom 23. 5.—7. 6. 1967: Besuch von Instituten der Allunions-Lenin-Akademie der Landwirtschaftswissenschaften in Moskau, Charkow, Simferopol, Yalta, Kiew, Askania Nova

Studienreise in die SFR Jugoslawien (Belgrad, Sarajevo, Dubrovnik) vom 2. bis 11. 10. 1967, organisiert durch die Jugoslawische Akademie der Wissenschaften

Studienreise in die UdSSR vom 10.—15. 12. 1967: Teilnahme an der Festsitzung der Allunions-Lenin-Akademie der Landwirtschaftswissenschaften in Leningrad aus Anlaß des 50. Jahrestages der Oktober-Revolution

W. Baudisch, Abt. Genetik und Cytologie
P. Apel, Abt. Physikalische Physiologie
Fortbildungsreise in die UdSSR vom 27. 3.—29. 4. 1967: 5wöchiger Sprachkursus

K. Gröber, Abt. Genetik und Cytologie
Studienreise in die UdSSR vom 22. 8—8. 9. 1967: Besuch des Instituts für Genetik in Moskau und des Instituts für Cytologie und Genetik in Novosibirsk der Akademie der Wissenschaften der UdSSR

J. Hofemeister, Abt. Genetik und Cytologie
Reise in die UdSSR vom 27. 11. 1967—29. 1. 1968: Studienaufenthalt im Institut für Molekularbiologie der Akademie der Wissenschaften der UdSSR in Moskau

G. Künzel, Abt. Genetik und Cytologie
Studienreise in die VR Polen vom 23. 1.—3. 2. 1967: Besuch des Instituts für Pflanzengenetik in Skierniewice

A. Michaelis, Abt. Genetik und Cytologie
Studienreise in die VR Bulgarien vom 20. 7.—10. 8. 1967: Arbeitsaufenthalt am Institut für Genetik und Pflanzenzüchtung der Bulgarischen Akademie der Landwirtschaftswissenschaften in Sofia und General Toschewo

F. Scholz, Abt. Genetik und Cytologie
Studienreise in die UdSSR vom 6.—23. 7. 1967: Besuch des Instituts für Cytologie und Genetik, Novosibirsk, und des Instituts für Botanik „V. L. Komarov", Leningrad, der Akademie der Wissenschaften der UdSSR

U. Wobus, Abt. Genetik und Cytologie
Studienreise in die UdSSR vom 1.—20. 6. 1967: Besuch des Instituts für Molekularbiologie, Moskau, und des Instituts für Cytologie und Genetik, Novosibirsk, der Akademie der Wissenschaften der UdSSR

O. Aurich und Ch. Horstmann, Abt. Chemische Physiologie
Arbeitsaufenthalt am Institut für Biologie der Kubanischen Akademie der Wissenschaften in Habana von Dezember 1967—Dezember 1969: Untersuchung kubanischer Pflanzen auf Alkaloide und Saponine

A. Rudolph, G. Scholz, Abt. Chemische Physiologie
Studienreise in die ČSSR vom 1.—13. 5. 1967: Besuch des Instituts für Organische Chemie und Biochemie der Akademie der Wissenschaften der ČSSR in Prag

G. Schneider, Abt. Chemische Physiologie
Studienreise in die UdSSR vom 17.—27. 9. 1967: Besuch des Zelinski-Instituts für Organische Chemie der Akademie der Wissenschaften der UdSSR in Moskau

K. Adler, Abt. Physikalische Physiologie
Studienreise in die ČSSR vom 22.—30. 5. 1967: Besuch des Mikrobiologischen Instituts der ČSAV in Třeboň

P. Apel, Abt. Physikalische Physiologie
Studienreise in die BRD vom 20. 11.—1. 12. 1967: Besuch des Botanischen Instituts der Universität Frankfurt/Main

A. Meister, Abt. Physikalische Physiologie
Studienreise in die UdSSR vom 17.—31. 5. 1967: Besuch des Instituts für Biochemie

„A. N. Bach" der Akademie der Wissenschaften der UdSSR und des Lehrstuhls für Biophysik der Lomonossov-Universität in Moskau

W. MÜLLER-STOLL, Abt. Ökologische Physiologie
Studienreise in die ČSSR vom 15.—25. 6. 1967: Besichtigung der Algen-Massenkulturen im Laboratorium für Algologie der ČSAV in Třeboň

Studienreise in die SR Rumänien vom 30. 9.—8. 10. 1967: Exkursion durch Siebenbürgen

H. BERGMANN, G. LERCH, K. MÜNTZ, H. SÜSS, Abt. Ökologische Physiologie
Zweijähriger Arbeitsaufenthalt am Institut für Biologie der Kubanischen Akademie der Wissenschaften in Habana

F. WEISER, Arbeitsgr. Forstpflanzenforschung
Studienreise in die ČSSR vom 18.—27. 5. 1967: Erkundung von autochthonen Vorkommen von *Acer pseudoplatanus* in Gebieten der Slowakei und Mährens

1968

R. RIEGER, Abt. Genetik und Cytologie
Reise in die VR Bulgarien vom 18. 11.—2. 12. 1968: Arbeitsaufenthalt am Institut für Genetik und Pflanzenzüchtung der Bulgarischen Akademie der Landwirtschaftswissenschaften in Sofia

K. SCHREIBER, Abt. Chemische Physiologie
Reise in die Schweiz vom 10.—18. 5. 1968: Lizenzverhandlungen mit der CIBA AG und der La Roche AG, Basel

Vortragsreise in die VR Ungarn vom 11.—17. 11. 1968: Vorträge im Chemischen Institut der Universität Debrecen, im pharm.-chem. Betrieb „Alkaloida" in Tiszawaswari und im Institut für Arzneimittelforschung in Budapest

A. RUDOLPH, Abt. Chemische Physiologie
Studienreise in die ČSSR vom 1. 7.—23. 8. 1968: Arbeitsaufenthalt am Institut für Organische Chemie und Biochemie der ČSAV in Prag

G. SCHNEIDER, Abt. Chemische Physiologie
Studienreise in die ČSSR vom 29. 7.—5. 8. 1968: Besuch des Instituts für Experimentelle Botanik der ČSAV in Prag

U. STEPHAN, Abt. Chemische Physiologie
Studienreise in die UdSSR vom 16.—30. 9. 1968: Besuch des Instituts für Pflanzenphysiologie der Universität Moskau und des A. N. Bach-Instituts für Biochemie, Moskau, sowie des Instituts für Experimentelle Botanik und für Physik in Minsk der Akademie der Wissenschaften der UdSSR

H. SAGROMSKY, Abt. Physikalische Physiologie
Studien- und Vortragsreise in die VR Ungarn vom 28. 10.—5. 11. 1968: Besuch des Botanischen Instituts und des Botanischen Gartens der Josef-Attila-Universität in Szeged

P. HANELT, Abt. Systematik und Sortiment
Studienreise in die UdSSR vom 8.—30. 10. 1968: Besuch des Komarov-Instituts für Botanik der Akademie der Wissenschaften der UdSSR in Leningrad

19. Mitgliedschaften in in- und ausländischen Akademien, wissenschaftlichen Gesellschaften und anderen Gremien

Deutsche Akademie der Wissenschaften zu Berlin
H. Stubbe, Institutsdirektor (OM)
K. Mothes, Abt. Chemische Physiologie (OM)
W. Müller-Stoll, Abt. Ökologische Physiologie (OM)

Kuratorium der Forschungsgemeinschaft der naturwissenschaftlichen Institute der Deutschen Akademie der Wissenschaften zu Berlin
H. Stubbe, Institutsdirektor

Sächsische Akademie der Wissenschaften zu Leipzig
H. Stubbe, Institutsdirektor (OM)
K. Mothes, Abt. Chemische Physiologie (OM)

Deutsche Akademie der Naturforscher (Leopoldina), Halle
H. Stubbe, Institutsdirektor
K. Mothes, Abt. Chemische Physiologie (Präsident ab 1954)
K. Schreiber, Abt. Chemische Physiologie
R. Mansfeld, Abt. Systematik und Sortiment
K. Wein, Abt. Systematik und Sortiment

Deutsche Akademie der Landwirtschaftswissenschaften zu Berlin
H. Stubbe, Institutsdirektor (Präsident ab 1951, Ehrenpräsident ab 1968)

Arbeitsgemeinschaft für Jagd- und Wildforschung der Deutschen Akademie der Landwirtschaftswissenschaften zu Berlin
H. Stubbe, Institutsdirektor (Vorsitzender)

Lenin-Akademie der Landwirtschaftswissenschaften, Moskau
H. Stubbe, Institutsdirektor (Ausländ. Mitglied)

Polnische Akademie der Wissenschaften, Warschau
H. Stubbe, Institutsdirektor (Ausländ. Mitglied)

Ungarische Akademie der Wissenschaften, Budapest
H. Stubbe, Institutsdirektor (Ehrenmitglied)
K. Mothes, Abt. Chemische Physiologie (Ehrenmitglied)

Rumänische Akademie der Wissenschaften, Bukarest
H. Stubbe, Institutsdirektor (Korresp. Mitglied)
K. Mothes, Abt. Chemische Physiologie (Korresp. Mitglied)

Bulgarische Akademie der Wissenschaften, Sofia
H. STUBBE, Institutsdirektor (Ausländ. Mitglied)

Bulgarische Akademie der Landwirtschaftswissenschaften, Sofia
H. STUBBE, Institutsdirektor (Ausländ. Mitglied)

Mendel-Gesellschaft, Lund
H. STUBBE, Institutsdirektor (Ehrenmitglied)

Schwedische Saatzuchtgesellschaft, Svalöf
H. STUBBE, Institutsdirektor (Ehrenmitglied)

Allunions-Botanische Gesellschaft der UdSSR
H. STUBBE, Institutsdirektor (Ehrenmitglied)

Tomato Genetics Cooperative (USA)
H. STUBBE, Institutsdirektor

International Physiological Society
A. RIETH, Abt. Chemische Physiologie

Societas Internationalis Limnologicae
A. RIETH, Abt. Chemische Physiologie

Fédération Internationale Pharmacéutique
A. ROMEIKE, Abt. Chemische Physiologie

International Association for Plant Taxonomy
R. MANSFELD, S. DANERT, P. HANELT, J. SCHULTZE-MOTEL – Abt. Systematik und Sortiment, Mitglieder verschiedener Nomenklaturkomm.

Royal Linnéan Society, London
K. WEIN, Abt. Systematik und Sortiment (Ehrenmitglied)

Gelehrter Rat für Fragen der wissenschaftlichen Forschung und Lehre bei der Deutschen Zentralverwaltung für Volksbildung
H. STUBBE, Institutsdirektor

Forschungsrat der DDR
H. STUBBE, Institutsdirektor (Mitglied des Vorstandes)

Landwirtschaftsrat beim Ministerrat der DDR
H. STUBBE, Institutsdirektor

Wissenschaftlicher Beirat im Staatssekretariat für das Hoch- und Fachschulwesen, Fachrichtung Landwirtschaft
H. STUBBE, Institutsdirektor (Vorsitzender)

Beirat der Obersten Jagdbehörde beim Ministerium für Landwirtschaft, Forstwirtschaft und Nahrungsgüterwirtschaft
H. Stubbe, Institutsdirektor

Nationalkomitee für das Internationale Biologische Programm
H. Stubbe, Institutsdirektor (Vorsitzender)
Ch. Lehmann, Abt. Systematik und Sortiment (Sekretär)

Gesellschaft Deutscher Naturforscher und Ärzte
H. Stubbe, Institutsdirektor
W. Baudisch, R. Hagemann, F. Herrmann, U. Wobus – Abt. Genetik und Cytologie
K. Mothes, G. Adam, A. Romeike, G. Scholz – Abt. Chemische Physiologie
W. Müller-Stoll, H. Bergmann, G. Lerch – Abt. Ökologische Physiologie

Deutsche Botanische Gesellschaft
H. Stubbe, Institutsdirektor
R. Hagemann, A. Michaelis, R. Rieger – Abt. Genetik und Cytologie
K. Mothes, A. Rieth, G. Scholz, G. Sembdner – Abt. Chemische Physiologie
P. Metzner, H. Sagromsky, P. Apel – Abt. Physikalische Physiologie
W. Müller-Stoll, H. Bergmann, G. Lerch, K. Müntz – Abt. Ökologische Physiologie
R. Mansfeld, E. H. Benedix, P. Hanelt, J. Helm – Abt. Systematik und Sortiment
H. Schlüter, Arbeitsgr. Forstpflanzenforschung

Vereinigung für angewandte Botanik
H. Stubbe, Institutsdirektor

Bayerische Botanische Gesellschaft
E. H. Benedix, K. Wein – Abt. Systematik und Sortiment

Deutsche Gesellschaft für Pilzkunde
E. H. Benedix, Abt. Systematik und Sortiment

Biologische Gesellschaft der DDR
H. Stubbe, Institutsdirektor (Ehrenmitglied)
W. Baudisch
H. Böhme
K. Gröber
R. Hagemann
F. Herrmann
J. Hofemeister
A. Michaelis
A. Müller
R. Panitz
R. Rieger
F. Scholz
H. Stäber
U. Wobus
M. Zacharias
} Abt. Genetik und Cytologie
K. Mothes (Ehrenmitglied
A. Rieth
G. Scholz
G. Sembdner
} Abt. Chemische Physiologie
P. Metzner
P. Apel
} Abt. Physikalische Physiologie
W. Müller-Stoll
H. Bergmann
G. Lerch
K. Müntz
C. Polter
} Abt. Ökologische Physiologie
S. Danert
P. Hanelt
} Abt. Systematik und Sortiment

Deutsche Gesellschaft für Säugetierkunde
H. Stubbe, Institutsdirektor

Deutsche Ornithologische Gesellschaft
H. Stubbe, Institutsdirektor
U. Wobus, Abt. Genetik und Cytologie

Deutsche Zoologische Gesellschaft
R. Panitz
J. Schöneich
U. Wobus
} Abt. Genetik und Cytologie

Deutsche Entomologische Gesellschaft
I. Grebenščikov, Abt. Genetik und Cytologie

Verband Deutscher Biologen
K. Mothes, Abt. Chemische Physiologie

Biochemische Gesellschaft
W. BAUDISCH, F. HERRMANN – Abt. Genetik und Cytologie
G. SCHOLZ, Abt. Chemische Physiologie

Chemische Gesellschaft der DDR
K. MOTHES, K. SCHREIBER, G. ADAM, O. AURICH, H. RIPPERGER, A. RUDOLPH – Abt. Chemische Physiologie

Deutsche Gesellschaft für Arzneipflanzenforschung
K. MOTHES, Ch. HORSTMANN, A. ROMEIKE – Abt. Chemische Physiologie

Zentraler Arbeitskreis für Forschung und Technik der DDR, Arbeitskreis Heilpflanzen
A. ROMEIKE, Abt. Chemische Physiologie

Deutsche Pharmazeutische Gesellschaft
K. MOTHES, Abt. Chemische Physiologie

Pharmazeutische Gesellschaft der DDR
Ch. HORSTMANN, A. ROMEIKE – Abt. Chemische Physiologie

Deutsche Bodenkundliche Gesellschaft
O. MACHOLD, Abt. Chemische Physiologie

Internationale Bodenkundliche Gesellschaft
O. MACHOLD, Abt. Chemische Physiologie

Bodenkundliche Gesellschaft der DDR
O. MACHOLD, Abt. Chemische Physiologie

Arbeitskreis Infrarot-Technik und Ultraschall in der DDR
P. METZNER, Abt. Physikalische Physiologie

Deutsches Lichtkomitee im CIP (Comité International de Photobiologie)
P. METZNER, Abt. Physikalische Physiologie

Internationale Gesellschaft für biologische Rhythmusforschung
H. SAGROMSKY, Abt. Physikalische Physiologie

Biophysikalische Gesellschaft der DDR
H. SAGROMSKY, Abt. Physikalische Physiologie

Ständige Kommission für Landesforschung und Naturschutz der Deutschen Akademie der Landwirtschaftswissenschaften zu Berlin
W. MÜLLER-STOLL, Abt. Ökologische Physiologie

20. Berufliche Qualifizierung der Mitarbeiter

Die berufliche Weiterbildung der Wissenschaftler des Instituts und die ihren fachlichen Fähigkeiten entsprechende Eingliederung in die Hierarchie des Instituts und darüber hinaus in das Gefüge der Wissenschaftsorganisation des Staates war stets ein besonderes Anliegen der Institutsleitung, des Parteisekretärs und der Kaderleitung. Sie erfolgte zunächst am Arbeitsplatz durch die Übertragung wissenschaftlicher Aufgaben, die Einrichtung von Sprachkursen (Englisch und Russisch), die Möglichkeit, durch eine umfangreiche Bibliothek den neuesten Stand der Forschung kennenzulernen, die Teilnahme an allen wissenschaftlichen Veranstaltungen des Instituts und der benachbarten Institute in Aschersleben, Quedlinburg und Halle und durch die sich langsam entwickelnde Möglichkeit, Laboratorien des Auslandes kennenzulernen und an internationalen Kongressen teilzunehmen. 49 Mitarbeiter konnten ihre akademische Ausbildung mit der Promotion abschließen, 13 mit der Habilitation ihre weitere wissenschaftliche Qualifizierung vornehmen.

Promotionen

Günter ADAM (1962): Synthesen von *Solanum*-Alkaloiden und weiteren basischen Steroiden aus Pregnan-Derivaten

Barbara ADLER (1968): Untersuchungen zum Verhalten von Resistenz-Übertragungsfaktoren in *Proteus mirabilis*

Klaus ADLER (1968): Untersuchungen über die Wirkung von Blaulicht auf die Photosynthese von *Ankistrodesmus braunii* (Naegeli) Collins

Peter APEL (1965): Über Wechselbeziehungen zwischen nichtsymbiontisch lebenden Rhizobien und höheren Pflanzen unter besonderer Berücksichtigung des Stickstoffhaushaltes der Pflanzen und des Redox-Potentials im Wurzelbereich

Friedrich BARNETZKY (1959): Über den Einfluß ionisierender Strahlung auf das dielektrische Verhalten biologisch wichtiger Substanzen

Walter BAUDISCH (1961): Chemisch-physiologische Untersuchungen an den Speicheldrüsen von *Acricotopus lucidus*

Harry BERGMANN (1965): Gibberellin- und Auxin-Wirkungen bei isolierten Getreide-Embryonen

Helmut BÖHME (1954): Untersuchungen zum Problem der genetischen Bedeutung von Pfropfungen zwischen genotypisch verschiedenen Pflanzen

Peter DÖBEL (1961): Eelktronenmikroskopische Untersuchung modifikativer und mutativer Entwicklungshemmungen der Chloroplasten von *Lycopersicon esculentum* Miller

Hans-Jörg EICHLER (1950): Floristische und phytozönologische Untersuchung des Hakels und seiner nächsten Umgebung

Lisabeth ENGELBRECHT (1954): Über Allantoinsäure und Allantoin. III. Ihre Rolle bei der Keimung des Ahorns

Hilmar FRIEDRICH (1953): Untersuchungen über den Gerbstoff von *Bergenia*-Arten und seine Beziehungen zum Arbutin

Wolfgang GOSDA (1963): Untersuchungen über den Einfluß von Metallkationen auf die Acylcholin-acyl-hydrolase des Pferdeserums

Kurt GRÖBER (1959): Ein System partiell balancierter Letalfaktoren bei *Lycopersicon esculentum* Miller

Detlef GRÖGER (1957): Untersuchungen zur Biochemie der Sklerotien und saprophytischen Kulturen von *Claviceps purpurea* (Fr.) Tul.

Rudolf HAGEMANN (1958): Genetische und cytologische Untersuchungen an Chlorophyllmutanten der *Sulfurea*-Serie von *Lycopersicon esculentum* Miller

Peter HANELT (1961): Systematische Studien in der Gattung *Carthamus* L. (Compositae)

Christian HORSTMANN (1965): Synthese von 27-nor-*Solanum*-Steroidalkaloiden sowie über Ablauf und Stereochemie von Solanidanderivaten

Gertrud KRENTEL (1960): Morphologische und physiologische Untersuchungen an *Prototheca zopfii* Krüger

Joachim KRUSE (1967): Merkmalsanalyse und Gruppenbildung bei Mutanten von *Lycopersicon esculentum* Miller

Gottfried KÜNZEL (1968): Untersuchungen über die Mutationsauslösung durch N-Nitroso-N-Methylharnstoff im Vergleich zu Äthylmethansulfonat und Röntgenstrahlen bei Gerste

Christian Otto LEHMANN (1954): Das morphologische System der Kulturtomaten (*Lycopersicon esculentum* Miller)

Otto MACHOLD (1957): Untersuchungen mit radioaktivem Phosphor zur Ermittlung der Ausnutzung von Superphosphat auf Thüringer Böden

Horst MARSCHNER (1957): Experimentelle Studien zur Frage der Phosphorausscheidung durch die Pflanzenwurzeln mit Hilfe von radioaktivem Phosphor

Friedrich MECHELKE (1951): Die Entstehung der polyploiden Zellkerne des Antherentapetums bei *Antirrhinum majus* L.

Armin MEISTER (1966): Die Derivativ-Spektrophotometrie und ihre Anwendung bei Untersuchungen der Chlorophyllbildung in lebenden Blättern

Dieter METTIN (1960): Genetische und zytologische Untersuchungen in der Gattung *Vicia*

Arnd MICHAELIS (1958): Über das genetische Verhalten der Schmalblattform (*Angusta*) und über die Häufigkeit und Art spontaner Genom- und Chromosomen-Mutationen bei *Antirrhinum majus* L.

Andreas MÜLLER (1963): Analyse der genotypischen Konstitution von M_1-Pflanzen unter Verwendung zygotischer Letalfaktoren

Ursula OHM (1959): Zellphysiologische Untersuchungen über die Wirkung des Ultraschalls auf höhere Pflanzen

Gerhard OSSKE (1963): Über die Sterine und Triterpene einiger *Solanum*-Arten und des Kartoffelkäfers (*Leptinotarsa decemlineata* Say.)

Reinhard PANITZ (1963): Hormonkontrollierte Genaktivitäten in den Riesenchromosomen von *Acricotopus lucidus*

Martin PEISKER (1967): Untersuchungen zur Rolle des Wassergehaltes in der Strahlenbiologie ruhender Samen

Klaus PUFAHL (1962): Beitrag zur Kenntnis der Inhaltsstoffe der Geißraute, *Galega officinalis* L.

Rigomar RIEGER (1956): Intrahaploidpaarung und Meioseablauf bei haploiden Formen von *Antirrhinum majus* L.

Anneliese ROMEIKE (1953): Beiträge zur chemischen Physiologie der mydriatisch wirkenden Solanaceen-Alkaloide

Hasso RÖNSCH (1962): Über die Steroidalkaloide und -sapogenine einiger Herkünfte von *Solanum dulcamara* L. sowie über die Partialsynthese des *S. dulcamara*-Alkaloids Tomatid-5-en-3 8-ol aus 5x-Tomatidan-3β-ol.

Günther SEMBDNER (1961): Anatomische Untersuchungen über die Reaktion von Pflanzen auf Befall durch den Kartoffelnematoden, *Heterodera rostochiensis* Woll.

Horst SCHMIDT (1962): Chemische Untersuchungen über den Biosyntheseweg der Flavonoid- und Anthocyanblütenfarbstoffe in Mutanten von *Antirrhinum majus*

Gernot SCHNEIDER (1966): Isolierung von o(2)-Acetylgibberellinsäure als Stoffwechselprodukt von *Fusarium moniliforme* Sheld. und Untersuchungen zur Epoxydation einiger Gibberelline

Friedrich SCHOLZ (1958): Mutationsversuche an Kulturpflanzen. VII. Untersuchungen über den züchterischen Wert röntgeninduzierter Mutanten verschiedener Merkmalsgruppen bei Sommer- und Wintergerste

Günter SCHOLZ (1960): Untersuchungen über die physiologische Wirkung des Bors in der Pflanze

Jörg SCHÖNEICH (1963): Cytologische Untersuchungen an Mäuse-Ascites-Tumoren

Hans-Botho SCHRÖTER (1957): Experimentelle Untersuchungen zur Frage der natürlichen Verbreitung und Bildung der Alkaloide Nicotin, Nornicotin und Anabasin

Jürgen SCHULTZE-MOTEL (1961): Anatomische Untersuchungen an mesozoischen Gymnospermen-Hölzern

Ulrich WALLWITZ (1963): Über die Synthese aliphatisch überbrückter Diimidazole

Jürgen WEILAND (1968): Isolierung, Struktur und Stoffwechsel eines Gibberellinglukosids von *Phaseolus coccineus* L. sowie Untersuchungen zur Glucosylierung von Gibberellinen

Frithjof WEISER (1963): Beitrag zur Frage der rassischen Differenzierung von Esche trockener Kalkstandorte und grundwasserbeeinflußter Standorte

Martin ZACHARIAS (1956): Mutationsversuche an der Sojabohne (*Glycine soja* (L.) Sieb. et Zucc.)

Habilitationen

Günter ADAM (1967): Photoinduzierte Reaktionen in stickstoffhaltigen Steroiden

Helmut BÖHME (1961): Streptomycin-abhängige Mutanten von *Proteus mirabilis* und ihre Verwendung in Mutationsversuchen mit Manganchlorid (Teil 1)
Über Rückmutationen und Suppressormutationen bei *Proteus mirabilis* (Teil 2)

Siegfried DANERT (1958): Die Verzweigung der Solanaceen im reproduktiven Bereich

Hilmar FRIEDRICH (1957): Beiträge zur Analytik, Biochemie und Physiologie des Arbutins und der Arbutinpflanzen

Rudolf HAGEMANN (1966): Untersuchung der somatischen Konversion bei *Lycopersicon esculentum* Mill.

Otto MACHOLD (1962): Pflanzenaufnehmbarkeit und Bindungszustand des labilen Phosphats

Klaus Müntz (1968): Über Wachstum und Stoffwechsel von *Chlorella pyrenoidosa* während und nach Kältebehandlung

Conrad Polter (1968): Aufnahme und Einbau von ^{14}C- und ^{35}S-markierten Aminosäuren in Erbsen-Wurzelzellen in Abhängigkeit von ihrem Entwicklungszustand

Konrad Ramshorn (1957): Zur aeroben Gärung in der Wurzel von *Vicia faba*

Hans-Jürgen Rehm (1955):

Helmut Ripperger (1968): Isolierung, Strukturaufklärung und Synthese einiger Steroidalkaloide und stickstofffreier Steroide aus *Solanum*-Arten

Anneliese Romeike (1961): Über die Bildungsweise des Scopolamins in verschiedenen *Datura*-Arten und *Atropa belladonna*

Hans-Günther Schlegel (1954): Untersuchungen über den Phosphatstoffwechsel der wasserstoffoxydierenden Bakterien

Alljährlich legten Studenten ihr Pflichtpraktikum in verschiedenen Abteilungen ab; sie wurden von älteren Wissenschaftlern des Instituts betreut.

Viele junge Wissenschaftler erhielten für einige Jahre eine grundlegende Aus- und Weiterbildung in Gatersleben, um dann in Universitätsinstitute, in die Industrie und in andere Bereiche angewandter Wissenschaft überzusiedeln. Von älteren Wissenschaftlern, die Abteilungen oder Bereiche leiteten, wurden im Zeitraum 1954 bis 1968 von der Akademie der Wissenschaften 6 zu Professoren ernannt (Mansfeld, Rieth, Sagromsky, Danert, Schreiber, Böhme), 4 zu ordentlichen Mitgliedern der Akademie der Wissenschaften (Stubbe, Mothes, Müller-Stoll, Böhme) und 2 (Mothes, Stubbe) wurden neben ihrer Tätigkeit in Gatersleben mit der Leitung von Universitätsinstituten (Institut für Pharmakognosie und Institut für Genetik der Martin-Luther-Universität Halle-Wittenberg) betraut.

Besondere Aufmerksamkeit wurde der beruflichen Qualifizierung der technischen Mitarbeiter geschenkt. Die Weiterbildungskurse für technische Assistenten, die von einigen Mitarbeitern regelmäßig abgehalten wurden, waren von großem Wert für die wissenschaftliche Forschungsarbeit im Institut. In 23 abendlichen Vorlesungen führte der Büchereileiter Prof. Dr. Gofferje die jüngeren Mitarbeiter des Instituts in das wissenschaftliche Büchereiwesen und die Technik wissenschaftlich-literarischen Arbeitens ein.

Jungen ungelernten Arbeitern wurde die Möglichkeit einer Berufsausbildung gegeben, und zwar erfolgte ab 1955

70 mal die Ausbildung zum Gärtner,
26 mal die Ausbildung zum Biologie-Laboranten,
37 mal die Ausbildung zum Agrotechniker und
10 mal die Ausbildung für andere Fachrichtungen.

Das Institut erhielt ferner die Genehmigung, für bewährte junge Mitarbeiter Delegierungen zur weiteren beruflichen Qualifizierung vorzunehmen. Bis 1968 erfolgten demgemäß

12 Delegierungen zum Hochschulstudium und
58 Delegierungen zum Fachschulstudium,

ferner

2 Delegierungen zu einem Russisch-Intensivlehrgang,
4 Delegierungen zu Meister-Lehrgängen und
18 Delegierungen zu Spezialisten-Lehrgängen.

Sonstige Spezialisierungsmaßnahmen wurden in 17 Fällen durchgeführt, die Prüfung als Berufskraftfahrer wurde 6mal abgelegt.

In regelmäßigen Abständen fanden Vortragsveranstaltungen mit anschließender Diskussion für marxistisch-leninistische Weiterbildung statt, die von eingeladenen Gesellschaftswissenschaftlern durchgeführt wurden.

21. Maßnahmen zur Verbesserung des kulturellen Lebens auf dem Lande und gesellschaftliche Arbeit der wissenschaftlichen Mitarbeiter im Institut, in der Gemeinde Gatersleben, im Kreis Aschersleben, im Bezirk Halle und in zentralen Organisationen

Mit dem Aufbau des Instituts, der Vergrößerung des Mitarbeiterstabes und ihrer Familien nahm das Institut — nicht ohne vorübergehende örtliche Widerstände von seiten der Gemeindeverwaltung — zunehmend Einfluß auf die Entwicklung des gesellschaftlichen Lebens in verschiedenen Bereichen. Die ländliche Lage des Instituts zwischen Aschersleben und Quedlinburg und die damit verbundene Abgeschlossenheit von größeren kulturellen Zentren machte es erforderlch, so schnell wie möglich dafür zu sorgen, den „Inselkomplex" der meist aus Groß- und Mittelstädten stammenden Mitarbeiter und ihrer Familien durch kulturelle Veranstaltungen im Institut und durch Teilnahme an auswärtigen Theater- und Konzertaufführungen zu überwinden.

Im Institut selbst wurden schon in den ersten Nachkriegsjahren in den Abendstunden regelmäßig allgemeinbildende Vorträge (Reiseberichte, kunstgeschichtliche Vorträge, Berichte über Fortschritte auf biologischen und medizinischen Gebieten u. a.) gehalten, die im Dorf durch Anschläge bekanntgegeben wurden.

Im Hörsaalgebäude wurden Kunstausstellungen von Malern, Graphikern und Bildhauern aus den Bezirken Halle und Magdeburg organisiert mit Ankaufsmöglichkeiten der ausgestellten Arbeiten. Aus dem Institutsetat standen Mittel für die künstlerische Ausgestaltung der Abteilungen zur Verfügung. So schuf z.B. der Bildhauer Gustav Seitz Plastiken von Carl Correns, Wilhelm Pfeffer und Justus v. Liebig. Andere bildhauerische Arbeiten wurden für das Freigelände angekauft oder dem Institut kürzere oder längere Zeit leihweise aus Museen überlassen. Lesungen zeitgenössischer Schriftsteller und Dichter wurden abgehalten, denen meist lebhafte Aussprachen folgten. Gelegentlich wurden auch neue Dokumentar- und Kulturfilme gezeigt.

Für die allseitige literarische Weiterbildung der Institutsangehörigen wurde eine Leihbibliothek (Gewerkschaftsbibliothek) unter Leitung von Frau Helga Böhme eingerichtet, die 1968 1975 Bände umfaßte und rege Benutzung fand.

Musikalische Darbietungen auswärtiger Künstler erfolgten durch die „Stunde der Musik". Ein Hausmusikkreis (Leiter G. Scholz) und eine Blockflöten-Ausbildungsgruppe (Leiterin Ilse Neumann) förderten die musisch veranlagten Mitarbeiter des Instituts und deren Kinder. Die schon erwähnte Blasmusikkapelle (Dirigent W. Kienast), der technische Mitarbeiter verschiedener Abteilungen angehörten, erfreute die Öffentlichkeit bei Umzügen und anderen festlichen Veranstaltungen.

Große Aufmerksamkeit wurde auch der sportlichen Betätigung der Mitarbeiter des Instituts gewidmet. An der Entwicklung des Sportes in der Gemeinde Gatersleben hat das Institut mit der Gründung der Betriebssportgemeinschaft (BSG) „Wissenschaft" im Jahre 1953 wesentlichen Anteil.

Als Trägerbetriebe für die BSG wurden bei ihrer Gründung benannt:
Das Institut für Kulturpflanzenforschung,
der VEB Baumaschinen Gatersleben und
der VEB Zuckerfabrik Gatersleben.

Vorsitzender der BSG war jeweils der Verwaltungsleiter des Instituts. Als Zuschuß für die Finanzierung des Sportbetriebes — Beschaffung von Sportgeräten und Sportbekleidung, Transportkosten zu Wettkämpfen u. a. — wurden der BSG zur Verfügung gestellt:

Vom Institut aus Mitteln des Kultur- und Sozialfonds jährlich	M 8700,—
vom Institut aus Mitteln der Gewerkschaft jährlich	1200,—
vom VEB Baumaschinen aus Mitteln des Kultur- und Sozialfonds jährlich	3650,—
vom VEB Zuckerfabrik aus Mitteln der Gewerkschaft	150,—
	M 13700,—.

Begrenzt durch die Straße nach Quedlinburg und durch die Fasanerie am Rande des Institutsgeländes wurde vom Institut eine Sportanlage projektiert und durch Arbeitseinsätze der Mitglieder der BSG ausgebaut (8000 Arbeitsstunden). 140.0 TM Baukostenzuschuß kamen aus Lottomitteln, insgesamt wurde ein Objekt im Wert von 582,3 TM geschaffen, das am 31. Mai 1967 als „Heinz-Steyer-Stadion" eingeweiht wurde.

Die laufende Unterhaltung der Sportanlage und der Platzwart wurden vom Institut finanziert. Die gepflegten Sportarten waren zunächst Fußball, Leichtathletik, Turnen, Gymnastik und Kegeln, Einrichtungen für Volleyball und Tennis wurden geplant, für die verschiedenen Disziplinen, besonders auch für den Schulunterricht, waren somit beste Voraussetzungen geschaffen.

Schon in den ersten Jahren nach Kriegsende wurde eine Reitsparte gegründet, deren Pferde z. T. privat, z. T. von der Abt. Landwirtschaft gestellt wurden. Die einzelnen Sportsparten wurden überwiegend von Angehörigen des Instituts geleitet.

Alle diese Veranstaltungen und Einrichtungen gaben dem Institut im Laufe der Jahre den Charakter eines Kulturzentrums auf dem Lande, eine Entwicklung, die von Anbeginn erstrebt wurde. Die Resonanz der Dorfbevölkerung auf die angekündigten gesellschaftlichen Veranstaltungen war jedoch in den ersten Nachkriegsjahren gering. Das mag durch die damals noch notwendige schwere körperliche Arbeit auf den Äckern und im Kohlenbergbau der umliegenden Ortschaften bedingt gewesen sein.

Für die Erholung der Mitarbeiter des Instituts wurde 1955 die „Windenhütte" im Harz bei Altenbrak von dem zuständigen Forstwirtschaftsbetrieb durch Umsetzung übernommen und im Jahre 1961 in Zingst/Ostsee das Ferienheim „Dornröschen" durch Kauf erworben. In beiden Heimen werden außerdem alljährlich mehrere Durchgänge als Ferienlager für die Kinder von Institutsangehörigen organisiert, je nach Wahl im Gebirge oder an der Ostsee. Die Betreuung der Kinder erfolgte durch freiwillige Helfer aus dem Kreis der Institutsmitglieder. Beide Heime wurden durch vom Institut angestellte erfahrene Ehepaare geleitet und waren zu jeder Jahreszeit geöffnet.

Zur Verbesserung der Lebensbedingungen auf dem Lande gehörte auch die gärtnerische Gestaltung des Institutsgeländes, der Gärten an den Wohnhäusern und die Bepflanzung einiger Straßen und Plätze in der Gemeinde Gatersleben mit sachgemäß ausgewählten Bäumen, Ziergehölzen und Sträuchern. Garteninspektor GASSER hat sich hierbei besonders verdient gemacht.

Auch Nachbargemeinden erhielten im NAW, in sozialistischer Nachbarschaftshilfe der Gemeinde Gatersleben Unterstützung bei der Verschönerung ihrer Dörfer. Bedacht wurden die Orte Quedlinburg, Nachterstedt, Staßfurt, Hedersleben, Ditfurt, Wedderstedt und Aschersleben.

Abbildung 20 Blick in den botanischen Garten des Instituts (phot. N. FRANKE)

Eine Stätte der Belehrung und Erholung wurde der in den frühen fünfziger Jahren alljährlich neuangelegte Kulturpflanzengarten, in dem die wichtigsten Kulturpflanzen und ihre Evolution dargestellt wurden, er und ein ebenfalls schon früh geplanter botanischer Garten mit wichtigen Florenelementen verschiedener Klimazonen (Abb. 20) waren bemerkenswerte Höhepunkte der zahlreichen Führungen durch das Institut und die Versuchsfelder, die von Jahr zu Jahr an Umfang zunahmen.

Für die Führungen mit hohen Frequenzen, besonders in den Monaten April bis September, waren im Laufe der Jahre einige Mitarbeiter des Instituts (R. GRÄF, F. POHL, K. BERGER) verantwortlich, die sich stets bemühten, ihre Erklärungen dem Niveau der Zuhörer anzupassen. Das Institut wurde (um nur einige Jahre als Beispiele anzugeben) besucht:

1957 von 3090 Personen in 127 Führungen,
1958 von 3092 Personen in 143 Führungen
1959 von 3280 Personen in 127 Führungen
1960 von 2322 Personen in 122 Führungen.

Im Jahre 1960 verteilten sich die Besucher auf folgender Berufs- und Interessentengruppen:

Akademiker mit abgeschlossenem Studium	74
Studenten	148
Oberschulen (11. u. 12. Klassen)	—
Schüler bis zur 10. Klasse	727
Berufsschüler	174
Fachschüler	490

Lehrer	180
Institutsangehörige	19
Bauern	71
Schrebergärtner	328
Behördenangestellte	4
Sonstige	107.

Gesellschaftspolitische Arbeit im Institut wurde in erster Linie durch die Mitarbeit von Wissenschaftlern in der IGL (G. ADAM, P. APEL, W. BAUDISCH, P. HANELT, F. HERRMANN, Ch. LEHMANN, D. METTIN, A. MICHAELIS, A. RUDOLPH, F. SCHOLZ, J. SCHULTZE-MOTEL) und deren Jugendausschuß (F. HERRMANN) sowie in der Konfliktkommission (F. BARNETZKY, W. BAUDISCH, P. DÖBEL, R. HAGEMANN, A. ROMEIKE. F. SCHOLZ) geleistet. Besonders hervorzuheben ist, daß Dr. LEHMANN mehrfach — 1957/59, 1963/65, ab 1967 — den Vorsitz der IGL übernahm.

In der Gemeinde Gatersleben waren die Wissenschaftler des Instituts in verschiedenen Gremien der örtlichen Verwaltung tätig. Sie arbeiteten als Abgeordnete und Mitglieder des Rates der Gemeinde (A. MÜLLER), gehörten der Gemeinde-Wohnungskommission an (P. HANELT), leiteten die Kindersportgruppe Gatersleben (P. APEL) und waren Mitglieder der GST-GO. Sie arbeiteten ferner mit in der Ständigen Kommission für Handel und Versorgung des Rates der Gemeinde (A. MICHAELIS), im Ortsausschuß für die Jugendweihe (J. SCHÖNEICH) und mit großer Aufmerksamkeit im Elternbeirat bzw. Elternaktiv der Polytechnischen Oberschule Gatersleben bzw. Quedlinburg (J. SCHÖNEICH, Vorsitzender seit 1962, W. BAUDISCH, R. RIEGER, M. ZACHARIAS, J. SCHULTZE-MOTEL). Bei Lehrermangel oder -ausfall wurde zeitweise in der POS Gatersleben Unterricht durch K. BERGER erteilt, der gleichzeitig der Ortspilzberater von Gatersleben war.

Im Kreis Aschersleben arbeitete R. RIEGER ab 1965 als Schöffe beim Kreisgericht und in einigen anderen Beiräten, andere Wissenschaftler gehörten verschiedenen Fachausschüssen des Kreises an (A. MEISTER).

Im Bezirksvorstand der IG Wissenschaft und deren Jugendausschuß war F. HERRMANN ab 1965 tätig und im Bezirksvorstand Halle der Urania war M. ZACHARIAS Mitglied und Vorsitzender der Sektion Biologie. Mehrere Wissenschaftler hielten im Rahmen der Urania wissenschaftliche Vorträge.

Von auswärtigen Mitgliedern des Gaterslebener Instituts gründete und leitete E. H. BENEDIX die Fachgruppe Mykologie des Kulturbundes in Dresden und H. SCHLÜTER war Naturschutzbeauftragter für den Stadkreis Jena.

Der Direktor des Instituts, H. STUBBE, war seit 1949 Mitglied des Deutschen Volksrates und der Provisorischen Volkskammer. Seit 1963 war er Abgeordneter der Volkskammer in der Fraktion Kulturbund sowie Mitglied des Volkskammer-Ausschusses für Landwirtschaft und Forstwirtschaft. Er gehörte seit 1950 dem gesamtdeutschen Arbeitskreis für Land- und Forstwirtschaft an und war Mitglied des Präsidialrates des Kulturbundes.

Schließlich darf nicht vergessen werden, daß in den ersten Nachkriegsjahren alle Mitarbeiter der wissenschaftlichen Abteilungen, sofern sie nicht körperbehindert waren, zu regelmäßigen Arbeitseinsätzen bei der Getreide- und Hackfruchternte in der Abt. Landwirtschaft herangezogen werden mußten, insonderheit dann, wenn ungünstige Witterungsverhältnisse die verlustlose Bergung der Ernte gefährdeten. Sobald es die technische Entwicklung der Abteilung Landwirtschaft gestattete, wurden diese Einsätze beendet.

22. Schlußansprache des scheidenden Direktors

Am Ende einer 25jährigen Tätigkeit als Institutsdirektor, die 20 Jahre hindurch im Bereich der Deutschen Akademie der Wissenschaften erfolgte, ist es mir zunächst ein aufrichtiges Anliegen, der Leitung der Akademie meinen Dank dafür auszusprechen, daß das Institut Gatersleben sich zu einem Forschungsschwerpunkt der Akademie entwickeln konnte, dank der steten verständnisvollen Fürsorge, die ihm von allen Gremien der Akademie zuteil wurde. Ihnen, Herr Präsident KLARE, danke ich für Ihre anerkennenden Worte, die Sie am heutigen Tage den Mitarbeitern des Instituts gesagt haben. Über den Aufbau des Instituts, seine Aufgaben und Ziele und seine künftige Entwicklung habe ich aus Anlaß seines 25jährigen Bestehens ausführlich gesprochen. Wer sich für die Geschichte des Instituts interessiert, wird viele Einzelheiten den Veröffentlichungen der vergangenen Jahre entnehmen können. Ein Tag wie der heutige ist nicht dazu da, sich an einzelne Phasen der Entwicklung unseres Instituts, an den harten Alltag der Pflichten, an wichtige internationale Tagungen, an festliche Ereignisse oder an trauervolle Abschiede von alten Mitarbeitern zu erinnern. Das alles gehört zu dem Bild unseres Instituts, das vornehmlich die Älteren von uns als einen unverlierbaren Schatz ihrer Erfahrungen und Erinnerungen mit sich tragen.

Aber es ist vielleicht in dieser Stunde angebracht, einmal von den Empfindungen und Überlegungen zu sprechen, die jeden bewegen, der nach einer langen Zeit vielfältiger Tätigkeit für ein Institut und weit darüber hinaus für eine Universität, für eine andere Akademie und weitere gesellschaftliche Einrichtungen nun in das zweite Glied tritt, um jüngeren, tatkräftigen Männern die Freiheit zu geben, ihre Kräfte in dem großen Streben nach wissenschaftlicher Erkenntnis in einer Gemeinschaft Gleichgesinnter zu erproben. Denn die Leitung eines Instituts abgeben heißt ja nicht, aus dem Institut ausscheiden. Ich bin dankbar für die mir zugesagte großzügige Möglichkeit eines Arbeitsplatzes mit einem kleinen Stab von Mitarbeitern, die mir helfen werden, bestimmte Probleme experimentell zu bearbeiten und möglichst umfangreiche literarische Studien zu betreiben. Ich hoffe sogar, daß mir nach meiner Emeritierung allmählich mehr Zeit bleibt, engere Kontakte auch mit den jüngeren Mitarbeitern des Instituts zu pflegen als dies in den vielen Jahren hoher organisatorischer Beanspruchung der Fall war. Sie alle sollen wissen, daß ich jedem von ihnen mit Rat und Tat zur Seite stehen werden, wenn es gewünscht wird.

Was ich als analytischen Versuch meiner eigenen Tätigkeit als Wissenschaftler und Leiter eines Instituts, einer Akademie, als Vorsitzender mancher anderer Gremien, als Herausgeber wissenschaftlicher Zeitschriften, als ein Mensch älterer Generation in unserer Zeit zu sagen habe, mag vielen der jüngeren Mitarbeiter des Instituts veraltet und überholt erscheinen. Ich hätte Lust, gelegentlich mit ihnen hierüber zu diskutieren. Dennoch meine ich, daß es bestimmte Grundsätze gibt, nach denen wissenschaftliche Forschung und wissenschaftliche Leistungtätigkeit auch in Zukunft erfolgen muß.

Eigene wissenschaftliche Arbeit und die gesamte wissenschaftliche Tätigkeit in einem Forschungsinstitut sollte immer nach einem guten Plan erfolgen. Sie erfordert ein stetes Bemühen, entscheidende Probleme eines oder mehrerer Fachgebiete zu erkennen, auch wenn man die methodischen Einzelheiten einer benachbarten Disziplin nicht beherrscht, und mit den zur Verfügung stehen Kräften und Mitteln an ihrer Lösung zu arbeiten. Schwerpunktprobleme zu sehen, die großen Entwicklungslinien im Bereich biologischer Forschung zu ahnen oder zu erkennen, Teilaufgaben in planmäßiger Arbeit zu lösen und sie als Bausteine dem großen Gebäude unserer Wissenschaft einzufügen, das wird immer eine Hauptaufgabe von allen sein, die das Glück haben, Diener der Wissenschaft zu sein. Dem Erkennen der Probleme, für das wissenschaftliche Streitgespräche und Dialoge von allergrößter Bedeutung sind, hat der Versuch ihrer Lösung zu folgen. Das geht nicht im ruhigen Gleichmaß eines normalisierten 8-Stunden-Tages mit arbeitsfreiem Wochenende. Wer nicht zu den wissenschaftlichen Gewerbetreibenden gehören will, muß das Odium und das Privileg der Besessenheit auf sich nehmen unter Verzicht auf viele Einrichtungen eines normalen bürgerlichen Lebens. Wehe dem, der nicht den Mut hat, das Risiko des Vorstoßes in unbekanntes Neuland zu unternehmen, und wehe der Wissenschaftsorganisation, die den Mut zum Risiko durch allzu bürokratische Forderungen unterbindet. Spitzenleistungen können nur auf einem Boden wachsen, der bestimmte Freiheitsgrade der Entscheidung zuläßt. Sie sind nur durch rastloses Bemühen und durch ungestörtes, konzentriertes Nachdenken zu erreichen.

Aber der Wissenschaftler und Forscher unserer Zeit hat noch weitere, nicht minder wichtige Aufgaben als Mitglied der Gesellschaft, in der er steht. Er hat Beispiel und Vorbild zu sein, Erzieher einer neuen Generation, unermüdlicher Rufer im Kampf für Frieden und Humanismus in einer Welt, der tausendfache Gefahren der Selbstvernichtung durch die Fehlleitung wissenschaftlicher Ergebnisse drohen. Der gesellschaftliche Auftrag des Wissenschaftlers als Ergänzung und schöpferischer Widerspruch zu seiner eigenen Forschungsarbeit, das ist das entscheidende Problem, mit dem ich selbst seit Kriegsende immer wieder neu zusammentraf und das einer glücklichen Lösung nur durch die Einsicht in die Notwendigkeit zu gesellschaftlicher Arbeit zur Erleichterung der Mühsal des menschlichen Lebens entgegengeführt werden konnte.

Versenkung in die eigene Forschungsarbeit, die Schaffung einer Umwelt, in der der Strom schöpferischer Gedanken nicht versiegt, und gleichzeitig die Bewältigung großer organisatorischer und gesellschaftlicher Aufgaben, das war die Synthese, die seit Kriegsende immer wieder in neuen Kämpfen und unermüdlichen Anstrengungen gefunden werden mußte. Das ist auf eine kurze Formel gebracht der Inhalt des Lebens eines Wissenschaftlers meiner Generation in unserer Zeit, kein Einzelfall, sondern sicher oft sich wiederholend für alle, die am Ende des Krieges erschüttert waren von dem Elend der überstandenen 12 Jahre und die erfüllt waren von dem Gedanken, ganz von vorn zu beginnen, um in friedlicher Arbeit eine junge Generation zu neuen Ufern zu führen. Das war eine schwere, aber auch begeisternde Aufgabe, die wir gewollt haben, ohne die wir nicht zufrieden gewesen wären, denn sie gab uns die Gewißheit, wenn auch oft im Kampf gegen bürokratische und menschliche Schwächen, einer guten Sache zu dienen. Immer fanden wir auch Menschen, die, an entscheidender Stelle stehend, unsere Absichten verstanden und uns halfen, Schritt für Schritt das noch ferne Ziel in greifbare Nähe zu rücken.

Das Ergebnis der eigenen Bemühungen und der nie versagenden Anstrengungen meiner Mitarbeiter, vornehmlich der älteren unter ihnen, die nun schon viele Jahre an meiner Seite stehen, ist hier in Gatersleben unser Institut. Allen diesen Mitarbeitern heute zu sagen, wiederum an erster Stellle den älteren aus allen Bereichen unseres großen Instituts, wie sehr ich ihnen in Dankbarkeit verbunden bin, das ist mir ein besonderes Bedürfnis. Mit ihnen haben wir immer ein gutes Kollektiv gebildet, wie überhaupt die kollektive Arbeit verschiedener Wissenschaftsdisziplinen an einem Ort der Grundidee dieses Instituts entsprach, zu einer Zeit schon, als Gemeinschaftsarbeiten unter deutschen Wissenschaftlern noch wenig üblich und uns andere Länder in dieser Hinsicht weit voraus waren. Es ist eine der für mich wichtigsten Erfahrungen meines wissenschaftlichen Lebens, die ich schon als junger Wissenschaftler gemacht habe, daß große Entdeckungen heute meist nur in enger Zusammenarbeit sich gut ergänzender Spezialisten gemacht werden können. Ich sage dies ganz bewußt, weil in dem großen Material, das im Laufe der Jahrzehnte durch meine Hände ging, viele grundlegende Erkenntnisse verborgen waren, die ich allein nicht gewinnen konnte und die erst viel später in anderen Instituten und mit dem gleichen oder anderem Material in kollektiver Arbeit ans Licht gehoben wurden und zu entscheidenden Fortschritten unserer Wissenschaft geführt haben. Heute ist die kollektive Arbeit zur Selbstverständlichkeit geworden, und ich meine, daß unser Institut gegen manche Widerstände und mangelnde Einsicht von Jahr zu Jahr besser alle Möglichkeiten wahrnimmt, den großen Reichtum seiner Sortimente zu nutzen und seine wissenschaftlichen Probleme in guter Gemeinschaftsarbeit innerhalb der Forschungsbereiche unseres Instituts und mit anderen Instituten zu lösen.

Was wir hier in 23 Jahren an wissenschaftlichen Ergebnissen erreicht haben, mag dem Urteil der Mitwelt überlassen bleiben. Wir sollten uns nicht anmaßen, in Überheblichkeit und Eitelkeit die eigenen Leistungen zu überschätzen, was auch im wissenschaftlichen Bereich gelegentlich geschieht. Größer als unsere Verdienste sind sicher unsere guten Absichten, größer als unsere Leistungen auch unsere ernsthaften Bemühungen gewesen. Ich meine, daß Bescheidenheit und Zurückhaltung immer noch die Insignien echter Wissenschaftlichkeit sind, weil wir erkennen, daß hinter jeder gelösten Frage sich neue, unbekannte Welten öffnen, die uns das Wundern nicht verlernen lassen und die mit gutem Mut, mit Initiative und Tatkraft erforscht werden müssen. Das ist vorzüglich die Aufgabe der in der vollen Kraft ihrer Fähigkeiten und Möglichkeiten stehenden Forscher, und damit komme ich nun zu Ihnen, Herr Böhme, der Sie vom Präsidenten soeben zu meinem Nachfolger berufen wurden.

Wir kennen uns seit vielen Jahren, und ich erinnere mich noch deutlich unseres ersten Gespräches, als Sie zusammen mit Herrn Zacharias als Studenten zu mir kamen, begeistert von den Erfolgen eigener Versuche, die Sie bereits in Halle unternommen hatten, um mich zu bitten, Ihnen ein Thema für die Diplomarbeit zu geben. Daraus hat sich dann, nach Ihrem Eintritt in das Institut, eine gute Zusammenarbeit entwickelt. Sie haben die Mikrobengenetischen Laboratorien aufgebaut, Mitarbeiter herangezogen und schließlich die Genetische Abteilung übernommen, die Sie mit Umsicht und Weitblick geleitet haben. Die Berufung zu meinem Nachfolger ist nicht über Nacht gekommen. Es ist sicher schon 2 bis 3 Jahre her, daß Ihr Name in diesem Zusammenhang zuerst genannt wurde, und ich empfinde es als eine glückliche Fügung, so sehr dies Ihre eigene wissenschaftliche Arbeit belastete, daß Sie in den letzten Jahren immer umfassender, stets mit großer Aktivität und Übersicht in entscheidende wissenschaftsorganisatorische und wissenschaftspolitische Fragen eingespannt wurden und daß Sie auch innerhalb des Instituts als einer meiner Stellvertreter die neuen Struktur- und Leitungsprinzipien bis hin zu den Problemen der auftraggebundenen Forschung entscheidend gefördert und entwickelt haben. Das alles prädestiniert Sie zur Leitung dieses großen Instituts, und ich bin sicher, daß alle, die zu ihm gehören, die Entscheidungen, die gefallen sind, begrüßen werden. Ich bitte Sie alle um unbedingtes Vertrauen zu meinem Nachfolger, einem der Unseren, der ganz im Sinne hoher Wissenschaftlichkeit, um die wir immer bemüht waren, das Institut in dieser stürmischen Zeit weiterführen wird.

Was aber kann ich Ihnen wünschen neben der weiteren intensiven eigenen Forschungsarbeit, die immer im Zentrum Ihrer Tätigkeit stehen muß? Es gibt ein altes treffendes Seemannswort, das besagt, was ein Kapitän haben muß, um ein Schiff gut zu führen: Kopf, Mut und Mannschaft.

Ich meine, daß diese drei Worte all das zusammenfassen, was ich vorhin als Summe meiner eigenen Erfahrungen darlegte:

Die Fähigkeit, große wissenschaftliche Probleme zu erkennen und Wege zu finden, sie methodisch anzugreifen.

Den Mut zum Risiko, in unbekanntes Neuland vorzustoßen ohne die sichere Gewißheit eines Erfolges, der uns in Erkenntnis und möglicher Nutzung weiterführt; den Mut zur Wahrhaftigkeit, zur Standhaftigkeit, zur Verteidigung des als richtig erkannten Weges wissenschaftlicher Einsicht und gesellschaftlicher Entwicklung.

Ich wünsche Ihnen die Mannschaft, das Kollektiv, auf das Sie fest vertrauen können und das Ihnen hilft, unermüdlich an der großartigen Aufgabe mitzuwirken, das Zeitalter der Biologie mitzugestalten zum Wohle der Menschheit.

23. Gesamtverzeichnis der Institutsveröffentlichungen 1943–1968

1. Adam, Günter, 1962: Synthesen von *Solanum*-Alkaloiden und weiteren basischen Steroiden aus Pregnan-Derivaten. — Dissertation Univ. Jena
2. Adam, Günter, 1963: Wege zur Totalsynthese pflanzlicher Steroide, Teil I. — Z. Chem. 3, 379—384
3. Adam, Günter, 1963: Wege zur Totalsynthese pflanzlicher Steroide, Teil II. Z. Chem. 3, 403—415
4. Adam, Günter, 1963: *Solanum*-Alkaloide, XXXII. Mitteilung: Synthese des Steroidalkaloids Demissidin aus 3β-Acetoxy-pregn-5-en-20-on; Aufbau des Solanidan-Gerüstes durch Hofmann-Löffler-Freytag-Cyclisierung. — Tetrahedron Letters (London) No. **15**, 943—948
5. Adam, Günter, 1966: Neue UV-Anwendungen in der Naturstoffchemie. — Tagungsbericht des 3. Internationalen Kolloquiums über die Anwendung ultravioletter Strahlen vom 4.—7. Oktober 1965 in Stralsund (Hrsg. W. Eckart), Berlin S. 221—230
6. Adam, Günter, 1967: Eine neue Fragmentierungsreaktion bei 20-Chlor-16β-hydroxysteroiden. — Angew. Chem. **79**, 619—620 (Angew. Chem., Intern. Ed. **6**, 631)
7. Adam, Günter, 1967: Photochemische Reaktionen, XI. Mitteilung: Photolyse von 3β-Hydroxy-5α-pregnan-16-on. — Angew. Chem. **79**, 1066 (Angew. Chem., Intern. Ed. **6**, 1074)
8. Adam, Günter, 1967: Photoinduzierte Reaktionen an stickstoffhaltigen Steroiden. — Habilitationsschrift Martin-Luther-Universität Halle-Wittenberg
9. Adam, Günter, 1967: Brockhaus ABC der Biologie (Biochemie). — VEB F. A. Brockhaus Verlag, Leipzig
10. Adam, Günter, 1968: Photochemische Reaktionen, X. Mitteilung: Photolyse von 22.26-Chlorepimino-cholestanen: Isolierung der enantiomeren 5-Methyl-Δ^1-piperidein-Fragmente und Ermittlung der absoluten Konfiguration von β-Pipecolin. — Chem. Ber. **101**, 1—6
11. Adam, Günter, 1968: Photochemische Reaktionen, XII. Mitteilung: Neue Entwicklungen der präparativen organischen Photochemie. — Z. Chem. **8**, 441—453
12. Adam, Günter, Christian Horstmann und Klaus Schreiber, 1967: Photochemische Reaktionen, IX. Mitteilung (*Solanum*-Alkaloide, LXXXI. Mitteilung): Notiz zur stereospezifischen Photoreduktion von Steroid-Imoniumverbindungen. — Chem. Ber. **100**, 1753—1755
13. Adam, Günter und Klaus Schreiber, 1963: *Solanum*-Alkaloide, XXVI.Mitteilung: Präparative Trennung stereoisomerer Imino-cholestane und weiterer Steroide durch Dünnschichtchromatographie unter Verwendung von Jod als indifferentes Nachweisreagens. — Z. Chem. **3**, 100—102
14. Adam, Günter und Klaus Schreiber, 1964: *Solanum*-Alkaloide, XL. Mitteilung: Aufbau des Solanidan-Gerüstes durch Hofmann-Löffler-Freytag-Cyclisierung. Eine neue Synthese des Steroidalkaloids Demissidin. — Tetrahedron (London) **20**, 1719—1723
15. Adam, Günter und Klaus Schreiber, 1964: *Solanum*-Alkaloide, XLII. Mitteilung: Über die ungewöhnliche Cyclisierung eines N-Chlor-Steroidamins. — Angew. Chem. **76**, 752 (Angew. Chem., Intern. Ed. **3**, 633)
16. Adam, Günter und Klaus Schreiber, 1965: *Solanum*-Alkaloide, LV. Mitteilung: Synthese von Steroidalkaloiden des Solanidan-Typs. In: Beiträge zur Biochemie und Physiologie von Naturstoffen, Festschrift Kurt Mothes zum 65. Geburtstag. — VEB Gustav Fischer Verlag, Jena, 31—44

17. ADAM, Günter und Klaus SCHREIBER, 1965: *Solanum*-Alkaloide, LVI. Mitteilung: Synthese von (22R:25S)-22.26-Imino-cholestan-Derivaten mit 16β-Amino-Gruppe. — Z. Chem. 5, 15—16
18. ADAM, Günter und Klaus SCHREIBER, 1965: *Solanum*-Alkaloide, LVII. Mitteilung: 1.4-N → N'-Acylwanderung bei einem Diaminosteroid. — Angew. Chem. 77, 94—95 (Angew. Chem., Intern. Ed. 4, 74)
19. ADAM, Günter und Klaus SCHREIBER, 1965: Photochemical Reactions, Part III: The Photochemical Fragmentation of a Steroidal N-Chloro-amine. — Tetrahedron Letters (London), 923—929
20. ADAM, Günter und Klaus SCHREIBER, 1965: Photochemical Reactions, Part IV (*Solanum* Alkaloids, Part LXI): Photochemical Fragmentation of 16-Hydroxylated N-Chloro-22.26-imino-cholestanes: A New Degradation of Spirosolane Alkaloids to Pregnane Derivatives. — Chem. and Ind. (London), 989—990
21. ADAM, Günter und Klaus SCHREIBER, 1965: Photochemische Reaktionen, V. Mitteilung (*Solanum*-Alkaloide, LXII. Mitteilung): Photolyse von N-Nitroso-22.26-imino-cholestanen: Eine neue Synthese von Spirosolan-Alkaloiden. — Experientia (Basel) **21**, 471—472
22. ADAM, Günter und Klaus SCHREIBER, 1965: Verfahren zur Herstellung von Chlorpregnanen. Wirtschaftspatent (DDR) No. WP120/110244 vom 17. 7. 1965
23. ADAM, Günter und Klaus SCHREIBER, 1966: *Solanum*-Alkalode, LXXIII. Mitteilung: Synthese und Umsetzungen von (22R:25S)-22.26-Imino-cholestanen mit 16β-Amino-Gruppe. 1.4-N → N'-Acylwanderung bei einem Diaminosteroid. — Chem. Ber. 99, 2275—2283
24. ADAM, Günter und Klaus SCHREIBER, 1966: *Solanum*-Alkaloide, LXXIV. Mitteilung: Intramolekulare Katalyse und 1.4-N→ O-Acylwanderung bei (22S:25R)-22.26-Imino-5α-cholestandiol (3β.16β)-Derivaten. — Chem. Ber. 99, 3173—3182
25. ADAM, Günter und Klaus SCHREIBER, 1966: Photochemische Reaktionen, VII. Mitteilung (*Solanum*-Alkaloide, LXXVI. Mitteilung): Photochemische Fragmentierung von N-Chlor-22.26-imino-cholestanen zu 20-Chlor-pregnanen. — Tetrahedron (London) **22**, 3581—3590
26. ADAM, Günter und Klaus SCHREIBER, 1966: Photochemische Reaktionen, VIII. Mitteilung (*Solanum*-Alkaloide, LXXVII. Mitteilung): Eine neue Synthese von Spirosolan-Alkaloiden durch Photolyse von N-Nitroso-22.26-imino-cholestanen. — Tetrahedron (London) **22**, 3591—3595
27. ADAM, Günter und Klaus SCHREIBER, 1967: Konfiguration und Umsetzungen von 20-stereoisomeren 20-Chlor-16β-hydroxy-pregnanen. Heterolytische Fragmentierung zu 16.17-Secosteroidaldehyden. — Liebigs Ann. Chem. **709**, 191—202
28. ADAM, Günter, Klaus SCHREIBER und Josef TOMKO, 1967: Alkaloide aus *Veratrum album* subsp. *lobelianum* (Bernh.) Suessenguth, XIII. Mitteilung (*Solanum*-Alkaloide, LXXXV. Mitteilung): Synthese des *Veratrum*-Alkaloids Verazin aus Tomatid-5-en-3β-ol. — Liebigs Ann. Chem. **707**, 203—208
29. ADAM, Günter, Klaus SCHREIBER, Josef TOMKO und Anna VASSOVÁ, 1967: Alkaloide aus *Veratrum album* subsp. *lobelianum* (Bernh.) Suessenguth, XII. Mitteilung: Verazin, ein neues *Veratrum*-Alkaloid mit 22.26-Imino-cholestan-Gerüst. — Tetrahedron (London) **23**, 167—171
30. ADAM, Günter, Klaus SCHREIBER, Josef TOMKO, Zdeno VOTICKÝ und Anna VASSOVÁ, 1968: Alkaloids from *Veratrum album* subsp. *lobelianum* (Bernh.) Suessenguth, Part XVII: Veramine, a Novel Type of *Veratrum* Alkaloid with a 17β-Methyl-18-nor-17-iso-spirosolane Skeleton. — Tetrahedron Letters (London), 2815—2820
31. ADLER, Ilse-Dore und Jörg SCHÖNEICH, 1967: Mutagenic action of caffeine in an ascites tumor strain of mice. Cytogenetic Investigation. — Humangenetik 4, 374—376
32. ADLER, Klaus, 1967: Spezifische Rolle der Carotinoidabsorption bei der photosynthetischen Sauerstoffentwicklung. — Planta, Berlin 75, 220—227
33. ADLER, Klaus, 1967: Blaugrün-Effekt und Emerson-Effekt in der photosynthetischen Sauerstoffentwicklung. — Studia biophysica, Sonderband 5, 225—232
34. ADLER, Klaus, 1967: Eine Anordnung zur Messung kleiner Sauerstoffaustauschraten photosynthetisierender Algen bei geringen Lichtintensitäten. — Kulturpflanze 15, 151—160

35. ADLER, Klaus, 1968: Untersuchungen über die Wirkung von Blaulicht auf die Photosynthese von *Ankistrodesmus braunii* (Naegeli) Collins. — Dissertation Martin-Luther-Universität Halle-Wittenberg,

36. ADLER, Klaus, 1968: Der Emerson-Enhancement-Effekt während der Induktionsperiode der Photosynthese. — Photosynthetica **2**, 17—23

37. ADLER, Klaus und Hans WARTENBERG, 1965: Die Rolle der Mikroorganismen bei der Wärmeentwicklung in keimenden Samen. — Zbl. Mikrobiol. Parasitenkde., II. Abt. **119**, 730—735

38. APEL, Peter, 1965: Die Bedeutung der Gerstengranne für die Kornentwicklung. II. Anteil der Grannen an der Photosynthese der Ähren. — Kulturpflanze **13**, 257—266

39. APEL, Peter, 1966: Rhythmische Änderungen der Stomataapertur und der CO_2-Aufnahme bei Keimblättern von Gerste. — Ber. Dtsch. Bot. Ges. **79**, 279—288

40. APEL, Peter, 1966: Herstellung CO_2-haltiger Gasgemische für Photosynthesemessungen mit dem URAS. — Flora (Jena), Abt. A **157**, 1—2

41. APEL, Peter, 1966: Die Bedeutung der Grannen für die Kornentwicklung. III. Photosyntheseintensität der Ähren verschiedener Gersten- und Weizensorten. — Kulturpflanze **14**, 163—169

42. APEL, Peter, 1967: Potentielle Photosyntheseintensität von Gerstensorten des Gaterslebener Sortiments. — Kulturpflanze **15**, 161—174

43. APEL, Peter, 1967: Über rhythmisch verlaufende Änderungen in der CO_2-Aufnahme von Blättern. — Ber. Dtsch. Bot Ges. **80**, 3—9

44. APEL, Peter, 1967: Photosynthesemessungen an Chlorophyllmutanten von Gerste (Lichtkurven, „Lichtatmung", Starklichtempfindlichkeit). — Studia biophysica, Sonderband **5**, 105—110

45. APEL, Peter, 1968: Die Bewegungen der Schließzellen der Blätter unterliegen einem Regelmechanismus. — Umschau Wiss. Techn. H. **28**, 755—756

46. APEL, Peter und Christian O. LEHMANN, 1967: Photosyntheseintensität von Winterweizen-Hybriden (F_1) und ihren Eltern. — Züchter **37**, 377—378

47. APEL, Peter und Gertrud WEICHSEL, 1968: Untersuchungen über die Wechselbeziehungen zwischen höheren Pflanzen und Bakterien in der synthetischen Rhizosphäre. II. Über die Verwendung von Agar als Kulturmedium bei der Untersuchung der Rhizosphäre im Zusammenhang mit dem Stickstoffhaushalt höherer Pflanzen. — Zbl. Bakteriol. Parasitenkd., Infekt.-Krankh. Hyg. Abt. II, **122**, 494—499

48. APEL, Peter und Gertrud WEICHSEL, 1968: desgl. III. Die Entwicklung von Rhizobien in N-freien Medien in Mischkultur mit nichtspezifischen Wirtspflanzen. — Zbl. Bakteriol. Parasitenkde., Infekt.-Krankh. Hyg. Abt. II, **122**, 580—585

49. APEL, Peter und Gertrud WEICHSEL, 1968: desgl. IV. Der Rhizosphäreneffekt und seine Ursachen. — Zbl. Bakteriol. Parasitenkde., Infekt.-Krankh. Hyg. Abt. II, **122**, 586—596

50. ARDENNE, Manfred von, Gerhard OSSKE, Klaus SCHREIBER, Karl STEINFELDER und Rudolf TÜMMLER, 1965: Sterine und Triterpenoide, VIII. Mitteilung (Molekül-Massenspektrographie von Naturstoffen, IV. Mitteilung): Über die Sterine von *Solanum tuberosum* L. — Kulturpflanze **13**, 101—113

51. ARDENNE, Manfred von, Gerhard OSSKE, Klaus SCHREIBER, Karl STEINFELDER und Rudolf TÜMMLER, 1965: desgl. IX. Mitteilung (Molekül-Massenspektrographie von Naturstoffen, V. Mitteilung): Über die Sterine und Triterpenoide von *Solanum demissum* Lindl. und *Solanum polyadenium* Greenm. — Kulturpflanze **13**, 115—129

52. ARDENNE, Manfred von, Gerhard OSSKE, Klaus SCHREIBER, Karl STEINFELDER und Rudolf TÜMMLER, 1965: desgl. X. Mitteilung (Molekül-Massenspektrographie von Naturstoffen, VI. Mitteilung): Über die Sterine des Kartoffelkäfers, *Leptinotarsa decemlineata* Say. — J. Insect Physiol. **11**, 1365—1376

53. ARDENNE, Manfred von, Karl STEINFELDER, Rudolf TÜMMLER und Klaus SCHREIBER, 1963: Molekül-Massenspektrographie von Naturstoffen, I. Mitteilung: Steroide. — Experientia (Basel) **19**, 178—180

54. AURICH, Otto, Siegfried DANERT, Klaus PUFAHL, Anneliese ROMEIKE, Hasso RÖNSCH, Klaus SCHREIBER und Günther SEMBDNER, 1966: Phytochemische Untersuchungen an Pflanzen der einheimischen Flora und des Gaterslebener Sortiments, II. Mitteilung. — Kulturpflanze **14**, 447—494

55. AURICH, Otto, Siegfried DANERT, Anneliese ROMEIKE, Hasso RÖNSCH, Klaus SCHREIBER und Günther SEMBDNER, 1967: Phytochemische Untersuchungen an Pflanzen der

einheimischen Flora und des Gaterslebener Sortiments, III. Mitteilung — Kulturpflanze 15, 205—242

56. AURICH, Otto, Gerhard OSSKE, Klaus PUFAHL, Anneliese ROMEIKE, Hasso RÖNSCH, Klaus SCHREIBER und Günther SEMBDNER, 1965: Phytochemische Untersuchungen an Pflanzen der einheimischen Flora und des Gaterslebener Sortiments, I. Mitteilung. — Kulturpflanze 13, 621—714

57. BANDLOW, Gerhard, 1949: *Neurospora*-Mutanten als biochemische Teste. — Forschung und Fortschritte Heft 21/22

58. BANDLOW, Gerhard, 1950: Auf neuen Wegen der Pflanzenzüchtung. — Naturwiss. Rdsch. Heft 10, 454—460

59. BANDLOW, Gerhard, 1951: Mutationsversuche an Kulturpflanzen. II. Züchterisch wertvolle Mutanten bei Sommer- und Wintergersten. — Züchter **21**, 357—363

60. BANDLOW, Gerhard, 1954: Mutationsversuche an Kulturpflanzen. III. Über genetische Vorstufen der Kapuzengerste mit variabler Manifestierung bei röntgeninduzierten Mutanten. — Züchter **24**, 20—27

61. BANDLOW, Gerhard, 1959: Mutationsversuche an Kulturpflanzen. X. Über Pleiotropie und eine zweifache Mutante bei Wintergerste. — Züchter **29**, 123—132

62. BARNETZKY, Friedrich, 1958: Über den Einfluß einer Förderungszone auf die Antibiotikaverteilung beim Diffusionstest. — Z. angew. Physik **10**, 264—268

63. BARNETZKY, Friedrich, 1959: Über den Einfluß ionisierender Strahlung auf das dielektrische Verhalten biologisch wichtiger Substanzen. — Dissertation Martin-Luther-Universität Halle-Wittenberg

64. BAUDISCH, Walter, 1960: Spezifisches Vorkommen von Carotinoiden und Oxyprolin in den Speicheldrüsen von *Acricotopus lucidus*. — Naturwiss. **47**, 498—499

65. BAUDISCH, Walter, 1961: Synthese von Oxyprolin in den Speicheldrüsen von *Acricotopus lucidus*. — Naturwiss. **48**, 56

66. BAUDISCH, Walter, 1963: Chemisch-physiologische Untersuchungen an den Speicheldrüsen von *Acricotopus lucidus*. — 100 Jahre Landwirtschaftliche Institute der Universität Halle 152—159

67. BAUDISCH, Walter, 1963: Aminosäurezusammensetzung der Speicheldrüsen von *Acricotopus lucidus*. — Biol. Zbl. **82**, 351—361

68. BAUDISCH, Walter, 1963: Askorbinsäuregehalt von Tomaten. Untersuchungen des Gaterslebener Mutantensortimentes von *Lycopersicon esculentum* Miller. — Kulturpflanze **11**, 244—249

69. BAUDISCH, Walter, 1964: Untersuchungen zur physiologischen Charakterisierung der einzelnen Speicheldrüsenlappen von *Acricotopus lucidus*. Erwin-Baur-Gedächtnisvorlesungen III, 1963. — Abh. Dt. Akad. Wiss. Berlin, Kl. Med. **4**, 231—234

70. BAUDISCH, Walter, 1964: Einbau von ^{14}C-Prolin in die Speicheldrüsen von *Acricotopus lucidus* (Chironomidae). Zweiter Intern. Kongreß für Histo- und Cytochemie, Frankfurt/Main, 16.—21. August 1964. — Springer-Verlag, Berlin-Göttingen-Heidelberg 236

71. BAUDISCH, Walter, 1965: Askorbinsäuregehalt von Mutanten der Wildtomate *Lycopersicon pimpinellifolium* (Jusl.) Mill. — Kulturpflanze **13**, 173—176

72. BAUDISCH, Walter, 1967: Askorbinsäuregehalt von Mutanten der Kulturtomate *Lycopersicon esculentum* Miller. — Kulturpflanze **15**, 105—114

73. BAUDISCH, Walter, 1967: Spezifische Hydroxyprolinsynthese in den Speicheldrüsen von *Acricotopus lucidus*. — Biol. Zbl. **86** (Suppl.), 157—162

74. BAUDISCH, Walter und Reinhard PANITZ, 1968: Kontrolle eines biochemischen Merkmals in den Speicheldrüsen von *Acricotopus lucidus* durch einen Balbiani-Ring. — Exp. Cell Res. **49**, 470—476

74a BECKER, K.-H., 1968: Untersuchungen über die ^{32}P-Phosphat- und ^{45}-Calcium-Absorption der Wurzeln von *Vicia faba* nach verschiedener Salzvorbehandlung. — Biol. Zbl. **87**, 71—89

75. BENEDIX, Erich Heinz, 1957: *Boletus rubinus* Sm. in Mitteleuropa. — Z. Pilzkunde **23**, Heft 3/4

76. BENEDIX, Erich Heinz, 1958: Pilze. — In: „Kleine Enzyklopädie Land-Forst-Garten", Leipzig

77. BENEDIX, Erich Heinz, 1958: *Coprinus insignis* oder *alopecia*? — Z. Pilzkunde **24**, 12—15

78. Benedix, Erich Heinz, 1959: Zur Verbreitung des Riesenträuschlings (*Strophax ferrii* Bres.) in Deutschland. – Westfäl. Pilzbriefe **2**, Heft 4
79. Benedix, Erich Heinz, 1959: Das Verhältnis der Boletaceen zu den Aphyllophoralen und Agaricales. – Pilzkunde **25**, 41–50
80. Benedix, Erich Heinz, 1960: Eine seltene Prolifikation von *Clitocybe clavipes* (Pers. ex. Fr.) Quél. – Z. Pilzkunde **26**, 4–8
81. Benedix, Erich Heinz, 1960: *Helvella* (*Gyromitra*) *infula* Schaeff. im sächsisch-böhmischen Grenzgebiet. – Česká Mykologie 14/1, 6–11
82. Benedix, Erich Heinz, 1960: Internationales Mykorrhiza-Symposium vom 25.–30. April 1960 in Weimar. – Z. Pilzkunde **26**, 25–30
83. Benedix, Erich Heinz, 1960: Zur Kenntnis der großen Stropharien. – Z. Pilzkunde **26**, 94–109
84. Benedix, Erich Heinz, 1961: Bemerkungen zu *Amanita* (*Lepidella*) *echinocephala* (Vitt.) Quél. – Z. Pilzkunde **27**
85. Benedix, Erich Heinz, 1961: Zur polyphyletischen Herkunft der Helvellaceen ss. lat. – Z. Pilzkunde **27**, 93–102
86. Benedix, Erich Heinz, 1961: Eine auffallende neue Blätterpilzart aus dem Dresdener Elbtal (Florist. Mitt.). – Ber. Arbeitsgem. sächs. Bot., N. F. **11**, 114–115
87. Benedix, Erich Heinz, 1962: Was ist „Stropharia Ferrii"? – Westf. Pilzbr. **3**, 78–83
88. Benedix, Erich Heinz, 1962: In memoriam Theodor Herzog. – Feddes Repert. **65**, 1–2
89. Benedix, Erich Heinz, 1962: Neues über Geoglossaceen: *Coelotiella, Mitrula*. – Kulturpflanze, Beih. 3, 389–410
90. Benedix, Erich Heinz, 1962: Gattungsgrenzen bei höheren Discomyceten. – Kulturpflanze **10**, 359–371
91. Benedix, Erich Heinz, 1962: *Stropharia Imaiana* Bx. – ein japanischer Riesenträuschling in Mitteleuropa. – Z. Pilzkunde **28**, 79–85
92. Benedix, Erich Heinz, 1962: Bestimmungsschlüssel der wichtigsten Mykose-Erreger (nach H. Rieth). – Z. Pilzkunde **28**, 96–99
93. Benedix, Erich Heinz, 1962: Mährische Mykologentage in Brünn. – Z. Pilzkunde **28**, 100–103
94. Benedix, Erich Heinz, 1963: Bemerkungen zur Mykorrhiza im System der Boletaceen. – In: Mykorrhiza, Internat. Mykorrhizasymposium, Weimar 1960. Fischer-Verlag, Jena
95. Benedix, Erich Heinz, 1963: Pilze jederzeit. 7. durchges. Aufl. – Pößneck
96. Benedix, Erich Heinz, 1964: Pilze jederzeit. 8. Aufl. – Pößneck
97. Benedix, Erich Heinz, 1963 (ausgeg. 1964): Überempfindlichkeit (Idiosynkrasie) gegen Kremplinge. – Z. Pilzkunde **29**, 42–43
98. Benedix, Erich Heinz, 1963 (ausgeg. 1964): Dr. Albert Pilát 60 Jahre. – Z. Pilzkunde **29**, 52–54
99. Benedix, Erich Heinz, 1965: Pilze jederzeit. 32 Speise- und Giftpilze im Jahreslauf. 9. und 10. ergänzte Aufl. – Forkel-Verlag, Pößneck
100. Benedix, Erich Heinz, 1965: III. Ungarische Landesmykologentagung in Keszthely 1964. – Biol. Rdsch. **2**, 288–289
101. Benedix, Erich Heinz, 1965: *Acetabula costifera* (Lund. et Nannf.) n.c. in Thüringen. – Westf. Pilzbr. **5**, 113–116
102. Benedix, Erich Heinz, 1966: Pilze überall. 39 Pilzarten verschiedener Standorte. – Verl. Rud. Forkel, Pößneck
103. Benedix, Erich Heinz, 1966: Art- und Gattungsgrenzen bei höheren Discomyceten II. – Kulturpflanze **14**, 359–379
104. Benedix, Erich Heinz, 1967: Bemerkenswerte Prolifikationen bei Blätterpilzen. – Feddes Repert. **74**, 201–207
105. Benedix, Erich Heinz, 1967: Im Pilzdorado von Białowieza. Streiflichter vom IV. Europäischen Mykologenkongreß 1966 in Warschau. – Westfäl. Pilzbr. **6**, 134–137
106. Benedix, Erich Heinz, 1967: Pilze jederzeit. 32 Speise- und Giftpilze im Jahreslauf. 11. u. 12. durchges. Aufl. – Forkel-Verlag, Pößneck
107. Benedix, Erich Heinz, 1967: Pilze überall. 39 Pilzarten verschiedener Standorte. 2. durchges. Aufl. – Forkel-Verlag, Pößneck

108. BENEDIX, Erich Heinz, 1968: Amerikanische Riesenlorcheln in Mitteleuropa. — Acta Mycologica, Warschau, IV/2, 209—213
109. BERGER, Karl, 1963: Fertilitätsuntersuchungen an der Wildkirsche *Prunus avium* L. var. *avium*. — Kulturpflanze **11**, 358—375
110. BERGMANN, Harry, 1966: Einfluß der Kulturbedingungen auf das Wachstum isolierter Getreide-Embryonen in vitro. — Kulturpflanze 14, 419—439
111. BERGMANN, Harry, 1967: Auftreten und Lokalisierung von Gibberellinen in keimenden Roggen-Karyopsen. — Naturwiss. **54**, 447—448
112. BERGMANN, Harry, Klaus MÜNTZ, Rolf RAMMELT und Wolfgang R. MÜLLER-STOLL, 1967: Qualitative und quantitative Papierchromatographie von Purin- und Pyrimidinverbindungen in Isobuttersäure-Laufmitteln und ihre Anwendung bei verschiedenen Objekten. — Flora, Jena, Abt. A, **158**, 384—406
113. BÖHME, Helmut, 1954: Untersuchungen zum Problem der genetischen Bedeutung von Pfropfungen zwischen genotypisch verschiedenen Pflanzen. — Z. Pflanzenzüchtung **33**, 367—418
114. BÖHME, Helmut, 1955: Die entfernte Hybridisation als Methode der Pflanzenzüchtung (Über die Arbeiten N. W. Zizins). — Wiss. Z. d. Univ. Halle, Math.-Nat. **IV**, 747—754
115. BÖHME, Helmut, 1957: Weitere Untersuchungen zum Problem der genetischen Bedeutung von Pfropfungen zwischen genotypisch verschiedenen Pflanzen. — Z. Pflanzenzüchtg. **38**, 37—50
116. BÖHME, Helmut, 1961: Über Rückmutationen und Suppressormutationen bei *Proteus mirabilis*. — Z. Vererb.-Lehre **92**, 197—204
117. BÖHME, Helmut, 1961: Streptomycin-abhängige Mutanten von *Proteus mirabilis* und ihre Verwendung in Mutationsversuchen mit Manganchlorid. — Biol. Zbl. **80**, 5—32
118. BÖHME, Helmut, 1961: Sensitization of *Proteus mirabilis* to the lethal action of ethyl methanesulphonate by pretreatment with manganous chloride. — Biochem. Biophys. Res. Comm. **6**, 108—111
119. BÖHME, Helmut, 1961: Die Verwendung induzierter Mutanten in der industriellen Mikrobiologie. — Fortschr. Bot. **23**, 502—509
120. BÖHME, Helmut, 1962: Die Beeinflussung der inaktivierenden und mutagenen Wirkung von Äthyl-Methansulfonat durch Mangan- und Magnesiumchlorid. — Biol. Zbl. **81**, 267—275
121. BÖHME, Helmut, 1963: Transduction of prototrophy to auxotrophic mutants of *Proteus mirabilis*. — Biochem. Biophys. Res. Comm. **10**, 60—62
122. BÖHME, Helmut, 1963: Neuere Erkenntnisse und Probleme in der Vererbungsforschung. — Biologie i. d. Schule 247—255
123. BÖHME, Helmut, 1963: Zu einigen Problemen des Determinismus in der modernen Genetik. — Wiss. Z. Humboldt-Univ. Berlin, Math. Naturw. R. **12**, 445—448
124. BÖHME, Helmut, 1963: Genetic analysis of streptomycin dependence in *Proteus mirabilis*. — Proc. XI. Intern. Congr. of Genetics, The Hague, **1**, 33
125. BÖHME, Helmut, 1963: Issledovanie mutacij i transdukcij u *Proteus mirabilis*. — In: Genetika Mikroorganismov, Moskva, 333—338
126. BÖHME, Helmut, 1964: Über den Einfluß von Mutationen im Genom des Donor-Stammes auf die Transduktionsfähigkeit des *Proteus*-Phagen π1. Erwin-Baur-Gedächtnisvorlesungen III, 1963. — Abh. Dt. Akad. Wiss., Berlin, Kl. Med. **4**, 107—111
127. BÖHME, Helmut, 1964: Über einige neuere Erkenntnisse in der Vererbungsforschung. — In: Beiträge zur Abstammungslehre, Teil 1, Verl. Volk und Wissen, Berlin, 25—56
128. BÖHME, Helmut, 1965: Gregor Mendel, die Chromosomentheorie der Vererbung und die moderne Genetik. — Wiss. u. Fortschr. **15**, 156—160
129. BÖHME, Helmut, 1965: Über die lineare Genanordnung und falsche Methoden ihrer philosophischen Interpretation. — Biologie i. d. Schule **14**, 165—168
130. BÖHME, Helmut, 1967: Genetic instability of an ultraviolet-sensitive mutant of *Proteus mirabilis*. — Biochem. Biophys. Res. Comm. **28**, 191—196
131. BÖHME, Helmut, 1967: Ultraviolet-sensitive mutants of *Proteus mirabilis* with increased spontaneous mutability. — Microb. Genet. Bull. **27**, 4
132. BÖHME, Helmut, 1968: Absence of repair of photodynamic induced damage in two mutants of *Proteus mirabilis* with increased sensitivity to monofunctional alkylating agents. — Mut. Res. **6**, 166—168
133. BÖHME, Helmut, 1968: Mutants of *Proteus mirabilis* deficient in repair of radiation and chemically induced damage. — Proc. XII. Intern. Congress of Genetics **I**, 76

134. Böhme, Helmut, Barbara Adler und Horst Stäber, 1967: Resistenz-Übertragungs-Faktoren als extrachromosomale Informationsträger bei Bakterien. – Biol. Zbl. **86** (Suppl.), 25–44
135. Böhme, Helmut und Günter Scholz, 1960: Versuche zur Normalisierung des Phänotyps der Mutante „*chloronerva*" von *Lycopersicon esculentum* Mill. – Kulturpflanze **8**, 93–109
136. Böhme, Helmut und H. R. Schütte, 1956: Genetisch-biochemische Untersuchungen über Blütenfarbstoffe an Mutanten von *Antirrhinum majus* L. I. Mitteilung. – Biol. Zbl. **75**, 597
137. Böhme, Helmut, H. R. Schütte und W. Langenbeck, 1957: Genetisch-biochemische Untersuchungen über Blütenfarbstoffe an Mutanten von *Antirrhinum majus* (L.). II. Chinasäure aus p-Cumarsäureester in *Antirrhinum majus*. – Naturwiss. **44**, 63
138. Böhme, Helmut, Horst Stäber und Barbara Adler, 1966: Non-transducibility of R-factors by *Proteus* phages. – Microb. Genet. Bull. **25**, 8
139. Böhme, Helmut und Udo Taubeneck, 1958: Über die Penicillin-Resistenz von *Proteus vulgaris* Hauser. – Zbl. Bakteriol., Parasitenkde., Infektionskrankh. u. Hygiene, 2. Abt., **111**, 377–386
140. Böhme, Helmut und Udo Taubeneck, 1958: Die Wirkung von Bakteriophagen auf Normalformen und „large bodies" von *Proteus mirabilis*. – Naturwiss. **45**, 296–297
141. Böhme, Helmut und Udo Taubeneck, 1958: The action of bacteriophages on rodcells and penicillin induced large bodies of *Proteus mirabilis*. – Proc. Xth Intern. Congress of Genetics 28–29
142. Böhme, Helmut und Adolf Wacker, 1963: Mutagenic activity of thiopyronine and methylenblue in combination with visible light. – Biochem. Biophys. Res. Comm. **12**, 137–139
143. Borsutzki, H., 1955: Beitrag zur chemischen Kenntnis der *Artemisia maritima*. – Arch. Pharmazie **288/60**, 336–340
144. Böttger, Ilse, 1956: Elektrophoretische Trennungen von Eiweißen aus Sojabohnensamen. – Kulturpflanze, Beih. 1, 139
145. Böttger, Ilse, 1957: Stoffwechsel der Purine und Pyrimidine. – Hdb. d. Pflanzenphys. **8**, 763–813
146. Bryce, T. A., Michael Martin-Smith, Gerhard Osske, Klaus Schreiber and G. Subramanian, 1967: Sterols and Triterpenoids, Part IX: Isolation of Arundoin and Sawamilletin from Cuban Sugar Cane Wax. – Tetrahedron, London, **23**, 1283–1296
147. Budzikiewicz, Herbert, Christian Horstmann, Klaus Pufahl und Klaus Schreiber, 1967: Isolierung von Fontaphillin, Gentianin und 4-Amino-nicotinsäuremethylester aus Blattextrakten von *Fontanesia phillyreoides* Labill. – Chem. Ber. **100**, 2798–2806
148. Columbus, Arno, Walter Harnisch und Friedrich Scholz, 1959: Verdaulichkeits-, N-Bilanz- und Fütterungsversuche mit einer nacktkörnigen Gerstenmutante und ihrer bespelzten Ausgangssorte an wachsenden Labortieren und Schweinen. – Arch. Tierernährg. **9**, 120–165
149. Danert, Siegfried, 1954: Die medizinisch genutzten *Datura*-Arten und deren Benennung. – Pharmazie **9**, 349–362
150. Danert, Siegfried, 1954: *Laburnum anagyroides* Med. und *Cytisus purpureus* Scop. in der Zeit vor Linné. – Wiss. Ztschr. Univ. Halle, Math.-Naturw. R. **4**, 79–88
151. Danert, Siegfried, 1955: Ein Beitrag zur Kenntnis der Gattung *Datura* L. – Feddes Repert. **57**, 231–242
152. Danert, Siegfried, 1956: Zur Systematik von *Solanum tuberosum* L. – Kulturpflanze **4**, 83–129
153. Danert, Siegfried, 1957: Über den Sproßaufbau und die Blattentwicklung bei der Kartoffel. – Züchter **27**, 22–33
154. Danert, Siegfried, 1958: Die Verzweigung der Solanaceen im reproduktiven Bereich. – Abh. Dtsch. Akad. Wiss. Berlin, Kl. Chemie, Geologie u. Biologie, Jg. 1957 No. 6
155. Danert, Siegfried, 1958: Zur Systematik von *Papaver somniferum* L. – Kulturpflanze **6**, 61–88
156. Danert, Siegfried, 1959: Zur Gliederung von *Petroselium crispum* (Mill.) Nym. – Kulturpflanze **7**, 73–81
157. Danert, Siegfried, 1961: Zur Systematik von *Nicotiana tabacum* L. – Kulturpflanze **9**, 287–363

158. DANERT, Siegfried, 1961: Morphologie und Anatomie. — In: SCHICK, R., und M. KLINKOWSKI, Die Kartoffel, ein Handbuch, I, 19—45. Berlin
159. DANERT, Siegfried, 1961: Sortensystematik. — In: SCHICK, R., und M. KLINKOWSKI, Die Kartoffel, ein Handbuch, I, 559—569. Berlin
160. DANERT, Siegfried, 1962: Rudolf Mansfeld (1901—1960). — Feddes Repert. **65**, 133 bis 138
161. DANERT, Siegfried, 1962: Über Gliederungsprobleme bei Kulturpflanzen. — Kulturpflanze **10**, 350—358
162. DANERT, Siegfried, 1962: Die wissenschaftlichen Arbeiten Rudolf Mansfelds. — Kulturpflanze, Beih. 3, 13—25
163. DANERT, Siegfried, 1963: Zur Systematik von *Nicotiana rustica* L. — Kulturpflanze **11**, 535—562
164. DANERT, Siegfried, 1964: Über die Grundzüge des „Internationalen Code der botanischen Nomenklatur". — Dt. Gartenbau **11**, 16—18, 45—47
165. DANERT, Siefried, 1964: Einige Bemerkungen zum Internationalen Code der Nomenklatur für Kulturpflanzen. — Kulturpflanze **12**, 481—487
166. DANERT, Siegfried, 1965: Bericht über die 2. Mongolisch-Deutsche Biologische Expedition (1964). — Kulturpflanze **13**, 28—44
167. DANERT, Siegfried, 1965: Über einige infraspezifische Sippen von *Malva verticillata* L. — Kulturpflanze **13**, 715—735
168. DANERT, Siegfried, 1966: Zur Morphologie und Systematik von *Malva verticillata* L. — Kulturpflanze **14**, 495—510
169. DANERT, Siegfried, 1967: Die Verzweigung als infragenerisches Gruppenmerkmal in der Gattung *Solanum*. — Kulturpflanze **15**, 275—292
170. DANERT, Siegfried, S. GEIER und Peter HANELT, 1961: Vegetationskundliche Studien in Nordostchina (Mandschurei) und der Inneren Mongolei. — Feddes Repert., Beih. 139, 5—144
171. DANERT, Siegfried und Peter HANELT, 1961: Reichtum der chinesischen Flora. — Wiss. u. Fortschr. 276—279
172. DANERT, Siegfried, Peter HANELT, Johannes HELM, Joachim KRUSE, Christian O. LEHMANN und Jürgen SCHULTZE-MOTEL, 1967: Brockhaus ABC der Biologie (Beiträge zur Systematik der Kulturpflanzen). — VEB F. A. Brockhaus Verlag, Leipzig
173. DÖBEL, Peter, 1959: Untersuchungen zur Morphologie der Chloroplasten von Tomatenmutanten. — Kulturpflanze **7**, 168—183
174. DÖBEL, Peter, 1962: Elektronenmikroskopische Untersuchung der Plastidenentwicklung von *Lycopersicon esculentum* Miller. — Biol. Zbl. **81**, 721—730
175. DÖBEL, Peter, 1963: Untersuchung der Wirkung von Streptomycin-, Chloramphenicol- und 2-Thiouracil-Behandlung auf die Plastidenentwicklung von *Lycopersicon esculentum* Miller. — Biol. Zbl. **82**, 275—295
176. DÖBEL, Peter, 1964: Über Zusammenlagerungen von Proplastiden. — Proc. Third Europ. Regional Conference Electron Microscopy, Prague, 149—150
177. DÖBEL, Peter, 1964: Über die Plastiden einer Herkunft des status *albomaculatus* von *Antirrhinum majus* L. — Z. Vererbungsl. **95**, 226—235
178. DÖBEL, Peter, 1964: Die Plastiden einer nach Pfropfung schwach ergrünungsfähigen *albina*-Mutante der Tomate. — Kulturpflanze **12**, 153—161
179. DÖBEL, Peter, 1966: Strukturelemente der Ribosomen im Ultradünnschnitt. — Z. Naturforsch. **21b**, 198—199
180. DÖBEL, Peter, 1968: Über die plasmatischen Zellstrukturen der Speicheldrüse von *Acricotopus lucidus*. — Kulturpflanze **16**, 203—214
181. DÖBEL, Peter und Rudolf HAGEMANN, 1963: Elektronenmikroskopischer Nachweis echter Mischzellen bei *Antirrhinum majus* status *albomaculatus*. — Biol. Zbl. **82**, 749—751
182. DÖBEL, Peter und Herta SAGROMSKY, 1966: Abhängigkeit der Chloroplastenstruktur und des Pigmentgehaltes vom Nährstoffangebot bei der Tomatenmutante *venosa*. — Kulturpflanze **14**, 293—297
183. EICHLER, Hansjörg, 1950: Floristische und pytozönologische Untersuchung des Hakels und seiner nächsten Umgebung. — Dissertation Martin-Luther-Universität Halle-Wittenberg
184. ENGELBRECHT, Lisabeth, 1954: Über Allantoinsäure und Allantoin. III. Ihre Rolle bei der Keimung des Ahorns. — Flora **141**, 501

185. ENGELBRECHT, Lisabeth, 1954: Über Allantoinsäure und Allantoin. IV. Ihre Beziehungen zu den Säureamiden bei der Keimung von *Phaseolus vulgaris* L. — Flora **142**, 17
186. ENGELBRECHT, Lisabeth, 1956: Über den Stickstoff-Stoffwechsel isolierter Organe. — Kulturpflanze, Beiheft **1**, 86
187. ENGELBRECHT, Lisabeth und A. UNVERRICHT, 1956: Über den Einfluß von Starklicht auf den physiologischen Zustand isolierter Blätter. — Flora **145**, 236—255
188. FARAJ SALMAN, Abdul Ghani, 1967: Eine weiße Mutante von *Erobasidium pullulans* (De Bary) Arnaud. — Kulturpflanze **15**, 175—180
189. FARAJ SALMAN, Abdul Ghani, 1968: Einfluß vor Licht auf die Koremienbildung und ihre kreisförmige Anordnung. I. Bei *Penicillium duclauxi* Delacroix. — Biol. Zbl. **87**, 741—756
190. FISCHER, Friedrich und Hasso RÖNSCH, 1963: Beobachtung einer unterschiedlichen Hydrierbarkeit von N-substituierten Aziridin-Derivaten. — Z. Chem. **3**, 265
191. FOCKE, Ingeborg, Günther SEMBDNER und Klaus SCHREIBER, 1965: Gibberelline, V. Mitteilung: Über die Giberellinbildung einiger Stämme von *Fusarium moniliforme* Sheld. und deren Einfluß auf Maisembryonen. — Biol. Zbl. **84**, 309—324
192. FOCKE, Ingeborg, Günther SEMBDNER und Klaus SCHREIBER, 1967: Gibberelline, XI. Mitteilung: Der Einfluß komplexer Nährsubstrate auf die Gibberellinbildung von *Fusarium moniliforme* Sheld. — Biol. Zbl. **86**, Suppl., 509—519
193. FODOR, Gábor, G. JANZSÓ, J. KOCZOR und Anneliese ROMEIKE, 1959: Epoxydation Experiments in vivo with Dehydrohyoscyamine and Related Compounds. — Tetrahedron Letters **7**, 19—23
194. FODOR, Gábor, Ferenc SÓTI, Paul DOBÓ, Ferenc URESCH und Anneliese ROMEIKE, 1965: Zur Synthese, absoluten Konfiguration und Biogenese der am Pyrrolidin-Ring hydroxylierten Tropan-Alkaloide. — In: Beiträge zur Biochemie und Physiologie von Naturstoffen, Festschrift Kurt Mothes zum 65. Geburtstag. VEB Gustav Fischer Verlag, Jena, 135—142
195. FODOR, Gabór, J. TOTH, Anneliese ROMEIKE, I. VINCZE, Paul DOBÓ und G. JANZSÓ, 1957: Eine verbesserte Synthese von Scopolamin und seine biogenetischen Beziehungen. — Angew. Chemie **69**, 678
196. FRANKENFELD, Werner, 1963: Das Fotografieren von Kulturen in Glaskolben. — Fotografie **17**, 188—189
197. FRIEDRICH, Hilmar, 1952: Über pflanzliche Gerbstoffe. — Pharmazie 7, 284—291
198. FRIEDRICH, Hilmar, 1953: Hydrojuglon und Vitamin C in der Walnuß (*Juglans regia*). — Pharmazie **8**, 90—94
199. FRIEDRICH, Hilmar, 1954: Untersuchungen über den Gerbstoff von *Bergenia*-Arten und seine Beziehungen zum Arbutin. — Pharmazie **9**, 138
200. FRIEDRICH, Hilmar, 1954: Wissenschaftl. Redaktion der deutschen Übersetzung von A. L. KURSANOW, Synthese und Umwandlung der Gerbstoffe in der Teepflanze. — Pharmazie, Beiheft **I**, Verlag Volk und Gesundheit, Berlin
201. FRIEDRICH, Hilmar, 1955: Beobachtungen über die Hemmung der Glukosidase-Aktivität durch Gallotannin und deren mögliche Bedeutung für die Stabilität der Arbutindrogen. — Arch. Pharmazie **288/60**, 583—589
202. FRIEDRICH, Hilmar, 1956: Die fermenthemmende Wirkung von Gerbstoffen. — Kulturpflanze, Beiheft **1**, 86
203. FRIEDRICH, Hilmar, 1956: Abbau von phenolischen Substanzen durch *Aspergillus niger*. — Arch. Mikrobiol. **25**, 297—306
204. FRIEDRICH, Hilmar, 1957: Beiträge zur Analytik, Biochemie und Physiologie des Arbutins und der Arbutinpflanzen. — Habilitationsschrift, Martin-Luther-Universität Halle-Wittenberg
205. FRIEDRICH, Hilmar, 1957: Untersuchungen über die phenolischen Inhaltsstoffe von *Pyrus communis*, 1. Mitteilung: Zusammenstellung der bisherigen Veröffentlichungen. Pharmazie **12**, 691—693
206. FRIEDRICH, Hilmar, 1957: Untersuchungen über die phenolischen Inhaltsstoffe von *Pyrus communis*, 2. Mitteilung: Der Arbutingehalt der Birnenblätter. — Pharmazie **12**, 831—834
207. FRIEDRICH, Hilmar, 1958: Untersuchungen über die phenolischen Inhaltsstoffe von *Pyrus communis* L., 3. Mitteilung: Der Einfluß von Pfropfungen auf den Arbutingehalt der Blätter von Reis und Unterlage. — Pharmazie **13**, 54

208. FRIEDRICH, Hilmar, 1958: Untersuchungen über die phenolischen Inhaltsstoffe von *Pyrus communis* L., 4. Mitteilung: Verhalten des Arbutins beim Keimen von Birnensamen und Verteilung in jungen Pflanzen. – Pharmazie **13**, 153
209. FRIEDRICH, Hilmar, 1958: Untersuchungen über die phenolischen Inhaltsstoffe von *Pyrus communis* L., 5. Mitteilung: Das Vorkommen von Gerbstoff in Birnenblättern. Pharmazie **13**, 299
210. FRIEDRICH, Hilmar, 1958: Die Biosynthese aromatischer Pflanzenstoffe. – Pharmazie **13**, 349
211. FRIEDRICH, Hilmar, 1959: Zur Wertbestimmung der *Folia Uvae ursi*. – Pharmaz. Zentralhalle **98**, 372–378
212. FRIEDRICH, Hilmar, 1959: Die Biosynthese der Anthrachinone. – Planta medica **7**, 383–389
213. FRIEDRICH, Hilmar, 1960: Zur Physiologie und Biochemie der Glykosidbildung. – Kulturpflanze **8**, 158–167
214. FRIEDRICH, Hilmar, 1960: Untersuchungen über die phenolischen Inhaltsstoffe von *Pyrus communis* L., 6. Mitteilung: Isolierung und Charakterisierung einer neuen phenolischen Verbindung. – Pharmazie **15**, 319–322
215. FRIEDRICH, Hilmar, 1960: Untersuchungen über die phenolischen Inhaltsstoffe von *Pyrus communis* L., 7. Mitteilung: Pyrosid. – Pharmazie **15**, 650–654
216. FRIEDRICH, Hilmar, 1961: Über das Vorkommen von Pyrosid in den Blättern der Preißelbeere (*Vaccinium vitis-idaea* L.). – Naturwiss. **48**, 304
217. FRIEDRICH, Hilmar, 1962: Über das Vorkommen von Isorhamnetinglykosiden in den Blüten von *Calendula officinalis* L. – Arch. Pharmazie **295**, 59–66
218. FRIEDRICH, Hilmar, und Christian HORSTMANN, 1961: Papierchromatographische Trennung der Furochromone aus *Ammi visnaga* L. an polyamidimprägniertem Papier. – Pharmazie **16**, 319
219. FUCHS, Ulrich, 1955: Untersuchung über die Königinnenverluste bei der Begattung. – Leipz. Bienenztg. Heft 10
220. FUCHS, Ulrich, 1955: Um die Betriebsweise. – Leipz. Bienenztg. Heft 11
221. FUCHS, Ulrich, 1956: Die Anlage von Bienenweide auf Ödland, an Bahndämmen, auf Halden, in Sand-, Lehm- und Tongruben und an Bächen. – Jahrb. d. Imkers
222. FUCHS, Ulrich, 1957: Wabenmangel und Völkervermehrung. – Leipz. Bienenztg./ DIZ Nr. 6, 182–184
223. FUCHS, Ulrich, 1958: Erfahrungen bei der Reizfütterung mit Trockenzucker. – Leipz. Bienenztg. **72**, 18
224. FUCHS, Ulrich, 1958: Wanderungen mit Bienen in die Sonnenblume. – Leipz. Bienenztg. **72**, 44
225. FUCIK, Vladimir, Arnd MICHAELIS and Rigomar RIEGER, 1963: Different effects of BUDR on the induction of chromatid aberrations by means of TEM and Maleic hydrazide. – Biochem. Biophys. Res. Com. **13**, 366–371
226. GENTSCHEW, Spas und Herta SAGROMSKY, 1963: Heterosiseffekt und Pigmentgehalt am Beispiel von zwei Hybridtomatensorten und ihren Eltern. – Kulturpflanze **11**, 507–516
227. GICHNER, Tomas, Arnd MICHAELIS and Rigomar RIEGER, 1963: Radiomimetic effects of 1-methyl-3-nitro-1-nitrosoguanidine in *Vicia faba*. – Biochem. Biophys. Res. Com. **11**, 120–124
228. GOSDA, Wolfgang, 1963: Untersuchungen über den Einfluß von Metallkationen auf die Acylcholin-acyl-hydrolase des Pferdeserums. – Dissertation Martin-Luther-Universität Halle-Wittenberg
229. GOSDA, Wolfgang, Ulrich WALLWITZ und Horst SCHMIDT, 1965: Über Struktur und Funktion des genetischen Materials. – Kulturpflanze **13**, 177–237
230. GREBENŠČIKOV, Igor, 1949: Zur morphologisch-systematischen Einteilung von *Zea mays* L. unter besonderer Berücksichtigung der südbalkanischen Formen. – Züchter **19**, 302–311
231. GREBENŠČIKOV, Igor, 1950: Zur Kenntnis der Kürbisart *Cucurbita pepo* L. nebst einigen Angaben über Ölkürbis. – Züchter **20**, 194–207
232. GREBENŠČIKOV, Igor, 1951: Über biologische Schädlingsbekämpfung. – Urania **14**, 329–335
233. GREBENŠČIKOV, Igor, 1953: Die Entwicklung der Melonensystematik. – Kulturpflanze **1**, 121–138

234. GREBENŠČIKOV, Igor, 1953: Zur Kenntnis von *Euchlaena mexicana* Schrad. — Kulturpflanze **1**, 156—157
235. GREBENŠČIKOV, Igor, 1954: Mais als Kulturpflanze. — Die Neue Brehm-Bücherei No. 123, a. Ziemsen Verlag, Wittenberg
236. GREBENŠČIKOV, Igor, 1954: Prezvalskij und Miklucho-Maklaj (Klassik und Romantik in der russischen geographischen Forschung). — Forschungen u. Fortschritte **28**, 72—78
237. GREBENŠČIKOV, Igor, 1954: Zur Verbesserung der Dünnschaligkeit bei *Cucurbita pepo* L. — Züchter **24**, 162—166
238. GREBENŠČIKOV, Igor, 1954: Notulae cucurbitologicae. I. Zur Vererbung der Bitterkeit und Kurztriebigkeit bei *Cucurbita pepo* L. — Kulturpflanze **2**, 145—154
239. GREBENŠČIKOV, Igor, 1955: Über die Mittelmeerpopulationen von *Epilachna chrysomelina* F. Ber. — 7. Wanderversammlg. Deutscher Entomologen 134—147
240. GREBENŠČIKOV, Igor, 1955: Notulae cucurbitologicae. II. Über *Cucurbita texana* A. Gr. und ihre Kreuzung mit einer hochgezüchteten *C. pepo*-Form. — Kulturpflanze **3**, 50—59
241. GREBENŠČIKOV, Igor, 1956: Über einen Fall von ontogenetischem Farbwechsel der Bastardfrüchte beim Kürbis und über die Anwendung des Begriffes „Dominanzwechsel". — Kulturpflanze **4**, 247—276
242. GREBENŠČIKOV, Igor, 1957: Über den Heterosiseffekt bei F_1-Bastarden verschiedener Maisherkünfte in einem für Mais besonders ungünstigen Jahre. — Z. Pflanzenzüchtg. **37**, 345—374
243. GREBENŠČIKOV, Igor, 1957: Zum Problem der Untergattung bei der Gattung *Aphodius* (Col. Scarab.). — Ber. Hundertjahrfeier Deutsche Entomol. Ges., Berlin, 72—77
244. GREBENŠČIKOV, Igor, 1958: Notulae cucurbitologicae. III. — Kulturpflanze **6**, 38—60
245. GREBENŠČIKOV, Igor, 1958: Über zwei *Cucurbita*-Artkreuzungen. — Züchter **28**, 233—237
246. GREBENŠČIKOV, Igor, 1959: Mais als Kulturpflanze, 2. erw. Aufl. — Die Neue Brehm-Bücherei Nr. 123, A. Ziemsen Verlag, Wittenberg
247. GREBENŠČIKOV, Igor, 1959: Ein Vergleich des Heterosiseffekts im „Fruchtgewicht" bei Kürbis und Mais. — Kulturpflanze **7**, 184—197
248. GREBENŠČIKOV, Igor, 1960: Notulae cucurbitologicae. IV. Ein Beispiel für gesetzmäßige Verschiedenheit der Fruchtform innerhalb einer Pflanze. — Kulturpflanze **8**, 138—157
249. GREBENŠČIKOV, Igor, 1961: Notulae cucurbitologicae. V. Fortsetzung der Studien zur Verschiedenheit der Fruchtform innerhalb einer Pflanze. — Kulturpflanze **9**, 45—57
250. GREBENŠČIKOV, Igor, 1962: Über die Bedeutung des besseren und schlechteren Elters für die Leistung der F_1-Bastarde und über die Gültigkeit des Mitscherlichschen Gesetzes für den Heterosiseffekt. — Z. Pflanzenzüchtung **47**, 388—397
251. GREBENŠČIKOV, Igor, 1962: Quantitative Beobachtungen an F_1-Bastarden des Gaterslebener Maissortiments. — Kulturpflanze **10**, 72—92
252. GREBENŠČIKOV, Igor, 1962: Zur Vererbung der Fruchtstreifung beim Gartenkürbis *Cucurbita pepo* L. — Kulturpflanze, Beih. **3**, 183—190
253. GREBENŠČIKOV, Igor, 1963: Zur quantitativ-genetischen Analyse der Ertragskomponenten beim Kürbis, Teil 1. — Kulturpflanze **11**, 264—280
254. GREBENŠČIKOV, Igor, 1964: Zur quantitativ-genetischen Analyse der Ertragskomponenten beim Kürbis, Teil 2. — Kulturpflanze **12**, 93—106
255. GREBENŠČIKOV, 1965: Notulae cucurbitologicae. VI. Über einige Artkreuzungen in der Gattung *Cucurbita*. — Kulturpflanze **13**, 145—161
256. GREBENŠČIKOV, Igor, 1965: Zur Frage der Maisentstehung im Lichte der neueren archäologischen Untersuchungen. — Biologie i. d. Schule **14**, 209—212
257. GREBENŠČIKOV, Igor, 1966: Zur Verbreitung von *Aphodius montivagus* Er. in Deutschland. — Nachrichtenbl. d. Bayer. Entomologen **15**, 13—14
258. GREBENŠČIKOV, Igor, 1967: Zur quantitativ-genetischen Analyse der Ertragskomponenten beim Kürbis, Teil 3: Reziproke Kreuzung zweier stark verschiedener Typen von *Cucurbita maxima*. — Kulturpflanze **15**, 55—72
259. GREBENŠČIKOV, Igor, 1968: Beobachtungen an Pflanzenhöhe, Pflanzengewicht und Korngewicht von F_1- und F_2- Bastarden des Gaterslebener Maissortimentes. — Z. Pflanzenzüchtung **60**, 297—314
260. GRÖBER, Kurt, 1958: Multivalentbildung und „secondary association" in den Stadien der Meiosis autotetraploider Rassen der Gattung *Lycopersicon* Mill. — Kulturpflanze **6**, 198—236

261. GRÖBER, Kurt, 1959: Mutationsversuche an Kulturpflanzen. XI. Die Erzeugung von somatischen Mutationen mittels Röntgenstrahlen bei Obst. – Kulturpflanze 7, 35–54
262. GRÖBER, Kurt, 1959: Eine anomal spaltende *gilva*-Mutante der Tomate. – Rep. Tomato Genetics Coop. 9, 37–38
263. GRÖBER, Kurt, 1960: Pigment formation in lethal chlorophyll mutants by artificial illumination. – Rep. Tomato Genetics Coop. 10, 17–18
264. GRÖBER, Kurt, 1960: Ein neuartig balanciertes Letalfaktorensystem bei *Lycopersicon esculentum* Mill. – Kulturpflanze 8, 33–89
265. GRÖBER, Kurt, 1961: Multivalente Assoziationen in diploiden Pollenmutterzellen der Tomate (*Lycopersicon esculentum* Mill.) und ihre Bedeutung für das Problem der Chromosomengrundzahl. – Kulturpflanze 9, 146–162
266. GRÖBER, Kurt, 1961: Pigment formation in a "lethal" chlorophyll mutant by growth in relatively high temperatures. – Rep. Tomato Genetics Coop. 11, 12
267. GRÖBER, Kurt, 1962: Chimärenbildungen bei der Tomatenmutante *gilva* von *Lycopersicon esculentum* Mill. nach Behandlung von heterozygotem Samenmaterial mit Colchicin und Röntgenstrahlen. – Kulturpflanze 10, 293–311
268. GRÖBER, Kurt, 1963: Somatische Spaltung in dem heterozygoten Genotyp der dominanten Chlorophyllmutation *Xanthophyllic*$_3$ von *Lycopersicon esculentum* Mill. I. Erste genetische und cytologische Beobachtungen in der X_1-Generation. – Kulturpflanze 11, 583–602
269. GRÖBER, Kurt, 1963: Genetical and physiological behaviour of a dominant chlorophyll mutant of the tomato. – Rep. Tomato Genetics Coop. 13, 48
270. GRÖBER, Kurt, 1963: Green and yellow leaf-spotting of a yellowish-green shoot of the heterozygous chlorophyll mutation Xa_3 induced by X-irradiation. – Rep. Tomato Genetics Coop. 13, 49
271. GRÖBER, Kurt, 1963: Connections between sample size and goodness of fit in case of a 3:1 segregation ratio of 7 chlorophyll mutations of the tomato. – Rep. Tomato Genetics Coop. 13, 50
272. GRÖBER, Kurt, 1964: „Spontane" Bifurkationen des Sprosses beim Apfel. – Kulturpflanze 12, 257–264
273. GRÖBER, Kurt, 1965: Mutationen und ihre züchterische Nutzung bei Kulturpflanzen. – Dt. Landwirtsch. 16, 334–339
274. GRÖBER, Kurt, 1967: Somatische Spaltung in dem heterozygoten Genotyp der dominanten Chlorophyllmutation *Xanthophyllic*$_3$ von *Lycopersion esculentum* Mill. II. Cytogenetische Analyse der verschiedenen Scheckungstypen in der X_2- und X_3-Generation. – Kulturpflanze 15, 351–365
275. GRÖBER, Kurt, 1967: Some results of mutation experiments in apples and black currants. – In: H. STUBBE (Hrsg.), Induzierte Mutationen und ihre Nutzung. Erwin-Baur-Gedächtnisvorlesungen IV. Abh. Dt. Akad. Wiss. Berlin, Kl. f. Medizin 1967 No. 2, 377–382
276. GRÖBER, Kurt, 1968: Somatische Spaltung in dem heterozygoten Genotyp der Chlorophyllmutation *Xanthophyllic*$_3$ von *Lycopersicon esculentum* Mill. III. Weitere genetische und cytologische Untersuchungen an einigen Scheckungstypen. – Kulturpflanze 16, 189–201
277. GRÖBER, Kurt und Otto MACHOLD, 1964: Effect of kinetin and nitrogen on growth and chlorophyll production of the tomato mutant *Xanthophyllic*$_3$. – Rep. Tomato Genetics Coop. 14, 12–13
278. GRÖBER, Kurt und Otto MACHOLD, 1965: Einfluß von Licht, Temperatur und Stickstoffernährung auf Wachstum und Chlorophyllgehalt der Chlorophyllmutante *xantha*$_5$ von *Lycopersicon esculentum* Mill. – Kulturpflanze 13, 247–256
279. GRÖGER, D., 1956: Qualitätszüchtung am Mutterkorn. – Kulturpflanze, Beiheft 1, 226
280. GRÖGER, D., 1957: Zur Züchtung des Mutterkornes. – Abh. Dt. Akad. Wiss., Berlin, Kl. f. Chemie 1956, N 7, 242–250
281. GRÖGER, D. und Ute MOTHES, 1956: Über das Vorkommen von Aminosäuren und Aminen im Mutterkorn. – Pharmazie 11, 323
282. HAGEMANN, Rudolf, 1956: Untersuchungen über die Mitosenhäufigkeit in Gerstenwurzeln. – Kulturpflanze 4, 46–82

283. Hagemann, Rudolf, 1957: Anatomische Untersuchungen an Gerstenwurzeln. — Kulturpflanze **5**, 75—107
284. Hagemann, Rudolf, 1958: The chlorophyll deficient mutant *sulfurea* (an example of somatic gene conversion). — Rep. Tomato Genetics Coop. **8**, 19—20
285. Hagemann, Rudolf, 1958: Somatic gene conversion in the tomato. — Proc. X Intern. Congr. Genetics **II**, 109—110
286. Hagemann, Rudolf, 1958: Somatische Konversion bei *Lycopersicon esculentum* Mill. — Z. Vererbungsl. **89**, 587—613
287. Hagemann, Rudolf, 1959: Plasmatische Vererbung. — Die Neue Brehm-Bücherei No. 239, A. Ziemsen Verlag, Wittenberg
288. Hagemann, Rudolf, 1960: Fluoreszenzmikroskopische Untersuchung der Plastidenentwicklung bei der Tomate. — Ber. Dtsch. Bot. Ges. **72**, Generalversammlungsheft, 22—23
289. Hagemann, Rudolf, 1960: Die Plastidenentwicklung in Tomaten-Kotyledonen. — Biol. Zbl. **79**, 393—411
290. Hagemann, Rudolf, 1960: Das Vorkommen von Mischzellen bei einer Gaterslebener Herkunft des Status *albomaculatus* von *Antirrhinum majus* L. — Kulturpflanze **8**, 168—184
291. Hagemann, Rudolf, 1961: Über die Mischungsverhältnisse in Mischzellen des Status *albomaculatus* von *Antirrhinum majus* L. — Kulturpflanze **9**, 163—170
292. Hagemann, Rudolf, 1961: Mitteilungen über somatische Konversion. 1. Ausschluß des Vorliegens von somatischem Austausch. — Biol. Zbl. **80**, 477—478
293. Hagemann, Rudolf, 1961: Mitteilungen über somatische Konversion. 2. In welchem Ausmaß ist die somatische Konversion gerichtet? — Biol. Zbl. **80**, 549—550
294. Hagemann, Rudolf, 1961: Mitteilungen über somatische Konversion. 3. Die Konversionshäufigkeit in Bastarden zwischen *sulfurea*-Homozygoten und verschiedenen Sippen des Subgenus *Eulycopersicon*. — Biol. Zbl. **80**, 717—719
295. Hagemann, Rudolf, 1962: Instability at the *yv* locus. — Rep. Tomato Genetics Coop. **12**, 27—28
296. Hagemann, Rudolf, 1963: Further investigations on somatic gene conversion in the tomato. — Proc. XI. Intern. Congr. Genet., The Hague, **1**, 11—12
297. Hagemann, Rudolf, 1964: The cytogenetic mechanism of a green-yellow variegation. — Rep. Tomato Genetics Coop. **14**, 13
298. Hagemann, Rudolf, 1964: Trisomic studies with *sulf.* — Rep. Tomato Genetics Coop. **14**, 14
299. Hagemann, Rudolf, 1964: Plasmatische Vererbung. — In: Genetik, Grundlagen, Ergebnisse und Probleme in Einzeldarstellungen, Beitrag 4, VEB Gustav Fischer Verlag, Jena
300. Hagemann, Rudolf, 1965: Advances in the field of plastid inheritance in higher plants. — Genetics Today, Proc. XI. Intern. Congr. Genetics, The Hague, **3**, 613—625, Pergamon Press, Oxford
301. Hagemann, Rudolf, 1965: Allele-induced instability (somatic conversion) in the tomato. — In: Induction of Mutations and the Mutation Process. Proc. Sympos. Prague, 80—84, Publ. House Czechoslovak Acad. Sci., Prague
302. Hagemann, Rudolf, 1965: Entdeckung im Klostergarten. 100 Jahre Mendelsche Gesetze. — Urania **28**, 376—379
303. Hagemann, Rudolf, 1966: Extrachromosomale Vererbung. — Fortschr. Bot. **28**, 202—216
304. Hagemann, Rudolf, 1966: Somatische Konversion am *sulfurea* Locus von *Lycopersicon esculentum* Mill. II. Weitere Beweise für die somatische Konversion. — Kulturpflanze **14**, 171—200
305. Hagemann, Rudolf, 1967: Somatic conversion at the '*sulf*' locus in trisomics, triploids and tetraploids. — Rep. Tomato Genetics Coop. **27**, 28—29
306. Hagemann, Rudolf, 1967: Über eine immerspaltende *yv*-Mutantenlinie von *Lycopersicon esculentum* Mill. 1. Genetische Untersuchungen. — Biol. Zbl. **86**, Suppl. 163—180
307. Hagemann, Rudolf, 1967: Das Plasma als Träger genetischer Information. Teil I. — Biol. Rdsch. **5**, 97—112
308. Hagemann, Rudolf, 1967: Vererbungserscheinungen im Plasma. — In: Beiträge zur Abstammungs- und Vererbungslehre, Teil 3, VEB Verlag Volk und Wissen, Berlin

309. HAGEMANN, Rudolf, 1967: Die Wirkung von Umweltfaktoren auf das Manifestierungsmuster der Mutation *transcendens*² von *Antirrhinum majus* L. — Kulturpflanze 15, 367—380
310. HAGEMANN, Rudolf und Friedrich SCHOLZ, 1962: Ein Fall geninduzierter Mutationen des Plasmatypus bei Gerste. — Züchter 32, 50—59
311. HANELT, Peter, 1959: *Markhamia cauda-felina* (Hance) Craib — eine neue Fledermausblume. — Österr. Bot. Z. 106, 357—360
312. HANELT, Peter, 1960: Lupinen. Zur Botanik und Geschichte landwirtschaftlich wichtiger Lupinenarten. — Die Neue Brehm-Bücherei No. 265, A. Ziemsen Verlag, Wittenberg
313. HANELT, Peter, 1961: Zur Kenntnis von *Carthamus tinctorius* L. — Kulturpflanze 9, 114—145
314. HANELT, Peter, 1962: Eine neue *Lysimachia*-Art aus Honan (China). — Feddes Repert. 64, 231—233
315. HANELT, Peter, 1962: Die intraspecifische morphologische Variabilität von *Ornithopus sativus* Brot. — Kulturpflanze, Beih. 3, 134—143
316. HANELT, Peter, 1963: Monographische Übersicht der Gattung *Carthamus* L. (Compositae). — Feddes Repert. 67, 41—180
317. HANELT, Peter, 1963: Vegetationskundliche Beobachtungen in Nordost-Kuangsi (Südchina). — Kulturpflanze 11, 211—239
318. HANELT, Peter, 1964: Bibliographia Phytosociologicae: China. — Excerpta botan., sect. B, 6, 106—134
319. HANELT, Peter, 1966: Polyploidie-Frequenz und geographische Verbreitung bei höheren Pflanzen. — Biol. Rdsch. 4, 183—196
320. HANELT, Peter, 1968: Beiträge zur Kulturpflanzenflora. I.: Bemerkungen zur Systematik und Anbaugeschichte einiger *Amaranthus*-Arten. — Kulturpflanze 16, 127—149
321. HANELT, Peter und Sevgijn DAVAŽAMC, 1965: Beitrag zur Kenntnis der Flora der Monogolischen Volksrepublik, insbesondere des Gobi-Altai-, des Transaltai- und Alašan-Gobi-Bezirks. — Feddes Repert. 70, 7—68
322. HANELT, Peter und Dieter METTIN, 1962: Die Typisierung von *Vicia biennis* L. sowie systematische und cytologische Beobachtungen an *Vicia neglecta* sp. nov. — Kulturpflanze 10, 46—62
323. HANELT, Peter, 1966: Cytosystematische Untersuchungen in der Artengruppe um *Vicia sativa* L. II. — Kulturpflanze 14, 137—161
324. HANELT, Peter und Jürgen SCHULTZE-MOTEL, 1962: Beobachtungen an einer blaublühenden Sippe von *Lithospermum arvense* L. — Kulturpflanze 10, 122—131
325. HANELT, Peter und Bruno TSCHIERSCH, 1967: Blausäureglykosid-Untersuchungen am Gaterslebener Wickensortiment. — Kulturpflanze 15, 85—96
326. HELM, Johannes, 1951: Vergleichende Betrachtungen über die Entwicklung der Infloreszenz bei *Lycopersicum esculentum* Mill. und bei einer Röntgenmutante. — Züchter 21, 89—95
327. HELM, Johannes, 1952: Zur Ontogenese der Kapuze bei Kapuzengersten und der inflaten Spelzen beim Weizen. — Flora 139, 95—147
328. HELM, Johannes, 1953: Die Entwicklung der Brutzwiebeln in den Infloreszenzen von *Allium vineale* L. und *Allium scorodoprasum* L. — Flora 140, 288—297
329. HELM, Johannes, 1954: *Lactuca sativa* L. in morphologisch-systematischer Sicht. — Kulturpflanze 2, 72—129
330. HELM, Johannes, 1955: Über den Typus von *Lactuca sativa* L. und deren wichtigste morphologische Gruppen. — Kulturpflanze 3, 39—49
331. HELM, Johannes, 1956: Die zu Würz- und Speisezwecken kultivierten Arten der Gattung *Allium*. — Kulturpflanze 4, 130—180
332. HELM, Johannes, 1956: Teratologische Beobachtungen an *Chrysanthemum indicum*. — Flora 143, 486—491
333. HELM, Johannes, 1957: Versuch einer morphologisch-systematischen Gliederung der Art *Beta vulgaris* L. — Züchter 27, 203—222
334. HELM, Johannes, 1957: Über den Typus der Art *Raphanus sativus* L., deren Gliederung und Synonymie. — Kulturpflanze 5, 41—54
335. HELM, Johannes, 1957: Über die historische Entwicklung der Gliederung von *Beta vulgaris* in Untersippen und deren Nomenklatur. — Kulturpflanze 5, 55—74

336. HELM, Johannes, 1957: Vergleichend-morphologische und entwicklungsgeschichtliche Betrachtungen über krause Blattspreiten. – Beitr. Biol. d. Pflanzen **34**, 51–66
337. HELM, Johannes, 1959: Bemerkungen zu Handzeichnungen von Mangoldsippen aus dem Jahre 1689. – Kulturpflanze **7**, 161–167
338. HELM, Johannes, 1959: Über den Typus einiger von Linné aufgestellter, nicht kopfbildender Sippen von *Brassica oleracea*. – Feddes Rep. **62**, 44–59
339. HELM, Johannes, 1960: Brokkoli und Spargelkohl. Beiträge zur Geschichte ihrer Kultur und zur Klärung ihrer morphologischen und taxonomischen Beziehungen untereinander sowie zum Blumenkohl. – Züchter **30**, 223–241
340. HELM, Johannes, 1961: Die Chinakohle im Sortiment Gatersleben. I. 1. *Brassica pekinensis* (Lour.) Rupr. – Kulturpflanze **9**, 88–113
341. HELM, Johannes, 1962: Die laciniaten Sippen von *Brassica oleracea* L. – Kulturpflanze **10**, 122–131
342. HELM, Johannes, 1963: Untersuchungen an Tomaten-Mutanten. II. – Züchter **33**, 113–116
343. HELM, Johannes, 1963: Morphologisch-taxonomische Gliederung der Kultursippen von *Brassica oleracea* L. – Kulturpflanze **11**, 92–210
344. HELM, Johannes, 1963: Die „Chinakohle" im Sortiment Gatersleben. II. 2. *Brassica chinensis* Juslen. – Kulturpflanze **11**, 333–355
345. HELM, Johannes, 1963: Die „Chinakohle" im Sortiment Gatersleben. III. 3. *Brassica narinosa* L. H. Bailey. – Kulturpflanze **11**, 416–421
346. HELM, Johannes, 1964: 100 Jahre Kulturpflanzen-Taxonomie. Dr. Friedrich Alefeld zum Gedächtnis. (Eine Bibliographie). – Kulturpflanze **12**, 75–91
347. HELM, Johannes, 1965: Die Pillnitzer Centurienbände. Plantae selectae vivis coloribus depictae. – Acta Historica Leopoldina **3**, 1–60
348. HELM, Johannes, 1966: Einführung in Alefeld, F., Landwirtschaftliche Flora. Berlin 1866. – Neudruck Königsstein-Taunus, S. V–XVI
349. HELM, Johannes, 1966: Theophilus Kentmann (1552–1610). Sein Leben und Werk, vor allem seine bisher unbekannten botanischen Schriften. – Beitr. Biol. Pflanzen **42**, 1–112
350. HELM, Johannes, 1966: Dr. Georg August Pritzel 1815–1874. Ein Gedenken zum 150. Geburtstag (eine Biobliographie). – Kulturpflanze **14**, 311–357
351. HELM, Johannes, 1966: Ein aufschlußreicher Brief Friedrich Alefelds an George Bentham aus dem Jahre 1866. – Kulturpflanze **14**, 441–445
352. HELM, Johannes, 1968: Die Pflanzengattung *Sprekelia* Heister und ihr Namenspatron Johann Heinrich von Sprekelsen (1691–1764). – Beitr. Biol. Pflanzen **44**, 1–57
353. HELM, Johannes, 1968: Das erste 1591 im Druck erschienene Bestandsverzeichnis des Botanischen Gartens zu Padua. Ein Beitrag zur Geschichte der heutigen Indices seminum. – Kulturpflanze **16**, 75–90
354. HERRMANN, Falko und Rudolf HAGEMANN, 1966: Cytogenetic study of variegated plants of a yv^{ms} line. – Rep. Tomato Genetic Coop. **16**, 10–11
355. HERRMANN, Falko und Rudolf HAGEMANN, 1967: Über eine immerspaltende *yv*-Mutantenlinie von *Lycopersicon esculentum* Mill. 2. Cytogenetische Untersuchungen an gescheckten Pflanzen. – Biol. Zbl. **86**, Suppl., 181–209
356. HILLE, Manfred und Christian O. LEHMANN, 1962: Gibt es Tomatensorten, die gegenüber *Synchytrium endobioticum* resistent sind? – Züchter **32**, 311–317
357. HOFEMEISTER, Jürgen und Helmut BÖHME, 1966: Characterisation of suppressors in revertants of streptomycin-dependent mutants of *Proteus mirabilis*. – Microb. Genet. Bull. **25**, 3
358. HOFEMEISTER, Jürgen und Helmut BÖHME, 1967: Streptomycin-abhängige Mutanten von *Proteus mirabilis*: Ihre Genetik, Suppression und Modifikation. – Molec. Gen. Genetics **99**, 219–247
359. HÖHNE, Ernst, Günter ADAM, Klaus SCHREIBER und Josef TOMKO, 1968: Alkaloide aus *Veratrum album* subsp. *lobelianum* (Bernh.) Suessenguth, XVI. Mitteilung: Röntgenstrukturanalyse von Veralkamin-hydrojodid. – Tetrahedron, London, **24**, 4875–4880
360. HÖHNE, Ernst, Helmut RIPPERGER und Klaus SCHREIBER, 1967: *Solanum*-Alkaloide, LXXXII. Mitteilung: Röntgenstrukturanalyse von Tomatidin-hydrojodid. Zur Konfiguration der (25S)Spirosolane an C-22. – Tetrahedron, London, **23**, 3705–3711
361. HÖHNE, Ernst, Klaus SCHREIBER, Helmut RIPPERGER und Heinz-Helmut WORCH, 1966: *Solanum*-Alkaloide, LX. Mitteilung: Röntgenstrukturanalyse von Demissidin-

hydrojodid. Zur absoluten Konfiguration der Solanidane und 22.26-Imino-cholestane an C-22. – Tetrahedron, London, **22**, 673–678
362. HORST, Kurt, Heinz-Dieter KRAUSCH und Wolfgang R. MÜLLER-STOLL, 1966: Die Wasser- und Sumpfpflanzengesellschaften im Elb-Havel-Winkel. – Limnologica, Berlin, **4**, 101–163
363. HORSTMANN, Christian, 1962: Die quantitative Bestimmung von Khellin und Visnagin aus *Ammi visnaga* L. – Kulturpflanze **10**, 132–139
364. HORSTMANN, Christian, 1965: Synthese von 27-nor-*Solanum*-Steroidalkaloiden sowie über Ablauf und Stereochemie von Solanidanderivaten. – Dissertation Martin-Luther-Universität Halle-Wittenberg
364a KARSTEN, U., 1965: Bryophyllosid, ein neues Kämpferolglykosid aus *Bryophyllum daigremontianum* (R. Hamet et Perr.) Berg. – Naturwissenschaften 52, 84–85
364b KARSTEN, U., 1965: Über die Abhängigkeit der Tumor-Entwicklung vom Wirtsorganismus beim bakteriellen Pflanzenkrebs. – Kulturpflanze **13**, 737–761
365. KARSTEN, Uwe und Wolfgang R. MÜLLER-STOLL, 1967: Über einige Inhaltsstoffe der bakteriellen Tumoren von *Vicia faba* L. – Biol. Zbl. **86**, 691–705
366. KOCH, Hans-Dieter und Christian O. LEHMANN, 1966: Resistenzeigenschaften im Gersten- und Weizensortiment Gatersleben. 7. Prüfung der Frostresistenz von Wintergersten im künstlichen Gefrierversuch. – Kulturpflanze **14**, 263–282
367. KOCH, Hans-Dieter und Christian O. LEHMANN, 1968: Resistenzeigenschaften im Gersten- und Weizensortiment Gatersleben. 10. Prüfung von Wintergersten im künstlichen Gefrierversuch. (2). – Kulturpflanze **16**, 243–254
368. KOENIG, Renate und Konrad RAMSHORN, 1959: Einfluß von Licht auf den Gaswechsel der Keimwurzel von *Vicia faba*. Flora **147**, 161–163
369. KRAFT, Doris, 1953: Die Tüpfelmethode in der Pflanzenzüchtung. – Pharmazie **8**, 170–173
370. KRAFT, Doris, 1953: Zur papierchromatographischen Trennung von Alkaloiden. Pharmazie **8**, 251–256
370a KRAUSCH, H.-D., 1968: Die Sandtrockenrasen (Sedo-Scleranthetea) in Brandenburg. – Mitt. florist.-soziol. Arbeitsgem. N. F. **13**, 71–100
371. KRENTEL, Gertrud, 1960: Morphologische und physiologische Untersuchungen an *Prototheca zopfii* Krüger. – Dissertation Ernst-Moritz-Arndt-Universität Greifswald
372. KRENTEL, Gertrud, 1961: Strahlenbiologische Untersuchungen an *Prototheca zopfii* Krüger. – Z. allg. Mikrobiol. **1**, 286–306
373. KRUSE, Joachim, 1967: Merkmalsanalyse und Gruppenbildung bei Mutanten von *Lycopersicon esculentum* Miller. – Dissertation Martin-Luther-Universität Halle-Wittenberg
374. KRUSE, Joachim, 1968: Merkmalsanalyse und Gruppenbildung bei Mutanten von *Lycopersicon esculentum* Miller. – Kulturpflanze, Beih. **5**, 1–227
375. KULPA, Władisław und Siegfried DANERT, 1962: Zur Systematik von *Linum usitatissimum* L. – Kulturpflanze, Beih. **3**, 341–388
376. KÜNZEL, Gottfried, 1963: Differenziertes Bindungsverhalten der Meiosechromosomen innerhalb der Ähre einer röntgeninduzierten Gerstenmutante mit reziproker Translokation in heterozygotem Zustand. – Kulturpflanze **11**, 517–534
377. KÜNZEL, Gottfried, 1967: Mutation experiments with N-nitrosomethylurea and EMS in barley. – Barley Newsletter **10**, 112–113
378. KÜNZEL, Gottfried, 1968: Über die Beeinflußbarkeit der aberrationsauslösenden Wirkung von N-Nitroso-N-Methylharnstoff auf die Chromosomen der Gerste. – Kulturpflanze **16**, 151–171
379. KÜNZEL, Gottfried, 1968: Untersuchungen über die Mutationsauslösung durch N-Nitroso-N-Methylharnstoff im Vergleich zu Äthylmethansulfonat und Röntgenstrahlen bei Gerste. – Dissertation Martin-Luther-Universität Halle-Wittenberg
380. KÜNZEL, Gottfried und MIROSLAW MAŁUSZYNSKI, 1966: Über die unterschiedliche Reaktion der Chromosomen des Sproß- und Wurzelmeristems von Gerste gegenüber mutagener Behandlung. – Kulturpflanze **14**, 83–96
381. KÜNZEL, Gottfried und Friedrich SCHOLZ, 1968: Studies on chlorophyll-deficient sectors in M_1 plants of barley. – Barley Newsletter **11**, 49
382. KVITKO, K. V. und Andreas MÜLLER, 1961: *Arabidopsis thaliana* (L.) Heynh., ein neues Objekt für genetische Untersuchungen (russisch). – Issledovanija po genetike, Leningrad, **1**, 79–91

383. Lehmann, Christian O., 1953: Die Tomate. — Die Neue Brehm-Bücherei Nr. 107, a. Ziemsen Verlag, Wittenberg
384. Lehmann, Christian O., 1954: Das morphologische System der Kulturtomaten (*Lycopersicon esculentum* Mill.) — Dissertation Martin-Luther-Universität Halle-Wittenberg
385. Lehmann, Christian O., 1954: Das morphologische System der Saaterbsen (*Pisum sativum* L. em. Gov. ssp. *sativum*). — Züchter **24**, 316—337
386. Lehmann, Christian O., 1955: Das morphologische System der Kulturtomaten (*Lycopersicon esculentum* Miller). — Züchter, 3. Sonderheft
387. Lehmann, Christian O., 1962: Ein Beitrag zur Systematik der Sojabohnen (*Glycine max* (L.) Merr.) — Züchter 32, 229—249
388. Lehmann, Christian O., 1963: The importance of wheat collections for breeding work, with special reference to wheat collection of Gatersleben. — Symp. on Genetics and Wheat Breeding, Agric Res. Institute Hungarian Acad. of Sci., Martonvásár 1962, 391—404
389. Lehmann, Christian O., 1963: Zwanzig Jahre Sortiment des Institutes für Kulturpflanzenforschung. — Kulturpflanze 11, 281—294
390. Lehmann, Christian O., 1964: Zu Fragen der Entstehung und Entwicklung der Kulturpflanzen. — In Beiträge zur Abstammungslehre, Teil 1, Verlag Volk u. Wissen, Berlin, 57—75
391. Lehmann, Christian O., 1965: Zum Wachstum der Tomate. — Biologie i. d. Schule 14, 90—92
392. Lehmann, Christian O., 1966: Význam gaterslebenského sortimentu pro šlechtěni v NDR. — Studijní Informace, Zvláštní Rada, Rostlinná výroba 4, 8—10
393. Lehmann, Christian O., 1968: Výzkum světových sortimentů kulturních rostlin v NDR. — Genetika a Šlechtěni 4, 69—80
394. Lehmann, Christian O. und Rudolf Mansfeld, 1957: Zur Technik der Sortimentserhaltung. — Kulturpflanze 5, 108—138
395. Lehmann, Christian O. und Friedrich Scholz, 1963: Morphologische Formenfülle induzierter Gerstenmutanten. — Biologie i. d. Schule 12, 547—549
396. Lehmann, Christian O. und Franz Schwanitz, 1965: Ein Beitrag zur Kenntnis der Formenmannigfaltigkeit der Kulturtomaten (*L. esculentum* Mill.) Mittelamerikas. — Kulturpflanze 13, 545—585
397. Leick, Erich, 1953: Grundsätzliches zur Taumessungsfrage. — Kulturpflanze 1, 53—78
398. Lerch, Gerhard, 1965: Pflanzenökologie. — Wissenschaftl. Taschenbücher, Reihe Biologie u. Landwirtschaftswiss. Bd. 27, Akademie-Verlag, Berlin
399. Lerch, Gerhard, 1965: On the problem of cuvette-climate. — In: Water Stress in Plants, Proceed. Symp. Prague 1963, Czechoslovak Acad. Sci., Praha
400. Lerch, Gerhard, 1965: Probleme der pflanzlichen Stoffproduktion. — Biologie i. d. Schule 14, 107—114
401. Lerch, Gerhard und Wolfgang R. Müller-Stoll, 1966: Einfluß einer abgestuften Wasserversorgung auf CO_2-Assimilation, Transpiration, Substanzproduktion und Wasserverbrauch von *Avena sativa*. — Kulturpflanze 14, 381—418
402. Lietzmann, Hermann, 1952: Versuche mit Höselhefe im Frühjahr 1951. — Dt. Imkerztg. 2/2, Februar 1952
403. Lietzmann, Hermann, 1953: Versuchsring für Höselhefefütterung. — Dt. Bienenztg. 6/2
404. Lietzmann, Hermann, 1953: Ein unverhoffter Segen im August: Spätsommertracht aus Pastinak, Bärenklau und Kohldistel. — Leipz. Bienenztg. 67/8
405. Lietzmann, Hermann, 1954: Windschutzstreifen als Bienenweide. — Leipz. Bienenztg. 68, 323—324
406. Machold, Otto, 1960: Beziehungen zwischen labilem und pflanzenaufnehmbarem Phosphor bei einigen Phosphaten, Tonen und Böden. — Trans. 7th Intern. Congr. of Soil Sci. III, Comm. IV, Paper No. 15
407. Machold, Otto, 1962: Pflanzenaufnehmbarkeit und Bindungszustand des labilen Phosphats. — Habilitationsschrift Friedrich-Schiller-Universität Jena
408. Machold, Otto, 1962: Die Pflanzenaufnehmbarkeit des „labilen" Phosphats. — Z. Pflanzenernähr., Düng., Bodenkunde 98, 99—114
409. Machold, Otto, 1962: Über die Wirkung kleiner Strahlendosen auf den Ertrag landwirtschaftlicher Kulturpflanzen. — Kulturpflanze 10, 35—45

410. MACHOLD, Otto, 1962: Über Bau und Einrichtung eines Isotopenlaboratoriums für chemische und biologische Untersuchungen. — Isotopentechnik **2**, 364—368
411. MACHOLD, Otto, 1963: Über die Bindungsform des „labilen" Phosphats im Boden. — Z. Pflanzenernähr., Düng., Bodenkunde **103**, 132—138
412. MACHOLD, Otto, 1964: Die Verwendung der Isotopenverdünnungsanalyse zur Untersuchung des Bodenphosphathaushaltes. — Phosphorsäure **5/6**, 300—318
413. MACHOLD, Otto, 1965: Untersuchungen an Maiswurzeln über den Einfluß von ^{32}P auf Stickstoffaufnahme und Eiweißbildung. — Kulturpflanze **13**, 121—126
414. MACHOLD, Otto, 1966: Untersuchungen an stoffwechseldefekten Mutanten der Kulturtomate. II. Einfluß des Eisenstoffwechsels auf die Ausbildung des Chlorophylldefektes. — Flora, Abt. A, **157**, 182—199
415. MACHOLD, Otto, 1967: Untersuchungen an stoffwechseldefekten Mutanten der Kulturtomate. III. Die Wirkung von Ammonium- und Nitratstickstoff auf den Chlorophyllgehalt. — Flora, Abt. A, **157**, 536—551
416. MACHOLD, Otto, 1967: Untersuchungen an stoffwechseldefekten Mutanten der Kulturtomate. IV. Einfluß des Redoxpotentials der Nährlösung auf den Chlorophyllgehalt verschiedener Mutanten. — Kulturpflanze **15**, 75—83
417. MACHOLD, Otto, 1968: Untersuchungen an stoffwechseldefekten Mutanten der Kulturtomate. V. Einfluß der Ernährungsbedingungen auf den Zustand des Eisens in den Blättern, den Chlorophyllgehalt und die Katalase- sowie Peroxydaseaktivität. — Flora, Abt. A **159**, 1—25
418. MACHOLD, Otto und Kurt GRÖBER, 1964: Effect of nutrition on growth and chlorophyll production of the tomato mutant *xantha*$_5$. — Rep. Tomato Genetics Coop. **14**, 18
419. MACHOLD, Otto und Kurt GRÖBER, 1966: Untersuchungen an stoffwechseldefekten Mutanten der Kulturtomate. I. Beziehungen zwischen dem Kalium: Calcium-Verhältnis und dem Chlorophyllgehalt. — Flora, Abt. A, **157**, 170—182
420. MACHOLD, Otto und Kurt GRÖBER, 1966: Effect on the chlorophyll content of different reduction agents in the mutant *xantha*$_5$ of *Lycopersicon esculentum*. — Rep. Tomato Genetics Coop. **16**, 18—19
421. MACHOLD, Otto, Werner MEISEL und Helmut SCHNORR, 1968: Bestimmung der Bindungsform des Eisens in Blättern durch Mössbauer-Spektrometrie. — Naturwiss. **55**, 499—500
422. MÄDEL-ANGELIEWA, Erika, 1968: Eichen- und Pappelholz aus der pliozänen Kohle im Gebiet von Baccinello (Toskana, Italien). — Geol. Jb. **86**, 433—470
423. MALY, Roland, 1951: Cytomorphologische Studien an strahleninduzierten konstant abweichenden Plastidenformen bei Farnprothallien. — Z. induk. Abst. Vererbl. **83**, 447—478
424. MANSFELD, Rudolf, 1948: Über den Artbegriff in der systematischen Botanik. — Biol. Zbl. **67**, 320—331
425. MANSFELD, Rudolf, 1949: Die Technik der wissenschaftlichen Pflanzenbenennung. — Akademie-Verlag, Berlin
426. MANSFELD, Rudolf, 1950: Das morphologische System der Saatgerste, *Hordeum vulgare* L. s. l. — Züchter **20**, 8—24
427. MANSFELD, Rudolf, 1951: Das morphologische System des Saatweizens, *Triticum aestivum* L. s. l. — Züchter **21**, 41—60
428. MANSFELD, Rudolf, 1952: Ziele und Wege der botanischen Systematik. — Wiss. Ann. **1**, 329—345
429. MANSFELD, Rudolf, 1952: Zur Nomenklatur und Terminologie der Drogen im DAB. — Pharmazie **7**, 592—595
430. MANSFELD, Rudolf, 1952: Zur Systematik und Nomenklatur der Hirsen. — Züchter **22**, 304—315
431. MANSFELD, Rudolf, 1953: Bemerkungen zur Liste der Nomina generica conservanda. — Taxon **2**, 187—190
432. MANSFELD, Rudolf, 1953: Zur allgemeinen Systematik der Kulturpflanzen. I. — Kulturpflanze **1**, 138—155
433. MANSFELD, Rudolf, 1954: Die Obst liefernden Blasenkirschen (*Physalis*). — Züchter **24**, 1—4
434. MANSFELD, Rudolf, 1954: Zur allgemeinen Systematik der Kulturpflanzen. II. — Kulturpflanze **2**, 130—143

435. Mansfeld, Rudolf, 1954: Gefahren der bisherigen Entwicklung der Internationalen Nomenklaturregeln. — Taxon **3**, 152—155
436. Mansfeld, Rudolf, 1954: Über die Verteilung der Merkmale bei den Orchidaceae-Monandrae. — Flora **142**, 65—80
437. Mansfeld, Rudolf, 1955: Zur Nomenklatur einiger Nutz- und Kulturpflanzen. — Kulturpflanze **3**, 60—68
438. Mansfeld, Rudolf, 1956: Die Bedeutung der Getreidesystematik und der Getreidesammlungen für die Züchtung. — 3. Intern. Brotkongreß Hamburg 1955, Detmold, 50—52
439. Mansfeld, Rudolf, 1958: Zur Nomenklatur einiger Nutz- und Kulturpflanzen. II. — Kulturpflanze **6**, 236—242
440. Mansfeld, Rudolf, 1958: Zur Frage der Behandlung nur physiologisch, aber nicht morphologisch verschiedener Sippen in der botanischen Systematik. — Taxon **7**, 41—43
441. Mansfeld, Rudolf, 1959: Vorläufiges Verzeichnis landwirtschaftlich oder gärtnerisch kultivierter Pflanzenarten (mit Ausschluß von Zierpflanzen). Prodromus enumerationis specierum plantarum agri- et horticulturae. — Kulturpflanze, Beih. **2**, 1—659
442. Marschner, Horst, 1959: Einfluß von ^{32}P auf die Entwicklung und den Ertrag von Sommergerste. — Biol. Zbl. **78**, 334—341
443. Mates, Margot und Helmut Böhme, 1960: Anreicherung auxotropher Mutanten von *Proteus mirabilis* Hauser nach UV-Bestrahlung. — Monatsber. Dtsch. Akad. d. Wiss. Berlin, Bd. 2, H. 1, 30—33
444. Mechelke, Friedrich, 1951: Über sporadische Polysomatie in Wurzelspitzen bei *Hordeum vulgare* L. — Österr. Bot. Zeitschrift **98**, 420—426
445. Mechelke, Friedrich, 1951: Trisomie und eine dritte meiotische Teilung bei *Antirrhinum majus* L. — Z. indukt. Abst. Vererbl. **83**, 434—441
446. Mechelke, Friedrich, 1951: Ein Fall natürlicher Triploidie und vereinzelter Ringchromosomenbildung bei *Hordeum spontaneum* Koch. — Z. indukt. Abst. Vererbl. **83**, 442—446
447. Mechelke, Friedrich, 1951: Die Entstehung der polyploiden Zellkerne des Antherentapetums bei *Antirrhinum majus* L. — Diss. Martin-Luther-Universität Halle-Wittenberg
448. Mechelke, Friedrich, 1953: Reversible Strukturmodifikationen der Speicheldrüsenchromosomen von *Acricotopus lucidus*. — Chromosoma **5**, 511—543
449. Mechelke, Friedrich, 1954: Die Chromosomenzahlen von Thymian und Bohnenkraut. — Kulturpflanze **2**, 143—144
450. Mechelke, Friedrich, 1955: Temperaturbedingte Chromosomensegmentierung bei Sommer- und Wintergersten. — Kulturpflanze **3**, 127—135
451. Mechelke, Friedrich, 1958: The timetable of physiological activity of several loci in the salivary gland chromosomes of *Acricotopus lucidus*. — Proc. X Intern. Congress Genetics, Montreal, Vol. **II**, 185
452. Mechelke, Friedrich, 1958: Durch Überdosierung von „Germisan" verursachte Polyploidie. — Kulturpflanze **6**, 167—177
453. Mechelke, Friedrich, 1959: Beziehungen zwischen der Menge der DNS und dem Ausmaß der potentiellen Oberflächenentfaltung von Riesenchromosomenloci. — Naturwiss. **46**, 609
454. Mechelke, Friedrich, 1960: Strukturmodifikationen in Speicheldrüsenchromosomen von *Acricotopus* als Manifestation eines Positionseffektes. — Naturwiss. **47**, 334—335
455. Mechelke, Friedrich und Hans Stubbe, 1954: Studien an mutablen Genen. I. *Antirrhinum majus* L. mut. *graminifolia*. — Z. indukt. Abst. Vererbl. **86**, 224—248
456. Meinecke, Rudolf, 1956: Die Bedeutung der Wirtspflanze für die Ausbildung des Alkaloidmerkmals der Sklerotien von *Claviceps purpurea* Tul. — Flora **143**, 395
457. Meister, Armin, 1966: Ein registrierendes Spektrophotometer zur Aufzeichnung der Extinktion, ihrer ersten und zweiten Ableitung nach der Wellenlänge. — Exp. Techn. Physik **XIV**, 168—173
458. Meister, Armin, 1966: Zur Untersuchung der verschiedenen Formen von Chlorophyll in der lebenden Pflanze durch Anwendung der Derivativ-Spektrophotometrie. — Kulturpflanze **14**, 235—255
459. Meister, Armin, 1966: Die Derivativ-Spektrophotometrie und ihre Anwendung bei Untersuchungen der Chlorophyllbildung in lebenden Blättern. — Diss. Martin-Luther-Universität Halle-Wittenberg

460. MEISTER, Armin, 1967: Untersuchungen zur Chlorophyllbildung in etiolierten Pflanzen mit Hilfe der Derivativ-Spektrophotometrie. — Studia biophys., Sonderband 5, 59—66
461. MEISTER, Armin, 1967: Untersuchung der Chlorophyllbildung kurzzeitig belichteter etiolierter Blätter von *Phaseolus vulgaris* mit Hilfe der Derivativ-Spektrophotometrie. — Photosynthetica 1, 149—156
462. MEISTER, Armin, 1967: Das Verhalten der Formen von Chlorophyll a und b im ergrünenden Blatt während Dunkelheit. — Flora, Abt. A, 158, 512—518
463. MEISTER, Armin, 1968: Zur Chlorophyllbildung in kurzzeitig beleuchteten etiolierten Blättern von *Phaseolus vulgaris*. — Kulturpflanze 16, 91—96
464. MEISTER, Armin und Peter APEL, 1968: Ein Modell für die Funktion der Schließzellenbewegungen. — Studia biophys. 11, 125—130
465. MEISTER, Armin und Tamara G. MASLOWA, 1968: Die Bestimmung der lichtinduzierten Absorptionsänderungen durch Messung der 2. Ableitung der Extinktion. — Photosynthetica 2, 261—267
466. MEISTER, Armin und Herta SAGROMSKY, 1967: Studies of chlorophyll formation by derivative spectrophotometry. (European Photobiology Symposium, Hvar, Yugoslavia, 19th-22nd September 1967). — The Yugoslav Academy of Sciences and Arts, Zagreb, 55—58
467. MEISTER, Armin und Fritz STRUSS, 1968: Experimentelle Untersuchungen des Auflösevermögens in der Derivativ-Spektrophotometrie. — Studia biophys. 6, 135—142
468. METTIN, Dieter, 1958: Zur Morphologie der Chromosomen von *Vicia sativa* L. — Kulturpflanze 6, 116—122
469. METTIN, Dieter, 1960: Über das Wesen des angeblichen Linsen-Wicken-Bastards. — Biol. Zbl. 79, 701—718
470. METTIN, Dieter und Peter HANELT, 1964: Cytosystematische Untersuchungen in der Artengruppe um *Vicia sativa* L. I. — Kulturpflanze 12, 163—225
471. METTIN, Dieter und Peter HANELT, 1968: Bemerkungen zur Karyologie und Systematik einiger Sippen der Gattung *Vicia* L. — Fedd. Repert. 77, 11—30
472. METZNER, Paul, 1949: Pflanzenzellen und allgemeine Probleme der Geschwulstbildung. — Arch. Geschwulstforschg. 1
473. METZNER, Paul, 1949: Zur Kenntnis der Morphologie und Bewegung von *Thiovolium mülleri* (Warming) Lauterborn. — Biol. Zbl. 68, 49—58
474. METZNER, Paul, 1954: Über die Entwicklung der Ultraviolett-Mikroskopie. — Phys. Ges. d. DDR, Sonderhefte Arbeitstagg. Biophys. 3.—5. 7. 1953 in Greifswald, 5—14
475. METZNER, Paul, 1954: Über die Aufgaben des Institutes für Kulturpflanzenforschung Gatersleben. — dto., 29—30
476. METZNER, Paul, 1954: Anwendung ultravioletten Lichtes bei der Sterilisierung von Abwässern und für die Auslösung von Mutationen bei lebenden Organismen. — dto., 75—81
477. METZNER, Paul, 1954: Untersuchungen zur Kenntnis der Plastiden. — Flora 142, 81—108
478. METZNER, Paul, 1956: Wörterbuch der Medizin (hrsg. von M. ZETKIN und H. SCHALDACH), Sachgebiet Physik. — VEB Verlag Volk und Gesundheit, Berlin
479. METZNER, Paul, 1957: Zur Optik der Blattoberflächen. — Kulturpflanze 5, 221—239
480. METZNER, Paul, 1958: Untersuchungen zur Kenntnis der Hypericins. — Kulturpflanze 6, 178—197
481. METZNER, Paul, 1959: Methoden der Fernmikroskopie. — Monatsber. Dtsch. Akad. Wiss., Berlin 1, 423—428
482. METZNER, Paul, 1959: Zur Kenntnis der Chromoplasten von *Cyphomandra betacea* Sendtn. — Kulturpflanze 7, 198—206
483. METZNER, Paul, 1960: „Die Pflanze und das Licht", deutsche Bearbeitung des Buches von A. F. KLESCHNIN. — Akademie-Verlag, Berlin
484. METZNER, Paul, 1961: Über die Wirkung von oberflächenaktiven Stoffen auf Chloroplasten. — Kulturpflanze 9, 222—229
485. METZNER, Paul, 1962: Über die Verwendung der Röntgenlupe für die Saatgutprüfung und ähnliche biologische Aufgaben. — Kulturpflanze, Beih. 3, 296—308
486. METZNER, Paul, 1964: Wörterbuch der Medizin (hrsg. von M. ZETKIN, E. KÜHTZ und K. FICHTEL), Sachgebiet Physik, 2. Aufl. — VEB Verlag Volk und Gesundheit, Berlin
487. MICHAEL, Gerhard, 1959: Rádióaktiv foszforral végzett újabb kutatások eredménye (Ergebnisse der mit radioaktivem Phosphor geführten neueren Forschungen). — Agrokémia és Talajtan 8, 9—26

488. Michael, Gerhard, 1959: Über das Wahlvermögen der Pflanzen bei der Mineralstoffaufnahme. — S.-B. dtsch. Landw. **8**, 4
489. Michael, Gerhard und B. Blume, 1959: Über den Einfluß der Stickstoffdüngung auf die Eiweißzusammensetzung des Gerstenkornes. — Z. Pfanzenernähr., Düng., Bodenkunde **87**,
490. Michael, Gerhard und Horst Marschner, 1962: Einfluß unterschiedlicher Luftfeuchtigkeit und Transpiration auf Mineralstoffaufnahme und -verteilung. — Z. Pflanzenernähr., Düng., Bodenkunde **90**, 200—212
491. Michaelis, Arnd, 1959: Über das Verhalten eines Ringchromosoms in der Mitose und Meiose von *Antirrhinum majus* L. — Chromosoma (Berlin) **10**, 144—162
492. Michaelis, Arnd, 1959: Über das genetische Verhalten der Schmalblattform *Angusta* und über die Häufigkeit und Art spontaner Genom- und Chromosomen-Mutationen bei *Antirrhinum majus* L. — Kulturpflanze **7**, 113—130
493. Michaelis, Arnd, Hristo Nicoloff und Rigomar Rieger, 1962: Influences of EDTA on the induction of chromatid aberrations by triethylenemelamine and ethyl alcohol. — Biochem. Biophys. Res. Comm. **9**, 280—284
494. Michaelis, Arnd, Konrad Ramshorn und Rigomar Rieger, 1959: Äthylalkohol — ein radiomimetisches Agens bei *Vicia faba* L. — Naturwiss. **46**, 381—382
495. Michaelis, Arnd und Rigomar Rieger, 1958: Cytologische und stoffwechselphysiologische Untersuchungen am aktiven Meristem der Wurzelspitze von *Vicia faba*. II. Präferentielle Verteilung der chromosomalen Bruch- und Reunionspunkte nach anaerober Quellung der Samen. — Chromosoma **9**, 514—536
496. Michaelis, Arnd und Rigomar Rieger, 1959: Einige Bemerkungen zur „mutagenen" Wirkung von Aluminiumchlorid bei *Vicia faba*. — Monatsber. Dtsch. Akad. Wiss. **1**, 596—599
497. Michaelis, Arnd und Rigomar Rieger, 1960: Einige experimentelle Ergebnisse zur Wirkung von Myleran auf die Chromosomen von *Vicia faba* L. — Züchter **30**, 150—163
498. Michaelis, Arnd und Rigomar Rieger, 1961: Die Induktion von Chromosomenaberrationen durch Mitomen und Endoxan bei *Vicia faba* und der Transportform — Wirkform-Mechanismus. — Biol. Zbl. **80**, 301—317
499. Michaelis, Arnd und Rigomar Rieger, 1962: Zur Frage der Auslösung von Chromosomenaberrationen durch freie Radikale des Wassers bei *Vicia faba* L. — In: H. Stubbe (Hrsg.), Strahleninduzierte Mutagenese. Erwin-Baur-Gedächtnisvorl. II. — Abh. Dt. Akad. Wiss., Kl. f. Medizin, No. 1, 106—112
500. Michaelis, Arnd und Rigomar Rieger, 1963: Über den Einfluß von Acridinfarbstoffen auf die Induktion von Chromatidenaberrationen durch Radiomimetica. — Kulturpflanze **11**, 403—415
501. Michaelis, Arnd und Rigomar Rieger, 1963: Interaction of chromatid breaks induced by three different radiomimetic compounds. — Nature (London) **199**, 1014—1015
502. Michaelis, Arnd und Rigomar Rieger, 1965: Chelate formation as a sensitizing factor in the production of chromatid aberrations by radiomimetic agents. — In: Induction of Mutations and the Mutation Process. Proc. Symp. Prague 1963. — Publ. House Czechoslovak Acad. Sci. 101—106
503. Michaelis, Arnd und Rigomar Rieger, 1968: On the distribution between chromosomes of chemically induced chromatid aberrations — studies with a new karyotype of *Vicia faba*. — Mut. Res. **6**, 81—92
504. Michaelis, Arnd, Rigomar Rieger und Gerhard Sieber, 1964: Über die Induktion von Chromosomenaberrationen durch Halogenbuthyläther bei *Vicia faba*. — Biol. Zbl. **83**, 173—187
505. Michaelis, Arnd, Jörg Schöneich und Rigomar Rieger, 1965: Chromosomenaberrationen bei *Vicia faba* und Ascitestumoren der Maus nach Einwirkung von N-Nitroso-Methylharnstoff. — Chromosoma (Wien) **16**, 101—123
505a Mittelstädt, Horst, 1968: Einige zellphysiologische Aspekte zur Frostresistenz beim Apfel. — Biol. Rundschau **6**, 32—34
506. Mothes, Kurt, 1950: Das Alkaloidproblem. — Süddt. Apotheker-Ztg. No. **21**, 387—391
507. Mothes, Kurt, 1952: Chemische Physiologie der Pflanzenalkaloide. — Angew. Chemie **64**, 254—258
508. Mothes, Kurt, 1952: Die stoffliche Organisation der Pflanze. — Nova Acta Leopold. **15**, 63—78

509. MOTHES, Kurt, 1952: Neue Untersuchungen zur Pflanzenphysiologie der Alkaloide. — Mitt. Dtsch. Pharmazeut. Ges. S. 101
510. MOTHES, Kurt, 1953: Ein Beitrag zur Assimilation N-haltiger Verbindungen durch Bäckerhefe. — Planta 42, 64—80
511. MOTHES, Kurt, 1953: Einige Bemerkungen über den gegenwärtigen Stand der botanischen Alkaloidforschung. — Sci. pharmaceutica 21, 335—341
512. MOTHES, Kurt, 1953: Über Wurzel-Sproß-Beziehungen. — Kulturpflanze 1, 157—169
513. MOTHES, Kurt, 1953: Alkaloide als stoffliche Ursache der Unverträglichkeit von Pfropfungen. — Dtsch. Apotheker-Ztg. 93, 821—822
514. MOTHES, Kurt, 1954: Bakterien, Pilze und Algen: ein neuer Typ von Kulturpflanzen. Kulturpflanze 2, 237—255
515. MOTHES, Kurt, 1954: Über neue Forschungen an Alkaloidpflanzen. — Dtsch. Apotheker-Ztg. 94, 888
516. MOTHES, Kurt, 1954: Die Alkaloidsynthese als eine besondere chemische Leistung der Pflanze. Festvortrag zur Sertürner-Feier in Paderborn. — In: Bericht über d. Sertürner-Feier
517. MOTHES, Kurt, 1954: Deutsches Arzneibuch, VI. Ausgabe, Nachtrag.-Hrsg. Deutsche Arzneibuch-Kommission: Prof. Dr. Dr. Th. BRUGSCH, Prof. Dr. K. MOTHES, Prof. Dr. H. SEEL unter Mitarb. zahlr. Fachkoll.
518. MOTHES, Kurt, 1955: Physiology of alkaloids. — Ann. Rev. Plant Physiol. 6, 393—432
519. MOTHES, Kurt, 1955: Phytochemie und Therapie. — Pharmazie 10, 401—410
MOTHES, Kurt, 1955: Physiologie der Alkaloide. — Leopoldina 1, 32—37
520. MOTHES, Kurt, 1955: Specific chemical activity of plant roots. — Chemists India, Souv. S. 133
521. MOTHES, Kurt, 1955: Neue Untersuchungen über die Biosynthese der Alkaloide. — Ber. Dtsch. Bot. Ges. 67 (Gen. Vers. Heft) (15)—(17)
522. MOTHES, Kurt, 1956: Die Wurzel der Pflanzen, eine chemische Werkstatt besonderer Art. — Abh. Dtsch. Akad. Wiss., Kl. f. Chemie, No. 6, 3 und Zweitdruck in wiss. Ann. 5, 1
523. MOTHES, Kurt, 1956: Diskussionsbeiträge in „Vergleichend biochemische Fragen" (6. Mosbacher Colloquium). — Springer-Verlag, Berlin 94, 125, 162
524. MOTHES, Kurt, 1956: Pflanzenphysiologie und Genetik in ihrer Bedeutung für eine neuzeitliche Pharmakognosie (Autorreferat). — Pharmazie 11, 71
525. MOTHES, Kurt, 1956: Ammoniak-Entgiftung und Aminogruppen-Vorrat. — Kulturpflanze, Beiheft 1, 103
526. MOTHES, Kurt, 1956: Der Einfluß des Wasserzustandes auf Fermentprozesse und Stoffumsatz. — In: Hdb. Pflanzenphysiologie 3, 656. Springer-Verlag, Berlin
527. MOTHES, Kurt, 1956: Über die Lage der Wissenschaft und die Arbeit der Leopoldina. Nova Acta Leopold. 17, 424
528. MOTHES, Kurt, 1956: Über das Altern der Blätter (Autorreferat). — Dtsch. Lit. Ztg. Heft 6, 2
529. MOTHES, Kurt, 1956: Stoffliche Beziehungen zwischen Wurzel und Sproß. — Angew. Bot. 30, 125
530. MOTHES, Kurt, 1957: Redaktion und Einleitung des Bandes 8 des Handbuchs d. Pflanzenphysiologie (hrsg. von W. RUHLAND): Der Stickstoffumsatz. — Springer-Verlag, Berlin
531. MOTHES, Kurt, 1957: Ammoniakentgiftung und Aminogruppenvorrat. — Hdb. Pflanzenphysiol. 8, 716—762
532. MOTHES, Kurt, 1957: A. N. Prjanischnikow (Nekrolog). — Ber. Dtsch. Bot. Ges. 68a, 311—313
533. MOTHES, Kurt, 1957: Fortschritte auf dem Gebiete der Biochemie und Physiologie der Solanaceenalkaloide. — Dtsch. Apoth. Ztg. 97, 228—230
534. MOTHES, Kurt, 1957: Die vergleichend biochemische Methode. — Forsch. u. Fortschr. 31, 70
535. MOTHES, Kurt, 1957: Über die Stellung der Alkaloide im Gesamtstoffwechsel. — Festschr. Arthur Stoll, Basel, 814—823
536. MOTHES, Kurt und Lisabeth ENGELBRECHT, 1952: Über geschlechtsverschiedenen Stoffwechsel zweihäusiger einjähriger Pflanzen. — Flora 139, 1—27
537. MOTHES, Kurt und Lisabeth ENGELBRECHT, 1953: Über Allantoinsäure und Allantoin. I. Ihre Rolle als Wanderform des Stickstoffes und ihre Beziehungen zum Eiweißstoffwechsel des Ahorns. — Flora 139, 586—616

538. MOTHES, Kurt und Lisabeth ENGELBRECHT, 1953: Über die Beziehungen des Glykolsäure-Glyoxylsäure-Systems zum Allantoin. – Hoppe-Seyl. Ztsch. f. physiol. Chemie **295**, 387–397
539. MOTHES, Kurt und Lisabeth ENGELBRECHT, 1954: Über Allantoinsäure und Allantoin. II. Ihr Verhalten in den Speicherwurzeln von *Symphytum officinale*. – Flora **141**, 356
540. MOTHES, Kurt und Lisabeth ENGELBRECHT, 1956: Bemerkungen zur Alkaloidsynthese in Lupinen. – Kulturpflanze, Beih. **1**, 258
541. MOTHES, Kurt und Lisabeth ENGELBRECHT, 1956: Über den Stickstoffumsatz in Blattstecklingen. – Flora **143**, 428
542. MOTHES, Kurt und Lisabeth ENGELBRECHT, 1957: Über Blatthonigtau. – Flora **145**, 132–145
543. MOTHES, Kurt, Lisabeth ENGELBRECHT, Karl-Heinz TSCHÖPE und Gabriele HUTSCHENREUTHER-TREFFTZ, 1957: Wurzelaktivität und Nikotinbildung. – Flora **144**, 518
544. MOTHES, Kurt und H. KALA, 1955: Die Wurzel als Bildungsstätte für Cumarine. – Naturwiss. **42**, 159
545. MOTHES, Kurt, Konrad RAMSHORN, Lisabeth ENGELBRECHT und Anna-Nina WAGNER, 1956: Über den Stoffwechsel ergrünter Wurzeln, insbesondere über Glykolsäuredehydrogenase. – Naturwiss. **43**, 358
546. MOTHES, Kurt und Anneliese ROMEIKE, 1951: Über die Anhäufung von Alkaloiden in Organen der Speicherung und Reproduktion. – Biol. Zbl. **70**, 97–113
547. MOTHES, Kurt und Anneliese ROMEIKE, 1952: Zur Frage der Alkaloidsynthese im Sproß. – Flora **139**, 181–184
548. MOTHES, Kurt und Anneliese ROMEIKE, 1954: Nicotin als Ursache der Unverträglichkeit von Pfropfungen. – Flora **142**, 109
549. MOTHES, Kurt und Anneliese ROMEIKE, 1955: Zur Frage der Alkaloidumwandlung im Sproß. – Naturwiss. **42**, 631–632
550. MOTHES, Kurt und Anneliese ROMEIKE, 1957: Die Alkaloide. – Hbd. Pflanzenphysiol. **8**, 989–1049
551. MOTHES, Kurt, Anneliese ROMEIKE und Hans-Botho SCHRÖTER, 1955: Über Mutationsversuche an Alkaloidpflanzen. – Naturwiss. **42**, 214
551a MOTHES, Kurt und Anna-Luise SILBER, 1952: Über den natürlichen Befall der Roggenfelder durch Mutterkorn. – Pharmazie **7**, 310–313
552. MOTHES, Kurt und Anna-Luise SILBER, 1954: Über die Variabilität des Muttterkorns. – Forsch. u. Fortschr. **28**, 101
553. MOTHES, Kurt und Gabriele TREFFTZ, 1954: Die Stickstoffernährung der Pflanzen über die Blätter und ihre Bedeutung für die Alkaloidsynthese. – Naturwiss. **41**, 382
554. MOTHES, Kurt, Gabriele TREFFTZ, Gerhard REUTER und Anneliese ROMEIKE, 1954: Über die Alkaloidsynthese im Sproß. – Naturwiss. **41**, 530
555. MOTHES, Kurt und Anna-Nina WAGNER, 1957: Über die Aktivität der Glykolsäure-Dehydrogenase, insbesondere in Wurzeln. – Biochimija (Moskau) **22**, 171–177
556. MÜLLER, Andreas, 1961: Zur Charakterisierung der Blüten und Infloreszenzen von *Arabidopsis thaliana* (L.) Heynh. – Kulturpflanze **9**, 364–393
557. MÜLLER, Andreas, 1961: Mutationen mit embryonaler Manifestation bei *Arabidopsis thaliana*. – Naturwiss. **48**, 579
558. MÜLLER, Andreas, 1963: Embryonentest zum Nachweis rezessiver Letalfaktoren bei *Arabidopsis thaliana*. – Biol. Zbl. **82**, 133–163
559. MÜLLER, Andreas, 1964: Mutationsauslösung durch Nitrosomethylharnstoff bei *Arabidopsis*. – Züchter **34**, 102–120
560. MÜLLER, Andreas, 1964: Keimwurzeltest zur Bewertung des somatischen Strahlenschadens bei *Arabidopsis*. – Kulturpflanze **12**, 237–255
561. MÜLLER, Andreas, 1965: The chimerical structure of M_1-plants and its bearing on the determination of mutation frequencies in *Arabidopsis*. – In: Induction of Mutations and the Mutation Process. Proc. Symp. Prague 1963. – Publ. House Czechoslovak Acad. Sci. 46–52
562. MÜLLER, Andreas, 1965: Futile attempts to induce recessive lethals by 5-bromodeoxyuridine (BUdR) and 5-iododeoxyuridine (IUdR). – Arabidopsis Inform. Serv. **2**, 19–20

563. MÜLLER, Andreas, 1965: A survey on agents tested with regards to their ability to induce recessive lethals in *Arabidopsis*. — Arabidopsis Inform. Serv. **2**, 22—24
564. MÜLLER, Andreas, 1965: Beeinflussung der radiomimetischen Wirksamkeit von Nitrosamiden durch Stoffwechselinhibitoren. — Naturwiss. **52**, 213
565. MÜLLER, Andreas, 1965: Durch Röntgenbestrahlung des Pollens von *Arabidopsis* induzierte diplophasische und haplophasische Letalmutationen. — Kulturpflanze **13**, 163—171
566. MÜLLER, Andreas, 1965: Comparative studies on the induction of recessive lethals by various mutagens. — In: Arabidopsis Research, Göttingen, 192—199
567. MÜLLER, Andreas, 1965: Reparation chemisch induzierter prämutativer Läsionen durch Rücktrocknung der behandelten Samen? — Biol. Zbl. **84**, 759—762
568. MÜLLER, Andreas, 1965: Über den Zeitpunkt der Mutationsauslösung nach Einwirkung von N-Nitroso-N-Methylharnstoff auf quellende Samen von *Arabidopsis*. — Mutation Res. **2**, 426—437
569. MÜLLER, Andreas, 1965: Die molekulare Grundlage der genetischen Information. — Dtsch. Landw. **16**, No. 7, 1—5
570. MÜLLER, Andreas, 1966: Die Induktion von rezessiven Letalmutationen durch Äthylmethansulfonat bei *Arabidopsis*. I. Dosis-Effekt-Beziehungen und deren Beeinflussung durch die Behandlungsbedingungen. — Züchter **36**, 201—220
571. MÜLLER, Andreas, 1966: Induction of recessive lethals by X-rays. — Arabidopsis Inform. Serv. **3**, 22
572. MÜLLER, Andreas, 1966: Increasing the effectiveness of mutagenic treatments by inhibitors of metabolism. — Arabidopsis Inform. Serv. **3**, 23
573. MÜLLER, Andreas, 1966: Influence of pretreatment with EDTA on the mutagenic activity of nitrosomethylurea. — Arabidopsis Inform. Serv. **3**, 24
574. MÜLLER, Andreas, 1967: Genetic analysis of sterility induced by highly efficient mutagens in *Arabidopsis*. — In: H. STUBBE (Hrsg.), Induzierte Mutationen und ihre Nutzung. Erwin-Baur-Gedächtnisvorlesungen IV. Abd. Dtsch. Akad. Wiss. Berlin, Kl. f. Medizin, No. 2, 89—97
575. MÜLLER, Andreas, 1967: Die Induktion von rezessiven Letalmutationen durch Äthylmethansulfonat bei *Arabidopsis*. II. Sensibilitätsveränderungen in quellenden und keimenden Samen. — Biol. Zbl. **86**, Suppl. 89—106
576. MÜLLER, Andreas, 1967: The influence of post-treatment storage of seeds on mutation induction with alkyl methanesulfonates, nitrosamides, and X-rays. — Arabidopsis Inform. Serv. **4**, 43—44
577. MÜLLER, Andreas, 1968: Genic male sterility in *Arabidopsis*. — Arabidopsis Inf. Serv. **5**, 53—54
578. MÜLLER, Andreas, 1968: Molekulare Grundlagen der Genetik. — Mh. Veterinärmed. **23**, 281—293
579. MÜLLER, Andreas und Tomas GICHNER, 1964: Mutagenic activity of 1-methyl-3-nitro-1-nitrosoguanidine on *Arabidopsis*. — Nature (London) **201**, 1149—1150
580. MÜLLER, Andreas und Ulrike HEIDECKER, 1968: Lebensfähige und letale *fusca*-Mutanten bei *Arabidopsis thaliana*. — Arabidopsis Inf. Serv. **5**, 54—55
581. MÜLLER, Eberhard und Konrad RAMSHORN, 1957: Untersuchungen über die Einwirkung von β-Indolylessigsäure und Nikotin auf Saugkraft und Wasserpermeabilität plasmolysierter Zellen unter Verwendung einer neuen planimetrischen Methode. — Flora **145**, 264—312
582. MÜLLER-STOLL, Wolfgang R., 1965: The problem of water outflow from oots. — In: Water Stress in Plants. Proceed. Symp. Prague 1963. Czechoslovak Acad. Sci. 21—29
583. MÜLLER-STOLL, Wolfgang R., 1965: Regeneration bei Niederen Pflanzen (in physiologischer Betrachtung). — In: Hdb. Pflanzenphysiologie, hrsg. von W. RUHLAND, Bd. 15, Differenzierung und Entwicklung, red. von A. LANG, Teil. 2, Springer-Verlag, Berlin-Heidelberg-New York 92—155
584. MÜLLER-STOLL, Wolfgang R., 1965: Über intrazelluläre Stabbildungen (Trabeculae) im Holz als anatomische Eigenart bei Gehölzen exponierter Gebirgslagen. — Kulturpflanze **13**, 763—799
585. MÜLLER-STOLL, Wolfgang R. und Heinz-Dieter KRAUSCH, 1968: Der azidophile Kiefern-Traubeneichenwald und seine Kontaktgesellschaften in Mittel-Brandenburg. — Mitt. florist.-soziol. Arbeitsgem. N. F. **13**, 101—121

586. MÜLLER-STOLL, Wolfgang R. und Erika MÄDEL, 1967: Die fossilen Leguminosen-Hölzer. Eine Revision der mit Leguminosen verglichenen fossilen Hölzer und Beschreibungen älterer und neuer Arten. — Palaeontographica **119** B, 95—174

587. MÜLLER-STOLL, Wolfgang R. und Manfred NEUBAUER, 1965: Die Pflanzengesellschaften auf Grundwasser-Standorten im Bereich der Fercher Berge südwestlich von Potsdam. Beiträge zur Flora und Vegetation Brandenburgs 39. — Wiss. Z. päd. Hochschule Potsdam, math.-naturw. Reihe **9** (ausgegeben 1966), 313—367

588. MÜLLER-STOLL, Wolfgang R. und Herbert SÜSS, 1966: Der Gehölzbestand der Auenwälder nach subfossilen Holzresten aus holozänen Sedimenten mitteldeutscher Flußauen. — Kulturpflanze **14**, 201—233

589. MÜLLER-STOLL, Wolfgang R. und Ruth ZENKER, 1967: Untersuchungen über Häufigkeit und Verteilung des Zugholzes in Pappel-Stämmen. — Holz als Roh- und Werkstoff **25**, 245—254

589a MUNSCHE, D., 1953: Über polarographische Nitratbestimmung im pflanzenphysiologischen Versuch. — Z. Pflanzenernährg. **62**, 229—239

590. MÜNTZ, Klaus, 1965: Die Wirkung von 2,4-Dinitrophenol auf den Dunkelstoffwechsel kältebehandelter Zellen von *Chlorella pyrenoidosa*. — Naturwiss. **52**, 646—647

591. MÜNTZ, Klaus, 1965: Vergleichende Untersuchungen über die Stickstoff- und Glucose-Aufnahme von *Chlorella* aus Nährlösungen in Abhängigkeit von den Durchmischungsbedingungen. — Z. allg. Mikrobiol. **5**, 362—377

592. MÜNTZ, Klaus, 1965: Einfluß verschiedener Durchmischungsbedingungen auf die Stickstoff-Aufnahme durch *Chlorella* im Licht und im Dunkeln. — In: Studien zur Intensivkultur von Algen. Vorträge der 3. Koordinierungstagung zum Problem 9.9 im Rahmen der wiss.-techn. Zusammenarbeit im RGW (Moskau 1964). Mikrobiol. Inst. ČSAV, Laboratorium f. exp. Algologie, Praha, S. 177—190

593. MÜNTZ, Klaus, 1965: Physiologie. Lehrbuch der Biologie, 11. Kl. d. Erw. Oberschule. — Verlag Volk und Wissen, Berlin, 119—248

594. MÜNTZ, Klaus, 1965: Notwendigkeit und Möglichkeiten, biochemische Probleme im Chemieunterricht zu berücksichtigen (dargestellt am Beispiel des oxydativen Stoffwechsels). — Chemie in der Schule **12**, 4—13

595. MÜNTZ, Klaus, 1966: Nachweis von Nukleotiden und zugehörigen Ribosiden und Basen in äthanolischen Extrakten aus *Chlorella pyrenoidosa*. — Naturwiss. **53**, 200—201

596. MÜNTZ, Klaus, 1966: Stoffwechsel der Pflanzen. Ausgewählte Gebiete der Physiologie. — Verlag Volk und Wissen, Berlin

597. MÜNTZ, Klaus, 1966: Die Struktur der Zelle als Grundlage ihrer physiologischen Leistungen. — Biologie i. d. Schule **15**, 388—392

598. MÜNTZ, Klaus, 1966: Über die Verwendbarkeit des automatischen Teilchenzählers ZG 1 für Zellzählungen in Algensuspensionen. — Materialien zur IV. Koordinierungstagung und zum wiss. Symposium über das RGW-Thema VI.—5. 5 in Krakau 1966. Hrsg. Poln. Institut f. Zootechnik, Kraków (ausgegeben 1967), 45—59

599. MÜNTZ, Klaus, 1967: Vergleichende Untersuchungen über die Bestimmung der Zellenzahl in Algenkulturen mit Zählkammer und automatischem Teilchenzähler (Coulter-Counter). — Z. allg. Mikrobiol. **6**, 187—196

600. MÜNTZ, Klaus, 1967: Die Massenkultur von Kleinalgen, bisherige Ergebnisse und Probleme. — Kulturpflanze **15**, 311—350

601. MÜNTZ, Klaus, 1966, ausgegeben 1967: Anatomie und Physiologie der Pflanzen. Lehrbuch der Biologie, 8. Klasse. — VEB Verlag Volk und Wissen, Berlin, 5—82

602. MÜNTZ, Klaus, 1968: Über die bei Algenmassenkulturen bisher erzielten Produktionsergebnisse. — Kulturpflanze **16**, 277—281

603. NOVER, Ilse und Gerhard BANDLOW, 1958: Mutationsversuche an Kulturpflanzen. VIII. Mehltauresistenz und ihre Genetik bei Wintergerstenmutanten. — Züchter **28**, 184—189

604. NOVER, Ilse und Christian O. LEHMANN, 1964: Resistenzeigenschaften im Gersten- und Weizensortiment Gatersleben. 5. Prüfung von Sommerweizen auf ihr Verhalten gegen *Erysiphe graminis* DC. f. sp. *tritici* Marchal. — Kulturpflanze **12**, 265—275

605. NOVER, Ilse und Christian O. LEHMANN, 1966: Resistenzeigenschaften im Gersten- und Weizensortiment Gatersleben. 6. Prüfung von Gersten auf ihr Verhalten gegen Gelbrost (*Puccinia striiformis* West. syn. *P. glumarum* [Schm.] Erikss. et Hann.). — Kulturpflanze **14**, 257—262

606. NOVER, Ilse und Christian O. LEHMANN, 1967: Resistenzeigenschaften im Gersten- und Weizensortiment Gatersleben. 8. Prüfung von Weizen auf ihr Verhalten gegen *Puccinia triticina* Erikss. (*P. recondita* Rob. ex Desm.). — Kulturpflanze **15**, 181—198
607. NOVER, Ilse und Christian O. LEHMANN, 1968: Resistenzeigenschaften im Gersten- und Weizensortiment Gatersleben. 9. Prüfung von Wintergersten-Neuzugängen auf ihr Verhalten gegen Mehltau (*Erysiphe graminis* DC. f. sp. *hordei* Marchal) und Zwergrost (*Puccinia hordei* Otth.). — Kulturpflanze **16**, 231—241
608. NOVER, Ilse und Rudolf MANSFELD, 1955: Resistenzeigenschaften im Gersten- und Weizensortiment Gatersleben. 1. Prüfung von Sommergersten auf ihr Verhalten gegen *Erysiphe graminis* f. sp. *hordei* Marchal. — Kulturpflanze **3**, 105—113
609. NOVER, Ilse und Rudolf MANSFELD, 1956: Resistenzeigenschaften im Gersten- und Weizensortiment Gatersleben. 2. Prüfung von Wintergersten auf ihr Verhalten gegen *Erysiphe graminis* f. sp. *hordei* Marchal. — Kulturpflanze **4**, 341—349
610. NOVER, Ilse und Rudolf MANSFELD, 1959: Resistenzeigenschaften im Gersten- und Weizensortiment Gatersleben. 3. Prüfung von Gersten auf ihr Verhalten gegen Zwergrost (*Puccinia hordei* Otth.). — Kulturpflanze **7**, 29—36
611. NOVER, Ilse und Friedrich SCHOLZ, 1966: Genetic studies with a barley line showing complete mildew resistance. — Barley Newsl. **9**, 67—68
612. NOVER, Ilse, Friedrich SCHOLZ und Christian O. LEHMANN, 1965: Genetic studies on the resistance of barley to stripe rust. — Barley Newsletter **8**, 46—47
613. OHM, Ursula, 1959: Zellphysiologische Untersuchungen über die Wirkung des Ultraschalls auf höhere Pflanzen. — Dissertation Ernst-Moritz-Arndt-Universität Greifswald
614. OHM, Ursula und Paul METZNER, 1958: Über die Wirkung von Ultraschall auf Stärkekörner. — Naturwiss. **45**, 56—57
615. OSSKE, Gerhard, 1963: Über die Sterine und Triterpene einiger *Solanum*-Arten und des Kartoffelkäfers (*Leptinotarsa decemlineata* Say.). — Dissertation Martin-Luther-Universität Halle-Wittenberg
616. OSSKE, Gerhard und Klaus SCHREIBER, 1965: Sterine und Triterpenoide. VI. Mitteilung: 24-Methylen-lophenol, ein neues 4α-Methyl-Sterin aus *Saccharum officinarum* L. und *Solanum tuberosum* L. — Tetrahedron (London) **21**, 1559—1560
617. PANITZ, Reinhard, 1960: Die cytologischen und genetischen Konsequenzen von Inversionen. — Ergebn. Biol. **22**, 137—211
618. PANITZ, Reinhard, 1960: Gewebespezifische Manifestierung einer Heterozygotie des Nucleolus in Speicheldrüsenchromosomen von *Acricotopus lucidus* (Chironomide). — Naturwiss. **47**, 359
619. PANITZ, Reinhard, 1960: Innersekretorische Wirkung auf Strukturmodifikationen der Speicheldrüsenchromosomen von *Acricotopus lucidus* (Chironomide). — Naturwiss. **47**, 383
620. PANITZ, Reinhard, 1963: Hormonkontrollierte Genaktivitäten in den Riesenchromosomen von *Acricotopus lucidus*. — Dissertation Martin-Luther-Universität Halle-Wittenberg
621. PANITZ, Reinhard, 1964: Hormonkontrollierte Genaktivitäten in den Riesenchromosomen von *Acricotopus lucidus*. — Biol. Zbl. **83**, 197—230
622. PANITZ, Reinhard, 1964: Experimentell induzierte Inaktivierung Balbiani-Ringbildender Gen-Loci in Riesenchromosomen. — Erwin-Baur-Gedächtnisvorlesungen III, 1963. Abh. Dtsch. Akad. Wiss. Berlin, Kl. Medizin **4**, 225—229
623. PANITZ, Reinhard, 1964: Eine objektschonende Methode zur Herstellung mikroskopischer Dauerquetschpräparate. — Kulturpflanze **12**, 107—110
624. PANITZ, Reinhard, 1965: Neuere Erkenntnisse über die Wirkungsweise der Gene. — Dtsch. Landw. **16**, 330—334
625. PANITZ, Reinhard, 1965: Heterozygote Funktionsstrukturen in den Riesenchromosomen von *Acricotopus lucidus*. Puffs als Orte unilokaler Strukturmutationen. — Chromosoma (Wien) **17**, 199—218
626. PANITZ, Reinhard, 1967: Funktionelle Veränderungen an Riesenchromosomen nach Behandlung mit Gibberellinen. — Biol. Zbl. **86**, Suppl., 147—156
627. PANITZ, Reinhard, 1968: Über die Rolle der Chromosomen bei der Informationsübertragung in höheren Organismen. — Biol. Zbl. **87**, 545—565
628. PAULKE, Erich und Wolfgang R. MÜLLER-STOLL, 1966: Die Katalase-Aktivität in Karyopsen und Keimlingen von Getreide und ihre Veränderung durch Temperatur-Einflüsse. — Wiss. Z. päd. Hochschule Potsdam. math.-naturw. Reihe, **10**, 83—105

629. PAULSEN, Hans, Klaus TODT und Helmut RIPPERGER, 1968: Monosaccharide mit stickstoffhaltigem Ring. XVIII. Konformation und anomerer Effekt von N-substituierten 2-Alkyl-piperidin-Derivaten. — Chem. Ber. **101**, 3365—3376
630. PEISKER, Martin, 1966: Zur Beziehung zwischen Wassergehalt und Strahlenempfindlichkeit bei trockenen Samen. — Naturwiss. **53**, 706
631. PEISKER, Martin, 1967: Zur Erhöhung der Strahlenempfindlichkeit durch Sauerstoff bei ruhenden Samen. — Kulturpflanze **15**, 97—104
632. PEISKER, Martin, 1967: Untersuchungen zur Rolle des Wassergehaltes in der Strahlenbiologie ruhender Samen. — Dissertation Martin-Luther-Universität Halle-Wittenberg
633. PEISKER, Martin, 1968: Der Einfluß einer Lagerungsperiode zwischen Trocknung und Bestrahlung auf die Röntgenstrahlenwirkung bei ruhenden Gerstensamen. I. Änderungen in der Beziehung zwischen Wassergehalt und Strahlenempfindlichkeit. — Studia biophys. **10**, 219—226
633a PIETSCH, W., 1967: Das Tamarici-Hippophaetum, eine flußbegleitende Gebüsch-Gesellschaft in West-Transkaukasien. — Mitt. florist.-soziol. Arbeitsgem. N. F. **11/12**, 65—87
634. PIETSCH, Werner und Wolfgang R. MÜLLER-STOLL, 1968: Die Zwergbinsen-Gesellschaft der nackten Teichböden im östlichen Mitteleuropa, Eleocharito-Caricetum bohemicae. — Mitt. florist.-soziol. Arbeitsgem. N. F. 13, 14—17
635. POHL, Fritz, 1962: Hinweise zur Durchführung von Schulversuchen zur Vererbungslehre. — Biologie i. d. Schule **9**, 398—403
636. POLTER, Conrad, 1966: Aminosäureabhängiger Phosphataustausch zwischen 32P-Pyrophosphat und ATP mit Extrakten aus Erbsen-Wurzelgewebe. — Naturwiss. **53**, 533—534
637. POLTER, Conrad, 1966: Einfluß verschiedener Kulturbedingungen auf Wachstum, Entwicklung, Sauerstoff-Verbrauch und andere Eigenschaften der Wurzeln von *Pisum sativum* L. — Kulturpflanze **14**, 97—127
638. POLTER, Conrad, 1967: Trennung von löslichen Plasma-Proteinen der Erbsenwurzel durch Arcylamid-Scheibenelektrophorese. — Z. Naturforsch. **22b**, 340—347
639. POLTER, Conrad, 1967: Einfluß von Penicillin in hoher Konzentration auf Wachstum und Sauerstoff-Aufnahme von Erbsenwurzeln bei Kultur in vitro. — Kulturpflanze **15**, 293—309
640. POLTER, Conrad, 1967: Einfluß von Monofluoressigsäure auf die Sauerstoffaufnahme von Erbsenwurzeln nach Anzucht unter verschiedenen Bedingungen. — Biol. Zbl. **86**, 567—581
641. POLTER, Conrad, 1968: Einfluß von Sulhydryl-Reagenzien und Malonat auf die Sauerstoffaufnahme von Erbsenwurzeln nach Anzucht unter verschiedenen Bedingungen. — Biol. Zbl. **87**, 217—233
642. POLTER, Conrad und Wolfgang R. MÜLLER-STOLL, 1968: Die Aminosäurenzusammensetzung des sedimentierbaren Plasma-Proteins verschiedener Segmente der Keimlingswurzel von *Pisum sativum*. — Kulturpflanze **16**, 97—110
643. POLTER, Conrad und Wolfgang R. MÜLLER-STOLL, 1968: Einfluß von Penicillin in hoher Konzentration auf Aufnahme und Einbau von 35S-Methionin in isolierte Wurzeln von *Pisum sativum*. — Kulturpflanze **16**, 111—125
644. PRACEJUS, Horst und Helmut RIPPERGER, 1968: Darstellung und Konfiguration von optisch aktivem α-Mesityläthylamin. — Z. Chem. **8**, 268—269
645. PUFAHL, Klaus, 1962: Beitrag zur Kenntnis der Inhaltsstoffe der Geißraute, *Galega officinalis* L. — Dissertation Wilhelm-Pieck-Universität Rostock
646. PUFAHL, Klaus, 1965: Mikromethoden bringen Spuren an den Tag. Von der Papierchromatographie zur Dünnschichtchromatographie. — Urania **28**, 814—817
646a RAMMELT, R., 1967: Papierchromatographischer Nachweis und Konzentrationsbestimmung einiger Purin- und Pyrimidin-Verbindungen in Extrakten von Weizenkeimlingen. — Wiss. Z. päd. Hochschule Potsdam, Math.-naturw. Reihe, **11**, 363—370
647. RAMMELT, Rolf und Harry BERGMANN, 1967: Qualitative and quantitative detection of soluble nucleotides and their derivatives in cereal seedlings by means of paper chromatography. — J. Chromatogr. (Amsterdam), **31**, 279—281
648. RAMMELT, Rolf und Wolfgang R. MÜLLER-STOLL, 1968: Über das Verhalten der löslichen Nukleinsäurebausteine in nicht abgehärteten Keimlingen von Weizensorten unterschiedlicher Winterfestigkeit. — Flora **159**, 167—190

649. Ramshorn, Konrad, 1952: Einige Beobachtungen über den Einfluß von Hochfrequenzfeldern auf die pflanzliche Entwicklung. — Ber. Dtsch. Bot. Ges. **64**, 25—26
650. Ramshorn, Konrad, 1953: Über den Einfluß von Hochfrequenzfeldern auf den pflanzlichen Organismus. I. Die Wirkung auf die Entwicklung von Tomatenpflanzen bei Frequenzen von 75 und 150 Mhz. — Kulturpflanze **1**, 79—110
651. Ramshorn, Konrad, 1954: Die Papierelektrophorese von Serum. — Pharmazie **9**, 181
652. Ramshorn, Konrad, 1955: Pflanzenphysiologische Wirkungen der Alkaloide. Einfluß des Nikotins auf das Streckungswachstum von *Avena*-Koleoptilen. — Flora **142**, 601—618
653. Ramshorn, Konrad, 1956: Die Beteiligung sekundärer Pflanzenstoffe am Wuchsstoffkomplex. — Kulturpflanze, Beiheft **1**, 264—273
654. Ramshorn, Konrad, 1956: Über eine modifikative Fruchtformänderung nach einmaliger 2,4-D-Applikation bei *Lycopersicon esculentum*. — Naturwiss. **43**, 230
655. Ramshorn, Konrad, 1956: Über Wirkungen von 2,4-Dichlorphenoxyessigsäure auf Gestalt und Ertrag von *Lycopersicon esculentum* Mill. 'Lukullus'. — Kulturpflanze **4**, 296—314
656. Ramshorn, Konrad, 1955/1956: Untersuchungen zur Frage der Wuchsstoffnatur bei *Avena sativa*. — Ber. Dtsch. Bot. Ges. **68**, Gen.-Vers.-Heft, 25—26
657. Ramshorn, Konrad, 1957: Zur partiellen „aeroben" Gärung in der Wurzel von *Vicia faba* L. — Flora **145**, 1—36
658. Ramshorn, Konrad, 1957: Zur aeroben Gärung in der Wurzel von *Vicia faba*. — Habilitationsschrift Martin-Luther-Universität Halle-Wittenberg
659. Ramshorn, Konrad, 1958: Zur aeroben Gärung in der Wurzel von *Vicia faba*. — Ber. Dtsch. Bot. Ges. **70**, (20)—(22)
660. Ramshorn, Konrad, 1958: Die quantitative Bestimmung von β-Indolylessigsäure mittels der oszillopolarographischen Methode. — Biol. Zbl. **77**, 730—740
661. Ramshorn, Konrad, 1958: Zur partiellen „aeroben" Gärung in der Wurzel von *Vicia faba*. II. Flora **146**, 178—211
662. Ramshorn, Konrad, 1959: Über die Abhängigkeit des Gaswechsels und Streckungswachstums abgetrennter Wurzelspitzen von der Zuckerquantität und der Sauerstoffspannung. — Flora **147**, 429—444
663. Ramshorn, Konrad, 1959: Zum aeroben Zuckerumsatz in pflanzlichem Meristem. — Natuwiss. **46**, 451—452
664. Ramshorn, Konrad, 1959: Stellungnahme zu Bemerkungen von A. Betz. — Flora **148**, 127—128
665. Ramshorn, Konrad, 1960: Zur Atmung kurzfristig isolierter Keimlingswurzelspitzen von *Vicia faba*, *Pisum sativum* und *Zea mays*. — Kulturpflanze **8**, 185—221
666. Ramshorn, Konrad, 1960: Endogene Zucker und aerobe Zuckeraufnahme in meristematischen Wurzelspitzen von *Vicia faba*. — Naturwiss. **47**, 445—446
667. Ramshorn, Konrad und Renate Koenig, 1959: Die Bedeutung der Substratqualität und der Sauerstoffspannung für Gaswechsel und Wachstum isolierter Wurzelspitzen. — Flora **147**, 358—381
668. Rehm, Hans-Jürgen, 1953: Untersuchungen über Hemm- und Förderungsstoffe aus Streptomyceten und deren Wirkung auf Bodenmikroorganismen. — VI. Congresso Internazionale di Microbiologia Roma. Riassunti delle Communicazione **I**, No. 200
669. Rehm, Hans-Jürgen, 1954/55: Untersuchungen über Hemm- und Förderungsstoffe aus Streptomyceten der *Streptomyces albus*-Gruppe. — Wiss. Zschr. Ernst-Moritz-Arndt-Universität Greifswald, **4**, math. naturw. Reihe 1, 40—44
670. Rehm, Hans-Jürgen, 1956: Untersuchungen über Hemm- und Förderungsstoffe aus Streptomyceten der *Streptomyces albus*-Gruppe. — Zbl. Bakt. **II**, Abt. 109, 399—412
671. Rehm, Hans-Jürgen, 1956: Über die Beziehungen zwischen *Aspergillus niger* und Streptomyceten der *Streptomyces albus*-Gruppe. — Zbl. Bakt. **II**, Abt. 109, 413—415
672. Rehm, Hans-Jürgen, 1956: Zur Bestimmung der Wachstumsintensität von Bakterien am Rande von Antibiotikahemmzonen. — Naturwiss. **43**, 183
673. Rehm, Hans-Jürgen, 1956: Untersuchungen über die Bodenmikroflora von Gatersleben und Umgebung (Mitteldeutsches Lößgebiet). 4. Mitteilung: Untersuchungen über *Alternaria tenuis*. — Kulturpflanze **4**, 205—211
674. Rehm, Hans-Jürgen und Ursel Rehm, 1953: Untersuchungen über die Bodenmikroflora von Gatersleben und Umgebung. — Kulturpflanze **1**, 111—121

675. Reinbothe, Horst, 1957: Die Verwendung von Anionenaustauschern zur Trennung und quantitativen Bestimmung organischer Säuren. — Pharmazie **12**, 732—744 und 812—821
676. Remmel, Manfred, 1959: Zur Lokalisation der DNS während der Meiose im Mikrosporangium von *Antirrhinum majus* L. — Monatsber. Dtsch. Akad. Wiss. **1**, 599—602
677. Reuter, Gerhard, 1956: Über neue Untersuchungen an Blutungssäften. — Kulturpflanze, Beiheft 1, 260
678. Reuter, Gerhard, 1957: Über den Citrullin-Stoffwechsel der Betulaceen. — Naturwiss. **44**, 45—46
679. Reuter, Gerhard, 1957: Über den Stickstoffhaushalt der Betulaceen und anderer Laub- und Nadelhölzer. — Flora **144**, 420—446
680. Reuter, Gerhard, 1957: Zustandsbedingte Produktionsänderungen spezifischer Stickstoff-Verbindungen in der Tabakpflanze. — Kulturpflanze **5**, 139—185
681. Reuter, Gerhard, 1957: Die Hauptform des löslichen Stickstoffs in vegetativen pflanzlichen Speicherorganen und ihre systematische Bewertbarkeit. — Flora **145**, 326—338
682. Reuter, Gerhard und Hans Wolffgang, 1954: Vergleichende Untersuchungen über den Charakter der Stickstoffverbindungen von Baumblutungssäften bei Betulaceen und anderen Holzarten. — Flora **142**, 146
683. Rieger, Rigomar, 1957: Inhomologenpaarung und Meioseablauf bei haploiden Formen von *Antirrhinum majus* L. — Chromosoma **9**, 1—38
684. Rieger, Rigomar, 1958: Das Meioseverhalten von Gonotokonten mit abnormen Chromosomenzahlen bei *Antirrhinum majus* L. I. Mehrkernige Pollenmutterzellen bei haploiden Formen. — Biol. Zbl. **77**, 237—244
685. Rieger, Rigomar, 1963: Die Genommutationen. — In: Genetik, Grundlagen, Ergebnisse und Probleme in Einzeldarstellungen, Beitrag 3. VEB Gustav Fischer Verlag, Jena
686. Rieger, Rigomar, 1963: Über Chromosomenmutationen und einige ihrer Beziehungen zum Krebsproblem. — Z. Urologie **56**, 511—524
687. Rieger, Rigomar, 1965: On the experimental induction of chromosomal aberrations in plants. — In: Induction of Mutations and the Mutation Process, Proc. Symp., Prague 1963, Publ. House Czechoslovak Acad. Sci. 85—100
688. Rieger, Rigomar, 1965: Was sind Chromosomen? — Wiss. u. Forschr. **15**, 11—16
689. Rieger, Rigomar, 1965: Bau und Funktion der Chromosomen. — Biol. Rdsch. **2**, 260—279
690. Rieger, Rigomar, 1966: Alternative Interpretationsversuche zur Entstehung chromosomaler Strukturumbauten: Bruch-Reunions- und Austauschhypothese. — Biol. Zbl. **85**, 29—46
691. Rieger, Rigomar und Helmut Böhme, 1962: Strahleninduzierte Mutagenese — Gesichtspunkte des Genetikers. — In: H. Stubbe (Hrsg.), Strahleninduzierte Mutagenese. — Erwin-Baur-Gedächtnisvorl. II. Abh. Dtsch. Akad. Wiss., Berlin, Kl. f. Medizin Nr. 1, 38—62
692. Rieger, Rigomar und Arnd Michaelis, 1954: Genetisches und Cytogenetisches Wörterbuch. — 2. Sonderheft des „Züchter", Springer-Verlag, Berlin-Heidelberg
693. Rieger, Rigomar und Arnd Michaelis, 1958: Genetisches und Cytogenetisches Wörterbuch, 2. Aufl. — Springer-Verlag, Berlin-Heidelberg
694. Rieger, Rigomar und Arnd Michaelis, 1958: Cytologische und stoffwechselphysiologische Untersuchungen am aktiven Meristem der Wurzelspitze von *Vicia faba* L. I. Der Einfluß der Unterwasser-Quellung der Samen auf die chromosomale Aberrationsrate. — Chromosoma **9**, 238—257
695. Rieger, Rigomar und Arnd Michaelis, 1959: Versuche zur Auslösung von Chromosomenmutationen mit Cadaverin- und Putrescinhydrochlorid bei *Vicia faba*. — Monatsber. Dtsch. Akad. Wiss., Berlin, **1**, 51—53
696. Rieger, Rigomar und Arnd Michaelis, 1959: Vergleichende Untersuchungen zur Verteilung durch verschiedene Mutagene induzierter Brüche über den Chromosomensatz von *Vicia faba* L. — Chromosoma (Berlin) **10**, 163—178
697. Rieger, Rigomar und Arnd Michaelis, 1959: Cytologische und stoffwechselphysiologische Untersuchungen am aktiven Meristem der Wurzelspitzen von *Vicia faba* L. III. Weitere Befunde zur Entstehung und Wirkung „automutagener" Stoffwechselprodukte. — Biol. Zbl. **78**, 291—307

698. RIEGER, Rigomar und Arnd MICHAELIS, 1960: Der Einfluß von Stoffwechselinhibitoren auf die radiomimetische Wirkung von Äthylalkohol. — Monatsber. Dt. Akad. Wiss. **2**, 290—297
699. RIEGER, Rigomar und Arnd MICHAELIS, 1960: Chromatidenaberrationen nach Einwirkung von Äthylmethansulfonat (Methansulfonsäureäthylester) auf Primärwurzeln von *Vicia faba*. — Biol. Zbl. **79**, 1—5
700. RIEGER, Rigomar und Arnd MICHAELIS, 1960: Chromosomenaberrationen nach Einwirkung von Acetaldehyd auf Primärwurzeln von *Vicia faba* L. — Kulturpflanze **8**, 230—243
701. RIEGER, Rigomar und Arnd MICHAELIS, 1960: Über die radiomimetische Wirkung von Äthylalkohol bei *Vicia faba*. Chemische Mutagenese. — Abh. Dt. Akad. Wiss., Kl. f. Medizin, No. 1, 54—65
702. RIEGER, Rigomar und Arnd MICHAELIS, 1961: Die Bedeutung von ATP für radiomimetische Wirkung von Äthylalkohol bei *Vicia faba*. — Naturwiss. **48**, 139
703. RIEGER, Rigomar und Arnd MICHAELIS, 1961: Beziehungen zwischen dem Wurzelwachstum und der Sensibilität der Wurzelmeristeme gegenüber verschiedenen Radiomimetika bei *Vicia faba*. — Chromsoma (Berlin) **11**, 573—581
704. RIEGER, Rigomar und Arnd MICHAELIS, 1962: Sensitization effects of acridine orange on the radiomimetic activity of nitrogen mustard. — Biochem. Biophys. Res. Comm. **7**, 331—335
705. RIEGER, Rigomar und Arnd MICHAELIS, 1962: Die Auslösung von Chromosomenaberrationen bei *Vicia faba* durch chemische Agenzien. Eine Übersicht. — Kulturpflanze **10**, 212—292
706. RIEGER, Rigomar und Arnd MICHAELIS, 1963: On the time period during which chemically induced chromatid breaks are available for interaction. — Exp. Cell Res. **31**, 202—205
707. RIEGER, Rigomar und Arnd MICHAELIS, 1964: On the distribution amongst cells of chemically induced chromatid aberrations in *Vicia* root tip meristems. — Mutation Res. **1**, 109—112
708. RIEGER, Rigomar und Arnd MICHAELIS, 1965: Chemical induction of heat-reversible "potential lesions" in *Vicia* chromosomes. — Nature (London) **206**, 741—742
709. RIEGER, Rigomar und Arnd MICHAELIS, 1967: Chromosomenmutationen. — In: Genetik — Grundlagen, Ergebnisse und Probleme in Einzeldarstellungen, Beitrag 6, VEB Gustav Fischer Verlag, Jena
710. RIEGER, Rigomar und Arnd MICHAELIS, 1968: Intra- and interchromosomal distribution of chemically induced chromatid aberrations in *Vicia faba*. — Proc. XII. Intern. Congr. Genetics **I**, 112
711. RIEGER, Rigomar, Arnd MICHAELIS und Melvine M. GREEN, 1968: A Glossary of Genetics and Cytogenetics, 3rd ed. — Springer-Verlag, Berlin-Heidelberg-New York
712. RIEGER, Rigomar, Hristo NICOLOFF und Arnd MICHAELIS, 1963: Chelatbildung als Sensibilisierungsfaktor bei der chemischen Auslösung von Chromosomenaberrationen. — Biol. Zbl. **82**, 393—412
713. RIETH, Alfred, 1951: Zur Phycomycetenflora Württembergs, 1. Teil, — Veröff. Württ. Landesstellen f. Naturschutz u. Landschaftspflege Heft 20, 259—271
714. RIETH, Alfred, 1951: Beiträge in: Zimmermann, W., Eine für Württemberg neue Rotalge, *Batrachospermum atrum* Harvey. — Veröff. Württ. Landesstellen f. Naturschutz u. Landschaftspflege Heft 20, 247—258
715. RIETH, Alfred, 1952: Über die vegetative Vermehrung bei *Sphaeroplea wilmani* Fritsch et Rich. — Flora **139**, 28—38
716. RIETH, Alfred, 1952: Kleine Beiträge zur Kryptogamenflora von Württemberg Veröff. Württ. Landesstellen f. Naturschutz u. Landschaftspflege Heft 21
718. RIETH, Alfred, 1953: Zur Kenntnis der Gattung *Sphaeroplea*. *Sphaeroplea cambrica* Fritsch. — Flora **140**, 130—139
719. RIETH, Alfred, 1953: Zur Auxosporenbildung bei *Melosira nummuloides* (Dillw.) D. A. Ab. — Flora **140**, 205—208
720. RIETH, Alfred, 1953: Einige Beobachtungen zur Colchicinwirkung auf die Keimung von *Vaucheria*-Oosporen. — Flora **140**, 596—604

720a RIETH, Alfred, 1953: Eine neue *Vaucheria* der Sektion *Woroninia* aus dem Arterner Salzgebiet. – Arch. Protistenkde. **98**, 327–341
721. RIETH, Alfred, 1954: Beobachtungen zur Entwicklungsgeschichte einer *Vaucheria* der Sektion *Woroninia*. – Flora **142**, 156
722. RIETH, Alfred, 1954: Ein weiterer Beitrag zur Kenntnis algenparasitärer Phycomyceten. – Kulturpflanze **2**, 164–184
723. RIETH, Alfred, 1955: Rhizomknollen von *Helianthus tuberosus*, ein gutes Nährsubstrat zur Pilzkultur, besonders für *Claviceps purpurea*. – Pharmazie **10**, 206–208
724. RIETH, Alfred, 1955: Bemerkungen über zwei auf Vaucherienfäden der Arterner Salzwiesen lebende Organismen. – Ber. Dtsch. Bot. Ges. **68**, 257–260
725. RIETH, Alfred, 1956: Zur Kenntnis halophiler Vaucherien. – Flora **143**, 127–160
726. RIETH, Alfred, 1956: Zur Kenntnis halophiler Vaucherien. II. – Flora **143**, 281–294
727. RIETH, Alfred, 1956: Ein einfacher Beleuchtungsuntersatz zum Kleinmikroskop „TAMI". – Mikrokosmos **45**, 163–166
728. RIETH, Alfred, 1956: *Micromyces laevis* Canter in Deutschland nebst einigen Bemerkungen über die wasserlebende, algenparasitäre Gruppe der *Synchytriaceae*. – Kulturpflanze **4**, 27–45
729. RIETH, Alfred, 1956: Beitrag zur Kenntnis der Phycomyceten. III. – Kulturpflanze **4**, 181–186
730. RIETH, Alfred, 1957: Über die Sporenausstreuung bei einer Splachnacee. – Flora **144**, 647, Taf. V
731. RIETH, Alfred, 1957: Vorkommen von *Plicaria fulva* Schneider. – Kulturpflanze **5**, 186
732. RIETH, Alfred, 1957: Vorschlag zu einem Mikroskopiertisch. – Z. wiss. Mikrosk. u. mikroskop. Techn.
733. RIETH, Alfred, 1958: Vorkommen einer Foraminifere im Arterner Salzgebiet. – Mikrokosmos 47
734. RIETH, Alfred, 1959: Periodizität beim Ausschlüpfen der Schwärmsporen von *Vaucheria sessilis* DC. – Flora **147**, 35–42
735. RIETH, Alfred, 1959: *Vaucheria lii* nov. spec. – Z. Bot. **47**, 218–225
736. RIETH, Alfred, 1959: Über einen bisher nicht beobachteten Mechanismus zur Sporenausstreuung bei einer Splachnacee. – Act. Bot. Sinica **8**, 58–68
737. RIETH, Alfred, 1959: Bemerkungen über *Ricciocarpus natans* (L.) Corda. – Kulturpflanze **7**, 207–217
738. RIETH, Alfred, 1960: Ein vereinfachter funktionssicherer Bodengreifer. – Mikrokosmos **49**, 252–256
739. RIETH, Alfred, 1961: Eine diözische Rasse und experimentelle Kreuzung bei *Vaucheria dichotoma* (L.) Agh. – Flora **149**, 501–502
740. RIETH, Alfred, 1961: Kleine Beobachtungen an Pflanzen aus dem Schaugarten des Institutes. I. Ein eindrucksvoller Fall von Chorismus bei *Lysimachia punctata* L. – Kulturpflanze **9**, 190–221
741. RIETH, Alfred, 1961: Ein marines Porphyridium von der Mittelmeerküste bei Neapel und die Berechtigung der Art *Porphyridium marinum* Kylin. – Biol. Zbl. **80**, 429–438
742. RIETH, Alfred, 1961: Jochalgen (Konjugaten). – Stuttgart
743. RIETH, Alfred, 1962: Über *Prophyridium cruentum* (Ag.) Naeg. III. Sind alle Standorte von *P. cruentum* im Binnenlande anthropogen? – Mber. Dt. Akad. Wiss. **4**, 488–492
744. RIETH, Alfred: Das Akinetenstadium von *Vaucheria*. – Mber. Dt. Akad. Wiss. **4**, 519–522
745. RIETH, Alfred, 1962: *Vaucheria borealis* aus den Nordischen Alpen. – Österr. Bot. Z. **109**, 510–520
746. RIETH, Alfred, 1962: Beitrag zur Kenntnis der Phycomyceten. IV. *Pleotrachelus wildemani* Petersen neu für Deutschland. – Kulturpflanze **10**, 93–110
747. RIETH, Alfred, 1962: Weitere Beobachtungen an Kulturen von *Porphyridium cruentum* (Ag.) Naeg. mariner Herkunft. – Kulturpflanze **10**, 168–194
748. RIETH, Alfred, 1962: Über *Gongrosira dichotoma* Kütz. und *Asterosiphon* Dang. I. Gibt es ein „Gongrosira-Stadium" bei *Vaucheria*? – Limnologica **1**, 197–210
749. RIETH, Alfred, 1963: Die Algen der chinesisch-deutschen biologischen Sammelreise durch Nord- und Nordostchina 1956. I. Die Vaucheriaceen. – Limnologica **1**, 287 bis 313

750. Rieth, Alfred, 1963: Beiträge zur Kenntnis der Gattung *Vaucheria*. IX. *Vaucheria lii* Rieth in Europa. — Arch. Protistenk. **106**, 583—590
751. Rieth, Alfred, 1963: Beiträge zur Kenntnis der Gattung *Vaucheria*. X. *Vaucheria arrhyncha* Heidinger (= *V. uncinata* Kütz = *Vaucheriopsis arrhyncha* ([Heidinger] Heering) im Harz./— Limnologica **1**, 457—472
752. Rieth, Alfred, 1963: *Helianthus tuberosis* L. als Pilznährstubstrat. — Kulturpflanze **11**, 376—402
753. Rieth, Alfred, 1964: Einige Überlegungen zur derzeitigen Situation von Taxonomie und Ökologie in der Algenkunde. — Limnologica **2**, 267—279
754. Rieth, Alfred, 1964: Kleine Beobachtungen an Pflanzen aus dem Schaugarten des Instituts. II. Typhastengel mit mehreren weiblichen Kolben. — Kulturpflanze **12**, 227—236
755. Rieth, Alfred, 1965: Die Algen der chinesisch-deutschen biologischen Sammelreise durch Nord- und Nordostchina 1956. I. Die Vaucheriaceen, 2. Teil. — Limnologica **3**, 139—162
756. Rieth, Alfred, 1965: Beiträge zur Kenntnis der Vaucheriaceen. XI. Vaucherien aus Tadshikistan. — Kulturpflanze **13**, 463—470
757. Rieth, Alfred, 1966: Zur Kenntnis der Lebensbedingungen von *Porphyridium cruentum* (Ag.) Naeg. V. Faktoren, die die Kälteresistenz modifizieren. — Kulturpflanze **14**, 61—82
758. Rieth, Alfred, 1966: Zur Kenntnis der Lebensbedingungen von *Porphyridium cruentum* (Ag.) Naeg. VI. Wachstum in einem Rhythmus von Frost- und Wärmeperioden. — Biol. Zbl. **85**, 569—578
759. Rieth, Alfred, 1967: Beiträge zur Kenntnis algenparasitärer Phycomyceten. V. Eine Gallbildung verursachende Chytridiale: *Zygorhizidium vaucheriae* n. sp. — Biol. Zbl. 86, 435—448
760. Rieth, Alfred, 1967: *Ochromonas ornamentata* nov. spc. — Kulturpflanze **15**, 139—150
761. Rieth, Alfred, 1967: Zur Frostresistenz von *Porphyridium cruentum* (Ag.) Naeg. Der Einfluß der Periodenlänge bei Kultur unter einem rhythmischen Wechsel von (Wärme + Licht)- mit (Frost + Dunkel)-Zeiten. I. — Mber. Dt. Akad. Wiss. **9**, 725—729
762. Rieth, Alfred, 1968: Beiträge zur Kenntnis der Vaucheriaceen. XII. *Vaucheria undulata* Jao 1936. — Arch. Protistenk. **110**, 452—461
763. Rieth, Alfred, 1968: Beiträge zur Kenntnis der Vaucheriaceen. XIII. Über undulierte und pseudoundulierte Thalli bei *Vaucheria*. — Kulturpflanze **16**, 69—74
764. Rieth Alfred und Herta Sagromsky, 1964: Zur Kenntnis der Lebensbedingungen von *Porphyridium cruentum* (Ag.) Naeg. — Biol. Zbl. **83**, 489—500
765. Ripperger, Helmut, 1966: Optische Rotationsdispersion und Circulardichroismus sowie ihre Anwendung in der organischen Chemie. — Z. Chem. **6**, 161—171
766. Ripperger, Helmut, 1967: Untersuchungen zur optischen Rotationsdispersion und zum Circulardichroismus. X. Mitteilung: Quadrantenregel für den n → π^*-Cotton-Effekt von Dithiourethanen optisch aktiver Amine. — Angew. Chem. **79**, 721 (Angew. Chem. Intern. Ed. **6**, 704—705)
767. Ripperger, Helmut, 1968: Isolierung, Strukturaufklärung und Synthese einiger Steroidalkaloide und stickstofffreier Steroide aus *Solanum*-Arten. — Habilitationsschrift Martin-Luther-Universität Halle-Wittenberg
768. Ripperger, Helmut, Herbert Budzikiewicz und Klaus Schreiber, 1967: *Solanum*-Alkaloide, LXXIX. Mitteilung: Jurubin, ein stickstoffhaltiges Steroidsaponin neuartigen Strukturtyps aus *Solanum paniculatum* L.; über die Struktur von Paniculidin. — Chem. Ber. **100**, 1725—1740
769. Ripperger, Helmut, und Horst Pracejus, 1968: Untersuchungen zur optischen Rotationsdispersion und zum Circulardichroismus. IX. Zur absoluten Konfiguration einiger Piperidin-Verbindungen. Beiträge α-ständiger äquatorialer und axialer Methylgruppen zum Cotton-Effekt von N-Chlor-piperidinen. — Tetrahedron, London, **24**, 99—102
770. Ripperger, Helmut und Klaus Schreiber, 1965: Untersuchungen zur optischen Rotationsdispersion und zum Circulardichroismus. I. Mitteilung (*Solanum*-Alkaloide, L. Mitteilung): Dithiourethane cyclicher Amine. — Tetrahedron, London, **21**, 407 bis 412

771. RIPPERGER, Helmut und Klaus SCHREIBER, 1965: Die absolute Konfiguration von (+)-α-Pipecolin. — Tetrahedron, London, **21**, 1485—1487
772. RIPPERGER, Helmut und Klaus SCHREIBER, 1967: Untersuchungen zur optischen Rotationsdispersion und zum Circulardichroismus. VII. Mitteilung: Zur absoluten Konfiguration von (—)-β-Pipecolin. — Tetrahedron, London, **23**, 1841—1844
773. RIPPERGER, Helmut und Klaus SCHREIBER, 1967: Untersuchungen zur optischen Rotationsdispersion und zum Circulardichroismus. VIII. Mitteilung: Notiz zur absoluten Konfiguration von 1.2.3.6.7.11b-Hexahydro-4H-pyrazino[2.1-a]isochinolin. — Chem. Ber. **100**, 1383—1384
774. RIPPERGER, Helmut und Klaus SCHREIBER, 1968: Struktur von Paniculonin A und B, zwei neuen Spirostanglykosiden aus *Solanum paniculatum* L. — Chem. Ber. **101**, 2450—2458
775. RIPPERGER, Helmut, Klaus SCHREIBER und Herbert BUDZIKIEWICZ, 1967: Isolierung von Neochlorogenin und Paniculogenin aus *Solanum paniculatum* L. — Chem. Ber. **100**, 1741—1752
776. RIPPERGER, Helmut, Klaus SCHREIBER und Günther SNATZKE, 1965: Untersuchungen zur optischen Rotationsdispersion und zum Circulardichroismus. II. Mitteilung (*Solanum*-Alkaloide, LI. Mitteilung): Circulardichroismus von N-Chlor-aminosteroiden und N-Chlorspiroaminoketalen. — Tetrahedron, London, **21**, 727—732
777. RIPPERGER, Helmut, Klaus SCHREIBER und Günther SNATZKE, 1965: Untersuchungen zur optischen Rotationsdispersion und zum Circulardichroismus. IV. Mitteilung: Zum Circulardichroismus cyclischer Azomethine. — Tetrahedron (London) **21**, 1027—1030
778. RIPPERGER, Helmut, Klaus SCHREIBER, Günther SNATZKE und Karl HELLER, 1965: Untersuchungen zur optischen Rotationsdispersion und zum Circulardichroismus. III. Mitteilung (*Solanum*-Alkaloide, LII. Mitteilung): Konfigurationszuordnung bei 3-Amino-Steroiden. — Z. Chemie **5**, 62
779. ROMEIKE, Anneliese, 1952: Quantitative photometrische Bestimmungsmethode für Atropin. — Pharm. Zentralhalle **91**, 80—85
780. ROMEIKE, Anneliese, 1952: Beitrag zur papierchromatographischen Trennung von Alkaloiden. — Pharmazie **7**, 496—497
781. ROMEIKE, Anneliese, 1953: Beiträge zur chemischen Physiologie der mydriatisch wirkenden Solanaceen-Alkaloide. — Pharmazie **8**, 668—674 und 729—747
782. ROMEIKE, Anneliese, 1955: Alkaloide. In: Papierchromatographie in der Botanik, Berlin
783. ROMEIKE, Anneliese, 1956: Über die Mitwirkung des Sprosses bei der Ausbildung des Alkaloidspektrums. Epoxydbildung beim Hyoscyamin durch *Datura ferox* L. — Flora 143, 67
784. ROMEIKE, Anneliese, 1957: Biogenese von Alkaloiden. — Abh. Deutsch. Akad. Wiss., Berlin, Kl. f. Chemie, No 7, 43—50
785. ROMEIKE, Anneliese, 1958: Über ein bisher unbekanntes Alkaloid aus Wurzeln von *Datura ferox* L. — Naturwiss. **45**, 187
786. ROMEIKE, Anneliese, 1959: Alkaloide. — In: Papierchromatographie in der Botanik, 2. Aufl., Springer-Verlag, Berlin
787. ROMEIKE, Anneliese, 1959: Zur Biogenese des Scopolamins. — Naturwiss. **46**, 492
788. ROMEIKE, Anneliese, 1959: Über die Mitwirkung des Sprosses bei der Ausbildung des Alkaloidspektrums. II. Bildungsstätte und Biogenese des Scopolamins in *Datura ferox* L. — Flora **148**, 306—320
789. ROMEIKE, Anneliese, 1960: Über ein Zwischenprodukt bei der Epoxydierung des Hyoscyamins in der lebenden Pflanze. — Naturwiss. **47**, 64—65
790. ROMEIKE, Anneliese, 1960: Bisherige Ergebnisse auf dem Gebiete der Biogenese der Tropanalkaloide. — Pharmazie **15**, 655—658
791. ROMEIKE, Anneliese, 1960: Die Rolle von Sproß und Wurzel bei der Umwandlung des Hyoscyamins in verschiedenen *Datura*-Arten. — Planta medica **8**, 491—495
792. ROMEIKE, Anneliese, 1961: Die Scopolaminbildung in der Artkreuzung *Datura ferox* L. × *Datura stramonium* L. — Kulturpflanze **9**, 171—180
793. ROMEIKE, Anneliese, 1961: Chromatography of Alkaloids. — In: E. Heftmann (ed.), Chromatography, Reinhold Publishing Co., New York
794. ROMEIKE, Anneliese, 1961: Sur la biogenèse de la scopolamin. — Bull. Soc. Franc. Physiol. végétale **7**, 33—35

795. Romeike, Anneliese, 1961: Sur un hybride de *Datura* riche en scopolamin. — Bull. Soc. Bot. France **108**, 47—50 (Mémoires)
796. Romeike, Anneliese, 1962: Über die Entmethylierung des Hyoscyamins in den oberirdischen Organen verschiedener *Datura*-Arten. — Naturwiss. **49**, 426
797. Romeike, Anneliese, 1962: Weitere Versuche zur Züchtung einer scopolaminreichen *Datura*-Hybride. — Kulturpflanze **10**, 140—148
798. Romeike, Anneliese, 1963: Sekundäre Umwandlung von Hyoscyamin im Sproß von *Datura*-Arten. — Abh. Dt. Akad. Wiss. Berlin, Kl. Chem., Geol., Biol. **4**, 179—186
799. Romeike, Anneliese, 1964: Über die Mitwirkung des Sprosses bei der Ausbildung des Alkaloidspektrums. III. Entmethylierung des Hyoscyamins in den oberirdischen Organen verschiedener *Datura*-Arten. — Flora **154**, 163—173
800. Romeike, Anneliese, 1965: Über das Vorkommen von Hygrin in Wurzeln von *Nicandra physaloides* (L.) Gaertn. — Pharmazie **20**, 738—739
801. Romeike, Anneliese, 1965: Hygrin, das Hauptalkaloid in *Nicandra*-Wurzeln. — Naturwiss. **52**, 619
802. Romeike, Anneliese, 1966: Ein Modell für die Entstehungsweise chemischer Rassen. — Kulturpflanze **14**, 129—135
803. Romeike, Anneliese, 1966: Vorkommen von Tropinon in *Nicandra*-Wurzeln. — Naturwiss. **53**, 82
804. Romeike, Anneliese und Otto Aurich, 1967: Untersuchungen über den Alkaloidstoffwechsel in *Datura*-Wurzeln. 1. Mitteilung: Die Umsetzung von Tropin in Wurzelkulturen von *Datura innoxia* Mill. — Pharmazie **22**, 603—604
805. Romeike, Anneliese und Otto Aurich, 1967: Untersuchungen über den Alkaloidstoffwechsel in *Datura*-Wurzeln. 2. Mitteilung: Die Bildung von Acetyltropin in Wurzelkulturen von *Datura innoxia* Mill. — Pharmazie **22**, 604
806. Romeike Anneliese und Otto Aurich, 1968: Untersuchungen über den Alkaloidstoffwechsel in *Datura*-Wurzeln. III. Acetyltropin im Alkaloidspektrum von jungem Wurzelgewebe. — Phytochemistry **7**, 1547—1553
807. Romeike, Anneliese und Gábor Fodor, 1960: The biogenesis of hyoscine in *Datura stramonium* L. — Tetrahedron Letters Heft 22, 1—4
808. Romeike, Anneliese und Hilmar Friedrich, 1956: Arzneipflanzenforschung im Institut für Kulturpflanzenforschung der Deutschen Akademie der Wissenschaften in Gatersleben. — Pharmazie **11**, 681—686
809. Rönsch, Hasso, 1962: Über die Steroidalkaloide und -sapogenine einiger Herkünfte von *Solanum dulcumara* L. sowie über die Partialsynthese des *S.-dulcamara*-Alkaloids Tomatid-5-en-3β-ol aus 5x-Tomatidan-3β-ol. — Dissertation Friedrich-Schiller-Universität Jena
810. Rönsch, Hasso und Klaus Schreiber, 1965: *Solanum*-Alkaloide, 63. Mitteilung: 15α-Hydroxysoladulcidin und 15α-Hydroxytomatidin, zwei neue Steroidalkaloide aus *Solanum dulcamara* L. — Tetrahedron Letters (London) 1947—1952
811. Rönsch, Hasso und Klaus Schreiber, 1966: *Solanum*-Alkaloide, LXV. Mitteilung: Über vier neue 15α-Hydroxy-spirosolan-Alkaloide aus Wurzeln von *Solanum dulcamara* L. — Liebigs Ann. Chem. **694**, 169—182
812. Rönsch, Hasso und Klaus Schreiber, 1966: *Solanum*-Alkaloide, LXII. Mitteilung: Über γ- und δ-Solamarin, zwei neue Tomatidenolglykoside aus *Solanum dulcamara* L. — Phytochemistry **5**, 1227—1233
813. Rönsch, Hasso und Klaus Schreiber, 1967: *Solanum*-Alkaloide, LXXXIII. Mitteilung: Analytische und präparative dünnschichtchromatographische Trennung von 5α-gesättigten bzw. Δ^5-ungesättigten Steroidalkaloiden und -sapogeninen an Silbernitrat-haltigen Adsorptionsschichten. — J. Chromatogr., Amsterdam, **30**, 149—154
814. Rönsch, Hasso, Klaus Schreiber und Hans Stubbe, 1968: *Solanum*-Alkaloide, LXXXVI. Mitteilung: Isolierung von Tomatiden aus Bittersüßem Nachtschatten. — Naturwiss. **55**, 182
814a. Rothe, H., 1951: Morphologisch-entwicklungsgeschichtliche und genetische Analyse einer sich variabel manifestierenden Mutation von *Antirrhinum majus* L. — Z. ind. Abst. Vererbgsl. **84**, 74—132
815. Rothmaler, Werner, 1946: Artentstehung in historischer Zeit, am Beispiel der Unkräuter des Kulturleins. — Züchter **17/18**, 89—92
816. Rothmaler, Werner, 1948: Die Bedeutung des Generationswechsels für die Systematik. — Forschg. u. Fortschr. **24**, 217—220

817. Rothmaler, Werner, 1948: Über das natürliche System der Organismen. — Biol. Zbl. 67, 242—250
818. Rothmaler, Werner, 1948: Revision der Genisteen. II. Die Gattung *Erinacea, Spartium* und *Calicotome*. — Bot. Jahrb. 1946: 74, 221—287
819. Rothmaler, Werner, 1959: Die Heimat unserer Kulturpflanzen. — Urania 12, 172 bis 175
820. Rudolph, Armin, 1967: Säulenchromatographische Analyse kleiner Mengen von Tyrosin und Phenylalanin. — Z. Chem. 7 231—232
821. Rudolph, Armin, 1967: Die säulenchromatographische Aminosäure-Analyse in Gegenwart von Schwermetall-Kationen. — J. Chromatogr., Amsterdam, 31, 479—484
822. Rudolph, Armin und Otto Machold, 1964: Vergleichende Untersuchungen über die quantitative Aminosäurebestimmung. — Kulturpflanze 12, 111—119
823. Sagromsky, Herta, 1952: Der Einfluß des Lichtes auf die rhythmische Konidienbildung von *Penicillium*. — Flora 139, 300—313
824. Sagromsky, Herta, 1952: Lichtinduzierte Ringbildung bei Pilzen. II. Flora 139, 560—564
825. Sagromsky, Herta, 1954: Die Bedeutung der Gerstengranne für die Kornentwicklung. — Z. Pflanzenzüchtg. 33, 267—284
826. Sagromsky, Herta, 1954: Einfluß von Lichtintensität und Tageslänge auf Wachstum und Pigmentbildung verschiedener Tomatenmutanten. — Kulturpflanze 2, 155—163
827. Sagromsky, Herta, 1955: Eine einfache biologische Methode zur Messung von Temperaturschwankungen und schwachen Lichteinstrahlungen. — Mikrokosmos 45
828. Sagromsky, Herta, 1956: Zur lichtinduzierten Ringbildung bei Pilzen. III. — Biol. Zbl. 75, 385
829. Sagromsky, Herta, 1956: Wodurch entstehen „Hexenringe" bei Pilzen? — Umschau 56, 396
830. Sagromsky, Herta, 1956: Zur Chlorophyllbildung bei *Aurea*-Formen. I. — Z. Naturforsch. 11b, 548
831. Sagromsky, Herta, 1956: Zur Chlorophyllbildung bei *Aurea*-Formen. II. — Z. Naturforsch. 11b, 554
832. Sagromsky, Herta, 1956: Zur Pigmentbildung bei einigen Gerstenmutanten. — Kulturpflanze 4, 187—194
833. Sagromsky, Herta, 1957: Über die Chlorophyllbildung bei einer grün-weiß gescheckten Tomatenmutante. — Ber. Dtsch. Bot. Ges., Generalversammlungsheft
834. Sagromsky, Herta, 1957: Zur Chlorophyllbildung bei einer grüngescheckten Tomate. — Ber. Dtsch. Bot. Ges. LXX, 251—258
835. Sagromsky, Herta, 1957: Chlorophyllbestimmungen an zwei *Vaucheria*-Arten. Z. Naturforsch. 11b, 684—687
836. Sagromsky, Herta, 1959: Lichtinduzierte Ringbildung. IV. Nachklingen der Rhythmik bei *Trichothecium roseum*. — Der. Dtsch. Bot. Ges. 72, 169—175
837. Sagromsky, Herta, 1959: Lichtinduzierte Ringbildung. V. Nachklingen der Rhythmik bei *Sclerotinia fructicola* (Wint.) Rehm. — Biol. Zbl. 78, 589
838. Sagromsky, Herta, 1959: Beitrag zur Kenntnis der Rotalgenpigmente. — Ber. Dt. Bot. Ges. 71, 435—438
839. Sagromsky, Herta, 1960: Beitrag zur Kenntnis der Rotalgenpigmente. II. — Ber. Dtsch. Bot. Ges. 73, 3—7
840. Sagromsky, Herta, 1960: Beitrag zur Kenntnis der Rotalgenpigmente. III. — Ber. Dtsch. Bot. Ges. 73, 358
841. Sagromsky, Herta, 1960: Tagesperiodische Ausschüttung der Tetrasporen bei Rotalgen. — Naturwiss. 47, 141
842. Sagromsky, Herta, 1961: Durch Licht-Dunkel-Wechsel induzierter Rhythmus in der Entleerung der Sporangien von *Nitophyllum punctatum*. Pubbl. Staz. Zool. Napol. 32, 1—12
843. Sagromsky, Herta, 1961: Der Einfluß von rhythmischem Licht-Dunkel-Wechsel auf die Entleerung der Tetrasporangien von *Nitophyllum punctatum* (Stackh.) Grev. II. — Biol. Zbl. 80, 681—692
844. Sagromsky, Herta, 1961: Bedeutung der Nährstoffversorgung für die Ausprägung der Mutationsmerkmale einer Chlorophyllmutante von *Lycopersicon esculentum*. — Kulturpflanze 9, 273—286.

845. SAGROMSKY, Herta, 1962: Die Bedeutung des Lichtes für die Wurzelbildung von *Cereus*. — Veröff. Geobot. Inst. Eidgenoss. Techn. Hochschule, Stiftg. Rübel, Zürich, **37**, 188—206
846. SAGROMSKY, Herta, 1962: Die Bedeutung des Lichtes für die Ausprägung eines Mutationsmerkmals der Mutante *bipartita von Antirrhinum majus*. — Kulturpflanze **10**, 158—167
847. SAGROMSKY, Herta, 1962: Chlorophyllbestimmung an verschiedenen Entwicklungsstadien von *Vaucheria*. — Ber. Dtsch. Bot. Ges. **75**, 345—346
848. SAGROMSKY, Herta, 1963: Beziehungen zwischen Pigmentgehalt und Ertrag bei der Tomatenmutante *fulgens* der Sorte 'Rheinlands Ruhm'. — Kulturpflanze **11**, 563—568
849. SAGROMSKY, Herta, 1963: Die Lichtwirkung in der Ausbildung der Luftwurzeln bei *Cereus*. — Mber. Dt. Akad. Wiss. Berlin **5**, 131—134
850. SAGROMSKY, Herta, 1963: Ist Chlorophyll d der Rotalgen ein Umwandlungsprodukt von Chlorophyll a?. — Ber. Dt. Bot. Ges. **77**, 323—326
851. SAGROMSKY, Herta, 1965: Einfluß von Licht auf die Keimung von Kürbissamen. — Kulturpflanze **13**, 509—516
852. SAGROMSKY, Herta, 1965: Chlorophyllbildung und Chlorophyllfunktion bei einer Mutante von *Lycopersicon esculentum*. — Proc. 2nd Western-Europe Conf. on Photosynthesis, Woudschoten, Zeist, Donker, Rotterdam
853. SAGROMSKY, Herta, 1965: Abschätzung der von einer Pflanze benötigten Chlorophyll a-Menge am Beispiel der Mutante „*venosa*“ von *Lycopersion esculentum*. — Ber. Dtsch. Bot. Ges. **78**, 338—341
854. SAGROMSKY, Herta, 1966: Musterbildung in der Natur. — Biol. i. d. Schule **15**, 190 bis 194
855. SAGROMSKY, Herta, 1966: Zur Musterbildung bei der Blattpigmentierung von *Miscanthus sinensis* var. *zebrinus* Hort.-Anderss. — Kulturpflanze **14**, 283—292
856. SAGROMSKY, Herta, 1967: Light induced rhythmic in the formation of fungi conidiae. — European Photobiology Symp., Hvar (Yugoslavia) 1967, The Yugoslav. Acad. Sci. Arts, Zagreb, 89—92
857. SAGROMSKY, Herta, 1967: Pigmentgehalt und Substanzproduktion bei der Tomatenmutante *dwarf*$_1^{crispata}$ der Sorte 'Condine Red'. — Kulturpflanze **15**, 267—274
858. SAGROMSKY, Herta, 1967: Plastidenpigmente und ihre Rolle im Photosyntheseprozeß. — Studia biophys., Sonderband 5, I—XVII + 1—248
859. SAGROMSKY, Herta und Alfred RIETH, 1959: Untersuchungen an Vaucherien halophiler Standorte des Golfes von Neapel. — Pubbl. Staz. Zool. Napoli
860. SCHELLENBERGER, Alfred, Gerhard OSSKE und Wolfgang RÖDEL, 1962: Der Einfluß des N_α-ständigen Restes auf das Reaktionsverhalten von α-Iminosäuren. — Hoppe-Seylers Z. physiol. Chem. **329**, 149—162
861. SCHIEMANN, Elisabeth, 1948: Weizen, Roggen, Gerste, Systematik, Geschichte und Verwendung. — Jena
862. SCHIEMANN, Elisabeth, 1949: Tine Tammes zum Gedächtnis. — Züchter **19**, 182—184
863. SCHLEGEL, Hans-Günther, 1953: Hemmungsanalytische Untersuchungen an Knallgasbakterien. — Flora **140**, 499—522
864. SCHLEGEL, Hans-Günther, 1953: Physiologische Untersuchungen an wasserstoffoxydierenden Bakterien. — Arch. Mikrobiol. **18**, 332—390
865. SCHLEGEL, Hans-Günther, 1953: Neue Untersuchungen an wasserstoffoxydierenden Bakterien und zum Hydrogenaseproblem. — VI. Intern. Kongr. Mikrobiologie **1**, 163
866. SCHLEGEL, Hans-Günther, 1954: Die Rolle des molekularen Wasserstoffs im Stoffwechsel der Mikroorganismen. — Arch. Mikrobiol. **20**, 293
867. SCHLEGEL, Hans-Günther, 1954: Zur Frage der gleichzeitigen Oxydation von molekularem Wasserstoff und organischen Substraten durch Knallgasbakterien. — Wiss. Z. Univ. Halle **4**, 95
868. SCHLEGEL, Hans-Günther, 1954: Untersuchungen über den Phosphatstoffwechsel wasserstoffoxydierender Bakterien. — Arch. Mikrobiol. **21**, 127
869. SCHLEGEL, Hans-Günther, 1955: Der Phosphatstoffwechsel als Indikator der CO_2-Verwertung. — Naturwiss. **42**, 158
870. SCHLEGEL, Hans-Günther, 1955: Die Beeinflussung des Phosphathaushalts von Mikroorganismen durch Kohlendioxyd. — Arch. Mikrobiol. **23**, 195—206

871. SCHLEGEL, Hans-Günther, 1955: Zum Phosphathaushalt wasserstoffoxydierender Bakterien. — Ber. Bot. Ges. 67 (17)—(18) (Gen. Vers. Heft)
872. SCHLEGEL, Hans-Günther, 1956: Vergleichende Untersuchungen über die Lichtempfindlichkeit einiger Purpurbakterien. — Arch. Protistenkd. **101**, 69
873. SCHLEGEL, Hans-Günther, 1956: Die Verwertung organischer Säuren durch *Chlorella* im Licht. — Planta **47**, 510
874. SCHLEGEL, Hans-Günther, 1957: Zum Stoffwechsel der Blausäureglykoside. — Flora **144**, 470—472.
875. SCHLÜTER, Heinz, 1963 (ausgeg. 1964): Vegetationskundliche Untersuchungen in den Wäldern der Jenaer Umgebung. — Drudea **3**, 41—48
876. SCHLÜTER, Heinz, 1964: Zur Waldentwicklung im Thüringer Gebirge, hergeleitet aus Pollendiagrammen, Archivquellen und Vegetationsuntersuchungen. — Arch. Forstwesen **13**, 283—305
877. SCHLÜTER, Heinz, 1964: Vegetationskarte der Deutschen Demokratischen Republik (1:500000) mit Erläuterungen; hrsg. von A. SCAMONI. Kartierungsausschnitt Thüringer Gebirge und die nördlich davon gelegenen Landschaften; Kap. 5. Buchenreiche Eichen-Hainbuchenwälder des Hügellandes, 32—35; 10b. Tannen-Buchenwald, 52 bis 54; 13c. Heidelbeer-Tannenmischwald, 63—64; 15b. Submontaner Fichten-Moorbirkenwald, 72—73; 17. Kolline Traubeneichenwälder, 77—79; 19. Submontan-montaner Tannen-Höhenkiefernwald, 81—82. Akademie-Verlag, Berlin
878. SCHLÜTER, Heinz, 1964 (ausgegeb. 1965): Das Naturschutzgebiet „Schwellenburg" bei Kühnhausen, ein wertvoller Fundort kontinentaler Steppenvegetation im Thüringer Becken. — Landschaftspfl. u. Naturschutz Thüringen **1**, 22—29
879. SCHLÜTER, Heinz, 1965: Vegetationskundliche Untersuchungen an Fichtenforsten im Mittleren Thüringer Wald. — Kulturpflanze **13**, 55—99
880. SCHLÜTER, Heinz, 1965: Ergebnisse der internationalen pflanzensoziologischen Exkursion durch NO-Polen (4.—10. 6. 63): Bericht über die Abschlußbesprechung. — Mat. Zakładu Fitosocjologii U. W. **6**, 26—35
881. SCHLÜTER, Heinz, 1966: Licht- und Temperaturmessungen an den Vegetationszonen einer Lichtung („Lochhieb") im Fichtenforst. — Flora, Abt. B, **156**, 133—154
882. SCHLÜTER, Heinz, 1966: Vegetationsgliederung und -kartierung eines Quellgebietes im Thüringer Wald als Grundlage zur Beurteilung des Wasserhaushaltes. — Arch. Naturschutz u. Landschaftsforsch. **6**, 3—44
883. SCHLÜTER, Heinz, 1966: Abgrenzung der natürlichen Fichtenwälder gegen anthropogene Fichtenforste und die Ausweitung des Fichtenwaldareals im Zusammenhang mit dem Tannenrückgang im Thüringer Wald. — Anthropogene Vegetation, Ber. über das intern. Symp. Stolzenau/Weser 1961, 263—274
884. SCHLÜTER, Heinz, 1966: Untersuchungen über die Auswirkung von Bestandskalkungen auf die Bodenvegetation in Fichtenforsten. — Kulturpflanze **14**, 47—60
885. SCHLÜTER, Heinz, 1967: Pflanzen. — In: Brockhaus-Reisehandbuch Thüringer Wald, VEB F.A. Brockhaus Verlag, Leipzig, 35—40
886. SCHLÜTER, Heinz, 1967: Waldgesellschaften im mittelthüringischen Trias-Hügelland. — Mitt. florist. -soziol. Arbeitsgem. N.F. **11/12**, 210—212
887. SCHLÜTER, Heinz, 1967: Zur systematischen und räumlichen Gliederung des Carpinion in Mittelthüringen. — Feddes Repert. **77**, 117—141
888. SCHLÜTER, Heinz, 1967: Buntlaubhölzer in kollinen Waldgesellschaften Mittelthüringens. — Kulturpflanze **15**, 115—138
889. SCHMIDT, Horst, 1962: Chemische Untersuchungen über den Biosyntheseweg der Blütenfarbstoffe in Mutanten von *Antirrhinum majus*. — Biol. Zbl. **81**, 213—226
890. SCHMIDT, Horst, 1963: Biosynthese phenolischer Pflanzeninhaltsstoffe. — Pharmazie **18**, 445—456
891. SCHMIDT, Horst und Helmut BÖHME, 1960: Zur Untersuchung der Blüteninhaltsstoffe von *Antirrhinum majus*. — Biol. Zbl. **79**, 423—425
892. SCHMIDT, Horst, Wolfgang GOSDA und Ulrich WALLWITZ, 1964: Über die Proteinbiosynthese und den Genetischen Code. — Kulturpflanze **12**, 277—323
893. SCHMIDT, Horst, Franz-Josef SYCH und Wolfgang GOSDA, 1968: Über die Chemie und die biochemischen Wirkungsmechanismen des Streptomycins. — Pharmazie **23**, 161 bis 173

894. SCHNEIDER, Gernot, 1966: Isolierung von o(2)-Acetylgibberellinsäure als Stoffwechselprodukt von *Fusarium moniliforme* Sheld. und Untersuchungen zur Epoxydation einiger Gibberelline. — Diss. Martin-Luther-Universiät Halle-Wittenberg
895. SCHNEIDER, Gernot, Günther SEMBDNER und Klaus SCHREIBER, 1965: Gibberelline, VI. Mitteilung: Die Dünnschichtelektrophorese von Gibberellinen. — J. Chromatogr. (Leiden) **19**, 358—363
896. SCHNEIDER, Gernot, Günther SEMBDNER und Klaus SCHREIBER, 1965: Gibberelline, ihre Derivate und Abbauprodukte. Eine tabellarische Übersicht. — Kulturpflanze **13**, 267—493
897. SCHNEIDER, Gernot, Günther SEMBDNER und Klaus SCHREIBER, 1966: Gibberelline, ihre Derivate und Abbauprodukte. Eine tabellarische Übersicht. — Akademie-Verlag, Berlin
898. SCHÖLLNER, Rolf, Jürgen WEILAND und Alfred MÜHLSTÄDT, 1963: Die Criegee-Umlagerung von α-Ketonhydroxyestern. — Z. Chem. **3**, 390
899. SCHOLZ, Friedrich, 1955: Mutationsversuche an Kulturpflanzen, IV. Über den züchterischen Wert zweier röntgeninduzierter nacktkörniger Gerstenmutanten. — Kulturpflanze **3**, 69—89
900. SCHOLZ, Friedrich, 1956: Mutationsversuche an Kulturpflanzen. V. Die Vererbung zweier sich variabel manifestierender Übergangsmerkmale von bespelzter zu nackter Gerste bei röntgeninduzierten Mutanten. — Kulturpflanze **4**, 228—246
901. SCHOLZ, Friedrich, 1957: Mutationsversuche an Kulturpflanzen. VII. Untersuchungen über den züchterischen Wert röntgeninduzierter Mutanten verschiedener Merkmalsgruppen bei Sommer- und Wintergerste. 1. und 2. Tei.l — Z. Pflanzenzüchtg. **38**, 181—220 und 225—274
902. SCHOLZ, Friedrich, 1957: Das Institut für Kulturpflanzenforschung in Gatersleben. — Za sysokou Urodu (Praha) **5**, 285 (Tschechisch)
903. SCHOLZ, Friedrich, 1958: Mutationsversuche an Kulturpflanzen. IX. Über den Rohproteingehalt röntgeninduzierter Gerstenmutanten. — Züchter **28**, 289—296
904. SCHOLZ, Friedrich, 1958: Smooth-awned barley mutants induced by X-rays. — Proc. Xth Intern. Congr. Genet. **2**, 254
905. SCHOLZ, Friedrich, 1959: Genetisch-züchterische Untersuchungen an röntgeninduzierten glattgrannigen Gerstenmutanten. — Ber. Dtsch. Bot. Ges. **71**, Generalversammlungsheft, 33
906. SCHOLZ, Friedrich, 1959: Strahleninduzierte Mutationen und Pflanzenzüchtung. — Atompraxis **5**, 475—481
907. SCHOLZ, Friedrich, 1960: Qualitätsprobleme in der Futtergerstenzüchtung, dargestellt an Ergebnissen von Mutationsversuchen. — Z. Pflanzenzüchtg. **44**, 108—128
908. SCHOLZ, Friedrich, 1960: Versuche zur züchterischen Steigerung des Eiweißgehalts der Gerste mit Hilfe der experimentellen Mutationsauslöung. — Qual. Plant. et Mat. Veget. **6**, 276—292
909. SCHOLZ, Friedrich, 1961: Möglichkeiten der Steigerung des Eiweißgehalts und andere Qualitätsfragen in der Futtergerstenzüchtung. — In: Ber. Arbeitstagg. Arbeitsgem. Saatzuchtleiter 1959, Gumpenstein, Österreich, 105—141
910. SCHOLZ, Friedrich, 1963: Induced smooth-awned mutants and the inheritance of stigma hairiness in barley. — Barley Newsletter **6**, 95—96
911. SCHOLZ, Friedrich, 1963: Induced mutants and their suitability to hybridization breeding in barley. — Proc. XIIth Intern. Congr. Genet., The Hague, **I**, 236—237
912. SCHOLZ, Friedrich, 1965: Experiments on the use of induced mutants to hybridization breeding in barley. — In: Induction of Mutations and the Mutation Process, Proc. Symp. Prague 1963, Publ. House Czechoslovak Acad. Sci., 73—79
913. SCHOLZ, Friedrich, 1966: Einige Ergebnisse und Erfahrungen auf dem Gebiet der angewandten Mutationsforschung bei Gerste (tschechisch). In: O metodách a výsledcích mutačního šlechtění, Sborník, z konference v Praze, Vydalo SSSP, Praha, 53—64
914. SCHOLZ, Friedrich, 1967: Utility of induced mutants of barley in hybridization. — In: H. STUBBE (Hrsg.), Induzierte Mutationen und ihre Nutzung, Erwin-Baur-Gedächtnisvorl. IV. Abh. Dt. Akad. Wiss., Berlin, Kl. f. Medizin, No 2, 161—168
915. SCHOLZ, Friedrich, 1968: Significance of induced macro-mutations on plant breeding (Abstract). — Prov. XII. Intern. Congr. Genetics II, 274—275

916. SCHOLZ, Friedrich und Christian O. LEHMANN, 1958: Die Gaterslebener Mutanten der Saatgerste in Beziehung zur Formenmannigfaltigkeit der Art *Hordeum vulgare* L. s.l. I. — Kulturpflanze **6**, 123—166
917. SCHOLZ, Friedrich und Christian O. LEHMANN, 1959: Biologische Forschung in Gatersleben. — Wiss. u. Fortschr. **9**, 174—177
918. SCHOLZ, Friedrich und Christian O. LEHMANN, 1959: Die Gaterslebener Mutanten der Saatgerste in Beziehung zur Formenmannigfaltigkeit der Art *Hordeum vulgare* L.s.l. II. — Kulturpflanze **7**, 218—255
919. SCHOLZ, Friedrich und Christian O. LEHMANN, 1961: Die Gaterslebener Mutanten der Saatgerste in Beziehung zur Formenmannigfaltigkeit der Art *Hordeum vulgare* L.s.l. III. — Kulturpflanze **9**, 230—272
920. SCHOLZ, Friedrich und Christian O. LEHMANN, 1962: Die Gaterslebener Mutanten der Saatgerste in Beziehung zur Formenmannigfaltigkeit der Art *Hordeum vulgare* L.s.l. IV. — Kulturpflanze **10**, 312—334
921. SCHOLZ, Friedrich und Christian O. LEHMANN, 1965: Zweiblütige Ährchen und andere Veränderungen der Infloreszenz bei induzierten Gerstenmutanten. — Züchter **35**, 79—85
922. SCHOLZ, Friedrich und Ilse NOVER, 1967: Genetische Untersuchungen mit einer vollständig mehltauresistenten Gerstenlinie. — Kulturpflanze **15**, 243—254
923. SCHOLZ, Günter, 1957: Die Rolle von Chelaten bei der Eisenversorgung und im Stoffwechsel der Pflanze. — Z. Pflanzenern., Düngg., Bodenkunde **76**, 133—145
924. SCHOLZ, Günter, 1958: Über die Bedeutung des Bors für die Alkaloidproduktion von *Nicotiana rustica*. — Z. Pflanzenern., Düngg., Bodenkunde **80**, 149
925. SCHOLZ, Günter, 1959: Über die physiologische Wirkung des Bors auf Keimwurzeln von *Vicia faba*. — Flora **148**, 295—305
926. SCHOLZ, Günter, 1960: Untersuchungen über die physiologische Wirkung des Bors in der Pflanze — Diss. Martin-Luther-Universität Halle-Wittenberg
927. SCHOLZ, Günter, 1960: Über die Translokation des Bors in Tabak-Blattstecklingen mit geteilten Wurzelmeristemen. — Flora **148**, 484—488
928. SCHOLZ, Günter, 1962: Versuche mit Bor an Lemnaceen. Die Wirkung des Bors auf den Kohlenhydratgehalt von *Lemna minor*. — Kulturpflanze **10**, 63—71
929. SCHOLZ, Günter, 1964: Versuche zur Normalisierung des Phänotyps der Mutante *chloronerva* von *Lycopersicon esculentum* Mill. III. Über Isolierung und chemische Charakterisierung des „normalisierenden Faktors". — Flora **154**, 589—597
930. SCHOLZ, Günter, 1965: Über Aufnahme, Verteilung und Wirkung von Eisenchelat bei einer chlorotischen Tomatenmutante. — Kulturpflanze **13**, 239—245
931. SCHOLZ, Günter, 1966: *Chloronerva*: a peptide deficient mutant. — Rep. Tomato Genet. Coop. **16**, 33—34
932. SCHOLZ, Günter, 1967: Physiologische Untersuchungen an der Mutante '*chloronerva*' von *Lycopersion esculentum* Mill. 2. Mitteilung: Quantitative Aspekte der Eisenaufnahme und -verteilung und deren Beziehung zur „phänotypischen Normalisierung". Kulturpflanze **15**, 255—266
933. SCHOLZ, Günter und Helmut BÖHME, 1961: Versuche zur Normalisierung des Phänotyps der Mutante *chloronerva* von *Lycopersicon esculentum* Mill. II. Über die Wirkung artfremder Pfropfpartner und verschiedener Pflanzenextrakte auf den Normalisierungsvorgang. — Kulturpflanze **9**, 181—191
934. SCHOLZ, Günter und Helmut BÖHME, 1961: Phenotypical normalization of the *chloronerva* mutant. — Rep. Tomato Genetics Coop. **11**, 5
935. SCHOLZ, Günter und Armin RUDOLPH, 1968: A biochemical mutant of *Lycopersicon esculentum* Mill. Isolation and properties of the ninhydrin-positive „normalizing factor". — Phytochem. **7**, 1759—1764
936. SCHÖNEICH, Jörg, 1962: Chromosomenuntersuchung am Ehrlichschen Mäuse-Ascites-Carcinom. — Kulturpflanze **10**, 149—157
937. SCHÖNEICH, Jörg, 1963: Cytologische Untersuchungen an Mäuse-Ascites-Tumoren. — Dissertation Friedrich-Schiller-Universität Jena
938. SCHÖNEICH, Jörg, 1965: Genom- und Chromosomenaberrationen des Menschen. — Biol. Zbl. **84**, 409—445
939. SCHÖNEICH, Jörg, 1965: On the significance of chromosomal aberration in the cancerostatic effectivity of some chemotherapeutic agents. — In: Induction of Mutation

and the Mutation Process, Proc. Symp. Prague 1963, Publ. House Czechosl. Acad. Sci., 109–114
940. Schöneich, Jörg, 1966: Zur Frage der mutagenen Wirkung von Äthylalkohol. Untersuchungen an Mäuseascites-Tumoren. – Humangenetik **3**, 84–95
941. Schöneich, Jörg, 1966: Chromosomenanomalien des Menschen und ihre Folgen. – Biol. i. d. Schule **15**, 467–475
942. Schöneich, Jörg, 1967: The induction of chromosomal aberrations by hydrogen peroxide in strains of ascites tumors in mice. – Mutation Res. **4**, 384–388
943. Schöneich, Jörg, 1967: Spontane und induzierte Chromosomenaberrationen in Gewebekulturen. – Biol. Zbl. **86**, Suppl. 69–88
944. Schöneich, Jörg, 1968: Cytologische Untersuchungen an Mäuseascitestumoren. – Z. Krebsforsch. **70**, 366–377
945. Schreiber, Klaus (Hrsg.), 1961 (hrsg. 1962): Chemie und Biochemie der *Solanum*-Alkaloide, Vortr. u. Diskussionsbeitr. Intern. Symp. Dt. Akad. Landwirtschaftswiss. Berlin 1959. – In: Tagungsber. Dt. Akad. Landwirtschaftswiss. Berlin No 27, 1–337.
946. Schreiber, Klaus, 1961 (hrsg. 1962): Chemie und Biochemie unter besonderer Berücksichtigung qualitätsbestimmender Faktoren. – In: R. Schick und M. Klinkowski (Hrsg.), Die Kartoffel – ein Handbuch, Bd. 1, 191–352
947. Schreiber, Klaus, 1963: *Solanum*-Alkaloide. XXVII. Mitteilung: Über die Alkaloidglykoside knollentragender *Solanum*-Arten. – Kulturpflanze **11**, 422–450
948. Schreiber, Klaus, 1963: *Solanum*-Alkaloide. XXVIII. Mitteilung: Isolierung von Solasodin-glykosiden aus Pflanzen der Gattung *Solanum* L. – Kulturpflanze **11**, 451 bis 501
949. Schreiber, Klaus, 1963: *Solanum*-Alkaloide. XXIV. Mitteilung: Identifizierung von β_1-Tomatin als Hauptalkaloid in einigen Mutanten von *Lycopersicon esculentum* Mill. – Kulturpflanze **11**, 502–506
950. Schreiber, Klaus, 1963: *Solanum*-Alkaloide. XXX. Mitteilung: Zur Nomenklatur von Steroidalkaloiden mit Spiroaminoketal-Struktur. – Z. Chem. **3**, 346–347
951. Schreiber, Klaus, 1964: *Solanum*-Alkaloide. XXVII. Mitteilung: Über die Alkaloidglykoside von *Solanum polyadenium* Greenm. – Liebigs Ann. Chem. **674**, 168–175
952. Schreiber, Klaus, 1965: *Solanum*-Alkaloide. XLVIII. Mitteilung: Abbau von Soladulcidin und Tomatidin zu den enantiomeren 5-Methyl-piperidonen-(2). Zur Stereochemie der Spirosolan-Alkaloide an C-22 und 25. – Liebigs Ann. Chem. **682**, 219–227
953. Schreiber, Klaus, 1965: *Solanum*-Alkaloide. XLIX. Mitteilung: Notiz zum Abbau von Solasodin zu Acetyldiosgeninlacton und (R)-(-)-4-Amino-3-methyl-buttersäure. – Chem. Ber. **98**, 323–325
954. Schreiber, Klaus, 1965: Über die Biochemie der Steroidalkaloide. – In: 3. Internation. Symp. Biochemie und Physiologie der Alkaloide in Halle, Rahmenvorträge. Akademie-Verlag, Berlin, 54–80
955. Schreiber, Klaus, 1966: Über die Biochemie der Steroidalkaloide. – Abh. Dt. Akad. Wiss. Berlin. Kl. f. Chemie, Geol., Biol. No 3, 65–91
956. Schreiber, Klaus, 1968: Steroid Alkaloids: The *Solanum* Group. – In: R. H. F. Manske (ed.), The Alkaloids, Vol. X, Academic Press, New York-London 1–192
957. Schreiber, Klaus, 1968: Toxische Inhaltsstoffe von Nahrungspflanzen. – Kulturpflanze **16**, 255–276
958. Schreiber, Klaus und Günter Adam, 1961: *Solanum*-Alkaloide. XVI. Mitteilung: Synthese von 22,26 Imino-cholestan-Derivaten. – Esperientia (Basel), **17**, 490
959. Schreiber, Klaus und Günter Adam, 1963: *Solanum*-Alkaloide. XXIII. Mitteilung: Synthese von *Solanum*-Alkaloiden aus 16β-Hydroxy-pregnan-Derivaten. Liebigs Ann. Chem. **666**, 155–176
960. Schreiber, Klaus, und Günter Adam, 1963: *Solanum*-Alkaloide. XXIV. Mitteilung: Synthese von 16α-substituierten 22.26-Imino-cholestan-Derivaten und (22S.25R)-5α-Solanidan-3-on. – Liebigs Ann. Chem. **666**, 176–188
961. Schreiber, Klaus und Günter Adam, 1964: *Solanum*-Alkaloide. XXXIX. Mitteilung: Synthese von 22.26-Imino-5α-cholestan-3β-olen aus 3β-Acetoxy-pregn-5-en-20-on und deren sterische Zuordnung. – Tetrahedron (London) **20**, 1707–1718
962. Schreiber, Klaus und Günter Adam, 1964: *Solanum*-Alkaloide. XLI. Mitteilung: Darstellung von (22R:25S)-22.26-Imino-5α-cholestan-3β-ol aus Dihydrotomatidin B. Chem. Ber. **97**, 2358–2361

963. SCHREIBER, Klaus, Günter ADAM, Otto AURICH, Christian HORSTMANN, Helmut RIPPERGER und Hasso RÖNSCH, 1967: Recent advances in the preparation of hormonal steroids from *Solanum* alkaloids. — In: Proc. 2nd Inter. Congr. on Hormonal Steroids, Intern. Congr. Ser. No 132, Excerpta Medica Foundation, Amsterdam-New York-London-Milan-Tokyo-Buenos Aires 344—353
964. SCHREIBER, Klaus, Günter ADAM, Christian HORSTMANN, Helmut RIPPERGER und Hasso RÖNSCH, 1965: *Solanum*-Alkaloide. LIX. Mitteilung: Synthese von *Solanum*-Alkaloiden und weiteren stickstoffhaltigen Steroiden. — In: Satyendra Nath Bose 70th Birthday Comm. Vol., Part II, Calcutta
965. SCHREIBER, Klaus und Otto AURICH, 1963: *Solanum*-Alkaloide. XXV. Mitteilung: Identifizierung von Tomatin als ein Hauptalkaloid der Wildkartoffel *Solanum demissum* Lindl. — Z. Naturforsch. **18b**, 471—475
966. SCHREIBER, Klaus und Otto AURICH, 1964: *Solanum*-Alkaloide. XXXVIII. Mitteilung: Über die Anwendbarkeit der Liebermann-Burchard-Reaktion auf stickstoffhaltige Steroide. — Kulturpflanze **12**, 473—479
967. SCHREIBER, Klaus und Otto AURICH, 1966: *Solanum*-Alkaloide, LXVI. Mitteilung: Isolierung von Nebenalkaloiden und 3β-Hydroxy-5α-pregn-16-en-20-on aus *Lycopersicon pimpinellifolium* Mill. — Phytochemistry 5, 707—712
968. SCHREIBER, Klaus, Otto AURICH und Gerhard OSSKE, 1963: *Solanum*-Alkaloide. XVIII. Mitteilung: Dünnschichtchromatographie von *Solanum*-Steroidalkaloiden und Steroidsapogeninen. — J. Chromatogr. (Amsterdam) **12**, 63—69
969. SCHREIBER, Klaus, Otto AURICH und Klaus PUFAHL, 1962: Isolierung von (+)-Peganin aus der Geißraute, *Galega officinalis* L. — Arch. Pharmaz. **295**, 271—275
970. SCHREIBER, Klaus, Ursula HAMMER, Ursula HOF, Eva ITHAL und Waltraud RUDOLPH, 1961: *Solanum*-Alkaloide, X. Mitteilung: Über die Alkaloide von Tomaten-Mutanten. —Tagungsber. Dt. Akad. Landwirtschaftswiss. Berlin No 27, 75—85
971. SCHREIBER, Klaus, Ursula HAMMER, Eva ITHAL, Helmut RIPPERGER, Waltraud RUDOLPH und Anneliese WEISSENBORN, 1961 (hrsg. 1962): *Solanum*-Alkaloide. IX. Mitteilung: Über das Alkaloid-Vorkommen verschiedener *Solanum*-Arten. — Tagungsber. Dt. Akad. Landwirtschaftswiss. Berlin No 27, 47—73
972. SCHREIBER, Klaus und Christian HORSTMANN, 1966: *Solanum*-Alkaloide. LXXV. Dehydrierung von Demissidin mit Quecksilber (II)-acetat bzw. N-Brom-succinimid. — Chem. Ber. **99**, 3183—3193
973. SCHREIBER, Klaus, Christian HORSTMANN und Günter ADAM, 1964: *Solanum*-Alkaloide. XLVII. Mitteilung: Über die platinkatalysierte Isomerisierung von 22-iso-Demissidin an C-22, Darstellung des Steroidalkaloids Demissidin aus Dihydrotomatidin A. — Chem. Ber. **97**, 2368—2373
974. SCHREIBER, Klaus, Christian HORSTMANN und Günter ADAM, 1965: *Solanum*-Alkaloide. LVIII. Mitteilung: Synthese von 27-Nor-spirosolan-Alkaloiden. — Chem. Ber. **98**, 1961—1973
975. SCHREIBER, Klaus und Gerhard OSSKE, 1962: Isolierung von Cycloartenol aus Blättern der Kulturkartoffel, *Solanum tuberosum* L. Sterine und Triterpenoide, II. Mitteilung. — Kulturpflanze **10**, 372—383
976. SCHREIBER, Klaus und Gerhard OSSKE, 1963: Sterine und Triterpenoide, III. Mitteilung: Isolierung von 4α-Methyl-5α-stigmasta-7.24(28)-dien-3β-ol aus *Solanum tuberosum* sowie über die Identität dieser Verbindung mit α_1-Sitosterin. — Experientia (Basel) **19**, 69—71
977. SCHREIBER, Klaus und Gerhard OSSKE, 1964: Sterine und Triterpenoide, IV. Mitteilung: Darstellung von Parkeol aus Cycloartenol. — Tetrahedron (London) **20**, 1803 bis 1805
978. SCHREIBER, Klaus und Gerhard OSSKE, 1964: Sterine und Triterpenoide. V. Mitteilung: Über die 4α-Methyl-Sterine der Kartoffelpflanze, *Solanum tuberosum* L. — Tetrahedron (London) **20**, 2575—2584
979. SCHREIBER, Klaus, Gerhard OSSKE und Günther SEMBDNER, 1961: Identifizierung von β-Sitosterin als Hauptsterin des Kartoffelkäfers (*Leptinotarsa decemlineata* Say). Sterine und Triterpenoide, I. Mitteilung. — Experientia (Basel) **17**, 463—464
980. SCHREIBER, Klaus, Klaus PUFAHL und Harald BRÄUNIGER, 1964: Über ein neues Guanidinderivat aus der Geißraute, *Galega officinalis* L. — Liebigs Ann. Chem. **671**, 147—154

981. SCHREIBER, Klaus, Klaus PUFAHL und Harald BRÄUNIGER, 1964: Synthese von 4-Hydroxy-dihydrogalegin und verwandten Guanidinderivaten. — Liebigs Ann. Chem. 671, 154—159

982. SCHREIBER, Klaus und Helmut RIPPERGER, 1962: *Solanum*-Alkaloide. XIX. Mitteilung: Isolierung von Solanocapsin aus *Solanum pseudocapsicum* L., *Solanum capsicastrum* Link und *Solanum hendersonii* hort. — Z. Naturforsch. **17b**, 217—231

983. SCHREIBER, Klaus und Helmut RIPPERGER, 1962: *Solanum*-Alkaloide. XX. Mitteilung: Konstitution und Stereochemie von Solanocapsin. — Liebigs Ann. Chem. **655**, 114—135

984. SCHREIBER, Klaus und Helmut RIPPERGER, 1962: *Solanum*-Alkaloide. XXI. Mitteilung: Stereoisomere 3-Aminosolanidane und ihre Umsetzung mit salpetriger Säure. — Liebigs Ann. Chem. **655**, 136—148

985. SCHREIBER, Klaus und Helmut RIPPERGER, 1963: *Solanum*-Alkaloide. XXXIII. Mitteilung: Notiz zur Selendioxydoxydation von Iminen. Darstellung von Δ^{22} (N)-22.26-Imino-5α-cholesten-23-onen. — Chem. Ber. **96**, 3094—3095

986. SCHREIBER, Klaus und Helmut RIPPERGER, 1963: *Solanum*-Alkaloide, XXXV. Mitteilung: Darstellung von N-Nitroso-spirosolanol-glykosiden und Abbau von N-Nitrosotomatin zu 3β-Acetoxy-5α-pregn-16-en-20-on. — Arch. Pharm. **296**, 717—720

987. SCHREIBER, Klaus und Helmut RIPPERGER, 1963: *Solanum*-Alkaloide, XXXVI. Mitteilung: Isolierung einiger Glykoside aus *Solanum armatum* R. Br. — Arch. Pharm. **296**, 792—796

988. SCHREIBER, Klaus, und Helmut RIPPERGER, 1964: *Solanum*-Alkaloide, XXXIV. Mitteilung: 3α-Amino-5α-solanidan und dessen Umsetzung mit salpetriger Säure. — Liebigs Ann. Chem. **672**, 232—235

989. SCHREIBER, Klaus, und Helmut RIPPERGER, 1966: *Solanum*-Alkaloide, Part LXXVIII: Jurubine, a novel type of steroidal saponin with (25S)-3β-amino-5α-furostane-22α.25-diol o (26)-β-D-glucopyranoside structure from *Solanum paniculatum* L. — Tetrahedron Letters, London, 5997—6002

990. SCHREIBER, Klaus und Helmut RIPPERGER, 1967: *Solanum*-Alkaloide, LXXX. Mitteilung: Notiz zur Konfiguration von Leptinidin an C-23. — Chem. Ber. **100**, 1381—1382

991. SCHREIBER, Klaus und Helmut RIPPERGER, 1967: *Solanum*-Alkaloide, LXXXIV. Mitteilung: Isolierung von Jurubin, Neochlorogenin und Paniculogenin aus *Solanum torvum* Swartz. — Kulturpflanze **15**, 199—204

992. SCHREIBER, Klaus, Helmut RIPPERGER und Herbert BUDZIKIEWICZ, 1965: *Solanum*-Alkaloide, LXIV. Mitteilung: (22R:25S)-3β-Amino-5α-spirostan, ein Steroidalkaloid neuartigen Strukturtyps aus *Solanum paniculatum* L. — Tetrahedron Letters, London, 3999—4002

993. SCHREIBER, Klaus und Hasso RÖNSCH, 1961: *Solanum*-Alkaloide, XVII. Mitteilung: Synthese von Solanidin aus Demissidin. — Experientia, Basel, **17**, 491

994. SCHREIBER, Klaus und Hasso RÖNSCH, 1963: *Solanum*-Alkaloide, XI. Mitteilung: Neuere Untersuchungen zur Chemie und Biochemie der Alkaloide von *Solanum dulcamara* L. — Abh. Dt. Akad. Wiss. Berlin, Kl. Chem., Geol. Biol., **4**, 395—408

995. SCHREIBER, Klaus und Hasso RÖNSCH, 1963: *Solanum*-Alkaloide, XXII. Mitteilung: Über Tomatid-5-en-3β-ol aus *Solanum dulcamara* L. und dessen Synthese. — Tetrahedron Letters, London, No 15, 329—334

996. SCHREIBER, Klaus und Hasso RÖNSCH, 1963: *Solanum*-Alkaloide, XXXI. Mitteilung: Abbau von N-Nitroso-solasodin zu 3β-Acetoxy-pregna-5.16-dien-20-on. — Tetrahedron Letters, London, No 15, 937—941

997. SCHREIBER, Klaus und Hasso RÖNSCH, 1964: *Solanum*-Alkaloide, XLIII. Mitteilung: Synthese von Solanidin aus Demissidin. — Chem. Ber. **97**, 2362—2367

998. SCHREIBER, Klaus und Hasso RÖNSCH, 1965: *Solanum*-Alkaloide, XLIV. Mitteilung: Über Tomatid-5-en-3β-ol aus *Solanum dulcamara* L. und dessen Abbau zu 3β-Acetoxy-pregna-5.16-dien-20-on. — Liebigs Ann. Chem. **681**, 187—195

999. SCHREIBER, Klaus und Hasso RÖNSCH, 1965: *Solanum*-Alkaloide, XLV. Mitteilung: Synthese von Tomatid-5-en-3β-ol und Tomatida-3.5-dien. — Liebigs Ann. Chem. **681**, 196—206

1000. SCHREIBER, Klaus und Hasso RÖNSCH, *Solanum*-Alkaloide, LIII. Mitteilung: Die Steroidalkaloide und-sapogenine chemisch unterschiedlicher Sippen von *Solanum dulcamara* L. — Arch. Pharmaz. **298**, 285—293

1001. SCHREIBER, Klaus und Hasso RÖNSCH, 1965: *Solanum*-Alkaloide, LIV. Mitteilung: Synthese von Solanidin und 22-iso-Solanidin aus Tomatid-5-en-3β-ol. – Tetradehron, London, **21**, 645–650
1002. SCHREIBER, Klaus, Gernot SCHNEIDER und Günther SEMBDNER, 1966: Gibberelline, IX. Mitteilung: Epoxydation von einigen Gibberellinen. – Tetrahedron, London, **22**, 1437–1444
1003. SCHREIBER, Klaus, Gernot SCHNEIDER und Günther SEMBDNER, 1968: Gibberelline, XII. Mitteilung: Zur Umlagerung von 8.15-Epoxy-gibberellinsäure. – Tetrahedron, London, **24**, 73–78
1004. SCHREIBER, Klaus, Gernot SCHNEIDER, Günther SEMBDNER und Ingeborg FOCKE, 1966: Gibberelline, X. Mitteilung: Isolierung von o(2)-Acetyl-gibberellinsäure als Stoffwechselprodukte von *Fusarium moniliforme* Sheld. – Phytochem. **5**, 1221–1225
1005. SCHREIBER, Klaus, Albrecht WALTHER und Hasso RÖNSCH, 1964: *Solanum*-Alkaloide, XLVI. Mitteilung: Synthese von Solasodin. – Tetrahedron, London, **20**, 1939–1945
1006. SCHREIBER, Klaus, Jürgen WEILAND und Günther SEMBDNER, 1967: Gibberelline, XIII. Mitteilung: Isolierung und Struktur eines Gibberellinglucosids. – Tetrahedron Letters, London, 4285–4288
1007. SCHRÖTER, Hans-Botho, 1955: Untersuchungen über die Alkaloide des Gaterslebener Tabak-Sortimentes. – Kulturpflanze **3**, 114–126
1008. SCHRÖTER, Hans-Botho, 1955: Über den Nachweis von Nikotin in der Composite *Zinnia elegans* und über die Bedeutung dieses Alkaloids für die interfamiliäre Pfropfung *Zinnia* auf *Nicotiana*. – Arch. Pharmazie **288/60**, 141–145
1009. SCHRÖTER, Hans-Botho, 1955: Biologische Methylierungen. – Pharm. **10**, 141–157
1010. SCHRÖTER, Hans-Botho, 1956: Untersuchungen über die Phenolbildung bei *Phycomyces blakesleanus*. – Kulturpflanze, Beiheft **1**, 49
1011. SCHRÖTER, Hans-Botho, 1957: Experimentelle Untersuchungen zur Frage der natürlichen Verbreitung und Bildung der Alkaloide Nicotin, Nornicotin und Anabasin. – Dissertation Martin-Luther-Universität Halle-Wittenberg
1012. SCHRÖTER, Hans-Botho, 1957: Zur Frage der Umwandlung von Nicotin in Anabasin im Sproß von *Nicotiana glauca*. – Z. Naturforsch. **12b**, 334–336
1013. SCHRÖTER, Hans-Botho, 1957: Ringschluß mit N und Methylierung am N. – Hdb. Pflanzenphysiol. **8**, 844–888
1014. SCHRÖTER, Hans-Botho, 1957: Nachweis der Nornicotin-Bildung in isolierten Tabakwurzeln. – Arch. Pharm. **290**, 204–206
1015. SCHRÖTER, Hans-Botho, 1957: Ringschluß N-haltiger Heterocyclen. – In: Biochemie und Physiologie der Alkaloide, Abh. Dt. Akad. Wiss. Berlin, Kl. f. Chemie, No 7, 31–42
1016. SCHUBERT, Hermann, Ulrich WALLWITZ und Helmut KOCH, 1964: Diimidazole, V. Mitteilung: 4(5).4′(5)′-Polymethylendiimidazole. – J. prakt. Chem., 4. Reihe, **24**, 132–142
1017. SCHULTZE-MOTEL, Jürgen, 1960: Gymnospermen-Hölzer aus der Oberen Kreide von Quedlinburg. – Paläontolog. Z. **34**, 15
1018. SCHULTZE-MOTEL, Jürgen, 1961: Gymnospermen-Hölzer aus dem Jura des nördlichen Harzvorlandes: Protophyllacladoxylon quedlinburgense sp. n. – Mbr. Dt. Akad. Wiss. Berlin **3**, 418–426
1019. SCHULTZE-MOTEL, Jürgen, 1962: Gymnospermen-Hölzer aus der Oberen Kreide von Quedlinburg: *Dadoxylon subhercynicum* n. sp. – Geologie **11**, 461–487
1020. SCHULTZE-MOTEL, Jürgen, 1962: Literatur über fossile Gymnospermen-Hölzer 1949 bis 1960. – Geologie **11**, 604–619
1021. SCHULTZE-MOTEL, Jürgen, 1962: Literatur über die Gattung *Dadoxylon* Endl. (*Araucarioxylon* Kraus). – Geologie **11**, 716–731
1022. SCHULTZE-MOTEL, Jürgen, 1963: Eine teratologische Form von *Plantago lanceolata* L. – Kulturpflanze **11**, 240–243
1023. SCHULTZE-MOTEL, Jürgen, 1964: Vorläufiges Verzeichnis der in Europa forstlich kultivierten Pflanzenarten. – Kulturpflanze **12**, 325–472
1024. SCHULTZE-MOTEL, Jürgen, 1966: Verzeichnis forstlich kultivierter Pflanzenarten. Enumeratio specierum plantarum silviculturae. – Kulturpflanze, Beih. **4**
1025. SCHULTZE-MOTEL, Jürgen, 1966: Gymnospermen-Hölzer aus den oberkretazischen Umzamba-Schichten von Ost-Pondoland (S. Afrika). – Senckenbergiana Lethaea **47**, 279–377

1026. SCHULTZE-MOTEL, Jürgen, 1966: Neolithische Getreideabdrücke aus Mitteldeutschland. — Kulturpflanze **14**, 299—310
1027. SCHULTZE-MOTEL, Jürgen, 1968: Literatur über archäologische Kulturpflanzenreste (1965 bis 1967). — Kulturpflanze **15**, 215—230
1028. SCHULTZE-MOTEL, Jürgen und Wilfried BAUMANN, 1968: Neolithische Kulturpflanzenreste aus Sachsen. — Arb.- u. Forsch.-Ber. sächs. Bodendenkmalpflege **18**, 9—28
1029. SCHULTZE-MOTEL, Jürgen und Werner GALL, 1967: Prähistorische Kulturpflanzenreste aus Thüringen. — Alt-Thüringen, Jahresschr. Mus. f. Ur- u. Frühgeschichte Thüringens **9**, 7—15
1030. SCHULTZE-MOTEL, Jürgen und Joachim KRUSE, 1964: Neue Daten zur Verbreitung des Spelzes (*Triticum spelta* L.) in prähistorischer Zeit. — Mber. Dt. Akad. Wiss. Berlin **6**, 786—787
1031. SCHULTZE-MOTEL, Jürgen und Joachim KRUSE, 1965: Spelz (*Triticum spelta* L.), andere Kulturpflanzen und Unkräuter in der frühen Eisenzeit Mitteldeutschlands. — Kulturpflanze **13**, 586—620
1032. SCHULTZE-MOTEL, Jürgen und Waldemar MATTHIAS, 1967: Kulturpflanzenabdrücke an schnurkeramischen Gefäßen aus Mitteldeutschland. — Jahresschr. f. mitteldt. Vorgeschichte **51**, 119—158
1033. SCHULTZE-MOTEL, Jürgen, Berthold SCHMIDT und Joachim KRUSE, 1965: Früheisenzeitlichen Vorratsgrube auf der Bösenburg, Kr. Eisleben. — Ausgrabungen u. Funde **10**, 29—31
1033a. SCHULZE, T., 1953: Zur Variabilität des Alkaloidgehaltes von *Claviceps purpurea* in der Oberlausitz. — Pharmazie **8**, 412—415
1034. SCHÜTTE, H. R. und Helmut BÖHME, 1958: Chinasäure als P-Cumarsäure- und Kaffeesäureester in *Antirrhinum majus*. — Qual. Plantarum et Materiae Veg. **III/IV**, 474—480
1035. SEMBDNER, Günther, 1961: Anatomische Untersuchungen über die Reaktion von Pflanzen auf Befall durch den Kartoffelnematoden, *Heterodera rostochiensis* Woll. — Dissertation Techn. Universität Dresden
1036. SEMBDNER, Günther, 1962: Anatomische Untersuchungen über die Reaktion von Organen der Kartoffelpflanze auf Befall durch den Nematoden *Heterodera rostochiensis* Woll. 7. Mitteilung über *Heterodera*-Arten. — Kulturpflanze **10**, 383—411
1037. SEMBDNER, Günther, 1963: Anatomie der *Heterodera-rostochiensis*-Gallen an Tomatenwurzeln. 8. Mitteilung über *Heterodera*-Arten. — Nematologica (Leiden) **9**, 55—64
1038. SEMBDNER, Günther, 1963: Anatomische Untersuchungen über die Reaktion von *Solanum demissum* Lindl., *Solanum vernei* Bitt. et Wittm. und von *Solanum-andigenum*-Bastarden auf Befall durch den Kartoffelnematoden, *Heterodera rostochiensis* Woll. 9. Mitteilung über *Heterodera*-Arten. — Züchter **33**, 97—109
1039. SEMBDNER, Günther, 1963: Über den Einfluß von Kartoffelkäferkahlfraß auf die Knollenausbildung der Kartoffelpflanze. — Kulturpflanze **11**, 569—582
1040. SEMBDNER, Günther, 1964: Anatomische Veränderungen in den Wurzeln einiger Solanaceen nach Befall durch den Kartoffelnematoden, *Heterodera rostochiensis* Woll. 10. Mitteilung über *Heterodera*-Arten. — Kulturpflanze **12**, 489—517
1041. SEMBDNER, Günther, 1967: Gibberelline, III. Mitteilung: Wirkung von Gibberellinsäure und Licht auf die Samenkeimung. — Proc. Intern. Symp. Physiology, Ecology, and Biochemistry of Germination, Greifswald, 239—248
1042. SEMBDNER, Günther, 1967: Brockhaus ABC der Biologie (Pflanzenphysiologie). — VEB F. A. Brockhaus Verlag, Leipzig
1043. SEMBDNER, Günther, 1968: Biochemische Aspekte der parasitären Wechselbeziehungen zwischen Nematoden (*Heterodera* A. Schmidt, 1871 und *Meloidogyne* Goeldi, 1887) und Pflanzengeweben. — Kulturpflanze **16**, 173—187
1044. SEMBDNER, Günther, Herbert BUHR, Gerhard OSSKE und Klaus SCHREIBER, 1961: Untersuchungen über Wirt-Parasit-Beziehungen beim Kartoffelnematoden, *Heterodera rostochiensis* Woll. — Proc. of the Conf. on Scientific Problems of Plant Protection, Budapest, **2**, 339—343 (hrsg. 1962)
1045. SEMBDNER, Günther, Rolf GROSS und Klaus SCHREIBER, 1962: Die Dünnschichtchromatographie von Gibberellinen. — Experientia (Basel) **18**, 584
1046. SEMBDNER, Günther, Gerhard OSSKE und Klaus SCHREIBER, 1961: Über die mögliche Bedeutung von „Gibberellinen" für Wirt-Parasit-Beziehungen beim Kartoffelnematoden. 6. Mitteilung über *Heterodera*-Arten. — Ber. dt. bot. Ges. **74**, 370—374

1048. Sembdner, Günther, Gernot Schneider, Jürgen Weiland und Klaus Schreiber, 1964: Gibberelline, II. Mitteilung: Über ein gebundenes Gibberellin aus *Phaseolus coccineus* L. — Experientia, Basel, **20**, 89—90

1048. Sembdner, Günther, Gernot Schneider und Klaus Schreiber, 1965: Gibberelline, VIII. Mitteilung: Über die biologische Wirksamkeit einiger Gibberellinsäure-Abbauprodukte. — Planta, Berlin, **66**, 65—74

1049. Sembdner, Günther, Gernot Schneider, Klaus Schreiber und Jürgen Weiland, 1965: Bibliographie der Gibberellin-Untersuchungen an Kulturpflanzen. I. Mitteilung: *Solanum tuberosum* L. — Kulturpflanze **13**, 137—144

1050. Sembdner, Günther und Klaus Schreiber, 1965: Gibberelline, IV. Mitteilung: Über die Gibberelline von *Nicotiana tabacum* L. — Phytochemistry **4**, 49—56

1051. Sembdner, Günther und Klaus Schreiber, 1965: Gibberelline, VII. Mitteilung: Wirkung der Gibberelline A_3, A_5 und A_6 auf die Mais-Zwergmutanten d-1, d-3 und d-5 in Dunkelheit. — Flora **156**, Abt. A 359—363

1052. Sembdner, Günther, Jürgen Weiland, Otto Aurich und Klaus Schreiber, 1968: Isolation, Structure, and Metabolism of a Gibberellin Glucoside. — In: Plant Growth Regulators, Soc. Chemical Industry Monograph No 31, London, 70—86

1053. Silber, Anna-Luise, 1952: Der Alkaloidgehalt natürlich in Deutschland vorkommenden Mutterkornes des Jahres 1951. — Pharmazie Heft 12, 854—859

1054. Silber, Anna-Luise und Wilhelm Bischoff, 1954: Die Konstanz des Alkaloidgehaltes bei verschiedenen Rassen von Mutterkorn. — Pharmazie **9**, 46

1055. Silber, Anna-Luise und Wilhelm Bischoff, 1955: Die Alkaloidführung von Wildgras-Mutterkorn. — Arch. Pharmazie **288/60**, 125—129

1056. Selber, Anna-Luise, Kurt Mothes und Detlef Gröger, 1955: Über Misch-Sklerotien bei *Claviceps purpurea* Tul. — Kulturpflanze **3**, 90—104

1057. Silber, Anna-Luise und T. Schulze, 1953: Alkaloidbestimmungen im Mutterkorn. — Pharmazie **8**, 675—679

1058. Snatzke, Günther, Helmut Ripperger, Christian Horstmann und Klaus Schreiber, 1966: Untersuchungen zur optischen Rotationsdispersion und zum Circulardichroismus, VI. Mitteilung: *Solanum*-Alkaloide, LXXI. Mitteilung: Nitrosamine und Nitrosaminoketale. Sektorregel für Nitrosamine, Nitroverbindungen und Lactone. — Tetrahedron, London, **22**, 3103—3116

1059. Stubbe, Hans, 1947: Die Bodenreform und die landwirtschaftliche Hochschulbildung. — Die Deutsche Landwirtschaft **1**, 165—167

1060. Stubbe, Hans, 1947: Gedanken zur Ausbildung des landwirtschaftlichen Nachwuchses. — Forum **1**, 2—5

1061. Stubbe, Hans, 1949: Genetisch-pflanzenzüchterische Bibliographie 1939—1946. — Züchter Sonderheft 1948, 287 Seiten

1062. Stubbe, Hans, 1949: Probleme deutscher Wirtschaften und Wissenschaft. — Kühn-Archiv **61**, 1—13

1063. Stubbe, Hans, 1949: Über Heterogenie gleicher Phäne. — Biol. Zbl. **68**, 492—498

1064. Stubbe, Hans, 1950: Über den Selektionswert von Mutanten. — Sitzungsber. Dt. Akad. Wiss., Kl. f. landw. Wissenschaften Jahrg. 1950 No 1 (1951) 3—42

1065. Stubbe, Hans, 1950: Herman Nilsson-Ehle. — Züchter. **20**, 129—130

1066. Stubbe, Hans, 1950/51: Nachruf auf Fritz v. Wettstein. — Jahrb. Dt. Akad. Wiss. 1950/51, 168—179

1067. Stubbe, Hans, 1951: Elisabeth Schiemann zum 70. Geburtstag. — Züchter **21**, 193 bis 195

1068. Stubbe, Hans, 1952: Die Entwicklung der Agrarwissenschaft in der Deutschen Demokratischen Republik, ihre Aufgaben und Ziele. — Festschr. aus Anlaß d. Eröffnung d. Deutschen Akademie der Landwirtschaftswissenschaften zu Berlin am 17. 10. 1951

1069. Stubbe, Hans, 1952: Über einige theoretische und praktische Fragen der Mutationsforschung. — Abh. Sächs. Akad. Wiss., Math.-naturw. Kl. Bd. 44, Heft 3

1070. Stubbe, Hans, 1952: Über einige Fragen der Genetik. Die sowjetische Agrarwissenschaft und unsere Landwirtschaft. — Dietz-Verlag, Berlin

1072. Stubbe, Hans, 1953: Ergebnisse und Probleme der Vererbungsforschung. Festschrift zur 450-Jahrfeier der Martin-Luther-Universität Halle-Wittenberg — Kühn-Archiv **67**, 1—16 und Wiss. Ztschr. Martin-Luther-Universität Halle-Wittenberg, **3**, Math.-naturwiss. Reihe, Heft 1

1073. STUBBE, Hans, 1953: Über mono- und digenbedingte Heterosis bei *Antirrhinum majus* L. — Z. ind. Abst.- u. Vererbgs.-Lehre **85**, 450—478
1074. STUBBE, Hans, 1954: Aufgaben, Probleme und Ziele der Deutschen Akademie der Landwirtschaftswissenschaften zu Berlin. — Festsitzg. u. wiss. Tagg. am 17. u. 18. 10. 1953 anl. d. zweijährigen Bestehens der Akademie
1075. STUBBE, Hans, 1954: Einige neuere Probleme der Genetik. — Wiss. Ztschr. Martin-Luther-Universität Halle-Wittenberg, Math.-naturwiss. Reihe, **4**, 173—183
1076. STUBBE, Hans, 1954: Über die vegetative Hybridisierung von Pflanzen. Versuche an Tomatenmutanten. — Kulturpflanze **2**, 185—236
1077. STUBBE, Hans, 1955: Über die Umwandlung von Winterweizen in Sommerweizen. — Züchter **25**, 321—330
1078. STUBBE, Hans, 1956: Die Entwicklung der Deutschen Akademie der Landwirtschaftswissenschaften zu Berlin und ihre Forschungsarbeiten (1953—1955). — 2. Festsitzg. u. wiss. Tagung 17.—19. 10. 1955, Ber. u. Vortr. DAL II/1955
1079. STUBBE, Hans, 1956: Das Verhalten der Tomaten-Mutante *reducta* in Pfropfungen und deren Nachkommenschaften. — Kulturpflanze **4**, 315—324
1080. STUBBE, Hans, 1956: *Antirrhinum*-Forschungsberichte zur Förderung und Koordinierung der wissenschaftlichen Arbeiten mit der Gattung *Antirrhinum*, No 1, hrsg. im Auftr. d. Ges. f. Genetik, Tübingen, und unter Mitwirkung aller *Antirrhinum*-Arbeiter
1081. STUBBE, Hans, 1956: Karl Pirschle 1900—1945 †, Nachruf. — Ber. Dtsch. Bot. Ges. **68a**, 105—108
1082. STUBBE, Hans, 1957: Sinn und Bedeutung der Kulturpflanzenforschung. — Vortr. u. Schriften d. DAdW zu Berlin, Heft 62
1083. STUBBE, Hans, 1957: Mutanten der Kulturtomate *Lycopersicon esculentum* Miller I. — Kulturpflanze **5**, 190—220
1084. STUBBE, Hans, 1958: Über einige grundsätzliche Fragen zu der bisherigen und zukünftigen Arbeit der Deutschen Akademie der Landwirtschaftswissenschaften zu Berlin. — Ber. u. Vortr. der DAL III/1957
1185. STUBBE, Hans, 1958: Mutanten der Kulturtomate *Lycopersicon esculentum* Miller II. — Kulturpflanze **6**, 89—115
1086. STUBBE, Hans, 1958: Reinhold von Sengbusch zum 60. Geburtstag. — Züchter **28**, 1—3
1087. STUBBE, Hans, 1959: Mutanten der Kulturtomate *Lycopersicon esculentum* Mill. III. — Kulturpflanze **7**, 82—112
1088. STUBBE, Hans, 1959: Einige Ergebnisse der Mutationsforschung an Kulturpflanzen. — Sitzungsber. Dtsch. Akad. Wiss. Berlin, Kl. f. Med. Jahrg. 1959, No 1
1089. STUBBE, Hans, 1959: Gedächtnisrede auf Erwin Baur, gehalten am 25. Todestag (2. Dezember 1958) in Müncheberg/Mark. — Züchter **29**, 1—6
1090. STUBBE, Hans, 1959: Considerations on the genetical and evolutionary aspects of some mutants of *Hordeum*, *Glycine*, *Lycopersicon* and *Antirrhinum*. — Cold Spring Harbor Symposia on Quantitative Biology **24**, 31—40
1091. STUBBE, Hans, 1960: Über die Verbindung zwischen Wissenschaft und Praxis in der Landwirtschaft und über einige Probleme der Grundlagenforschung. 4. Festsitzg. u. wiss. Tagg. 17.—18. 10. 1959. — Ber. u. Vortr. DAL IV/1959
1092. STUBBE, Hans, 1960: Mutanten der Wildtomate *Lycopersicon pimpinellifolium* (Jusl.) Mill. I. — Kulturpflanze **8**, 110—137
1093. STUBBE, Hans, 1961: Richard Goldschmidt zum Gedächtnis. — In: R. GOLDSCHMIDT, Theoretische Genetik (übersetzt von F. SCHWANITZ), Berlin
1094. STUBBE, Hans, 1961: Mutanten der Wildtomate *Lycopersicon pimpinellifolium* (Jusl.) Mill. II. — Kulturpflanze **9**, 58—87
1095. STUBBE, Hans, 1962: Auf dem Wege zu einer sozialistischen Landwirtschaftsakademie und über einige Aufgaben in Wissenschaft und Praxis. — Dt. Landwirtschaft (Beilage) **13**, H. 4, 2—8
1096. STUBBE, Hans, 1962: Einige Bemerkungen zur weiteren Verbesserung der Zusammenarbeit zwischen Agrarwissenschaft und sozialistischer Praxis. — Dt. Landwirtschaft **13**, H. 10, 469—471
1097. STUBBE, Hans, 1961: Über gegenwärtige und künftige Aufgaben der Landwirtschaftswissenschaften und die Verantwortung des Wissenschaftlers in unserer Zeit. Festvortr. anl. d. 10jähr. Jubiläums der DAL, Oktober 1961. — Ber. u. Vortr. DAL **5**, 33—58 (1961)

1098. STUBBE, Hans, 1962: Asmus Petersen in memorian. — Sitzungsber. DAL **11**, 3—11
1099. STUBBE, Hans, 1962: Nachruf auf Otto Renner. — Jahrb. DAW 1961, 882—886
1100. STUBBE, Hans, 1962: Dem Andenken Rudolf Mansfelds (1901—1960). — Kulturpflanze, Beih. **3**, 7—11
1101. STUBBE, Hans, 1963: Kurze Geschichte der Genetik bis zur Wiederentdeckung der Vererbungsregeln Gregor Mendels. Beitrag 1 zu Genetik, Grundlagen, Ergebnisse und Probleme in Einzeldarstellungen. — Fischer-Verlag, Jena
1102. STUBBE, Hans, 1963: Über die Stabilisierung des sich variabel manifestierenden Merkmals „Polycotylie" von *Antirrhinum majus* L. — Kulturpflanze **11**, 250—263
1103. STUBBE, Hans, 1963: Mutanten der Kulturtomate *Lycopersicon esculentum* Miller IV. — Kulturpflanze **11**, 603—644
1104. STUBBE, Hans, 1963: Freiheit und Verpflichtung. Festrede anl. d. 6. Festsitzg. und wiss. Tagg. der DAL am 7. Nov. 1963. — Dt. Landwirtschaft **14**, Heft 12, 1—5
1105. STUBBE, Hans, 1964: Über einige Zukunftsprobleme der Agrarwissenschaft. Diskussionsbeitrag auf dem 8. Deutschen Bauerkongreß in Schwerin. — Dt. Landwirtschaft **15**, 209—213
1106. STUBBE, Hans, 1964: Carl Erich Correns (zum hundertsten Geburtstag am 19. September 1964). — Forsch. u. Fortschr. **38**, 283—284
1107. STUBBE, Hans, 1964: Der Beitrag der Agrarwissenschaft an der Entwicklung und Festigung der Deutschen Demokratischen Republik. Festrede zum 15. Jahrestag der DDR. — Dt. Landwirtsch. **15**, 573—581
1108. STUBBE, Hans, 1964: Mutanten der Kulturtomate *Lycopersicon esculentum* Miller V — Kulturpflanze **12**, 121—152
1109. STUBBE, Hans, 1965: Kurze Geschichte der Genetik bis zur Wiederentdeckung der Vererbungsregeln Gregor Mendels. Beitrag 1 zu Genetik, Grundlagen, Ergebnisse und Probleme in Einzeldarstellungen, 2., überarb. u. ergänzte Aufl. — VEB Gustav Fischer Verlag, Jena
1110. STUBBE, Hans, 1965: Entwicklungslinien der Biologie. — Einheit, H. 6, 90—96
1111. STUBBE, Hans, 1965: Mutanten der Wildtomate *Lycopersicon pimpinellifolium* (Jusl.) Mill. III. — Kulturpflanze 13, 517—544
1112. STUBBE, Hans, 1966: O svjazjach meždu estestvennym i iskusstvenno polučennym mnogoobraziem form i o nekotorych eksperimental'nych issledovanijach po evoljucii kul'turnych rastenij. — Genetika (USSR), **11**, 9—30
1113. STUBBE, Hans, 1966: Genetik und Zytologie von *Antirrhinum* L. sect. *Antirrhinum*. — VEB Gustav Fischer Verlag, Jena
1114. STUBBE, Hans, 1966: Die Entwicklung der Landwirtschaft und der Agrarwissenschaft in der Deutschen Demokratischen Republik. — Tagungsber. DAL No 82, 9—27
1115. STUBBE, Hans, 1967: On the relationships between the spontaneous and experimentally induced form diversity and on some experiments on the evolution of cultivated plants. — In: H. STUBBE (Hrsg.), Induzierte Mutationen und ihre Nutzung. Erwin-Baur-Gedächtnisvorlesungen IV, 1966. — Abh. Dt. Akad. Wiss. Berlin, Kl. f. Medizin 1967 No 2, 99—121
1116. STUBBE, Hans, 1967: Über die Deutsch-Russisch-Sowjetischen Wechselbeziehungen im Bereich der Naturwissenschaften, insbesondere der Biologie und Landwirtschaftswissenschaften. — Sitzungsberichte der Deutschen Akademie der Landwirtschaftswissenschaften zu Berlin, Bd. XVI, H. 11
1116. STUBBE, Hans und Gerhard BANDLOW, 1947: Mutationsversuche an Kulturpflanzen. I. Röntgenbestrahlungen von Winter- und Sommergersten. — Züchter **17/18**, 365—374
1116a. STUBBE, Hans, 1968: Die Entwicklung der Deutschen Akademie der Landwirtschaftswissenschaften zu Berlin zu einer sozialistischen Akademie. — Vortr. z. Festsitzg. d. DAL anläßl. d. Investitur d. Präsidenten und d. Präsidiums d. DAL am 31. 5. 1968
1116b. STUBBE, HANS, 1968: Zum 80. Geburtstag von Pjotr Michajlowitsch Zhukowsky. — Z. Pflanzenzüchtg. **59**, 1—3
1117. SÜSS, Herbert, 1967: Kiefernholz aus dem Alleröd der Rostocker Heide. — Arch. Freunde Naturgesch. Meccklenbg. **12**, 35—46
1118. SÜSS, Herbert, 1967: Über die Längenänderungen der Parenchymstränge, Holzfasern und Gefäßglieder von Laubhölzern im Verlauf einer Zuwachsperiode. — Holz als Roh- u. Werkstoff **25**, 369—377

1119. Taubeneck, Udo und Helmut Böhme, 1958: Der Einfluß von Bakteriophagen auf die L-Phase von *Proteus mirabilis*. Z. Naturforschg. **13b**, 471–472
1120. Taubeneck, Udo, Helmut Böhme und Edith Schuhmann, 1958: Untersuchungen über die L-Phase von *Proteus mirabilis* mit Hilfe von Bakteriophagen. – Biol. Zbl. **77**, 663–673
1121. Tomko, Josef, Günter Adam und Klaus Schreiber, 1967: Synthesis of the Veratrum Alkaloid Verazine from Tomatid-5-en-3β-ol. – J. pharm. Sci. **56**, 1039–1040
1122. Tomko, Josef, Anna Vassova, Günter Adam, Klaus Schreiber and Erich Höhne, 1967: Alkaloids from *Veratrum album* ssp. *lobelianum* (Bernh.) Suessenguth, Part XIV: Veralkamine, a novel type of steroidal alkaloid with a 17β-Methyl-18-nor-17-isocholestane carbon skeleton. – Tetrahedron Letters (London) 3907–3911
1123. Tomko, Josef, Anna Vassova, Günter Adam und Klaus Schreiber, 1968: Alkaloide aus *Veratrum album* subsp. *lobelianum* (Bernh.) Suessenguth, XV. Mitteilung: Über Veralkamin, ein neuer Steroidalkaloid-Typ mit 17β-Methyl-18-nor-17-iso-cholestan-Kohlenstoffgerüst. – Tetrahedron (London) **24**, 4865–4873
1124. Trefftz, Gabriele, 1956: Ein Beitrag zur Frage der Ernährung über das Blatt. – Kulturpflanze **4**, 325
1125. Tschiersch, Bruno, und Peter Hanelt, 1967: Die freien Aminosäuren der Samen von *Vicia* L. und die systematische Gliederung der Gattung. – Flora, Abt. A, **157**, 389–406
1126. Vogel, Charlotte, 1963: Über die Wirkung von mittelharten und harten Röntgenstrahlen auf *Pisum sativum* L. unter besonderer Berücksichtigung einer Vorbehandlung mit bleihaltigen Lösungen. – Kulturpflanze **11**, 295–332
1127. Wacker, Adolf, und Helmut Böhme, 1959: Untersuchungen über die Wuchsstoffwirkung und Mutagenität von 5-Bromuracil und 5-Nitrouracil bei *Proteus mirabilis*. – Z. Naturforschg. **14b**, 703–706
1128. Wagenbreth, Dietmar, 1956: Leguminosenpfropfungen und Wirtsspezifität der Knöllchenbakterien. – Flora **144**, 84
1129. Wagenbreth, Dietmar und L. Reppel, 1958: Über den Gehalt an Cumarinen und diesen verwandten Säuren in Pfropfungen zwischen *Melilotus albus* Med. und *Trigonella foenum-graecum* L. – Flora **146**, 212
1130. Wallwitz, Ulrich, 1963: Über die Synthese aliphatisch überbrückter Diimidazole. – Diss. Martin-Luther-Universität Halle-Wittenberg
1131. Wallwitz, Ulrich, Wolfgang Gosda und Horst Schmidt, 1966: Probleme der Molekularbiologie. – Akademie-Verlag, Berlin
1132. Wallwitz, Ulrich, Horst Schmidt und Wolfgang Gosda, 1966: Silylierung stickstoffhaltiger Heterocyclen. – J. prakt. Chem. [4] **32**, 274–282
1133. Weiland, Jürgen, 1968: Isolierung, Struktur und Stoffwechsel eines Gibberellinglucosids von *Phaseolus coccineus* L. sowie Untersuchungen zur Geucosylierung von Gibberellinen. – Diss. Martin-Luther-Universität Halle-Wittenberg
1134. Wein, Kurt, 1954: Die Geschichte von *Datura stramonium*. – Kulturpflanze **2**, 18–71
1135. Wein, Kurt, 1955: Die Geschichte von *Trigonella foenum-graecum* L. – Kulturpflanze **3**, 24–38
1136. Wein, Kurt, 1962: Die Geschichte der Entstehung und Verbreitung von *Rubus idaeus* var. *leucocarpus*. – Kulturpflanze **10**, 195–211
1137. Wein, Kurt, 1963: Die Einführungsgeschichte von *Helianthus tuberosus* L. – Kulturpflanze **11**, 43–91
1138. Wein, Kurt, 1963: Die Heimat von *Ornithogalum nutans* L. und die Entstehung der Grundlagen für seine spätere Ausbreitung in den europäischen Gärten im Verlaufe der Barockzeit. – Nova Acta Leopold. **27**, 383–411
1139. Wein, Kurt, 1964: Die Geschichte des Rettichs und des Radieschens. – Kulturpflanze **12**, 33–74
1140. Weiser, Frithjof, 1963: Beitrag zur Frage der rassischen Differenzierung von Esche trockener Kalkstandorte und grundwasserbeeinflußter Standorte. – Dissertation Fak. f. Fortswirtschaft Tharandt d. Techn. Universität Dresden
1141. Weiser, Frithjof, 1964: Beitrag zum Problem der sog. Bodenrassen bei unseren Waldbaumarten, unter besonderer Berücksichtigung der Esche (*Fraxinus excelsior* L.). – Forstwiss. Cbl. **83**, 23–33

1142. WEISER, Frithjof, 1964: Anlage und erste Ergebnisse vergleichender Anbauversuche mit generativen Nachkommenschaften von Eschen (*Fraxinus excelsior* L.) trockener Kalkstandorte und grundwasserbeeinflußter Standorte. — Forstwiss. Cbl. **83**, 193 bis 211

1143. WEISER, Frithjof, 1964: Probleme der Auswahl und Ergebnisse der Erkundung autochthoner Herkünfte von Stiel- und Traubeneiche (*Quercus robur* L. und *Quercus petraea* (Matt.) Liebl.) in der Volksrepublik Rumänien für die Anlage von Provenienzversuchen. — Arch. Forstwes. **13**, 843—864

1144. WEISER, Frithjof, 1964: Forstliche Reiseeindrücke aus Rumänien. — Allg. Forstztg. **19**, 59—64

1145. WEISER, Frithjof, 1965: Bodenrassen der Waldbäume. — Allg. Forstztg. **20**, 14—16

1146. WEISER, Frithjof, 1965: Untersuchungen generativer Nachkommenschaften von Eschen (*Fraxinus excelsior* L.) trockener Kalkstandorte und grundwasserbeeinflußter Standorte im Gefäßversuch bei differenzierten Wasser- und Kalkgaben. — Forstwiss. Cbl. **84**, 44—64

1147. WOLFFGANG, Hans, und Kurt MOTHES, 1953: Papierchromatographische Untersuchungen an pflanzlichen Blutungssäften. — Naturwiss. **40**, 606

1147a. WUTTKE, W. 1968: Beiträge zur Züchtungsforschung beim Apfel. XII. Untersuchungen über morphologische und anatomische Eigenschaften des Jugend- und Altersformblatts. — Arch. Gartenbau **16**, 81—105

1147b. WUTTKE, W., 1968: Beiträge zur Züchtungsforschung beim Apfel. XIII. Vergleichende Untersuchungen über einige physiologische Kenngrößen von Jugend- und Altersformtrieben des Apfels. — Arch. Gartenbau **16**, 319—432

1148. ZACHARIAS, Martin, 1953: Um eine fortschrittliche Agrobiologie (Diskussionsbeitrag) — Die Dtsch. Landw. **4**, 401—404

1149. ZACHARIAS, Martin' 1956: Mutationsversuche an Kulturpflanzen. VI. Röntgenbestrahlungen der Sojabohne (*Glycine soja* (L.) Sieb. et Zucc.). — Züchter **26**, 321—338

1150. ZACHARIAS, Martin, 1956: Ein Versuch zur Beeinflussung der F_2-Spaltungen von Bastarden aus der Gattung *Antirrhinum* durch Pfropfung von F_1-Bastarden auf ihre Ausgangseltern. — Kulturpflanze **4**, 277—295

1151. ZACHARIAS, Martin, 1957: Über die Anwendbarkeit der Methode der vegetativen Annäherung zur Erhöhung der Kreuzbarkeit einiger Wildkartoffelarten mit der Kulturkartoffel. — Kulturpflanze **5**, 240—252

1152. ZACHARIAS, Martin, 1957: Kulturpflanzenforschung in Gatersleben. In: Bulletin der Botschaft der Deutschen Dem. Republik in Moskau No 3 (März 1957); dasselbe in Sofia, No 3 (März 1957); dasselbe in Prag, No 4 (April 1957), dasselbe in Peking, No 3 (März 1957)

1153. ZACHARIAS, Martin, 1964: Lehrbuch der Biologie, II. Teil. 12. Kl. d. Erw. Oberschule. — Verlag Volk und Wissen, Berlin

1154. ZACHARIAS, Martin, 1965: Entwicklung der Organismen. Lehrbuch der Biologie, 10. Kl. d. Oberschule. — Verlag Volk und Wissen, Berlin

1155. ZACHARIAS, Martin, 1965: Die Lehre von der Evolution der Organismen. Lehrbuch der Biologie, 12. Kl. d. Erw. Oberschule. — Verlag Volk und Wissen, Berlin

1156. ZACHARIAS, Martin, 1967: The yields of early ripening soybean mutants in relation to the climate conditions. — In: H. STUBBE (Hrsg.), Induzierte Mutationen und ihre Nutzung, Erwin-Baur-Gedächtnisvorl. IV, 1966. Abh. Dt. Akad. Wiss. Berlin, Kl. f. Medizin 1967 No 2, 245—249

1157. ZACHARIAS, Martin and Lars EHRENBERG, 1962: Induction of leaf spots in leguminous plants by nucleotoxic agents. I. — Hereditas (Lund) **48**, 284—306

1158. ZACHARIAS, Martin und Christian O. LEHMANN, 1962: Ein Beitrag zur Kenntnis der Gaterslebener Mutanten der Sojabohne *Glycine max* (L.) Merr. I. Mutanten der Sorte Heimkraft I. — Kulturpflanze **10**, 335—349

1159. ZACHARIAS, Martin und Christian O. LEHMANN, 1963: Ein Beitrag zur Kenntnis der Gaterslebener Mutanten der Sojabohne, *Glycine max* (L.) Merr. II. Mutanten der Sorten 'Heimkraft I' und 'Dornburger Weißblühende'. — Kulturpflanze **11**, 645—663

1160. ZENKER, Ruth, und Wolfgang R. MÜLLER-STOLL, 1966: Einfluß der Zugholzfasern auf die Festigkeitseigenschaften des Pappelholzes in nassem und trockenem Zustand. — Holztechnologie **7**, 17—25

1161. ZIMMERMANN, Rolf, 1956: Nachweis und Trennung von Allantoin, Allantoinsäure, Harnstoff und Glyoxylsäure durch Papierelektrophorese. — Naturwiss. **43**, 399

Bei Fragen zur Produktsicherheit wenden Sie sich bitte an:
If you have any questions regarding product safety,
please contact:

Walter de Gruyter GmbH
Genthiner Straße 13
10785 Berlin
productsafety@degruyterbrill.com